普通高等学校“十四五”规划土木工程专业精品教材

土木工程CAD基础
——AutoCAD软件基础教程

（第三版）

CAD FOUNDATION OF CIVIL ENGINEERING
——AUTOCAD SOFTWARE BASIC COURSE

本书主审　王崇革

本书编著　刘　艳

本书副主编　邓　芃　高秋梅

本书编写委员会

刘　艳　邓　芃　高秋梅　吕　晓

孙黄胜　吕海锋

华中科技大学出版社

中国·武汉

内容提要

本书以AutoCAD软件中文版和土木工程制图为基础，详细介绍了AutoCAD软件中文版的各种设计概念、操作命令和使用技巧。全书共分为18章，包括AutoCAD软件中文版入门、操作基础、绘图命令、图形编辑命令、图层和线型的操作、尺寸和文字的操作以及图形的输出等内容。书中的命令大都结合土木工程制图的特点进行阐述，特别是以建筑施工图和结构施工图为例，详细讲述了建筑施工图和结构施工图的绘制方法。每章最后编排了思考题与上机操作练习，有些章后还附录了建筑和结构施工图样，供读者练习。

图书在版编目(CIP)数据

土木工程CAD基础：AutoCAD软件基础教程/刘艳编著. —3版. —武汉：华中科技大学出版社，2023.8
ISBN 978-7-5680-9884-7

Ⅰ. ①土…　Ⅱ. ①刘…　Ⅲ. ①土木工程-建筑制图-计算机制图-AutoCAD软件-教材　Ⅳ. ①TU204-39

中国国家版本馆CIP数据核字(2023)第149090号

土木工程CAD基础——AutoCAD软件基础教程(第三版)　　刘　艳　编著
Tumu Gongcheng CAD Jichu——AutoCAD Ruanjian Jichu Jiaocheng(Di-san Ban)

策划编辑：简晓思
责任编辑：简晓思
装帧设计：原色设计
责任监印：朱　玢
出版发行：华中科技大学出版社(中国·武汉)　　电话：(027)81321913
　　　　　武汉市东湖新技术开发区华工科技园　　邮编：430223
排　　版：华中科技大学惠友文印中心
印　　刷：武汉科源印刷设计有限公司
开　　本：850mm×1065mm　1/16
印　　张：21.5
字　　数：593千字
版　　次：2023年8月第3版第1次印刷
定　　价：65.00元

总　序

教育可理解为教书与育人。所谓教书，不外乎是教给学生科学知识、技术方法和运作技能等，教学生以安身之本。所谓育人，则要教给学生做人道理，提升学生的人文素质和科学精神，教学生以立命之本。我们教育工作者应该从中华民族振兴的历史使命出发来从事教书与育人工作。作为教育本源之一的教材，必然要承载教书和育人的双重责任，体现两者的高度结合。

中国经济建设高速持续发展，国家对各类建筑人才需求日增，对高校土建类高素质人才培养提出了新的要求，从而对土建类教材建设也提出了新的要求。这套教材正是为了适应当今时代对高层次建设人才培养的需求而编写的。

一部好的教材应该把人文素质和科学精神的培养放在重要位置。教材不仅要从内容上体现人文素质教育和科学精神教育，而且还要从科学严谨性、法规权威性、工程技术创新性来启发和促进学生科学世界观的形成。简而言之，这套教材有以下特点。

第一，从指导思想来讲，这套教材注意到"六个面向"，即面向社会需求、面向建筑实践、面向人才市场、面向教学改革、面向学生现状、面向新兴技术。

第二，教材编写体系有所创新。结合具有土建类学科特色的教学理论、教学方法和教学模式，这套教材进行了许多新的教学方式的探索，如引入案例式教学、研讨式教学等。

第三，这套教材适应现在教学改革发展的要求，提倡所谓"宽口径、少学时"的人才培养模式。在教学体系、教材编写内容和数量等方面也做了相应改变，而且教学起点也可随着学生水平做相应调整。同时，在这套教材编写中，特别重视人才的能力培养和基本技能培养，以满足土建专业特别强调实践性的要求。

我们希望这套教材能有助于培养适应社会发展需要的、素质全面的新型工程建设人才。我们也相信这套教材能达到这个目标，从形式到内容都成为精品，为教师和学生，以及专业人士所喜爱。

中国工程院院士　王思敬

2006年6月于北京

第三版前言

AutoDesk 公司每年都对版本有所修改，主要体现在功能的新增、命令的改变和操作界面的改变，而操作界面的改变会导致老用户有无所适从的感觉，也使得新用户在选择版本时比较困惑。但对于将 AutoCAD 软件作为工具的土木工程专业的人员而言，只要掌握其中一个版本，就可快速地适应其他版本。因此，本书所阐述的主要内容基于 AutoCAD2020 中文版，用户在熟练掌握这个版本后，经过短暂的适应期就能正常使用其他版本。

CAD 技术具有传统人工设计和绘图所无法比拟的优势，它不仅可以明显提高绘图的效率，而且有利于工程技术人员更加方便地编辑、修改和出图，其成图的质量是人工制图无法达到的。AutoCAD 软件是美国 AutoDesk 公司推出的通用计算机辅助设计软件，自 1982 年发布以来，已经经历了数十次升级，每一次升级都会使其功能变得更加完善和强大。目前，该软件已经成为土木工程领域使用最为广泛的计算机辅助设计软件。

本书大多数编者长期从事 AutoCAD 软件的教学和科研工作，了解学生在学习过程中对知识的接受和反馈情况，熟知教学中的重点和难点，掌握 AutoCAD 软件的教学规律；部分编者多年从事建筑、结构的设计工作，对 AutoCAD 软件在工程实践中的应用有着深刻、独到的见解。本书的编写突出了以下几个特点。

(1)紧密结合高等教育应用型人才的培养目标，强调“实际、实用、实践”的教育原则。在强调 AutoCAD 软件基础知识和基本操作的基础上，对土木工程专业中常用的绘图命令进行详细的讲解、举例和强化训练。

(2)内容编排次序新颖。本书从实际绘图入门，使用户很快可以绘制简单的图形；比较抽象的内容则安排在后面，便于学生理解。

(3)讲解详细，深入浅出，操作步骤简单明了。用户可以根据书中的讲解，迅速上机操作。

(4)详细介绍了操作中的注意事项和操作技巧。本书的编者针对用户在使用中屡次出现的错误，特别增加了“提示”内容，希望引起重视。

(5)为便于教学，本书提供了大量的思考题和上机操作练习。

本书适合作为大中专院校土木工程专业的教材，还可供 AutoCAD 软件的新用户及具有一定绘图基础的设计者使用。

本书由山东科技大学的刘艳编写第 1 章、第 2 章、第 3 章、第 6 章；山东科技大学的邓芃编写第 4 章、第 7 章、第 8 章和第 9 章；山东科技大学的高秋梅编写第 15 章、第 16 章、第 17 章和第 18 章；山东建筑大学的吕晓编写第 5 章和第 10 章；山东科技大学的孙黄胜编写第 11 章和第 12 章；山东科技大学的吕海锋编写第 13 章和第 14 章。山东科技大学的研究生安益仕、苏朋、王雪凝、王金磊、史钰浩、史昊等同学完成了编写本书的部分工作。本书中的部分图样参考了网络上公开的资料，在此，对这些热心的网友表示感谢。山东科技大学王崇革教授审阅了全书，并提出了很多宝贵的意见。

由于编者的水平和时间有限，本书不足之处在所难免。衷心希望阅读本书的读者提出宝贵意见，使本书不断地完善。

编　者

2023 年 6 月

目　　录

第1章　AutoCAD软件中文版入门……(1)
　1.1　AutoCAD软件中文版功能概述……(1)
　1.2　AutoCAD软件的启动和退出……(5)
　1.3　AutoCAD软件的界面组成……(6)
　1.4　AutoCAD软件常用的功能键和快捷键……(13)
　【思考与练习】……(13)
第2章　AutoCAD软件的操作基础……(14)
　2.1　AutoCAD软件中的鼠标操作……(14)
　2.2　AutoCAD软件的调用命令……(17)
　2.3　AutoCAD软件文件的操作……(22)
　2.4　使用帮助……(26)
　【思考与练习】……(28)
第3章　绘图准备工作……(30)
　3.1　AutoCAD软件的坐标系……(30)
　3.2　图形显示控制……(33)
　3.3　实体选择方式……(36)
　3.4　设置绘图环境……(40)
　【思考与练习】……(44)
第4章　基本绘图命令……(46)
　4.1　点……(46)
　4.2　直线、射线与构造线……(47)
　4.3　圆……(48)
　4.4　圆弧……(50)
　4.5　矩形……(52)
　4.6　正多边形……(54)
　4.7　椭圆……(55)
　4.8　椭圆弧……(56)
　4.9　多段线……(58)
　【思考与练习】……(60)
第5章　基本编辑命令……(62)
　5.1　删除图形……(62)
　5.2　复制图形……(62)
　5.3　移动图形……(70)
　5.4　变形图形……(72)

5.5 修改图形 …… (77)
【思考与练习】…… (88)
第6章 快速绘图方法…… (90)
6.1 使用正交模式 …… (90)
6.2 使用对象捕捉 …… (90)
6.3 使用对象追踪 …… (94)
6.4 动态输入 …… (95)
【思考与练习】…… (96)
第7章 高级绘图命令…… (98)
7.1 等分点 …… (98)
7.2 圆环与填充圆…… (101)
7.3 多线…… (101)
7.4 图案填充…… (107)
【思考与练习】 …… (114)
第8章 高级编辑命令 …… (116)
8.1 多段线编辑…… (116)
8.2 多线编辑…… (120)
8.3 对象特性…… (123)
8.4 夹点编辑…… (124)
8.5 特性匹配…… (130)
8.6 图案填充编辑…… (131)
【思考与练习】 …… (131)
第9章 创建和管理图层 …… (133)
9.1 图层的设置和修改…… (133)
9.2 图层特性编辑…… (139)
9.3 设置当前线型比例…… (142)
【思考与练习】 …… (144)
第10章 文字标注与表格…… (146)
10.1 文字样式 …… (146)
10.2 标注文字 …… (149)
10.3 编辑文字 …… (157)
10.4 表格 …… (160)
【思考与练习】 …… (166)
第11章 尺寸标注…… (168)
11.1 尺寸标注的基本知识 …… (168)
11.2 定义尺寸标注样式 …… (169)
11.3 尺寸标注 …… (180)
11.4 编辑标注 …… (190)
11.5 尺寸标注的关联性 …… (192)

11.6 创建公差标注 …… (193)
【思考与练习】 …… (194)
第12章 块与属性 …… (196)
12.1 块的创建、使用和存储 …… (196)
12.2 块的属性 …… (207)
【思考与练习】 …… (218)
第13章 外部参照 …… (220)
13.1 使用外部参照 …… (220)
13.2 编辑外部参照 …… (222)
13.3 管理外部参照 …… (225)
13.4 外部参照的插入和管理 …… (226)
13.5 外部参照总结 …… (228)
【思考与练习】 …… (228)
第14章 设计中心和工具选项板 …… (230)
14.1 AutoCAD软件设计中心 …… (230)
14.2 工具选项板 …… (236)
【思考与练习】 …… (240)
第15章 绘制建筑施工图 …… (241)
15.1 我国建筑设计制图标准简介 …… (241)
15.2 绘制建筑平面图的准备工作 …… (244)
15.3 绘制建筑平面图 …… (246)
15.4 绘制建筑立面图 …… (258)
15.5 绘制建筑剖面图 …… (263)
【思考与练习】 …… (270)
第16章 绘制结构施工图 …… (276)
16.1 结构施工图的基本知识 …… (276)
16.2 楼层结构平面图的绘制 …… (279)
16.3 钢筋混凝土梁配筋图的绘制 …… (283)
【思考与练习】 …… (287)
第17章 绘制与修改三维图形 …… (289)
17.1 三维绘图基础知识 …… (289)
17.2 三维线框模型 …… (296)
17.3 三维曲面模型 …… (297)
17.4 三维曲面网格模型 …… (298)
17.5 三维实体模型 …… (300)
17.6 编辑实体 …… (304)
17.7 使用二维命令编辑三维实体 …… (312)
17.8 切割和剖切三维实体 …… (312)
【思考与练习】 …… (313)

第18章 AutoCAD软件出图 …… (315)
18.1 图形输出的基本知识 …… (315)
18.2 从模型空间打印图形 …… (321)
18.3 从图纸空间打印图形 …… (324)
【思考与练习】 …… (332)
参考文献 …… (333)

第 1 章　AutoCAD 软件中文版入门

AutoCAD(Auto Computer Aided Design)是由美国 Autodesk 公司推出的通用计算机辅助设计软件,自 1982 年 11 月推出了 AutoCAD 软件的第一个版本以来,几乎每年都进行版本的更新。该软件因其独特的优势而被广泛使用在土木工程、城乡规划、装饰装修、电子电路、机械设计、纺织设计以及航空航天等诸多领域。该软件能够为工程设计人员提供强大而便捷的二维和三维设计与绘图功能,同时也具有设计资源共享以及高效管理设计成果的功能。

由于 AutoCAD 软件更新频率非常快速,并且不同版本软件的界面变化较大,因此初学者在选择软件版本时颇感犹豫。其实,土木工程专业的学生或者相关的从业人员多使用该软件基本的命令和功能,如果能熟练掌握该软件的某一个版本(即使是相对较早的版本),那么当面对新版本时,只需要花一点时间去熟悉新界面的功能设置,经过短暂的适应期就可以高效地进行工作了。本教材主要介绍了 AutoCAD2020 的工作界面,该内容也适用于 AutoCAD 较新版本。

1.1　AutoCAD 软件中文版功能概述

AutoCAD 软件的基本功能包括绘制与编辑图形、标注图形尺寸、控制图形显示、绘图辅助工具等。AutoCAD 软件在新版本中不断强化绘图功能的易用性,也逐渐增加了新功能,如动态输入、动态块、图案填充、文字标注的多行文字、创建表格和计算器等。

1.1.1　绘制与编辑图形

AutoCAD 软件提供了强大而丰富的绘图和修改功能,用户不仅可以轻松地在【草图与注释】工作空间中利用功能区面板上的相关命令完成简单图形的绘制和修改,包括直线段、正多边形、矩形、圆弧、圆、椭圆等基本图形,如图 1-1(a)、(b)所示,而且可以完成较为复杂图形的绘制和编辑,如图 1-1(c)所示,还可以完成复杂的建筑施工图和结构施工图的绘制、编辑,以及文字和尺寸的标注,如图 1-2～图 1-4 所示。需要指出的是,用户可以采用多种方式激活命令,如可以使用【功能区面板】上的命令按钮,也可以直接在命令行中键入命令。

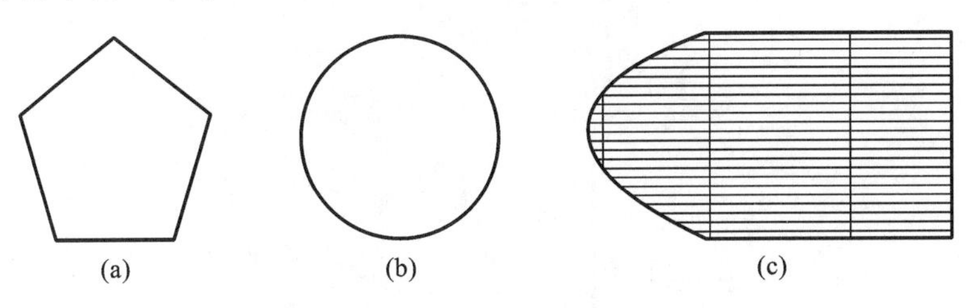

图 1-1　简单的二维图形

(a)正多边形;(b)圆形;(c)简单的二维图形

轴测图具有立体感强、直观性好等特点,在土木工程专业中,尤其是在节点的设计、加工制作或者进行施工时,轴测图便于工程师准确了解正投影视图的关系,避免误解。轴测图采用二维绘图技术模

图 1-2　某建筑立面图

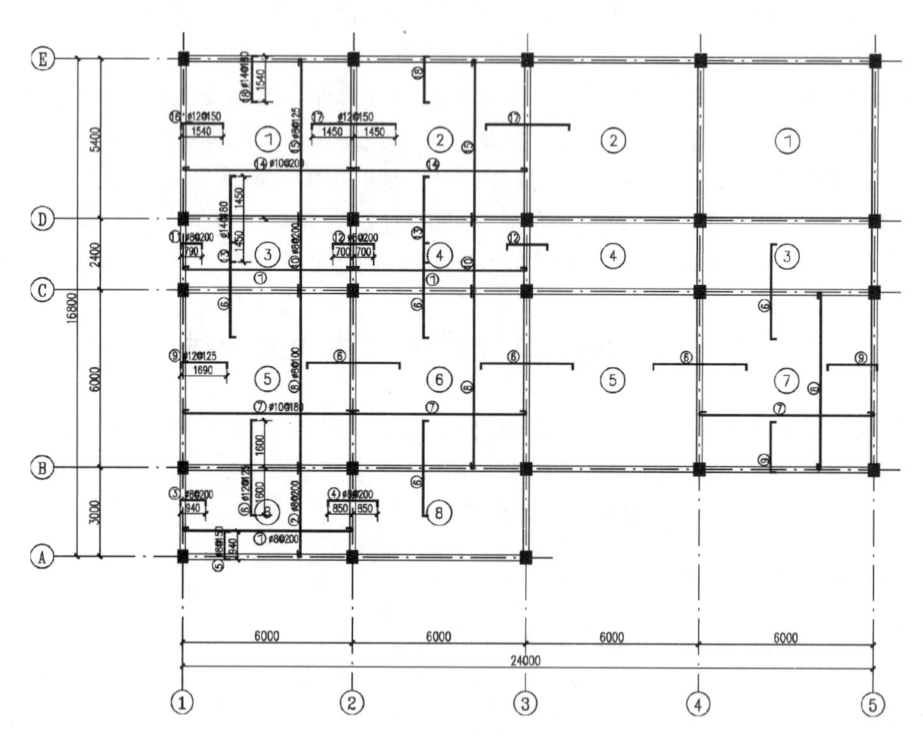

图 1-3　某建筑结构平面图

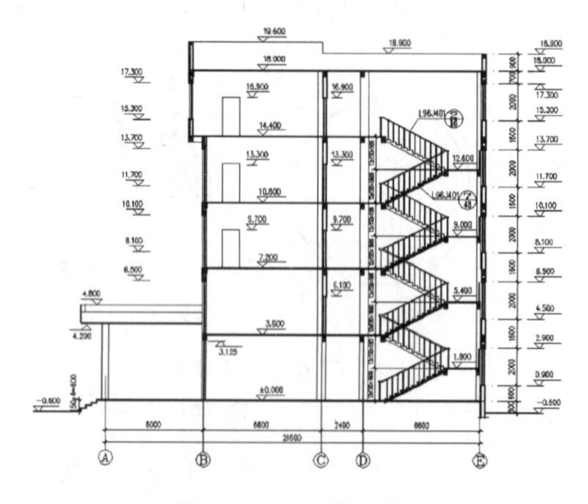

图 1-4　某建筑剖面图

拟三维对象，实际上也是二维图形。用户可以利用AutoCAD软件方便地绘制轴测图，只需要打开【草图设置】对话框并进行【等轴测捕捉(M)】，就可以方便地绘制轴测图了，如图1-5所示。当然，用户也可以根据需要，使用AutoCAD软件对复杂工程进行三维建模，这需要较高的技巧，也是未来进行工程结构力学分析和设计的基础。

为提高绘图效率，用户可以在【图层特性管理器】对话框中设置和管理不同的图线，可以根据颜色、线型、线宽分类管理图线，便于实现专业图纸的显示和打印等功能。

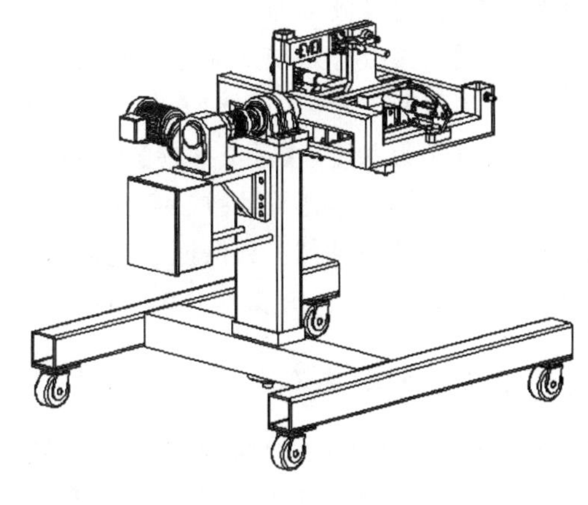

图 1-5　轴测图

1.1.2　标注图形尺寸

尺寸是图纸中非常重要的组成部分，每个专业对制图的规定各不相同。用户可以打开【标注样式管理器】对话框，根据规范的要求设置标注样式并进行尺寸的标注。AutoCAD软件的功能非常强大，也非常便利，用户可以根据要求创建标注样式，也可以根据需要进行调整。

1.1.3　控制图形显示

AutoCAD软件提供了多种方式来控制图形显示，用户可以滑动鼠标中间的滚轮来放大图形以显示构造的细节，也可以缩小图形以显示整体，如图1-6所示。

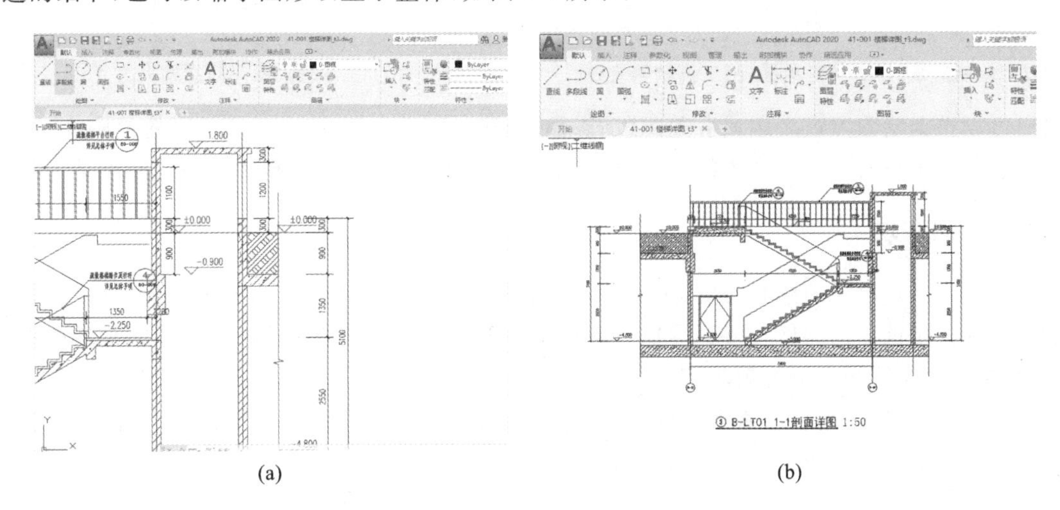

(a)　　(b)

图 1-6　控制图形显示

(a)观察细节；(b)观察楼梯的总体情况

另外，为便于观察所绘制的图形，用户可以按住鼠标滚轮，然后移动鼠标以控制图形在绘图窗口中的显示。

1.1.4　绘图辅助工具

AutoCAD软件提供了多种辅助工具以帮助用户提高绘图效率，常用的包括【栅格】、【捕捉】、【正交】、【对象捕捉】、【极轴捕捉】和【对象追踪】等多种方式。

【栅格】工具由排列规则的点组成，类似于坐标纸。【捕捉】工具可以使光标精确定位在栅格点上。【正交】工具限制了光标的移动方向，保证绘制横平线条和竖直线条的准确性，在绘制建筑施工图和结构施工图时尤为方便。【对象捕捉】工具可以使光标精确、快捷地捕捉到对象上的关键位置点，无须通过控制点的坐标。标高符号由三条直线段组成，图 1-7 演示了在绘图时利用【对象捕捉】功能精确定位直线端点。【极轴捕捉】工具保证了光标沿极轴角度按指定增量进行移动。【对象追踪】工具保证了光标沿指定方向、按指定角度或与其他对象的指定关系绘制对象。

1.1.5 动态输入

AutoCAD 软件的动态输入功能是在操作过程中在光标附近提供了一个命令界面，用于输入命令并指定选项和值，这种功能可以使用户专注于绘图区域，无须将视线移至命令行，如图 1-8 所示。

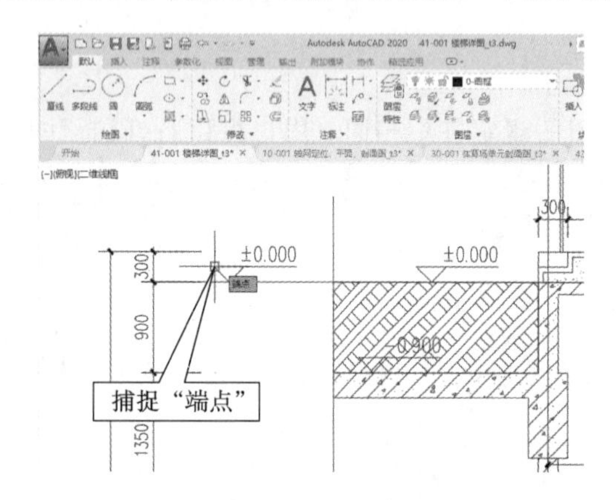

图 1-7 绘制直线时使用【对象捕捉】工具精确定位

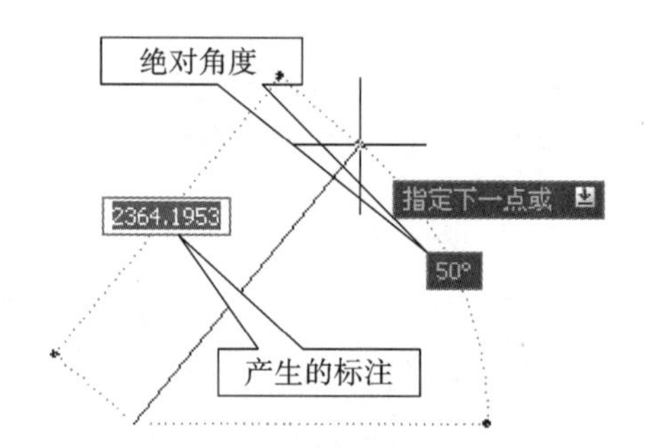

图 1-8 动态输入方式

用户可以根据绘图习惯启用或者关闭【动态输入】这一工具。关闭该工具可以使绘图窗口更加简洁。技能熟练的用户能熟记命令中的参数设置、命令选项等内容，在命令行中实现该功能更为方便。

1.1.6 动态块

块是图形中反复出现的标准图形，是 AutoCAD 软件中功能极其强大的一个工具。在绘制施工图时经常会出现大量重复的构件，AutoCAD 软件提供“块”这一功能可以使用户重复使用标准图形，从而提高绘图效率，也使得图纸更为规范。

AutoCAD2006 版及之后的版本增设了“动态块”的功能，使操作更加灵活。用户通过自定义夹点或自定义特性来操作动态块参照中的几何图形。

1.1.7 图案填充

AutoCAD 软件图案的填充和编辑工具快速而高效，用户可以用该命令完成混凝土、金属、木质材料以及土木工程专业常用材料的填充。用户可以添加、删除和重新创建填充边界，并且在同一操作中创建独立的图案填充；AutoCAD 软件还允许用户对延伸到当前视图之外的区域进行填充，然后通过指定其他填充图案原点来改变图案对齐方式。图 1-9 为 AutoCAD 软件的【图案填充创建】选项卡。

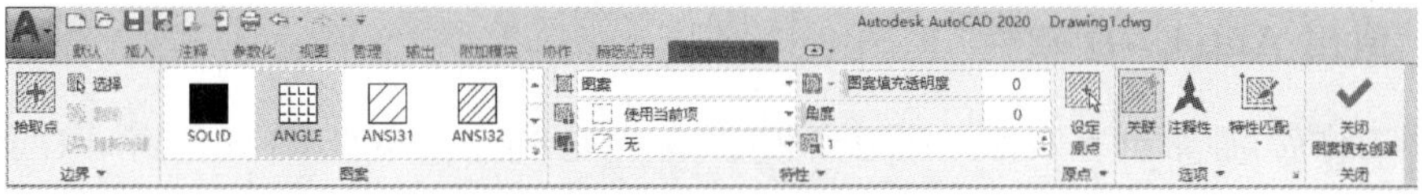

图 1-9 【图案填充创建】选项卡

1.1.8 文字标注

文字标注是施工图中不可缺少的组成部分。【多行文字编辑器】面板提供非常强大的功能，用户可以进行较长、较复杂文字的输入和编辑。这些功能包括优化框、标尺切换和宽度滑块，用户可以轻松自如地创建和编辑文字。此外，用户还可以使用面板中“@”按钮创建项目符号、数字或字母列表。图1-10为【多行文字编辑器】对话框。用户也可以使用【单行文字】命令进行比较简单的文字标注操作。

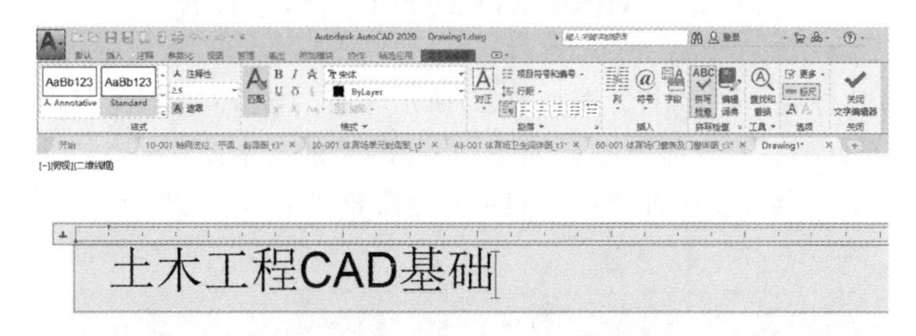

图 1-10 【多行文字编辑器】面板

1.1.9 创建表格

AutoCAD软件中引入了创建表格的功能，主要用于快速创建和修改数据表，例如标题块、数据清单和明细表等。后来，AutoCAD软件中增加了数学表达式计算功能，用户可以快速跨行或跨列进行操作。另外，AutoCAD软件还支持“+”“−”“*”“/”“=”的运算功能。

1.1.10 计算器

【QuickCalc快速计算】工具除具有与大多数标准数学计算器类似的基本功能外，还特别适用于AutoCAD软件的计算，例如几何函数、单位转换区域和变量区域。

1.2 AutoCAD软件的启动和退出

1.2.1 启动AutoCAD软件

启动AutoCAD软件常用的方法包括两种：一种是单击Windows系统的【开始】菜单，然后在弹出的菜单中找到【AutoCAD2020-简体中文(Simplified Chinese)】即可打开AutoCAD程序的界面；另一种是在桌面上直接双击图标。

启动AutoCAD软件后，直接进入AutoCAD2020默认的工作界面。

1.2.2 退出 AutoCAD 软件

完成绘制工作后,通常也有两种方法退出程序:一种是单击 AutoCAD 软件窗口右上角的【关闭】按钮☒;另一种是点击左上角的 A· 按钮,在弹出来的菜单中选择【关闭】命令即可。此时,如果用户没有保存最近进行的修改,AutoCAD 软件将显示一个对话框,提示是否将所做的修改保存到当前图形中。

在实际操作中,用户也可能仅需要关闭当前文件,未必需要关闭整个 AutoCAD 软件,此时可以在【关闭】命令中选择要关闭的文件,从而实现仅关闭该文件的操作。此时,软件继续运行。这种操作比较烦琐,用户可利用 AutoCAD 软件多窗口绘图的特点,直接关掉当前绘图窗口即可。

1.3 AutoCAD 软件的界面组成

启动 AutoCAD 软件后,程序将打开图 1-11(a)所示界面。单击左侧最醒目的【开始绘制】即可创建一个新文件,程序使用默认设置的样板文件"acadiso. dwt"的基本设置创建新文件。单击【样板】右侧的黑色三角▼即可打开软件设置的样板,可根据专业需要调整样本的类型,分别如图 1-11(b)和(c)所示。

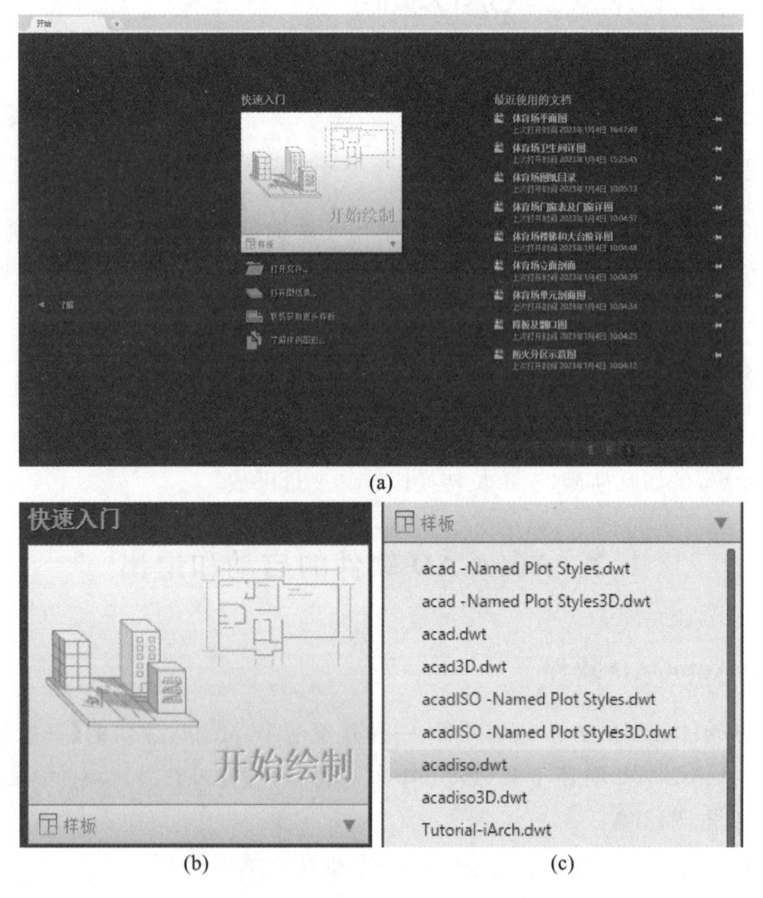

图 1-11 打开程序(AutoCAD2020)

(a)程序界面;(b)开始绘图;(c)选择样板

通常，程序直接进入【草图与注释】工作界面。该界面显示了二维绘图特有的工具。AutoCAD 软件的工作界面主要由标题栏、快速访问工具栏、功能区面板、绘图窗口、命令行、应用程序等组成，如图 1-12 所示。

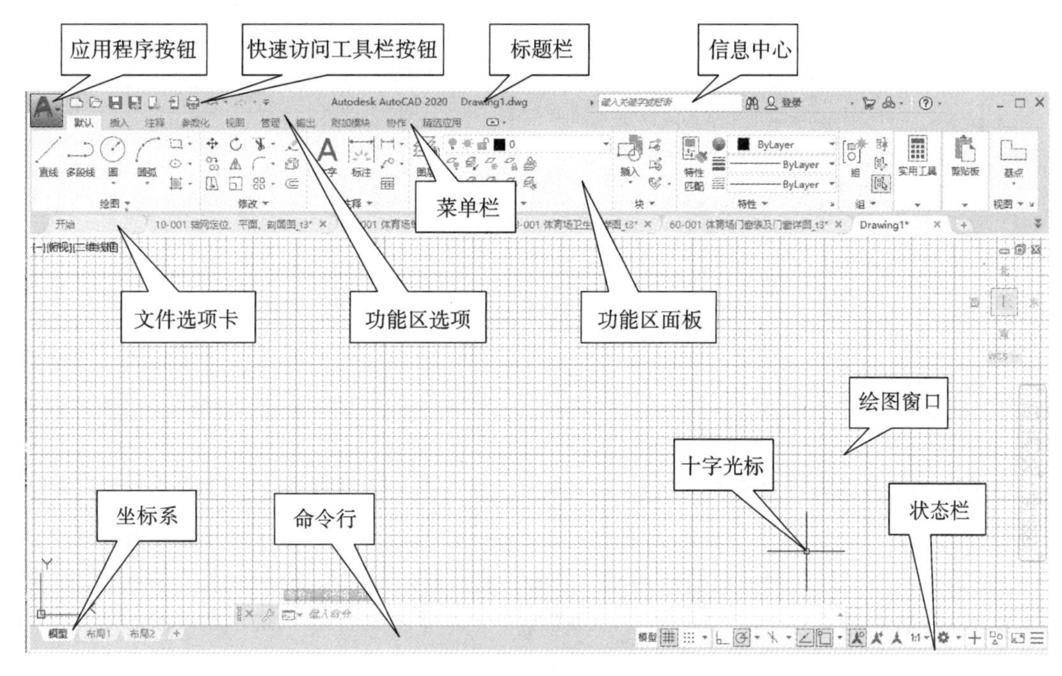

图 1-12　AutoCAD 软件【草图与注释】工作界面(AutoCAD2020 软件)

AutoCAD2020 采用全新的暗色主题，视觉柔和，视界也非常清晰。通过单击鼠标右键，在快捷菜单中选择【选项】命令，然后在【选项】|【显示】选项卡中进行适当的修改。

下文对 AutoCAD 软件的【草图与注释】工作界面进行详细介绍。

1.3.1　应用程序

单击软件界面左上角的【应用程序】按钮，在弹出的菜单上(图 1-13)可执行新建、打开、保存、另存为、关闭以及选项设置等功能。

该菜单显示最近使用的文档，便于用户管理文件、查看最近使用的文件。通过单击文件名右侧的图钉按钮“体育场平面图.dwg”可以使文件保持在列表中。固定的文档将显示在该列表的顶部，直至关闭图钉按钮为止。

实际上，【快速访问工具栏】按钮也包括打开、保存、另存为等功能。

1.3.2　快速访问工具栏

【快速访问工具栏】位于程序窗口顶部左侧(图 1-12 所示)。程序默认的功能包括新建、打开、保存、另存为、打印、放弃以及重做命令等，如图 1-14 所示。

另外，用户也可以单击【快速访问工具栏】右侧三角按钮 ，在弹出的菜单选择相关命令可调整【快速访问工具栏】的内容，如勾选“✓ 图层”可使【快速访问工具栏】增加“ 0 ”这一功能。

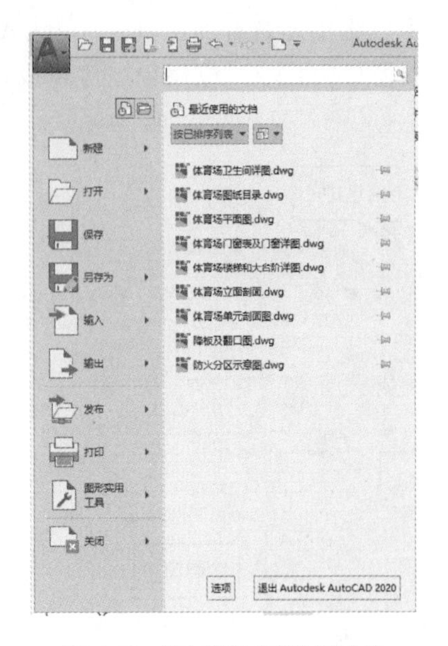

图 1-13 【应用程序】按钮功能

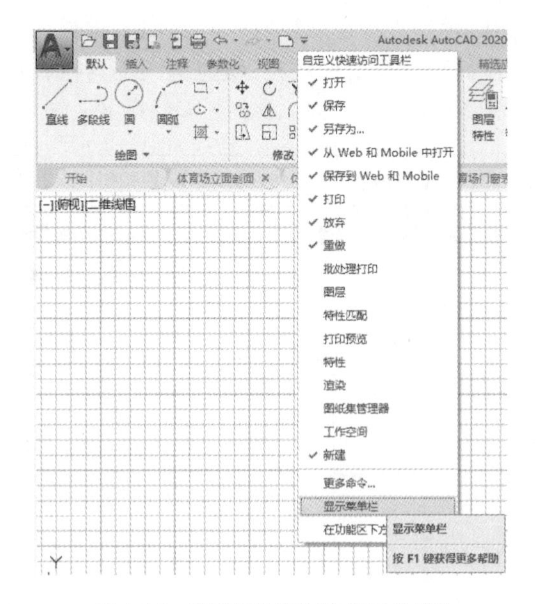

图 1-14 【自定义快速访问工具栏】

一些使用 AutoCAD 软件较早版本的用户可能更习惯使用【菜单栏】进行操作。用户可以在弹出的菜单中选择【显示菜单】,这将使软件显示传统的【菜单栏】操作方式,包括文件、编辑、视图、插入、工具、绘图、标注、修改等功能,如图 1-15 所示。当然,用户也可以执行隐藏菜单的功能以保持界面更加简洁。

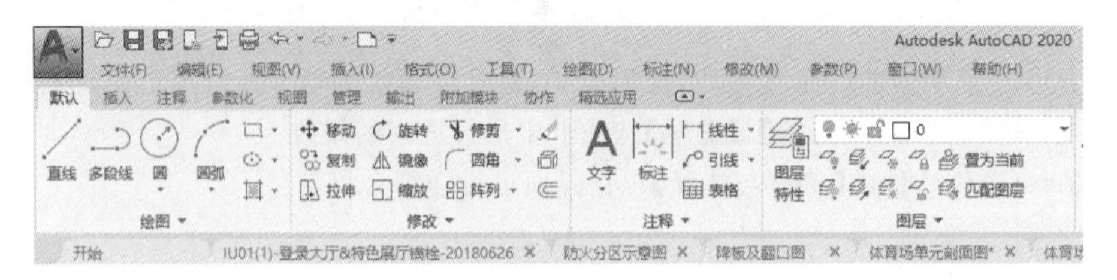

图 1-15 显示菜单栏

1.3.3 标题栏

AutoCAD 软件的标题栏位于窗口的最上面,显示当前正在运行的程序名和文件名等信息。对于程序默认的图形文件,其名称为“Drawing *N*. dwg”(*N* 是数字)。标题栏右端按钮的作用分别是最小化、最大化以及关闭应用程序窗口。

1.3.4 功能区选项卡与功能区面板

功能区选项卡包括【默认】、【插入】、【注释】、【参数化】等标签,使用鼠标左键单击标签可以切换。将鼠标置于每个选项卡上且单击鼠标右键,可以将功能面板设置为浮动选项板。

功能区面板为当前工作空间的相关命令提供了放置区域。功能区面板上包含了完成工程施工图的大部分命令,如图 1-16(a)所示。与传统的菜单式用户界面相比较,设置功能区面板可以将相关功能有组织地集中存放,用户无须查找级联菜单、工具栏等。

用户可以根据个人工作习惯,调整选项卡的内容和显示面板的内容,分别如图 1-16(b)、(c)所示。

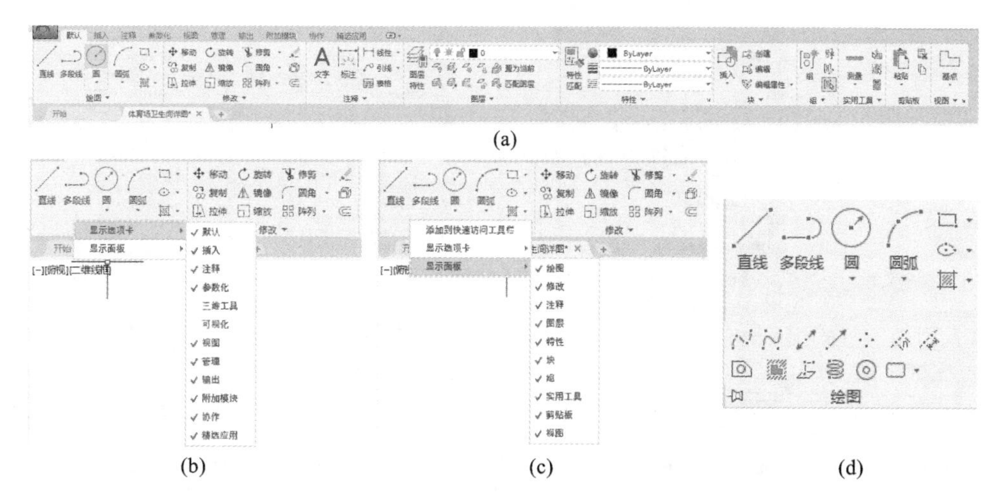

图 1-16 功能区面板(默认选项卡)

(a)功能区面板(默认选项卡);(b)调整选项卡内容;(c)调整显示面板内容;(d)显示绘图选项板内容

用户可将鼠标放置在面板空白处单击鼠标右键,在弹出的菜单中选择显示选项卡或者显示面板。

用户也可以单击【绘图】面板右侧的黑色三角▼,显示更加丰富的绘图命令,单击面板上的图钉按钮进行固定,如图 1-16(d)所示。

用户可以通过鼠标拖曳的方式将功能区面板调整为水平显示、垂直显示,或者移动至绘图窗口区域。

1.3.5 光标

当光标位于绘图窗口时,默认状态下光标的形状为"╋"字形,也称为"十字光标"。十字光标由两部分叠加而成,第一部分是点拾取器,形状为"╋"。如执行"LINE"命令时,当命令行显示为"LINE 指定第一点:"时,绘图窗口光标变为"十"字形,程序要求用户完成确定点坐标的功能。第二部分是对象拾取器,形状为"□"。当命令行显示为"选择对象:"时,绘图窗口中的光标就会变成"□"状,用户可以完成选择对象这一操作。

光标形状的变化取决于当前 AutoCAD 软件的命令以及光标所处的位置。当用户将光标移出绘图区域时,光标就会变成箭头"↖",这表示可选择标签、面板上某一按钮或菜单栏。

用户可以根据自己的绘图习惯改变十字光标和拾取框的大小。

(1)改变十字光标的大小

①单击左上角的【应用程序按钮】|【选项】,程序将弹出【选项】对话框。

②单击【显示】选项卡,如图 1-17 所示。在默认情况下,十字光标的大小为 5%,表示该光标占屏幕尺寸的百分比。如改为 100%,光标将会充满屏幕。

③单击【确定】按钮,关闭【选项】对话框。

用户也可以在命令栏输入"CURSORSIZE",输入数值就可以改变光标的大小。

(2)改变拾取框的大小

①单击【应用程序按钮】|【选项】,程序将弹出【选项】对话框。

②单击【选择集】选项卡,如图 1-18 所示。用户可以调整【拾取框大小】选项组中的滑块以调整"拾取框"的大小。

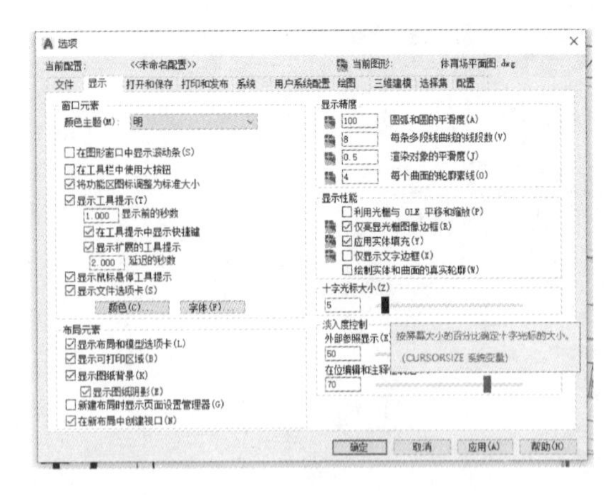

图 1-17　改变十字光标的大小

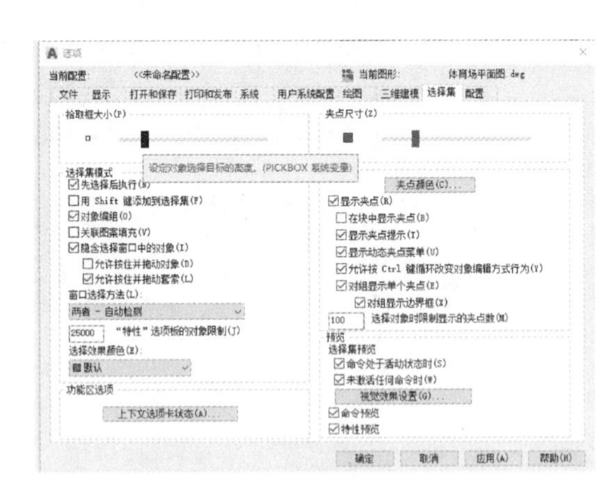

图 1-18　改变拾取框的大小

③单击【确定】按钮,关闭【选项】对话框。

提示:通常,设置过大的十字光标将导致窗口比较杂乱,但也有用户习惯将其设置为"100%"。但拾取框尺寸设置过大或者过小,将严重影响工作效率。

1.3.6　命令行与文本窗口

命令行窗口是 AutoCAD 软件显示用户通过键盘输入的命令和提示信息的区域。命令行具有非常重要的功能,除了通过键盘输入以激活命令,还是软件非常重要的人机交互窗口。当用户输入命令后,命令行会提示用户完成下一步操作内容,如设置参数、调整选项,或者修改系统变量。如在命令行中输入"LINE"命令并按下回车键,程序将提示用户所需完成的下一步操作,如图 1-19 所示。用户也可以用鼠标选择【绘图】面板中的 按钮,与在命令行中键入命令相同,命令行中也同样提示所需完成的每一步工作。

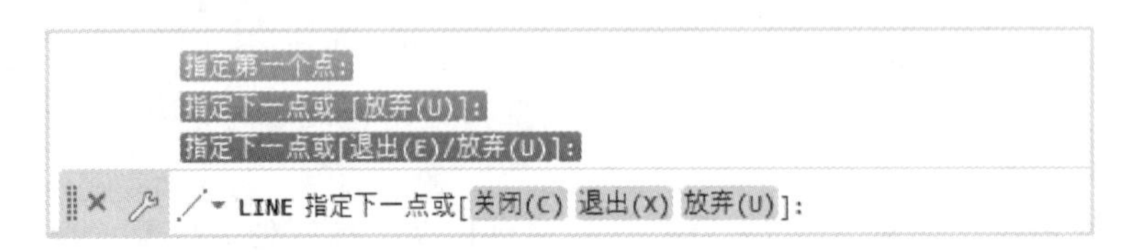

图 1-19　命令行

命令行显示的行数是可以调整的,将鼠标移至命令行与绘图窗口的交界线处,拖动鼠标可以调整命令行的数量。一般无须调整,使用软件默认的功能通常可以满足绘制施工图的任务。

AutoCAD2020 浮动功能非常简洁,半透明的显示功能使得界面更为友好。用户可以拖动鼠标将其置于界面的任何位置。

AutoCAD 软件文本窗口显示命令的输入和执行的情况以及对象的特性,可将其视为放大的"命令行"窗口。打开文本窗口最简捷的方法是按下"F2"键。

1.3.7　绘图窗口

AutoCAD 软件的界面中心是绘图窗口,所有的绘图结果都反映在这个窗口中。用户可以将鼠标置于功能区选项卡或者功能区面板并按下鼠标右键,从而通过关闭选项卡或者面板调整显示窗口的大小,其实更加简洁的方式是按下快捷键"Ctrl＋0",即可实现关闭和打开全屏显示的功能。在

AutoCAD 软件的默认设置中，绘图窗口是黑色的，包括面板的颜色主题也是暗色的。

提示：通常打开 AutoCAD 软件后的缺省设置界面为模型空间，这是一个没有任何边界、无限大的区域。因此，可以按照所绘图形的实际尺寸来绘制图形，即采用 1∶1 的比例尺在模型空间中绘图。

用户可改变绘图窗口的颜色，操作步骤如下。

①单击左上角的【应用程序按钮】|【选项】，程序将弹出【选项】对话框。打开【显示】选项卡，如图 1-20 所示。

②在【窗口元素】选项卡下单击【颜色】按钮，打开【图形窗口颜色】对话框，如图 1-21 所示。

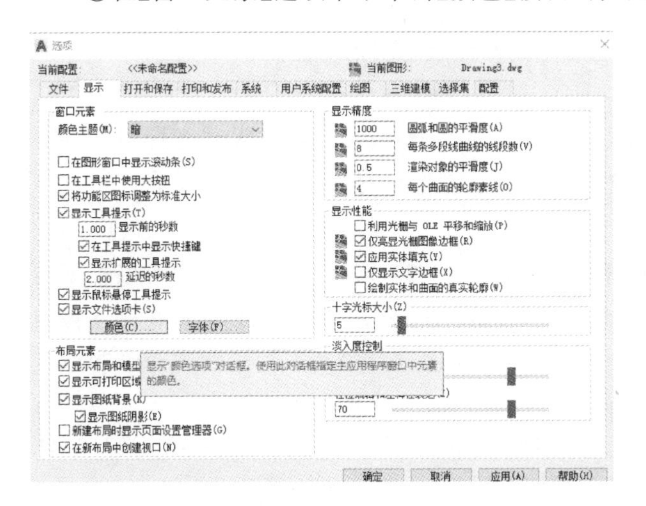

图 1-20　使用【显示】选项卡改变绘图窗口的颜色

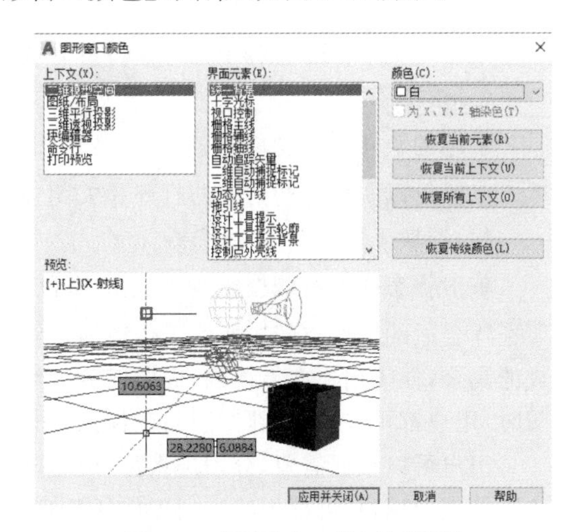

图 1-21　【图形窗口颜色】对话框

③在【图形窗口颜色】对话框中分别完成【上下文】|【三维模型空间】、【界面元素】|【统一背景】的选择，然后在【颜色】下拉列表中选择颜色。

④单击【应用并关闭】按钮关闭【图形窗口颜色】对话框。

⑤单击【确定】按钮，关闭【选项】对话框。

屏幕的颜色将随用户所选定的颜色而改变。

提示：绘图窗口通常设为黑色，这样可以使图层的颜色对比鲜明。另外，用户可以在【选项】|【显示】|【窗口元素】中打开【颜色主题】列表选择【明】或者【暗】以控制界面其他区域颜色的显示。

1.3.8　坐标系图标

在绘图窗口中除了显示当前的绘图结果，还显示了当前使用的坐标系类型以及坐标原点、X 轴、Y 轴、Z 轴的方向等。

在默认情况下，坐标系为世界坐标系（WCS）。AutoCAD 软件的缺省原点位于屏幕绘图区的左下角。

1.3.9　状态栏

状态栏位于窗口的右下方，用来显示当前的绘图状态，还可以显示当前光标的坐标、多种绘图辅助工具、切换工作空间以及进行自定义等，如图 1-22 所示。

状态栏各部分的功能如下。

（1）坐标

在绘图窗口中移动光标时，状态栏的【坐标】区将动态地显示当前坐标值。在坐标区单击鼠标右

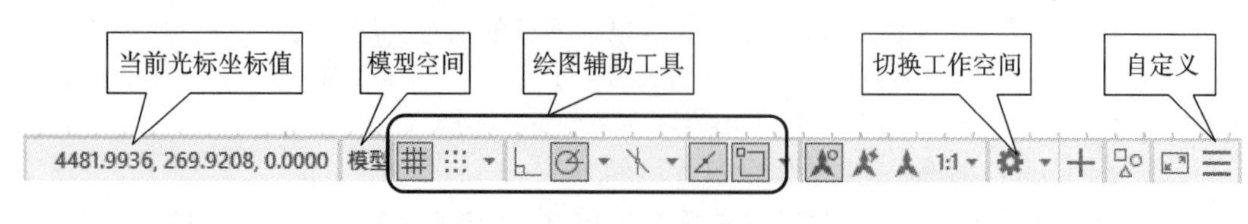

图 1-22　状态栏

键,程序将弹出快捷菜单,显示【相对】、【绝对】以及其他功能,具体介绍见第 3 章。

(2)模型

鼠标左键单击【模型】按钮可执行打开或者关闭模型空间和图纸空间的功能。

(3)绘图辅助工具

常用的绘图辅助功能包括 (显示图形栅格)、(捕捉模式)、(正交限制光标)等功能。单击鼠标可以实现这些功能的打开和关闭,程序的命令行将显示操作结果。

(4)切换工作空间

单击状态栏上右侧按钮 上的黑色三角▼,程序将弹出图 1-23(a)所示菜单,用户可以根据需要选择合适的工作空间。所谓工作空间,是软件专门组织的菜单、工具栏、选项板和功能区控制面板组成的集合,便于用户在专门的、面向任务的绘图环境中工作。当前进行简单图形的绘制或者绘制施工图时,用户都可以选择在【草图与注释】工作空间中完成。

用户可以根据需要,分别进入【三维基础】或者【三维建模】完成特定的工作。对于 AutoCAD 软件比较熟练的用户,可根据特定的工作任务定制专门的工作空间。

用户可用鼠标左键单击【快捷访问工具栏】右侧的黑色三角▼,在弹出的菜单中选择【工作空间】命令,这种方式对提高操作效率更为有效,如图 1-23(b)所示。

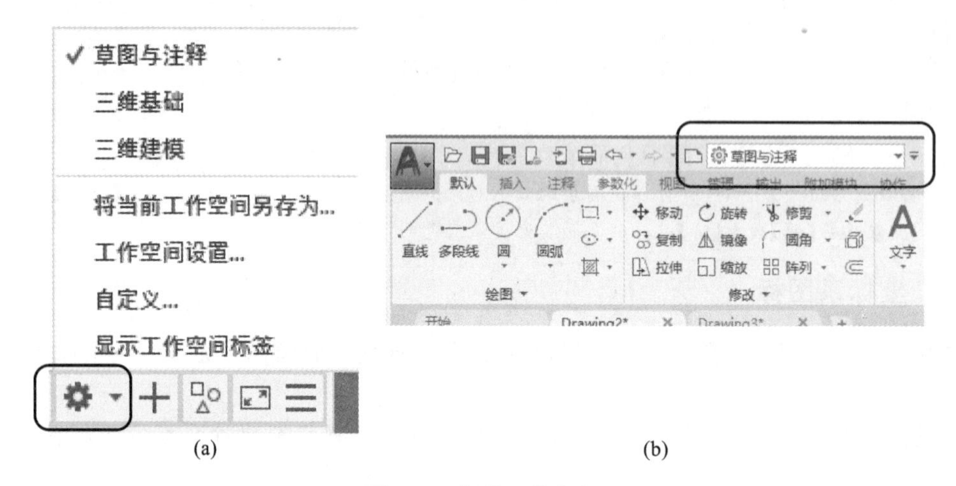

图 1-23　切换工作空间

(a)在状态栏中调整工作空间;(b)在快捷访问工具栏中显示工作空间

(5)自定义

鼠标左键单击状态行右端的 按钮将打开自定义的功能,用户可以选择或取消菜单上的命令选项以控制状态栏的显示。

1.4 AutoCAD 软件常用的功能键和快捷键

AutoCAD 软件的快捷键是指用于启动命令的键或键组合。例如，可以按“Ctrl＋O”打开文件，按“Ctrl＋S”保存文件，结果与从【文件】菜单中选择【打开】和【保存】相同。表 1-1 介绍了部分常用的功能键和快捷键。

表 1-1 AutoCAD 软件的功能键和快捷键

功能键	作用	功能键	作用	功能键	作用
F1	显示帮助	F8	切换正交模式	Ctrl＋P	打印当前图形
F2	打开/关闭文本窗口	F9	切换光标捕捉模式	Ctrl＋R	在布局视口之间循环
F3	对象捕捉切换	F10	切换极坐标模式	Ctrl＋S	保存当前图形
F4	数字化仪模式切换	F11	切换对象捕捉追踪	Ctrl＋V	粘贴剪贴板中的数据
F5	切换等轴侧面模式	F12	切换动态输入	Ctrl＋X	将对象剪切到剪贴板
F6	切换坐标显示	Ctrl＋N	创建新图形	Ctrl＋Y	取消前面的“放弃”动作
F7	切换栅格显示	Ctrl＋O	打开现有图形	Ctrl＋Z	撤销上一个操作

【思考与练习】

思考题

1-1 AutoCAD 软件的基本功能包括哪些？

1-2 如何启动和退出 AutoCAD 软件？

1-3 AutoCAD2020 软件【草图与注释】工作界面由哪些部分组成？各部分具有哪些功能？

1-4 如何在 AutoCAD2020 中控制菜单的显示？

上机操作

1-1 启动和退出 AutoCAD 软件，熟悉 AutoCAD 软件的工作界面。

1-2 点击软件【工作空间】，分别将软件工作空间调整至【草图与注释】、【三维基础】和【三维建模】，熟悉界面的组成。

1-3 调整命令行的宽度为 5 行，然后再次调整为 3 行。

1-4 利用【应用程序按钮】|【选项】打开对话框，调整十字光标的大小。

1-5 利用【应用程序按钮】|【选项】打开对话框，调整拾取框的大小。

1-6 练习“F1”“F2”“F3”“F8”“Ctrl＋S”和“Ctrl＋Z”等功能键和快捷键。

第2章　AutoCAD软件的操作基础

使用AutoCAD软件绘制施工图时，熟练地使用鼠标左键、右键以及鼠标的滚轮可显著提高绘图效率和绘图精度。在AutoCAD软件中调用命令时，当前版本提供的默认模式是在功能区进行操作，功能区面板集成了绘图工作中常用的操作命令，绘图非常方便。当然，通过适当操作和设置，用户也可以使用菜单、工具栏等传统模式，这也是一种非常高效的方式。对于经验丰富的土木工程专业技术人员，使用传统的键盘操作方式绘制施工图也是非常快捷的。在绘制过程施工图时，正确管理文件、了解多文档操作的优势，也是工程师高效工作的基本技能。本章对AutoCAD2020软件的基础操作技能进行阐述，同时也解释了相对较低版本软件的操作基础。

2.1　AutoCAD软件中的鼠标操作

鼠标操作是AutoCAD软件中最基本的操作方法。鼠标左键具备点取功能区面板上的命令按钮、菜单栏和工具栏上的图标等Windows系统的标准操作功能。另外，鼠标左键还可以实现绘图中的定位、选取和拖曳对象等功能，这是AutoCAD软件的基本操作。鼠标右键除了具备“确定”功能，还可以和数种快捷菜单相联系，从而使绘图工作更加方便。

2.1.1　鼠标左键

2.1.1.1　单击鼠标左键的常用功能

单击鼠标左键的常用功能有如下几种。

①拾取要编辑的对象。

②确定十字光标在绘图窗口中的位置。

③选择命令按钮，执行相应的操作。

④对菜单和对话框进行操作。

其中，拾取欲编辑的对象是鼠标左键最重要的功能，也是提高绘图效率最基本的要求。

2.1.1.2　双击鼠标左键的功能

在AutoCAD软件中，在没有进行其他操作时，使用鼠标左键双击图形可弹出快捷特性对话框。用户可使用“LINE”命令绘制一条直线，然后使用鼠标左键双击该图形，软件即弹出【快捷特性】选项板，如图2-1(a)所示。如果想了解该直线更多的属性，可使用鼠标左键选中该直线图形，单击鼠标右键可在绘图窗口显示右键快捷菜单，选择“特项”命令，则会弹出完整的“特性选项板”，如图2-1(b)所示。

鼠标左键双击功能可以进行调整，用户需要在命令行输入“DBLCLKEDIT”并回车，即可对这一功能进行设置，输入“ON”和“OFF”执行打开和关闭的操作。用户也可在【选项】|【用户系统配置】选项卡中用鼠标左键双击命令打开和关闭的设置，用户可以同时单击A·(应用程序按钮)，在打开的菜单中选择 选项 按钮即可打开【选项】对话框。

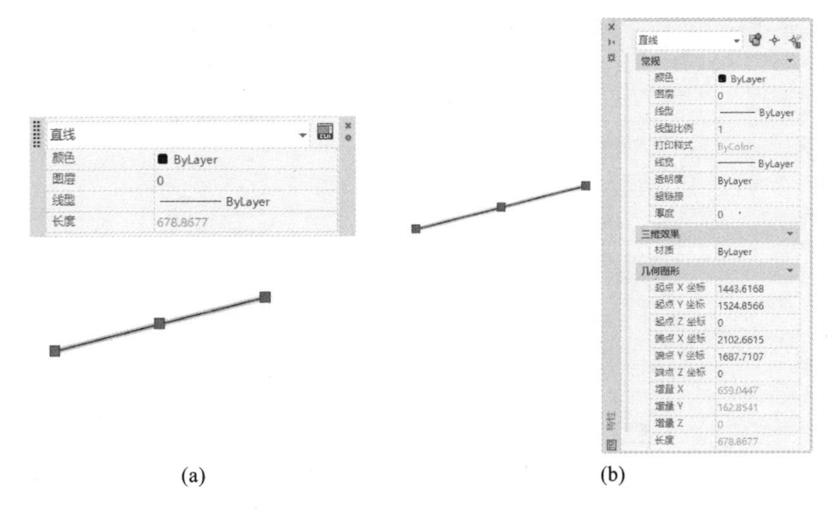

图 2-1　特性选项板

(a)快捷特性选项板;(b)完整的特性选项板

2.1.2　鼠标右键

从 AutoCAD 软件较早的版本开始,鼠标右键就具备“确定”的功能,实际上就是“Enter”键的功能。新版本中右键功能更加强大,它和多种快捷菜单建立了联系,使得某些操作非常方便。考虑到个人绘图习惯的不同,AutoCAD 软件中右键的功能可以进行调整。

和鼠标右键相联系的快捷菜单的相关内容见第 1 章,这里不再赘述。本节主要阐述如何进行鼠标右键的设置。

2.1.2.1　鼠标右键的设置

如对鼠标右键功能进行调整,通常采用如下四种方法打开【用户系统配置】选项卡。

①应用程序按钮:单击 A |【选项】|【用户系统配置】选项卡。

②命令行:输入“OPTIONS”并回车,在打开的【选项】对话框中进行操作。

③快捷菜单:未运行任何命令也未选择任何对象,在绘图区域中单击鼠标右键将弹出快捷菜单,在【选项】对话框中进行操作。

④下拉菜单:【工具】|【选项】|【用户系统配置】选项卡,如图 2-2 所示。

2.1.2.2　【自定义右键单击】对话框

打开【用户系统配置】选项卡后,用户可根据个人绘图习惯设置右键功能。在【Windows 标准操作】选项组中选择【在绘图区域中使用快捷菜单】,然后点击【自定义右键单击】按钮进入如图 2-3 所示的【自定义右键单击】对话框。

①【打开计时右键单击】:控制鼠标右键单击操作,其功能见图 2-3 中的解释。

②【默认模式】:没有选定对象且无命令运行时,在绘图区域中单击鼠标右键所产生的结果,如图 2-3 所示。

③【编辑模式】:选中一个或多个对象且无命令运行时,在绘图区域中单击鼠标右键的结果。其中,【重复上一条命令】功能是选中了一个或多个对象且无命令运行时,在绘图区域中单击鼠标右键的功能同“Enter”键,即重复上一次使用的命令。

④【命令模式】:当命令正在运行时,在绘图区域中单击鼠标右键所产生的结果。一是【确认】,功能

图 2-2 【用户系统配置】选项卡

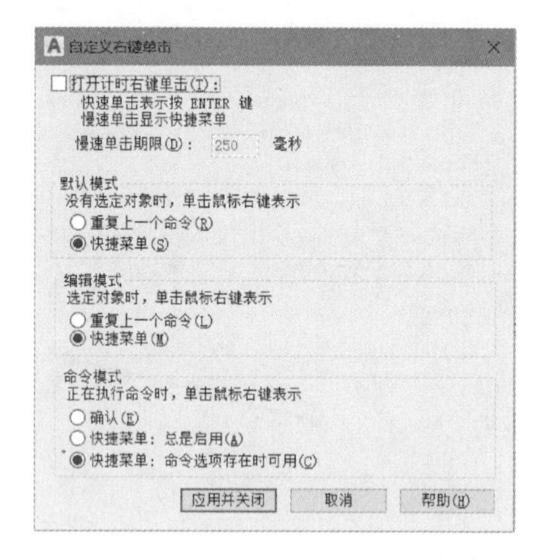

图 2-3 【自定义右键单击】对话框

同“Enter”键；二是【快捷菜单：总是启用】；三是【快捷菜单：命令选项存在时可用】，当正在执行命令时，如果该命令存在选项，单击鼠标右键则弹出快捷菜单。

2.1.3 支持 Microsoft 智能鼠标

智能鼠标由两个标准的“Microsoft”按钮和一个滚轮组成。

滚动鼠标滚轮可以实现放大和缩小操作以更改视图的比例，类似于使用相机观察对象时进行缩放的功能。该功能不会更改图形中对象的绝对大小，仅更改视图的比例。向前滚动滚轮为放大视图，向后滚动滚轮为缩小视图。在默认情况下，缩放比例设为 10%，即每次转动滚轮都将按 10%的增量进行缩放。也可以在命令行中输入“ZOOMFACTOR”来改变系统变量，即控制滚轮转动的增量变化。数值越大，每次转动滚轮时，其增量变化就越大。

按下滚轮不动，AutoCAD 软件将进入“实时平移”模式，绘图窗口出现 的标记，拖动鼠标就可以完成“平移”的功能，该功能可实现改变视图而不更改查看方向或比例。按下“Ctrl”键的同时按下滚轮，将进入操纵杆模式。这时出现如图 2-4(a)所示的移动图标，该图标指示了光标所有可以移动的方向。按住滚轮，向某个方向移动鼠标，出现如图 2-4(b)所示的图标，它显示了光标移动的方向。

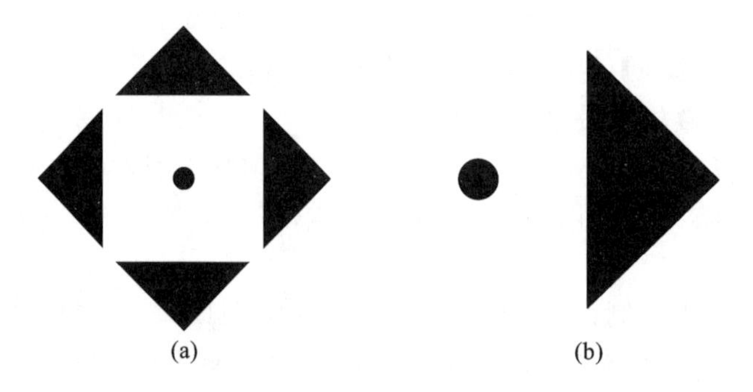

图 2-4 操纵杆模式

(a)光标所有可移动的方向；(b)光标移动的方向

滚轮也可以当作鼠标按钮使用，双击滚轮将执行“范围缩放”，这是非常有效的操作，可实现显示当前视图所有对象的功能。

由此可见，智能鼠标提供了实时缩放、平移和范围缩放的功能，并且这些功能可以在用户的指尖完成，因此极为方便，如图 2-5 所示。

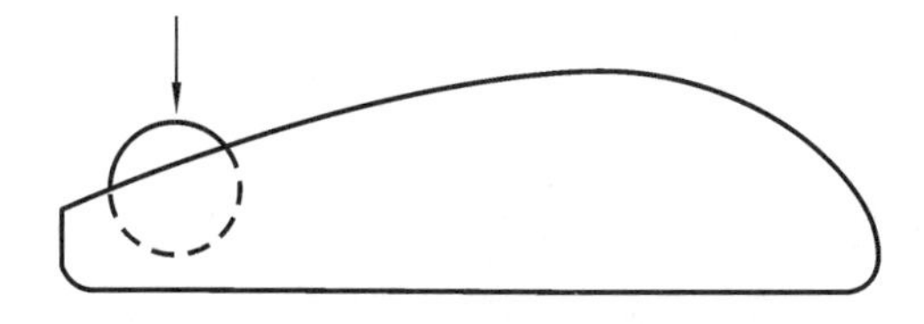

图 2-5　双击鼠标滚轮

2.2　AutoCAD 软件的调用命令

高效率的绘图方法是“左手输入，右手选择”，即左手在命令行中输入命令，右手控制鼠标进行对象选择，这是公认的效率较高的绘图方式。由于这种方式需要熟记大量的命令，在学习阶段，用户可以交替使用下文所述的方法，以熟悉 AutoCAD 软件调用命令的方式。

2.2.1　功能区面板操作

功能区面板包含了设计绘图所需要的绝大部分操作，在功能区面板上单击按钮就可以执行相应命令。切换功能区选项卡上的不同标签图标，将显示不同的面板以便于用户完成相应的操作。

功能区面板可以垂直显示，也可以水平显示，同时也能将功能区面板选项设置为悬浮选项板，用户可以根据自己的习惯和喜好进行调整。默认模式下，创建图形或打开图形时，在图形窗口的顶部将显示水平的功能区面板，如图 2-6 所示。

图 2-6　功能区面板

2.2.2　命令行操作

用户可以使用键盘在命令行中输入命令后按下“Enter”键执行操作。AutoCAD 软件的命令都可以使用键盘进行操作。用户需要在命令行中输入完整的命令名(为提高效率，熟练的用户多使用快捷命令进行操作，即命令的缩写，如可以将“LINE”命令简化为“L”进行输入)，然后按“Enter”键或空格键执行命令。

初学者常常忽略 AutoCAD 软件命令行中的提示，这些提示对于正确画图是非常重要的。如 AutoCAD 软件定义了多种方法创建圆，包括圆心和半径、圆心和直径、两点定义直径、三点定义圆周等方法，默认的方法是指定圆心和半径。当一个命令有几种选项时，这些选项显示在同一命令行上，用户可以根据需要进行选择。默认选项是命令提示的一部分，其他选项圈在方括号内，并被向前的斜线符号(/)分开。如果用户想用圆心和直径法绘制圆形，就需要根据提示进行修改。

命令：CIRCLE ↵

指定圆的圆心或[三点(3P)/两点(2P)/相切、相切、半径(T)]：0，0 ↵(默认模式为指定圆心，不改变模式，输入“0，0”为圆心并回车)

指定圆的半径或[直径(D)]:D ↵(默认模式是指定圆半径,此处采用圆心和直径绘制圆,需改变当前模式,故输入“D”并回车)

指定圆的直径:100 ↵(输入直径并回车)

提示:命令行有时出现如下内容:“指定圆的半径或[直径(D)]＜50.0000＞:”,此处＜50.0000＞是上一次操作时程序所记录的数据。直接按下“Enter”键表示采用＜50.0000＞作为半径输入。所以,用户必须注意命令行提示的内容。

在应用程序状态栏中单击图2-7所示的最右侧按钮 ,在显示的菜单中选中“动态输入”,就可以在应用程序状态栏中单击使用“动态输入”命令。“动态输入”命令可以使“命令行”中的内容在绘图窗口中显示,使用户将精力集中于绘图窗口。

图2-7 应用程序状态栏

左键单击 按钮(动态输入)后,绘制比较复杂的图形时,该功能有可能使屏幕显示内容比较杂乱,如想保持屏幕简洁,可单击此按钮执行关闭命令。

用户右击【动态输入】按钮 ,弹出右键快捷菜单,单击【动态输入设置】选项可以进入【草图设置】|【动态输入】选项卡,该选项卡内包含【指针输入】、【标注输入】、【动态提示】三个选项。选中【动态提示】选项,在动态输入时仅显示命令行中的提示内容。

2.2.3 菜单操作

单击快速访问工具栏中最右边的三角按钮 ,在弹出的自定义快速访问工具栏选项中选择“显示菜单栏”即可在功能区上方显示菜单栏,如图2-8所示。当不需使用菜单栏时,选择“隐藏菜单栏”就可将之隐藏。

文件(F) 编辑(E) 视图(V) 插入(I) 格式(O) 工具(T) 绘图(D) 标注(N) 修改(M) 参数(P) 窗口(W) 帮助(H)

图2-8 菜单栏

菜单栏包含AutoCAD软件为用户提供的“文件”“编辑”“视图”“插入”“格式”“工具”等12个菜单,每个菜单下又包含若干个子菜单。在菜单栏上单击鼠标左键可展开下拉菜单,单击菜单中的命令选项即可执行该命令。

2.2.4 工具栏操作

工具栏曾经是AutoCAD软件非常重要的操作,随着软件的改版,该操作被功能区所取代。但熟练的工程师也可以在新版的AutoCAD软件中调出工具栏。用户在菜单栏中依次选择【工具】|【工具栏】|【AutoCAD】|【修改(调出修改工具栏)】,可以根据自己的需要添加工具,如图2-9(a)所示。通常,可以选择添加【标准】工具栏、【绘图】工具栏、【修改】工具栏以及【缩放】工具栏等。

打开的工具栏可以在绘图区域内悬浮,也可以点击右上角关闭工具栏,如图2-9(b)所示。用户可以用鼠标把工具栏拖到绘图区域的边界处,作为固定工具栏使用。用户也可以根据需要用鼠标将工具栏拖动至绘图窗口处,使之变为浮动工具栏。

使用鼠标左键单击工具栏中的各个命令按钮即可执行相应的命令。

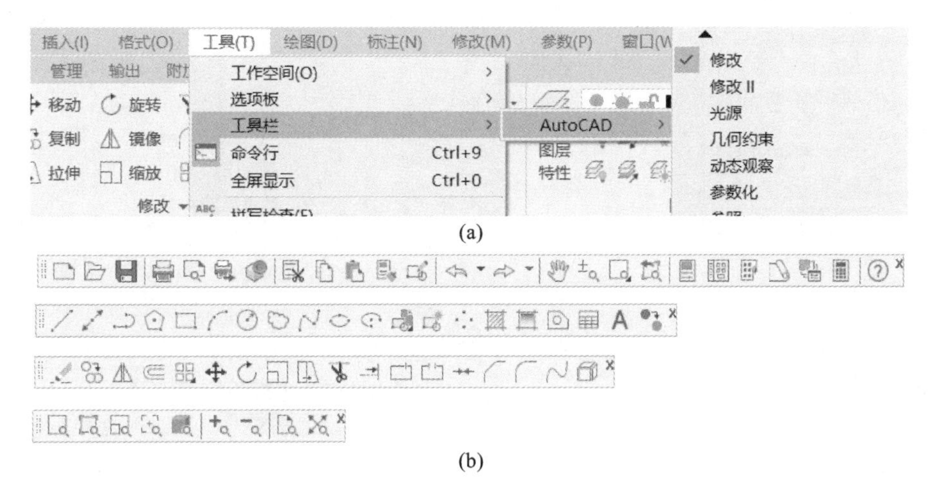

图 2-9　【工具栏】操作

(a)调出【修改】工具栏；(b)【标准】工具栏、【绘图】工具栏、【修改】工具栏和【缩放】工具栏

2.2.5　快捷菜单操作

单击鼠标右键将显示快捷菜单，这是一种特殊的菜单操作。快捷菜单的功能取决于单击鼠标右键时光标所处的位置、是否在执行 AutoCAD 命令以及右键功能的设置。

2.2.5.1　快捷菜单的命令演示

在绘图窗口中右击，AutoCAD 弹出快捷菜单，在选取的对象不同、执行的命令不同时，快捷菜单显示的内容有所不同。

快捷菜单通常包括如下选项。

①重复执行上一个命令。

②取消当前命令。

③显示用户最近输入的命令列表。

④剪切板功能可以进行剪切、复制以及在剪切板粘贴。

⑤选择其他命令选项。

⑥设置动作录制器功能。

⑦子对象选择过滤器对子对象的选择进行设置。

⑧显示对话框，例如【选项】或【自定义】。

⑨放弃输入的上一个命令。

除了在绘图区域右击可以弹出快捷菜单，在命令行、状态栏、工具栏、布局和模型标签上右击，都可以激活相应的快捷菜单。

2.2.5.2　快捷菜单的其他功能

①对象捕捉的功能。用户同时按下鼠标右键和“Shift”键或“Ctrl”键就可以显示快捷菜单，如图 2-10 所示。

②夹点编辑操作时的功能。用户选中一个图形时，图形上会显示可能蓝色的方框，这就是图形的夹点。在执行夹点编辑命令时单击鼠标右键，将弹出如图 2-11 所示的菜单。

右键快捷菜单的功能非常强大，用户可以参照本节所讲的内容对鼠标右键的其他功能进行设置并

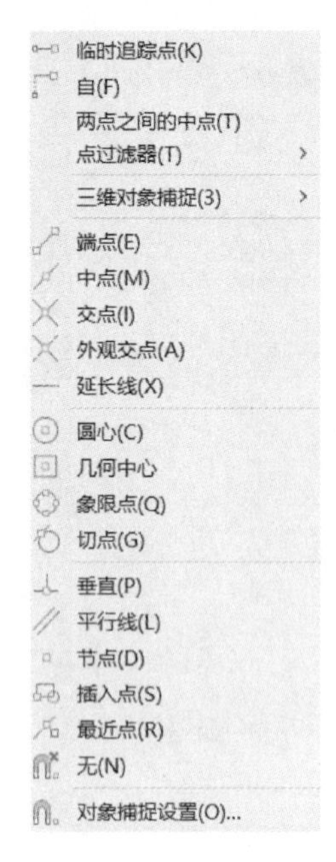

图 2-10　对象捕捉功能

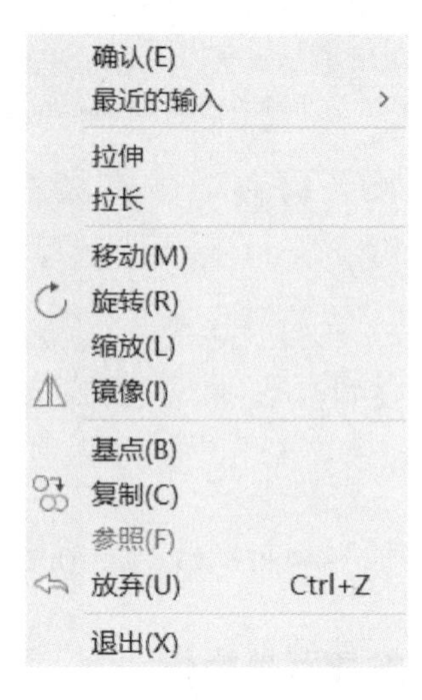

图 2-11　夹点编辑时的快捷菜单

操作,这里不再赘述。

提示:如图 2-10 所示,如果某些选项后面带有“》”,这表示后面还包含有子菜单。

2.2.6　对话框操作

在 AutoCAD 软件中,某些命令需要通过对话框进行操作,这是程序和用户之间交换信息的重要方式之一。

图 2-12 为【线型管理器】对话框,包括标题栏、控制按钮等。对话框的大小固定,不可调整。

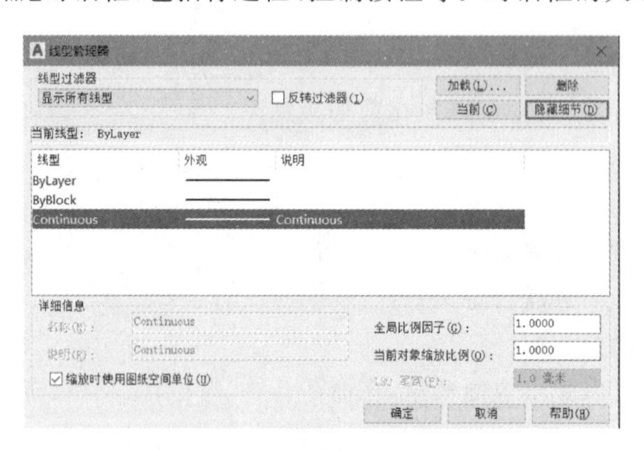

图 2-12　【线型管理器】对话框

通常,对话框包括如下几部分内容。

①【标题栏】:位于对话框的顶部,显示当前对话框的内容,右侧为控制按钮。

②【编辑框】:也可以称之为【文本框】。用户可以输入信息,如输入【全局比例因子】可以控制线型的显示。

③【复选或者单选框】:选中时出现“√”,表示被选中,否则为空白。

④【命令按钮】：单击这些命令按钮可以进行相应的操作，如图 2-12 中的【确定】、【取消】分别代表"确定"或者"取消"对话框的操作，某些按钮后面带有"…"，表示单击该按钮将打开新的对话框。如单击图 2-12 中的【加载】按钮，将弹出如图 2-13 所示的【加载或重载线型】对话框，用户可以在该对话框中继续操作。

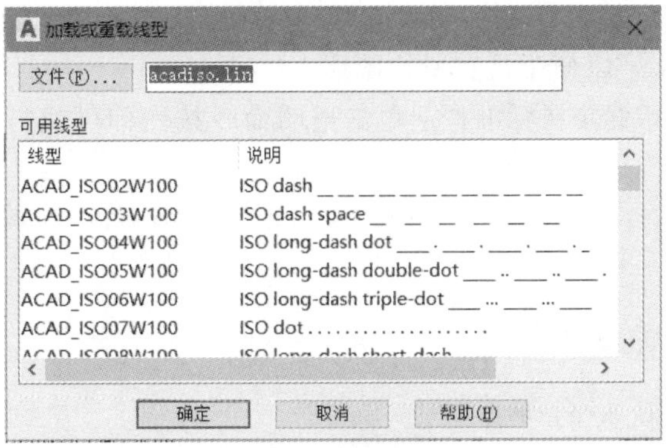

图 2-13　【加载或重载线型】对话框

2.2.7　重复调用命令操作

在 AutoCAD 软件中可重复调用刚使用过的命令，用户只要按空格键或回车键就可以重复执行命令。

按键盘上的"向上"或"向下"的箭头键，可以在命令行中查找以前的命令。当执行过的命令显示后，按回车键即可再次执行该命令。也可以在命令行中单击鼠标右键，在弹出的快捷菜单上的【最近使用的命令】的子菜单中选择刚才使用过的命令。

使用"MULTIPLE"可实现多次重复操作一个命令，以下演示的例子表示重复调用"LINE"命令，过程如下。

命令：MULTIPLE ↵
输入要重复的命令名：LINE ↵
指定第一点：(开始输入直线)
……

2.2.8　透明命令操作

透明命令是指在执行其他命令时还可以输入的新命令，通常是一些可以查询、改变图形设置或绘图工具的命令。当 AutoCAD 软件正在执行某种命令时，用户可以从功能区面板、工具栏或下拉菜单中调用一个新的命令而不影响正在执行的命令。当退出该透明命令后，还可以继续执行原先的命令。如果该命令不能被透明地执行，AutoCAD 软件将终止处于激活状态的命令，转而执行新命令。

执行透明命令的方式有两种：一种是用左键直接点取该命令，另一种是在命令行中输入透明命令。

以下操作为绘制直线过程中执行"实时平移"命令以移动视图，然后退出该透明命令，过程如下。

命令：LINE ↵(在命令行中输入"LINE"绘制直线)
指定第一点：0,0 ↵(通过命令行输入点坐标)
指定下一点或[放弃(U)]：100,0 ↵(通过命令行输入点坐标)
指定下一点或[放弃(U)]：100,100 ↵(通过命令行输入点坐标)
指定下一点或[闭合(C)/放弃(U)]：'PAN ↵(命令前的"'"表示输入透明命令)

按“Esc”或“Enter”键退出，或单击右键显示快捷菜单(命令行显示的内容)。

此时，在绘图窗口出现 ，这表示用户可以在当前窗口移动视图。

正在恢复执行“LINE”命令：(按下“Esc”键退出透明命令，重新执行“LINE”命令)

指定下一点或[闭合(C)/放弃(U)]：200,100 ↵(从命令行输入点的坐标)

指定下一点或[闭合(C)/放弃(U)]：↵(按下“Enter”键，完成“LINE”的操作)

此处执行透明命令“PAN”以便于观察所绘图形。

在实际使用时，使用鼠标直接在标准栏上单击透明命令按钮即可执行该透明命令，但是在命令行中进行操作则非常烦琐。

提示：在绘图过程中，滑动鼠标滚轮或按下鼠标滚轮可非常方便地实现视图缩放和实时平移，以这种方式实现透明命令操作更为高效和方便。

2.2.9 删除和撤销命令操作

2.2.9.1 撤销正在执行的命令

按下“Esc”键即可删除正在执行的命令，或者从正在执行的命令中跳出。

2.2.9.2 放弃操作

如果软件界面上包含【标准】工具栏，可单击 按钮(放弃)进行操作，或者在命令行中输入“U”命令也可以完成。

连续单击【放弃】按钮 可执行放弃多次操作命令，或者在命令行中输入“U”后连续按“Enter”键或空格键。用户也可单击【放弃】按钮右侧的黑色三角▼按钮，在展开下拉列表中执行更加灵活的操作。

组合键“Ctrl+Z”也具有回退的功能，按一次表示放弃前一次操作，按多次表示放弃前面的多次操作。

某些命令自身包含“U”(放弃)选项，无须退出该命令即可放弃上一次操作。例如，创建直线或多段线时，程序提供“U”选项，键入该命令可放弃绘制上一个操作，连续键入该命令则可执行更多放弃的操作。

2.2.9.3 取消放弃

如果想取消放弃，可以在使用“U”或“UNDO”后立即使用“REDO”以取消放弃，还可以使用【标准】工具栏上的【重做】按钮 进行单次或多次放弃，也可以使用放弃列表进行放弃操作。

2.3 AutoCAD软件文件的操作

2.3.1 文件的创建和保存

2.3.1.1 创建新的图形文件

创建新的图形文件的方法有如下几种。

①【应用程序】：按钮|【新建】按钮 。

②命令行：输入“NEW”并回车或按下组合键“Ctrl+N”。

③下拉菜单：【文件】|【新建】。

④标准工具栏:【标准】| 按钮。

在默认情况下,AutoCAD 软件将会打开【选择样板】对话框,如图 2-14 所示。样板文件是绘图的模板,在样板文件中通常包含一些绘图环境的设置。选择样板“acadiso. dwt”后,新文件的默认名称为“Drawing*N*. dwg”,这里 *N* 表示 1、2、3 等新文件的序号。

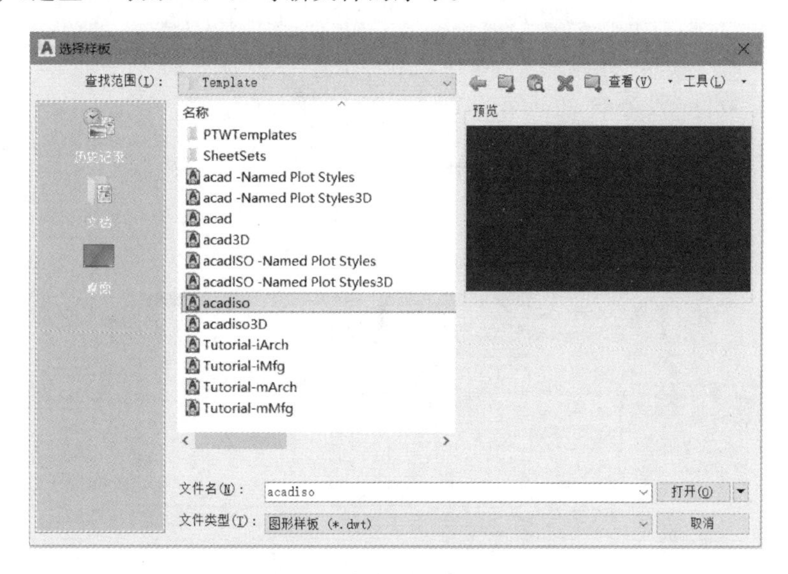

图 2-14 【选择样板】对话框

2.3.1.2 图形的保存

使用计算机进行绘图时,切记要经常保存所绘的图形,以免突然断电或者死机导致文件丢失。

保存文件通常可以采用以下几种方法。

①应用程序: 按钮|【保存】按钮 或【另存为】按钮 。

②命令行:输入“SAVE”并回车。

③组合键:Ctrl+S。

④下拉菜单:【文件】|【保存】。

⑤标准工具栏:选择【标准】工具栏的 按钮。

执行【保存】命令后,如果当前的文件未命名,AutoCAD 软件将弹出【图形另存为】对话框,用户可以为该文件选择合适的路径和图形名,然后单击【保存】按钮就可以存盘了。如果是已经命名的文件,在执行【保存】命令时,将不再弹出【图形另存为】对话框,而是自动将图形文件保存到指定的位置,并将旧文件覆盖。

提示:如果想将正在操作的文件另起一名进行存盘,用户可以直接在命令行中输入“SAVEAS”或者点击下拉菜单【文件】|【另存为】进行操作。原文件将关闭,此后所做的任何操作将只能记录在当前文件中。用户也可以利用 Windows 所提供的操作对文件名进行修改。

2.3.1.3 AutoCAD 软件可以保存的文件类型

根据需要,AutoCAD 软件文件可以被存储为多种类型,AutoCAD20 * * 图形(* . dwg), * * 为对应的版本号。

AutoCAD2020 版本为用户提供多种选择,如 AutoCAD 2018 图形(* . dwg)、AutoCAD 2013/LT2013 图形(* . dwg)、AutoCAD 2000/LT2000 图形(* . dwg)等。

另外,软件还提供AutoCAD 2018 DXF(*.dxf)、AutoCAD 2000/LT2000 DXF(*.dxf)、AutoCAD R12/LT2 DXF(*.dxf)等方式进行存盘。

用户可根据需要选择文件类型格式进行保存文件。在弹出的下拉列表中选择保存文件格式,如图2-15所示。

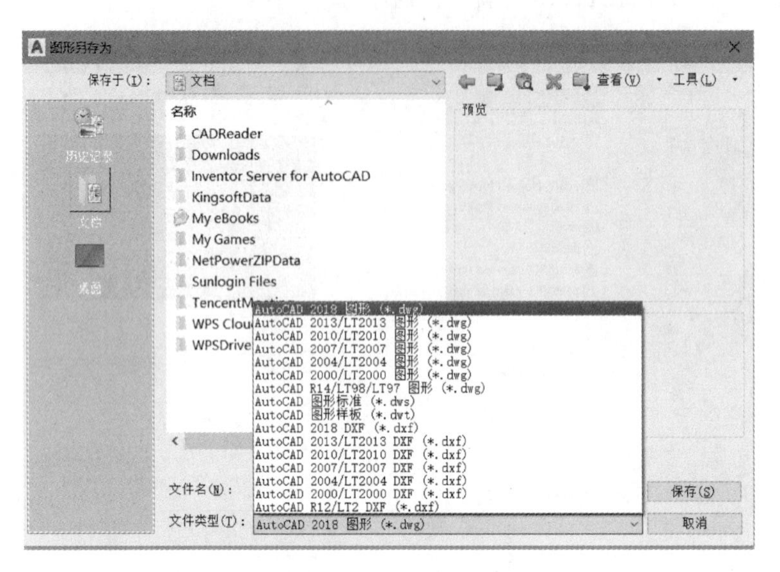

图2-15 【图片另存为】对话框

提示1:保存时默认设置的调整在某些时候非常方便,默认设置可以打开【选项】|【打开和保存】|【另存为】进行设置,在下一次进行保存时将默认保存为设置的文件格式,如设置为较低的软件版本。土木工程专业的学生在打印时往往因软件版本的原因而无法打印作业,不得不返回修改成较低版本的文件。因此,可以将默认格式文件设置为2004、2010等格式的文件以便于打印作业。

提示2:dxf格式文件是Autodesk公司开发的用于AutoCAD与其他软件之间进行CAD数据交换的CAD数据格式文件。dxf是一种开放的矢量数据格式,可以分为ASCII格式和二进制格式两种:ASCII格式具有可读性好的特点,但占用的空间较大;二进制格式则占用的空间小且读取速度快。

提示3:dwt格式文件是AutoCAD软件中采用的一种图形样板文件,用户可以先将自己的使用习惯、系统设置、所采用的制图标准、图纸的标题栏等常用的元素保存于此种格式的图形样板文件中。

2.3.2 关闭文件

关闭文件通常可以采用以下几种方法。

①应用程序:按钮|【关闭】按钮。

②命令行:输入“CLOSE”并回车。

③下拉菜单:【文件】|【关闭】。

④菜单栏:左键单击菜单栏上的按钮。

提示:此处所讲述的【关闭文件】是指关闭当前的图形文件,而不是退出程序。如果想关闭正在运行的程序,单击【文件】下拉菜单中的【退出】命令即可。当然,也可以直接用鼠标左键单击标题栏上的按钮。

2.3.3 打开图形文件

同其他Windows应用程序类似,双击文件就可以打开AutoCAD软件文件。

当 AutoCAD 软件正在运行时，用户也可以单击按钮按钮进行操作，在菜单栏【文件】下拉菜单中单击【打开】也可进行相同操作，或者在快速访问工具栏中单击【打开】按钮以打开新文件，此时将打开如图 2-16 所示的界面。

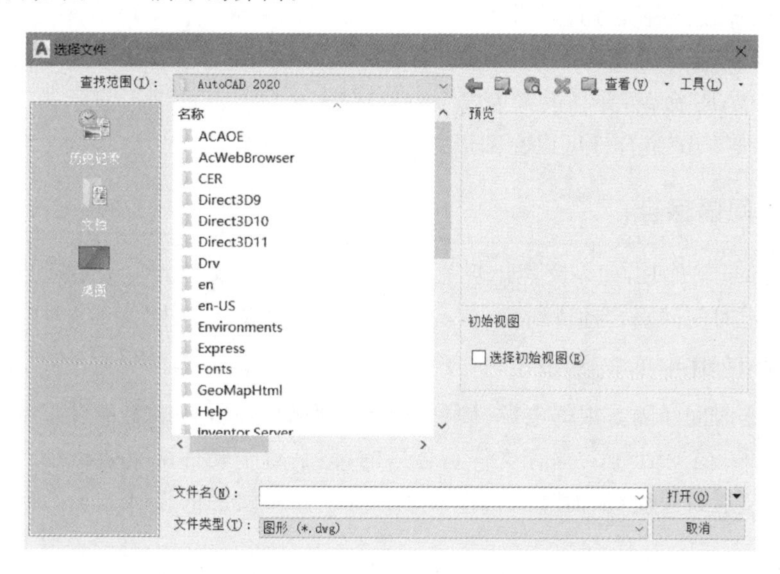

图 2-16　【选择文件】对话框

AutoCAD 软件还具备图形预览功能，用户可以在【选择文件】对话框中的预览区观看文件的位图，方便用户识别图形文件。另外，AutoCAD 软件还提供了局部打开、局部加载文件和以只读方式打开文件的功能。当处理大型图形文件时，可以在打开图形时选择需要加载尽可能少的几何图形，这就是局部打开文件的功能。对于局部打开的文件，可以使用局部加载装入符合要求的图形。以只读方式打开的文件，用户不能用原始文件名来保存对该文件的修改。

提示：如果一个正在使用的文件被再次打开，将会出现 AutoCAD 警告，该警告信息提示用户“该文件正在被使用，是否以只读模式打开该文件？”。

AutoCAD2000 以后的各个版本具备多文档一体化的设计环境。用户可以在程序中同时打开、编辑多个“dwg”文件，而不会导致系统性能降低。在这样一个多文档的设计环境中，除了具备典型的 Windows 文件的操作功能，AutoCAD 软件还提供了可在不同文件之间复制颜色、图层、线型、对象特性等功能。

如图 2-17 所示为 AutoCAD 软件的多文档工作环境，一次可以同时打开多个图形文件。此外，还可以在文件选项卡中选择文件。在功能区单击【窗口】选项，下拉菜单中的【层叠】、【水平平铺】和【垂直平铺】选项，可以分别实现将文档按照层叠、水平和垂直方式排列。多文档设计环境确保了图形之间在切换时不中断的特性，同时在不同图形之间执行多任务、无中断的操作，以确保命令的连续性，提高工

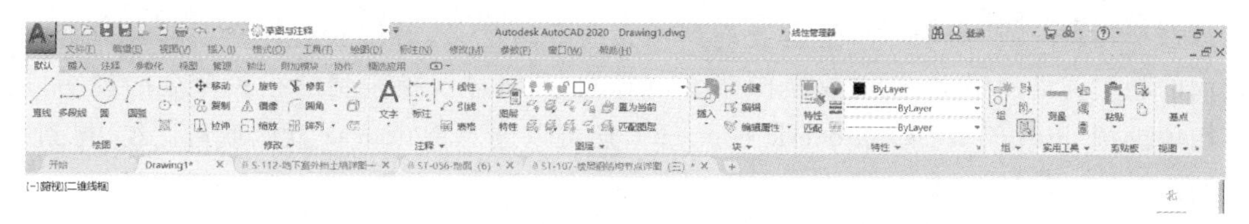

图 2-17　多文档操作

作效率。当需要进行多方案的比较以及多图形文件之间的相互借鉴、相互参考时,多文档设计环境是非常方便的。

执行以下操作,可以在打开的图形文件间进行切换。

①单击图形中的任意位置,将其置为活动。

②使用“Ctrl+F6”组合键或“Ctrl+Tab”组合键。

③输入“TASKBAR”命令,并且设置为“1”就可以将多个已打开的图形显示为Windows任务栏上的各独立项,按“Alt+Tab”组合键可以在图形之间进行快速切换。

2.3.4 自动间隔保存

在运行AutoCAD软件时,如果突然出现死机或停电,会丢失文件。但经过适当设置后,AutoCAD软件将允许每隔一定时间间隔自动进行文件保存,从而有效地保存文件。

用户可以在应用程序中单击A按钮,打开下拉菜单后单击右下角的选项按钮,打开【选项】|【打开和保存】选项卡,改变时间间隔。根据电源、硬件、图形类型的不同,为该变量设定一个合适的时间值。自动存储的时间选择一个较小值对保存文件是合适的,但是对于硬件配置较低的计算机,每次自动存盘将明显减缓计算机运行速度,从而降低工作效率。对于操作熟练的设计人员,更合适的方法是有意识地去保存文件。

如果启用了“自动保存”选项,系统将以指定的时间间隔保存图形。在默认情况下,自动保存的文件临时名称为“Filename a b nnnn. sv$”。“Filename”为当前图形名,“a”为在同一工作任务中打开同一图形实例的次数,“b”为在不同工作任务中打开同一图形实例的次数,“nnnn”为一随机数字。

这些临时文件在图形正常关闭时将自动删除。如果出现程序故障或电源故障时,系统将不会删除这些文件。

要从自动保存的文件中恢复这些图形文件,需要使用扩展名“. dwg”代替扩展名“. sv$”以重命名文件,然后可以重新打开文件。

提示:初学者在操作时往往专注于绘制和修改图形,而忘记及时保存文件。电源、系统以及程序本身的问题,可能会导致文件的丢失。当出现该问题时,用户可以在【工具】|【选项】|【文件】选项卡下查看“自动保存文件位置”,然后在该文件夹下寻找文件,并按照上文的方法进行修改。

2.4 使用帮助

AutoCAD软件的帮助文件非常详细,掌握如何有效使用帮助系统后,用户会获益匪浅。

通过以下三种方法打开在线帮助系统。

①在【信息中心】中单机【帮助】?按钮即可以启动在线帮助窗口,如图2-18所示。【帮助】窗口中通过选择“教程”或“命令”等,逐级查询到相关命令的定义、操作方法等详细解释;在搜索中输入要查询的相关词语的中文、英文或操作命令,Autodesk将显示检索到的相关命令的说明;通过此窗口中相关链接“http://www. autodesk. com. cn”,还可以进入Autodesk社区或讨论组,得到相关的技术帮助。

②使用帮助文件的方法比较灵活,直接按下键盘上的功能键“F1”可以激活在线帮助窗口。同时在命令、系统变量或对话框中按下“F1”键,将显示该命令完整的信息。

图 2-18　【帮助】窗口

③在命令行输入命令"?"或"help"，然后按回车键也可以激活在线帮助窗口。

以上三种方法可以方便、快捷地激活在线帮助界面，但不能更快地定位问题所在，还要进行【命令】或【搜索】才能手动定位到解释部分。使用以下操作可以方便地对具体命令进行定位查找。

激活需要获取帮助的命令，如【线型管理器】，在对话框中直接单击【帮助】按钮会显示选定对话框选项的说明（见图 2-19），同时在此状态下也可以直接按快捷键"F1"，也可以激活在线帮助，而且直接定位在线型管理器的解释位置，便于查看（见图 2-20）。

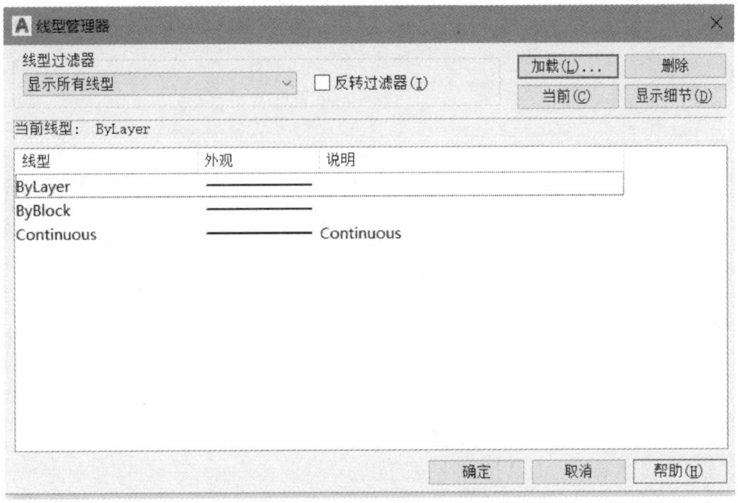

图 2-19　在【线型管理器】中单击【帮助】按钮图

如果将鼠标在功能区面板的某个命令按钮上悬停一会，也能弹出关于该命令的帮助提示，如图 2-21 所示。

图 2-20 【线型管理器】帮助文件

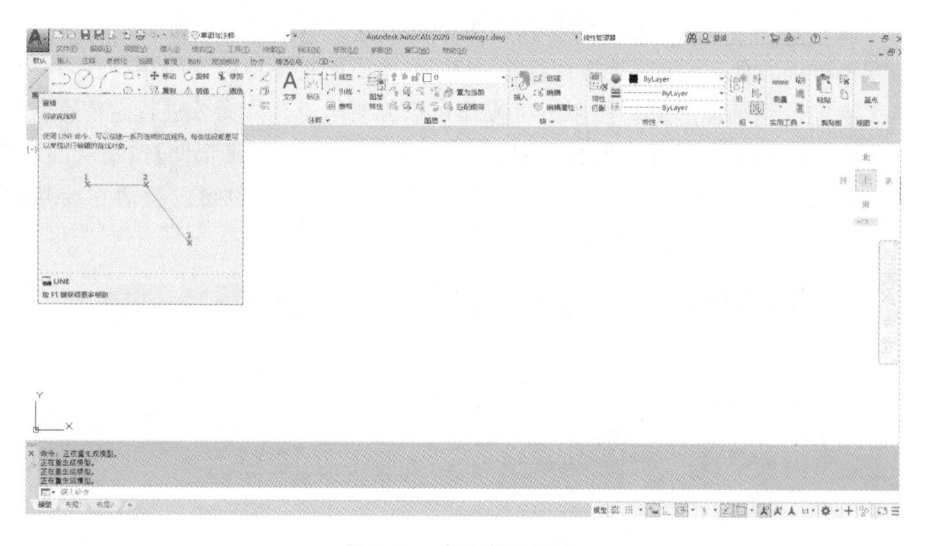

图 2-21 定位帮助提示

【思考与练习】

思考题

2-1 AutoCAD 软件的鼠标左键包括哪些功能?

2-2 AutoCAD 软件的鼠标右键可以提供哪些快捷菜单?

2-3 Microsoft 智能鼠标如何使用?

2-4 在 AutoCAD 软件中如何调用命令?

2-5 什么是透明命令?

上机操作

2-1 在【工具】|【选项】对话框中【Windows 标准操作】选项组中下调整鼠标右键的功能并进行验证。

2-2 在【工具】|【选项】对话框中【打开和保存】选项组中进行文件自动保存时间的设置，并在【文件】选项组中查询“自动保存文件位置”所在的文件夹。

2-3 以  为例，在【工具】|【选项】|【AutoCAD】中打开【缩放】工具栏，练习使用弹出式下拉菜单。

2-4 在 AutoCAD 软件中验证重复调用命令的方法。

2-5 在 AutoCAD 软件中进行文件的保存、关闭以及文件的重新命名。

2-6 在帮助文件中搜寻“块定义”的解释。

第3章　绘图准备工作

3.1　AutoCAD软件的坐标系

在绘图过程中要精确定位某个对象的位置时，使用坐标是比较常用的方式。利用AutoCAD软件提供的坐标系，用户可实现高精度的绘图工作，满足土木工程专业对图纸精度的要求。

3.1.1　世界坐标系与用户坐标系

AutoCAD软件的缺省坐标系是世界坐标系，但用户可根据绘图工作的特殊性要求，自己定义坐标系，即用户坐标系。

3.1.1.1　世界坐标系

世界坐标系由两两相互垂直的三条轴线构成，如图3-1所示。X轴水平向右，Y轴垂直向上，XOY平面即是绘图平面，Z轴垂直于XOY平面并向外，三条轴线的方向符合右手定则，三条轴线的交点为坐标系原点。

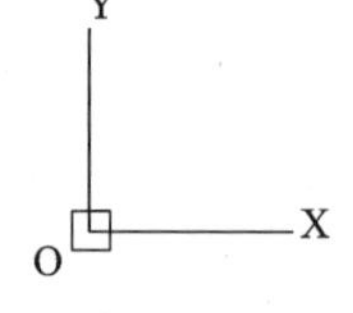

图3-1　世界坐标系

当启动AutoCAD软件或者开始绘新图时，系统提供的坐标系是WCS——世界坐标系。绘图平面的左下角为坐标系原点“0,0,0”，水平向右为X轴的正向，垂直向上为Y轴的正向，由屏幕向外指向用户为Z轴正向。

对于二维图形，点的坐标可用“X,Y”表示，当AutoCAD软件要求用户键入X、Y坐标而省略了Z值时，系统将以用户所设的当前高度(XOY平面为当前高度)的值作为Z坐标值。

3.1.1.2　用户坐标系

世界坐标系是固定的，不能改变，用户在绘图中有时会感到不便。为此AutoCAD软件为用户提供了可以在WCS中任意定义的坐标系，称为用户坐标系(UCS)，如图3-2所示。UCS图符和WCS图符基本一样，只是UCS在原点没有白色小方形标记。

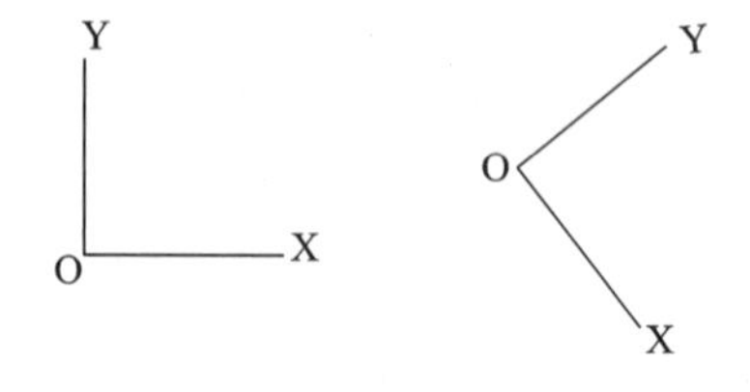

图3-2　用户坐标系

UCS的原点以及X、Y、Z轴方向都可以移动或旋转，甚至可以根据图中某个特定对象确定坐标系，以便于更好地辅助绘图。

3.1.2　坐标的表示方法

AutoCAD软件的坐标分为两类，即绝对坐标和相对坐标。

3.1.2.1　绝对坐标

绝对坐标是指相对于当前坐标系原点的坐标。当用户以绝对坐标的形式输入点时，可以采用绝对直角坐标或绝对极坐标。

(1)绝对直角坐标

绝对直角坐标以X、Y、Z形式表示一个点的位置。当绘制二维图形时，只需输入X、Y坐标，Z坐标可省略,如“10,20”指点的坐标为“10,20,0”。AutoCAD软件的坐标原点“0,0”缺省时在绘图窗口的左下角,X坐标值向右为正,Y坐标值向上为正。当使用键盘输入点的X、Y坐标时,二者之间用“,”隔开,不能加括号。坐标值可以为负值。

(2)绝对极坐标

绝对极坐标以“距离＜角度”的形式表示一个点的位置,以坐标系原点为基准,以原点到该点的连线长度为“距离”,连线与X轴正向的夹角为“角度”来确定点的位置。例如,输入点的极坐标“50＜30”,则表示该点到原点的距离为50,该点到原点的连线与X轴正向夹角为30°。

3.1.2.2 相对坐标

使用相对于前一个点的坐标增量来表示的坐标称为相对坐标,它也有相对直角坐标和相对极坐标两种形式。

(1)相对直角坐标

相对直角坐标在输入坐标值前必须加“@”符号。例如,已知前一个点(即基准点)的坐标为“20,20”,如果在输入点的提示后,输入相对直角坐标为“@10,20”,则该点的绝对坐标为“30,40”。即相对于前一点,沿X正方向移动10,沿Y正方向移动20。

(2)相对极坐标

相对极坐标在距离值前加“@”符号。如“@10 ＜ 60”,则输入点与前一点的连线距离为10,连线与X轴正向夹角为60°。通过鼠标指定坐标,只需在对应的绘图区坐标点上单击即可。如图3-3所示为四种坐标定义。

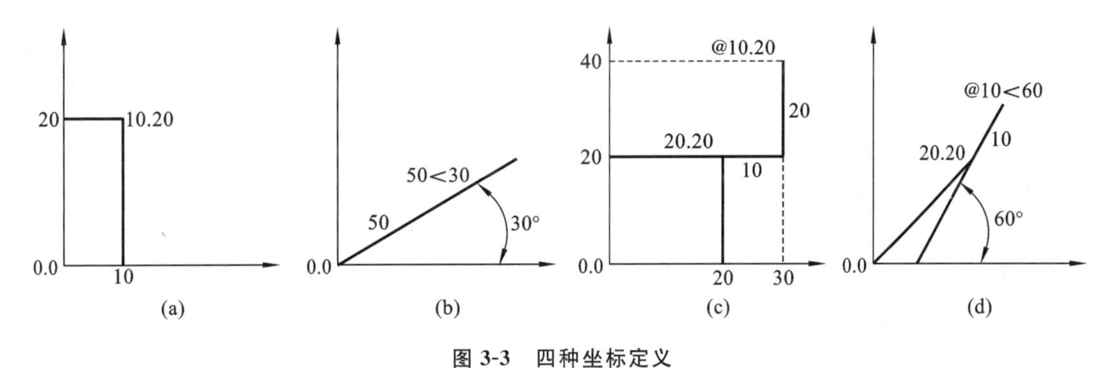

图3-3 四种坐标定义

(a)绝对直角坐标;(b)绝对极坐标;(c)相对直角坐标;(d)相对极坐标

3.1.3 控制坐标的方向

状态栏上的坐标数据是默认不显示的,可以通过点击右下角的自定义图标,勾选坐标前面的图标来显示坐标数据,当绘图窗口中移动光标的十字指针时,状态栏上将动态地显示当前指针的坐标。在AutoCAD软件中,坐标的显示取决于所选择的模式和程序中运行的命令,一共三种显示模式,如图3-4所示。使用“Ctrl+I”组合键,命令将分别显示模式0、模式1、模式2三种模式,按组合键可进行切换。直接单击状态栏上的坐标区域也可以进行三种模式的切换。

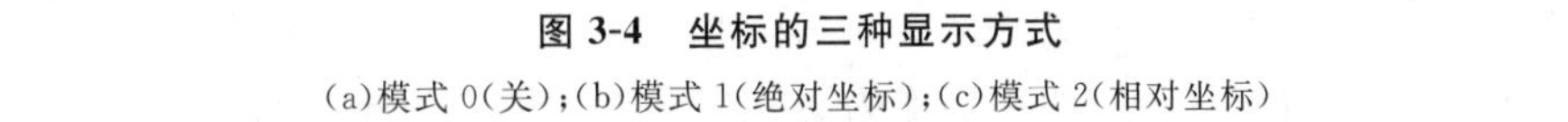

256.5753, 1089.1145, 0.0000　　624.1020, 988.4237, 0.0000　　888.0713<47, 0.0000

(a)　　(b)　　(c)

图3-4 坐标的三种显示方式

(a)模式0(关);(b)模式1(绝对坐标);(c)模式2(相对坐标)

(1)模式0(关)

模式0显示上一个拾取点的绝对坐标。此时,指针坐标将不会动态更新,只有在用光标拾取一个新点时,显示才会更新。

(2)模式1(绝对坐标)

模式1显示光标的绝对坐标,该坐标值是动态更新的,会随着光标在绘图窗口的移动,实时显示光标所在点的绝对坐标。在默认情况下,显示方式是打开的。

(3)模式2(相对坐标)

模式2显示一个相对坐标。选择该方式时,如果当前处在拾取点状态,系统将显示光标所在位置相对于上一个点的距离和角度。当离开拾取点状态时,系统将恢复到模式1,显示绝对坐标。

提示:当选择模式0时,坐标显示呈现灰色,表示坐标当前的显示状态是关闭的,但是这时仍然显示上一个拾取点的坐标。

此外,在命令行输入"COORDS"也可以实现上述操作,方法如下。

命令:COORDS ↵

输入COORDS的新值〈1〉:(直接输入数值后按回车键结束命令)

3.1.4 创建用户坐标系

启动UCS的方式如下。

①功能区:【视图】标签|【坐标】面板|【UCS】按钮。

②命令行:输入"UCS"并回车。

提示:默认情况下,"坐标"面板在"草图与注释"工作空间中处于隐藏状态。要显示"坐标"面板,请单击"视图"选项卡,然后单击鼠标右键并选择"显示面板",勾选"坐标"。

执行该命令后将会出现如下选择命令提示。

当前UCS名称:* 世界 *

指定UCS的原点或[面(F)/命名(NA)/对象(OB)/上一个(P)/视图(V)/世界(W)/X/Y/Z/Z轴(ZA)]<世界>:

(1)【面】

将UCS与选定的实体对象的面对齐。

(2)【命名】

①【恢复】:恢复已保存的UCS,它将成为当前UCS。输入"R"后命令行出现如下提示。

输入要恢复的UCS名称或"?":

选择"?"可以来查找已经创建的坐标系。

②【保存】:把当前坐标系赋名保存。

③【删除】:从已保存的坐标系列表中删除指定的UCS。

(3)【对象】

根据选定的二维或三维对象定义新的坐标系。新UCS的Z轴正方向与选定对象的一样,可以选择的对象包括圆弧、圆、标注、直线、点、二维多段线、二维填充、宽线、二维面、文字、块参照和属性定义等。

(4)【上一个】

恢复上一个UCS。AutoCAD软件分别在图纸空间和模型空间保存最后创建的10个坐标系。重复"上一个"选项将逐步回到以前的状态。恢复哪一种坐标系取决于当前空间。

(5)【视图】

以垂直于视图方向(平行于屏幕)的平面作为XOY平面,来建立新的坐标系。

(6)【世界】

将当前UCS设置为WCS。WCS是所有UCS的基准,且不能被重新定义。

(7)【X】、【Y】、【Z】

绕指定X、Y、Z轴旋转当前UCS。

(8)【Z轴】

用特定的Z轴正半轴定义UCS。

3.2 图形显示控制

在AutoCAD软件中,为了绘图方便,经常需要控制图形显示,就是对所绘的图形进行缩放、移动、刷新和重生成。通过图形的显示控制,可以更准确、具体地绘图。

3.2.1 视窗缩放(命令方式、工具按钮、滚轮鼠标)

在绘制图形的局部细节时,需要放大图形的某个局部以便于操作,而当图形绘制完成时,可以缩小图形以观察整体效果。缩放视窗可以增加或减少图形对象的显示尺寸,但不会改变对象的真实尺寸。

调用该命令的方式如下。

①导航栏:单击【缩放】按钮及弹出式下拉菜单。

②智能鼠标操作:滚动鼠标滚轮。

③命令行:输入"ZOOM"并回车。

④下拉菜单:【视图】|【缩放】下的子菜单,如图3-5所示。

⑤工具栏:单击【缩放】工具栏上各按钮。

智能鼠标的使用方式在2.1.3节中已经阐述,不再赘述。

在下拉菜单的【工具】|【工具栏】|【AutoCAD】单击【缩放】按钮 缩放 ,可打开【缩放】工具栏,如图3-6所示。

图3-5 【缩放】子菜单

图3-6 【缩放】工具栏

3.2.1.1 导航栏方式

AutoCAD的导航栏是一种用户界面元素，通过导航栏，用户可以访问通用导航工具和特定产品的导航工具。导航栏在当前绘图区域的一个边上方沿该边浮动，用户可依次单击功能区的【视图】选项卡|【视口工具】面板|【导航栏】按钮 来显示或隐藏导航栏。通过单击导航栏上的按钮之一，或选择在单击分割按钮的较小部分时显示的列表中的某个工具，可以启动导航工具。

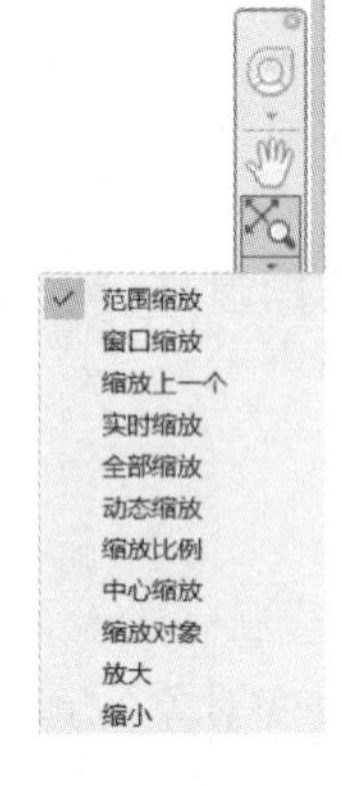

图3-7 【缩放】按钮及弹出式下拉菜单

导航栏中的“缩放”工具，可用于增大或缩小模型当前视图的比例。用户通过点击导航栏的【缩放】按钮及弹出式下拉菜单启动命令，如图3-7所示。

3.2.1.2 命令行方式

如果输入命令“ZOOM”并按下“Enter”键，命令行将出现如下提示。

指定窗口的角点，输入比例因子(nX或nXP)，或者

“全部(A)/中心(C)/动态(D)/范围(E)/上一个(P)/比例(S)/窗口(W)/对象(O)”＜实时＞：

第一行提示用户可以直接进行确定窗口的角点位置或输入比例因子的操作，如需进行其余的操作，则需输入各选项前字母以进行操作。

指定窗口的角点最简洁的方式是直接使用移动鼠标并单击左键即可确定位置，则命令行提示如下。

指定对角点：

在该提示下可确定另一个角点，软件把这两个对角点确定的矩形窗口内的图形放大到整个绘图区域。

也可以直接输入比例因子。如果输入的比例因子是具体数值，图形按该比例缩放时按照实际尺寸进行缩放；在比例因子后面加“X”，图形将会相对于当前显示图形的大小进行缩放，是相对缩放，如输入“0.5X”则屏幕上每个对象为原大小的1/2；如果在比例因子后面加“XP”，图形将会相对于图纸空间进行缩放。

命令行中第二行提示中各选项意义如下。

(1)【全部】

在当前视口中显示整个图形，无论对象是否超出所设定的绘图界限，其范围取图形所占空间和绘图界限中较大的一个。该选项能将绘图界限全部显示，对应按钮为 。

(2)【中心】

指定一个中心点，将该点作为视口中图形显示的中心。在随后的提示中，指定缩放系数和高度，根据给定的缩放系数(nX)或指定高度值来显示一个新视图，而将选定的点作为该新视图的中心点，对应按钮为 。

(3)【动态】

动态缩放视图。使用该选项时，系统显示一个平移观察框，可以拖动它到适当的位置并单击，此时出现一个向右的箭头，可以调整观察框的大小。如果再单击鼠标左键，还可以移动观察框。如果回车或按空格键，在当前视口中将显示观察框中的这一部分，对应按钮为 。

（4）【范围】

将图形在当前视口中最大限度地显示，对应按钮为 。

（5）【上一个】

恢复上一个视口中显示的图形，对应按钮为 （该按钮在标准工具栏中）。

（6）【比例】

根据输入的比例来显示图形，显示的中心为当前视口中图形的显示中心，对应按钮为 。对于大尺寸的建筑图，当看不到其整体时，输入如“0.01”或更小的比例可以显示其全部。

（7）【窗口】

缩放由两个对角点定义的矩形区域确定的图形内容，对应按钮为 。

（8）【对象】

显示图形中的某一个部分，单击图形的某个部分，如一个圆或一个块，该部分将显示在整个图形窗口中，对应按钮为 。

（9）【实时】

在该提示下直接回车，进入实时缩放状态，此时十字光标变成放大镜形状（ ），按住鼠标左键向上拖动可放大图形显示，向下拖动则缩小图形显示，对应按钮为 。

提示1：软件为实现视窗缩放提供了多种方式，当前使用鼠标滚轮更符合多数用户的习惯，也更为高效。

提示2：用户可以在导航栏直接点击相应按钮调用视图缩放命令，无须其他操作，较为简便。

3.2.2　视窗平移

平移视图命令不改变图形的显示比例，只改变视图位置，相当于移动图纸。

调用该命令的方式如下。

①导航栏方式：单击【导航栏】|【平移】按钮 。

②智能鼠标操作：按住鼠标滚轮并拖动。

③命令行：输入“PAN”并回车。

④下拉菜单：【视图】|【平移】子菜单，如图3-8所示。

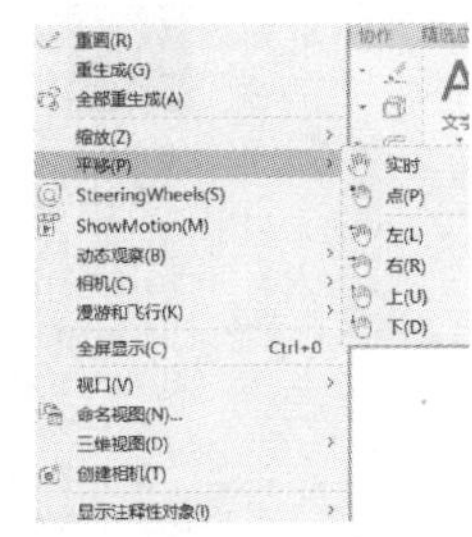

图3-8　【平移】子菜单

执行该命令后，光标变成一只手的形状（ ），按住鼠标左键拖动光标，可以使图形一起移动。按“ESC”键或回车键可以退出实时平移模式。使用“定点”平移，可以通过指定基点和位移值来平移视图。

提示：使用Microsoft智能鼠标方式执行平移命令非常方便，不仅便于初学者快速掌握，业务熟练的工程师也非常容易接受这种方式。

3.2.3　图形的重生成

在AutoCAD软件中，某些操作只有在使用【重生成】命令后才生效，如改变填充模式等。如果一直使用某个命令修改、编辑图形，但图形似乎看不出变化，此时可以使用【重生成】命令更新。

在绘制圆形或弧线时，有时显示图形不是光滑的，而是多边形的，这是显示精度的系统变量“VIEWRES”值较小导致的。图形显示精度和显示速度是相互矛盾的，尤其是绘制复杂图形或使用配置较低的计算机的时候。

用户可以点击鼠标右键选择【选项】|【显示】选项卡修改【显示精度】。【显示精度】的有效取值范围

为“1～20000”,默认设置为 1000,该默认设置保存在图形中。用户可以通过调整【显示精度】的取值来观察图 3-9 中圆在不同显示精度下的显示效果。

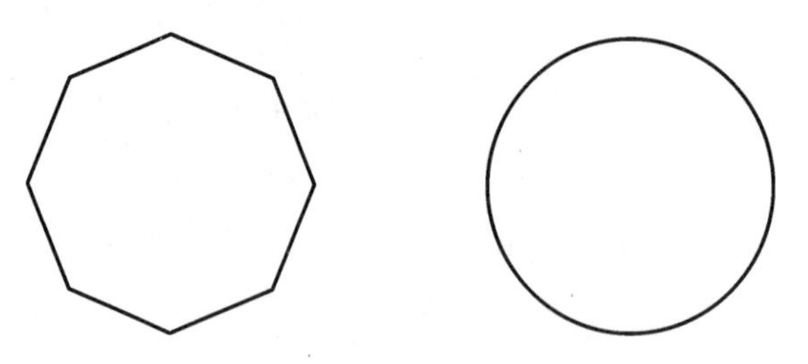

图 3-9　圆在不同显示精度下的效果图

【重生成】命令有两种形式:在命令行输入“REGEN”并按下回车键使用重生成命令,可以更新当前视口;在命令行输入“REGENALL”并按下回车键使用全部重生成命令,可以同时更新多个视口。

3.3　实体选择方式

在 AutoCAD 软件中绘图时,欲编辑对象必须要先选择对象。快速、准确选择对象是提高绘图效率最基础的要求。

用户可以使用鼠标右击绘图区域,点击【选项】|【选择集】选项卡设置对象选择模式及拾取框的大小,如图 3-10 所示的对话框。

图 3-10　【选项】对话框

该对话框包括如下功能。

(1)【拾取框大小】

具体内容见 1.3 节、2.3 节。

(2)【选择集预览】

①【命令处于活动状态时】:仅当某个命令处于活动状态并显示"选择对象"提示时,才会显示选择预览。

②【未激活任何命令时】:在未执行任何命令的情况下,光标停留或经过某个对象时会显示选择预览。

③【视觉效果设置】:单击该按钮,弹出选择预览时的【视觉效果设置】对话框,如图3-11所示。

图3-11 【视觉效果设置】对话框

④【命令预览】:单击该按钮,将显示命令可能结果的预览,从而在完成命令之前进行更改或更正错误。

⑤【特性预览】:控制在将鼠标悬停在控制特性的下拉列表和库上时,是否可以预览对当前选定对象的更改。

(3)【视觉效果设置】

①【选择集预览过滤】:指定从选择集预览中排除的对象类型。

【排除】:选择在进行"选择预览"时要排除的图形对象,包括外部参照、表格等。

a.【锁定图层上的对象】:从选择集预览中排除锁定图层上的对象,默认情况下此选项为开。

b.【外部参照】:从选择预览中排除外部参照中的对象,默认情况下此选项为开。

c.【表格】:从选择预览中排除表格。

d.【编组】:从选择预览中排除编组中的对象。

e.【多行文字】:从选择预览中排除多行文字对象。

f.【图案填充】:从选择预览中排除图案填充对象。

②【选择区域效果】。

a.【指示选择区域】:设置是否用特定颜色来显示选择区域。

b.【窗口选择区域颜色】:当用【窗口】方式选择对象时,选择区域的颜色。

c.【窗交选择区域颜色】:当用"窗交"等交叉方式选择对象时,选择区域的颜色。

d.【选择区域不透明度】:设置选择区域里图形对象的显示程度。该值越大,则选择区域的不透明度越大,很大时其中的对象将会被覆盖而无法显示。

(4)【选择集模式】

①【先选择后执行】:设置是否允许先选择对象再执行编辑命令,被选中时允许先选择后执行。

②【用 Shift 键添加到选择集】:当选中此项时,最近选中的对象将取代原有选择对象;如果在选择对象时按住"Shift"键可使选择的对象加入原有选择集。如果禁止该项,则选中某对象时,该对象自动加入选择集中。如果按住"Shift"键单击已选择对象,则可以从当前选择集中删除该对象,这一点和该项设置无关。

③【对象编组】:该设置决定对象是否可以编组。如选中该设置,则当选取组中的任何一个对象时,就是选择整个组。

④【关联图案填充】:该设置决定当选择了一个关联图案时,图案边界是否同时被选择。

⑤【隐含选择窗口中的对象】:如果选中该项,用户在绘图区单击鼠标,在未选中任何对象的情况下,自动将该点作为窗口的角点之一。

⑥【允许按住并拖动对象】:控制窗口选择方法。如果未选择此选项,则可以用定点设备单击两个单独的点来绘制选择窗口。

⑦【允许按住并拖动套索】:控制窗口选择方法。如果未选择此选项,则可以用定点设备单击并拖动来绘制选择套索。

(5)【窗口选择方法】

使用下拉列表来更改 PICKDRAG 系统变量的设置。

(6)【"特性"选项板的对象限制】

确定可以使用"特性"和"快捷特性"选项板一次更改的对象数的限制。

(7)【选择效果颜色】

列出应用于选择效果的可用颜色设置。可以在该列表中选择一种颜色或在"选择颜色"对话框中选择一种 AutoCAD 颜色索引(ACI)颜色。

3.3.1 直接点取

用户直接单击某图形对象,如果该对象"高亮"显示,则表示已被选中。使用该方式可以选择一个对象,也可以逐个选择多个对象。

3.3.2 窗口方式

窗口方式要求绘制一个矩形区域选择对象,当指定了这个矩形窗口的两个对角点时,则所有部分均位于这个矩形窗口内的对象将被选中,不在该窗口内的或者只有部分在该窗口内的对象则不被选中。

要指定选择区域,在没有进行其他命令的情况下,单击并释放鼠标按钮,执行该命令后将会出现如下选择命令提示。

指定对角点或[栏选(F)/圈围(WP)/圈交(OB)]:

如果直接指定对角点,可以向右方移动光标并再次单击绘制出一个矩形区域。也可以选择命令行中的选项来选择对象,各选项意义如下。

(1)【栏选】

指定若干点创建经过要选择对象的选择栏,按回车键完成选择。

(2)【圈围】

窗口多边形选项,绘制封闭多边形,按回车键选择多边形内部的对象。

(3)【圈交】

交叉多边形选项,绘制封闭多边形,按回车键选择多边形内部及与多边形相交的对象。

3.3.3　交叉窗口方式

使用交叉窗口选择对象的方式与采用窗口选择对象的方式不同,对象全部位于窗口之内或者与窗口边界相交的都将被选中。用户在定义交叉窗口的矩形窗口时,以虚线方式显示矩形,且制定窗口两个角点的顺序也不相同。

要选择对象时,在没有进行其他命令的情况下,单击并释放鼠标按钮,执行该命令后将会出现如下选择命令提示。

指定对角点或[栏选(F)/圈围(WP)/圈交(OB)]:

如果直接指定对角点,可以向左方移动光标并再次单击绘制出一个矩形区域。也可以选择命令行中的选项来选择对象,各选项意义见第3.3.2节。

提示:"套索"工具可以使用户更加自由地创建一个选择范围来选择对象,要创建套索选择时,在没有进行其他命令的情况下,先单击绘图区域并拖动鼠标,然后释放鼠标按钮,完成套索选择。使用套索选择时,用户可以按空格键在"窗口""交叉窗口"和"栏选"三种套索模式之间切换。

3.3.4　默认窗口方式

软件提供的默认窗口方式非常方便,是由【窗口】和【交叉窗口】组合而成的功能。用户从左上到右下点取拾取框的两角点,执行【窗口】选项;从右下到左上点取拾取框的两角点,则执行【窗交】选项。

3.3.5　扣除模式和添加模式

在使用"SELECT"命令完成选择集时如发现需要去除部分对象,且此时程序的提示为"选择对象:",用户可输入"R"并回车,AutoCAD软件转为扣除模式。命令行提示如下。

删除对象:(用户可以从原来的选择集中扣除一个或几个编辑对象)

在扣除模式下(删除对象:)在命令行中输入"A"并回车,命令行提示如下。

选择对象:(返回到了添加模式)

图3-12～图3-14将演示扣除模式和添加模式,操作步骤如下。

命令行:SELECT ↵

选择对象:指定对角点:找到4个(窗口选择方式,如图3-12所示的4条直线)

选择对象:指定对角点:找到1个,总计5个(窗交方式选择右侧弧线,如图3-13所示)

选择对象:R ↵(键入"R",转入删除选择模式)

删除对象:找到1个,删除1个,总计4个(直接点取选择,如图3-14所示)

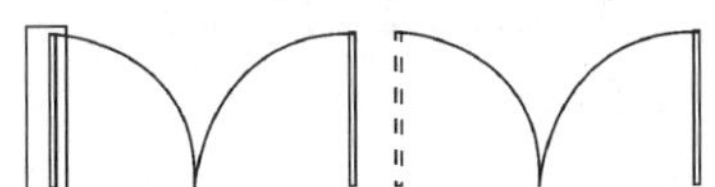
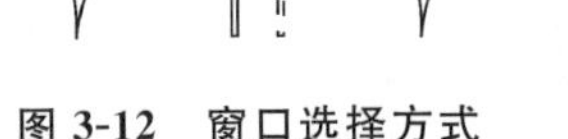

图3-12　窗口选择方式

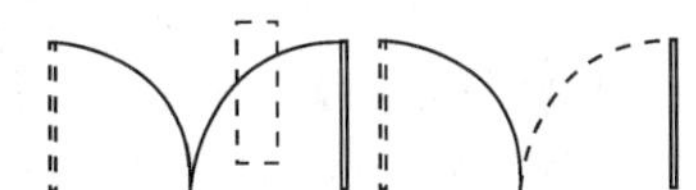
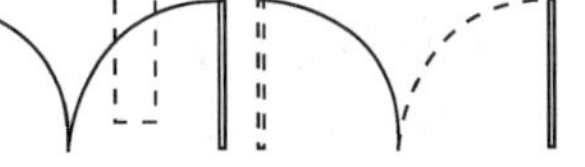

图3-13　窗交选择方式

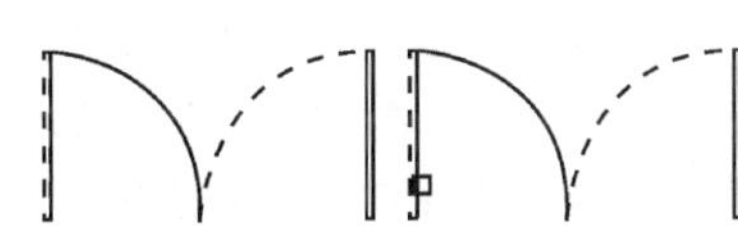

图3-14　删除模式

提示:在实际绘图过程中,上文所阐述的方式比较烦琐,利用"Shift"键则非常方便实现上述功能。

3.4 设置绘图环境

应用 AutoCAD 软件绘制图形时，需要先定义符合要求的绘图环境，如设置绘图测量单位、绘图区域大小、图形界限、颜色、线型等。

3.4.1 设置绘图单位

在新建图形文件时，用户需要设置相应的绘图单位，如设定绘图精度、角度类型和方向等，以满足使用的要求。

打开【图形单位】对话框的方式如下。

①导航栏方式：单击【应用程序】按钮 |【图形实用工具】|【单位】。

②命令行：输入“UNITS”并回车。

③下拉菜单：【格式】|【单位】。

执行该命令后，弹出【图形单位】对话框，如图 3-15 所示。

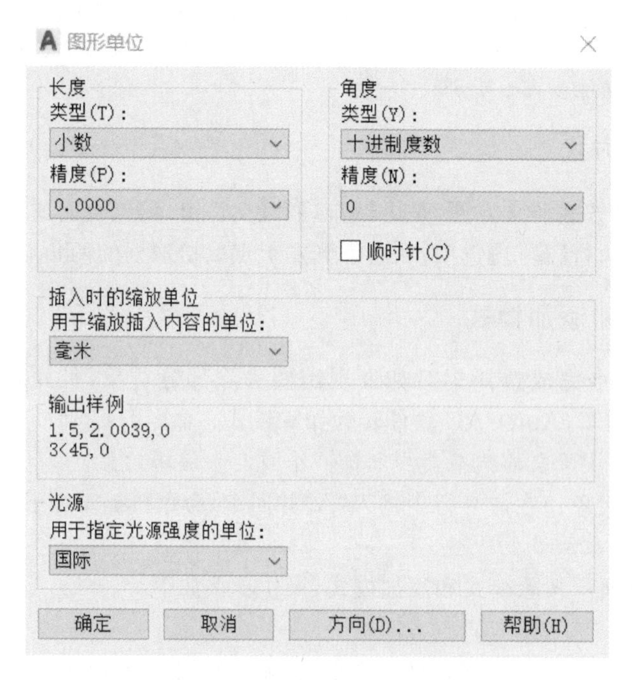

图 3-15 【图形单位】对话框

(1)【长度】

【长度】选项组用来指定当前测量单位及其精度。

①【类型】下拉列表框中有 5 个选项，包括【建筑】、【小数】、【工程】、【分数】和【科学】，用于设置测量单位的当前格式。根据我国的制图标准可选择【小数】选项，【工程】、【建筑】格式采用英制单位。

②【精度】下拉列表框用来设置线性测量值显示的小数位数或分数大小。

(2)【角度】

【角度】选项组用来指定当前角度格式和当前角度显示的精度。

①【类型】下拉列表框中包含【百分度】、【度/分/秒】、【弧度】、【勘测单位】和【十进制度数】，用来设

置当前的角度格式。我国制图规范采用的是【十进制度数】。

②【精度】下拉列表框用来设置当前角度显示的精度。

③【顺时针】复选框用来确定角度的正方向。当用户选择该复选框时,表示角度的正方向为顺时针方向,反之,为逆时针方向。默认正方向为逆时针方向。

(3)【插入时的缩放单位】

【插入时的缩放单位】选项组用来控制插入当前图形中的块和图形的测量单位。如果块或图形创建时使用的单位与该选项指定的单位不同,则在插入这些块或图形时,对其按比例缩放,插入比例是原块或图形使用的单位与目标图形使用的单位之比。如果插入块时不按指定单位缩放,则选择【无单位】选项。

(4)【输出样例】

显示用当前单位和角度设置的例子。

(5)【光源】

控制当前图形中光度控制光源的强度测量单位。由于光度控制光源使用插入比例来确定渲染中使用的单位,因此插入比例应设置为单位样式而不是"无单位"。

(6)【方向】

用来打开【方向控制】对话框以定义角度 0°并指定测量角度的方向,如图 3-16 所示。在【基准角度】选项组中单击【东】(默认方向)、【南】、【西】、【北】或【其他】中的任何一个可以设置角度的 0°方向。当选择【其他】单选按钮时,也可以通过输入值来指定角度。单击拾取角度按钮 ,可以在屏幕上拾取两点,并将其连线作为 0°方向。只有选择【其他】单选按钮时,此选项才可用。

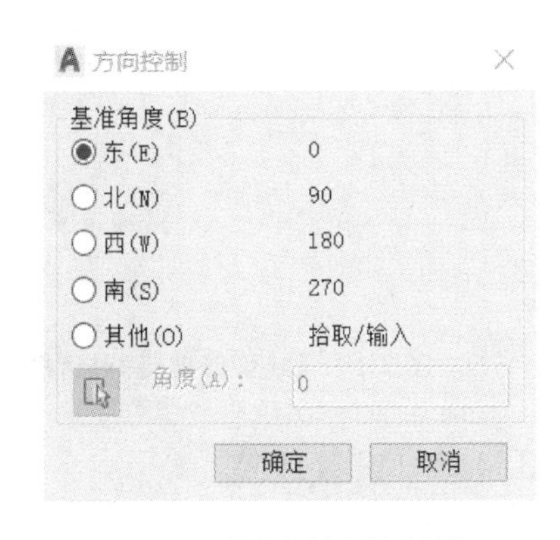

图 3-16 【方向控制】对话框

3.4.2 设置图形界限

图形界限是世界坐标系中的二维点,表示图形范围的左下基准线和右上基准线。图形界限限制显示栅格的图形范围,另外还可以指定图形界限作为打印区域,应用到图纸的打印输出中。

调用设置图形界限的方法是在命令行输入"LIMITS",此时命令输入行提示如下。

命令:LIMITS ↵

重新设置模型空间界限:

指定左下角点或"开(ON)/关(OFF)"<0.000 0,0.000 0>:(输入左下角位置坐标)

指定右上角点<420.000 0,297.000 0>:(输入右上角位置坐标)

这样,所设置的绘图面积为 420 mm×297 mm,相当于 A3 图纸的大小。

当图形界限设置完毕后,需要单击【导航栏】|【全部缩放】按钮 才能观察整个图形。

3.4.3 设置颜色

在命令行输入"COLOR"并按下回车键,打开【选择颜色】对话框,如图 3-17 所示。

选择颜色不仅可以直接在对应的颜色小方块上单击或双击,也可以在【颜色】文本框中键入英文单词或颜色的编号，在随后的小方块中即可显示相应的颜色。另外，可以设定“ByBlayer”或“ByBlock”。如果在绘图时直接设定了颜色，不论该图线在什么层上，都具有设定的颜色。如果设置为“随层”或“随块”，则图线的颜色随所处的图层颜色而变或随插入块中的图线颜色而变。

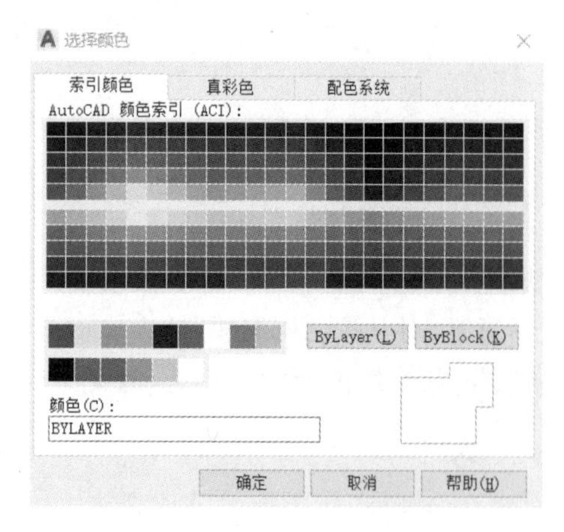

图 3-17 【选择颜色】对话框

3.4.4 设置线型

在命令行输入“LINETYPE”并按下回车键，打开【线型管理器】对话框，如图 3-18 所示。如果对话框列表中没有所需的线型，单击【加载】按钮，打开【加载或重载线型】对话框，如图 3-19 所示，从中选择绘制图形需要的线型，如虚线、中心线等。

图 3-18 【线型管理器】对话框

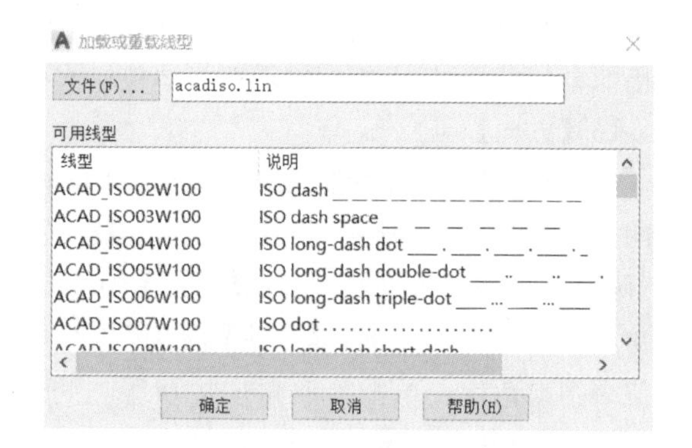

图 3-19 【加载或重载线型】对话框

3.4.5 设置线宽

在命令行输入“LWEIGHT”并按下回车键，打开【线宽设置】对话框，如图 3-20 所示。

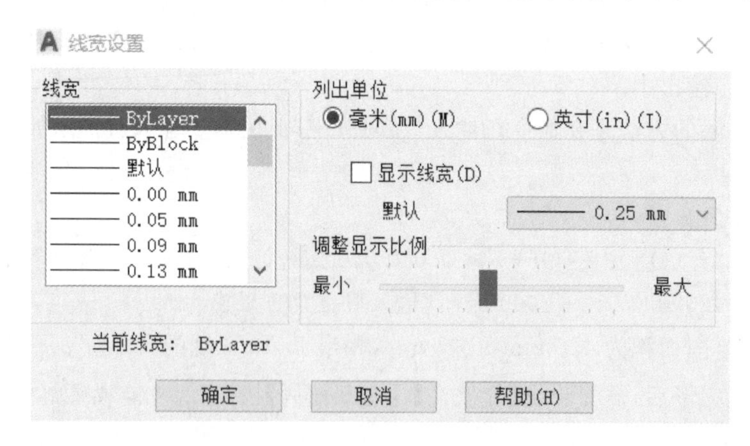

图 3-20 【线宽设置】对话框

该对话框中各选项意义如下。

①【线宽】：拖动滑块可以选择列表中不同的线宽。

②【列出单位】:选择线宽的单位为“毫米”或“英寸”。

③【显示线宽】:控制绘制的图线是否按实际设置的宽度显示。单击状态栏的【线宽】按钮,也可以打开或关闭线宽的显示。

④【默认】:设定默认线宽的大小。

⑤【调整显示比例】:调整线宽显示比例。

⑥【当前线宽】:显示当前线宽。

3.4.6 栅格和捕捉

栅格是点的矩阵,遍布于指定为图形界限的整个区域内。使用栅格类似于在图形下放置一张坐标纸,可以对齐对象并直观显示对象之间的距离。这些点的作用只是在绘图时提供一种参考,本身不是图形的组成部分,不会被输出和打印。栅格设置太密时,在屏幕上会显示不出来。

捕捉模式用于限制十字光标,使其按照用户定义的间距移动。捕捉模式有助于使用箭头键或定点设备来精确地定位点,可以设定捕捉点为栅格点。

通常采用如下方法设置栅格点。

①状态栏:在状态栏右击【捕捉】按钮或【栅格】按钮,在【设置】快捷菜单中进行设置。

②命令行:输入“DSETTINGS”并回车。

③下拉菜单:【工具】|【草图设置】。

执行该命令后弹出【草图设置】对话框,如图 3-21 所示。【捕捉和栅格】选项卡中各选项意义如下。

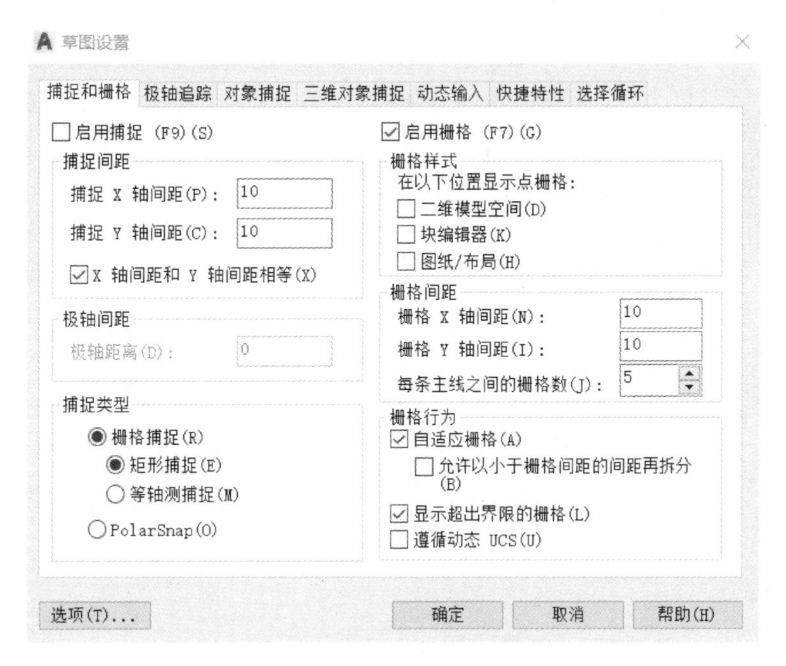

图 3-21 【草图设置】对话框

①【启用捕捉】:打开或关闭捕捉模式,也可以单击状态栏上的【捕捉】按钮,或按“F9”键。

②【捕捉 X 轴间距】:指定 X 轴方向的捕捉间距。间距值必须为正实数。

③【捕捉 Y 轴间距】:指定 Y 轴方向的捕捉间距。间距值必须为正实数。

④【X 轴间距和 Y 轴间距相等】:为捕捉间距和栅格间距强制使用同一 X 和 Y 间距值。捕捉间距

可以与栅格间距不同。

⑤【极轴间距】:控制 PolarSnap 增量距离。

⑥【启用栅格】:打开或关闭栅格点显示。也可以单击状态栏上的【栅格】按钮,或按"F7"键。

⑦【二维模型空间】:将二维模型空间的栅格样式设定为点栅格。

⑧【块编辑器】:将块编辑器的栅格样式设定为点栅格。

⑨【图纸/布局】:将图纸和布局的栅格样式设定为点栅格。

⑩【栅格 X 轴间距】:指定 X 轴方向上的栅格间距。

⑪【栅格 Y 轴间距】:指定 Y 轴方向上的栅格间距。

⑫【每条主线之间的栅格数】:指定主栅格线相对于次栅格线的频率。

⑬【栅格捕捉】:设置栅格捕捉类型。

⑭【矩形捕捉】:将捕捉样式设定为标准"矩形"捕捉模式。

⑮【等轴测捕捉】:将捕捉样式设定为"等轴测"捕捉模式。绘制轴测图时使用该模式。

⑯【PolarSnap】:将捕捉类型设定为"PolarSnap"。如果启用了"捕捉"模式并在极轴追踪打开的情况下指定点,光标将沿在"极轴追踪"选项卡上相对于极轴追踪起点设置的极轴对齐角度进行捕捉。

⑰【栅格行为】:在以下情况下显示栅格线而不显示栅格点。

⑱【自适应栅格】:缩小时,限制栅格密度。

⑲【允许以小于栅格间距的间距再拆分】:放大时,生成更多间距更小的栅格线。主栅格线的频率确定这些栅格线的频率。

⑳【显示超出界线的栅格】:显示超出"LIMITS"命令指定区域的栅格。

㉑【遵循动态 UCS】:更改栅格平面以跟随动态 UCS 的 XOY 平面。

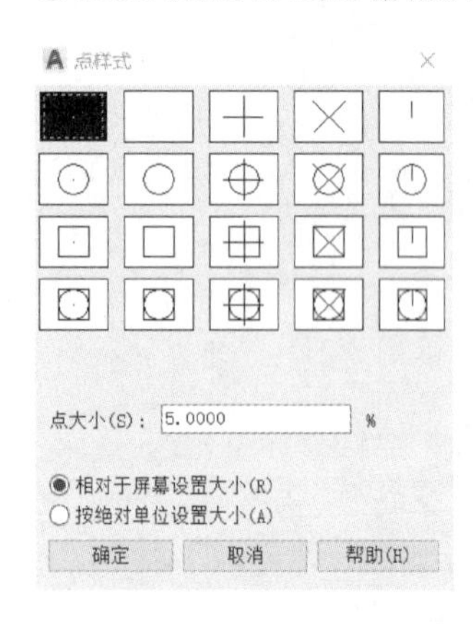

图 3-22 【点样式】对话框

3.4.7 设置点样式

用户可以在"点样式"对话框中修改点对象的大小和外观,如图 3-22 所示。改变点对象的大小及外观,将会影响所有在图形中已经绘制的点对象和将要绘制的点对象。

要显示【点样式】对话框,可以使用如下方法。

①功能区:【默认】标签|【实用工具】面板|【点样式】按钮。

②命令行:输入"DDPTYPE"并回车。

③下拉菜单:【格式】|【点样式】。

【思考与练习】

思考题

3-1 了解世界坐标系与用户坐标系的区别。

3-2 熟悉坐标的四种表示方法以及控制其显示模式的方法。

3-3 掌握绘图环境的设置方法。

上机操作

3-1 熟悉"ZOOM""PAN"命令的不同激活方式。

3-2 以样板文件"acadiso.dwt"开始创建一个新图形文件,对其绘图环境做如下设置。

绘图界限:将其设置为 A2 图幅(594 mm×420 mm)。

绘图单位:将长度单位类型设置为小数,精度为小数点后 2 位。

将角度单位类型设置为十进制度数,精度为小数点后 0 位,其余按默认。

保存图形:将图形以文件名"基本设置.dwg"保存。

3-3　熟练掌握视窗缩放和平移的方法。

3-4　打开 AutoCAD 软件自带的"Sample"文件下的子文件,练习图形实体的选取方式。

3-5　用绝对坐标绘制如图 3-23 所示的图形。

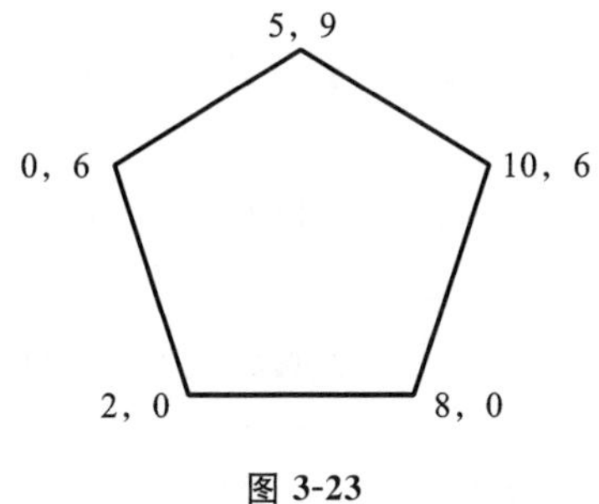

图 3-23

3-6　用相对坐标绘制如图 3-24 所示的图形。

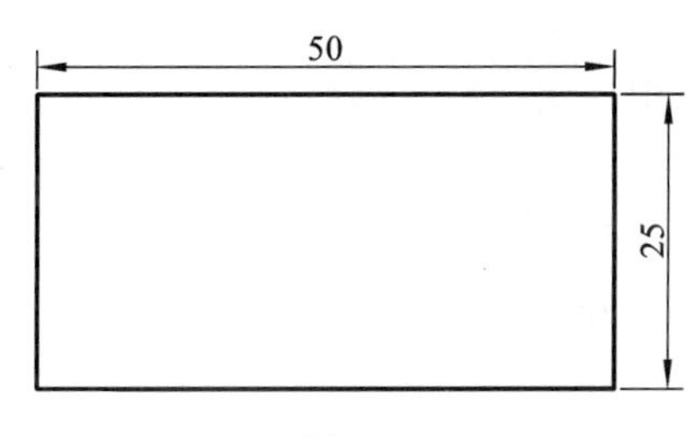

图 3-24

第4章　基本绘图命令

AutoCAD软件中的绘图命令不仅可以绘制点、直线、圆、多边形等基本的二维图形，还可以绘制多线、圆环等高级图形对象。本章仅讲解基本的绘图命令。

4.1　点

点是精确绘图的辅助对象，可作为对象捕捉和相对偏移的节点。图形绘制完成后，再将这些点删除，或者冻结这些对象所在的图层。

根据绘图的要求，用户可以在屏幕上直接拾取或通过对象捕捉以确定特殊的点，也可以使用键盘输入该点的坐标。

绘制点时需预先设置点的样式，设置方法见3.4.7小节。

4.1.1　绘制单点

使用单点命令可以在绘图窗口中一次绘制一个点。

调用该命令的方法如下。

①下拉菜单:【绘图】|【点】|【单点】。

②命令行:输入“POINT”或“PO”并回车。

命令执行过程如下。

命令:POINT ↵

当前点模式:PDMODE=0　PDSIZE=0.0000

指定点:(指定点的位置)

命令行中“PDMODE=0”和“PDSIZE=0.0000”提示当前状态下所绘的点的模式和大小。

4.1.2　绘制多点

使用多点命令可以在绘图窗口中一次绘制多个点，直到按“Esc”键结束。

调用该命令的方法如下。

①功能区:【默认】标签|【绘图】面板|【多点】按钮 ∴ 。

②下拉菜单:【绘图】|【点】|【多点】。

命令执行过程如下。

命令:POINT ↵

当前点模式:PDMODE=0　PDSIZE=0.000 0

指定点:(指定点的位置)

指定点:(继续给出一点或结束)

4.2　直线、射线与构造线

4.2.1　直线

4.2.1.1　直线命令

直线(LINE)命令用于绘制一系列连续的直线段，每条直线段作为一个独立的图形对象处理。

调用该命令的方法如下。

①功能区:【默认】标签|【绘图】面板|【直线】按钮。

②命令行:输入“LINE”或“L”并回车。

③下拉菜单:【绘图】|【直线】。

命令执行过程如下。

命令:LINE ↵

指定第一点:(输入绝对坐标值或直接在屏幕上指定点)

指定下一点或[放弃(U)]:

指定下一点或[放弃(U)]:

指定下一点或[闭合(C)/放弃(U)]:

用户也可以用鼠标直接在屏幕上指定直线的端点，或用坐标指定二维线(2D)或三维线(3D)，这样可以绘制一系列连续的直线段，但每条直线段都是一个独立的对象。按“Enter”键或从右键菜单中选择【确认】选项可以结束命令。

直线命令的功能选项如下。

(1)【放弃】

用于删除直线序列中最新绘制的线段，如多次输入“U”，按绘制次序的逆序逐个删除线段。

(2)【闭合】

用于在绘制一系列线段(两条或两条以上)之后，将一系列直线段首尾闭合。

提示:在AutoCAD软件的命令执行过程中，默认选项可直接执行。如要执行方括号中的其他选项，必须先输入相应的字母，回车后才转入相应命令的执行;用户也可以直接用鼠标单击命令行中的选项，程序将执行该选项的命令。

4.2.1.2　直线命令演示

图4-1演示了使用直线命令绘制多边形。通过此练习，用户可以熟悉直线命令的输入方式。操作过程如下。

命令:LINE ↵

指定第一点:100,100 ↵(输入绝对坐标值，给定右下角1点)指定下一点或[放弃(U)]:30 ↵(直接输入距离值。激活【正交】模式，将鼠标置于1点左边指示水平方向，在命令行中直接输入距离，给出第2点)

指定下一点或[放弃(U)]:20 ↵(将鼠标置于2点上方指示竖直方向，直接输入距离值，给出第3点)

指定下一点或[闭合(C)/放弃(U)]:@20 < 30 ↵(输入相对极坐标值，给出第4点)

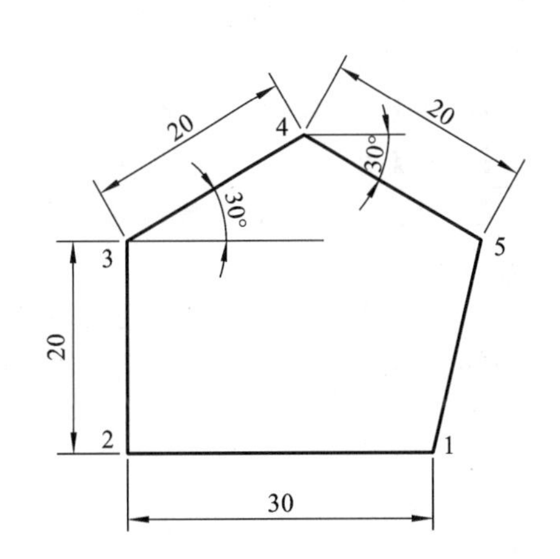

图4-1　使用直线命令绘制多边形

指定下一点或[闭合(C)/放弃(U)]:@20,-30 ↵(输入相对直角坐标值,给出第5点)
指定下一点或[闭合(C)/放弃(U)]:C ↵(封闭图形,结束绘图)

4.2.2 射线

射线命令用于绘制一端固定,另一端无限延伸的直线。在AutoCAD软件中,射线主要用于绘制辅助线。

调用该命令的方法如下。

①功能区:【默认】标签|【绘图】面板|【射线】按钮。

②命令行:输入"RAY"并回车。

③下拉菜单:【绘图】|【射线】。

命令执行过程如下。

命令:RAY ↵
指定起点:(指定射线的固定端)
指定通过点:

指定射线的起点后,可在"指定通过点:"提示下指定多个通过点来绘制以起点为端点的多条射线,直到按"Esc"键或"Enter"键退出为止。

4.2.3 构造线

构造线命令用于绘制两端可以无限延伸的直线,主要用于绘制辅助线。

调用该命令的方法如下。

①功能区:【默认】标签|【绘图】面板|【构造线】按钮。

②命令行:输入"XLINE"或"XL"并回车。

③下拉菜单:【绘图】|【构造线】。

命令执行过程如下。

命令:XLINE ↵
指定点或[水平(H)/垂直(V)/角度(A)/二等分(B)/偏移(O)]:(指定点或输入选项)

可以通过指定两点来定义构造线,但第一个点为构造线概念上的中点。可绘制多条构造线,直到按"Esc"键或"Enter"键退出为止。

构造线命令的功能选项如下。

①【水平】:创建经过指定点(中点)的多条水平构造线。

②【垂直】:创建经过指定点(中点)的多条竖直构造线。

③【角度】:创建与X轴成指定角度的构造线,也可以先选择参考直线,再创建与参考直线成一定角度的构造线。

④【二等分】:创建二等分指定角的构造线,需要先指定角的顶点、起点和端点。

⑤【偏移】:创建平行于指定基线的平行线,需要先指定偏移距离,选择基线,然后指明构造线位于基线的哪一侧。

4.3 圆

在AutoCAD软件中,可以通过指定圆心和半径或圆周上的点创建圆,也可以创建与对象相切的圆。

调用该命令的方法如下。

①功能区:【默认】标签|【绘图】面板|【圆】按钮 。

②命令行:输入“CIRCLE”或“C”并回车。

③下拉菜单:【绘图】|【圆】。

命令执行过程如下。

命令行:CIRCLE ↵

指定圆的圆心或[三点(3P)/两点(2P)/切点、切点、半径(T)]:(指定圆心或选择其他绘圆的方式)

功能区【绘图】面板提供六种绘制圆的方法,即【圆心、半径】、【圆心、直径】、【两点】、【三点】、【相切、相切、半径】及【相切、相切、相切】。下面将简要介绍各种绘图方法。用户单击 按钮下的黑色三角▼即可观察到上述内容。

(1)【圆心、半径】

系统默认的画圆方法为指定圆的圆心和半径方式。

选择功能区【绘图】面板上【圆】的组合下拉按钮中【圆心、半径】 选项,命令执行过程如下。

命令行:CIRCLE ↵

指定圆的圆心或[三点(3P)/两点(2P)/切点、切点、半径(T)]:(指定圆心点)

指定圆的半径或[直径(D)]<当前>:(输入圆的半径值)

执行结果如图 4-2(a)所示。

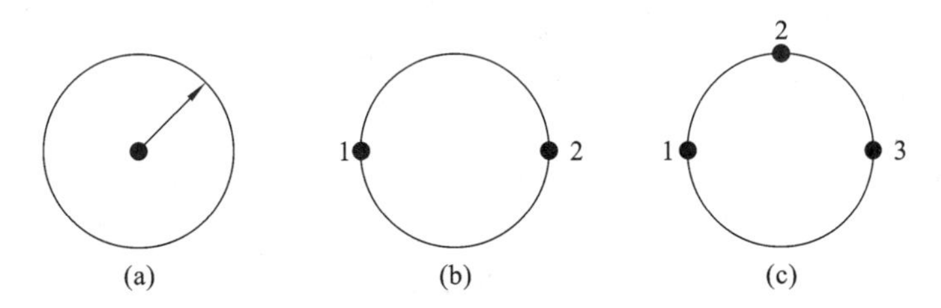

图 4-2　三种方法绘制圆

(a)圆心、半径绘圆;(b)两点绘圆;(c)三点绘圆

(2)【圆心、直径】

该方式通过指定圆的圆心和直径来绘制圆。

选择功能区【绘图】面板上【圆】的组合下拉按钮中【圆心、直径】 选项,命令执行过程如下。

命令行:CIRCLE ↵

指定圆的圆心或[三点(3P)/两点(2P)/切点、切点、半径(T)]:(指定圆心点)

指定圆的半径或[直径(D)]<当前>:D ↵(选择直径输入方式)

指定圆的直径<当前>:(输入圆的直径值)

(3)【两点】

该方式通过指定圆直径上的两个端点来绘制圆。

选择功能区【绘图】面板上【圆】的组合下拉按钮中【两点】 选项,命令执行过程如下。

命令行:CIRCLE ↵

指定圆的圆心或[三点(3P)/两点(2P)/切点、切点、半径(T)]:2P ↵(选择两点画圆方式)

指定圆直径的第一个端点:(指定点 1)

指定圆直径的第二个端点:(指定点 2)

执行结果如图 4-2(b)所示。

(4)【三点】

该方式通过指定圆周上的三个点来绘制圆。

选择功能区【绘图】面板上【圆】的组合下拉按钮中【三点】 选项,命令执行过程如下。

命令行:CIRCLE ↵

指定圆的圆心或[三点(3P)/两点(2P)/切点、切点、半径(T)]:3P ↵(选择三点画圆方式)

指定圆上的第一个点:(指定点 1)

指定圆上的第二个点:(指定点 2)

指定圆上的第三个点:(指定点 3)

执行结果如图 4-2(c)所示。

(5)【相切、相切、半径】

该方式用于绘制与两个对象相切并指定半径的圆,相切的对象可以是直线、圆弧、圆或其他曲线。

选择功能区【绘图】面板上【圆】的组合下拉按钮中【相切、相切、半径】 选项,命令执行过程如下。

命令行:CIRCLE ↵

指定圆的圆心或[三点(3P)/两点(2P)/切点、切点、半径(T)]:T ↵(选择相切、相切、半径画圆方式)

指定对象与圆的第一个切点:(选择圆、圆弧或直线)

指定对象与圆的第二个切点:(选择圆、圆弧或直线)

指定圆的半径<当前>:(输入半径值)

执行结果如图 4-3 所示。

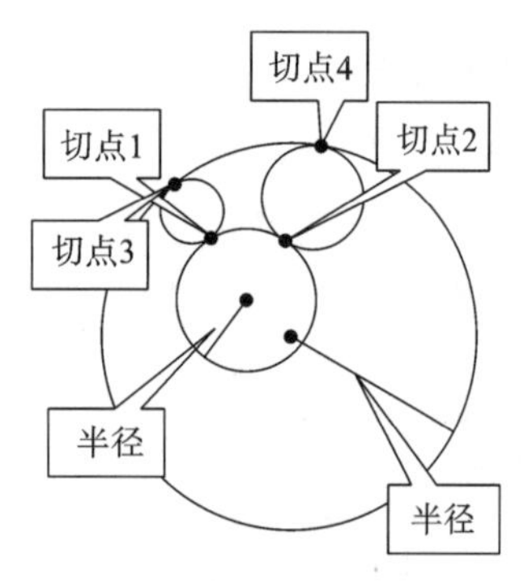

图 4-3 用【相切、相切、半径】方式绘圆

(6)【相切、相切、相切】

该方式用于绘制与三个对象相切的圆,并自动计算要创建的圆的半径和圆心坐标,相切的对象可以是直线、圆弧、圆或其他曲线。选择功能区【绘图】面板上【圆】的组合下拉按钮中【相切、相切、相切】 选项,命令执行过程如下。

指定圆的圆心或[三点(3P)/两点(2P)/切点、切点、半径(T)]:3P

指定圆上的第一个点:TAN 到(自动选择三点相切画圆方式)

指定圆上的第一个点:TAN 到(捕捉的第一个相切对象)

指定圆上的第二个点:TAN 到(捕捉的第二个相切对象)

指定圆上的第三个点:TAN 到(捕捉的第三个相切对象)

执行结果如图 4-4 所示。

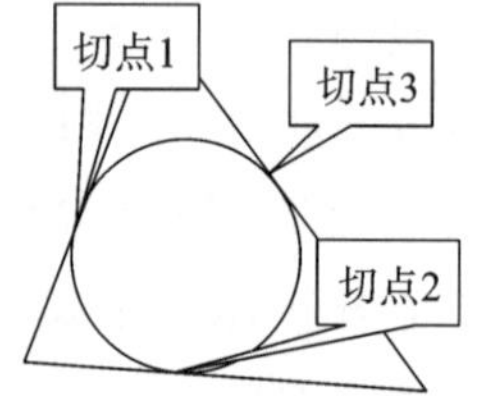

图 4-4 用【相切、相切、相切】方式绘圆

4.4 圆 弧

圆弧是圆的一部分,用户可以使用多种方式创建圆弧。

调用该命令的方法如下。

①功能区:【默认】标签|【绘图】面板|【圆弧】按钮 。

②命令行:输入“ARC”或“A”并回车。

③下拉菜单:【绘图】|【圆弧】。

命令执行过程如下。

命令行:ARC ↵

指定圆弧的起点或[圆心(C)]:(指定点或输入选项)

在功能区【绘图】面板上【圆弧】中设有 11 种绘制圆弧的方法。圆弧命令的选项多而且复杂,通常用户无须将这些选项的组合都记牢,绘图时只要注意给定的条件和命令行的提示就可以实现圆弧的绘制。另外,在绘制圆弧时,除三点方法外,其他方法都是从起点到端点逆时针绘制圆弧,要注意角度的方向,逆时针为正,顺时针为负。下面仅详细讲解其中的几种方法,其他方法只做简单介绍。

(1)【三点】

【三点】法即通过指定圆弧上的三个点来绘制一条圆弧的方法。此时应指定圆弧的起点、通过的第 2 个点和端点,如图 4-5 所示。起点和端点的顺序可按顺时针或逆时针方向给定。选择功能区【绘图】面板上【圆弧】组合下拉按钮中【三点】选项,命令执行过程如下。

命令行:ARC ↵

指定圆弧的起点或[圆心(C)]:(指定圆弧的起点 $P1$)

指定圆弧的第二个点或[圆心(C)/端点(E)]:(指定圆弧的第二点 $P2$)

指定圆弧的端点:(指定圆弧的端点 $P3$)

(2)【起点、圆心、端点】

【起点、圆心、端点】法即通过指定圆弧的起点、圆心和端点来绘制一条圆弧的方法,如图 4-6 所示。选择功能区【绘图】面板上【圆弧】组合下拉按钮中【起点、圆心、端点】选项,命令执行过程下。

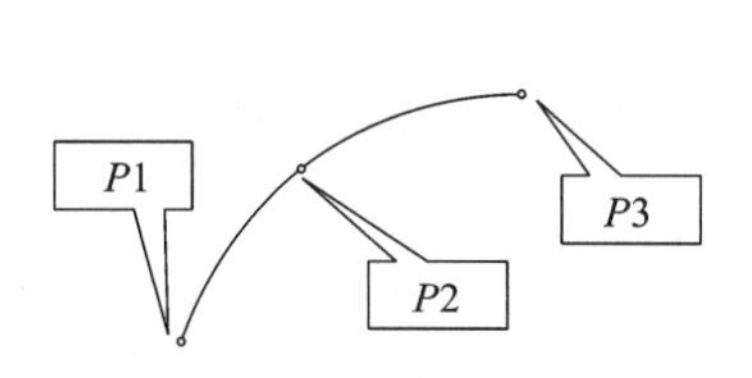

图 4-5　【三点】法绘制圆弧

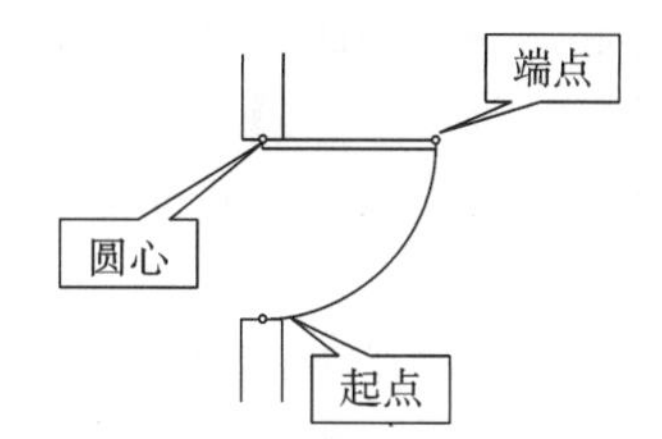

图 4-6　【起点、圆心、端点】法绘制圆弧

命令行:ARC ↵

指定圆弧的起点或[圆心(C)]:(指定圆弧的起点)

指定圆弧的第二个点或[圆心(C)/端点(E)]:C ↵(选择指定圆弧的圆心方式)

指定圆弧的圆心:(指定圆弧的圆心)

指定圆弧的端点或[角度(A)/弦长(L)]:(指定圆弧的端点)

(3)【起点、圆心、角度】

如果在已有的图形中可以捕捉到圆弧的起点和圆心,并且已知圆弧的包含角度,则可以通过指定圆弧的起点、圆心和包含角度的方法来绘制圆弧,如图 4-7 所示。选择功能区【绘图】面板上【圆弧】组合下拉按钮中【起点、圆心、角

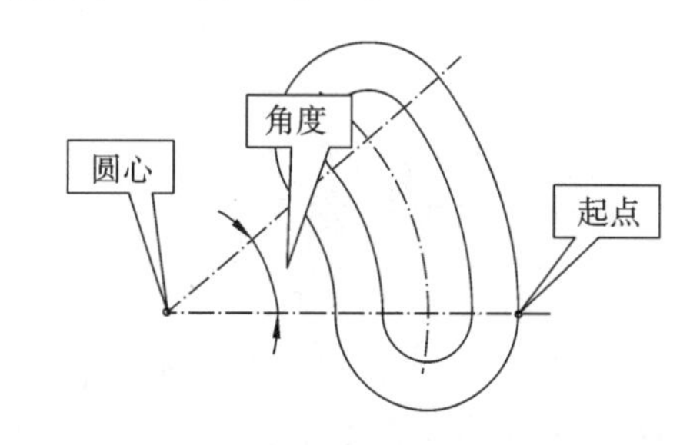

图 4-7　【起点、圆心、角度】法绘制圆弧

度】选项,执行过程如下。

命令:ARC ↵

指定圆弧的起点或[圆心(C)]:(指定圆弧的起点)

指定圆弧的第二个点或[圆心(C)/端点(E)]:C ↵(选择指定圆弧的圆心方式)

指定圆弧的圆心: (指定圆弧的圆心)

指定圆弧的端点或[角度(A)/弦长(L)]:A ↵(选择指定圆弧的包含角度方式)

指定包含角度:(指定角度)

(4)【起点、圆心、长度】

【起点、圆心、长度】法即通过指定圆弧的起点、圆心和圆弧的弦长来绘制一条圆弧的方法。此时所输入的弦长值如果为负值,则该值的绝对值将作为对应整圆的空缺部分圆弧的弦长;另外,用户给定的弦长不得超过圆心到起点距离的两倍。

(5)【起点、端点、角度】

【起点、端点、角度】法即通过指定圆弧的起点、端点和所包含的角度来绘制一条圆弧的方法。

(6)【起点、端点、方向】

【起点、端点、方向】法即通过指定圆弧的起点、端点和起点的切线方向来绘制一条圆弧的方法,可以通过拖动鼠标的方式动态确定圆弧起点处切线方向与水平方向的夹角。

(7)【起点、端点、半径】

【起点、端点、半径】法即通过指定圆弧的起点、端点和圆弧的半径来绘制一条圆弧的方法。

(8)【圆心、起点、端点】

【圆心、起点、端点】法即通过指定圆弧的圆心、起点和端点的方式来绘制一条圆弧的方法。

(9)【圆心、起点、角度】

【圆心、起点、角度】法即通过指定圆弧的圆心、起点和所包含的角度来绘制一条圆弧的方法。

(10)【圆心、起点、长度】

【圆心、起点、长度】法即通过指定圆弧的圆心、起点和圆弧的弦长来绘制一条圆弧的方法。

(11)【继续】

当执行绘制圆弧命令,并在命令行"指定圆弧的起点或[圆心(C)]:"提示下直接按"Enter"键,系统会以最后一次绘制的线段或圆弧中确定的最后一点作为新圆弧的起点,以最后所绘线段方向或圆弧端点处的切线方向作为新圆弧在起点处的切线方向,然后再指定新圆弧的端点即可确定该圆弧。

提示:在实际绘图过程中,很多圆弧不是通过绘制圆弧的方法绘制出来的,而是利用辅助圆修剪出来的。所以当创建圆弧的给定条件不足时,建议用户利用辅助圆,通过修剪或打断命令来创建圆弧。

4.5 矩　　形

4.5.1 矩形命令

矩形是最常用的几何图形之一,它是一个独立的对象。绘制的矩形可以设置倒角、圆角、标高、厚度和宽度。在默认情况下,可以通过指定矩形的两个对角点的方法来创建矩形。

调用该命令的方法如下。

①功能区:【默认】标签|【绘图】面板|【矩形】按钮 □。

②命令行：输入“RECTANG”或“REC”并回车。

③下拉菜单：【绘图】|【矩形】命令。

命令执行过程如下。

命令：RECTANG ↵

指定第一个角点或[倒角(C)/标高(E)/圆角(F)/厚度(T)/宽度(W)]：(指定第一个角点，可利用鼠标定点或坐标输入)

指定另一个角点或[面积(A)/尺寸(D)/旋转(R)]：(指定第二点)

命令行中第一行选项功能如下。

(1)【倒角】

绘制具有倒角的矩形，需设置矩形的两个倒角距离。当设定了倒角距离后，返回“指定第一个角点或[倒角(C)/标高(E)/圆角(F)/厚度(T)/宽度(W)]：”提示，指定矩形的两个对角点，按当前的倒角距离生成矩形，如图 4-8(a)所示。

(2)【标高】

设定矩形所在的平面高度，默认矩形在 XOY 平面内，该选项一般用于三维绘图。

(3)【圆角】

绘制具有圆角的矩形，需要指定矩形的圆角半径。设定了圆角半径后，按系统提示指定矩形的两个对角点，即按当前的圆角半径生成矩形，如图 4-8(b)所示。

(4)【厚度】

设定矩形的绘图厚度，该选项一般用于三维绘图。

(5)【宽度】

设定矩形的线宽，如图 4-8(c)所示。

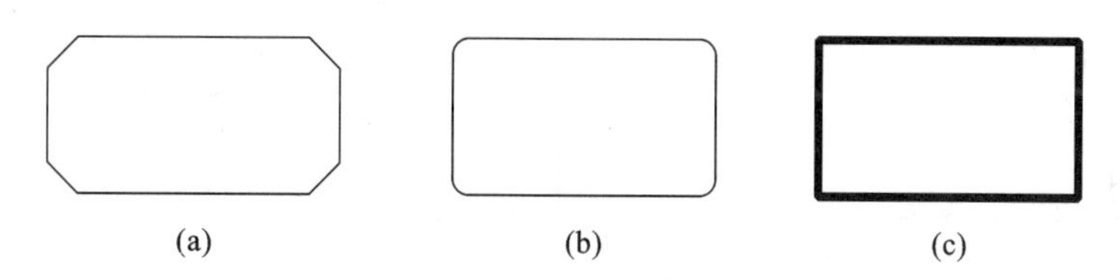

图 4-8　创建矩形

(a)带倒角的矩形；(b)带圆角的矩形；(c)带线宽的矩形

在默认情况下，选择所需的选项后，直接通过指定矩形的两个对角点来创建矩形。AutoCAD 软件也提供了通过指定矩形的面积及指定长度值或宽度值来创建矩形的方法，同样也可以绘制与 X 轴成一定角度的矩形。

命令行中第二行选项功能如下。

(1)【面积】

根据面积绘制矩形。命令执行过程如下。

指定第一个角点或[倒角(C)/标高(E)/圆角(F)/厚度(T)/宽度(W)]：(给定第一点)

指定另一个角点或[面积(A)/尺寸(D)/旋转(R)]：A ↵(选择给定面积的方式绘制矩形)

输入以当前单位计算的矩形面积＜当前＞：(指定矩形的面积)

计算矩形标注时依据[长度(L)/宽度(W)]＜长度＞：L ↵(选择按指定长度或宽度绘制矩形)

输入矩形长度＜当前＞：(指定长度，按给定长度和面积绘制矩形)

(2)【尺寸】

根据矩形的长度和宽度绘制矩形。命令执行过程如下。

指定第一个角点或[倒角(C)/标高(E)/圆角(F)/厚度(T)/宽度(W)]:(给定第一点)

指定另一个角点或[面积(A)/尺寸(D)/旋转(R)]:D ↵(选择按指定长度和宽度方式绘制矩形)

指定矩形的长度<当前>:(指定矩形的长度)

指定矩形的宽度<当前>:(指定矩形的宽度)

指定另一个角点或[面积(A)/尺寸(D)/旋转(R)]:(给定另一角点相对第一角点的方向)

(3)【旋转】

绘制与 X 轴成一定角度的矩形。命令执行过程如下。

指定第一个角点或[倒角(C)/标高(E)/圆角(F)/厚度(T)/宽度(W)]:(给定第一角点)

指定另一个角点或[面积(A)/尺寸(D)/旋转(R)]:R ↵(选择按指定旋转角度绘制矩形)

指定旋转角度或[拾取点(P)]<当前>:(指定矩形的旋转角度)

指定另一个角点或[面积(A)/尺寸(D)/旋转(R)]:(给定另一角点)

4.5.2 矩形命令演示

绘制如图 4-9 所示一个圆角半径为 20 mm、与 X 轴成 30°、大小为 200 mm×150 mm 的矩形。操作过程如下。

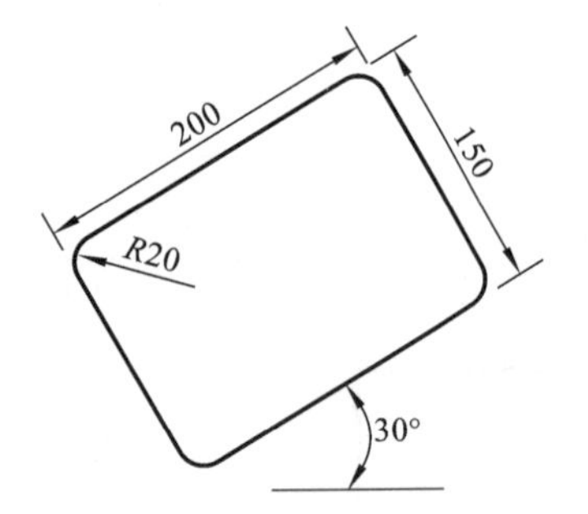

图 4-9 绘制带厚度的圆角矩形

命令:RECTANG ↵

指定第一个角点或[倒角(C)/标高(E)/圆角(F)/厚度(T)/宽度(W)]:F ↵(创建带圆角的矩形)

指定矩形的圆角半径<当前>:20 ↵

指定第一个角点或[倒角(C)/标高(E)/圆角(F)/厚度(T)/宽度(W)]:0,0 ↵(指定矩形第一个角点)

指定另一个角点或[面积(A)/尺寸(D)/旋转(R)]:R ↵(创建与 X 轴成一定角度的矩形)

指定旋转角度或[拾取点(P)]<当前>:30 ↵(指定矩形的旋转角度)

指定另一个角点或[面积(A)/尺寸(D)/旋转(R)]:D ↵(选择按指定长、宽度方式绘制矩形)

指定矩形的长度<当前>:200 ↵(指定矩形的长度)

指定矩形的宽度<当前>:150 ↵(指定矩形的宽度)

指定另一个角点或[面积(A)/尺寸(D)/旋转(R)]:(移动光标以指定另一角点相对第一点的方向)

4.6 正多边形

利用 AutoCAD 软件提供的绘制正多边形命令,可以创建包含 3~1024 条等长边的闭合多段线,整个多边形是一个独立对象。用此命令可以很方便地绘制正方形、等边三角形、正八边形等图形。

调用该命令的方法如下。

①功能区:【默认】标签|【绘图】面板|【多边形】按钮。

②命令行:输入“POLYGON”或“POL”并回车。

③下拉菜单:【绘图】|【多边形】。

命令执行过程如下。

命令:POLYGON ↵

输入边的数目＜当前＞:(指定多边形的边数)

指定正多边形的中心点或[边(E)]:(选择指定正多边形中心与边的距离方式或指定边长方式)

在确定多边形边数的情况下,有以下两种绘制正多边形的方式。

(1)内接多边形和外切多边形

在这种绘制方式中,用户参照一个假想的圆,用内接于圆或外切于圆的方式绘制正多边形。内接于圆就是正多边形在假想圆内,其所有的顶点都在假想圆上;外切于圆就是正多边形在假想圆的外侧,其各边与假想圆相切。绘制内接于圆或外切于圆的正多边形如图 4-10 所示。

命令执行过程如下。

命令:PLOYGON ↵

输入边的数目＜当前＞:(指定正多边形的边数)

指定正多边形的中心点或[边(E)]:(给定圆的中心点,选择指定多边形的中心到边方式)

输入选项[内接于圆(I)/外切于圆(C)]＜I＞:(选择内接于圆或外切于圆绘制正多边形方式)

指定圆的半径:(指定与正多边形相切或相接的圆的半径)

(2)指定一条边的长度和位置绘制正多边形

这种绘制方式是根据一条已知边来创建正多边形,但需注意,指定边的起点和终点的顺序决定正多边形的位置。以正六边形为例,图 4-11 中的 $P1$ 为正多边形边的起点,$P2$ 为正多边形边的终点。

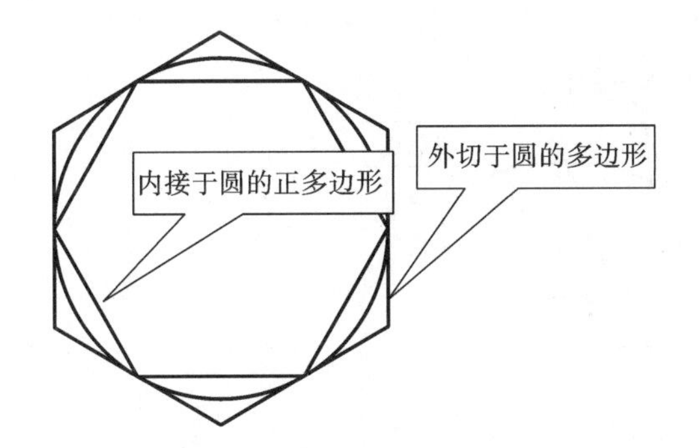

图 4-10　绘制内接或外切多边形

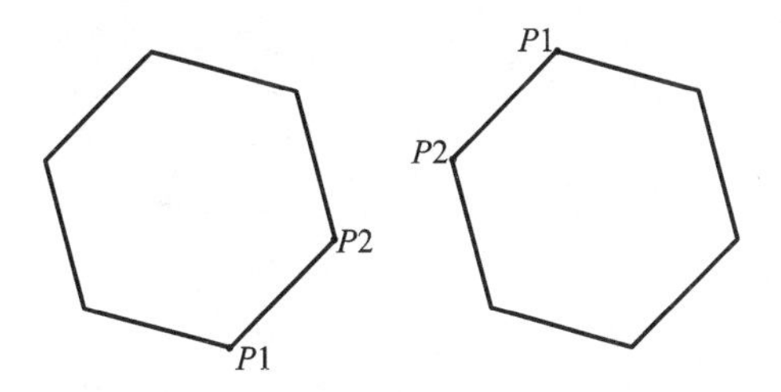

图 4-11　根据已知边绘制正多边形

命令执行过程如下。

命令:PLOYGON ↵

输入边的数目＜当前＞:(指定正多边形的边数)

指定正多边形的中心点或[边(E)]:E ↵(选择指定正多边形边长的方式)

指定边的第一个端点:(指定边的起点)

指定边的第二个端点:(指定边的终点)

4.7　椭　　圆

根据椭圆方程的定义,椭圆的形状由长、短轴决定。

调用该命令的方法如下。

①功能区:【默认】标签|【绘图】面板|【椭圆】按钮 。

②命令行:输入“ELLIPSE”或“EL”并回车。

③下拉菜单:【绘图】|【椭圆】。

命令执行过程如下。

命令:ELLIPSE ↵

指定椭圆的轴端点或[圆弧(A)/中心点(C)]:(选择采用何种方式绘制椭圆)

功能区“【绘图】|【椭圆】”中给出了以下两种绘制椭圆的方法。

(1)通过椭圆中心绘制椭圆

通过椭圆中心绘制椭圆,即指定中心点和给定一个轴端点以及另一个轴的半轴长度创建椭圆,如图4-12(a)所示。

点击功能区【绘图】面板|【椭圆】按钮 ,命令执行过程如下。

命令:ELLIPSE ↵

指定椭圆的轴端点或[圆弧(A)/中心点(C)]:C ↵(选择采用中心点方式绘制椭圆)

指定椭圆的中心点:(给定椭圆的中心点)

指定轴的端点:(给定一个轴端点)

指定另一条半轴长度或[旋转(R)]:(给定另一个半轴长度或选择指定绕长轴旋转的角度)

(2)通过轴端点绘制椭圆

通过轴端点绘制椭圆,即通过指定一个轴(主轴)的两个端点和另一个轴的半轴长度来绘制椭圆,如图4-12(b)所示。

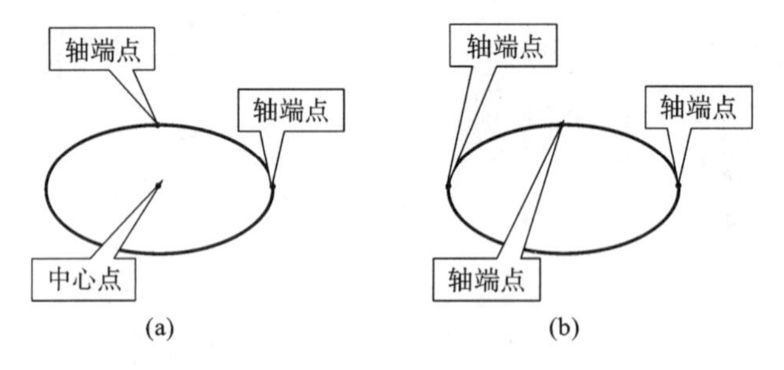

图4-12 两种方法创建椭圆

(a)通过椭圆中心绘制椭圆;(b)通过轴端点绘制椭圆

点击功能区【绘图】面板|【椭圆】按钮 ,命令执行过程如下。

命令:ELLIPSE ↵

指定椭圆的轴端点或[圆弧(A)/中心点(C)]:(给定一个轴的端点,选择采用轴端点方式绘制椭圆)

指定轴的另一个端点:(给定轴的另一个端点)

指定另一条半轴长度或[旋转(R)]:(给定另一个半轴长度或选择指定绕长轴旋转的角度)

4.8 椭圆弧

调用绘制椭圆弧命令的方法如下。

①功能区:【默认】标签|【绘图】面板|【椭圆弧】按钮 。

②命令行:输入“ELLIPSE”或“EL”并回车。

③下拉菜单:【绘图】|【椭圆】|【圆弧】。

椭圆弧和椭圆的绘图命令虽然都是“ELLIPSE”命令,但命令行的提示不同。命令执行过程如下。

命令:ELLIPSE ↵

指定椭圆的轴端点或[圆弧(A)/中心点(C)]:A ↵(选择绘制椭圆弧)

指定椭圆弧的轴端点或[中心点(C)]:(选择采用何种方式绘制椭圆)

在此提示下的操作与前面介绍的绘制椭圆的过程完全相同,在确定椭圆的形状后,系统将提示如下。

指定起始角度或[参数(P)]:(指定椭圆弧起始角度或参数)

该提示中两个选项的意义如下。

(1)【指定起始角度】

通过给定椭圆弧的起始角度来确定椭圆弧。执行此操作,命令行将有如下提示。

指定终止角度或[参数(P)/包含角度(I)]:

①【指定终止角度】:根据椭圆弧的终止角度确定椭圆弧的另一端点。

②【参数】:通过参数确定椭圆弧另一个端点的位置。

③【包含角度】:根据椭圆弧的包含角度确定椭圆弧。

(2)【参数】

通过用户指定的参数确定椭圆弧。执行此操作,命令行将有如下提示。

指定起始参数或[角度(A)]:

①【指定起始参数】:系统将使用公式 $P_n = c + a \times \cos n + b \times \sin n$ 来计算椭圆弧的起始角。其中,“n”是用户输入的参数,“c”是椭圆弧的半焦距,“a”和“b”分别是椭圆的长半轴和短半轴的轴长。

②【角度】:参见前面介绍的使用角度确定椭圆弧的方式。

示例:使用椭圆命令,根据椭圆的起点和端点角度创建椭圆弧,如图 4-13 所示。

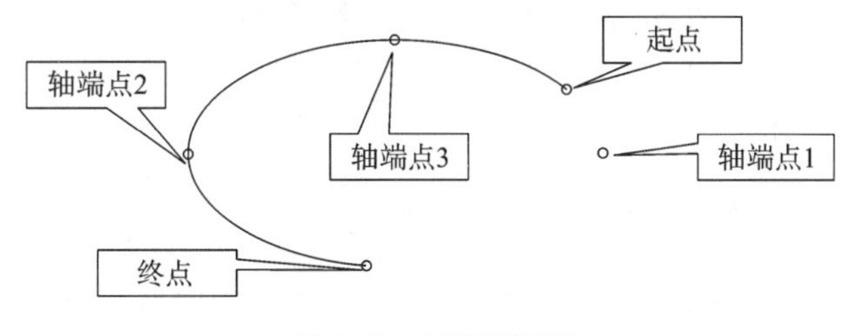

图 4-13　创建椭圆弧

命令执行过程如下。

命令:ELLIPSE ↵

指定椭圆的轴端点或[圆弧(A)/中心点(C)]:A ↵(指定绘制椭圆弧方式)

指定椭圆弧的轴端点或[中心点(C)]:(指定椭圆轴的第一个端点 1)

指定轴的另一个端点:(指定椭圆轴的另一个端点 2)

指定另一条半轴长度或[旋转(R)]:(指定另一个半轴端点 3)

指定起始角度或[参数(P)]:(指定椭圆弧起点角度)

指定终止角度或[参数(P)/包含角度(I)]:(指定椭圆弧终点角度)

从起点到端点按逆时针方向绘制椭圆弧。

4.9 多 段 线

4.9.1 多段线命令

多段线是由许多首尾相连的直线段或圆弧段组成的一个独立对象,它可以提供单个直线所不具备的编辑功能。例如,它可以调整多段线的线宽和圆弧的曲率。

调用该命令的方法如下。

①功能区:【默认】标签|【绘图】面板|【多段线】按钮 。

②命令行:输入“PLINE”或“PL”并回车。

③下拉菜单:【绘图】|【多段线】。

命令执行过程如下。

命令:PLINE ↵

指定起点:(指定多段线的起点)

当前线宽为 0.0000 (默认上次执行“PLINE”命令设定的线宽值)

指定下一点或[圆弧(A)/半宽(H)/长度(L)/放弃(U)/宽度(W)]:

(1)创建仅包含直线段的多段线

创建仅包含直线段的多段线类似于创建直线,在输入下一点后,命令行提示如下。

指定下一点或[圆弧(A)/闭合(C)/半宽(H)/长度(L)/放弃(U)/宽度(W)]:

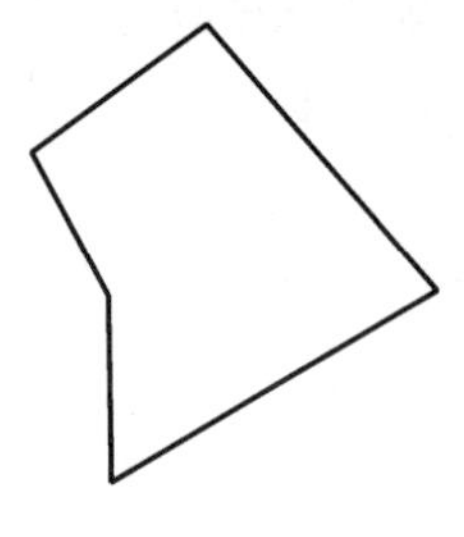

图 4-14 绘制多段线

可以在命令行的默认提示下连续输入一系列端点,按“Enter”键或“C”键结束,但创建的整个多段线为一个对象,如图 4-14 所示。该提示的各选项功能如下。

①【圆弧(A)】:将绘制直线的方式切换到绘制圆弧的方式。

②【闭合(C)】:当绘制两条以上的直线段后,此选项可以封闭多段线。

③【半宽(H)】:设置多段线的半宽度,即多段线的宽度为输入值的两倍。

④【长度(L)】:沿着上一段直线方向或圆弧的切线方向绘制指定长度的多段线。

⑤【放弃(U)】:删除刚刚绘制的多段线,用于修改多段线绘制中出现的错误。

⑥【宽度(W)】:设置多段线的宽度,可以输入不同的起始宽度和终止宽度。

(2)创建具有宽度的多段线

AutoCAD 软件可以创建两端等宽度的直线段,也可以创建两端具有不等宽度的锥线段。指定多段线的起点后,选择指定宽度选项,输入直线段的起点宽度和端点宽度。要创建等宽度的直线段,在终点宽度提示下直接按“Enter”键;要创建锥线段,需要在起点宽度和端点宽度分别输入不同的宽度值。最后指定线段的端点,并根据需要,继续绘制多段线。

(3)创建直线和圆弧组合的多段线

用户可以绘制由直线段和圆弧段组合的多段线。在选项中输入“A”可切换到【圆弧】模式,在绘制【圆弧】模式下输入“L”可以返回到【直线】模式。绘制圆弧段与绘制圆弧的命令相同。

4.9.2 多段线命令演示

4.9.2.1 绘制箭头

绘制如图4-15所示的箭头。

图4-15 使用多段线命令绘制箭头

命令执行过程如下。

命令:PLINE ↵

指定起点:(指定 P_1 点)

当前线宽为0.0000(命令行提示内容)

指定下一点或[圆弧(A)/半宽(H)/长度(L)/放弃(U)/宽度(W)]:W ↵(选择指定线宽方式)

指定起点宽度<0.0000>:1 ↵(指定起点的宽度值)

指定端点宽度<1.0000>:↵(直接按【ENTER】键,终点宽度与起点相同)

指定下一点或[圆弧(A)/半宽(H)/长度(L)/放弃(U)/宽度(W)]:(指定 P_2 点)

指定下一点或[圆弧(A)/闭合(C)/半宽(H)/长度(L)/放弃(U)/宽度(W)]:W ↵(选择指定线宽方式)

指定起点宽度<1.0000>:5 ↵(指定起点宽度)

指定端点宽度<5.0000>:0 ↵(指定终点宽度)

指定下一点或[圆弧(A)/闭合(C)/半宽(H)/长度(L)/放弃(U)/宽度(W)]:(指定 P_3 点)

指定下一点或[圆弧(A)/闭合(C)/半宽(H)/长度(L)/放弃(U)/宽度(W)]:↵(结束命令)

4.9.2.2 绘制浴盆

绘制如图4-16所示的浴盆。

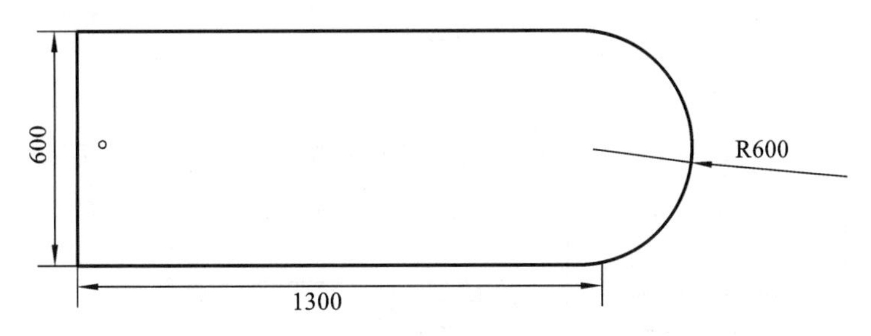

图4-16 用多段线命令绘制浴盆

命令执行过程如下。

命令:PLINE ↵

指定起点:(指定多段线的起点)

当前线宽为0.0000

指定下一点或[圆弧(A)/半宽(H)/长度(L)/放弃(U)/宽度(W)]:1300 ↵(打开【正交】模式,鼠标放于起点的右侧给出方向,直接输入直线长度)

指定下一点或[圆弧(A)/闭合(C)/半宽(H)/长度(L)/放弃(U)/宽度(W)]:A ↵(选择切换到圆弧方式)

指定圆弧的端点或[角度(A)/圆心(CE)/闭合(CL)/方向(D)/半宽(H)/直线(L)/半径(R)/第二个点(S)/放弃(U)/宽度(W)]:600 ↵(鼠标放于直线端点的上方,直接输入距离)

指定圆弧的端点或[角度(A)/圆心(CE)/闭合(CL)/方向(D)/半宽(H)/直线(L)/半径(R)/第二个点(S)/放弃(U)/宽度(W)]:L ↵(选择切换到直线方式)

指定下一点或[圆弧(A)/闭合(C)/半宽(H)/长度(L)/放弃(U)/宽度(W)]:1300 ↵(鼠标向左,输入距离)

指定下一点或[圆弧(A)/闭合(C)/半宽(H)/长度(L)/放弃(U)/宽度(W)]:C ↵(选择闭合多段线,结束命令)

【思考与练习】

思考题

4-1 在AutoCAD软件中,直线、射线和构造线各有什么特点?

4-2 直线命令的何种功能选项用于在绘制一系列直线段之后,能将一系列直线段首尾闭合?

4-3 AutoCAD软件提供了哪几种绘制圆的方法?

上机操作

4-1 用【圆弧】中三种不同的方式绘制如图4-17所示的图形。

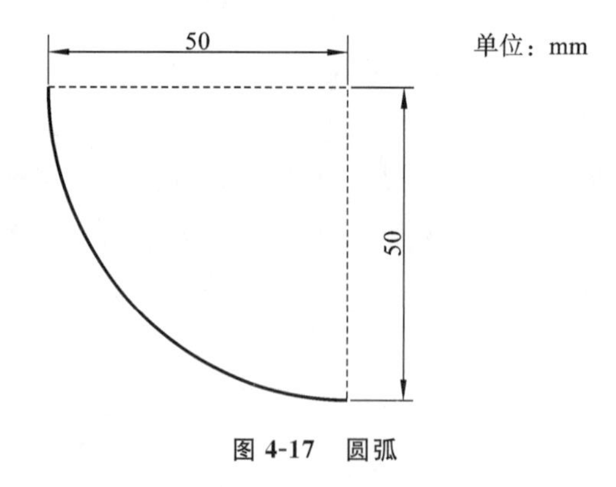

图4-17 圆弧

4-2 绘制如图4-18所示的模型,尝试使用绝对坐标和相对坐标,以及绘制必要的辅助线。

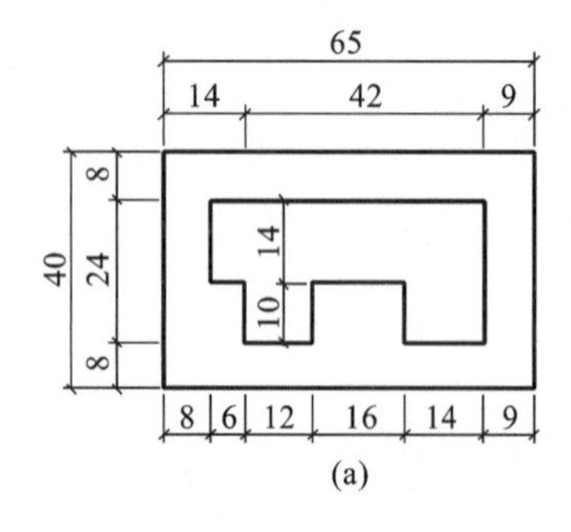

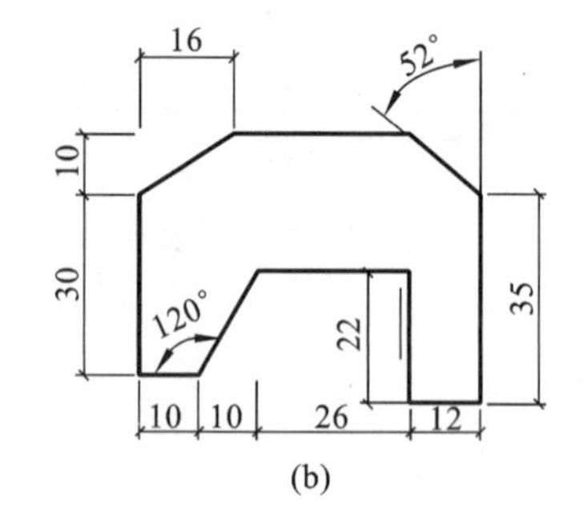

图4-18 模型

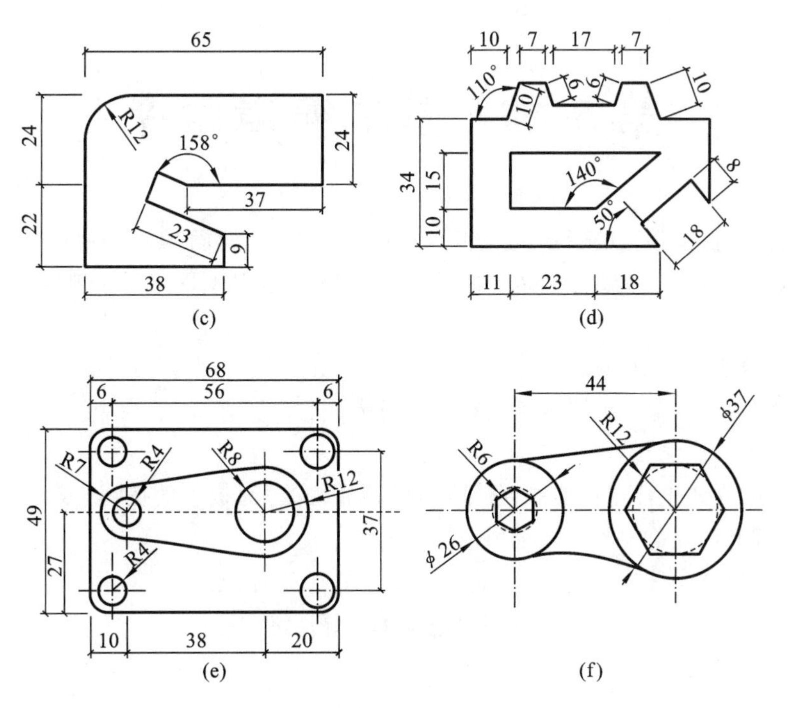
65
24
22
R12
158°
24
37
23
9
38
(c)
10
7
17
7
110°
10
9
6
10
34
15
10
140°
50°
8
18
11
23
18
(d)
68
6
56
6
R7
R4
R8
R12
49
27
37
R4
10
38
20
(e)
44
R12
ϕ37
R6
ϕ26
(f)

续图 4-18

第5章　基本编辑命令

AutoCAD 软件提供了强大的图形编辑工具，可对基本图形进行编辑和修改，从而完成复杂的图形，为完成施工图打下基础。本章介绍常用的基本编辑命令，包括对图形进行删除、复制、移动、变形和修改等操作。

编辑操作通常需要先启动编辑命令，然后选择要编辑的图形，根据程序的提示进行进一步操作。对于大多数命令，前两个步骤也可以按相反顺序进行操作，即“先选择，后命令”，但“先命令，后选择”的方式更为合理。

启动编辑命令的方式包括选择功能区【默认】标签|【修改】面板中的按钮，或直接在命令行中键入命令，或使用【修改】下拉菜单中的命令选项。

5.1　删除图形

5.1.1　删除

“ERASE”命令可删除图中不需要的图形。

启动“ERASE”命令的方法如下。

①功能区：【默认】标签|【修改】面板|【删除】 按钮。

②命令行：输入“ERASE”或“E”并回车。

③下拉菜单：【修改】|【删除】命令。

启动命令后，AutoCAD 软件的命令行提示如下。

命令：ERASE ↵

选择对象：(选择要删除的对象)

选择对象：↵(按回车键结束选择，删除对象)

提示：也可按“Delete”键删除对象。

5.1.2　恢复删除

用“OOPS”命令可恢复最近一次“ERASE”命令删除的对象。在命令行提示符后输入“OOPS”并回车即可恢复。

提示：“OOPS”命令只能恢复最近一次“ERASE”命令所删除的对象。若已连续多次使用“ERASE”命令，要恢复前几次删除的对象只能使用“UNDO”命令。

5.2　复制图形

施工图中经常出现完全相同的部件，其差别多为相对位置的不同。AutoCAD 软件提供了复制、镜像、偏移和阵列命令，以便于用户有规律地复制图形，提高绘图效率，也便于保持施工图的规范性。

5.2.1 复制

5.2.1.1 复制命令

用“COPY”命令可以将图形多次复制到指定位置。

启动“COPY”命令的方法如下。

①功能区:【默认】标签|【修改】面板|【复制】按钮。

②命令行:输入“COPY”或“CO”或“CP”并回车。

③下拉菜单:【修改】|【复制】。

启动命令后,AutoCAD 软件的命令行提示如下。

命令:COPY ↵

选择对象:(选择要复制的对象)

选择对象:(按回车键结束选择)

指定基点或[位移(D)/模式(O)]<位移>:(指定基点或输入)

提示中各选项含义如下。

(1)【基点】

需要复制的图形的参照点(即位移的起点),通过目标捕捉或输入坐标确定后,AutoCAD 软件继续提示如下。

指定第二个点或[阵列(A)]<使用第一个点作为位移>:[指定位移的第二点(位移的终点),将按由基点到第二点指定的距离和方向复制对象;若按回车键将按坐标原点到基点的距离和方向复制对象]

指定第二个点或[阵列(A)/退出(E)/放弃(U)]<退出>:(相对于基点,确定另一终点位置,可继续复制;若按回车键则结束命令)

(2)【位移】

输入矢量坐标,坐标值指定相对距离和方向。AutoCAD 软件继续提示如下。

指定位移 <0.0000,0.0000,0.0000>:(指定位移后完成复制,命令结束)

(3)【模式】

控制命令是否自动重复。

AutoCAD 软件继续提示如下。

输入复制模式选项[单个(S)/多个(M)]<多个>:

①【单个】

创建选定对象的单个副本,并结束命令。

②【多个】

替代“单个”模式设置。在命令执行期间,将“COPY”命令设定为自动重复,可完成多个对象的复制。

5.2.1.2 复制命令演示

将图 5-1(a)中的圆做多重复制,结果如图 5-1(b)所示。操作步骤如下。

命令:COPY ↵

选择对象:[选择图 5-1(a)中的圆]

选择对象:↵(按回车键结束选择)

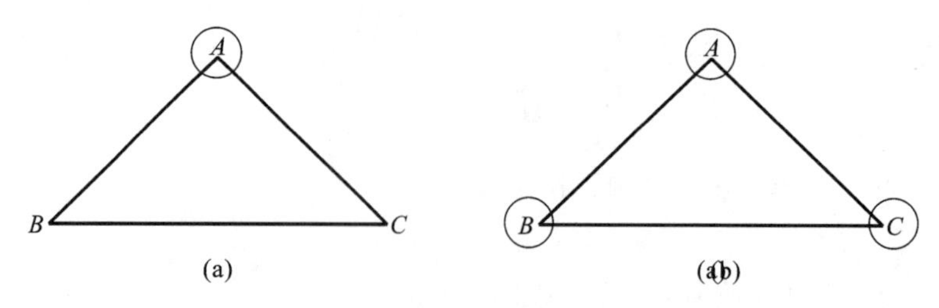

图 5-1 图形复制

(a)复制前;(b)复制后

指定基点或[位移(D)/模式(O)]<位移>:(捕捉圆心 A)

指定第二个点或[阵列(A)]<使用第一个点作为位移>:(捕捉 B 点)

指定第二个点或[阵列(A)/退出(E)/放弃(U)]<退出>:(捕捉 C 点)

指定第二个点或[阵列(A)/退出(E)/放弃(U)]<退出>:↵(按回车键结束命令)

提示 1:若已知位移量,则基点可以任意确定,在指定位移终点时,采用相对坐标即可;否则需要选择图形的某些特征点(如圆心、端点、交点等)作为基点,这样有利于图形的定位。

提示 2:"COPY"命令仅用于文档内部的复制。使用剪贴板则可以实现各应用程序之间的对象复制(剪贴板是 Windows 操作系统控制的内存中的临时存储区,它用来临时存放数据)。

5.2.2 镜像

5.2.2.1 镜像命令

用"MIRROR"命令可以将图形按指定的镜像线进行镜像,从而绘制出对称的图形。

启动该命令的方法如下。

①功能区:【默认】标签|【修改】面板|【镜像】按钮 。

②命令行:输入"MIRROR"或"MI"并回车。

③下拉菜单:【修改】|【镜像】。

启动命令后,AutoCAD 软件的命令行提示如下。

命令:MIRROR

选择对象:(可用前述多种选择方法选择要镜像的对象)

选择对象:(按回车键结束选择)

指定镜像线的第一点:(指定镜像线的起点)

指定镜像线的第二点:(指定镜像线的终点并定义镜像线)

要删除源对象吗?[是(Y)/否(N)]<N>:(创建镜像图形的同时是否删除源图形)

5.2.2.2 镜像命令演示

将图 5-2(a)中的三角形 ABC 镜像,结果如图 5-2(b)所示。其操作步骤如下。

命令:MIRROR ↵

选择对象:[选择图 5-2(a)所有图形]

选择对象:↵(按回车键结束选择)

指定镜像线的第一点:(捕捉 A 点)

指定镜像线的第二点:(捕捉 C 点,以 AC 为镜像线)

要删除源对象吗?[是(Y)/否(N)]<N>:↵[回车不删除,结果如图 5-2(b)所示]

若设置 MIRRTEXT＝0，则同样操作，结果如图 5-2(c)所示。

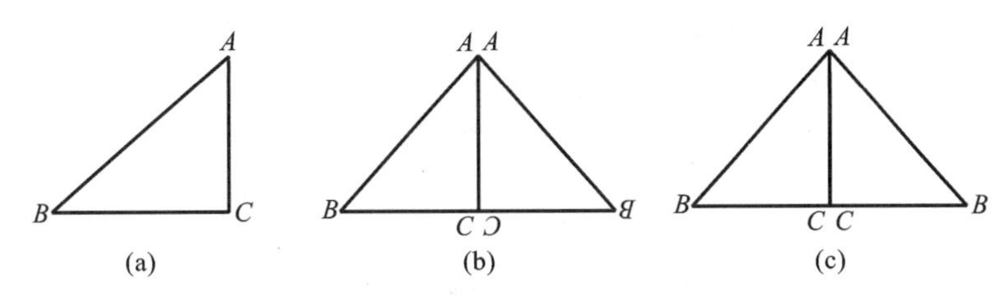

图 5-2　图形镜像

(a)镜像前；(b)MIRRTEXT＝1 时的镜像；(c)MIRRTEXT＝0 时的镜像

提示 1：镜像线是由鼠标指定两点形成的复制线，并不是特定存在的直线段。

提示 2：镜像效果取决于系统变量 MIRRTEXT。若该变量取值为 1(缺省值)，则文本做“完全镜像”；取值为 0，则文本做“可读镜像”，仅仅是位置镜像，文本仍保持原方向，这个设置对文字的镜像尤为方便。

5.2.3　偏移

5.2.3.1　偏移命令

用“OFFSET”命令可以对指定的线、圆、椭圆和圆弧等做同心偏移复制。偏移图形时需指定偏移的距离或通过指定点偏移。

启动该命令的方法如下。

①功能区：【默认】标签|【修改】面板|【镜像】按钮 。

②命令行：输入“OFFSET”或“O”并回车。

③下拉菜单：【修改】|【偏移】。

启动命令后，AutoCAD 软件的命令行提示如下。

命令：OFFSET ↵

当前设置：删除源＝否　图层＝源　OFFSETGAPTYPE＝0(显示当前设置)

指定偏移距离或[通过(T)/删除(E)/图层(L)]＜通过＞：(指定偏移距离或选择其他选项)

提示中各选项含义如下。

(1)【偏移距离】

该命令为默认选项，通过在绘图区拖引线或输入距离值(正数)指定偏移的距离后，AutoCAD 软件继续提示如下。

选择要偏移的对象，或[退出(E)/放弃(U)]＜退出＞：(选择要偏移的图形)

指定要偏移的那一侧上的点，或[退出(E)/多个(M)/放弃(U)]＜退出＞：(相对源图形指定偏移方向)

选择要偏移的对象，或[退出(E)/放弃(U)]＜退出＞：(可继续选取对象进行偏移或按回车键结束命令)

在上述操作中出现的选项意义如下。

①【退出】：输入“E”可退出当前命令，也可以直接按回车键退出当前命令。

②【多个】：输入“M”表示使用当前偏移距离重复进行偏移操作。

③【放弃】：输入“U”表示恢复前一个偏移。

(2)【通过】

利用指定通过点的方式进行偏移。

选择该选项后，AutoCAD软件继续提示如下。

选择要偏移的对象，或[退出(E)/放弃(U)]<退出>：(选择要偏移的图形)

指定通过点或[退出(E)/多个(M)/放弃(U)]<退出>：(指定通过的点)

选择要偏移的对象，或[退出(E)/放弃(U)]<退出>：(可继续选取对象进行偏移或按回车键结束命令)

(3)【删除】

设置偏移后是否删除源对象。用户输入"E"表示删除源对象。

(4)【图层】

确定将偏移对象创建在当前图层上还是源对象所在的图层上。

5.2.3.2 偏移命令演示

将图5-3(a)中的线段*AB*做距离偏移，结果如图5-3(c)所示。

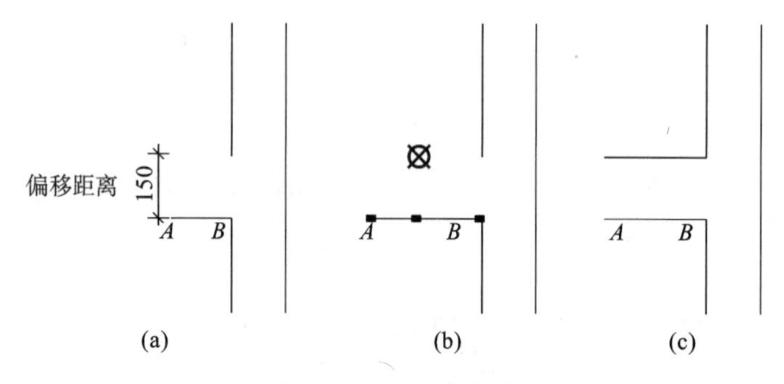

图5-3 图形距离偏移

(a)偏移前；(b)选择状态；(c)偏移后

操作步骤如下。

命令：OFFSET ↵

当前设置：删除源＝否 图层＝源 OFFSETGAPTYPE＝0

指定偏移距离或[通过(T)/删除(E)/图层(L)]<通过>：150 ↵(输入偏移距离并回车)

选择要偏移的对象，或[退出(E)/放弃(U)]<退出>：[单击图5-3(a)线段*AB*]

指定要偏移的那一侧上的点，或[退出(E)/多个(M)/放弃(U)]<退出>：[在线段*AB*上方拾取任一点，如图5-3(b)所示，实现偏移]

选择要偏移的对象，或[退出(E)/放弃(U)]<退出>：↵(按回车键结束命令)

将图5-4(a)中的线段"*AB*"做通过点偏移，结果如图5-4(c)所示。

操作步骤如下。

命令行：OFFSET ↵

当前设置：删除源＝否 图层＝源 OFFSETGAPTYPE＝0

指定偏移距离或[通过(T)/删除(E)/图层(L)]<16.000 0>：T ↵(选择【通过】选项)

选择要偏移的对象，或[退出(E)/放弃(U)]<退出>：[单击图5-4(a)线段*AB*]

指定通过点或[退出(E)/多个(M)/放弃(U)]<退出>：[拾取点1，如图5-4(b)所示，实现偏移]

选择要偏移的对象，或[退出(E)/放弃(U)]<退出>：↵(按回车键结束命令)

提示1：只能以直接拾取方式选择要偏移的对象。

提示2：不同的对象执行命令后有不同的结果。对圆弧的偏移，新旧圆弧有同样的包含角，但新圆弧的长度发生改变；对圆或椭圆的偏移，新旧圆或椭圆有同样的圆心，但新圆的半径或新椭圆的轴长发生改变；对线段、构造线、射线的

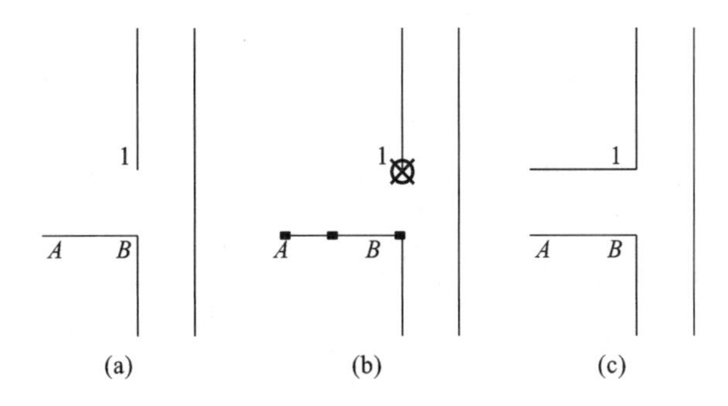

图 5-4　图形通过点偏移

(a)偏移前；(b)选择状态；(c)偏移后

偏移，实际上是平行复制；对多段线的偏移，是根据多段线的形状做对应的偏移。

提示3：不能偏移文字、标注、三维面或三维体。

5.2.4　阵列

5.2.4.1　阵列命令

用"ARRAY"命令可以创建按指定方式排列的多个对象，即阵列。阵列命令可以按照矩形、环形、指定路径来复制对象。复制的对象与源对象可以关联，也可以独立。关联是指如果源对象被修改，阵列产生的对象副本自动更新。使用【矩形阵列】选项可以使选定对象按指定的行数和列数排列成矩形；使用【环形阵列】选项可以使选择的对象按指定的圆心和数目排列成环形；使用【路径阵列】选项可以使选择的对象按指定路径或部分路径均匀分布。

5.2.4.2　阵列命令演示

(1)矩形阵列

启动矩形阵列命令的方法如下。

①功能区：【默认】标签|【修改】面板|【矩形阵列】按钮。

②命令行：输入"ARRAYRECT"并回车。

③下拉菜单：【修改】|【矩形阵列】。

将图5-5(a)所示的沙发图形做矩形阵列，结果如图5-5(b)所示。

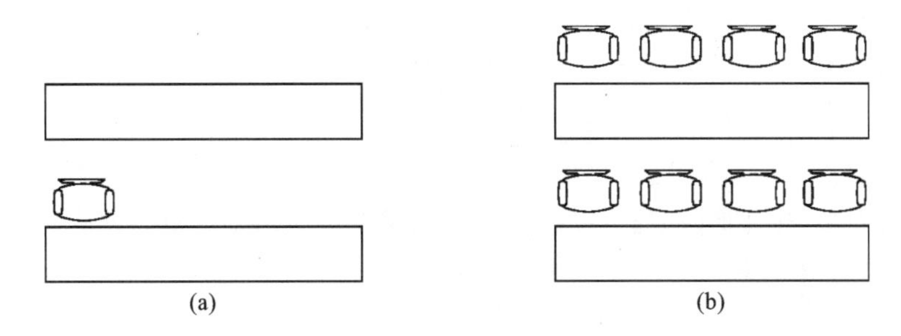

图 5-5　矩形阵列

(a)阵列前；(b)阵列后

操作步骤如下。

在【修改】面板中单击【矩形阵列】按钮，启动矩形阵列命令，AutoCAD软件的命令行提示如下。

命令：ARRAYRECT ↵

选择对象:[选择图 5-5(a)所示的沙发图形]

选择对象:↵(按回车键结束选择对象)

类型=矩阵 关联=是(当前给定的默认模式,矩形阵列,阵列生成的对象与源对象关联)

选择夹点以编辑阵列或[关联(AS)/基点(B)/计数(COU)/间距(S)/列数(COL)/行数(R)/层数(L)/退出(X)]<退出>:

此时功能区面板显示为矩形阵列的“阵列创建”上下文选项卡,如图 5-6 所示。在功能区选项卡中可对阵列进行设置,在“列”面板上,列数输入“4”,“介于”即列间距输入“340”;在“行”面板上,行数输入“2”,“介于”即行间距输入“400”;单击“关闭阵列”按钮,完成矩形阵列,结果如图 5-5(b)所示。

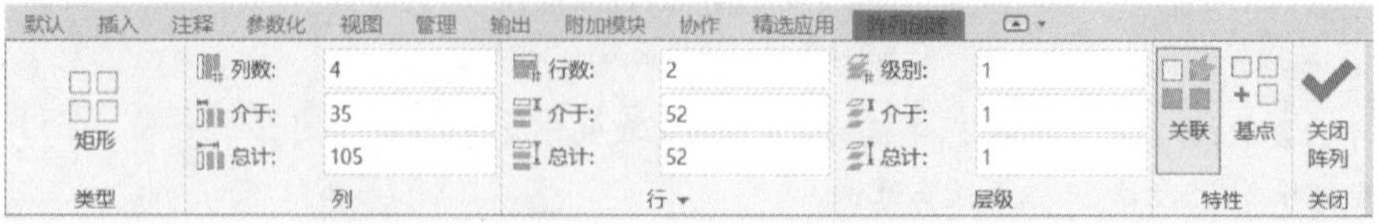

图 5-6 矩形阵列时“阵列创建”上下文选项卡

(2)环形阵列

启动环形阵列命令的方法如下。

①功能区:【默认】标签|【修改】面板|【环形阵列】按钮。

②命令行:输入“ARRAYPOLAR”并回车。

③下拉菜单:【修改】|【环形阵列】。

将图 5-7(a)所示的沙发图形做环形阵列,结果如图 5-7(b)所示。

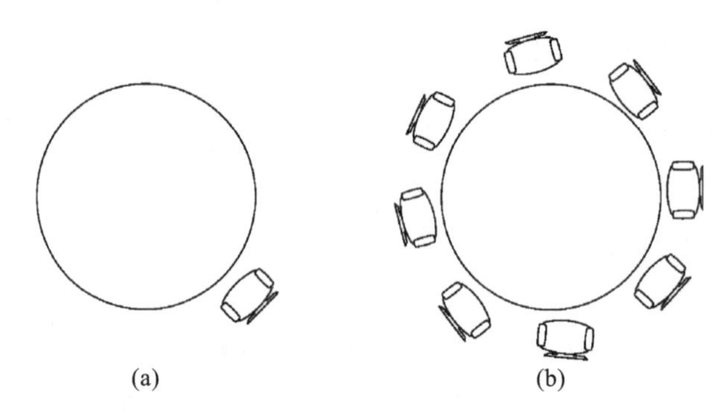

图 5-7 环形阵列

(a)阵列前;(b)阵列后

操作步骤如下。

在【修改】面板中单击【环形阵列】按钮,启动环形阵列命令,AutoCAD 软件的命令行提示如下。

命令:ARRAYPOLAR ↵

选择对象:[选择图 5-7(a)所示的沙发图形]

选择对象:↵(按回车键结束选择对象)

类型=极轴 关联=是(当前给定的默认模式,环形阵列,阵列生成的对象与源对象关联)

指定阵列的中心点或[基点(B)/旋转轴(A)]:[指定图 5-7(a)中圆的圆心]

选择夹点以编辑阵列或[关联(AS)/基点(B)/项目(I)/项目间角度(A)/填充角度(F)/行(ROW)/层(L)/旋转项目(ROT)/退出(X)]<退出>:

此时功能区面板显示为环形阵列的“阵列创建”上下文选项卡，如图 5-8 所示。在“项目”面板上，项目数输入“8”，“填充”即填充角度（环形阵列中的第一项和最后一项的角度）输入“360”，选中“特性”面板上的“旋转项目”按钮，单击“关闭阵列”按钮，完成环形阵列，结果如图 5-7(b)所示。

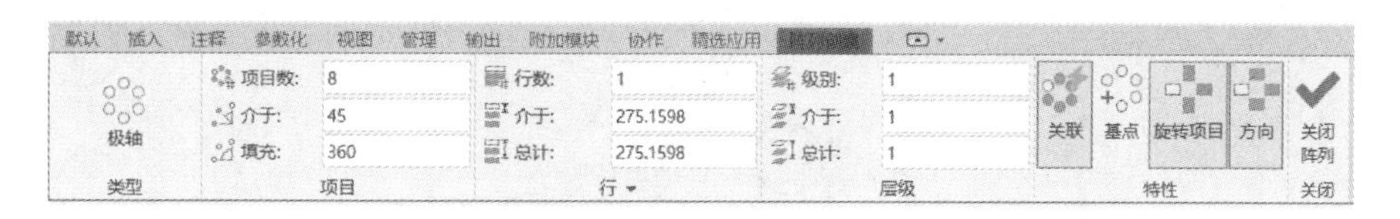

图 5-8　环形阵列时“阵列创建”上下文选项卡

(3)路径阵列

启动路径阵列命令的方法如下。

①功能区:【默认】标签|【修改】面板|【路径阵列】按钮。

②命令行:输入“ARRAYPATH”并回车。

③下拉菜单:【修改】|【路径阵列】。

将图 5-9(a)所示的图形做路径阵列，结果如图 5-9(b)所示。

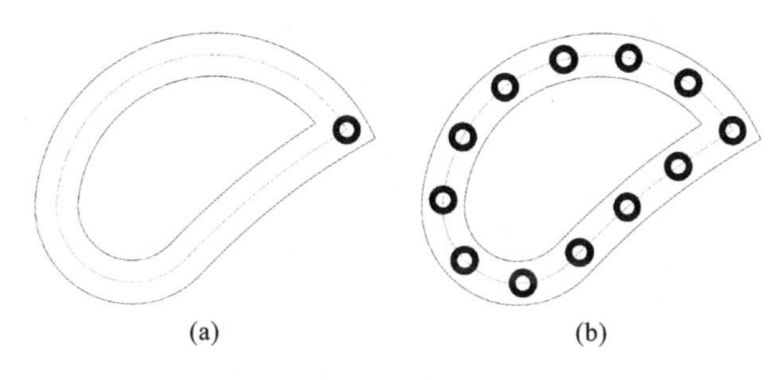

图 5-9　路径阵列

(a)阵列前;(b)阵列后

操作步骤如下。

在【修改】面板中单击【路径阵列】按钮，启动路径阵列命令，AutoCAD 软件的命令行提示如下。

命令:ARRAYPATH ↵

选择对象:[选择图 5-9(a)中要进行阵列的对象]

选择对象:↵(按回车键结束选择对象)

类型＝路径　关联＝是(当前给定的默认模式，路径阵列，阵列生成的对象与源对象关联)

选择路径曲线:[选择图 5-9(a)中的阵列路径]

此时功能区面板显示为路径阵列的“阵列创建”上下文选项卡，如图 5-10 所示。在“项目”面板上，单击项目数前的按钮，将项目数栏由灰色不可填写状态改为可填写状态，并输入“12”，单击“特性”面板上的 定距等分 按钮，打开组合按钮，选择“定数等分”；不选择“对齐项目”项；单击“关闭阵列”按钮，完成路径阵列，结果如图 5-9(b)所示。

图 5-10　路径阵列时“阵列创建”上下文选项卡

提示1:用户还可以通过阵列的夹点调整阵列参数(选中阵列时显示的蓝色的三角形和矩形符号为夹点),如图5-11所示。在矩形阵列预览中,可以拖动夹点以调整间距、行数和列数;在环形阵列预览中,可以拖动夹点以调整拉伸半径、项目数和填充角度;在路径阵列预览中,可以拖动夹点以加大或减小项目间距。

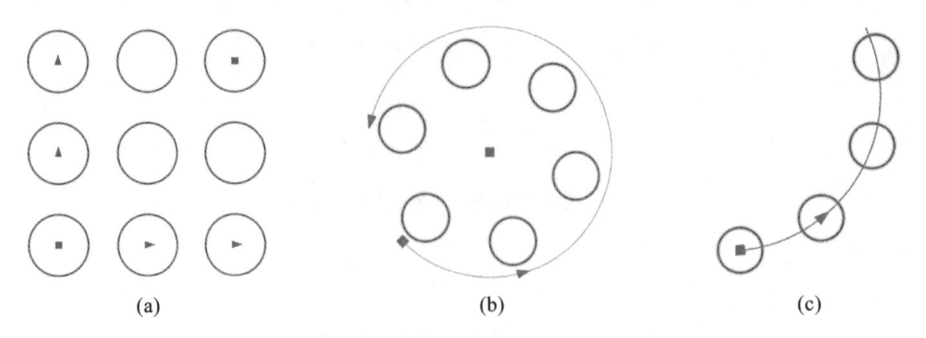

图5-11 阵列的夹点

(a)矩形阵列的夹点;(b)环形阵列的夹点;(c)路径阵列的夹点

提示2:若在阵列时,选择"关联"选项,则阵列后的对象相互关联,选择其中任一对象,则选择了全部阵列对象。不选择"关联"选项,则阵列后的对象为各自独立的对象,可单独进行编辑修改。

提示3:输入命令"ARRAYCLASSIC"可打开【阵列】对话框,如图5-12所示。

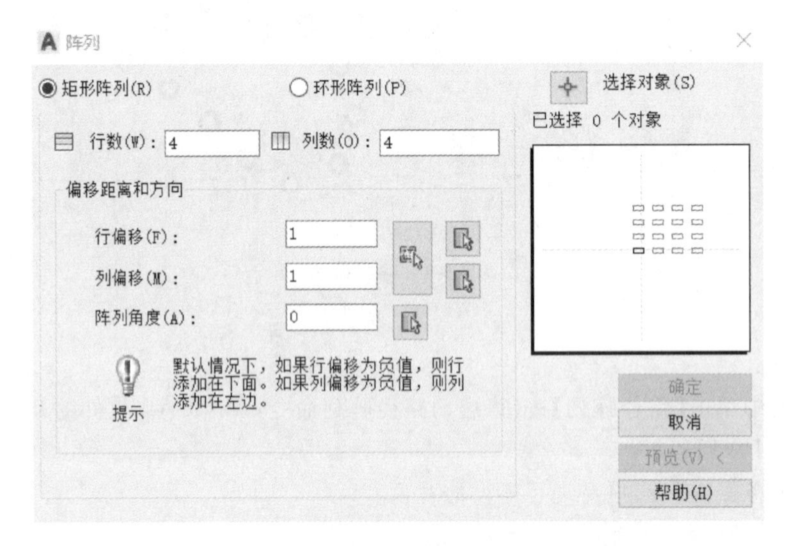

图5-12 【阵列】对话框

提示4:输入命令"-ARRAY"可保持传统命令行行为用于创建非关联二维矩形或环形阵列。

5.3 移动图形

5.3.1 平移

用"MOVE"命令可以将指定的图形平移到其他位置而不改变图形的方向和大小。

启动该命令的方法如下。

①功能区:【默认】标签|【修改】面板|【平移】✥按钮。

②命令行:输入"MOVE"或"M"并回车。

③下拉菜单:【修改】|【移动】命令。

启动命令后,AutoCAD软件的命令行提示如下。

命令:MOVE ↵

选择对象:(可用前述多种方法选择要移动的对象)

选择对象:(按回车键结束选择)

指定基点或[位移(D)]＜位移＞:(指定位移基点或选择位移)

提示中各选项含义如下所示。

(1)【基点】

需要移动的图形的参照点(位移的起点),通过目标捕捉或输入坐标确定后,AutoCAD软件继续提示如下。

指定第二个点或＜使用第一个点作为位移＞:[指定位移的第二点(位移的终点),将使用由基点及第二点指定的距离和方向移动对象;若按回车键,将按基点到坐标原点的距离和方向移动对象]

(2)【位移】

输入矢量坐标,坐标值指定相对距离和方向。AutoCAD软件继续提示如下。

指定位移＜0.0000,0.0000,0.0000＞:(指定位移后完成移动,命令结束)

提示:该命令操作过程同"复制"命令,不同之处仅在于操作结果,即"平移"命令是将原选择对象移动到指定位置,而"复制"命令则将其副本放置在指定位置,而原选择对象并不发生任何变化。

5.3.2 旋转

5.3.2.1 旋转命令

用"ROTATE"命令可以将指定的图形按指定的角度绕基点进行旋转。

启动该命令的方法如下。

①功能区:【默认】标签|【修改】面板|【旋转】按钮。

②命令行:输入"ROTATE"或"RO"并回车。

③下拉菜单:【修改】|【旋转】。

启动命令后,AutoCAD软件的命令行提示如下。

命令:ROTATE ↵

UCS当前的正角方向:ANGDIR=逆时针　ANGBASE=0(显示当前设置)

选择对象:(选择要旋转的对象)

选择对象:(按回车键结束选择)

指定基点:(指定旋转的基点,即图形旋转时的参考点,图形将绕该点旋转)

指定旋转角度,或[复制(C)/参照(R)]＜0＞:(指定旋转的角度或选择其他选项)

提示中各选项含义如下。

(1)【指定旋转角度】

该命令为默认选项,可在绘图区移动鼠标选定或输入旋转的绝对角度值,默认角度为正时按逆时针方向旋转,反之按顺时针方向旋转。

(2)【复制】

在旋转的基础上进行复制操作。

(3)【参照】

以相对参考角度的方式设置旋转角度，旋转角度为输入的新角度和参考角度之差。此方法可免去烦琐的计算。AutoCAD 软件继续提示如下。

指定参照角 ＜0＞：指定第二点：(通过输入值或指定两点来指定参照角度)

指定新角度或[点(P)]＜0＞：(通过输入值或指定两点来指定新的角度)

5.3.2.2 旋转命令演示

将图 5-13(a)中的矩形 *ABCD* 旋转，结果如图 5-13(b)所示。

操作步骤如下。

命令：ROTATE ↵

UCS 当前的正角方向：ANGDIR＝逆时针　ANGBASE＝0

选择对象：[选择图 5-13(a)中的矩形 *ABCD*]

选择对象：↵(按回车键结束选择)

指定基点：(捕捉 *A* 点)

指定旋转角度，或[复制(C)/参照(R)]＜0＞：30 ↵(输入旋转角度并回车)

结果如图 5-13(b)所示。

命令：ROTATE(直接按回车键，再次启动 ROTATE 命令)

选择对象：[选择图 5-13(b)中的矩形 *ABCD*]

选择对象：↵(按回车键结束选择)

指定基点：(捕捉 *A* 点)

指定旋转角度，或[复制(C)/参照(R)]＜0＞：R ↵(选择【参照】选项)

指定参照角 ＜0＞：(捕捉 *A* 点)

指定第二点：(捕捉 *B* 点)

指定新角度或[点(P)]＜0＞：P ↵(选择【点】选项)

指定第一点：(捕捉 *A* 点)

指定第二点：(捕捉 *E* 点)

结果如图 5-13(c)所示。

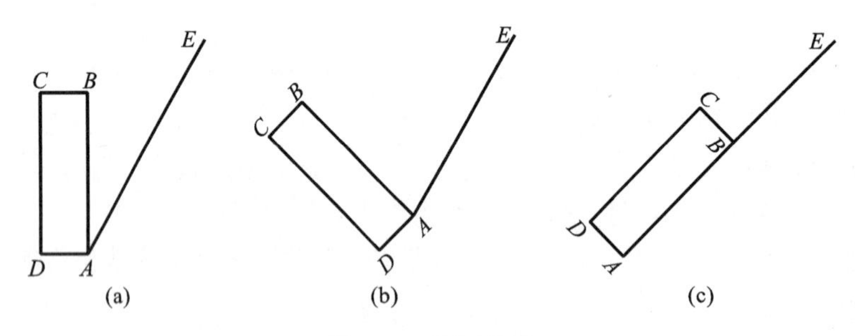

图 5-13　图形旋转

(a)旋转前；(b)第一次旋转；(c)第二次旋转

5.4 变形图形

AutoCAD 软件可对已经绘制的图形对象进行变形，从而改变图形对象的实际大小或基本形状。

变形包括缩放、拉伸、拉长。

5.4.1　缩放

5.4.1.1　缩放命令

用“SCALE”命令可以将指定图形以基点为中心进行等比例放大或缩小。

启动该命令的方法如下。

①功能区:【默认】标签|【修改】面板|【缩放】按钮。

②命令行:输入“SCALE”或“SC”并回车。

③下拉菜单:【修改】|【缩放】。

启动命令后,AutoCAD软件的命令行提示如下。

命令:SCALE ↵

UCS 当前的正角方向:ANGDIR=逆时针　ANGBASE=0(显示当前设置)

选择对象:(选择要缩放的对象)

选择对象:(按回车键结束选择)

指定基点:(指定基点,即图形缩放时的参考点,图形将基于该点缩放)

指定比例因子或[复制(C)/参照(R)]<1.0000>:(输入比例因子或选择其他选项)

提示中各选项含义如下。

(1)【指定比例因子】

该命令为默认选项,可在绘图区移动鼠标选定或输入比例值,如比例因子是小于1的正数则缩小图形,反之则放大图形。

(2)【复制】

在缩放的基础上进行复制操作。

(3)【参照】

以相对比例方式设置比例,比例可根据新长度和参考长度的比值确定。AutoCAD软件继续提示如下。

指定参照长度 <1.0000>:指定第二点[输入值(默认值为1)或指定两点确定参照长度]

指定新的长度或[点(P)]<1.0000>:(输入值或输入P,指定两点确定新长度)

5.4.1.2　缩放命令演示

将图5-14(a)中的圆 C_1 分别放大2倍和4倍,得到圆 C_2、C_3,结果如图5-14(b)、图5-14(c)所示。

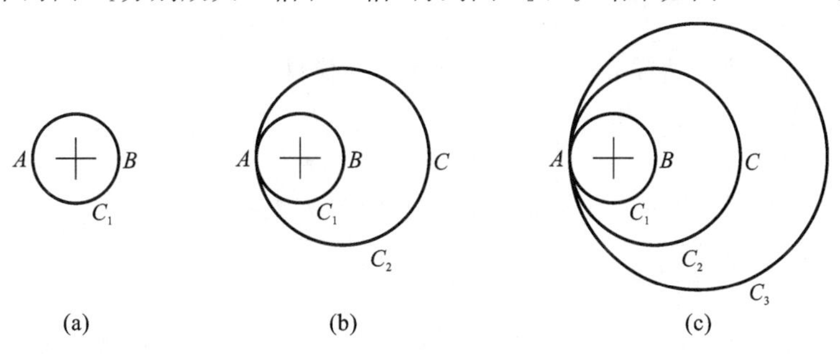

图5-14　图形缩放

(a)缩放前;(b)2倍缩放;(c)4倍缩放

操作步骤如下。

命令:SCALE ↵

选择对象:找到 1 个[选择图 5-14(a)的圆 C_1]

选择对象:↵(回车结束选择)

指定基点:(捕捉圆 C_1 的象限点 A)

指定比例因子或[复制(C)/参照(R)]<0.8000>:C ↵(输入 C,选择【复制】项)

指定比例因子或[复制(C)/参照(R)]<0.8000>:2 ↵[输入比例 2,得到圆 C_2,结果如图 5-14(b)所示]

命令:SCALE(直接按回车键,再次启动 SCALE 命令)

选择对象:找到 1 个[选择图 5-14(b)的圆 C_1]

选择对象:↵(按回车键结束选择)

指定基点:(捕捉圆 C_1 的象限点 A)

指定比例因子或[复制(C)/参照(R)]<0.8000>:C ↵(输入 C,选择【复制】选项)

指定比例因子或[复制(C)/参照(R)]<2.000 0>:R ↵(输入 R,选择【参照】选项)

指定参照长度 <1.000 0>:(捕捉 A 点)

指定第二点:(捕捉圆 C_1 的圆心)

指定新的长度或[点(P)]<1.000 0>:P ↵(输入 P,选择【点】选项)

指定第一点:指定第二点:[分别捕捉 A 点和 C 点,得到圆 C_3,结果如图 5-14(c)所示]

提示:通常将图形的实际长度或两个特殊点之间的长度定义为参照长度。

5.4.2 拉伸

5.4.2.1 拉伸命令

使用“STRETCH”命令可以重新定位选择范围内对象的节点,而其他节点则保持不变,相连关系也不变,从而拉伸或压缩图形。若将对象全部选中,则该命令相当于平移命令。

启动该命令的方法如下。

①功能区:【默认】标签|【修改】面板|【拉伸】按钮。

②命令行:输入“STRETCH”或“S”或“SC”并回车。

③下拉菜单:【修改】|【拉伸】。

启动命令后,AutoCAD 软件的命令行提示如下。

命令:STRETCH ↵

以交叉窗口或交叉多边形选择要拉伸的对象(提示只能以此方式选择对象)

选择对象:(选择要拉伸的部分)

选择对象:(按回车键结束选择)

指定基点或[位移(D)]<位移>:(指定基点或选择【位移】选项)

提示中各选项含义如下。

(1)【基点】

拉伸的参照点,通过目标捕捉或输入坐标确定后,AutoCAD 软件继续提示如下。

指定第二个点或 <使用第一个点作为位移>:[指定位移的第二点(位移的终点),将使用由基点及第二点指定的距离和方向移动所选对象的节点;若按回车键,将按坐标原点至基点的距离和方向移动]

(2)【位移】

输入矢量坐标,坐标值指定相对距离和方向。AutoCAD软件继续提示如下。

指定位移 <0.0000,0.0000,0.0000>:(指定位移后结束命令)

5.4.2.2 拉伸命令演示

将图5-15(a)中的图形拉伸,结果如图5-15(d)所示。其操作步骤如下。

命令行:STRETCH ↵

以交叉窗口或交叉多边形选择要拉伸的对象

选择对象:[从右往左拉出矩形窗口选定对象,如图5-15(b)所示]

选择对象:↵(按回车键结束选择)

指定基点或[位移(D)]<位移>:[如图5-15(c)所示,在 C 处单击指定基点]

指定第二个点或 <使用第一个点作为位移>:[在 D 处单击指定第二个点,图形拉伸,结果如图5-15(d)所示]

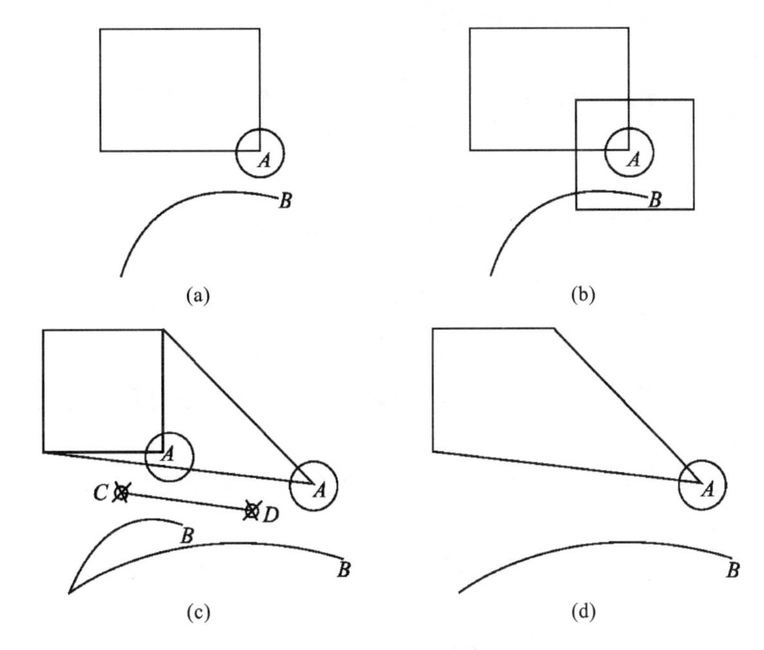

图5-15 图形拉伸

(a)拉伸前;(b)选择拉伸部分;(c)指定基点;(d)拉伸后

5.4.2.3 拉伸命令操作要领

拉伸时一定要使用窗交或圈交的方式(即交叉窗口或交叉多边形)选择要拉伸的部分(包含节点),否则只做移动操作。

对于直线、圆弧、多段线、轨迹线和区域填充等对象,若整个图形均位于选择窗口内,则实现移动;若图形的一端在选择窗口内,另一端在选择窗口外,即对象与选择窗口边界相交,则有以下拉伸规则。

①线:位于窗口外的端点不动,而位于窗口内的端点移动,直线由此改变。

②圆弧:与直线类似,但在改变过程中,圆弧的弦高保持不变,同时由此来调整圆心的位置和圆弧起始角、终止角的值。

③多段线:与直线或圆弧相似,但多段线两端的宽度、切线方向及曲线拟合信息均不改变。

④轨迹线、区域填充:窗口外端点不动,窗口内端点移动。

⑤其他对象:定义点若位于选择窗口内,则发生移动,否则,无任何改变。其中,圆、椭圆的定义点为圆心,形和块的定义点为插入点,文字和属性的定义点为字符串基线的左端点。

5.4.3 拉长

5.4.3.1 拉长命令

用“LENGTHEN”命令可以改变圆弧的角度或线的长度,包括直线、圆弧、非闭合多段线、椭圆弧和非闭合样条曲线。

启动命令的方法如下。

①功能区:【默认】标签|【修改】面板|【拉长】按钮 。

②命令行:输入“LENGTHEN”或“LEN”并回车。

③下拉菜单:【修改】|【拉长】。

启动命令后,AutoCAD软件的命令行提示如下。

命令:LENGTHEN ↵

选择要测量的对象或[增量(DE)/百分比(P)/总计(T)/动态(DY)]:(选择对象或选择其他选项)

提示中各选项含义如下。

(1)【选择对象】

该命令为默认选项,显示所选对象的长度和包含角(如果对象有包含角)。

(2)【增量】

根据指定的增量修改对象的长度和弧度。由该增量从距离选择点最近的端点处开始修改。正值拉长对象,负值缩短对象。输入DE执行该选项,命令行继续提示如下。

输入长度增量或[角度(A)]＜1 000.000 0＞:(输入长度增量或选择【角度】选项)

命令行继续提示如下。

选择要修改的对象或[放弃(U)]:(选择要修改的对象,即在离拾取点近的一端以增量方式修改或输入U来放弃上次操作)

选择要修改的对象或[放弃(U)]:(可重复进行多次修改,按回车键结束命令)

(3)【百分比】

以总长百分比的形式拉长对象。输入“P”执行该选项,命令行继续提示如下。

输入长度百分数 ＜100.000 0＞:(输入百分比值,大于100表示拉长,小于100表示缩短)

选择要修改的对象或[放弃(U)]:(选择要修改的对象,即在离拾取点近的一端修改对象为原长度乘以指定的百分比)

选择要修改的对象或[放弃(U)]:(可重复进行多次修改,按回车键结束命令)

(4)【总计】

输入图形的新绝对长度。输入“T”执行该选项,命令行提示如下。

指定总长度或[角度(A)]＜360.000 0)＞:(输入总长度或选择输入角度)

选择要修改的对象或[放弃(U)]:(选择要修改的对象,即在离拾取点近的一端达到总长)

(5)【动态】

打开动态拖动模式,通过拖动选定对象的其中一个端点来改变其长度,其他端点保持不变。输入“DY”执行该选项,命令行继续提示如下。

选择要修改的对象或[放弃(U)]:(选择要修改的对象)
指定新端点:(在绘图区通过拖动离拾取点近的一端的端点的位置来拉伸对象)
选择要修改的对象或[放弃(U)]:(可重复进行多次修改,按回车键结束命令)
图 5-16 表示【增量】、【百分比】、【总计】、【动态】四种拉长模式。

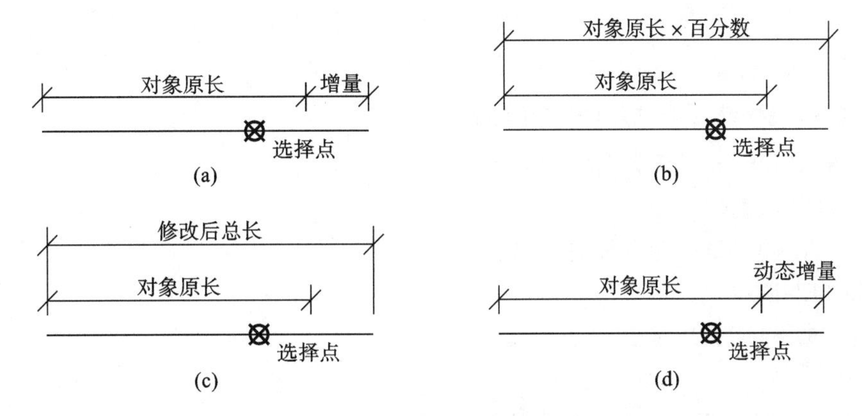

图 5-16　“拉长”命令的四种模式

(a)【增量】模式;(b)【百分比】模式;(c)【总计】模式;(d)【动态】模式

5.4.3.2　拉长命令演示

将图 5-17(a)中的半径 AB 用百分比方式拉长一倍,结果如图 5-17(b)所示。

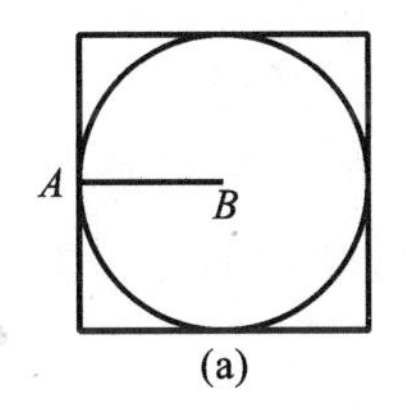

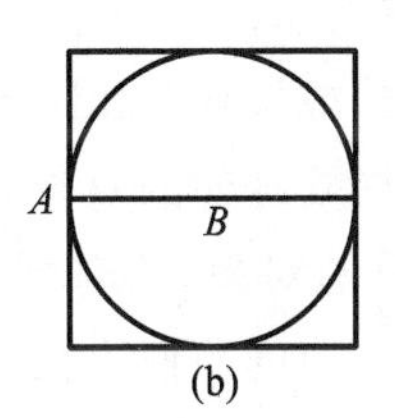

图 5-17　图形拉长

(a)拉长前;(b)拉长后

操作步骤如下。
命令行:LENGTHEN ↵
选择对象或[增量(DE)/百分比(P)/总计(T)/动态(DY)]:P ↵(选择【百分比】选项)
输入长度百分数 <120.0000>:200(拉长一倍)
选择要修改的对象或[放弃(U)]:[选择图 5-17(a)中的半径 AB]
选择要修改的对象或[放弃(U)]:↵[按回车键结束命令,结果如图 5-17(b)所示]

提示 1:使用该命令时需选择一种拉长的方式(增量、百分比、总计、动态),输入相关参数后,选择对象的长度即可拉长或缩短。

提示 2:只能用直接拾取的方式选择对象。

5.5　修改图形

利用延伸、修剪、打断、分解、倒角和圆角命令可方便地对图形做局部修改。

5.5.1 延伸

5.5.1.1 延伸命令

用“EXTEND”命令可延伸直线、开放的二维和三维多段线、射线、圆弧和椭圆弧到其他图形指定的边界。

启动命令的方法如下。

①功能区:【默认】标签|【修改】面板|【延伸】按钮 →| 。

②命令行:输入“EXTEND”或“EX”并回车。

③下拉菜单:【修改】|【延伸】。

启动命令后,AutoCAD 的命令行提示如下。

命令行:EXTEND ↵

当前设置:投影＝UCS,边＝无

选择边界的边

选择对象或 <全部选择>:(选取边界的边)

选择对象:(也可继续选取,或按回车键结束选择)

选择要延伸的对象,或按住“Shift”键选择要修剪的对象,或[栏选(F)/窗交(C)/投影(P)/边(E)/放弃(U)]:(选择要延伸的对象或选择其他选项)

提示中各选项含义如下所示。

(1)【选择要延伸的对象,或按住“Shift”键选择要修剪的对象】

该命令为默认选项,选择要延伸的对象,离拾取点最近的一端被延伸;若延伸对象与边界边交叉,则按住“Shift”键选择要修剪的对象,将选定的对象修剪到最近的边界而不是将其延伸,同“修剪”命令,这是在修剪和延伸之间切换的简便方法。

(2)【栏选】

以栏选方式选择要延伸的对象。

(3)【窗交】

以窗交方式选择要延伸的对象。

(4)【投影】

确定延伸的空间。

输入“P”执行该选项,命令行继续提示如下。

输入投影选项[无(N)/UCS(U)/视图(V)]<UCS>:(选择【无】选项,按实际三维关系延伸;选择【UCS】选项,则在当前 UCS 的 XOY 平面上延伸,此时可在 XOY 平面上按投影关系延伸三维空间中不相交的对象;选择【视图】选项,则在当前视图平面上延伸)

(5)【边】

指定隐含边界延伸模式。

输入“E”执行该选项,命令行提示如下。

输入隐含边延伸模式[延伸(E)/不延伸(N)]<不延伸>:(选择【延伸】选项,若延伸边界没有与被延伸对象相交,则会假设将延伸边界延伸,然后进行延伸;选择【不延伸】选项,则按实际情况延伸,若延伸边与被延伸对象不相交,则不进行延伸)

(6)【放弃】

撤销最近一次操作。

5.5.1.2 延伸命令演示

将图5-18(a)所示图形延伸，结果如图5-18(b)所示。

操作步骤如下。

命令行:EXTEND ↵

当前设置:投影=UCS,边=无

选择边界的边

选择对象或 <全部选择>:[选择图5-18(a)的直线 *AB* 为边界边]

选择对象:↵(按回车键结束选择)

选择要延伸的对象，或按住“Shift”键选择要修剪的对象，或[栏选(F)/窗交(C)/投影(P)/边(E)/放弃(U)]:[按住“Shift”键点选样条曲线 *CD* 做修剪，分别点选其他图形做延伸，结果如图5-18(b)所示]

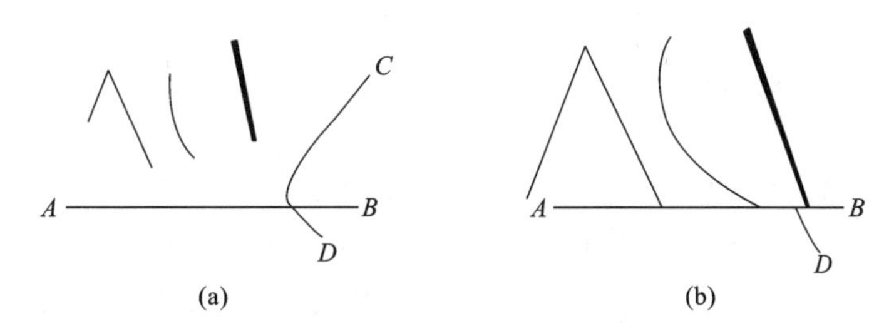

图5-18 图形延伸

(a)延伸前;(b)延伸后

提示1:使用该命令时需选择边界(可多个)，设置相关参数(栏选、窗交、投影、边)，选择延伸对象(可多个)即可延伸。

提示2:有效的边界对象包括二维多段线、三维多段线、圆弧、圆、椭圆、浮动视口、直线、射线、面域、样条曲线、文字和构造线，若对象有宽度，则延伸到其中心线处。

提示3:有的边界自身也可同时作为被延伸对象。

提示4:延伸宽度不一的对象(如多段线)，会按原来的斜度继续延伸。最小值为0且不会出现负值，并且以宽度线的中心与边界相交延伸。

5.5.2 修剪

5.5.2.1 修剪命令

用“TRIM”命令可实现以剪切边为边界，修剪被剪图形位于边界某一侧的部分。可修剪的图形有直线、开放的二维和三维多段线、射线、构造线、样条曲线、圆弧及椭圆弧。

启动命令的方法如下。

①功能区:【默认】标签|【修改】面板|【修剪】按钮 ✂。

②命令行:输入“TRIM”或“TR”并回车。

③下拉菜单:【修改】|【修剪】。

启动命令后，AutoCAD软件的命令行提示如下。

命令行:TRIM ↵

当前设置:投影=UCS,边=延伸

选择剪切边

选择对象或 <全部选择>:(选取剪切边)

选择对象:(也可继续选取,或按回车键结束选择)

选择要修剪的对象,或按住“Shift”键选择要延伸的对象,或[栏选(F)/窗交(C)/投影(P)/边(E)/删除(R)/放弃(U)]:(选择要修剪或延伸的对象或选择其他选项)

提示中各选项含义如下。

(1)【选择要修剪的对象,或按住“Shift”键选择要延伸的对象】

该命令为默认选项,选择要修剪的对象,拾取点所在一侧被修剪;或按住“Shift”键选择要延伸的对象,将选定的对象延伸到修剪边界,同延伸命令。

(2)【栏选】

以栏选方式选择要修剪的对象。

(3)【窗交】

以窗交方式选择要修剪的对象。

(4)【投影】

确定延伸的空间。输入“P”执行该选项,命令行提示如下。

输入投影选项[无(N)/UCS(U)/视图(V)]<UCS>:(选择【无】选项,按实际三维关系修剪;选择【UCS】选项,则在当前 UCS 的 XOY 平面上修剪,此时可在 XOY 平面上,按投影关系修剪三维空间中不相交的对象;选择【视图】选项,则在当前视图平面上修剪)

(5)【边】

指定隐含边界修剪模式。输入“E”执行该选项,命令行提示如下。

输入隐含边延伸模式[延伸(E)/不延伸(N)]<不延伸>:(选择【延伸】选项,若剪切边界没有与被剪切对象相交,则会假设将剪切边界延伸,然后进行修剪;选择【不延伸】选项,则按实际情况修剪,若剪切边与被剪切对象不相交,则不进行剪切)

(6)【删除】

删除选定的对象。此选项提供了一种删除不需要的对象的简便方法,而无须退出“TRIM”命令。

(7)【放弃】

撤销最近一次操作。

5.5.2.2 修剪命令演示

(1)选择 1 个对象作为剪切边

对图 5-19(a)所示图形进行修剪,结果如图 5-19(b)所示。

操作步骤如下。

命令行:TRIM ↵

当前设置:投影=UCS,边=延伸

选择剪切边

选择对象或 <全部选择>:[选择图 5-19(a)的直线 *AB* 为剪切边]

选择对象:↵(按回车键结束选择)

选择要修剪的对象，或按住“Shift”键选择要延伸的对象，或[栏选(F)/窗交(C)/投影(P)/边(E)/删除(R)/放弃(U)]:[按住“Shift”键点选直线 *CD* 做延伸，分别点选其他图形做修剪，结果如图 5-19(b)所示]

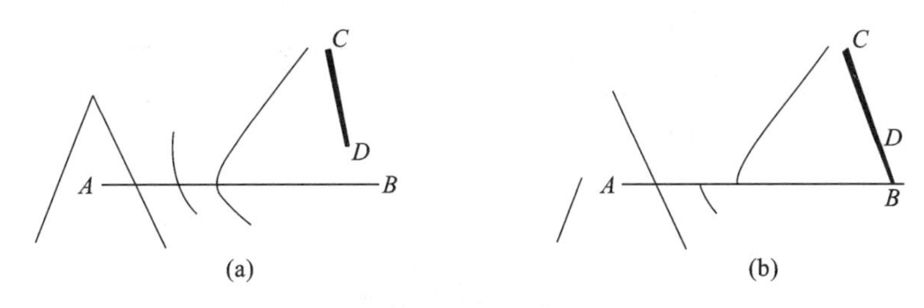

图 5-19 修剪

(a)修剪前;(b)修剪后

(2)选择多个对象作为剪切边

修剪如图 5-20(a)所示的图形，结果如图 5-20(c)所示。

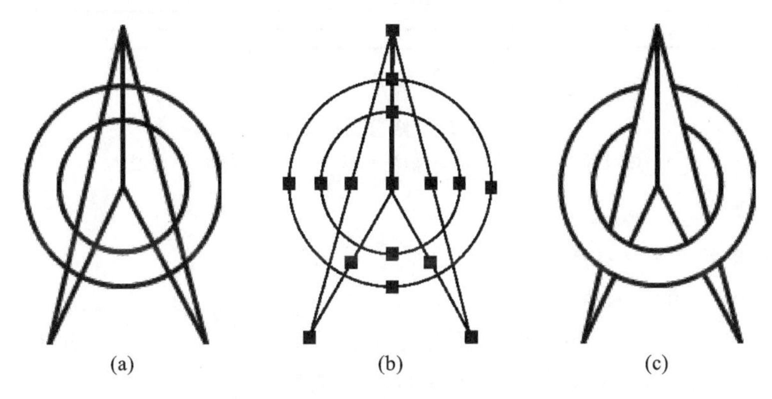

图 5-20 以多个对象作为剪切边的修剪

(a)修剪前;(b)选择剪切边;(c)修剪后

操作步骤如下。

命令行:TRIM ↵

当前设置:投影=UCS,边=延伸

选择剪切边

选择对象或 ＜全部选择＞:[选择如图 5-20(a)所示的所有图形为剪切边，结果如图 5-20(b)所示]

选择对象:↵(按回车键结束选择)

选择要修剪的对象，或按住 Shift 键选择要延伸的对象，或[栏选(F)/窗交(C)/投影(P)/边(E)/删除(R)/放弃(U)]:[分别点选要修剪部分做修剪，结果如图 5-20(c)所示]

(3)修剪多线

修剪命令也可以用于编辑多线，将多线修剪或延伸到与另一条多线的交点处，在两条多线之间创建 T 形交点。

对图 5-21 所示多线图形进行修剪，结果如图 5-22 所示。

操作步骤如下。

命令行:TRIM ↵

当前设置:投影=UCS,边=延伸

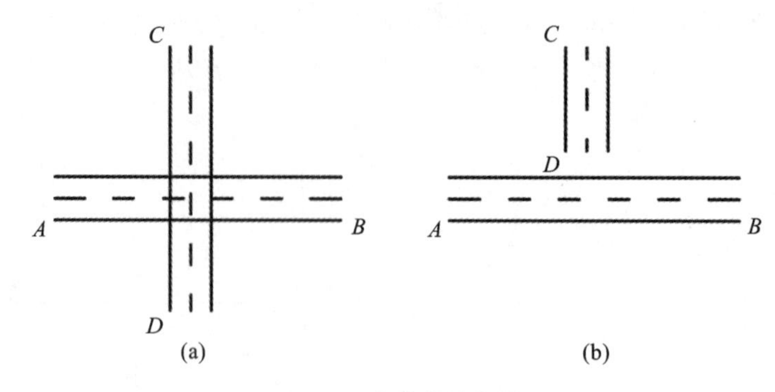

图 5-21 修剪前的多线

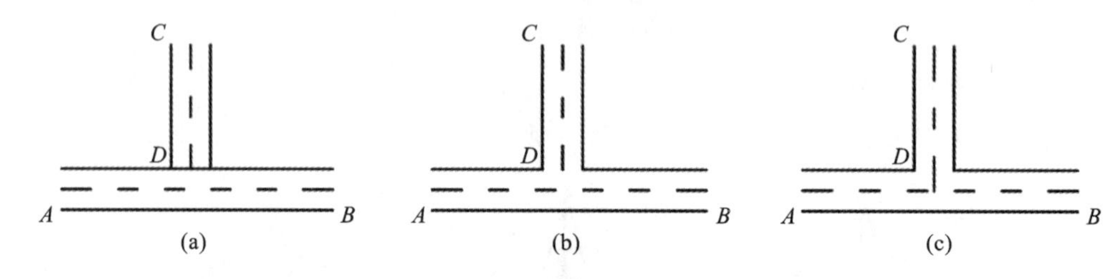

图 5-22 修剪后的多线

(a)闭合的T形交点;(b)开放的T形交点;(c)合并的T形交点

选择剪切边

选择对象或 <全部选择>:(选择图5-21中的多线 *AB* 为剪切边)

选择对象:↵(按回车键结束选择)

选择要修剪的对象,或按住"Shift"键选择要延伸的对象,或[栏选(F)/窗交(C)/投影(P)/边(E)/删除(R)]:[按住"Shift"键点选图5-21(b)中的 *CD* 多线做延伸,点选5-21(a)中的 *CD* 多线做修剪]

输入多线连接选项[闭合(C)/开放(O)/合并(M)]<闭合(C)>:(选择不同的选项,修剪成不同类型的T形交点,结果如图5-22所示)

提示1:使用该命令时需选择修剪边界(可多个),设置相关参数(栏选、窗交、投影、边),选择修剪对象后(可多个)即可修剪。

提示2:可作为剪切边的对象包括直线、弧、圆、椭圆、多段线、射线、构造线、样条曲线和区域填充。有的剪切边自身也可同时作为被修剪对象。

提示3:带有宽度的多段线作为被剪切边时,剪切交点按中心线计算,并保留宽度信息,剪切边界与多段线的中心线垂直。

5.5.3 打断

5.5.3.1 打断命令

该命令可以将一个对象打断为两个对象,对象之间可以有间隙,也可以没有间隙。可打断的对象包括直线、圆弧、圆、多段线、椭圆、样条曲线、参照线和射线等。

启动命令的方法如下。

①功能区:【默认】标签|【修改】面板|【打断】按钮 。

②命令行:输入"BREAK"或"BR"并回车。

③下拉菜单:【修改】|【打断】。

启动命令后，AutoCAD软件的命令行提示如下。

命令：BREAK ↵

选择对象：(选择要打断的对象)

指定第二个打断点或[第一点(F)]：(指定第二个打断点或选择【第一点】选项)

提示中各选项含义如下。

(1)【指定第二个打断点】

该命令为默认选项，以选择对象时的拾取点为打断的第一点，再指定第二个打断点(可通过鼠标点击或输入坐标)，即可将两点之间的图形删除。

(2)【第一点(F)】

重新指定第一个打断点，并指定第二个打断点，输入"F"执行该选项，命令行继续提示如下。

指定第一个打断点：

指定第二个打断点：

打断的两种方式如图5-23所示。

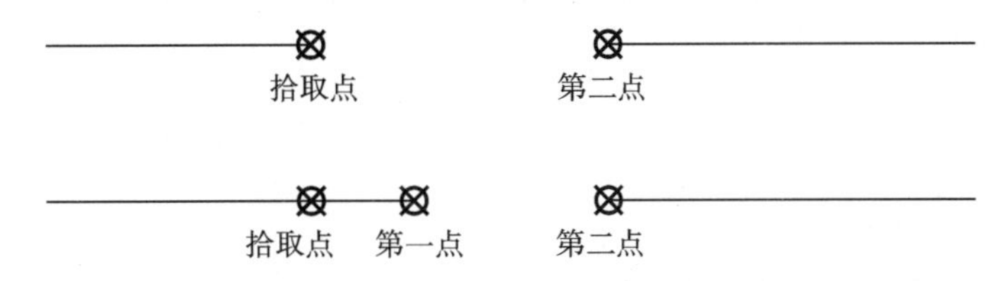

图5-23 打断的两种方式

提示1：使用该命令时需选择对象，选择打断的方式，并指定打断点即可。

提示2：只能用直接拾取方式选择对象。

提示3：对圆的打断，将沿逆时针方向删除第一打断点到第二打断点间的圆弧。

提示4：在指定第二个打断点时若输入@，则将对象在第一打断点处一分为二并且不删除某个部分。相当于"打断于点"命令，这是打断功能的特殊情况。在功能区的【默认】标签|【修改】面板单击【打断于点】按钮 启动命令，选择对象后只需选择一点，对象将在此点处直接被打断。

提示5：使用"打断于点"工具在单个点处打断选定的对象。有效对象包括直线、开放的多段线和圆弧。不能在一点打断闭合对象(例如圆)。

5.5.3.2 打断命令演示

将图5-24(a)中的圆打断，结果如图5-24(b)所示。

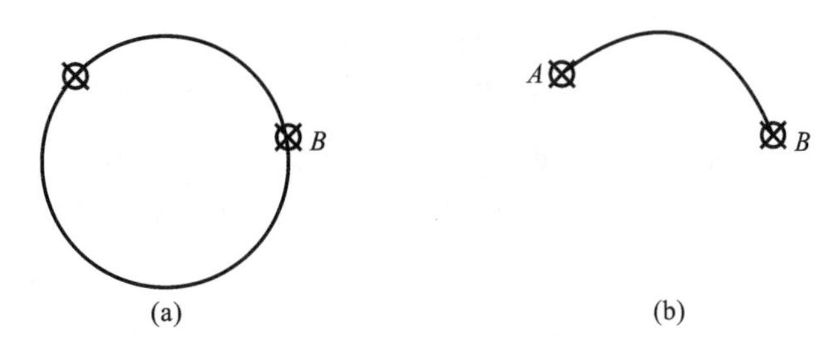

图5-24 图形打断

(a)打断前；(b)打断后

操作步骤如下。

命令行：BREAK ↵

选择对象:[选择图 5-24(a)的圆]
指定第二个打断点 或[第一点(F)]:F ↵(输入“F”,选择【第一点】选项)
指定第一个打断点:(拾取 A 点)
指定第二个打断点:[拾取 B 点,结果如图 5-24(b)所示]

5.5.4 分解

5.5.4.1 分解命令

用“EXPLODE”命令可将组合对象分解为各部件对象。
启动命令的方法如下。
①功能区:【默认】标签|【修改】面板|【分解】按钮 。
②命令行:输入“EXPLODE”或“X”并回车。
③下拉菜单:【修改】|【分解】。
启动命令后,AutoCAD 软件的命令行提示如下。
命令行:EXPLODE ↵
选择对象:(选择要分解的对象)
选择对象:(也可继续选取,或按回车键结束选择)

5.5.4.2 分解命令演示

将图 5-25(a)中的图形分解,结果如图 5-25(c)所示。
操作步骤如下。
命令行:EXPLODE ↵
选择对象:[选择图 5-25(a)中的图形,结果如图 5-25(b)所示]
选择对象:↵[按回车键结束选择,图形分解,结果如图 5-25(c)所示]

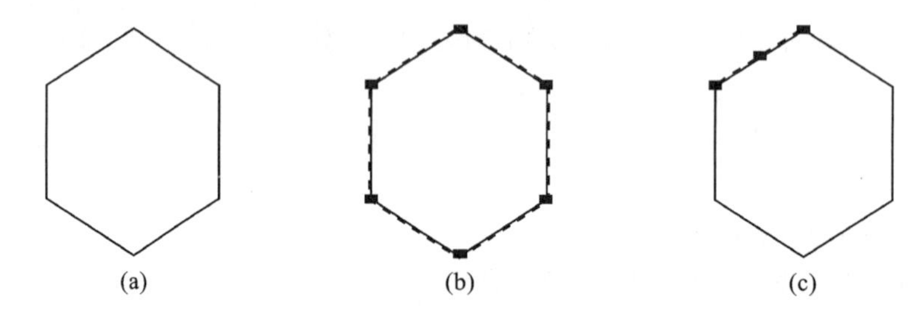

图 5-25 图形分解
(a)分解前;(b)分解前选择为一个对象;(c)分解后选择为多个对象

提示:分解的结果取决于组合对象的类型,可把多段线分解成一系列的直线与圆弧,把图块分解成组成该图块的各对象,把尺寸标注分解成线段、箭头和尺寸文字,把图案分解成组成该图案的各对象等。

5.5.5 倒角

5.5.5.1 倒角命令

用“CHAMFER”命令可在两个非平行的线状图形间绘制一个斜角。
启动命令的方法如下。
①功能区:【默认】标签|【修改】面板|【倒角】按钮 。

②命令行：输入“CHAMFER”或“CHA”并回车。

③下拉菜单：【修改】|【倒角】。

启动命令后，AutoCAD 软件的命令行提示如下。

命令行：CHAMFER ↵

（“修剪”模式）当前倒角距离 1＝0.0000，距离 2＝0.0000（显示当前模式和倒角距离）

选择第一条直线或[放弃(U)/多段线(P)/距离(D)/角度(A)/修剪(T)/方式(E)/多个(M)]：

提示中各选项含义如下。

(1)【选择第一条直线】

该命令为默认选项，选择要倒角的第一条直线，命令行继续提示如下。

选择第二条直线，或按住“Shift”键选择直线以应用角点或[距离(D)/角度(A)/方法(M)]：（将两条线段在相交处按距离或角度进行倒角）

(2)【放弃】

取消最近一次操作。

(3)【多段线】

可对整个多段线倒角，在提示下选择多段线即可。

(4)【距离】

确定两个倒角距离。

输入“D”，执行该选项，命令行继续提示如下。

指定第一个倒角距离 ＜30.0000＞：

指定第二个倒角距离 ＜30.0000＞：

(5)【角度】

确定第一个倒角距离和角度。

输入“A”，执行该选项，命令行继续提示如下。

指定第一条直线的倒角长度 ＜0.0000＞：

指定第一条直线的倒角角度 ＜0＞：

(6)【修剪】

确定倒角时是否对相应的对象进行修剪。

输入“T”，执行该选项，命令行继续提示如下。

输入修剪模式选项[修剪(T)/不修剪(N)]＜修剪＞：（选择【修剪】选项，倒角后对倒角边进行修剪；选择【不修剪】选项，倒角后对倒角边不进行修剪）

(7)【方式】

确定倒角方式。

输入“E”，执行该选项，命令行继续提示如下。

输入修剪方法[距离(D)/角度(A)]＜角度＞：（选择用哪种倒角方式）

(8)【多个】

该命令为多组对象的边倒角。将重复显示主提示和“选择第二个对象”提示，直到用户按回车键结束命令。

倒角的两种创建方式如图 5-26 所示，倒角的修剪模式如图 5-27 所示。

5.5.5.2 倒角命令演示

将图 5-28(a)中的矩形（二维多段线）倒角，结果如图 5-28(b)所示。

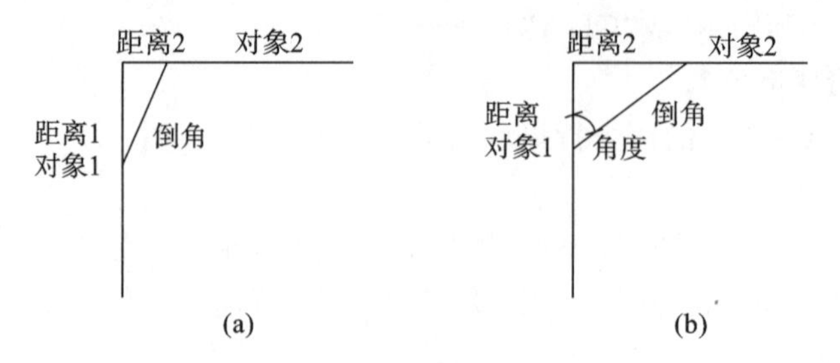

图 5-26 倒角的两种创建方式

(a)按【距离】方式倒角；(b)按【角度】方式倒角

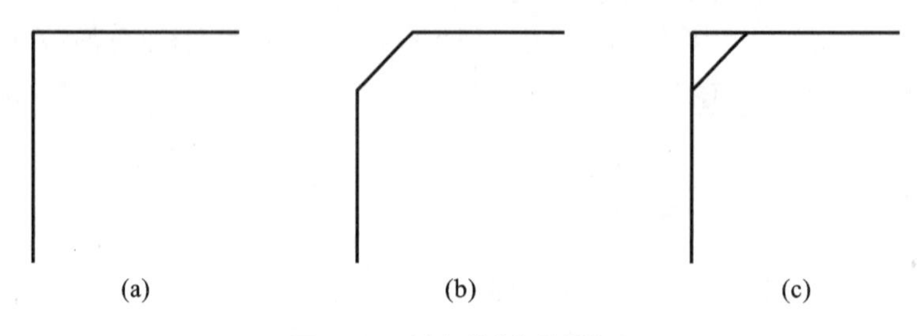

图 5-27 倒角的【修剪】模式

(a)倒角前；(b)【修剪】模式下的倒角；(c)【不修剪】模式下的倒角

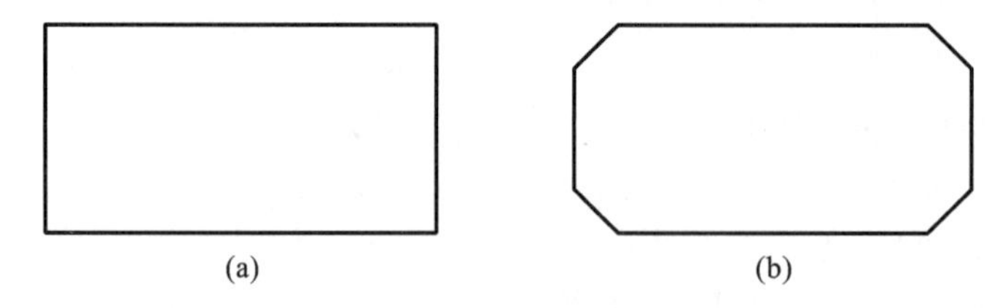

图 5-28 图形倒角

(a)倒角前；(b)“修剪”倒角后

操作步骤如下。

命令行:CHAMFER ↵

(“不修剪”模式)当前倒角距离 1=70.0000,距离 2=70.0000

选择第一条直线或[放弃(U)/多段线(P)/距离(D)/角度(A)/修剪(T)/方式(E)/多个(M)]:A ↵(选择【角度】选项)

指定第一条直线的倒角长度 <0.0000>:50 ↵

指定第一条直线的倒角角度 <0>:60 ↵

选择第一条直线或[放弃(U)/多段线(P)/距离(D)/角度(A)/修剪(T)/方式(E)/多个(M)]:T ↵(选择【修剪】选项)

输入修剪模式选项[修剪(T)/不修剪(N)]<不修剪>:T ↵(设为“修剪”模式)

选择第一条直线或[放弃(U)/多段线(P)/距离(D)/角度(A)/修剪(T)/方式(E)/多个(M)]:P ↵

选择二维多段线:[选择图 5-28(a)的矩形]

提示 1:操作过程为设置相关参数(距离、角度、修剪、方式、多个)后选择对象进行倒角。

提示 2:必须先启动命令,再选择要倒角的对象。当已启动该命令时,已选择的对象将自动取消选择状态。

提示 3:可进行倒角操作的对象包括直线、多段线、参照线、射线、矩形和正多边形等。

提示4:在进行倒角操作时,设置的倒角距离或角度不能太大,否则无效。当两个倒角距离为0时,将使图形相交而不倒角。若两线平行或发散则不能进行倒角。

5.5.6　圆角

5.5.6.1　圆角命令

用“FILLET”命令可在两图形间绘制一个圆角,即用一个指定半径的圆弧将两个图形相连。

启动命令的方法如下。

①功能区:【默认】标签|【修改】面板|【圆角】按钮。

②命令行:输入“FILLET”或“F”并回车。

③下拉菜单:【修改】|【圆角】。

启动命令后,AutoCAD软件的命令行提示如下。

命令行:FILLET ↵

当前设置:模式=修剪,半径=0.000 0

选择第一个对象或[放弃(U)/多段线(P)/半径(R)/修剪(T)/多个(M)]:(选择第一个对象或选择其他选项)

提示中各选项含义如下。

(1)【选择第一个对象】

该命令为默认选项,选择要以圆角相连的两个对象中的第一个对象,命令行继续提示如下。

选择第二个对象,或按住“Shift”键选择对象以应用角点或[半径(R)]:(选择第二个对象,将两个对象按半径进行倒圆角)

(2)【放弃】

取消最近一次操作。

(3)【多段线】

可对整个多段线倒圆角,在提示下选择多段线即可。

(4)【半径】

确定圆角半径。

(5)【修剪】

确定倒圆角时是否对相应的对象进行修剪。输入“T”,执行该选项,命令行继续提示如下。

输入修剪模式选项[修剪(T)/不修剪(N)]<修剪>:(选择【修剪】选项,表示倒角后对倒角的边进行修剪;选择【不修剪】选项,表示倒角后对倒角的边不进行修剪)

(6)【多个】

该命令为多组对象的边倒圆角。将重复显示主提示和“选择第二个对象”提示,直到用户按回车键结束命令。

不同半径和修剪模式下的倒圆角如图5-29所示。

5.5.6.2　圆角命令演示

将图5-30(a)中的图形倒圆角,结果如图5-30(c)所示。

操作步骤如下。

命令行:FILLET ↵

当前设置:模式=修剪,半径=60.0000

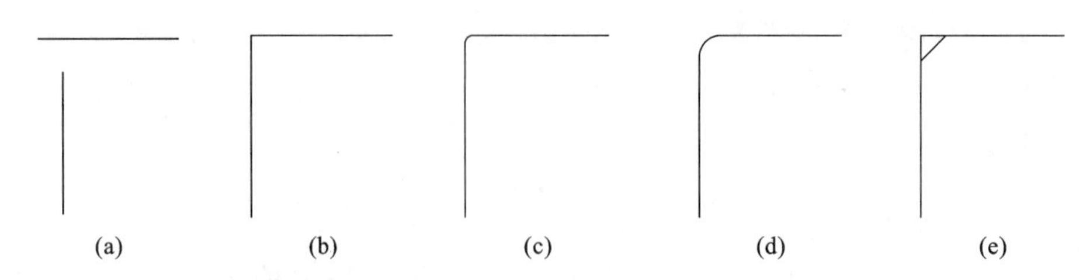

图5-29　不同半径和修剪模式下的倒圆角

(a)修剪前;(b)$R=0$;(c)$R=30$;(d)$R=60$"修剪";(e)$R=60$"不修剪"

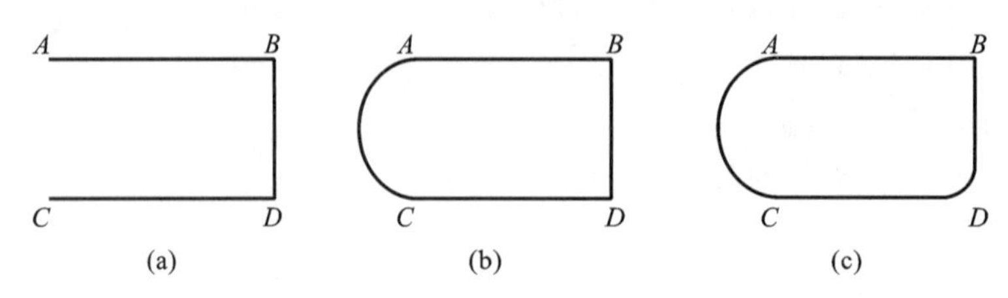

图5-30　图形圆角

(a)倒圆角前;(b)*AB*和*CD*倒圆角;(c)*BD*和*CD*倒圆角

选择第一个对象或[放弃(U)/多段线(P)/半径(R)/修剪(T)/多个(M)]:R ↵(选择【半径】选项)

指定圆角半径 <60.0000>:↵(回车采用当前设置半径)

选择第一个对象或[放弃(U)/多段线(P)/半径(R)/修剪(T)/多个(M)]:T ↵(选择【修剪】选项)

输入修剪模式选项[修剪(T)/不修剪(N)]<修剪>:N ↵(设为【不修剪】模式)

选择第一个对象或[放弃(U)/多段线(P)/半径(R)/修剪(T)/多个(M)]:M ↵(选择【多个】选项)

选择第一个对象或[放弃(U)/多段线(P)/半径(R)/修剪(T)/多个(M)]:[选择图5-30(a)中的*AB*]

选择第二个对象,或按住"Shift"键选择要应用角点的对象:[选择图5-30(a)中的*CD*,结果如图5-30(b)所示]

选择第一个对象或[放弃(U)/多段线(P)/半径(R)/修剪(T)/多个(M)]:[选择图5-30(b)的*BD*]

选择第二个对象,或按住Shift键选择要应用角点的对象:[选择图5-30(b)的CD,结果如图5-30(c)所示]

选择第一个对象或[放弃(U)/多段线(P)/半径(R)/修剪(T)/多个(M)]↵(按回车键结束)

提示1:必须先启动命令,再选择要倒圆角的对象。当启动该命令时,已选择的对象将自动取消选择状态。

提示2:可以进行倒圆角处理的对象包括直线、多段线的直线段、样条曲线、构造线、射线、圆、圆弧和椭圆等。

提示3:圆角半径决定了圆角弧度的大小,若半径为0,将延伸或修剪两个对象使之形成一个直线角;若半径特别大,以至于在所选的两对象间容纳不下这么大的圆弧,则不能进行倒圆角。

提示4:直线、构造线和射线平行时也可以倒圆角,不管新设置的圆角半径多大,都会自动将圆角半径定位为两条平行线间距的一半,平行的多段线不能进行倒圆角操作。

【思考与练习】

思考题

5-1　采用命令行输入方式时,本章所介绍的各基本编辑命令的全称和简化拼写是怎样的?

5-2　在AutoCAD软件中,应如何控制文字的镜像方向?

5-3　"矩形阵列"和"环形阵列"各自的特点有哪些?如何创建这两种阵列?

5-4　“CHAMFER”命令和“FILLET”命令之间有什么联系？

5-5　进行“BREAK”命令操作时，如何精确地在两个点之间断开线段？

5-6　“SCALE”和“ZOOM”命令有什么差别？

上机操作

5-1　绘制图 5-31 所示的图形。

单位：mm

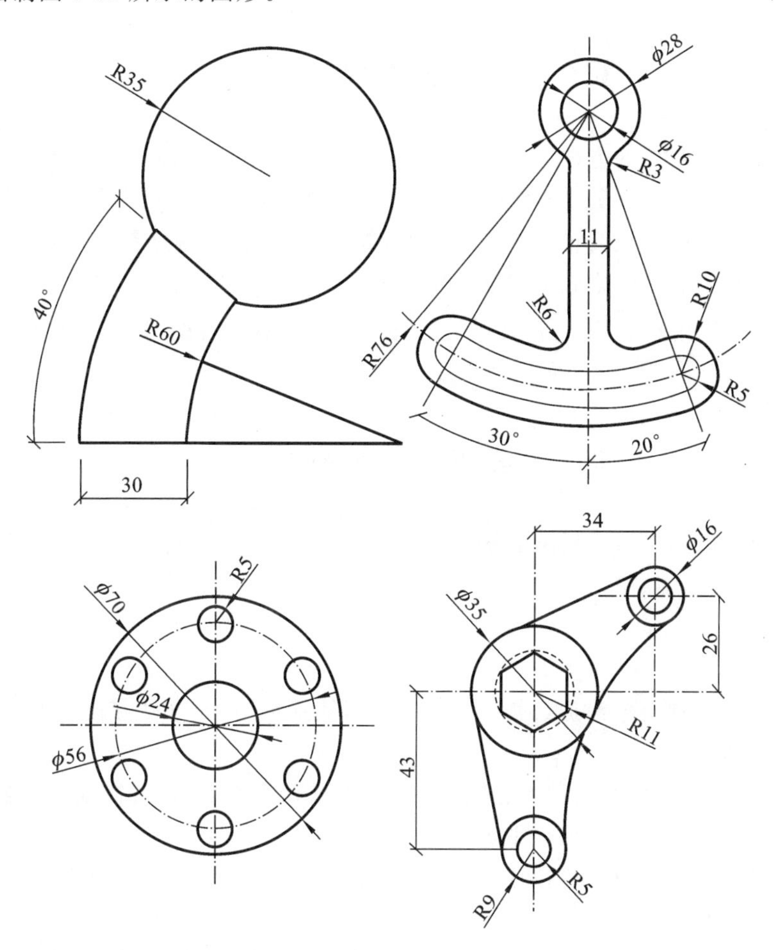

图 5-31　练习图形

第 6 章　快速绘图方法

6.1　使用正交模式

“正交”模式是指限制绘制对象的方向为垂直或平行，即指定第一点后，第二点只能在第一点的平行方向或垂直方向。在大量绘制水平和垂直线的图形中，使用该模式能提高绘图效率，确保绘图精度。

“捕捉”和“栅格”的设置会影响正交模式的作用效果，如果在【捕捉和栅格】选项设置中的【捕捉类型】里选择了【等轴测捕捉】选项，正交模式将对准等轴测平面的两条轴测线。

在命令栏输入“ORTHO”并回车，单击状态栏的【正交】按钮，或者使用“F8”快捷键都可以控制正交模式的打开和关闭。

6.2　使用对象捕捉

使用“对象捕捉”功能可以迅速指定对象的精确位置，而不必输入坐标值。该功能可将指定点限制在现有对象的确切位置上，如端点、中点或交点等。

6.2.1　临时捕捉方式

如果在运行某个命令时设置对象捕捉，则该命令结束时，捕捉也结束，这种方式称为临时捕捉。激活临时捕捉有以下三种方法。

第一种方法，可以在执行命令时单击鼠标右键，在弹出的快捷菜单中选择【捕捉替代】，打开【对象捕捉】菜单，单击选项可以在正在进行的命令中进行临时对象捕捉，如图 6-1 所示。

第二种方法，可以在绘图命令执行时，按住“Shift”键或“Ctrl”键并单击右键，可以随时调出对象捕捉快捷菜单，从中选择需要的捕捉点。

第三种方法，可以借助下拉菜单，从【工具】|【工具栏】|【AutoCAD】|【对象捕捉】提取出对象捕捉工具栏，通过工具栏上的命令按钮可以进行临时捕捉。【对象捕捉】工具栏如图 6-2 所示。

该工具栏上各按钮意义如下。

①【临时追踪点】：创建对象捕捉所使用的临时点。

②【捕捉自】：在命令中获取某个点相对于参照点的偏移。虽然不是对象捕捉模式之一，但往往和对象捕捉模式一起使用。

③【端点】：捕捉到圆弧、椭圆弧、直线、多线、多段线、样条曲线、面域等对象的端点，如图 6-3 所示。

④【中点】：捕捉圆弧、椭圆、椭圆弧、直线、多线、多段线等对象的中点，如图 6-4 所示。

⑤【圆心】：捕捉圆弧、圆、椭圆或椭圆弧的圆心，如图 6-5 所示。

⑥【节点】：捕捉点对象、标注定义点或标注文字的起点，如图 6-6 所示。

图 6-1　【对象捕捉】快捷菜单

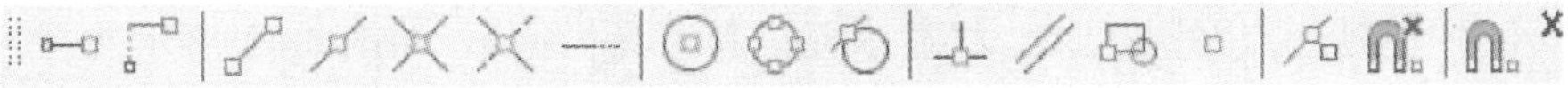

图 6-2　【对象捕捉】工具栏

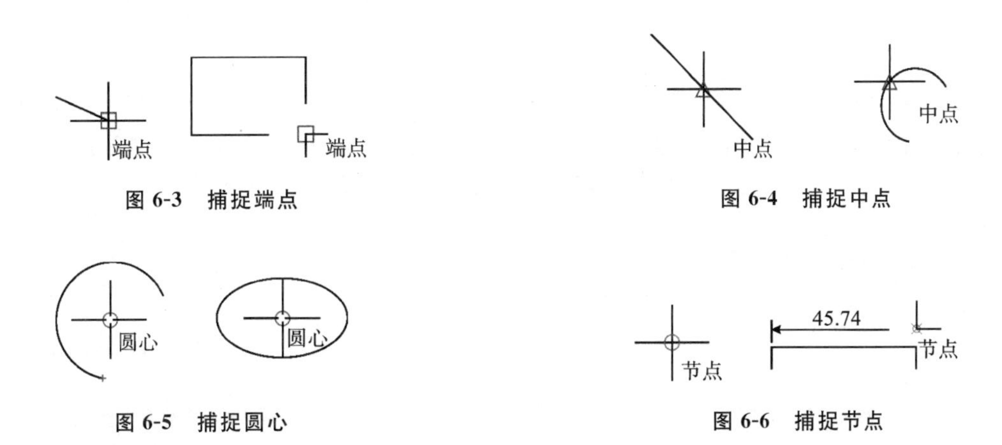

图 6-3　捕捉端点

图 6-4　捕捉中点

图 6-5　捕捉圆心

图 6-6　捕捉节点

⑦【象限点】：捕捉圆弧、圆、椭圆或椭圆弧的象限点，如图 6-7 所示。

⑧【交点】：捕捉圆弧、圆、椭圆、椭圆弧、直线、多线、多线段、射线、面域、样条曲线的交点，如图 6-8 所示。

图 6-7　捕捉象限点　　　　图 6-8　捕捉交点

⑨【延伸】：当光标经过对象的端点时，将显示临时延长线或圆弧，以便用户在延长线或圆弧上指定点。与【交点】或【外观交点】选项一起使用【延伸】选项，可以获得延伸交点，如图 6-9 所示。

⑩【插入点】：捕捉属性、块或文字的插入点。

⑪【垂足】：捕捉圆弧、圆、椭圆、椭圆弧、直线、多线、多线段等对象的垂足。当绘制的对象需要捕捉多个垂足时，将自动打开“递延垂足”捕捉模式。可以用直线、圆弧、圆、多线段、射线、多线或三维实体的边作为绘制垂直线的基础对象。当靶框经过“递延垂足”捕捉点时，将显示一个递延垂足的自动捕捉标记和工具栏提示，如图 6-10 所示。

图 6-9　捕捉延伸交点　　　　图 6-10　捕捉垂足

⑫【切向】：捕捉圆弧、圆、椭圆、椭圆弧等对象的切点。当正在绘图的对象需要捕捉多个切点时，将自动打开“递延切点”捕捉模式。例如，可以用“递延切点”模式来绘制与两条弧或两个圆相切的直线。当靶框经过“递延切点”捕捉点时，将显示标记和工具栏提示，如图 6-11 所示。

⑬【最近点】：捕捉圆弧、圆、椭圆、椭圆弧、直线、多线、点、多线段等对象的最近点。

⑭【外观交点】：捕捉不在同一平面内但看起来可能在当前视图中相交的两个对象的外观交点。

⑮【平行】：指定直线的第一个点后，选择【平行】对象捕捉，然后移动光标到要与之平行的对象上，随之将显示小的平行线符号，表示此对象已经选定。再移动光标，在接近与选定对象平行时，光标会自动跳到平行的位置上，即可获得该直线第二点所在的方向，如图 6-12 所示。

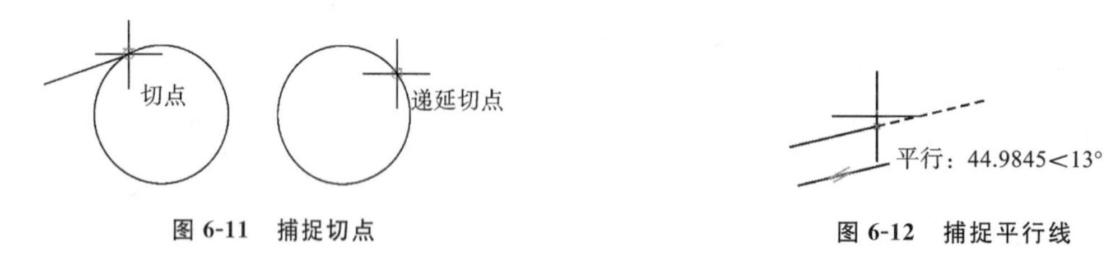

图 6-11　捕捉切点　　　　图 6-12　捕捉平行线

⑯【无】：不采用任何捕捉模式，用于临时覆盖捕捉模式。

⑰【捕捉设置】：单击该按钮，可在【草图设置】对话框中进行设置。

6.2.2 隐含捕捉方式

如果在运行绘图命令前设置一种捕捉方式，则该捕捉方式在绘图中一直有效，这种捕捉方式称为隐含捕捉。隐含捕捉方式可在【草图设置】|【对象捕捉】选项卡中进行设置，如图 6-13 所示。

6.2.2.1 【对象捕捉】选项卡功能

(1)【对象捕捉】

打开或关闭【对象捕捉】选项卡。

(2)启用【对象捕捉追踪】

打开或关闭【对象捕捉追踪】选项。“对象捕捉追踪”可以沿指定方向按指定角度或与其他对象的指定关系绘制对象。要使用【对象捕捉追踪】选项，必须打开一个或多个【对象捕捉】模式。

(3)【对象捕捉】模式

各项意义同【对象捕捉】工具栏，这里不再赘述。

(4)【全部选择】、【全部清除】

选择或者清除所有的对象捕捉模式。

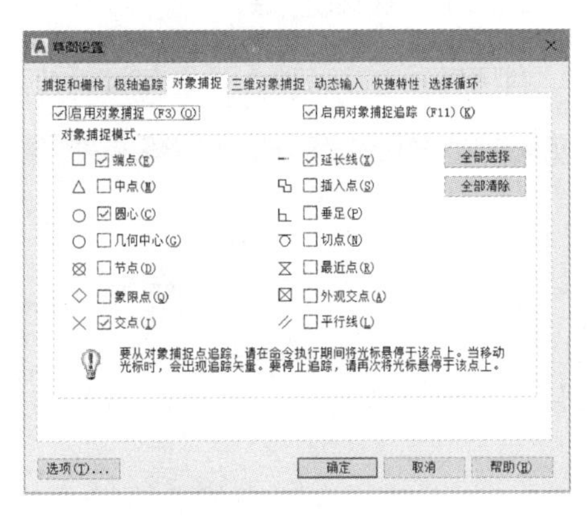

图 6-13 【对象捕捉】选项卡

提示：单击状态栏上的【对象捕捉】按钮或使用“F3”快捷键可以打开或关闭隐含的自动捕捉。

(5)【选项】

单击【选项】按钮可以对【自动捕捉】属性进行设置，如图 6-14 所示。【标记】选项可以控制十字光标移动到捕捉点上时所显示的几何符号；【磁吸】是指十字光标自动移动并锁定到最近的捕捉点上；【显示自动捕捉工具提示】是一个标签，用来描述捕捉到的点的名称；【显示自动捕捉靶框】用来控制自动捕捉靶框的显示；【颜色】复选框可指定自动捕捉标记的颜色。

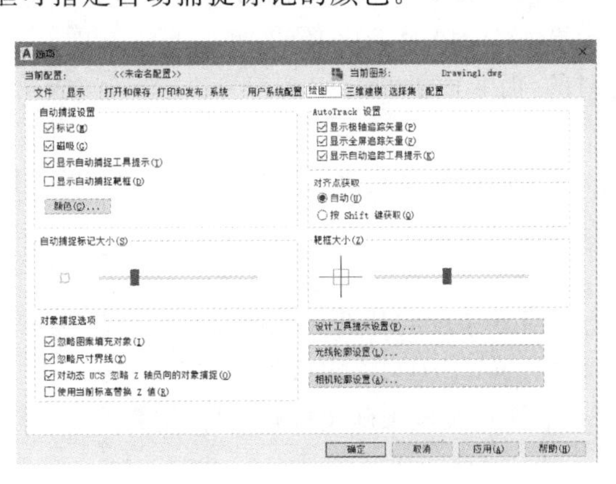

图 6-14 【绘图】设置选项卡

6.2.2.2 “Tab”键在捕捉功能中的使用

进行绘图工作时，若需要捕捉对象上的某个特殊点，可以将鼠标靠近某个对象，不断地按“Tab”键来提取出这个对象的某些特殊点，如端点、中点、圆的象限点、交点、垂足等，在找到需要的点后单击就可以捕捉到。

当鼠标靠近两个对象的交点时，两个目标对象上的特殊点就会先后轮换显示出来(其所属对象会变为虚线)，这一功能在进行复杂绘图捕捉点时非常有用。

6.3 使用对象追踪

6.3.1 极轴追踪

利用极轴追踪可以在设定的极轴角度上,根据提示来精确地移动光标。极轴追踪提供了一种拾取特殊角度点的方法。

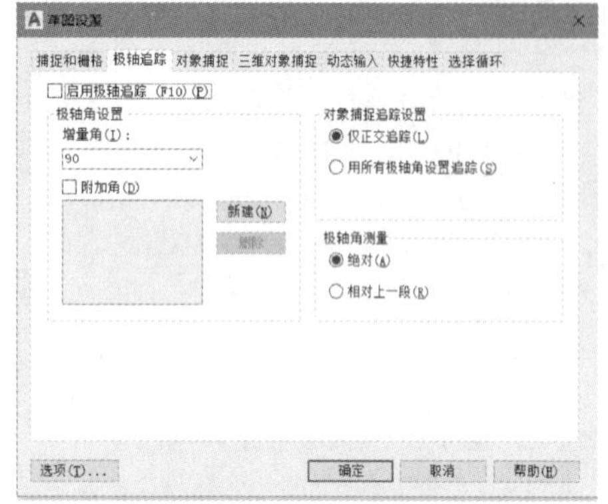

图 6-15 【极轴追踪】选项卡

打开【草图设置】对话框,选择其中的【极轴跟踪】选项卡,可对【极轴跟踪】属性进行设置,如图 6-15 所示。

【极轴追踪】选项卡中各项意义如下。

(1)【启用极轴追踪】

打开或关闭极轴追踪。也可以使用“F10”键或使用“AUTOSNAP”系统变量来打开或关闭极轴追踪。

(2)【极轴角设置】

用来设置极轴追踪的对齐角度,包含以下两种方式。

①【增量角】:用来显示极轴追踪对齐路径的极轴角增量,可以输入任何角度,也可以从列表中选择常用角度。例如设置增量角为 30°,在绘制直线时,当光标在 30°附近时,系统能自动以虚线形式显示出增量角为 30°的直线并带有极轴距离及角度的说明,如图 6-16 所示。

②【附加角】:和增量角不同的是,在极轴追踪中会捕捉增量角及其整数倍角度,并且捕捉附加角设定的角度,但是不一定捕捉附加角的整数倍角度。如设定了增量角为 45°,附加角为 30°,则自动捕捉的角度为 0°、45°、90°、135°、180°、225°、270°、315°以及 30°,不会捕捉 60°、120°、240°、300°。即附加角度是绝对的,而非增量的。

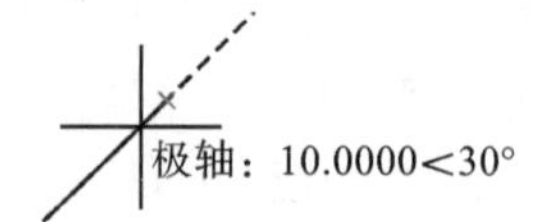

图 6-16 【极轴追踪】示例

(3)【角度列表】

在【角度列表】中,如果选定【附加角】,将列出可用的附加角度。单击【新建】按钮可添加新的角度,单击【删除】按钮可删除现有的角度。

(4)【极轴角测量】

此选项可设置测量极轴追踪对齐角度的基准。包括以下两个单选项。

①【绝对】:根据当前用户坐标系(UCS)来确定极轴追踪角度。

②【相对上一段】:根据上一个绘制线段来确定极轴追踪角度。

6.3.2 对象捕捉追踪

自动追踪可以使用户在绘图的过程中按指定的角度绘制对象,或绘制与其他对象有特殊关系的对象。当此模式处于打开状态时,临时的对齐虚线有助于用户精确地绘图。用户还可以通过一些设置来更改对齐路线以适合自己的需求,这样就可以达到精确绘图的目的。

对象捕捉追踪要配合对象捕捉才能使用,所以只有打开对象捕捉模式,才能使用对象捕捉追踪。执行命令时在对象捕捉点上暂停,即可从该点追踪。当移动光标时会出现追踪矢量,在该点再次暂停可停止追踪。

例如，要捕捉图 6-17 所示矩形的中心，可以打开对象捕捉追踪，在输入点的提示下，首先将光标指向 A 点，出现中点提示后，再将光标移到 B 点，再次出现中点提示后，把光标向下移到中心位置附近，当图中出现追踪提示后单击，该点即为中心点。

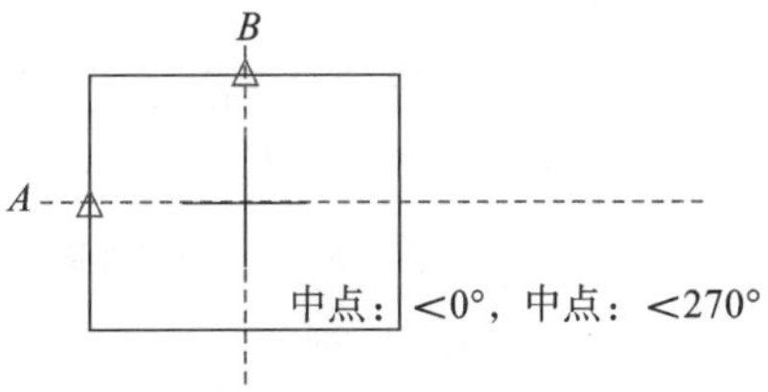

B
A
中点：<0°，中点：<270°

图 6-17　【对象捕捉追踪】示例图

【对象捕捉追踪设置】包括以下两个选项。

（1）【仅正交追踪】

当对象捕捉追踪打开时，仅显示已获得的对象捕捉点的正交（平行/垂直）追踪路径。

（2）【用所有极轴角设置追踪】

将极轴追踪设置应用于对象捕捉追踪。使用对象捕捉追踪时，光标将从获取的对象捕捉点起，沿极轴对齐角度进行追踪。

提示：单击状态栏上的【极轴】按钮和【对象追踪】按钮也可以打开或关闭极轴追踪和对象捕捉追踪。

6.4　动态输入

动态输入设置可以让用户直接在鼠标处快速启动命令、读取提示和输入值，从而避免了把注意力分散到绘图区域外。用户可以在创建和编辑几何图形时动态查看标注值（如长度和角度），通过“Tab”键在这些值之间进行切换。

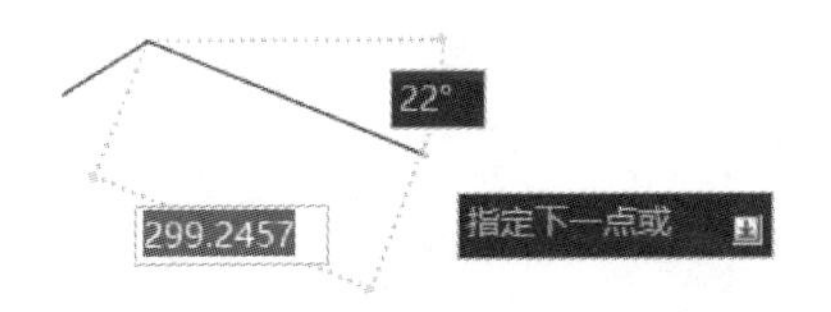

图 6-18　使用【动态输入】绘制图形

使用动态输入功能可以在工具栏提示中直接输入坐标值，而不必在命令行中输入。光标旁边显示的工具栏提示信息将随着光标的移动而动态更新。当某个命令处于活动状态时，用户可以在工具栏提示中输入数值，如图 6-18 所示。

AutoCAD 软件有两种动态输入：指针输入，用于输入坐标值；标注输入，用于输入距离和角度。

可以通过单击应用程序状态栏上的 按钮来打开或关闭【动态输入】，或使用“F12”快捷键进行切换。如要自定义动态输入，可以使用【草图设置】对话框，如图 6-19 所示。

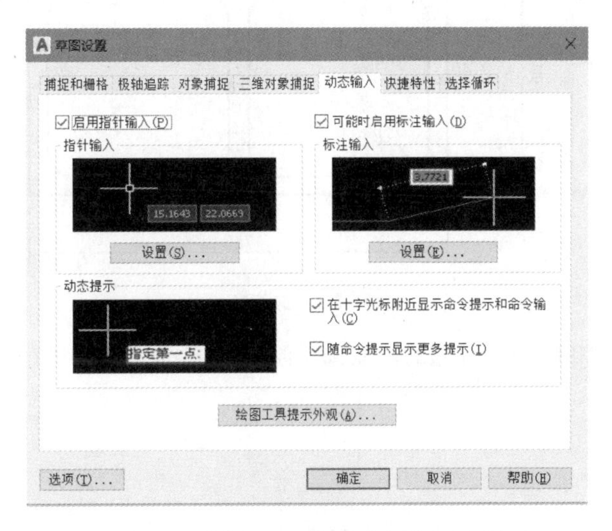

图 6-19　【草图设置】之【动态输入】设置

(1)【指针输入】

当用户打开【指针输入】后，在绘图区域中移动光标时，光标处将显示坐标值。用户要输入坐标时，直接在提示处输入数值并按“Tab”键，将焦点切换到下一个工具栏提示，然后输入下一个坐标值即可。在指定点时，第一个坐标是绝对坐标，第二个或下一个坐标是相对极坐标。如果需要输入绝对值，需要在第一个坐标值前加上前缀“#”。使用“RECTANG”命令时，第一个值为绝对坐标，而第二个值为相对笛卡尔坐标。

(2)【动态提示】

用户可以在工具栏提示中输入命令并对提示作出响应。如果提示包含多个选项，可以按下箭头键查看这些选项，然后单击选项。若查看最近的输入，可按上箭头键。【动态提示】可以与【指针输入】和【标注输入】一起使用。

(3)【标注输入】

启用【标注输入】后，坐标输入字段会与正在创建或编辑的几何图形上的标注绑定，工具栏提示将显示距离和角度值。

要输入数值时，按“Tab”键移动到要修改的工具栏提示，然后输入距离或绝对角度。【标注输入】可以用来绘制直线、圆、圆弧等图形。

【思考与练习】

思考题

6-1 如何理解正交模式在土木工程专业绘图中的作用？

6-2 对象捕捉模式如何分类？

6-3 如何理解动态输入方式的优点？

上机练习

6-1 利用【正交模式】、【极轴追踪】和【对象捕捉】的功能选项绘制如图6-20所示的图形。

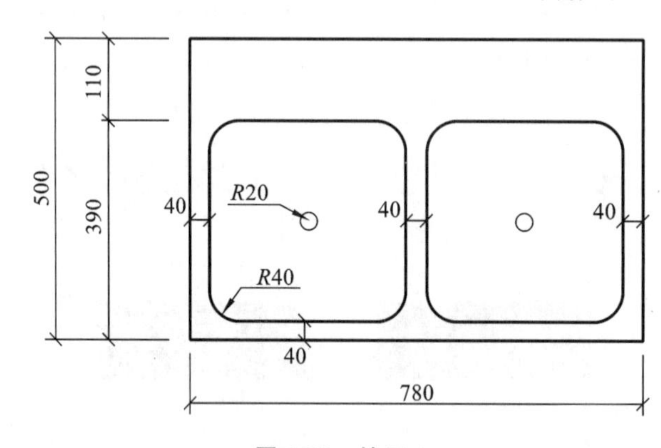

图6-20 练习1

6-2 利用【极轴追踪】和【对象捕捉】的功能选项绘制如图6-21、图6-22所示的图形。

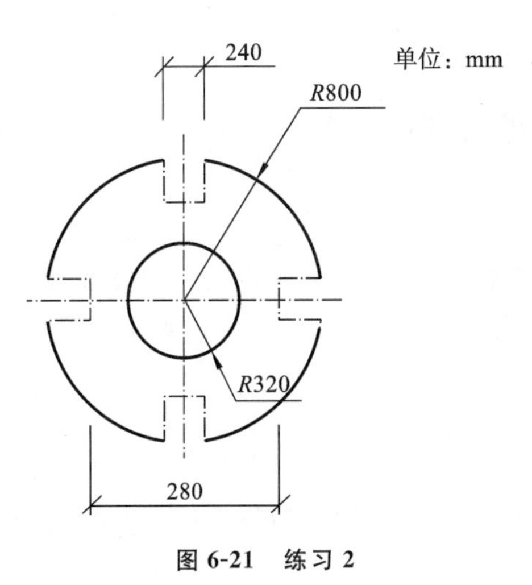

图 6-21　练习 2

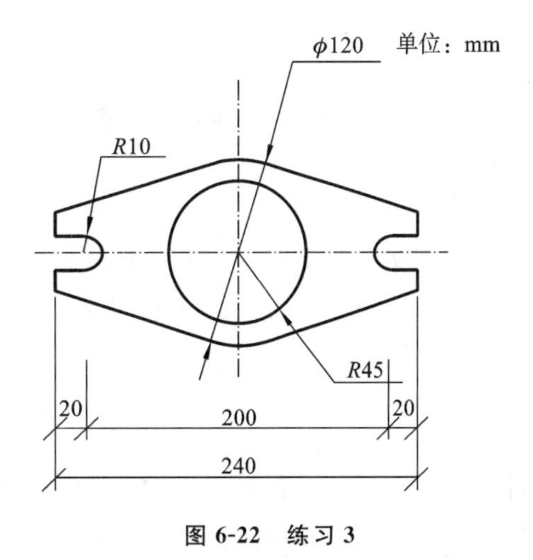

图 6-22　练习 3

第 7 章　高级绘图命令

高级绘图命令在完成土木工程专业施工图中使用非常频繁，这些命令对提高绘图效率、提升图面质量有显著的帮助。因此，灵活掌握高级绘图命令对完成高质量的施工图具有非常重要的意义。

7.1　等　分　点

等分点命令包括定数等分和定距等分两种功能。当用户在绘制楼梯、边界上的符号时，该命令可以帮助用户准确、迅速地完成等分的功能。

7.1.1　定数等分

定数等分是将选定对象按指定数目等分，所得各部分长度相等，并将等分点或图块标记在所选对象上。

启动该命令的方式如下。

①功能区：【默认】标签|【绘图】面板|【定数等分】按钮 。

②命令行：输入“DIVIDE”或者“DIV”并回车。

③菜单栏：【绘图】|【点】|【定数等分】。

执行该命令的过程如下。

命令：DIVIDE ↵

选择要定数等分的对象：(如图 7-1 所示的样条曲线)

输入线段数目或[块(B)]：

定数等分命令的功能选项如下。

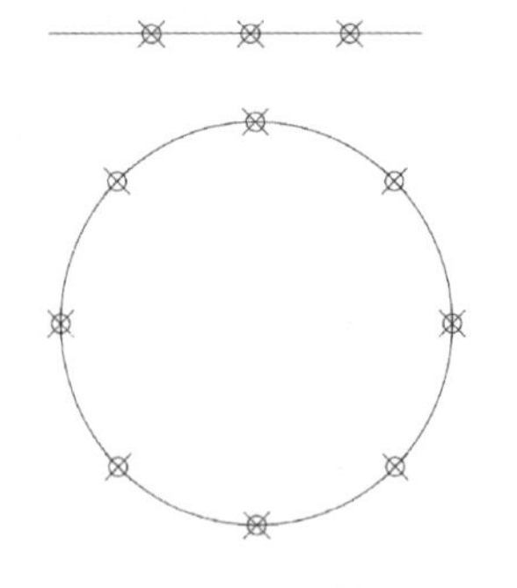

图 7-1　定数等分

(1)【输入线段数目】

用户可以输入 2～32767 之间的任何数值作为线段数目，此处输入线段数目为“6”。命令执行的结果如图 7-1 所示。

提示 1：命令执行完毕后，用户可能看不到任何效果，原因是上图中已更改了默认的点的样式[修改点样式：单击功能区【实用工具】面板箭头 ，下拉展开【实用工具】面板，如图 7-2(a)所示。单击“点样式”，弹出【点样式】对话框，以指定点对象的显示样式和大小，如图 7-2(b)所示]。

提示 2：通过查询图中各元素的特性，可以发现原有的样条曲线并没有被分解成若干个不同的对象。等分点仅仅起到标记位置和作为几何参考点的作用，并不会修改原有对象。

(2)【块】

沿选定对象等间距地放置块。

创建块命令执行过程如下。

①单击【绘图】面板中“矩形”命令创建矩形多段线，以绘制一个正方形。

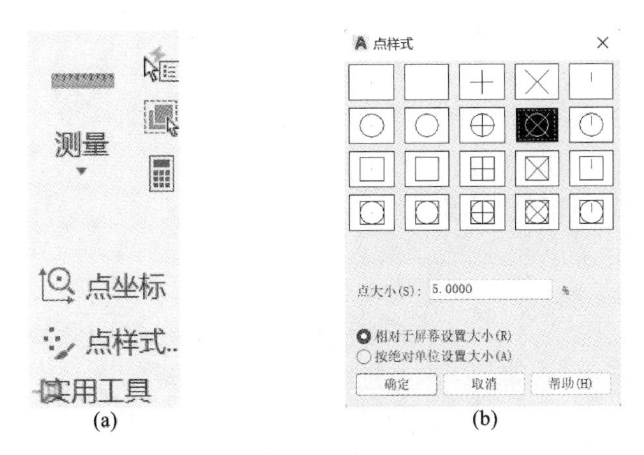

图 7-2　修改点样式

(a)展开【实用工具】面板；(b)【点样式】对话框

②单击【块】面板中“创建”命令，弹出【块定义】对话框，输入名称为“RECT”，拾取点、选择对象完成后，单击“确定”关闭对话框。

放置块命令执行过程如下。

输入线段数目或[块(B)]：B ↵(输入选项【块】，沿选定对象等间距放置块)

输入要插入的块名：RECT ↵(图块名)

是否对齐块和对象？[是(Y)/否(N)]<Y>：(选择【是(Y)】选项，指定插入块的 X 轴方向与定数等分对象在等分点相切或对齐；选择【否(N)】选项，按其法线方向对齐块)

选择【是(Y)】选项，程序执行过程如下。

Y ↵[选择【是(Y)】]

输入线段数目：8 ↵

命令执行的结果如图 7-3 所示。

选择【否(N)】选项，程序执行过程略，结果如图 7-4 所示。

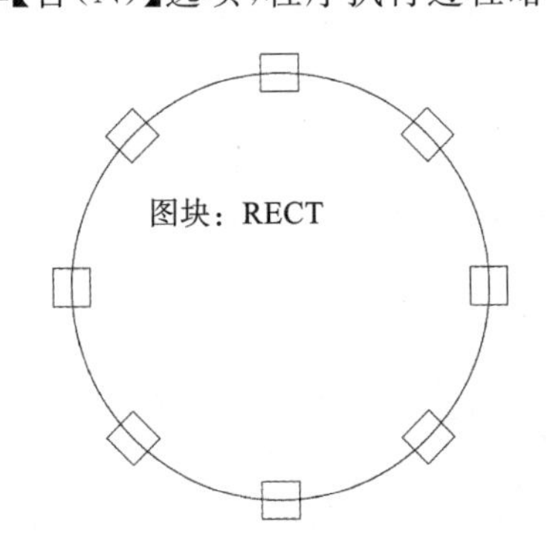

图 7-3　定数等分——块标记(对齐)

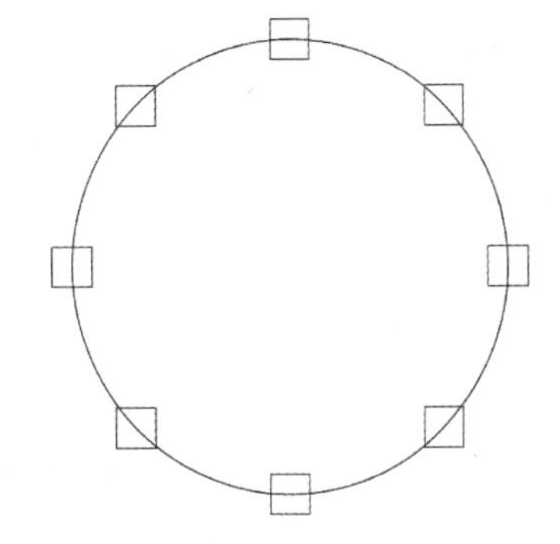

图 7-4　定数等分——块标记(不对齐)

提示 1：可以被等分的对象有很多，如直线、弧、圆、多段线、样条曲线等，但不能是图案填充、文字尺寸标注等对象。

提示 2：上图中，圆的半径为 500 mm，正方形块的边长为 100 mm。

7.1.2　定距等分

定距等分是从选定对象的一端出发，按用户指定的距离在该对象上等间距地标记出等分点或图块的命令。除最后一段之外,所得各部分长度相等。

启动该命令的方式如下。

①功能区:【默认】标签|【绘图】面板|【定距等分】按钮。

②命令行:输入“MEASUREME”或“ME”并回车。

③菜单栏:【绘图】|【点】|【定距等分】。

执行该命令的过程如下。

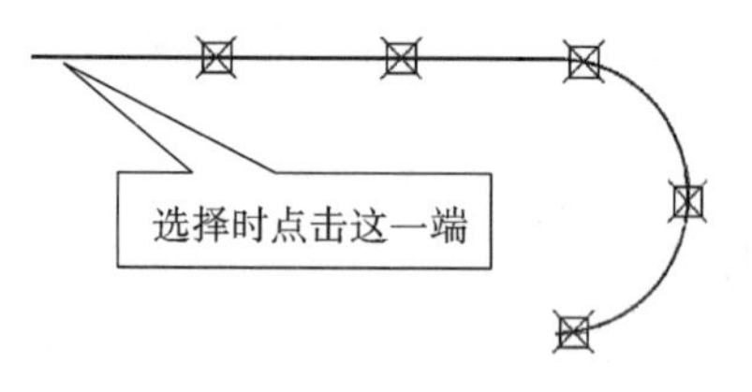

图 7-5 定距等分线段

命令:MEASURE ↵

选择要定距等分的对象:(选择如图 7-5 所示的多段线)

指定线段长度或[块(B)]:

定距等分命令各选项功能如下。

(1)【指定线段长度】

继续执行命令,过程如下。

指定线段长度或[块(B)]:500 ↵(线段长度为 500 mm)

该选项执行的结果如图 7-5 所示。

(2)【块】

命令:MEASURE ↵

选择要定距等分的对象:(选择如图 7-5 所示的多段线)

指定线段长度或[块(B)]:B(选择【块】选项)

输入要插入的块名:(已有图块名)

是否对齐块和对象?[是(Y)/否(N)]<Y>:

指定线段长度:指定第二点:(可用键盘输入等分距或在屏幕上点击一段距离)

用户可自行选择已有的图块来等分图 7-5 中的例子,对齐方式可参见定数等分。

定距等分由于定距大小的原因,最后一个等分段可能长度不足,因此决定从哪一端开始等分就变得非常重要。按照 AutoCAD 软件的规定,有以下几种情况。

①非闭合图形:命令执行过程中点击选择该对象,从离该选择点最近的一端开始等分。

②闭合图形(如矩形等):从该图形初始顶点(绘制该图形的第一点)开始等分。

③圆形:与当前捕捉的旋转角的设置有关(见系统帮助)。实际上,等分的起点和当前系统的 X 轴方向有很大关系,区别如图 7-6 所示。

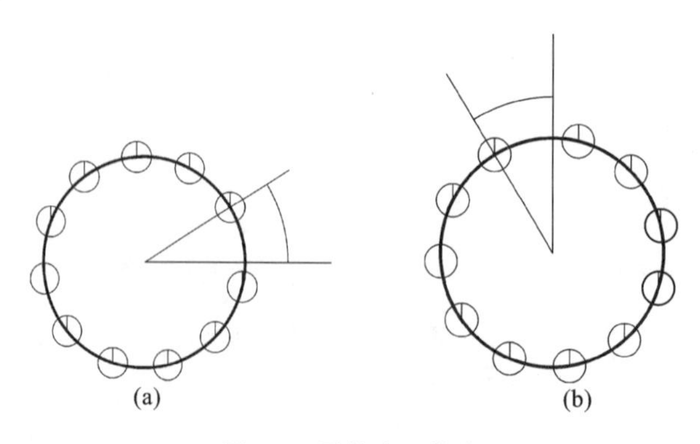

图 7-6 圆的定距等分

(a)旋转角为 0°时的起点;(b)旋转角为 90°时的起点

7.2　圆环与填充圆

圆环是由同圆心的两个圆形组成的，构成圆环的主要参数包括圆心、内直径、外直径。另外，填充模式的选择也非常重要。通过控制上述参数，可以绘制出填充的圆环、非填充的圆环和填充圆。从本质上讲，圆环命令绘制的是带有宽度的闭合多段线。

启动该命令的方式如下。

①功能区：【默认】标签|【绘图】面板|【圆环】按钮◎。

②命令行：输入“DONUT”或“DO”并回车。

③菜单栏：【绘图】|【圆环】。

执行该命令的过程如下。

命令：DONUT 或 DO ↵

指定圆环的内径 ＜0.500 0＞：100（输入圆的直径）

指定圆环的外径 ＜1.000 0＞：150（输入圆的外径）

指定圆环的中心点或 ＜退出＞：（该命令可连续指定圆心生成多个圆环，直到单击右键或者按回车键结束，结果如图7-7(a)所示，该图处于填充模式）

修改系统变量后，用户可以观察未填充的效果，如图7-7(b)所示。

命令：FILL ↵（使用该命令可以更改填充模式值，用户也可以在菜单【工具】|【选项】|【显示】选项卡中，选择关闭【应用实体填充】复选框）

输入模式[开(ON)/关(OFF)]＜开＞：OFF ↵（关闭填充）

命令：REGEN ↵[正在重生成模型，结果如图7-7(b)所示]

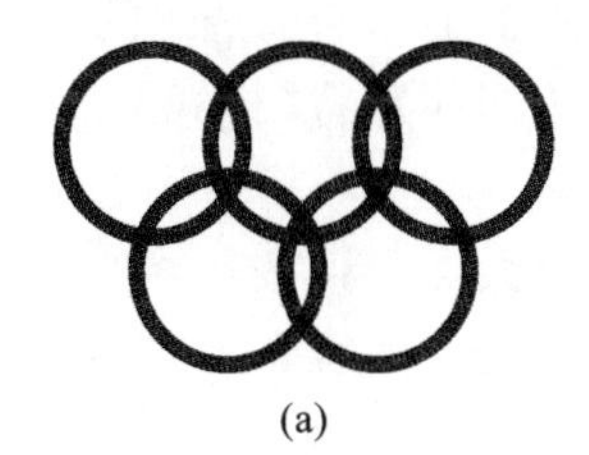

(a)

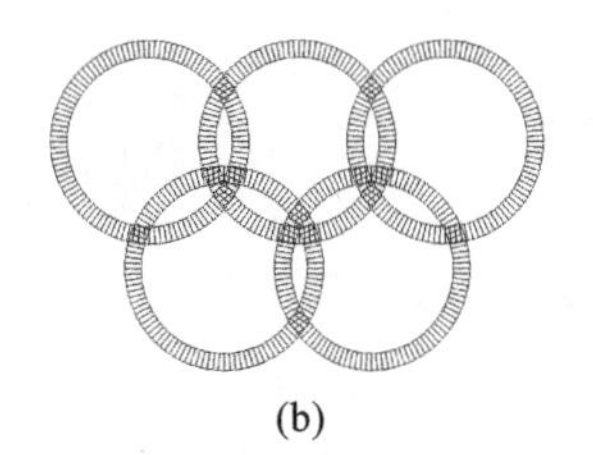

(b)

图7-7　圆环

(a)填充模式；(b)未填充模式

提示1：更改填充模式之后，并不能立刻看到效果，需要执行“REGEN”命令。该命令的执行还会影响到图案填充、多段线、矩形等命令的执行效果。

提示2：圆环本质上是封闭的填充多段线。为了说明这一点，可选中圆环对象然后查询其特性，可以发现AutoCAD软件中并没有圆环对象，而是直接将其识别为多段线。

用户按如下方法试验，可以得到一种有趣的图形。执行圆环命令，将内直径与外直径设为相等，然后将所得图形与通过圆命令得到的图形进行比较（查询两者的特性，或对二者执行“EXPLODE”命令）。

7.3　多　　线

多线由1～16条相互平行的直线组成，其中每条直线称为多线的一个元素。用户根据多线中每个元素的偏移位置、线型、颜色的不同定义多线样式。在使用多线命令前，程序会提示用户指定对正方式、比例与样式，实现不同的绘图效果。

在建筑工程图的绘制过程中，灵活地使用多线命令可以达到事半功倍的效果。例如，建筑平面图中的内、外墙线和窗线，都可以通过定义不同的多线样式一次绘制完成。需要注意的是，墙体交接处需要进行编辑以删除多余部分，此时需要专门的工具实现，见8.2节部分。如果交接处墙体相对比较复杂，反而会带来意想不到的编辑效果。

7.3.1 定义多线样式

多线样式是一组描述多线组成元素属性的集合。这些属性包括上文中提到的元素、连接(joints)的可见性、封口、背景色等。

打开【多线样式】对话框的方法如下。

①命令行：输入“MLSTYLE”并回车。

②菜单栏：【格式】|【多线样式】。

图7-8 【多线样式】对话框

执行上述操作后，程序将弹出【多线样式】对话框，如图7-8所示。设置【多线样式】的过程如下所述。

(1)【多线样式】

启动AutoCAD软件，系统预置的多线样式就会被加载。当前默认的多线样式为“STANDARD”。

该对话框各选项的意义如下。

①【样式】：显示当前系统所有加载的多线样式。

②【说明】：显示当前选定的多线样式的说明。

③【预览】：显示当前选定的多线样式的名称和图像。

④【置为当前】：将【样式】列表框中选定的多线样式置为当前。

⑤【新建】：点击该按钮将显示【创建新的多线样式】对话框，以创建新的多线样式。

⑥【修改】：点击该按钮将显示【修改多线样式】对话框，以修改选定的多线样式。

⑦【重命名】：重新命名当前选定的多线样式。

⑧【保存】：将多线样式保存或复制到多线库(扩展名为“MLN”)文件，如图7-9所示。

⑨【删除】：从【样式】列表中删除当前选定的多线样式。

⑩【加载】：显示【加载多线样式】对话框，用户可以从指定的“MLN”文件加载多线样式，如图7-10所示。在该对话框中，用户可以看到刚刚定义的多线库文件的名称，以及目前该文件所包含的多线样式。单击【文件】按钮可以选择其他多线库文件。

提示1：尽量不要修改默认的“STANDARD”多线样式。

提示2：不能编辑图形中正在使用的多线样式的元素及多线特性。

(2)【创建新的多线样式】

如图7-11所示，输入新的多线样式名，如“WINDOW”，将以当前已有的多线样式为基础来创建新的样式，默认样式为“STANDARD”。

单击【继续】按钮，进入如图7-12所示的【新建多线样式】对话框，偏移采用上、下各0.5的默认设置，图层等其他设置如图7-12所示。

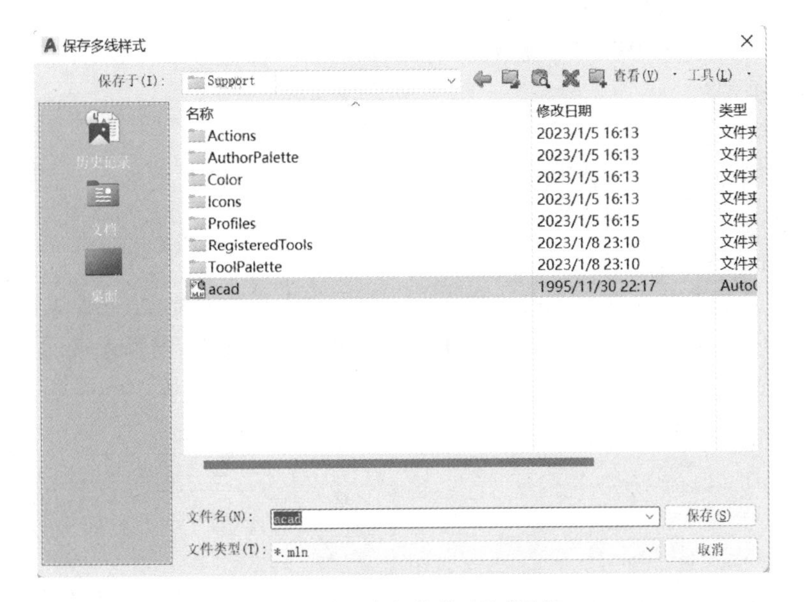

图 7-9　【保存多线样式】对话框

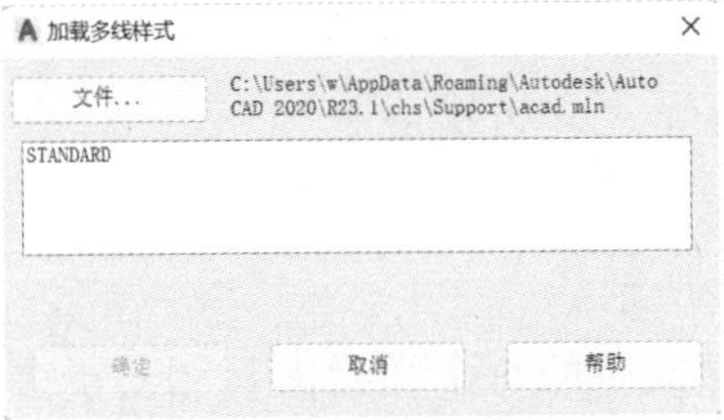

图 7-10　【加载多线样式】对话框

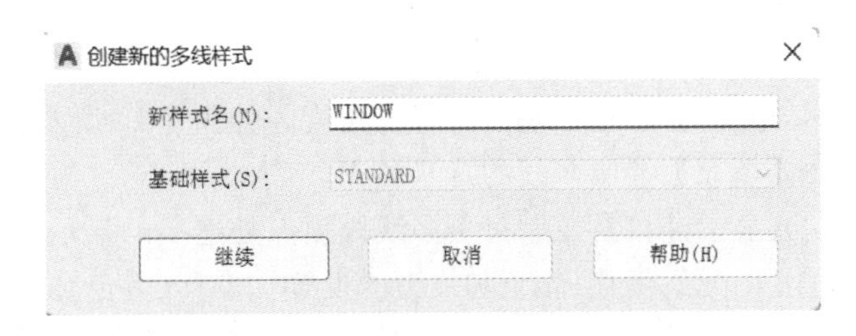

图 7-11　【创建新的多线样式】对话框

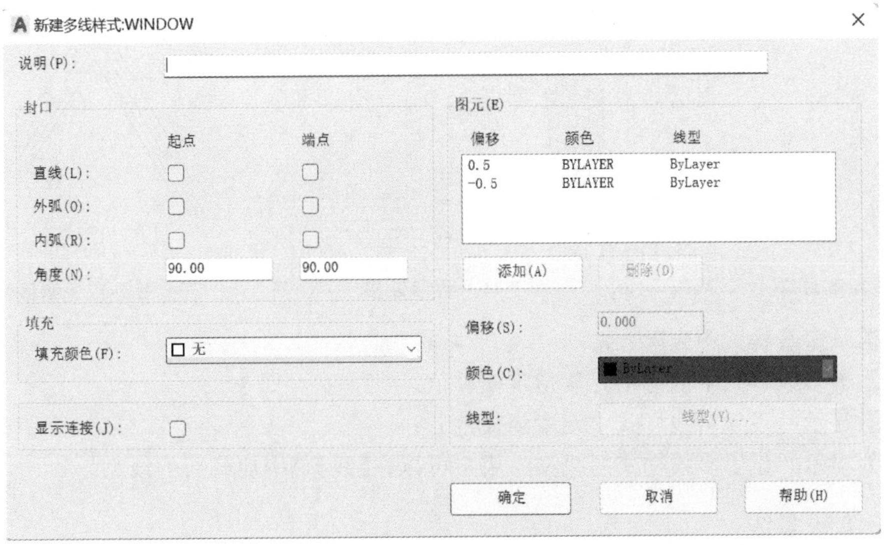

图 7-12　【新建多线样式】对话框

单击【确定】按钮完成“WINDOW”的设置。

在【样式】中选择“WINDOW”，单击【置为当前】按钮，将其设置为当前多线样式。

(3)【新建多线样式】

该对话框各选项的意义如下。

①【封口】:用于控制多线的起点和端点的封闭方式，有以下四种方式。

a. 直线封口：显示穿过多线每一端的直线段，如图 7-13 所示。

b. 外弧封口：显示多线最外端元素之间的圆弧。

c. 内弧封口：显示成对的内部元素之间的圆弧。如果元素个数为奇数，中心线将不被连接。例如，如果有 6 个元素，内弧连接元素 2 和 5、元素 3 和 4。如果有 7 个元素，内弧连接元素 2 和 6、元素 3 和 5，元素 4 不连接。如图 7-14 所示。

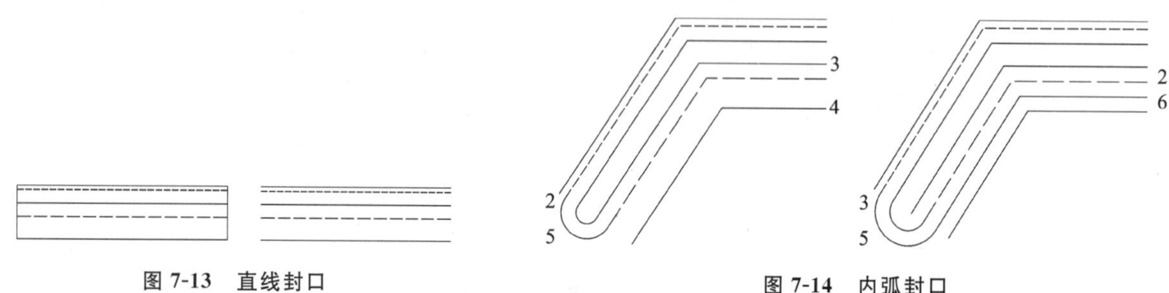

图 7-13　直线封口　　图 7-14　内弧封口

d. 角度封口：指定端点封口的角度。如图 7-15 所示，起点角度 45°，端点角度 45°。

②【填充】:控制多线的背景填充。

③【显示连接】:控制每条多线段顶点处连接的显示，如图 7-16 所示。

④【图元】:偏移、颜色和线型的设置。偏移、颜色和线型是指样式中的每个元素由其相对于多线的中心、颜色及其线型定义。图 7-17 显示了不同偏移设置的效果。只有为除“STANDARD”以外的多线样式选择颜色或线型后，此选项才可用。

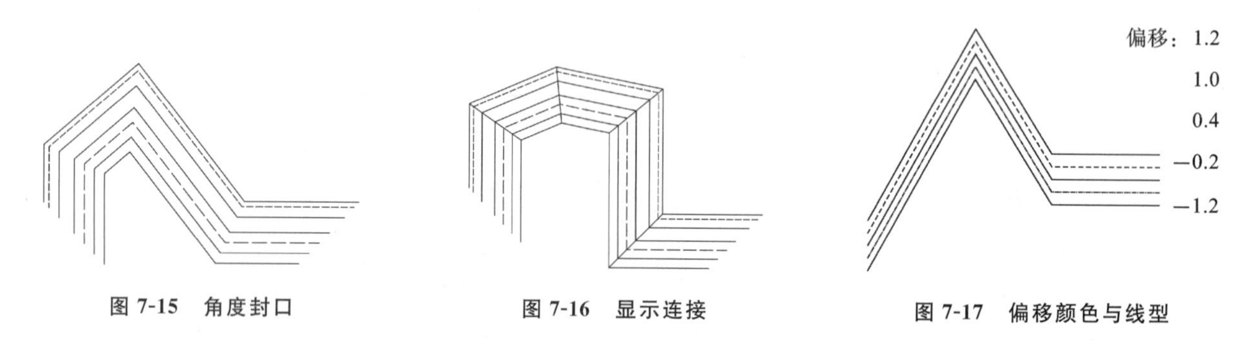

图 7-15　角度封口　　图 7-16　显示连接　　图 7-17　偏移颜色与线型

⑤【删除】:从多线样式中删除元素。

⑥【偏移】:为多线样式中的每个元素指定偏移值。

⑦【颜色】:显示并设置多线样式中元素的颜色。

⑧【线型】:显示并设置多线样式的线型。用户可以在【线型】中加载新的线型。

7.3.2　绘制多线

启动该命令的方式如下。

①命令行：输入“MLINE”或“ML”并回车。

②菜单栏:【绘图】|【多线】。

执行命令的过程如下。

命令:MLINE 或 ML ↵

当前设置:对正＝上,比例＝20.00,样式＝WINDOW(显示当前控制变量的状态)

指定起点或[对正(J)/比例(S)/样式(ST)]:

7.3.2.1　“MLINE”命令中各选项功能介绍

(1)【对正】

该选项用于确定如何在指定的点之间绘制多线。

执行该命令的过程如下。

指定起点或[对正(J)/比例(S)/样式(ST)]:J(输入选项【J】,确定多线的对正方式)

输入对正类型[上(T)/无(Z)/下(B)]＜上＞:(根据使用情况,选择合适的对正方式)

由程序可知,【对正】包括以下三种方式。

①【上】:在光标下方绘制多线,因此在指定点处将出现具有最大正偏移值的直线,如图 7-18 所示。

②【无】:在“MLSTYLE”命令中,元素偏移值为“0.0”的位置,将作为多线绘制的起点,如图 7-19 所示。

③【下】:在光标上方绘制多线,因此在指定点处将出现具有最大负偏移值的直线,如图 7-20 所示。

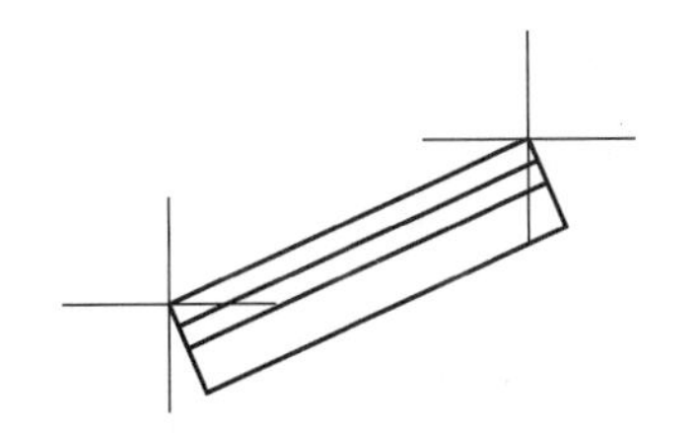

图 7-18　对正方式为“上”

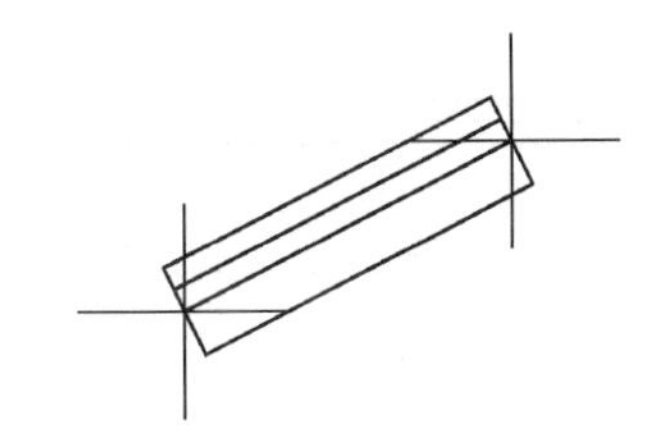

图 7-19　对正方式为“无”

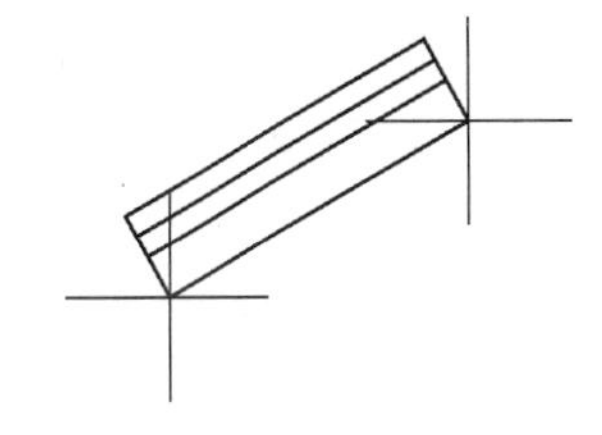

图 7-20　对正方式为“下”

提示:无论 0 偏移位置是否定义有直线元素,多线的起点都会从该点开始。

(2)【比例】

该参数用于控制多线的全局宽度。

执行该命令的过程如下。

指定起点或[对正(J)/比例(S)/样式(ST)]:S ↵(输入选项【S】,确定多线的比例)

输入多线比例＜当前值＞:(输入比例后按“Enter”键结束多线比例的设置)

这个比例基于在多线样式定义中建立的宽度。当比例因子为 2 绘制多线时,其宽度是样式定义宽度的 2 倍。负比例因子将翻转偏移线的次序,当从左至右绘制多线时,偏移最小的多线绘制在顶部。负比例因子的绝对值也会影响比例,如图 7-21 所示。

比例:20
对正:下
比例:−40
对正:下

图 7-21　比例对多线的影响

提示:负比例因子不会改变对正点的位置,比例因子为 0 将使多线变为单一的直线。

(3)【样式】

执行该命令的过程如下。

指定起点或[对正(J)/比例(S)/样式(ST)]:ST ↵(输入选项【ST】,选择合适的多线样式)

输入多线样式名或[?]:(输入名称或输入?)

7.3.2.2 "MLINE"命令演示

根据图 7-22 定义四种多线样式,分别用来表示该建筑图中的 24 墙、12 墙、窗体、壁柜门,此处采用四线法绘制窗体,按 1∶1 绘图。

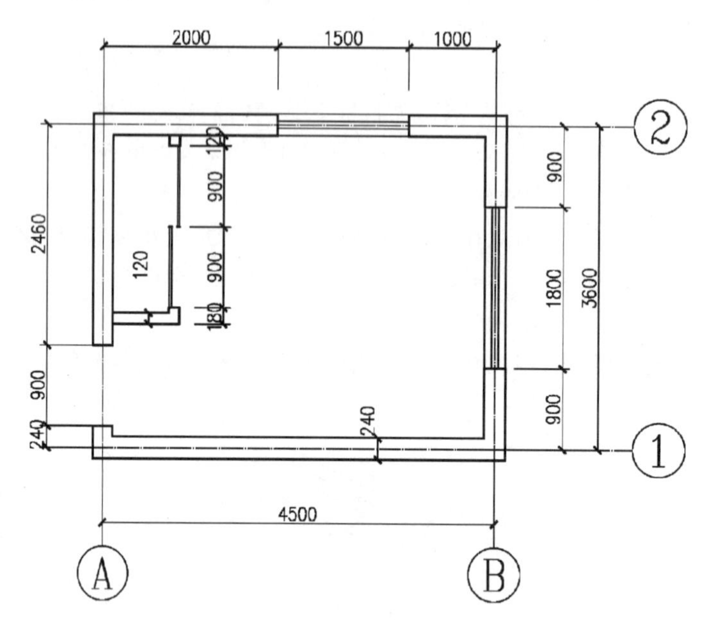

图 7-22 建筑平面图

绘图过程简述如下。

①新建多线样式。具体设置见表 7-1,表中未提到的选项均取默认值。

表 7-1 多线样式定义汇总

样式名称	元素偏移	颜色线型	封口起点	封口端点	样式名称	元素偏移	颜色线型	封口起点	封口端点
WALL24	1.2 −1.2	Bylayer	Y	Y	WINDOW	1.2 0.4 −0.4 −1.2	Bylayer	N	N
WALL12	0.6 −0.6	Bylayer	Y	Y	DOOR	0.25	Bylayer	N	N

②绘制定位轴线。定位轴线①、②,长度为 4500 mm,定位轴线Ⓐ、Ⓑ,长度为 3600 mm。

(1)绘制 24 墙线与窗线

①选择"LINE",并捕捉Ⓐ轴、①轴交点为起点。输入下一点坐标"@0,1140"。在此处,采用该直线作为辅助线。

②选择“MLINE”，样式为“WALL24”，对正为无，比例为 100，捕捉辅助直线“端点”为多线起点，按图中标注的尺寸输入下一点的相对坐标（请读者自行完成），直至需要插入窗体的地方。

③选择多线命令，样式为“WINDOW”，对正为无，比例为 100，捕捉上一次多线命令的终点为窗体的起点，输入下一点的相对坐标“@1500，0”。

④选择多线命令，样式为“WALL24”，对正为无，比例为 100，捕捉上一次多线命令的终点为起点，输入下一点的相对坐标“@1000，0”，下一点坐标“@0，－900”。

⑤按以上方法将余下的墙体和窗体绘制完成。

（2）绘制 12 墙线与壁柜门

①从靠近②轴的方向开始绘制 12 墙，对正为无，比例为 100，样式为“WALL12”。

②选择多线命令，样式为 DOOR，对正为无，比例为 100，捕捉 12 墙垛的中点为起点，输入下一点坐标“@0，－900”。

③重复多线命令，比例为 100，对正为无，捕捉上次多线的终点，完成余下的壁柜门。

④完成余下的 12 墙的绘制。

提示：学习图层与线型命令后，可更改定位轴线的图层、线型与颜色。这里使用默认的“0”图层，颜色、线型、线宽都采用“ByLayer”即可。

7.4 图案填充

在绘图的过程中，根据规范的要求，需要尽心区分各种实体在材质、外观或表面的纹理与颜色上的差别。为了表示这些差别，在 AutoCAD 软件中可使用图案填充和渐变填充等命令，在封闭的区域内填充图案，如建筑制图中需要表示混凝土的剖面、砖的剖面等。

7.4.1 调用【图案填充创建】面板

调用该命令的方法如下。

①功能区：【默认】标签|【绘图】面板|【图案填充】按钮。

②命令行：输入“HATCH”或“H”并回车。

③菜单栏：【绘图】|【图案填充】。

在功能区完成操作后，软件将显示【图案填充创建】功能区面板，如图 7-23 所示。

图 7-23 【图案填充创建】面板

在功能区选择命令时，单击【绘图】面板中图标（图案填充按钮）右侧箭头显示下拉展开，其中包括（图案填充）、（渐变色）以及（边界）三个按钮，如图 7-24 所示。单击【渐变色】按钮，显示【渐变色】图案填充创建面板。此操作在【图案填充创建】面板中的【特性】面板选择“图案填充类型”下拉展开后单击“渐变色”选项也可实现，见 7.4.2.2 小节相关内容。单击【边界】按钮，弹出【边界创建】对话框，如图 7-25 所示。

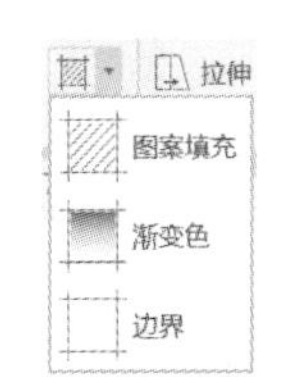

图 7-24 展开“图案填充”按钮

图 7-25 【边界创建】对话框

提示：当前软件提供的界面非常简洁，使用也非常方便，初学者非常容易接受。当然，也可以采用传统的方式实现该功能。

为满足不同用户的使用习惯，AutoCAD 软件也提供了传统的【图案填充创建】对话框的功能。用户可以通过以下两种方式打开【图案填充和渐变色】对话框，并进行【图案填充创建】功能区面板中相应的部分操作，如图 7-26 所示。

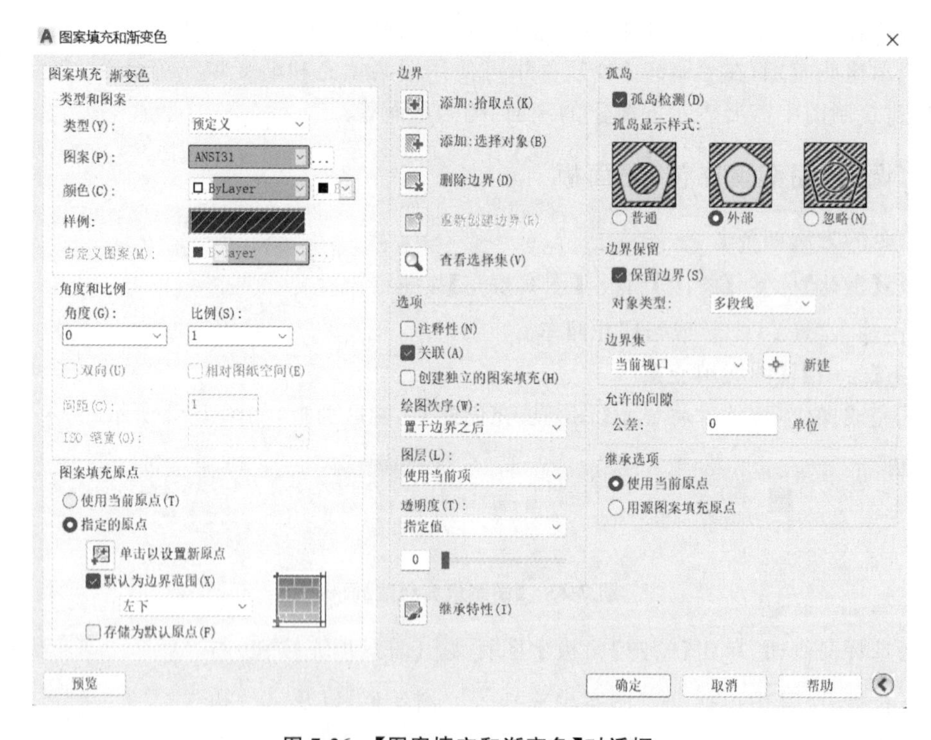

图 7-26 【图案填充和渐变色】对话框

①命令行显示“HATCH 拾取内部点或[选择对象(S)放弃(U)设置(T)]：”时，输入“T”或点击“设置(T)”。

②在【图案填充创建】功能区面板中，在【选项】面板处单击右下角箭头 ↘ 。

提示:按钮 和 用于折叠图案填充对话框。图 7-26 处于打开的状态,单击按钮 可将对话框折叠成相对简洁的形式。

7.4.2 【图案填充创建】面板功能

【图案填充创建】面板中各选项功能与图 7-26 的对话框基本相同。为满足初学者的要求,本节针对面板进行阐述。

7.4.2.1 【图案】面板

单击【图案】面板右下角箭头 展开,如图 7-27 所示,显示所有系统预定义和用户自定义图案的预览图像,便于用户从中选取填充图案。

7.4.2.2 【特性】面板

该面板用于图案填充特性的设置,包括图案填充类型、图案填充颜色、背景色、图案填充透明度、图案填充角度、填充图案比例等设置。展开【特性】面板,如图 7-28 所示。

(1)【图案填充类型】

单击【图案填充类型】选项,显示下拉列表框,如图 7-29 所示。

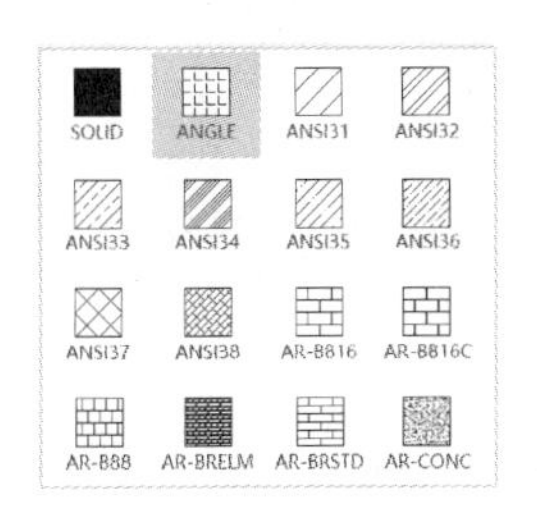

图 7-27 【图案】面板

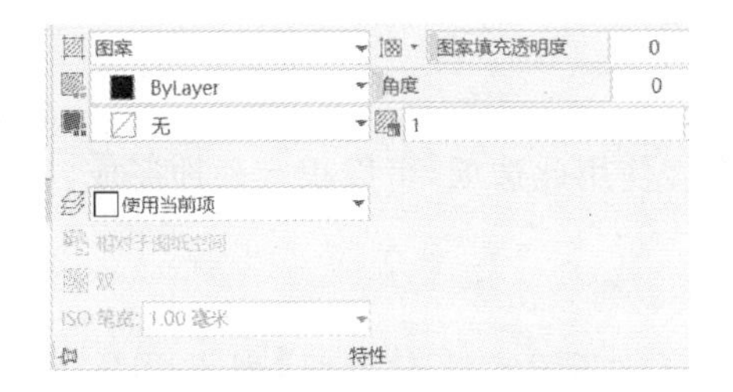

图 7-28 展开【特性】面板

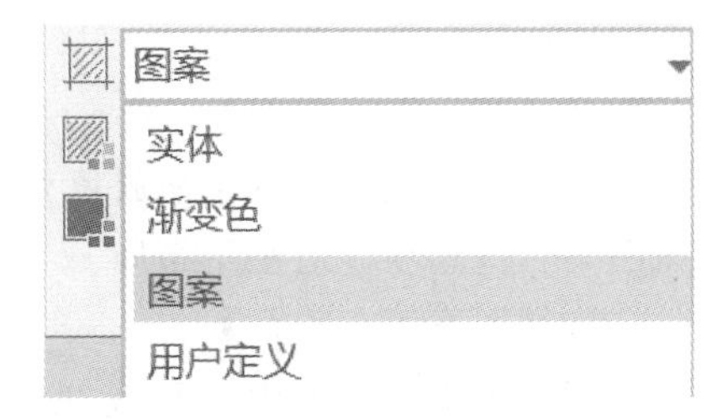

图 7-29 【图案填充类型】选项

图案填充类型包括实体、渐变色、图案和用户定义四种。点击"渐变色",【图案填充创建】功能面板改变,如图 7-30 所示。

图 7-30 【渐变色】图案填充创建面板

系统为用户提供了实体填充及 60 多种行业标准填充图案,可用于区分对象的部件或表示对象的材质,还提供了符合 ISO 标准的 11 种填充图案。在 AutoCAD 软件中,这些图案均存储在"acad.pat"或"acadiso.pat"(对于 AutoCAD LT,则为 acadlt.pat 和 acadltiso.pat)文件中。"用户定义"类型则是基于当前的线型以及使用指定的间距、角度、颜色和其他特性来定义自己的填充图案。

(2)【图案填充颜色】

使用为实体填充和填充图案指定的颜色替代当前颜色。单击【图案填充颜色】选项,显示下拉列表框,如图 7-31 所示。用户可以在其中选择颜色,也可以单击"更多颜色",在弹出的【选择颜色】对话框中选择所需颜色作为填充图案颜色。

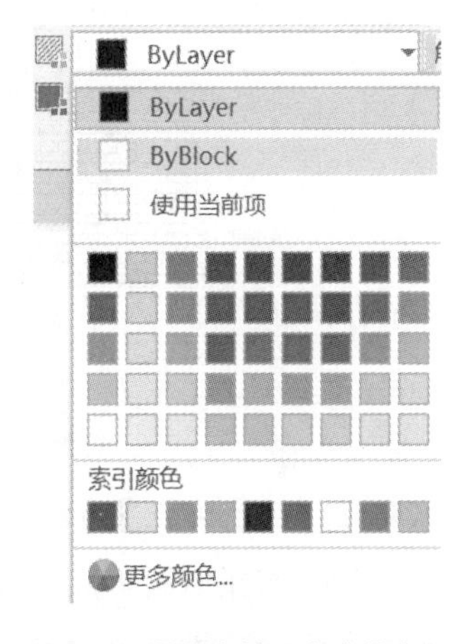

图 7-31 【图案填充颜色】选项

(3)【背景色】

指定填充图案的背景色。单击【背景色】选项,显示下拉列表。用户可以在其中选择颜色,也可以单击"更多颜色",在弹出的【选择颜色】对话框中选择所需颜色作为填充图案区域的背景色。

(4)【图案填充透明度】

显示图案填充透明度的当前值,或接受替代图案填充透明度的值。输入数值或拖动滑块,按用户要求改变填充图案的透明度。图案填充透明度值越小,填充图案颜色越深。若存在被其遮挡的对象,则该对象显示越清晰。

(5)【图案填充角度】

指定选定的填充图案和当前UCS坐标系的X轴的夹角,输入数值或拖动滑块设置角度。当【图案填充类型】列表中选择的是"实体"时,此选项不可用。

(6)【填充图案比例】

放大或缩小预定义或自定义图案。在某些情况下,填充图案可能由于比例过小而无法看清填充图案,有时又由于填充区域过小,无法看到完整的填充图案或看不到填充图案。

(7)【图案填充图层替代】

指定图案填充所在图层。默认处于"使用当前图层"状态,用户也可以指定其他图层来代替当前图层。

(8)【相对图纸空间】

相对于图纸空间单位缩放填充图案。使用此选项,可以很容易地完成以适合于布局的比例显示填充图案且该选项仅适用于布局。

(9)【图案填充间距】

用户可定义图案中的直线间距。只有在【图案填充类型】列表中选择"用户定义"时,此选项才可用。

(10)【双向】

对于用户定义的图案,将绘制第二组直线,这些直线与原来的直线成90°,从而构成交叉线。只有在【图案填充类型】列表中选择"用户定义"时,此选项才可用。

(11)【ISO笔宽】

根据选定笔宽缩放ISO预定义图案。只有使用ISO图案时,此选项才可用。

图7-32表示在【图案】面板选择图案为"BRICK",分别采用不同的角度、比例填充同一矩形,从而出现不同效果图的对比。

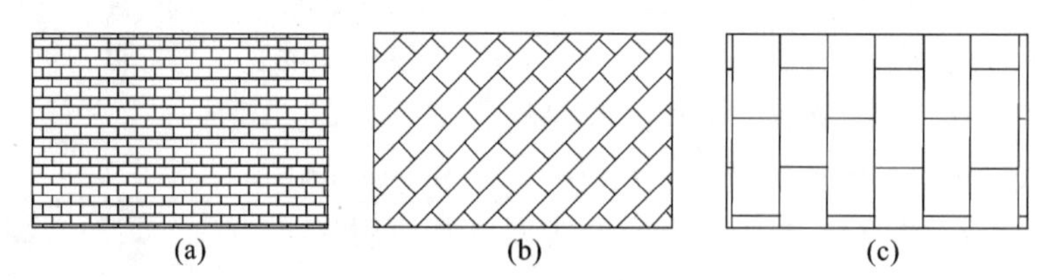

图7-32 图案填充效果

(a)角度:0°;比例:2;(b)角度:45°;比例:5;(c)角度:90°;比例:10

7.4.2.3 【原点】面板

用于控制填充图案生成的起始位置。单击【原点】面板箭头 ▾ ,下拉展开完整的【原点】面板,如图7-33所示。某些图案填充需要与图案填充边界上的一点对齐。在默认情况下,所有图案填充原点都对应于当前的 UCS 原点。注意观察图 7-34(a),第一个填充实例中图案的起点并不在矩形的左下角。

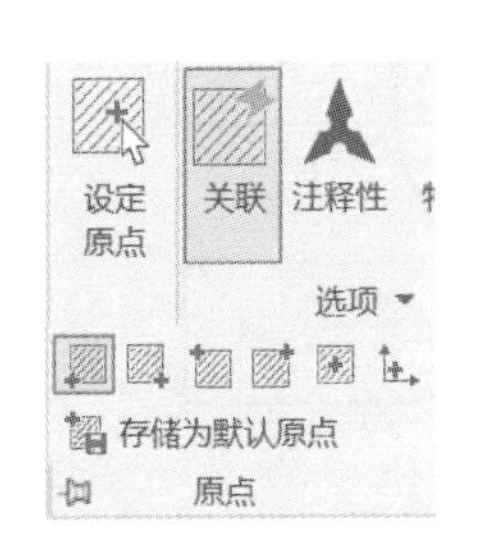

图 7-33 展开【原点】面板

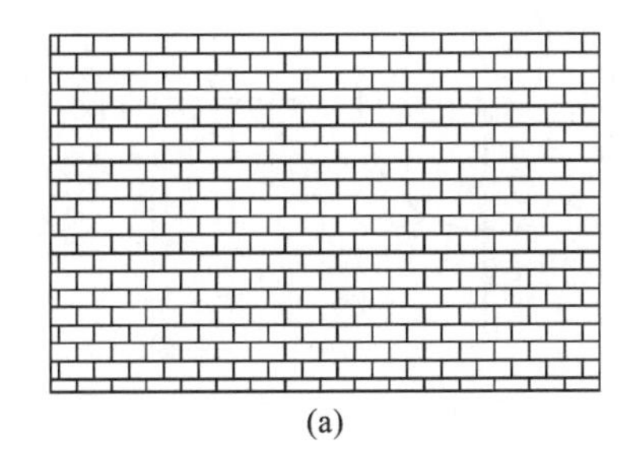
(a)

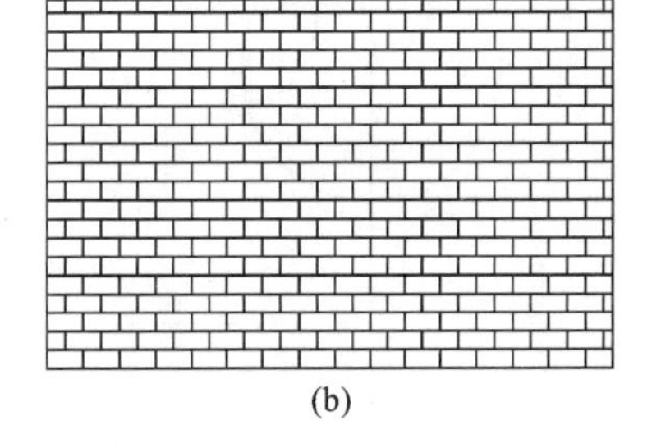
(b)

图 7-34 填充原点

(a)指定原点为矩形左下角;(b)指定原点为矩形右上角

(1)【设定原点】

指定新的图案填充原点。如单击此选项,拾取一点作为新的图案填充原点。

(2)【使用当前原点】

在默认情况下,原点设置为“0,0”。

(3)【左下】

指定图案填充原点为图案填充边界矩形范围的左下角点。

(4)【右下】

指定图案填充原点为图案填充边界矩形范围的右下角点。

(5)【左上】

指定图案填充原点为图案填充边界矩形范围的左上角点。

(6)【右上】

指定图案填充原点为图案填充边界矩形范围的右上角点。

(7)【中心】

指定图案填充原点为图案填充边界矩形范围的中心点。

(8)【存储为默认原点】

将新图案填充原点的值存储在“HPORIGIN”系统变量中。

7.4.2.4 【边界】面板

该面板用于确定和设置填充边界。单击【边界】面板箭头▼,下拉展开完整的【边界】面板,如图 7-35 所示。图案填充的首要工作是确定填充边界。用户可以从以下多个方法中进行选择以指定图案填充的边界,并且可以随时添加或删除指定的边界。

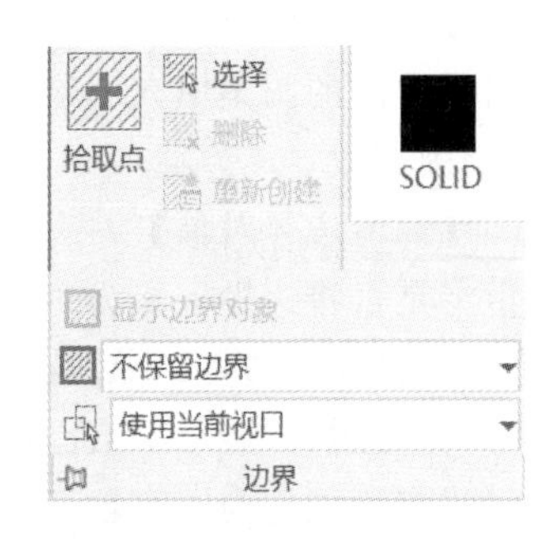

图 7-35 展开【边界】面板

(1)【拾取点】

指定对象封闭区域中的点。根据围绕指定点构成封闭区域的现有对象确定图案填充边界。系统将会提示用户拾取一个点,如图 7-36 所示。当鼠标处于某封闭区域内时,会显示填充效果。

命令行提示如下。

HATCH 拾取内部点或[选择对象(S)放弃(U)设置(T)]:(在要进行图案填充的区域内单击,或者指定选项、输入“U”或“UNDO”放弃上一个选择,或按回车键确认图案填充)

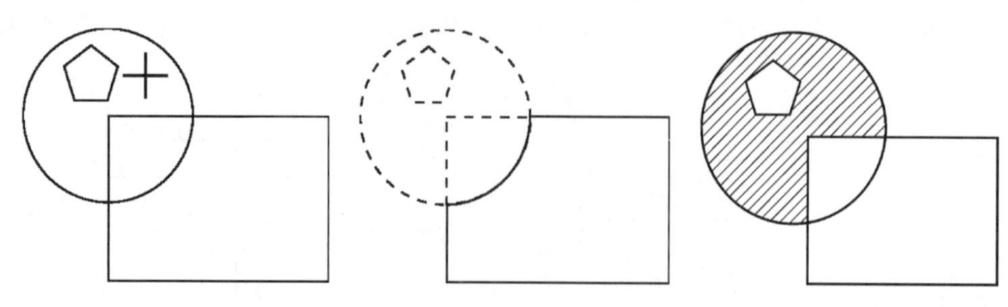

图 7-36　拾取内部点

(2)【选择边界对象】

根据构成封闭区域的选定对象确定图案填充边界。系统将会提示用户选择对象。

命令行提示如下。

HATCH 选择对象或[拾取内部点(K)放弃(U)设置(T)]:(选择定义图案填充或填充区域的对象,或者指定选项、输入"U"或"UNDO"放弃上一个选择,或按回车键确认图案填充)

在该方式下,命令不会自动检测包含在内部的对象。例如图 7-37 中所示图形,在某个封闭的对象内部包含文本等其他对象,如果希望填充图案围绕文本对象的周围填充,需要在选择时将文本一并选中,纳入当前选择集中。

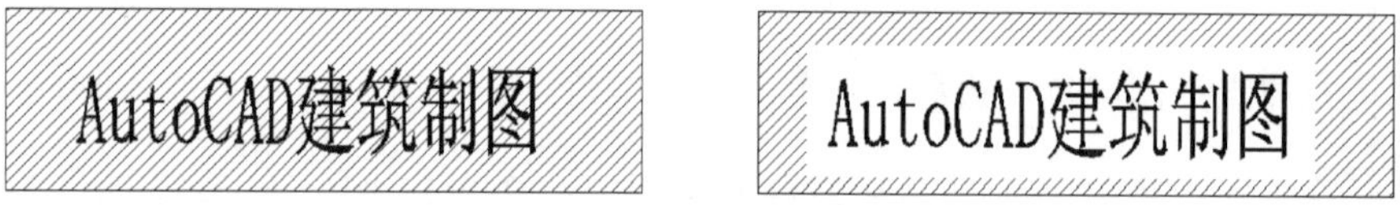

AutoCAD建筑制图　　AutoCAD建筑制图

图 7-37　选择对象方式

(3)【删除边界对象】

从边界定义(当前的选择集)中删除先前添加的任何对象。单击【删除边界对象】选项时,命令行将显示如下提示。

选择要删除的边界:(选择要从边界定义中删除的对象)

单击该选项,选择其中某些边界对象,则该对象将不再作为填充边界。该选项只有在已定义边界后才可用。

(4)【重新创建边界】

围绕选定的图案填充创建多段线或面域,并(可选)将图案填充对象与其关联。该选项在【填充编辑】命令中有效。

(5)【保留边界对象】

指定是否将边界保留为对象,并确定应用于这些对象的对象类型。对象类型可分为多段线和面域两种。单击【保留边界对象】选项,下拉展开【保留边界对象】列表,如图 7-38 所示。

"不保留边界"表示不沿已填充的图案边界创建新对象,"保留边界-多段线"表示沿已填充的图案边界创建多段线作为图案填充边缘,"保留边界-面域"表示沿已填充的图案边界创建面域作为图案填充边缘。

(6)【指定边界集】

使用边界集中的对象或当前视口中的所有对象,以便由图案填充的拾取点进行评估。单击【指定边界集】选项,下拉展开【指定边界集】列表,如图 7-39 所示。

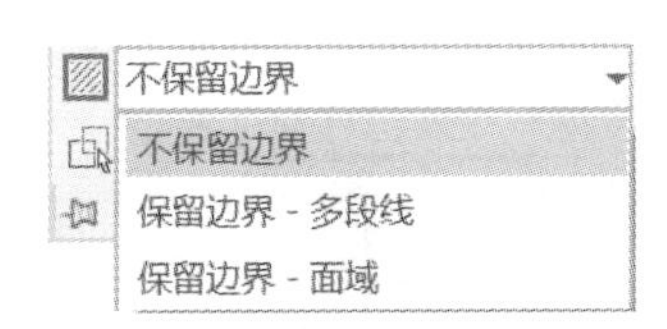

图 7-38　展开【保留边界对象】选项

图 7-39　展开【指定边界集】选项

“使用当前视口”表示根据当前视口范围中的所有对象定义边界集。

7.4.2.5　【选项】面板

该面板用于控制常用的图案填充模式或填充选项。单击【选项】箭头 ，下拉展开完整【选项】面板，如图 7-40 所示。

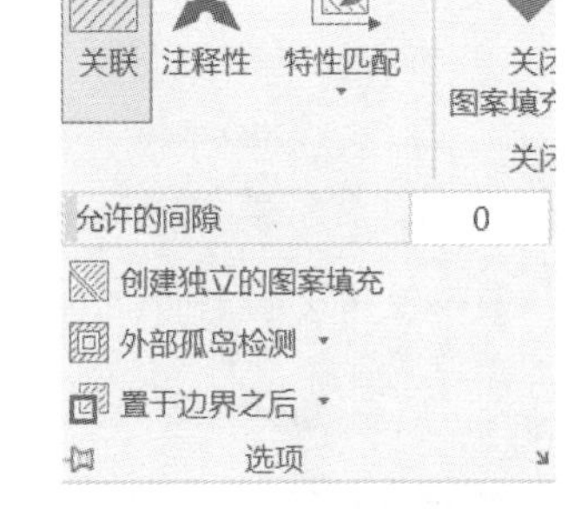

图 7-40　展开【选项】面板

(1)【关联】

用于控制填充图案和填充边界之间的关系。这种关系体现在当填充边界缩放时，填充图案是否能自动适应新的边界。

当选择关联时，填充图案将自动适应新的边界，从而做出关联的改变；当不选择关联时，填充图案将不会随新的边界而发生改变。

(2)【注释性】

指定根据视口比例自动调整填充图案比例。当选择注释性比例时，注释性比例乘以填充图案比例为填充图案显示比例。

(3)【特性匹配】

使用选定图案填充对象的特性设置图案填充特性，图案填充原点除外。单击【特性匹配】选项，下拉展开【特性匹配】列表，如图 7-41 所示。

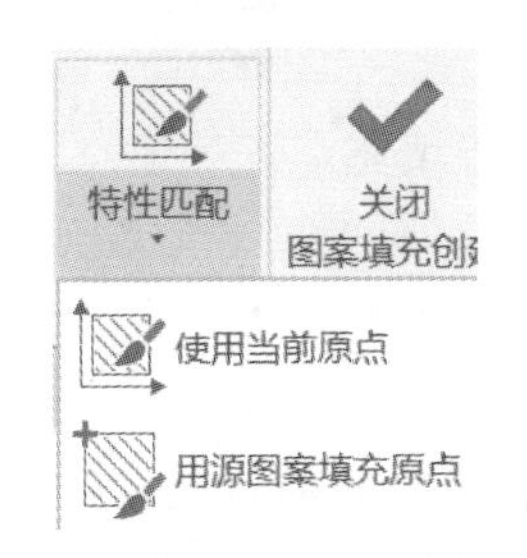

图 7-41　展开【特性匹配】面板

当选择“使用当前原点”时，使用选定图案填充对象的特性设置新的图案填充特性，且不包括图像填充原点；当选择“用源图案填充原点”时，使用选定图案填充对象的特性设置新的图案填充特性，且包括图案填充原点。

(4)【允许的间隙】

设置将对象用作图案填充边界时可以忽略的最大间隙。输入数值或拖动滑块指定间隙数值。有些区域可不严格闭合，所能允许的间隙默认值为 0，此值指定对象必须封闭区域而没有间隙。按图形单位输入一个值(0～5000)，设置将对象用作图案填充边界时可以忽略的最大间隙。任何小于等于指定值的间隙都将被忽略，并将边界视为封闭。

(5)【创建独立的图案填充】

控制当指定多条闭合边界时，创建单个图案填充对象还是多个图案填充和对象。和【关联】选项相反，填充图案与边界相互独立，可单独进行编辑或删除，如图 7-42 所示的图形“SCALE”的差别。

(6)【外部孤岛检测】

单击【外部孤岛检测】选项，下拉展开【外部孤岛检测】列表，如图 7-43 所示。其中，“孤岛”是指处于封闭边界内部的其他封闭边界。【外部孤岛检测】是控制系统是否对内部封闭边界进行探测，进而采取相应的填充操作。

设置孤岛的填充方式共分为四种，分别为普通孤岛检测、外部孤岛检测、忽略孤岛检测以及无孤岛检测，体现了 AutoCAD 软件对内部封闭区域的几种处理方法，如图 7-44 所示。

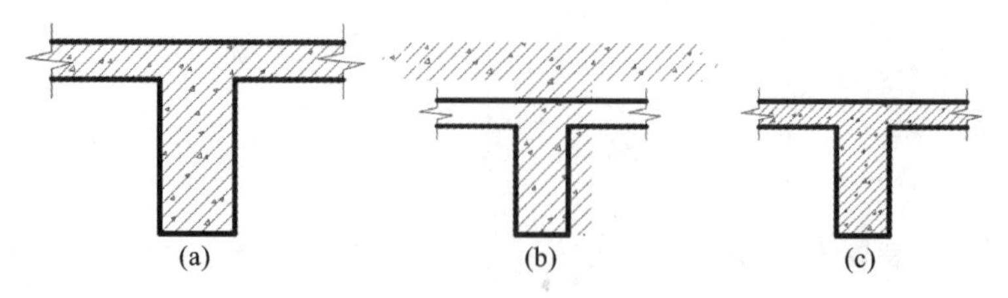

图 7-42 【关联】选项的影响

(a)原图;(b)非关联边界;(c)关联边界

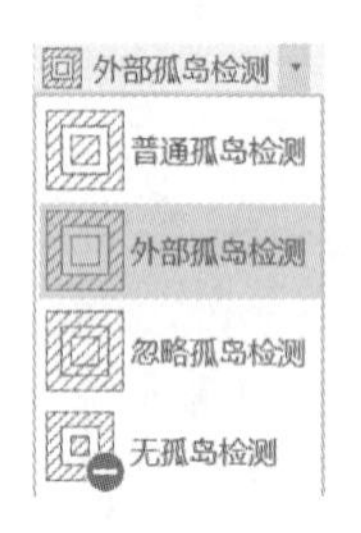

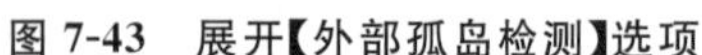

图 7-43 展开【外部孤岛检测】选项

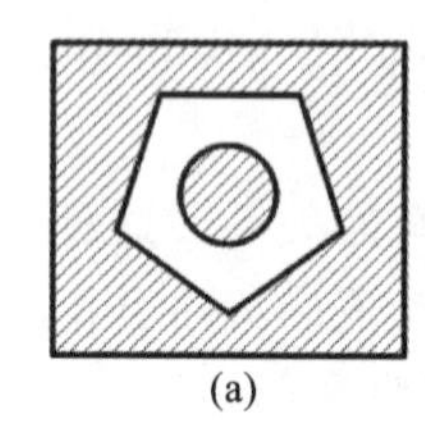

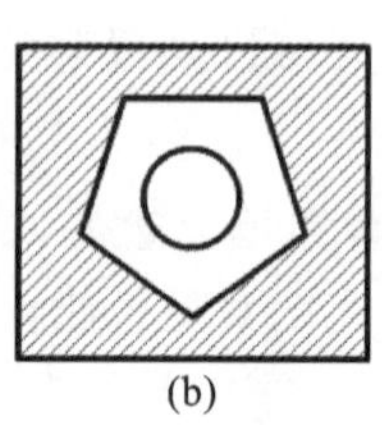

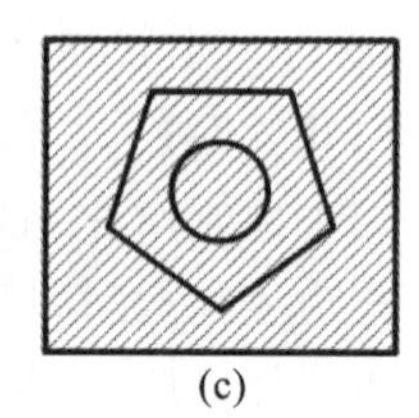

图 7-44 孤岛显示样式

(a)普通方式;(b)外部方式;(c)忽略方式

①普通孤岛检测:从最外部边界开始填充。当遇到内部孤岛时,它将停止填充,直到遇到更内层的孤岛后,才会再次开始填充。

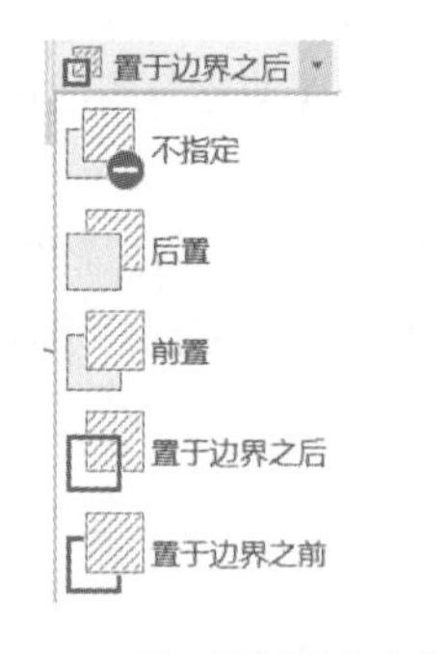

图 7-45 展开【绘图次序】选项

②外部孤岛检测:从外部边界向内填充。如果遇到内部孤岛,它将停止填充。此选项只对结构的最外层进行填充,而结构内部保留空白。

③忽略孤岛检测:忽略所有内部的对象,填充图案时将通过这些对象。

④无孤岛检测:控制系统不对内部孤岛进行填充。

(7)【绘图次序】

为图案填充或填充指定绘图次序。单击【绘图次序】选项,下拉展开【绘图次序】列表,包括不指定、后置、前置、置于边界之后、置于边界之前五种选择,如图 7-45 所示。图案填充可以放在所有其他对象之后或所有其他对象之前,也可以放在图案填充边界之后或图案填充边界之前。

【思考与练习】

思考题

7-1 请列举等分点命令在绘制建筑施工图中的作用。

7-2 多线有哪些特点?如何创建多线?

7-3 如何进行图案填充?

上机操作

7-1 使用高级绘图命令绘制如图 7-46、图 7-47 所示的图例。

提示:基础的图案填充采用如下规定。"砌体"部分填充图案为"ANSI31",填充角度为 0°,比例自行调整;"防水层"部分填充图案为"ANSI31",填充角度为 90°,比例自行调整;"混凝土"部分填充图案为"AR-CONC",填充角度为 0°,比例自行调整;"基础底板"部分填充图案为"AR-CONC",填充角度为 0°,比例自行调整。

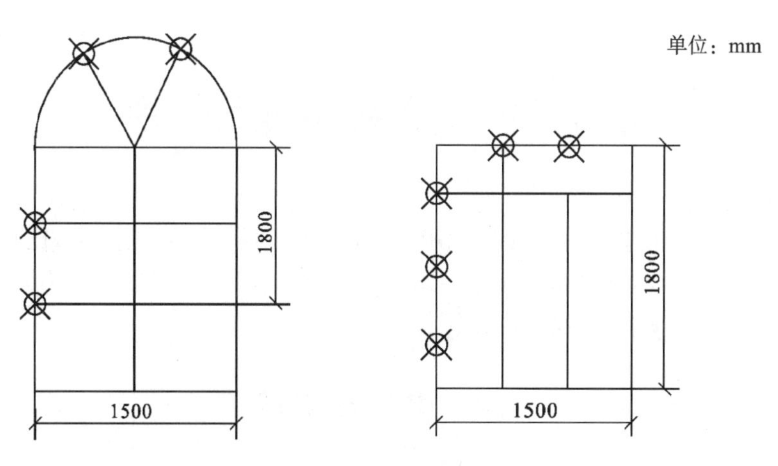

图 7-46　门窗图例

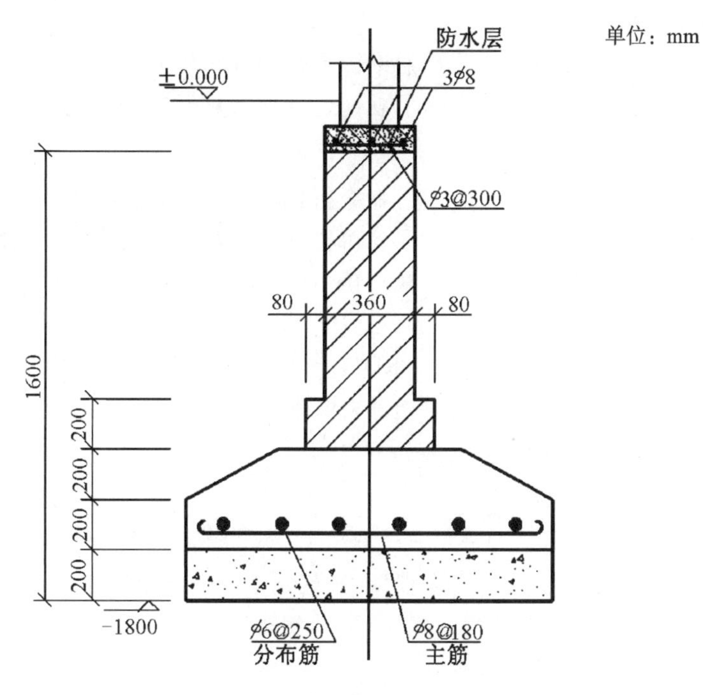

图 7-47　基础剖面图

第 8 章　高级编辑命令

本章主要讲述 AutoCAD 软件的多段线编辑、多线编辑、对象特性、夹点编辑、特性匹配以及图案填充编辑等高级编辑命令。与基本编辑命令相比，这些高级编辑命令能修改更为复杂的图形，功能也更加强大，同时命令本身选项众多，设置也比较复杂。

8.1　多段线编辑

用户可以编辑已有多段线的顶点、宽度、线型、曲线等参数，合并已有的多条线段，将直线、圆弧等对象转换成多段线进行编辑。

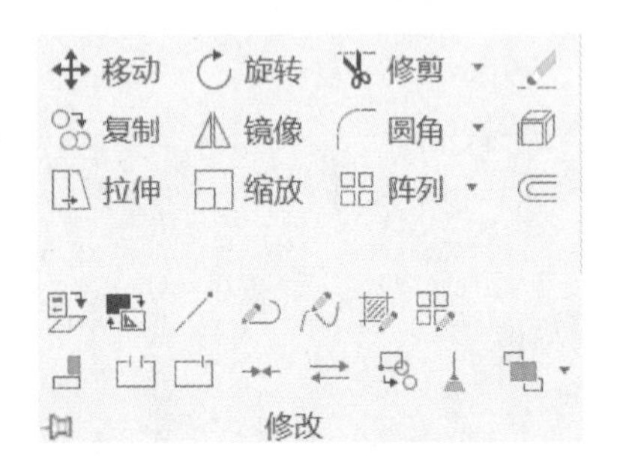

图 8-1　展开【修改】面板

启动该命令的方式如下。

①功能区：【默认】标签|【修改】面板|【编辑多段线】按钮，如图 8-1 所示。

②命令行：输入“PEDIT”或“PE”并回车。

③菜单栏：【修改】|【对象】|【多段线】。

执行该命令的过程如下。

命令：PEDIT ↵

PEDIT 选择多段线或[多条(M)]：(光标变成矩形，提示用户选择对象)

如果选定的对象不是多段线，程序将出现如下提示。

选定的对象不是多段线(程序提示)

是否将其转换为多段线？<Y>(如果用户选择的对象是直线、圆弧，系统将出现该提示)

转换为多段线后，或用户已经选定一条多段线，则提示下面的命令选项。

输入选项[闭合(C)/打开(O)/合并(J)/宽度(W)/编辑顶点(E)/拟合(F)/样条曲线(S)/非曲线化(D)/线型生成(L)/反转(R)/放弃(U)]：

命令行中各选项的意义如下。

(1)【闭合/打开】

该选项是一个开关选项。当用户选择的是一条用封闭命令闭合的多段线时，提示选项为“打开”；相反如选择没有闭合的多段线，提示用户“闭合”。

当用户绘制的多段线是以直线段结束的，系统同样会以直线来闭合所选的多段线；如果多段线是以曲线段结束的，系统会以曲线来闭合所选的多段线。

提示：多段线闭合与否，并不是看终点与起点是否重合，而是看此多段线是否使用闭合命令结束绘制。

(2)【合并】

在开放的多段线的尾端点添加直线、圆弧或已有的多段线。对于合并到多段线的对象，除非用户使用【多条】选项选择多个对象，否则要合并的对象的端点必须重合。

以图 8-2 所示的图形为例来说明【合并】选项的应用。

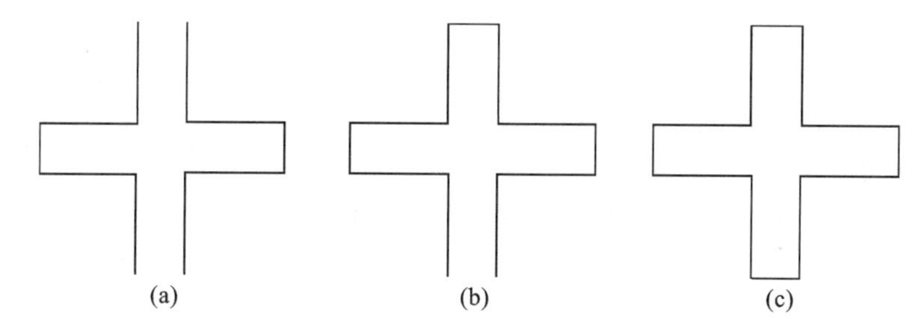

图 8-2　多段线合并

(a)多段线;(b)合并多段线;(c)闭合多段线

命令:PEDIT ↵

PEDIT 选择多段线或[多条(M)]:M ↵(用户绘制两条多段线并分别选中)

选择对象:找到 1 个(程序提示)

选择对象:找到 1 个,总计 2 个(程序提示,程序将会统计所选择对象的数目和选择对象的方法,用户也可以采用“WINDOW”或者“CROSSING”的选择方式)

选择对象:(选择结束后,单击鼠标右键或按回车键确定)

输入选项[闭合(C)/打开(O)/合并(J)/宽度(W)/编辑顶点(E)/拟合(F)/样条曲线(S)/非曲线化(D)/线型生成(L)/反转(R)/放弃(U)]:J ↵(选择【合并】选项)

合并类型=延伸(当前模式,用户需要输入选项)

输入模糊距离或[合并类型(J)]<0.0000>:(如果确认采用当前模式,可以输入模糊距离并按回车键或者输入【合并类型】)

【合并类型】分为以下三种。

①【延伸】:通过将线段延伸或剪切至最接近的端点来合并选定的多段线。

②【添加】:通过在最接近的端点之间添加直线段来合并选定的多段线。

③【两者都】:如有可能,通过延伸或剪切来合并选定的多段线,否则,通过在最接近的端点之间添加直线段来合并选定的多段线。

在命令行中输入“J”并按回车键继续进行如下操作。

输入模糊距离或[合并类型(J)]<0.0000>:J ↵

输入合并类型[延伸(E)/添加(A)/两者都(B)]<延伸>:A ↵[选择【添加(A)】模式]

合并类型=增加线段(程序显示当前模式)

输入模糊距离或[合并类型(J)]<0.0000>:指定第二点:(此处采用点击或输入延伸的距离,程序要求点击输入第二点,也可以直接从键盘上输入距离)

多段线已增加 6 条线段(提示用户添加成功)

输入选项[闭合(C)/打开(O)/合并(J)/宽度(W)/编辑顶点(E)/拟合(F)/样条曲线(S)/非曲线化(D)/线型生成(L)/反转(R)/放弃(U)]:C ↵(选择【闭合】命令可将已经合并的多段线闭合)

(3)【宽度】

为整个多段线指定新的统一宽度,包括起始线段宽度、终止线段宽度以及全局宽度。如果要修改其中某一段的宽度,可以使用【编辑顶点】选项中的“WIDTH”来修改线段的起点宽度和端点宽度。

(4)【编辑顶点】

【编辑顶点】是一组命令集,包含众多的选项。命令行提示如下。

输入选项[闭合(C)/打开(O)/合并(J)/宽度(W)/编辑顶点(E)/拟合(F)/样条曲线(S)/非曲线

化(D)/线型生成(L)/反转(R)/放弃(U)]:E ↵(选择【编辑顶点】)

输入顶点编辑选项(命令行中提示内容)

PEDIT[下一个(N)/上一个(P)/打断(B)/插入(I)/移动(M)/重生成(R)/拉直(S)/切向(T)/宽度(W)/退出(X)]<N>:(此时多段线第一个顶点上出现"×"形)

①【下一个/上一个】:【下一个】可将顶点标记"×"移动到下一个顶点。即使多段线闭合,标记也不会从端点绕回到起点。【上一个】可将顶点标记"×"移动到上一个顶点。即使多段线闭合,标记也不会从起点绕回到端点。

②【打断】:通过移动顶点标记,将删除任意相邻顶点间的任何线段和顶点。命令行提示如下。

输入顶点编辑选项(命令行中提示内容)

PEDIT[下一个(N)/上一个(P)/打断(B)/插入(I)/移动(M)/重生成(R)/拉直(S)/切向(T)/宽度(W)/退出(X)]<P>:B ↵[输入【打断(B)选项】]

输入选项[下一个(N)/上一个(P)/执行(G)/退出(X)]<N>:N ↵

输入选项[下一个(N)/上一个(P)/执行(G)/退出(X)]<N>:G ↵

输入选项[下一个(N)/上一个(P)/执行(G)/退出(X)]<当前选项>:(输入选项或按"Enter"键)

如果指定的一个顶点在多段线的端点上,得到的将是一条被截断的多段线。如果指定的两个顶点都在多段线端点上,或者只指定了一个顶点并且也在端点上,则不能使用【打断】选项。

a.【下一个/上一个】:将标记"×"移动到下一个或上一个顶点。

b.【执行】:删除指定的两个顶点之间的任何线段和顶点,并返回【编辑顶点】模式。

c.【退出】:退出【打断】选项并返回【编辑顶点】模式。

③【插入】:在当前标记的顶点之后,插入一个新的顶点。用户需要指定新顶点的位置。

④【移动】:移动当前标记的顶点,用户需要指定顶点的移动位置。

⑤【重生成】:重新生成当前的多段线,而不必重新生成整个图形。

⑥【拉直】:删除标记的两顶点间的一切线段和顶点,并用一条直线段代替。该命令的使用方式和【打断】命令的相似,如图 8-3 所示。命令行提示如下。

输入顶点编辑选项(命令行中提示内容)

PEDIT[下一个(N)/上一个(P)/打断(B)/插入(I)/移动(M)/重生成(R)/拉直(S)/切向(T)/宽度(W)/退出(X)]<N>:S ↵[输入【拉直(S)选项】]

输入选项[下一个(N)/上一个(P)/执行(G)/退出(X)]<N>:N ↵

输入选项[下一个(N)/上一个(P)/执行(G)/退出(X)]<N>:G ↵

⑦【切向】:将切线方向附着到标记的顶点,以便用于以后的曲线拟合。命令行提示如下。

指定顶点切向:指定点或输入角度(如图 8-4 所示,指定切向之后拟合所呈现的不同效果)

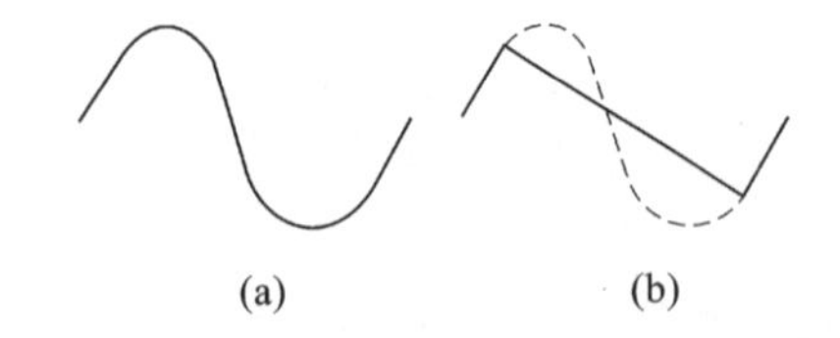

图 8-3 多段线拉直

(a)前两个顶点指定切向;(b)未指定切向的拟合结果

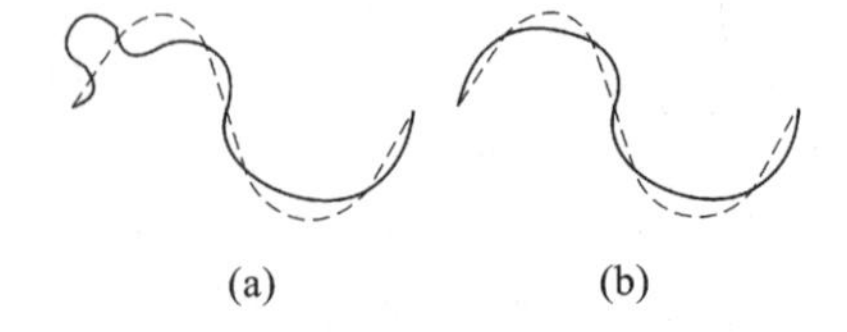

图 8-4 多段线之切向

(a)拉直前;(b)拉直后

⑧【宽度】:修改标记顶点之后线段的起点宽度和端点宽度。命令行提示如下。

指定下一条线段的起点宽度 <当前值>:(指定点、输入值或按"Enter"键)

指定下一条线段的端点宽度 ＜起点宽度＞:(指定点、输入值或按“Enter”键)

⑨【退出】:退出【编辑顶点】模式,返回多段线编辑的输入选项状态。

(5)【拟合】

创建圆弧拟合多段线(由圆弧连接每对顶点构成平滑曲线)。曲线经过多段线的所有顶点并使用任何指定的切线方向,如图 8-5 所示。

(6)【样条曲线】

使用选定多段线的顶点作为近似样条曲线的曲线控制点或控制框架。该曲线(称为样条曲线拟合多段线)将通过第一个和最后一个控制点,除非原多段线是闭合的,如图 8-4 所示。

样条曲线拟合多段线与用【拟合】选项绘制的曲线有很大差别。【拟合】构造是通过每个控制点的圆弧对,用户可以比较图 8-5 和图 8-6 中控制点的位置。

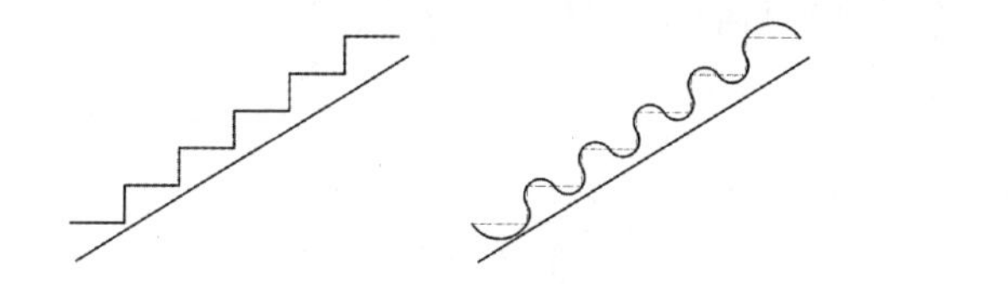

图 8-5　多段线拟合

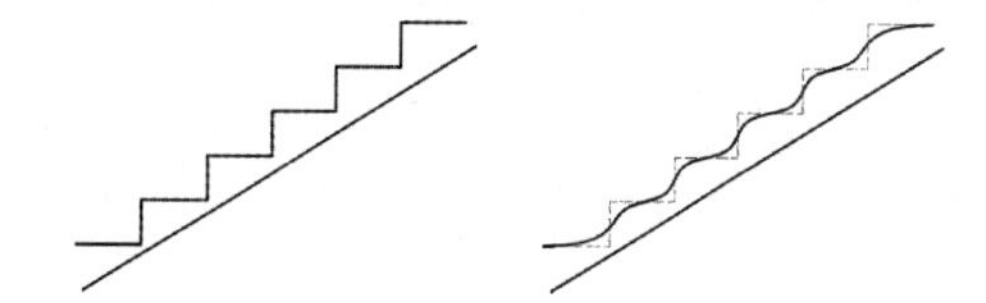

图 8-6　样条曲线拟合多段线

(7)【非曲线化】

删除由拟合曲线或样条曲线插入的多余顶点,将各控制点之间的曲线用直线替代。观察图 8-7,用户可以发现它是【样条曲线】和【拟合】的逆过程,各控制点并没有变化。

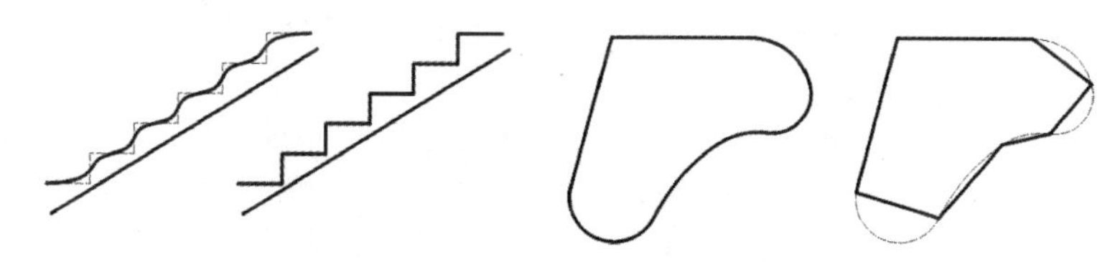

图 8-7　多段线非曲线化

(8)【线型生成】

生成经过多段线顶点的连续图案线型(主要是指点画线、虚线等非实线线型)。如图 8-8 所示,关闭此选项,将在每个顶点处以点画线开始和结束生成线型。打开此选项,多段线将以起点到终点为范围生成线型。因此,某些转折点处可能不再是实线的交点。

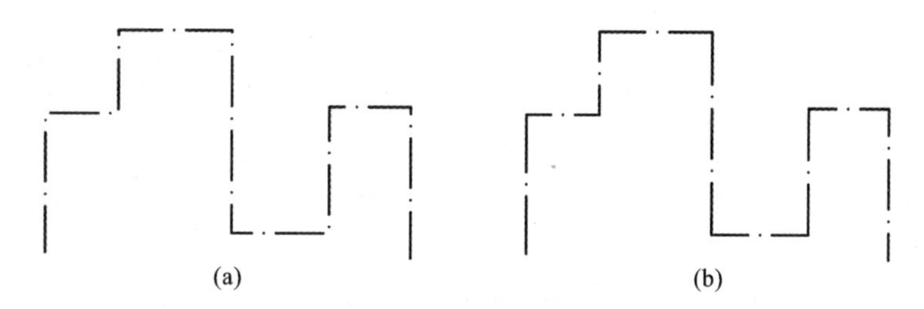

图 8-8　多段线线型生成

(a)线型生成:ON;(b)线型生成:OFF

(9)【反转】

通过反转方向来更改指定给多段线的线型中的文字的方向。

(10)【放弃】

撤销上一步的操作,并一直返回到多线编辑命令的开始状态。

8.2 多线编辑

多线编辑命令是根据对话框中预设的 12 种编辑方式来编辑指定的多线对象的。该命令可以控制多线之间相交的连接方式,增加或删除多线的顶点,控制多线的打断或结合。

启动该命令的方式如下。

①命令行:输入“MLEDIT”并回车。

②菜单栏:【修改】|【对象】|【多线】。

用鼠标左键双击多线对象,也可以显示【多线编辑工具】对话框,如图 8-9 所示。

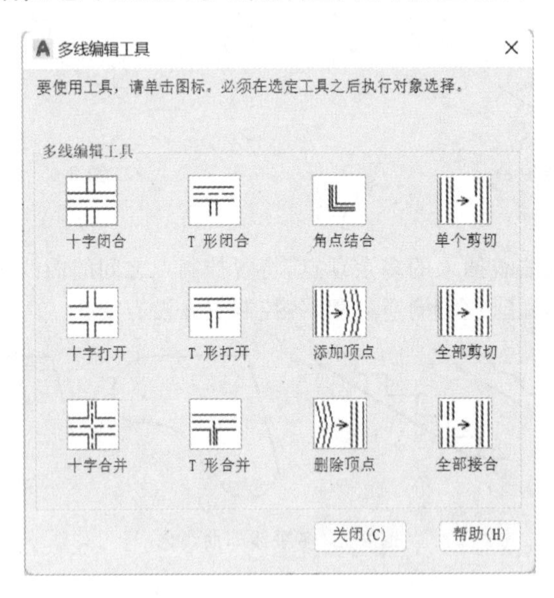

图 8-9 【多线编辑工具】对话框

执行该命令的过程如下。

命令:MLEDIT ↵

选择第一条多线:

选择第二条多线:

选择第一条多线或[放弃(U)]:

多线编辑命令共包括 12 个子命令,按照相似的功能组成一列并规律地排列在对话框中。包括十字交叉工具、T 形交叉工具、角点与顶点编辑工具、剪切与合并工具。

(1)十字交叉工具

十字交叉工具命令共包括三种,见表 8-1。其中,在多线样式定义中处于最外侧的多线元素,即正负偏移值最大的两个元素,称为外部元素,其他为内部元素。第一条多线与第二条多线分别代表用户在执行命令过程中点击选择多线的顺序,并无严格界定。表中“√”代表执行打断操作,“×”代表不执行打断操作。

表 8-1　十字交叉工具命令汇总

子命令	多线顺序	外部元素	内部元素
十字闭合	第一条多线	√	√
	第二条多线	×	×
十字打开	第一条多线	√	√
	第二条多线	√	×
十字合并	第一条多线	√	×
	第二条多线	√	×

将图 8-10 中呈十字交叉的两条多线，分别执行两次十字闭合命令，在执行过程中交换选择多线的顺序，观察其执行效果；用同样的方法，执行两次十字打开命令，执行过程中也要交换选择多线的顺序，如图 8-11 所示。下面以十字闭合命令的执行效果为例来进行说明，如图 8-12 所示。

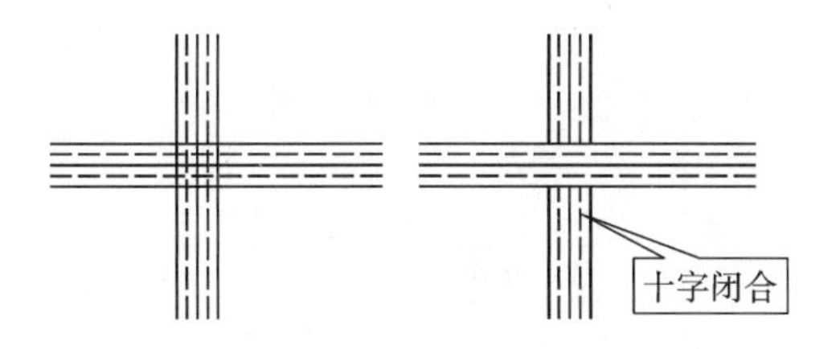

图 8-10　十字闭合编辑命令

图 8-11　十字打开编辑命令

提示：十字合并命令中对内部元素与外部元素的区分，随着多线元素数量奇偶数的变化而不同，用户可尝试由偶数元素组成的多线，观察执行命令的效果。

(2)T 形交叉工具

T 形交叉工具命令共包括三种，表 8-2 总结了这些命令的执行方法和特点。表中“√”代表执行截断操作，“×”代表不执行截断操作。

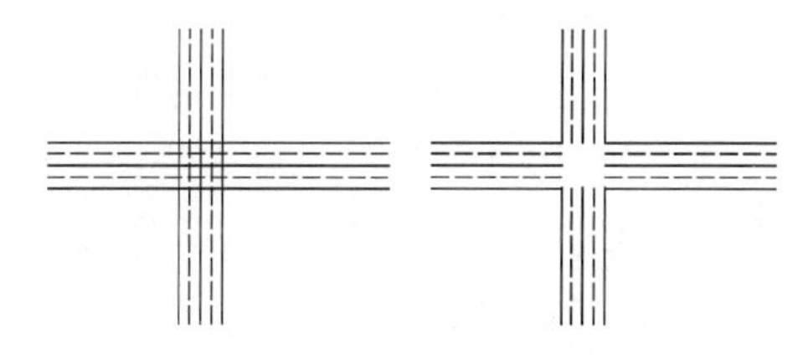

图 8-12　执行效果

表 8-2　T 形交叉工具命令汇总

子命令	多线顺序	外部元素	内部元素
T 形闭合	第一条多线	√	√
	第二条多线	×	×
T 形打开	第一条多线	√	√
	第二条多线	部分截断	×
T 形合并	第一条多线	√	部分截断
	第二条多线	部分截断	部分截断

提示：表中内部元素和外部元素的区分，要在具体的例题中理解，并无严格的界定。

(3)角点与顶点编辑工具

角点结合工具与 T 形交叉工具有相似的功能，都可以截断部分多线。在使用中，请用户自行体会其不同效果，如图 8-13 和图 8-14 所示。

提示：点击选择多线时，应该将光标点击在需要保留的一侧。

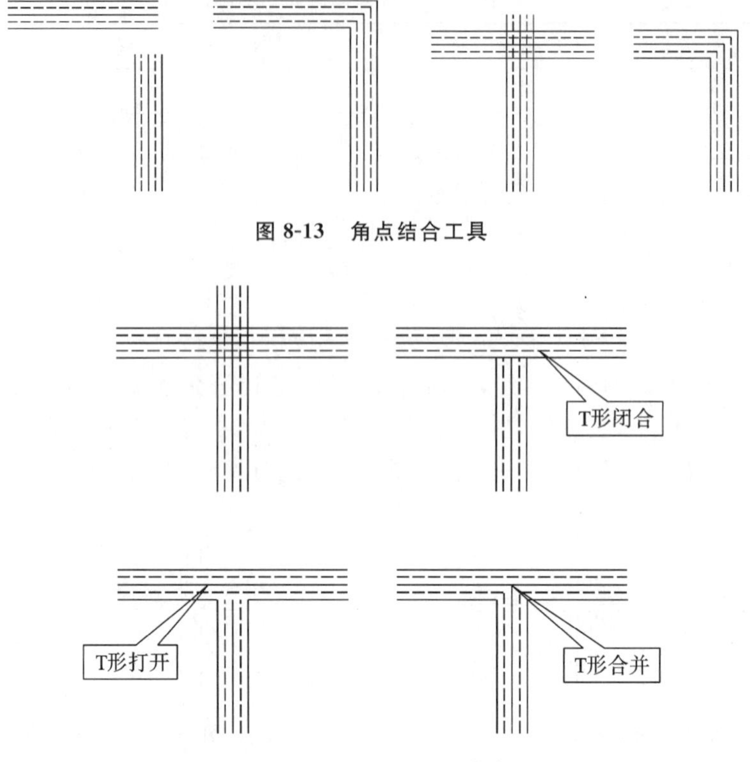

图 8-13　角点结合工具

图 8-14　T 形交叉工具命令

顶点编辑工具包括添加顶点命令和删除顶点命令两种，分别为指定的多线完成添加和清除多个顶点的操作。如图 8-15 所示，选择多线编辑中的添加顶点子命令，用光标点击图中小方框所示的位置，单击右键确定。再次选择多线，可以发现其增添了若干顶点，拖拽这些顶点可以改变多线的形状。

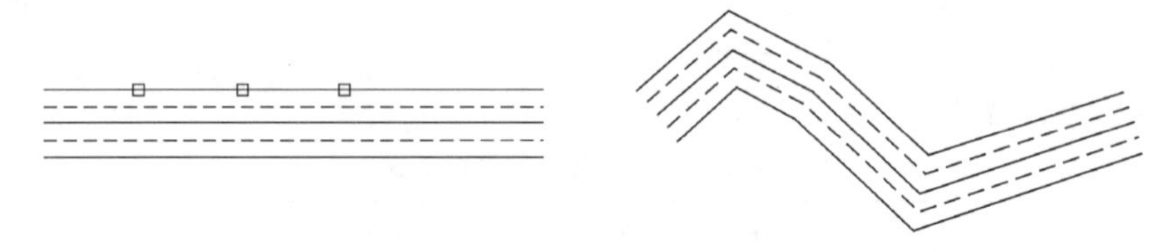

图 8-15　顶点编辑工具

再次选择多线编辑中的删除顶点子命令，用光标点击图中已改变形状的多线的各顶点，单击右键确定。可以发现，多线又逐次恢复到原来的形状。

(4)剪切与合并工具

剪切工具又分为单个剪切和全部剪切。其功能是将指定多线的部分元素或者全部元素剪切到指定的长度，如图 8-16 所示。分别点击图中小方框所示的位置，可以剪切掉多线的部分元素，该剪切长度是由用户以光标点击距离指定的。合并工具可以将执行剪切命令的多线元素重新结合起来，具体操作请用户自行尝试。

图 8-16　部分剪切命令

提示：请用户尝试执行该组命令后，判断多线是否沿剪切处变成了两条多线。

建议：总体而言，在绘制土木工程施工图时，通常情况下，多线编辑命令的效果和效率都比较理想。但某些时候，处理比较复杂的图线时，使用该命令的效果就不甚理想。此时，可以使用“EXPLODE”分解对象，然后使用命令进行编辑。当然，这种方法将导致多线的分解。

8.3 对象特性

对象特性命令主要用于查询、修改图形中任何对象的当前特性。

启动该命令的方式如下。

①功能区：【默认】标签|【特性】面板|右下角箭头，如图 8-17 所示。

②命令行：输入“PROPERITIES”并回车。

③菜单栏：【修改】|【特性】或【工具】|【选项板】|【特性】。

④快捷菜单：选择对象后，在绘图区域中单击鼠标右键弹出快捷菜单。

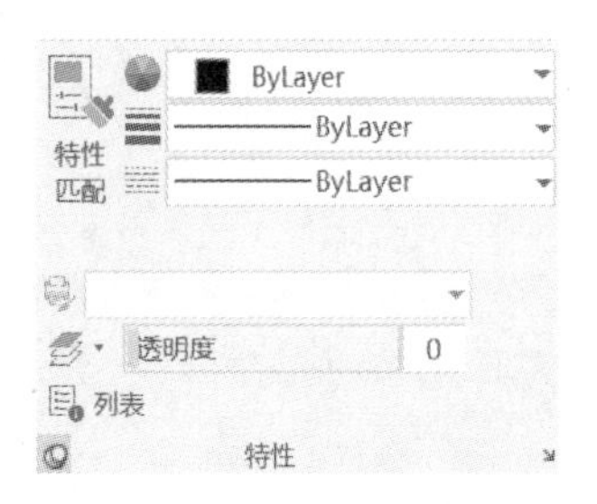

图 8-17　展开【特性】面板

在 AutoCAD 软件中，每一个对象都有自己的特性。这些特性大致可以分为两类：一类是每个对象所具有的公共特性，另一类是专属于某个对象的特性。公共特性有 8 种，分别为颜色、图层、线型、线型比例、打印样式、线宽、超链接、厚度。圆的半径和面积、直线的长度和角度等属于专属特性。

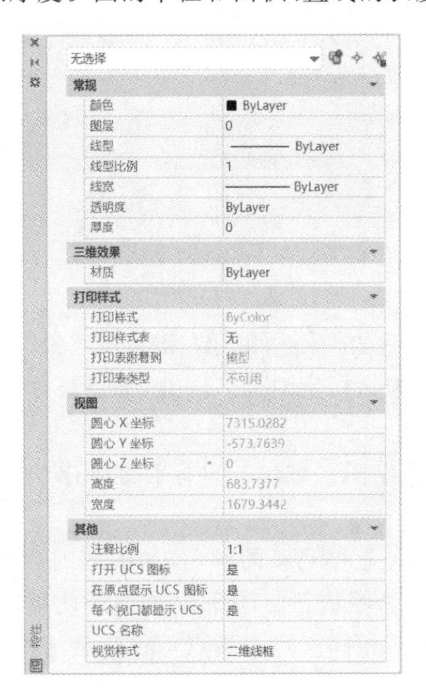

图 8-18　【特性】对话框

执行该命令后，将弹出如图 8-18 所示的【特性】对话框，包括如下内容。

(1)【对象类型】

该列表框表示当前的选择集，即所有被选择的对象。

(2)【切换 PICKADD 系统变量的值】

“PICKADD”按钮打开时，选定对象(单独选择或通过窗口选择)都将添加到当前的选择集中；“PICKADD”按钮关闭时，选定对象将替换当前的选择集

(3)【选择对象】

使用该选项，鼠标将变选择框，用户可以使用各种方式(点击、圈选)来完成选择操作。完成后单击右键，所选对象将出现在对象类型列表框中，选择集受“PICKADD”变量的影响。

(4)【快速选择或】

使用以上按钮可以创建过滤条件，根据这些条件可以实现某些特定的选择集(按钮位于【特性】对话框右上角，按钮位于【默认】标签中【实用工具】面板右上角)，如图 8-19 所示的对话框。

(5)【自动隐藏及特性按钮】

自动隐藏按钮用来控制该对话框的显示方式，可以实现自动收起和弹出；特性按钮用于控制该对

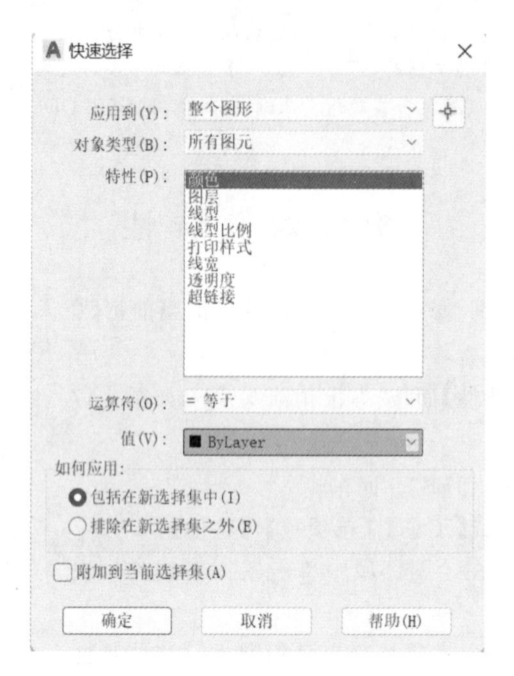

图 8-19 【快速选择】对话框

话框的一些行为和特征。

选择集不同,【特性】窗口中的特性内容也不同。选择一种特性后,底部说明区会有相应的解释。如果某特性呈现灰色,表明该特性处于不可更改状态。

用户可以通过键盘输入、点击选择列表框等方式完成操作。

8.4 夹点编辑

8.4.1 夹点编辑命令

从外观上看,夹点是一些带有填充色的小方框。如当前无任何操作,使用鼠标左键单击对象时,对象关键位置上将出现夹点。点击、拖动夹点时可以直接而快速地编辑指定对象。因此,夹点被称为图形对象的特殊控制点。

夹点设置可以见菜单栏【工具】|【选项】|【选择集】选项卡或在绘图区域单击鼠标右键弹出快捷菜单栏,单击"选项",如图 8-20 所示。

单击"夹点颜色",弹出【夹点颜色】对话框,以指定不同夹点状态和元素的颜色,如图 8-21 所示。按使用中的状态不同,夹点可分为三种,即未选中状态、选中状态、悬停状态。图 8-22 为图形使用鼠标左键选中对象但并未选中夹点。图形对象不同,夹点分布特征也不相同。点击夹点可将其激活,变为选中状态。如果将十字光标悬停在蓝色的夹点上,则为悬停状态。

为满足不同用户的使用要求,夹点提供了一种快速直接编辑图形对象的途径。在选中状态时单击右键,可以进行删除、移动等操作,命令行显示相应的操作要求。

提示:选择夹点之前,按住"Shift"键,可以一次选择多个夹点。

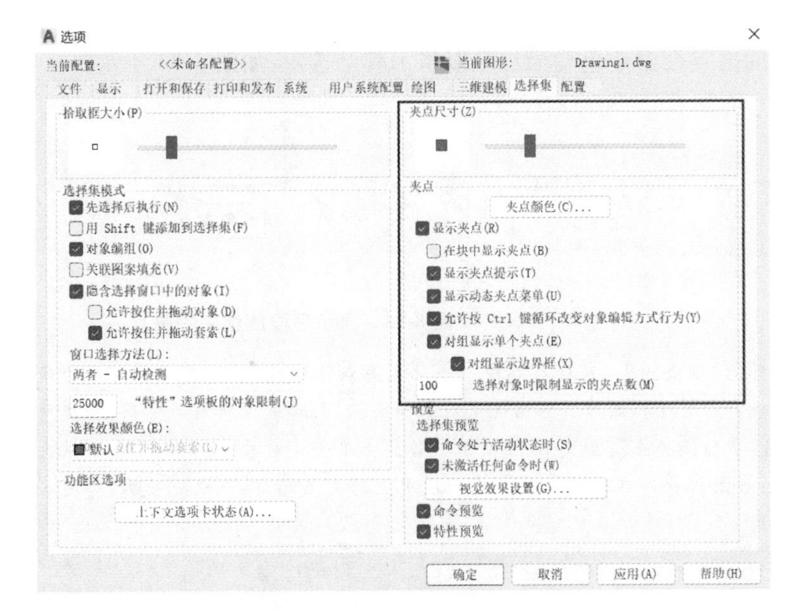

图 8-20　【夹点设置】对话框

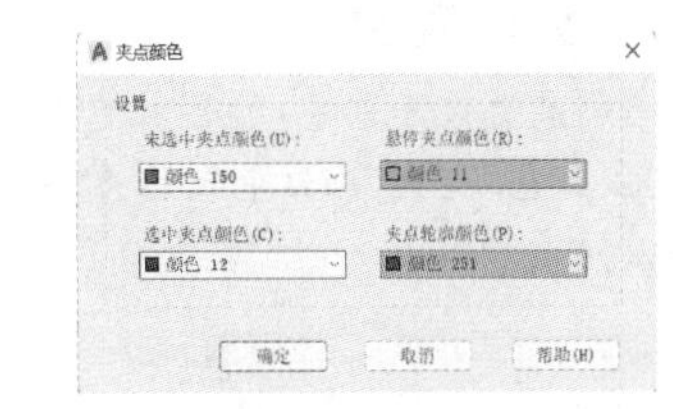

图 8-21　【夹点颜色】对话框

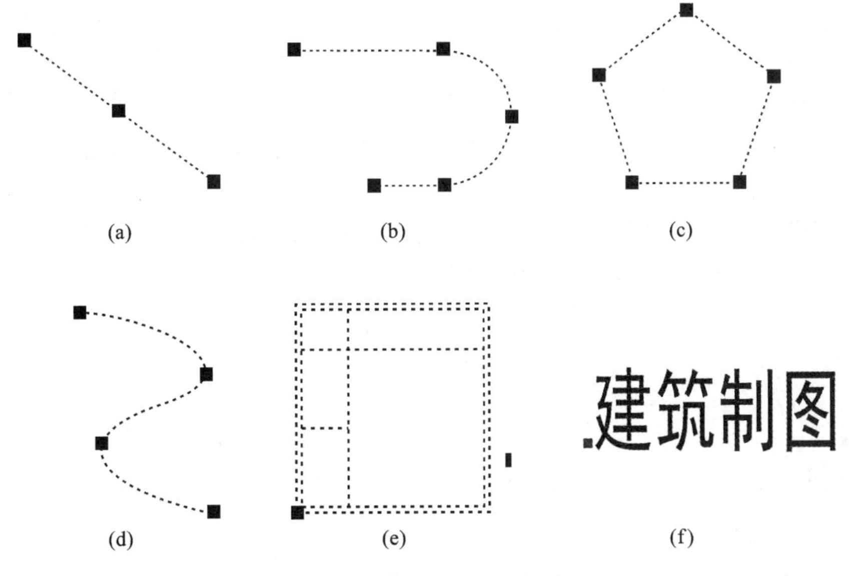

图 8-22　各种图形对象中的夹点

(a)直线;(b)多段线;(c)正多边形;(d)样条曲线;(e)块;(f)文字

8.4.2　使用夹点模式

夹点模式是在选定夹点时可以使用的编辑选项,默认夹点模式为"拉伸"。选择对象的夹点后,每次按空格键或"Enter"键时,下一个模式都将变为活动模式。

夹点模式顺序:拉伸—移动—旋转—缩放—镜像。

提示:复制不是夹点模式,但可以选择其作为任何夹点模式中的一个选项。

以循环夹点模式为例。

①绘制一条多段线，然后选择它以显示夹点，如图 8-23 所示。

②选择其中一个端点夹点，选中的夹点会由蓝色变为红色以指示其已选定，如图 8-24 所示。

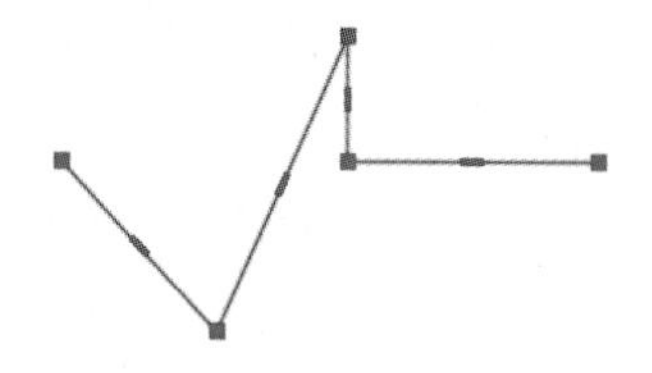

图 8-23　显示多段线夹点

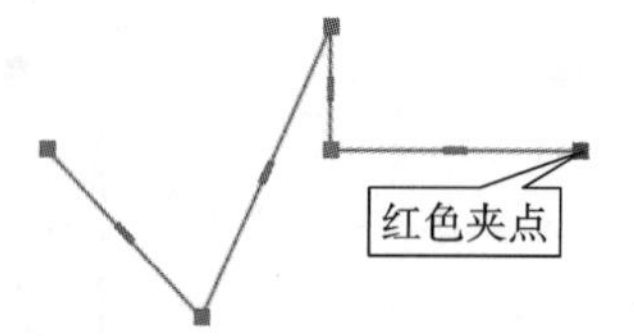

图 8-24　显示多段线选中的夹点

提示：当对象被选中时夹点是蓝色的，称为“冷夹点”。鼠标在其中一个端点夹点悬停时，该夹点由蓝色变为浅红色，在绘图区域会弹出快捷菜单，显示可对当前点进行的操作。根据选定对象和夹点，菜单选项将有所不同，并非所有夹点都具有夹点菜单，带有菜单的夹点称为“多功能夹点”，如图 8-25 所示。若鼠标单击该对象的某个夹点，则该夹点由“浅红色”变为“深红色”，称为“暖夹点”。当鼠标悬停在该对象某一直线段中点的夹点时，弹出快捷菜单，如图 8-26 所示。

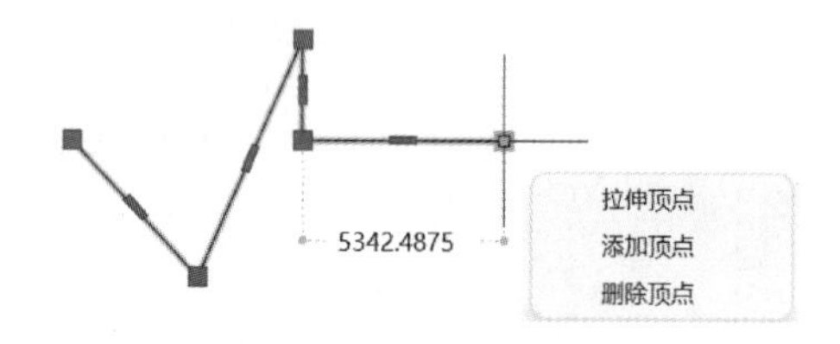

图 8-25　夹点快捷菜单

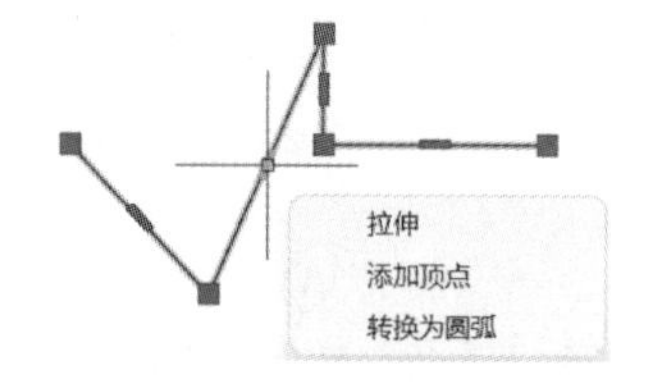

图 8-26　中点夹点快捷菜单

③移动光标，线段会随着光标的移动而拉伸。在选择一个点前，拉伸是暂时的。

使用夹点时，可以使用任一常规方法(例如，在图形中单击、输入坐标和使用对象捕捉)来选择点。

④按空格键或“Enter”键，命令提示现在显示处于移动模式下，如图 8-27 所示。

提示：光标标记在处于移动、旋转或缩放夹点模式下时会进行指示，分别如图 8-28、图 8-29、图 8-30 所示。而在处于拉伸或镜像模式下时并不会进行指示。

图 8-27　多段线选处于移动模式下

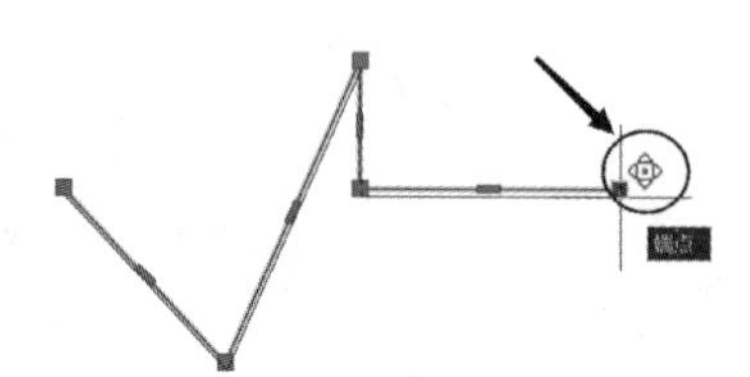

图 8-28　移动模式下光标处指示

图 8-29　旋转模式下光标处指示

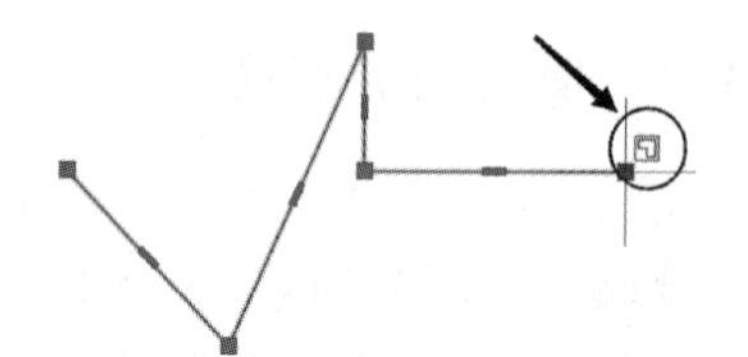

图 8-30　缩放模式下光标处指示

⑤移动光标，原多段线也会随之移动。同样，在指定目标点之前，该操作是暂时的。可以随时按

"ESC"键退出操作。

⑥继续按空格键或"Enter"键以循环浏览夹点模式。命令提示会指示当前模式,可以移动光标以确认模式。最后,循环回到拉伸模式。

⑦在任一夹点模式下,输入"C",然后按空格键。在拉伸、移动、旋转、缩放或镜像时,会创建一个副本。在任何夹点模式下,继续选择目标点即可创建多个副本。

提示:选定夹点,从快捷菜单也可以切换到特定的夹点模式,还可以使用"基点""复制"和"参照"等选项。

8.4.3　使用夹点拉伸对象

使用夹点拉伸对象的操作过程如下。

①选择要拉伸的对象,如图 8-31 中左侧的多线窗体。

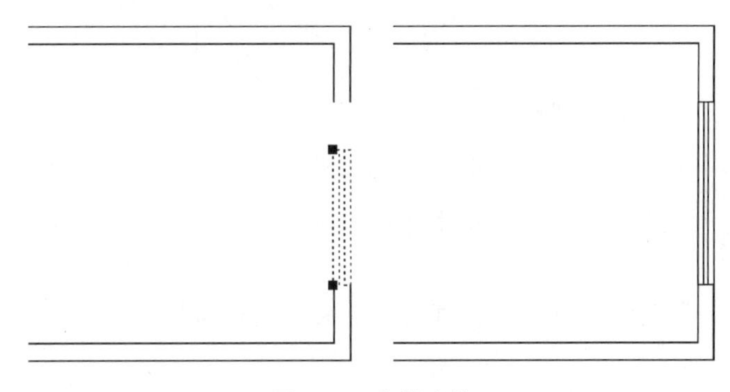

图 8-31　多线窗体

②在对象上选择基夹点。当该夹点由"冷夹点"变为"暖夹点"时,命令行提示如下。

* * 拉伸 * *

指定拉伸点或[基点(B)/复制(C)/放弃(U)/退出(X)]:

③拖动基夹点到指定的位置,完成拉伸操作,如图 8-31 中右侧的窗体。

8.4.4　使用夹点移动对象

如图 8-32 所示,使用夹点移动对象的操作过程如下。

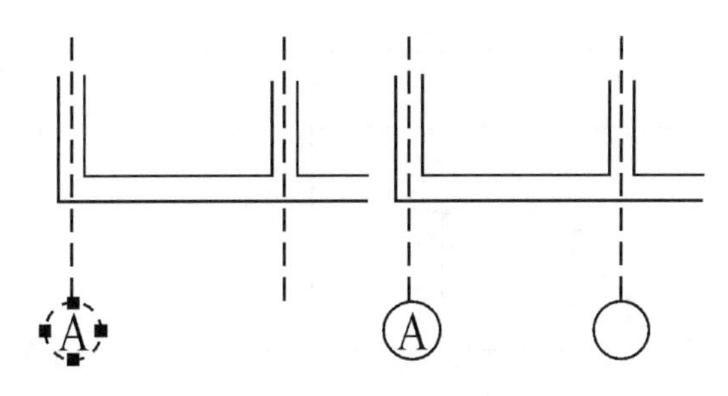

图 8-32　夹点的多重移动

①选择要移动的对象。在对象上单击选择基夹点,该夹点由"冷夹点"变为"暖夹点",此时夹点模式为"拉伸"模式。

②按空格键或"Enter"键切换夹点模式,直到显示夹点模式为"移动"模式。

命令行提示如下。

* * MOVE * *

指定移动点或[基点(B)/复制(C)/放弃(U)/退出(X)]:

③用光标单击基夹点,使选定对象随夹点移动。

8.4.5 使用夹点旋转对象

如图 8-33 所示,使用夹点旋转对象的操作过程如下。

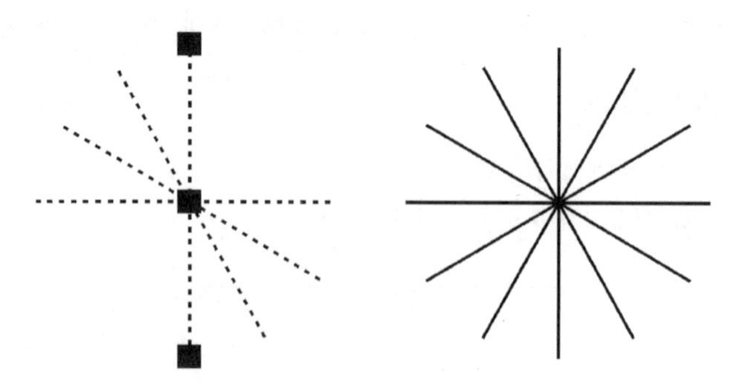

图 8-33 夹点的多重旋转

①选择要旋转的对象。在对象上通过单击选择基夹点,该夹点由“冷夹点”变为“暖夹点”,此时夹点模式为“拉伸”模式。

②按空格键或“Enter”键切换夹点模式,直到显示夹点模式为“旋转”模式。

命令行提示如下。

* * 旋转 * *

指定旋转角度或[基点(B)/复制(C)/放弃(U)/参照(R)/退出(X)]:

③单击光标并移动,使选定对象绕基夹点旋转,或者输入旋转角度。

提示:激活直线的夹点后,直接输入角度值。

8.4.6 使用夹点缩放对象

如图 8-34 所示,使用夹点缩放对象的操作过程如下。

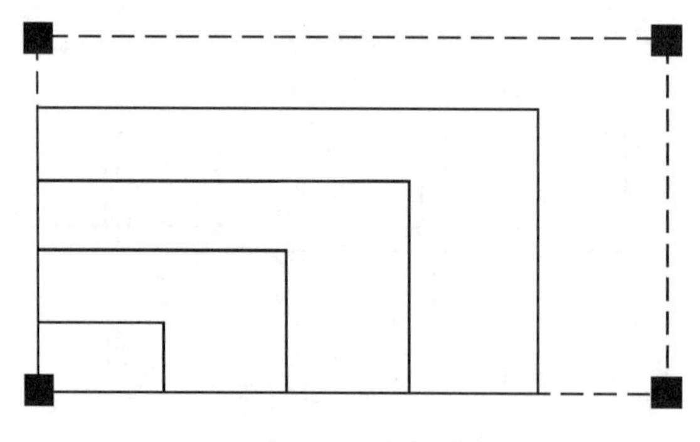

图 8-34 比例缩放

①选择要缩放的对象。在对象上通过单击选择基夹点,该夹点由“冷夹点”变为“暖夹点”,此时夹点模式为“拉伸”模式。

②按空格键或“Enter”键切换夹点模式,直到显示夹点模式为“缩放”模式。

命令行提示如下。

* * 比例缩放 * *

指定比例因子或[基点(B)/复制(C)/放弃(U)/参照(R)/退出(X)]:

③拖动光标或直接输入缩放比例值,缩放原有对象。

8.4.7　使用夹点镜像对象

如图 8-35 所示,使用夹点镜像对象的操作过程如下。

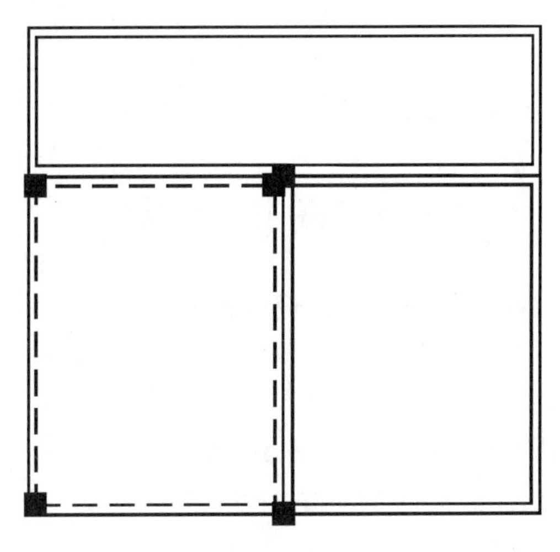

图 8-35　夹点镜像

①选择要镜像的对象。在对象上通过单击选择基夹点,该夹点由"冷夹点"变为"暖夹点",此时夹点模式为"拉伸"模式。

②按空格键或"Enter"键切换夹点模式,直到显示夹点模式为"镜像"模式。

命令行提示如下。

* * 镜像 * *

指定第二点或[基点(B)/复制(C)/放弃(U)/退出(X)]:

③点击镜像线的第二点,形成原对象的镜像。

8.4.8　创建多个副本

使用夹点时,可以保持夹点模式并创建对象的多个副本。以旋转为例。

①绘制一条直线并选中该直线,选择其中一个端点夹点。操作如下。

a. 功能区:【默认】标签|【绘图】面板|【直线】按钮。

b. 单击"直线"按钮,在绘图区域绘制一条 5000 mm 的直线。

c. 选中该直线,会出现三个蓝色夹点,选中左侧端点的夹点,此时被选中的夹点会变成红色,如图 8-36 所示。

②按空格键,直到旋转夹点模式处于活动状态。

③输入"C",然后按空格键以在旋转对象时复制该对象。

④输入"30"作为第一个旋转角度。

⑤输入"20"作为下一个角度,如图 8-37 所示。

⑥输入"−45"作为下一个角度,如图 8-38 所示。

提示:副本是以原始直线(而不是上一个副本)旋转和复制的。

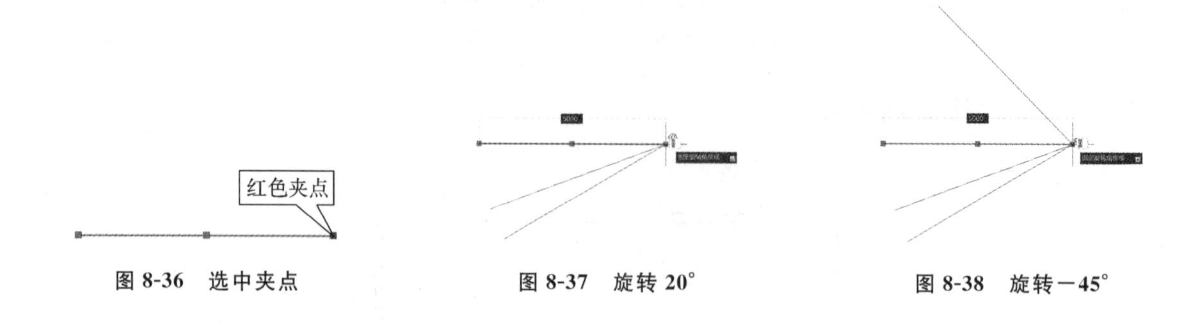

图 8-36　选中夹点　　　　图 8-37　旋转 20°　　　　图 8-38　旋转－45°

8.5　特性匹配

用户使用【特性匹配】命令，可以将一个对象的某些或所有特性复制给其他对象。可以复制的特性类型包括颜色、图层、线型、线型比例、线宽等。

启动该命令的方式如下。

①功能区：【默认】标签|【特性】面板|【特性匹配】按钮。

②命令行：输入“MATCHPROP”或“PAINTER”并回车。

③菜单栏：【修改】|【特性匹配】。

执行该命令的过程如下。

命令：MATCHPROP ↵

选择源对象：(选择要复制其特性的对象)

当前活动设置：颜色 图层 线型 线型比例 线宽 透明度 厚度 打印样式 标注 文字 图案填充 多段线 视口 表格 材质 多重引线 中心对象(当前选定的特性匹配设置)

选择目标对象或[设置(S)]：(输入“S”或选择一个或多个要复制其特性的对象)

在默认情况下，所有可应用的特性都自动地从选定的第一个对象复制到其他对象。如果不希望复制特定的特性，可使用【设置(S)】选项禁止复制该特性，如图 8-39 所示。

图 8-39　【特性设置】对话框

8.6　图案填充编辑

当图案填充命令执行后，用户如果要修改其中的填充边界、填充图案、关联特性、填充原点等特性，就需要使用【图案填充编辑】命令。

启动该命令的方式如下。

①功能区：【默认】标签|【修改】面板|【图案填充编辑】按钮，如图 8-40 所示。

②命令行：输入“HATCHEDIT”并回车。

③菜单栏：【修改】|【对象】|【图案填充】。

【图案填充编辑】的对话框和【图案填充】大致相同。可以编辑修改的选项包括类型和颜色、角度与比例、图案填充原点等内容。

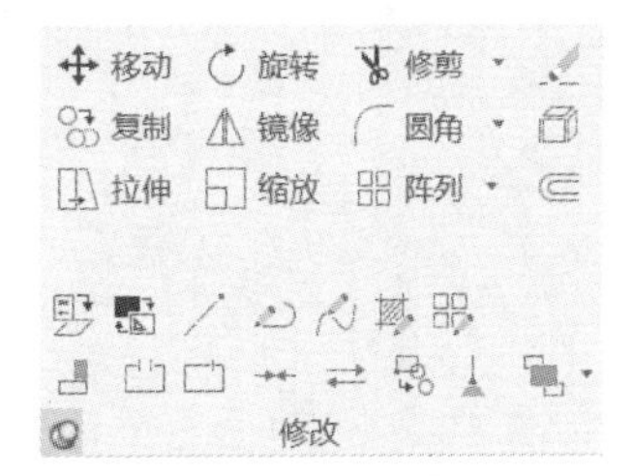

图 8-40　【修改】面板

【思考与练习】

思考题

8-1　如何修改多段线的宽度？

8-2　什么是夹点？如何理解夹点的三种状态？

8-3　使用夹点可以完成哪些操作？

上机操作

8-1　使用高级编辑命令绘制图 8-41 所示图形。

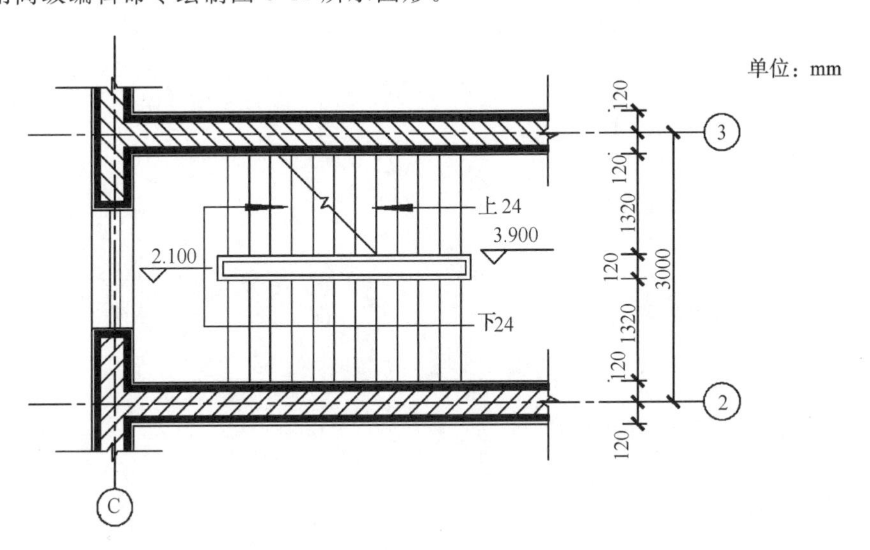

图 8-41　练习

该楼梯平面图由定位轴线和定位轴线编号圆、多线绘制的墙体和窗体、多段线绘制的墙体粗实线和尺寸标注等组成。

基本操作过程如下。

①绘制定位轴线和定位轴线编号圆。

②分别定义两种多线样式，用于墙体和窗体的绘制，注意各元素的偏移值。

③绘制墙体和窗线。使用多线编辑命令，编辑C轴与②轴、③轴相交的墙体，选择【T形打开】选项，注意多线选择的顺序。

④完成其他图形的绘制，楼梯的踏步宽为300 mm。

第 9 章　创建和管理图层

可以将“层”设想为若干张无厚度的透明胶片重叠在一起，这些胶片完全对齐，即同一坐标点相互对齐。每一层上的对象通常被赋予相同的颜色、线型、线宽等对象特征。图 9-1(a)为工程中常见的预埋件，可以将预埋件的轮廓线视为第一层胶片，将该层上的所有对象设在“OBJECT”图层，这些对象具有相同的颜色、线型、线宽等对象特征，如图 9-1(b)所示。该预埋件上的所有标注设在“DIM”图层上，即赋予这些对象相同的颜色、线型、线宽等对象特征。最后，将图 9-1(a)和图 9-1(b)上的对象完全对齐并且覆盖在一起，最终形成图 9-1(c)所示的完整施工图。

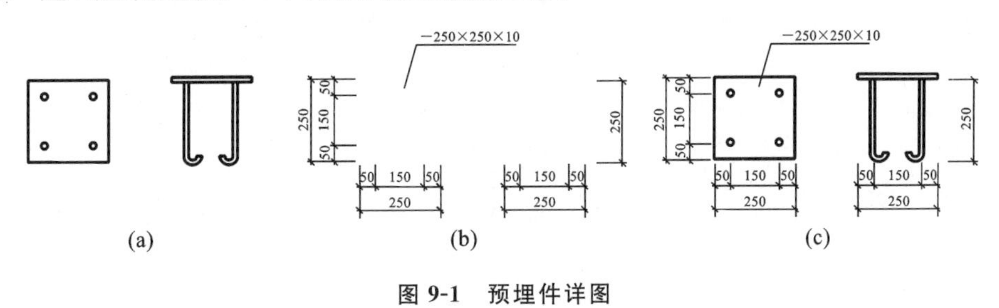

图 9-1　预埋件详图

9.1　图层的设置和修改

9.1.1　启动和关闭【图层特性管理器】对话框

【图层特性管理器】对话框用于创建和管理图层。用户可以在这里进行图层的添加、删除和重命名，并指定图层的各种特性、添加说明等。

启动【图层特性管理器】对话框的方式如下。

①功能区：【默认】标签|【图层】面板|【图层特性】按钮 。

②命令行：输入“LAYER”或“LA”并回车。

③菜单栏：【格式】|【图层】

【图层特性管理器】对话框包括树状视图和列表视图两个面板。树状视图的功能是显示图层和过滤器的结构层次，列表视图的功能是体现图层过滤器的特性。

9.1.2　创建图层

为便于管理施工图，通常将设计概念上相关的图形对象创建和命名图层，并将这些图层指定通用的特性。通过将对象分类到相应的图层中，可以更方便、更有效地进行编辑和管理。

在创建新图形文件时，系统自动生成“0”的图层。该图层的颜色为“7”(黑色或者白色，由窗口颜色确定)，线型为“Continous(连续)”。需要注意的是，“0”图层不能被删除或者重命名。

在打开的【图层特性管理】对话框中单击【新建图层】按钮 。此时，对话框列表视图区中将会增加一个亮显的“图层 1”，该图层继承“0”图层的属性，如图 9-2(a)所示。在操作过程中，“图层 1”处于修改的状态，用户可以根据需要修改图层的名称，如命名为“CENT”“WALL”和“WINDOWS”等名称，如图 9-2(b)所示。

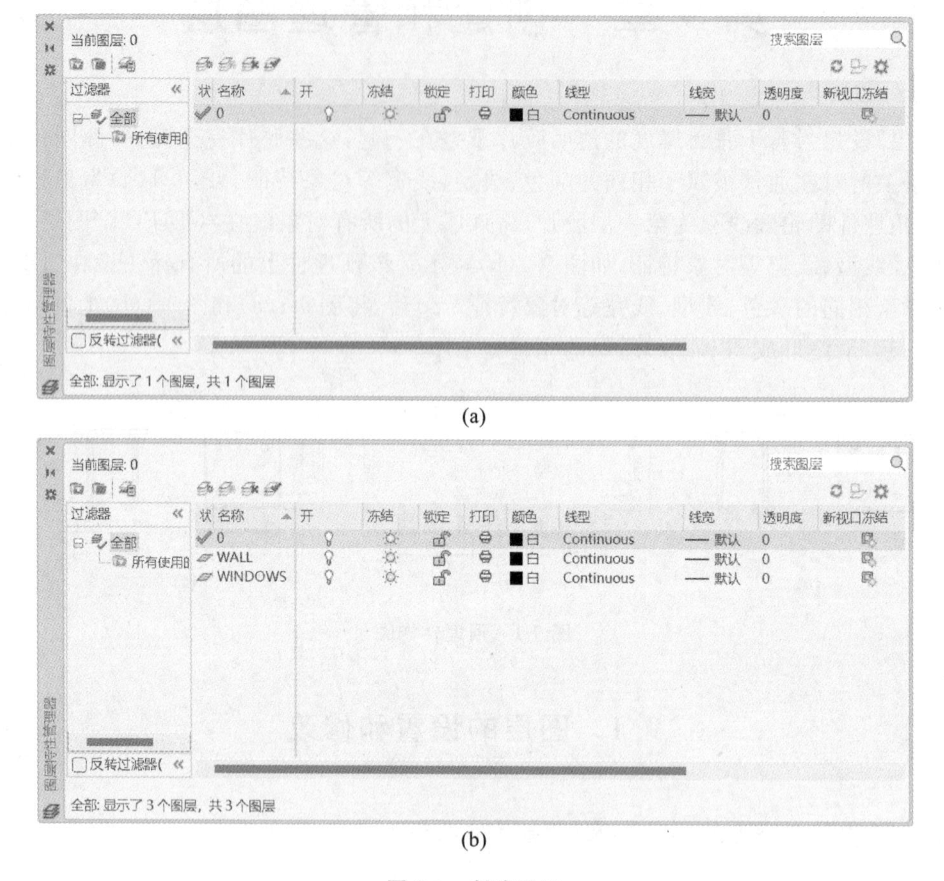

图 9-2 创建图层

(a)新建图层 1;(b)新建图层并修改名称

如果要创建多个图层，可连续单击“新建图层”来添加图层，也可以在创建新图层后连续敲击回车键。

9.1.3 改变图层属性

9.1.3.1 改变图层名称

图层名称可根据需要随时修改，步骤如下。

①在【图层特性管理器】对话框中单击欲修改的图层的名称后，按下“F2”键。

②当该图层的名称“亮显”后，输入新名称。

提示：利用鼠标左键的功能修改图层名称被更多的用户所熟悉。先左键单击一次欲修改图层的“图层名”，第二次单击“图层名”时将使图层名称“高亮”显示，此时可以输入图层的新名称。

9.1.3.2 打开/关闭图层

单击【图层特性管理器】对话框中图层名后面的“灯泡”，即图标 / ，可执行表示“打开”或“关闭”该图层的功能。灯泡为“黄色”表示打开图层，绘图区将显示该图层上的内容，用户可以编辑该图层上的内容；灯泡为“灰色”则表示关闭图层，该图层上的内容全部隐蔽。

在绘制施工图过程中，可将与本阶段无关的图层关闭，使图面更加清晰，易于辨别。另外，如果不想打印特定图层中的对象，可以关闭该图层。如图 9-3(a)所示施工图，虽然图形比较复杂，但熟练的工程师具备对图层进行设置和管理的能力。通常，可设置“TEXT”图层以标注文字。只需要在【图层特性管理器】对话框中将“TEXT”图层关闭，绘图窗口中的文字将不再显示，如图 9-3(b)所示。

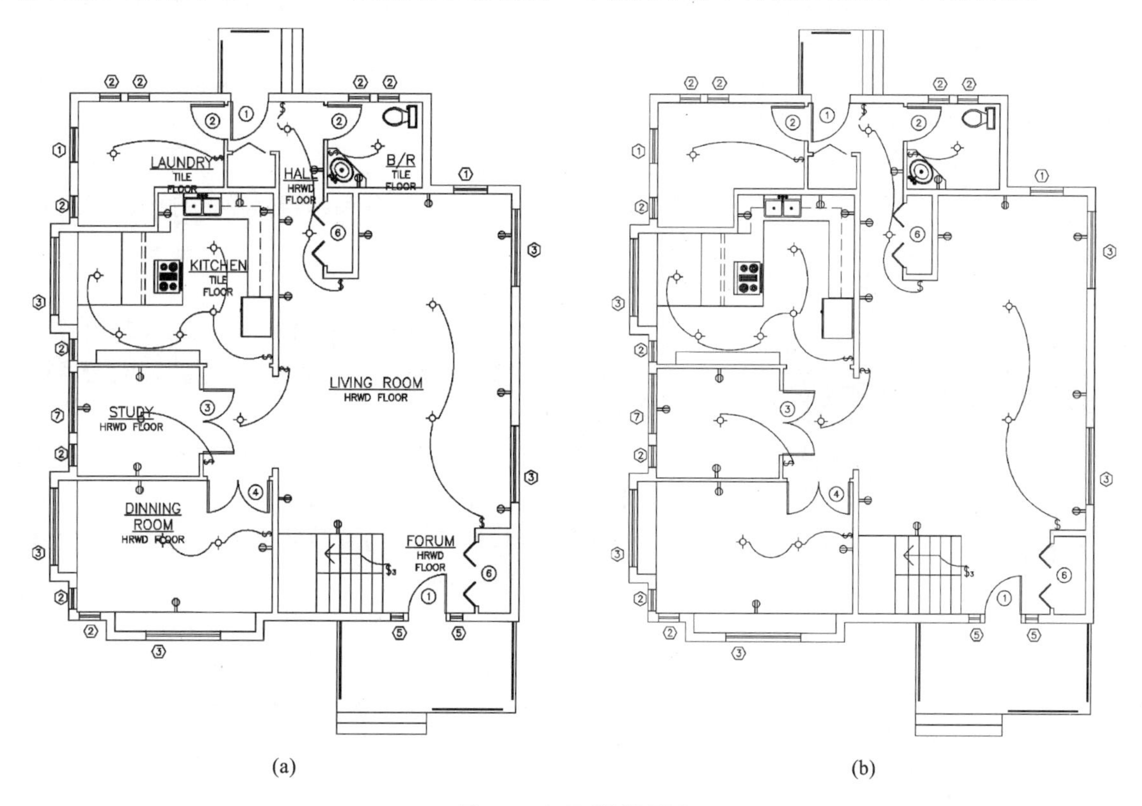

图 9-3　打开/关闭图层

(a)“TEXT”图层处于打开状态；(b)“TEXT”图层处于关闭状态

9.1.3.3　冻结/解冻图层

图标 和 分别表示图层的“冻结”和“解冻”。处于冻结图层上的图形对象既不能显示也不能修改，需要注意的是，当前图层不能被冻结。“解冻”功能与“冻结”功能相反，它能使被冻结图层恢复正常。

用户可以在【图层特性管理器】对话框冻结“IMPERIAL. dwg”文件中“TEXT”图层，显示效果如图 9-3(b)所示。

提示：关闭和冻结图层有相同之处，即图层上的对象在绘图窗口不进行显示。不同之处是当图形重生成时，被冻结的图层不参与运算，故可减少复杂图形的重生成时间，加快视窗缩放、平移和其他操作的效率。处于冻结状态的图层的图形对象既不能显示也不能修改，而关闭图层里的对象可以被某些选择集命令(如“all”命令)选择并修改。

9.1.3.4　锁定和解锁图层

某些时候，工程师可能不小心删除原应保留的对象，或者某些对象无须进行修改，此时可将这些对象所在的图层进行锁定。图标 / 表示图层“解锁”和“锁定”。锁定图层时，图层上的对象暗显，但可以在此图层里新建对象。锁定的图层不能编辑，但是可以打印。

9.1.3.5 控制打印

如果一些图形仅仅是设计时的一些草图,不需要打印出来,可以将其所在的图层设为“不打印”。打印机符号标志着该图层要打印,单击该图标,打印机符号变为,表明该图层不打印出图,但是该图层上的对象仍旧能够正常显示。该按钮只对可见图层有效。如果某图层设为可打印但是处于冻结状态,则该图层不能打印。

提示:“DEFPOINTS”为系统自动生成的特殊图层,只要进行尺寸标注,文件中就会生成该图层,且系统默认该图层不被打印。因此,绘制施工图时,建议不要使用该图层。

9.1.3.6 指定图层的颜色

在绘制施工图过程中,设置不同的图层颜色主要是为了便于区分和编辑对象。打印施工图时,通常所有的图线都打印成黑色。

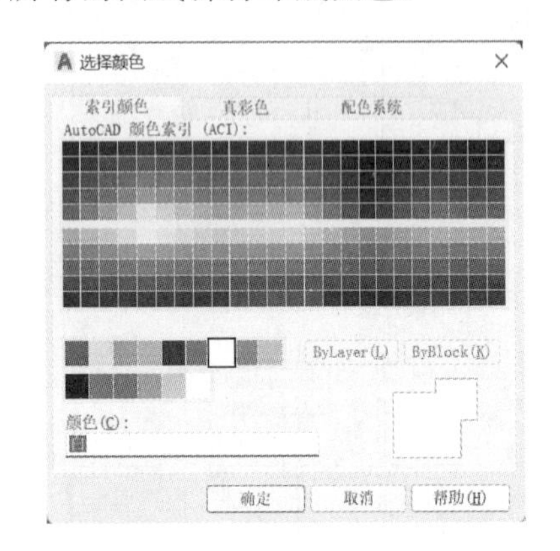

图 9-4 【选择颜色】对话框

指定图层颜色的步骤如下。

①在【图层特性管理器】对话框中单击欲修改的图层,然后单击该图层的【颜色】图标,程序将弹出【选择颜色】对话框,如图 9-4 所示。

②在【选择颜色】对话框中选择需要的颜色后单击【确定】按钮保存修改。

③在【图层特性管理器】对话框中单击(关闭)按钮,保存颜色设置并关闭对话框。

提示:为图层指定颜色时,用户可以根据需要和习惯自行确定。但工程中习惯将轴线设置为红色,其他构件也多指定为比较鲜艳的颜色。工程师习惯将窗口颜色设置为黑色,此时,这些鲜艳的颜色更容易分辨,这也是提高效率的方法。

9.1.3.7 改变线型

在缺省情况下,图层的线型通常为连续实线(Continuous)。用户可以根据工程制图的规定,选择虚线、点画线、折断线、波浪线等线型,甚至可以自己定义线型。

改变线型的步骤如下。

①在【图层特性管理器】对话框中单击欲修改的图层后,再单击图层的线型名称,如“Continuous”,将弹出如图 9-5 所示的对话框。

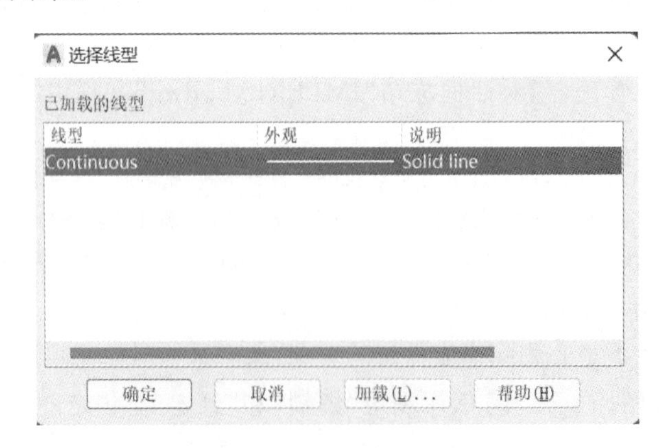

图 9-5 【选择线型】对话框

②在【选择线型】对话框里选择合适的线型，如果该对话框中没有需要的线型，单击【加载】按钮打开【加载或重载线型】对话框，如图 9-6 所示。

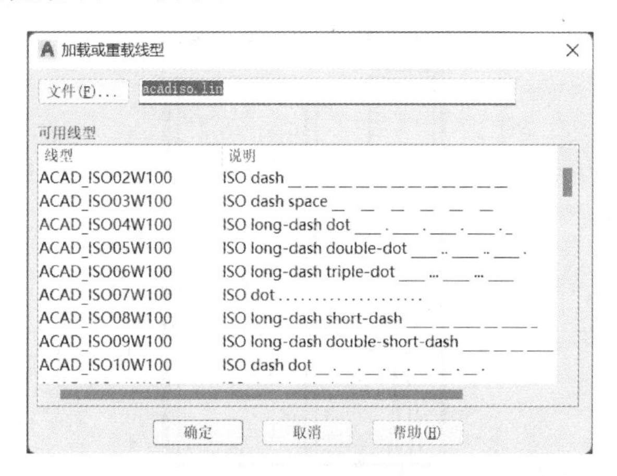

图 9-6　【加载或重载线型】对话框

③在【加载或重载线型】对话框中选择合适的线型，单击“确定”按钮关闭该对话框。

④系统重新显示【选择线型】对话框，选择所加载的线型并单击“确定”按钮。

提示：标准线型库对虚线的间距、中心线的长划、短划和间隔已经事先设定。绘制施工图时，虚线、点画线往往不能正常显示，需要右击选择【特性】按钮打开特性管理器，在特性管理器中修改比例，具体内容见 9.3 节。

9.1.3.8　改变线宽

用户可以为各个图层上的线条设置实际线宽，从而使图形中的线条经过打印输出后仍旧可以保持固有的宽度。

在【图层特性管理器】对话框中单击欲修改图层的线宽就可以打开如图 9-7 所示的对话框。用户可以在该对话框中选择所需的线宽。

对如图 9-8(a)和图 9-8(b)所示的“卫生间立面图”中的外轮廓线和内部设施设定图层，并分别指定 0.5 mm 和 0.25 mm 的线宽。图 9-8(a)所示的图形显示未见差别，这是因为状态栏中的【线宽】按钮处于关闭状态，图 9-8(b)所示的图形为打开【线宽】按钮后的显示效果。

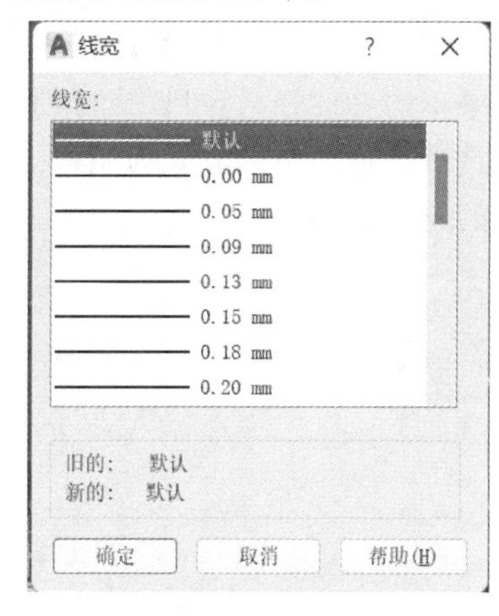

图 9-7　【线宽】对话框

提示：【线宽】按钮显示设置，在应用程序状态栏点击自定义，勾选线宽选项，便可在应用程序状态栏显示 。

9.1.4　创建当前图层

在绘制特定的构件或者部件时，就需要使用为其设定的图层，此时，需要将其设置为当前图层。

设置当前图层的方法如下。

①在【图层特性管理器】对话框中进行操作。选中某个图层，然后点击【置为当前】按钮 置为当前 就可以将该图层置为当前图层，也可以双击该图层将其置为当前图层。

②在【图层】面板进行操作。单击【图层】工具栏右侧的黑色三角▼将弹出下拉列表，选中所需的图层即可，如图 9-9 所示。

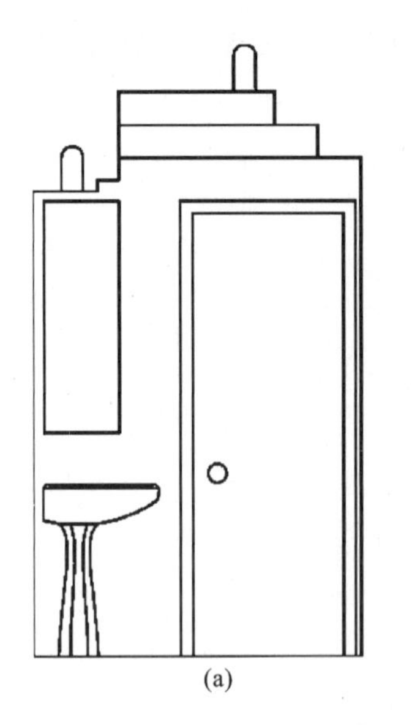

(a)

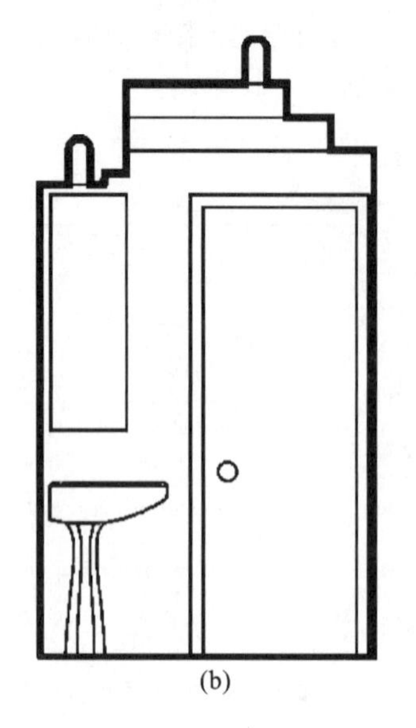

(b)

图 9-8　卫生间立面图

(a)【线宽】处于关闭状态；(b)【线宽】处于打开状态

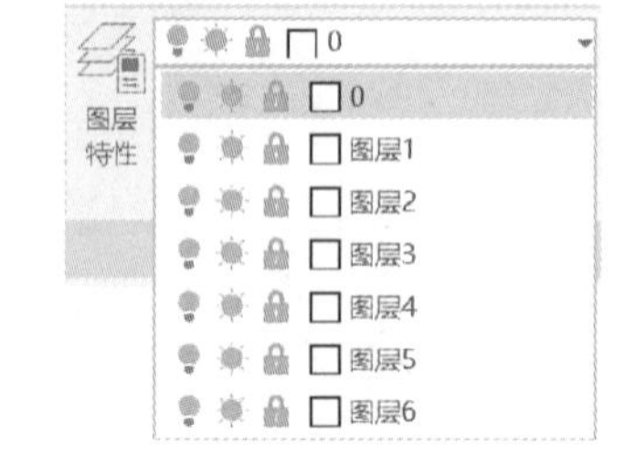

图 9-9　创建当前图层

9.1.5　支持图层的快捷菜单

在【对象特性管理器】对话框中用鼠标右键单击列表视图区，将出现如图 9-10 所示的快捷菜单。右键菜单的功能强大，可以执行创建当前图层、新建图层、全部选择或全部清除以及其他操作。

这种快捷菜单的方式为用户提供了另外一种操作的选择，便于用户根据自己的习惯和喜好完成施工图的绘制和编辑。

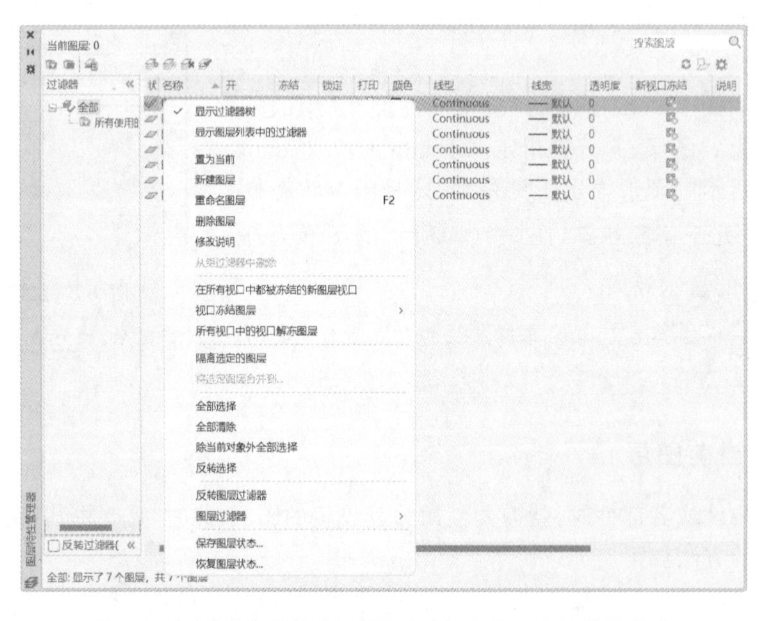

图 9-10　在【对象特性管理器】对话框中使用右键快捷菜单

9.2　图层特性编辑

AutoCAD 软件中提供了多种方法来观察和修改对象特性，这也为用户提供了查看对象与图层相关的属性。

9.2.1　【图层】功能区面板

如图 9-11 所示的【图层】面板不仅有【图层特性】按钮，还有功能强大的编辑栏 、【置为当前】按钮 置为当前 和【上一个图层】按钮 等。

面板具有图层的打开/关闭、隔离/取消隔离、冻结/解冻、锁定/解锁等功能，还包括将选定的图层置为当前图层的功能。这些功能在实际绘图中非常方便，可以避免在【图层特性管理器】对话框进行烦琐的操作。

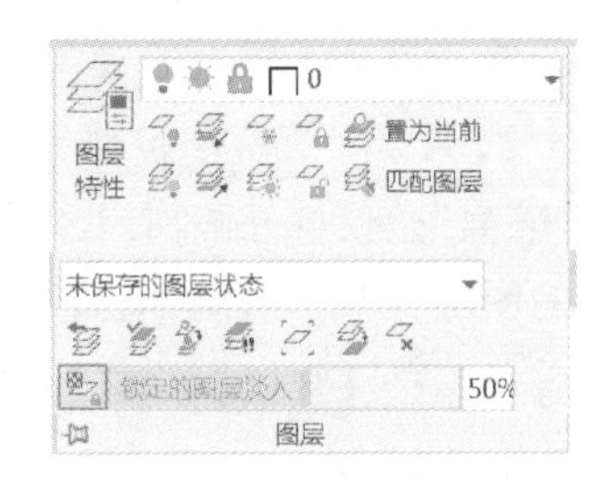

图 9-11　【图层】面板

9.2.1.1　修改对象的图层

绘图时经常出现所绘的对象位于错误的图层上，使用【图层】面板中的编辑框，可以非常方便地将包含一个或多个对象的图层修改为另一个图层。

操作步骤如下。

①在没有其他操作时，使用鼠标左键选择欲修改图层属性的对象，使其处于“亮显”状态。

②点击【图层】面板右侧的黑色三角▼，下拉列表将显示所有图层，选择欲使用的图层。

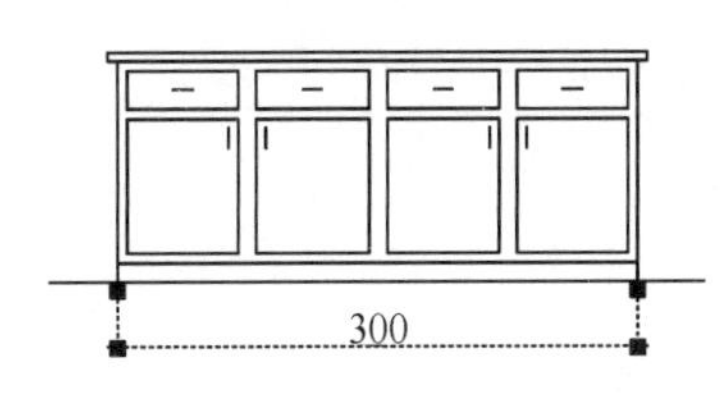

图 9-12　修改尺寸标注所在的图层

如图 9-12 为某部件立面图及标注，但标注处于错误的图层上。在未有其他操作时，使用鼠标左键选中尺寸标注部分，然后在工具栏【图层】选择已经定义好的“DIM”图层，就可以将其修改为“DIM”图层。

9.2.1.2　“将对象的图层置为当前”命令

工程师如果设置十几个甚至几十个图层，会导致在【图层】面板中寻找某一特定图层并将其置为当前变得非常麻烦。用户可选择已经完成的对象，使用【置为当前】按钮可轻松将该对象的图层设置为当前图层。

将对象的图层置为当前图层的操作如下。

①单击【默认】标签|【图层】面板|【置为当前】按钮 置为当前，光标将变成拾取框模式。

②用拾取框单击某个图形对象，则该对象所在的图层就被置为当前图层。

9.2.1.3　“上一个图层”命令

【上一个图层】按钮 可以撤销对图层设置的改变。该按钮可以影响到开/关、冻结/解冻、锁定/解锁，以及颜色、线型、线宽的设置，但是不会影响重命名的图层、被删除的图层或者添加的图层。

按下 按钮就可以启动“上一个图层”命令，或在命令行输入“Layerp”也可启动该命令。

9.2.1.4　“匹配”命令

所谓“匹配”命令，是更改选定对象所在的图层，使其匹配到目标图层。在绘制施工图的过程中，可能会发生在错误的图层上创建了对象的情况，用户可以采用修改对象的图层的方式。AutoCAD 软件还提供了一种更为便捷的方式,即选择目标图层上的对象就可以改变当前对象的图层。调用“匹配”命令的操作如下。

①功能区:【默认】标签|【图层】面板|【匹配图层】按钮 匹配图层。

②命令行:输入“laymch”并回车。

图层“匹配”命令的操作如下。

①激活“匹配”命令。

②选择要改变图层的对象。

③选择目标图层上的对象。

9.2.1.5 “隔离和取消隔离”命令

“隔离”是仅打开隔离对象所在的图层,关闭或锁定其他图层。“取消隔离”是将图层隔离中关闭或锁定的图层打开。调用“隔离或取消隔离”命令的操作如下。

①功能区:【默认】标签|【图层】面板|【隔离】按钮 或【取消隔离】按钮 。

②命令行:输入“LAYREP”并回车。

图层“隔离或取消隔离”命令的操作如下。

①激活图层“隔离”命令。

②在系统提示“选择要隔离的图层上的对象或[设置(S)]:”中,选择“S”来设置未隔离的图层是关闭还是锁定,然后选择要隔离图层上的对象,可以选择不同图层上的多个对象,回车确定后,其他图层被关闭或者被锁定。

③单击功能区【图层】面板上的【取消隔离】按钮,关闭的图层将被重新打开或锁定的图层将被解锁。

9.2.1.6 “更改为当前图层”命令

将选定的图层更改为当前图层。调用“更改为当前图层”命令的操作如下。

①功能区:【默认】标签|【图层】面板|【更改为当前图层】按钮 。

②命令行:输入“LAYCUR”并回车。

9.2.1.7 “将对象复制到新图层”命令

将选定一个或多个对象复制到其他图层,源对象保留。调用“将对像复制到新图层”命令的操作如下。

①功能区:【默认】标签|【图层】面板|【将对象复制到新图层】按钮 。

②命令行:输入“COPYTOLAYER”并回车。

9.2.1.8 “图层漫游”命令

动态显示在图层列表中选择的图层上的兑现。调用“图层漫游”命令的操作如下。

①功能区:【默认】标签|【图层】面板|【图层漫游】按钮 。

②命令行:输入“LAYWALK”并回车。

9.2.1.9 “合并”命令

将选定的图层合并到目标图层,使原图层上的对象成为目标图层上的对象,原图层被删除。调用“合并”命令的操作如下。

①功能区:【默认】标签|【图层】面板|【合并】按钮 。

②命令行:输入“LAYMRG”并回车。

9.2.1.10　“删除”命令

删除选定对象所在的图层和图层上所有的对象。调用图层“删除”命令的操作如下。

①功能区:【默认】标签|【图层】面板|【删除】按钮。

②命令行:输入“LAYDEL”并回车。

图层“删除”命令的操作如下。

①单击【图层】面板上的“删除”命令按钮,激活“删除”命令。

②选择要删除的图层上的对象,可以选择不同图层上的多个对象,则删除被选定对象所在的图层和图层上所有的对象。

9.2.2　设置新创建图形对象的【特性】

【特性】面板包含图层的颜色控制、线型控制、线宽控制和打印样式控制等内容。在没有对象被选中的情况下,【特性】面板如图 9-13 所示。利用【特征】面板可以设置对象的特征、显示当前对象的特征以及修改对象的特征。

颜色、线型、线宽的默认设置都是“ByLayer”,即“随层”,这表示当前的对象特性随图层的设置而定。打印样式的当前设定为“ByColor”,即“随颜色”,但是此列表为灰显,这表明此状态下不能进行修改。透明度用来控制对象的显示特征,默认状态下透明度随层并且不透明。

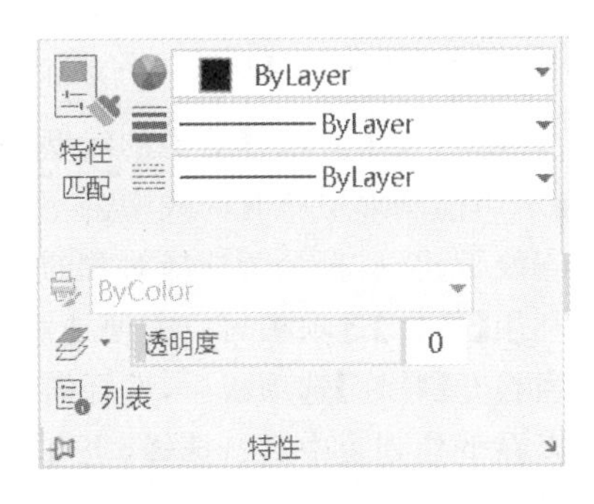

图 9-13　【特性】面板

9.2.3　【特性】选项板

【特性】选项板可用于编辑已有对象的图层、颜色、线宽、比例因子和一些几何特征。这里主要阐述如何利用【特性】选项板修改图层的属性。

9.2.3.1　【特性】选项板的启动

启动【特性】选项板的操作方法如下。

①功能区:【默认】标签|【特性】面板展开。

②命令行:输入“PROPERTIES”并回车。

③下拉菜单:【工具】|【选项板】|【特性】或者【修改】|【特性】。

用户可以先用鼠标左键选择要查看或修改特性的对象,然后在绘图区域中单击鼠标右键,在弹出的快捷菜单中单击【特性】选项。也可以鼠标左键直接双击欲修改的对象(文字对象除外)。也有用户习惯先可打开【特性】选项板,然后再用鼠标左键选择对应那个选项。

【对象特性】选项板界面如图 9-14 所示。

9.2.3.2　【特性】选项板的应用

【特性】选项板的功能包括基本属性、几何属性、形式属性等。基本属性共包括 6 项,分别为颜色、图层、线型、线型比例、线宽、厚度等功能选项。这里简要介绍前四个选项的功能。

①颜色:显示所选择对象的颜色,也支持修改所选对象的颜色。单击该列表右侧将显示折叠列表,其默认设置为“ByLayer”、“ByBlock”、“红、黄、绿、青、蓝、洋红、白”7 种颜色和“选择颜色”四部分内容,如图 9-15 所示。

②图层:显示所选择对象的图层,也支持修改选定对象的图层。单击该列表右侧将显示折叠列表,显示当前图形中所有的图层,如图 9-16 所示。

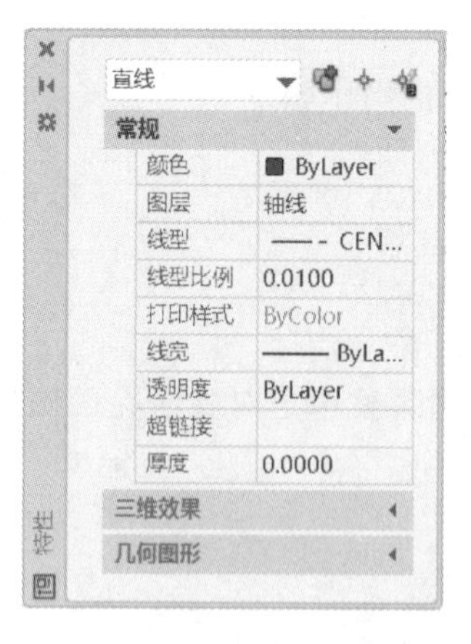

图 9-14 【对象特性】选项板

图 9-15 【颜色】下拉列表

图 9-16 【图层】下拉列表

③线型:显示所选择对象的线型,同时支持修改选定对象的线型。单击该列表右侧将显示折叠列表,显示当前图形中所有的线型。

④线型比例:显示所选择对象的线型比例,也支持修改选定对象的线型比例因子。

利用【特性】选项板可以方便地修改对象的颜色、所在的图层、线型和线型比例。

当打开【特性】选项板后,选择需要修改的对象,然后在【特性】选项板中选择需要修改的属性。用户可以在下拉列表中进行选择,也可以输入数进行修改。如【线型比例】部分,用户可以通过指定虚线、点画线等线型的线型比例来改变其显示效果。

9.3 设置当前线型比例

在实际绘图中,用户经常发现所设置的点画线、虚线等线型显示不符合自己的要求。这主要是因为用户不了解线型是如何定义的,并且不懂得如何调节线型的比例。

下面以图 9-17 所示的楼盖节点的三视图为例进行说明。从如图 9-18 所示的【图层管理器】对话框中可知,当前图形分别设置了“BEAM”“CENT”“COLUMN”“DASH-B”“DASH-C”“SLAB”以及“0”图层,并且为“CENT”层指定的线型为点画线,为“DASH-B”“DASH-C”指定的线型是虚线。

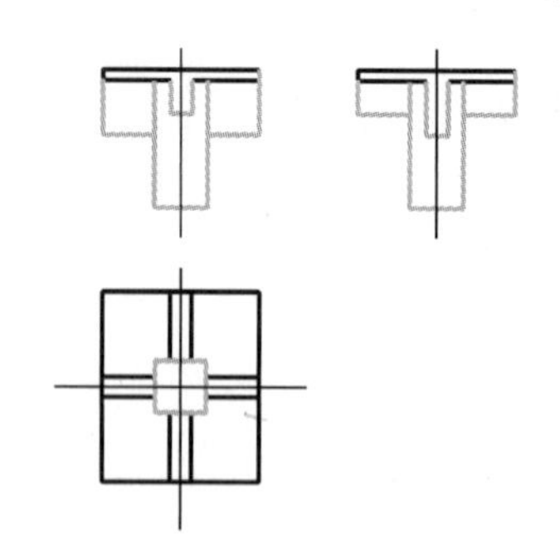

图 9-17 楼盖节点视图

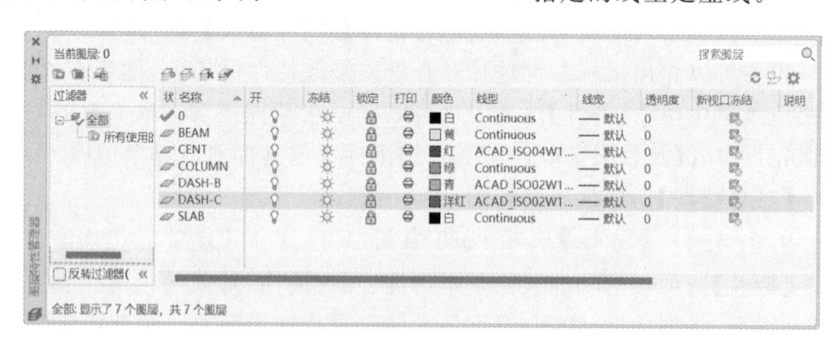

图 9-18 图层的设置

在模型空间内按照 1 : 1 的比例绘制,并且轴线、梁、板、柱位于不同的图层上,但是图 9-17 所示的各线型却显示为连续实线。这是因为在 AutoCAD 软件中,如果采用虚线、点画线等线型时,需要调整线型比例因子,以控制线型的外观。

改变线型显示比例的步骤如下。

①单击【格式】|【线型】，打开【线型管理器】对话框，如图 9-19(a)所示。

②在【线型管理器】对话框中点击【显示细节】按钮，显示已经加载线型的详细信息。

③调整【全局比例因子】数值。

④单击【确定】按钮，线型的显示随之改变。

其中“全局比例因子”文本框可以设置整个图形中所有对象的线型比例，“当前对象缩放比例”文本框可以设置当前新创建对象的线型比例。

“全局比例因子”×“当前对象缩放比例”＝最终比例。适当调整“全局比例因子”和“当前对象缩放比例”将能正确显示图形的线型。将“全局比例因子”设为“10”，“当前对象缩放比例”不改变，如图 9-19(b)所示。

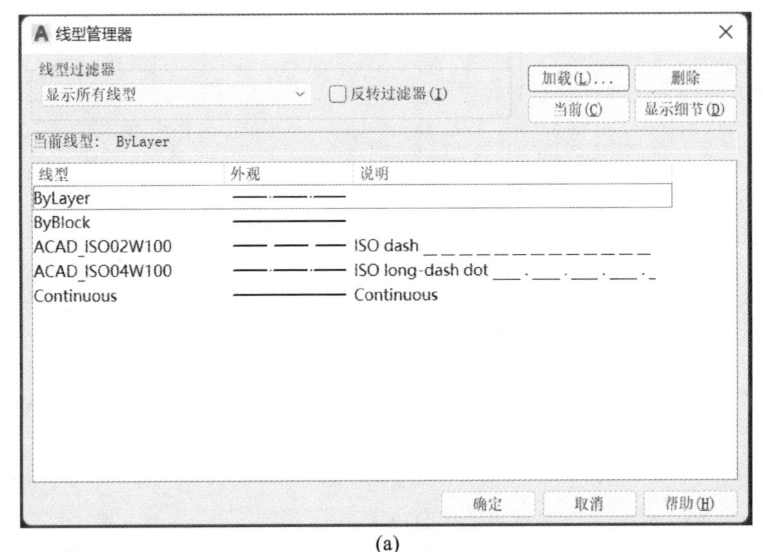

(a)

(b)

图 9-19　设置线型比例

(a)【线型管理器】对话框；(b)修改【全局比例因子】

【全局比例因子】的值对新绘对象及已有对象的线型比例都会产生影响。【当前对象缩放比例】的值只对设置后所创建绘图对象的线型产生影响,而在这之前所绘对象线型的显示不会出现变化。因此,如果欲修改已经完成的图形,只能对【全局比例因子】编辑栏进行调整。

如图 9-20 所示的图为设置好【全局比例因子】后的显示效果。

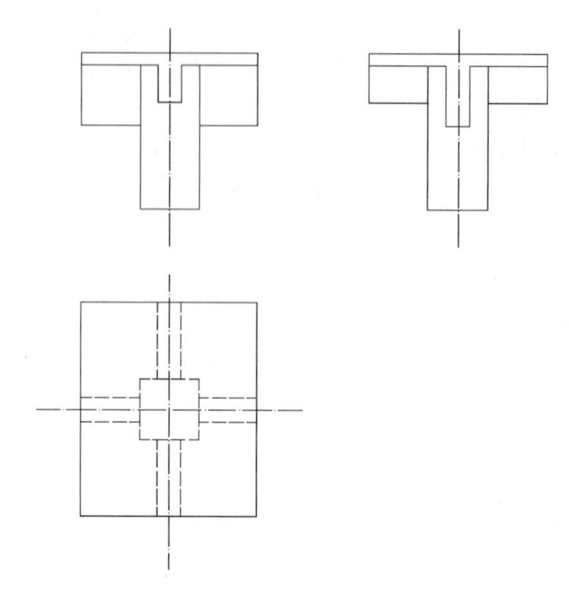

图 9-20 楼盖节点图

提示:如对已绘制图形的线型比例进行修改,可从图 9-14 所示的【对象特性】、【线型比例】选项卡中进行修改。

【思考与练习】

思考题

9-1 如何理解图层在组织和管理图形中的作用?

9-2 如何改变图层的属性? 如何设置当前图层?

9-3 如何改变对象所在的图层?

9-4 如何在绘图窗口中观看线宽设置的效果?

上机操作

9-1 根据下表中的要求创建图层。

图层	颜色	线型	线宽
Object	白色	Continuous	Default
Hidden	42	Hidden	Default
Center	红色	ACAD_ISO04W100	0.03
Dim	绿色	Continuous	0.03
Section	青色	Continuous	0.05

9-2 练习图层属性的设置和修改。

图层的设置要求:设置三个图层,图层名自定,颜色自定,线型分别采用虚线、实线和点画线,线宽采用 0.03、0.05 和默认线宽,分别在三个图层上绘制如图 9-21 所示图形并进行如下练习。

①打开/关闭【线宽】按钮，观察显示效果。

②打开/关闭或者冻结/解冻某图层，观察显示效果。

③在【格式】|【线型】|【线型管理器】对话框中调整【全局比例因子】和【当前对象缩放比例】编辑栏中的数值，观察显示效果。

④绘制如图 9-21 所示图形，将半径改为 5400 mm，调整【全局比例因子】编辑栏中的数值，观察显示效果。

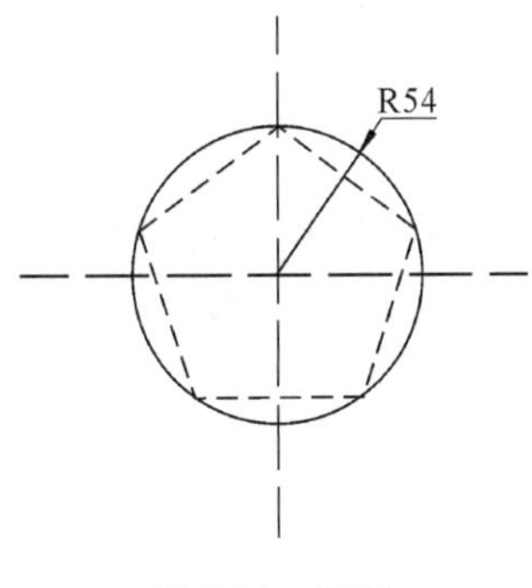

图 9-21　图形

第 10 章　文字标注与表格

土木工程施工图除了要将工程整体和细节按照规范进行投影和绘制，还要加上必要的注释，如设计说明、技术要求、尺寸和标题栏等，这是工程图中非常必要的部分。在 AutoCAD 软件中，所有注释都离不开一种特殊对象——文字。完备且布局恰当的文字不仅能使图样更好地表现工程师的设计思想，同时也使图纸更加清晰、整洁。

与一般的 Windows 应用软件不同，AutoCAD 软件中有两类文字类型，分别是 AutoCAD 软件专用的形(SHX)字体和 Windows 自带的 TureType 字体。形字体的特点是字形简单，占用计算机资源少，形字体文件的后缀是“. shx”。在 AutoCAD 软件中可以直接使用由 Windows 操作系统提供的 TureType 字体，包括宋体、黑体、楷体、仿宋体等。TureType 字体的特点是字体美观，但占用计算机资源较多，TureType 字体文件的后缀是“. ttf”。

另外，AutoCAD 软件还具备创建及编辑表格的功能。

10.1　文字样式

在 AutoCAD 图形中书写文字，比较简单的文字，多采用单行文字命令，比较复杂的文字则多采用多行文字命令。无论是使用单行文字命令时，还是使用功能比较灵活的多行文字命令，对文字样式进行规划和设置是工程师完成高质量图纸的基本技能。

10.1.1　定义【文字样式】

用户可以根据专业规范以及单位对字体的规定，对文字样式进行设置，以满足工程图的要求。

设置字体样式的方法如下。

①功能区：【注释】标签|【文字】面板|【文字样式】按钮 ↘ 。

②命令行：输入“STYLE”或“ST”并回车。

③下拉菜单：【格式】|【文字样式】。

激活上述命令后，程序将打开【文字样式】对话框，如图 10-1 所示。

【文字样式】对话框包括【样式】、【字体】、【大小】、【效果】和【预览】五个选项区。各部分功能解释如下。

(1)【样式】

此选项用于样式的管理。各选项的含义如下。

①【样式】：在该下拉列表框中包括可使用的文字样式，可选择用于标注当前文字样式。

②【新建】：单击该按钮，将弹出【新建文字样式】对话框，如图 10-2 所示，输入新建文字样式的名称并单击【确定】按钮，可创建新的文字样式，该文字样式将出现在【样式名】下拉列表框中。文件样式名可以定义成“标题栏”“技术要求”等名称，以便于区分。

③【重命名】：在【样式名】列表框中选择欲重命名的样式，鼠标右键单击该样式名，选择【命名】选项，用户可以在名称高亮后进行修改，如图 10-3 所示。

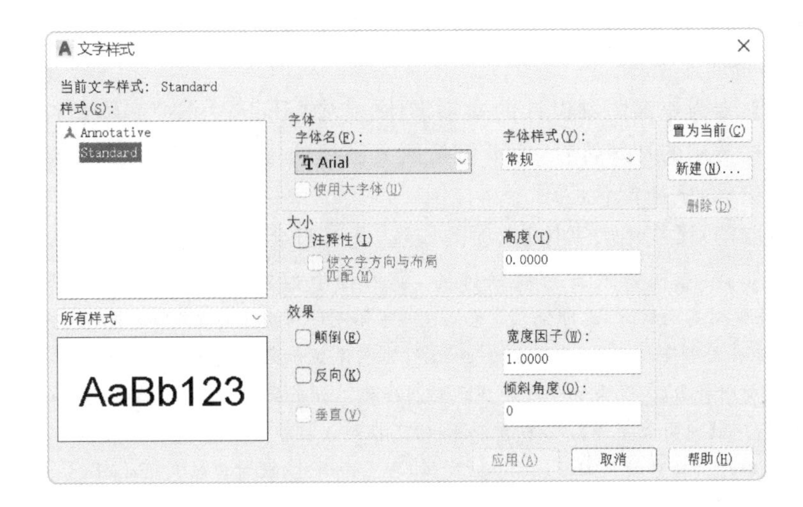

图 10-1 【文字样式】对话框

图 10-2 【新建文字样式】对话框

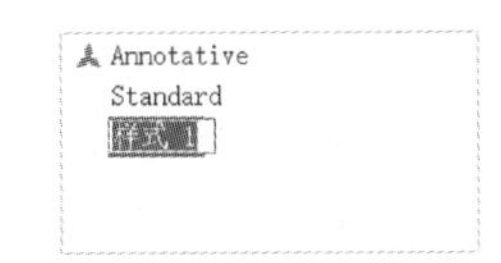

图 10-3 修改文字样式名称

④【删除】:在【样式名】列表框中选择欲删除的样式,鼠标右键单击该样式名,选择【删除】选项,将弹出如图 10-4 所示的【删除】对话框。

图 10-4 【删除】对话框

(2)【字体】

前文提到 AutoCAD 软件中的两种字体,即形字体和 TureType 字体,国标字体都属于形字体,如果想使用国标字体,必须勾选【使用大字体】选项,如图 10-5 所示。所谓的大字体是指亚洲国家(如日本、中国、韩国等)使用非拼音文字的大字符集字体。各选项的含义如下。

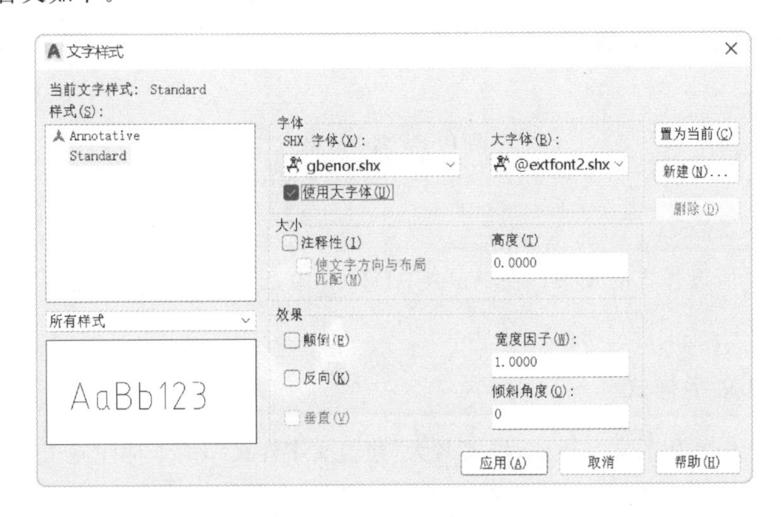

图 10-5 【文字样式】选项面板

①【SHX 字体】:如取消对【使用大字体】选项的勾选,下拉列表框将显示所有字体的清单。带双

“T”标志的字体是 Windows 系统提供的 TrueType 字体,包括常用的仿宋体、宋体、黑体等。其他字体是 AutoCAD 软件自带的形字体。

②【使用大字体】:专为亚洲国家设计的文字字体,其中“gbcbig. shx”字体是符合国家标准的长仿宋工程字体,包括一些常用的特殊符号,但不包括西文字体的定义,使用时可将其与“gbenor. shx”(正体)或“gbeitc. shx”(斜体)字体配合使用。

③【字体样式】:取消对【使用大字体】选项的勾选,此时将会出现【字体样式】下拉列表,若所选的字体支持不同的样式,如斜体、粗体或者常规字体等,就可在下拉列表中选择一个。

提示:用户在选择字体时有两种方式,即使用 TrueType 字体或使用形字体。“TrueType”字体,后缀名为“. ttf”,其字体显示复杂,可以支持中文字符;形字体后缀名为“. shx”,其字体显示简单。其中选用形字体时需要勾选【使用大字体】才可显示中文字符,否则将出现“?”型乱码或不显示对应字体。如果要使用 TrueType 字体(如 Arial 字体),则在字体样式设置对话框中不勾选【使用大字体】,在字体名(F)的下拉列表框中会出现保存在 windows 的 mfont 文件夹中的各种 TrueType 字体,这时候选择想使用的 TrueType 字体,再点击新建,就可以使用 TrueType 字体了。

(3)【大小】

对话框中的“注释性”复选框用于设置文字样式的注释性特性。注释性对象和样式用于控制注释对象在模型空间或布局中显示的尺寸和比例。当使用注释性对象时,缩放注释对象的过程是自动的。通过指定图纸高度或比例,然后指定显示对象所用的注释比例来定义注释性对象。

【高度】用于设置字体高度,以图形单位确定字体的大小,默认字高为“0”。如采用默认字高,以后标注文字时需再设高度。

(4)【效果】

此选项用于设置文字的显示效果,包括【颠倒】、【反向】、【垂直】、【宽度因子】和【倾斜角度】。其中,【宽度因子】文本框用于设置文字的纵横比,默认值为“1”。如果设置为小于 1 的正数,则文字宽度将被压缩;若设置为大于 1 的正数,则文字宽度将被放大。【倾斜角度】文本框用于设置文字的倾斜角度,使其变成斜体字,默认值为“0”。图 10-6 为文字不同的显示效果。

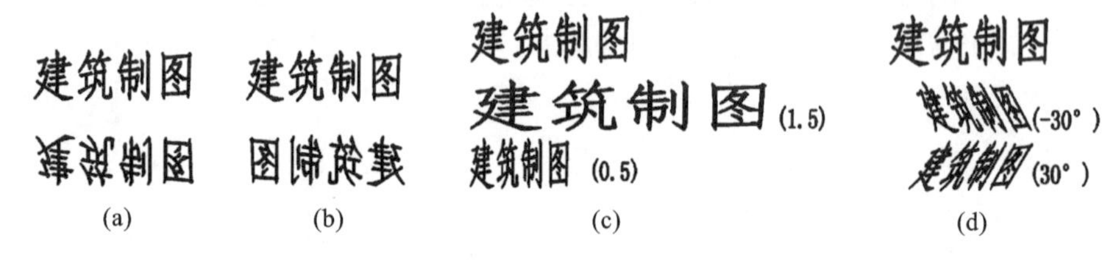

图 10-6 文字效果

(a)文字颠倒;(b)文字反向;(c)宽度比例;(d)倾斜角度

(5)【预览】

此选项用于查看所设样式的效果。在 AutoCAD2020 中,定义文字样式后【预览】框中自动展示所定义的文字效果。

10.1.2 创建文字样式

设置一种施工图中常用的文字样式,样式名为“建筑文字样式”,用于标注施工图的图名,字体采用“宋体”,字高为 10 mm,宽度因子为 1。过程参见下文和图 10-7。

①点击【注释】标签|【文字】面板|【文字样式】按钮 ↘,弹出【文字样式】对话框。

②单击【新建】按钮以创建文字样式,名称为“建筑文字样式”。

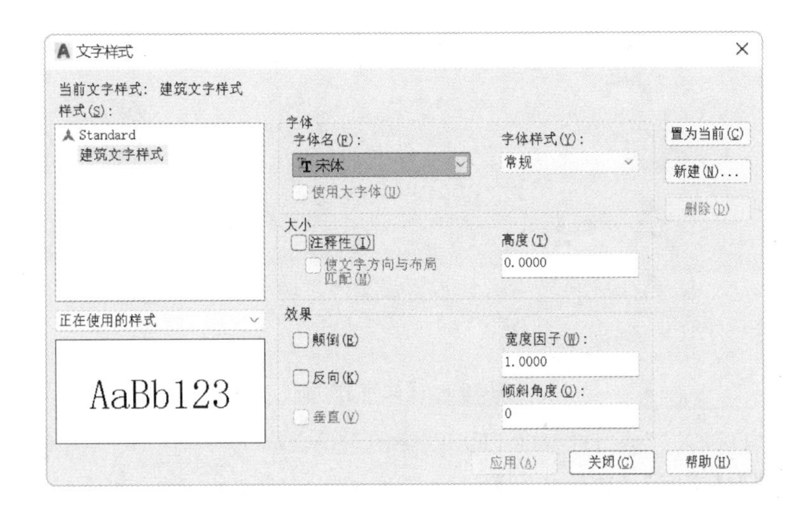

图 10-7　建筑文字样式

③单击【确定】按钮。

④宽度因子默认为“1”，倾斜角度默认为“0”，其余设置均保持默认。

⑤单击【置为当前】按钮完成设置。

⑥单击【关闭】按钮关闭对话框。

按照同样的方式，定义文字样式为“建筑功能标注”，字高为 10 mm，其他同上文的要求，用于建筑各部分功能的标注和说明，但并不将其置为当前样式。

提示 1：如需使用中文标注，则应定义字体为形字体，否则设置不合理时将出现一些“?”符号或者乱码。

提示 2：根据绘图规范和各单位的要求，一般需要定义数种文字样式并保存到图形样板文件中，使用时只需从中选择，无须重新设置。

提示 3：目前，在制定文字标注样式时，考虑到文字输出的方便和图面的美观，一些设计单位和绘图软件设置的文字样式中较少使用仿宋体，用户可以根据具体情况自行确定。

10.1.3　编辑文字样式

编辑已存在的文字样式的方法同建立文字样式的方法。在打开的【文字样式】对话框中选择需要修改的样式，然后输入需要修改的内容，点击【应用】按钮即可。

如果改变文字样式的字体，则当前图形中所有使用该样式的文字，其字体都随之改变；而改变高度只影响新建文字；改变宽度比例和倾斜角度，对单行文字来说不会影响已有文字，只影响新建文字。

10.2　标 注 文 字

对于简短的输入，使用单行文字即可。当带有内部格式或者内容较长时，使用多行文字更为方便。【文字】面板如图 10-8 所示。

10.2.1　单行文字

使用单行文字命令创建的每行文字为独立的对象。启动该命令的方法如下。

①功能区：【注释】标签|【文字】面板|【单行文字】按钮 A 。

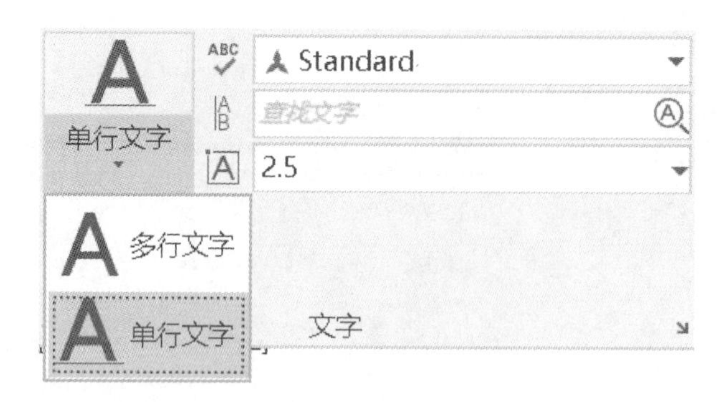

图 10-8 【文字】面板

②命令行:输入“DTEXT”或“DT”或“TEXT”并回车。

③菜单栏:【绘图】|【文字】|【单行文字】。

启动命令后,AutoCAD 软件的命令行提示如下。

命令:DTEXT ↵

当前文字样式:建筑文字样式 文字高度:30.00 注释性:否 对正:居中(当前文字样式、文字高度、注释性和对正)

指定文字的起点或[对正(J)/样式(S)]:(使用当前文字样式并指定文字起始点或改变文字对正或改变当前文字样式)

提示:“当前”指前一次操作使用的样式或默认样式。

当完成输入后,按回车键一次则结束该行的输入,然后进入下一行的输入。如果结束单行文字的输入,需要连续两次按下回车键。

各选项的含义如下。

(1)【指定文字的起点】

指定文字的起始位置。单击鼠标确定或输入起始位置后,AutoCAD 软件继续提示如下。

指定高度 <2.5000>:(指定文字的高度)

提示:设备光标将从文字插入点到定点附着一条拖引线,可单击拾取键将文字高度设置为拖引线指定的长度或直接输入数值。

指定文字的旋转角度 <0>:(指定文字的旋转角度,即文字的排列方向相对于水平线的夹角)

指定所需文字倾斜角度(默认倾斜角度为“0”),点击回车键继续。

用户在绘图区出现的插入点处输入文字,回车可换行输入,输入完毕两次回车即可结束该命令。

(2)【对正】

设置文字的定位方式。在命令行中输入“J”并回车表示选择该选项,AutoCAD 软件继续提示如下。

[左(L)/居中(C)/右(R)/对齐(A)/中间(M)/布满(F)/左上(TL)/中上(TC)/右上(TR)/左中(ML)/正中(MC)/右中(MR)/左下(BL)/中下(BC)/右下(BR)]:

各选项均用于文字的定位,确定文字位置时需采用 4 条定位线,分别为顶线、中线、基线和底线,其位置如图 10-9 所示。

各选项的含义如下。

①【左】:通过指定基线的起点、高度、旋转角度定位文字。执行该选项,命令行提示如下。

指定文字起点:

sdfgJTPLGCVB
顶线
中线
基线
底线

图 10-9　文字标注定位线位置

指定高度＜2.5000＞:(指定文字高度,或者回车采用 2.5000)

指定文字的旋转角度＜0＞:(指定文字旋转角度,或者回车采用 0)

用户在绘图区出现的插入点处输入文字即可。文字分布于该点的右侧。

②【居中】:通过指定基线的中心点、高度、旋转角度定位文字。执行该选项,命令行提示如下。

指定文字中心点:

指定高度＜2.5000＞:(指定文字高度,或者回车采用 2.5000)

指定文字的旋转角度＜0＞:(指定文字旋转角度,或者回车采用 0)

用户在绘图区出现的插入点处输入文字即可,文字均匀分布于该中点的两侧。输入不同数量的字符,文字的高度、宽度比例保持不变,中心点也保持不变。

③【右】:通过指定基线的终点、高度、旋转角度定位文字。执行该选项,命令行提示如下。

指定文字基线的右端点:

指定高度＜2.5000＞:(指定文字高度,或者回车采用 2.5000)

指定文字的旋转角度＜0＞:(指定文字旋转角度,或者回车采用 0)

用户在绘图区出现的插入点处输入文字即可,文字分布于该点的左侧。

④【对齐】:通过指定基线端点和文字的高度来确定文字的区域和方向。执行该选项,命令行提示如下。

指定文字基线的第一个端点:(鼠标确定文字基线的第一个端点)

指定文字基线的第二个端点:(鼠标确定文字基线的第二个端点)

指定高度＜2.5000＞:(指定文字高度,或者回车采用 2.5000)

用户在绘图区出现的插入点处输入文字即可。

⑤【中间】:通过指定基线和高度的垂直中点、高度、旋转角度定位文字。执行该选项,命令行提示如下。

指定文字的中间点:(指定中间点)

指定高度＜2.5000＞:(指定文字高度,或者回车采用 2.5000)

指定文字的旋转角度＜0＞:(指定文字旋转角度,或者回车采用 0)

用户在绘图区出现的插入点处输入文字即可,文字均匀分布于该中点的两侧,中间对齐的文字不保持在基线上。

⑥【布满】:通过指定基线端点和文字的高度来确定文字的区域和方向。执行该选项,命令行提示如下。

指定文字基线的第一个端点:(鼠标确定文字基线的第一个端点)

指定文字基线的第二个端点:(鼠标确定文字基线的第二个端点)

指定高度＜2.5000＞:(指定文字高度,或者回车采用 2.5000)

用户可以在绘图区出现的插入点处输入文字,该选项保证文字高度定值。输入的字符串越长,每个字符就越窄;反之,字符就越宽。

⑦【左上】:通过指定顶线的起点、高度、旋转角度定位文字。执行该选项,命令行提示如下。

指定文字的左上点:

指定高度 ＜2.5000＞:(指定文字高度,或者回车采用 2.5000)

指定文字的旋转角度 ＜0＞:(指定文字旋转角度,或者回车采用 0)

⑧【中上】:通过指定顶线的中点、高度、旋转角度定位文字。

⑨【右上】:通过指定顶线的终点、高度、旋转角度定位文字。

⑩【左中】:通过指定中线的终点、高度、旋转角度定位文字。

⑪【正中】:通过指定中线的终点、高度、旋转角度定位文字。

⑫【右中】:通过指定中线的终点、高度、旋转角度定位文字。

⑬【左下】:通过指定底线的终点、高度、旋转角度定位文字。

⑭【中下】:通过指定底线的终点、高度、旋转角度定位文字。

⑮【右下】:通过指定底线的终点、高度、旋转角度定位文字。

文字的各个定位点如图 10-10 所示。

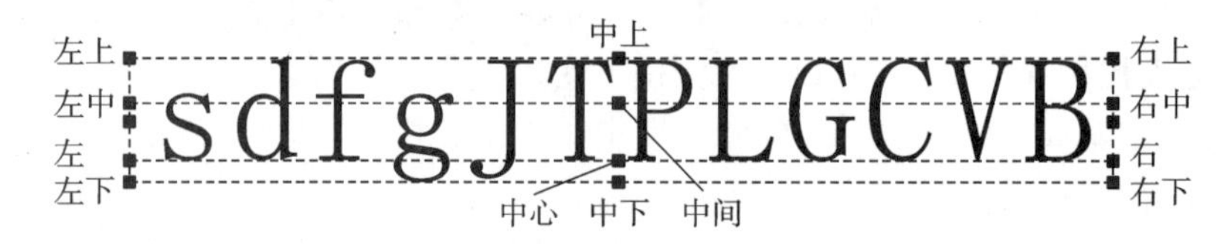

图 10-10　文字的各个定位点

(3)【样式】

设置文字所用样式。在命令行中输入“S”并回车表示选择该选项,AutoCAD 软件继续提示如下。

输入样式名或[?]＜建筑文字样式＞:

直接输入样式名,若输入“?”,则提示如下。

输入要列出的文字样式 ＜*＞:(在此提示下回车,列出所有样式和当前样式,如图 10-11 所示)

```
当前文字样式: “建筑文字样式” 文字高度: 455.4446 注释性: 否 对正: 居中
指定文字的中心点 或 [对正(J)/样式(S)]: J
输入选项 [左(L)/居中(C)/右(R)/对齐(A)/中间(M)/布满(F)/左上(TL)/中上(TC)/右上(TR)/左中(ML)/正中(MC)/右中(MR)/左下(BL)/中下(BC)/右下
(BR)]: C
指定文字的中心点:
指定高度 <455.4446>: 30
指定文字的旋转角度 <0>: 0
```

图 10-11　文字窗口中显示当前文字样式

10.2.2　特殊符号的输入

用户在输入单行文字时还可输入一些特殊符号,如直径符号“ϕ”,角度符号“°”和加、减符号“＋”“－”等。由于这些特殊符号不能从键盘上直接输入,因此,AutoCAD 软件提供了相应的控制符,以实现这些特殊符号的输入。常用特殊符号的控制符如表 10-1 所示。

表 10-1　常用特殊符号的控制符

控制符	功能
%%O	打开或关闭上划线
%%U	打开或关闭下划线
%%D	表示角度符号(°)
%%P	表示正负公差符号(±)

续表

控制符	功能
%%C	表示直径符号(ϕ)
%%%	表示百分号(%)
%%nnn	表示 ASCⅡ码字符,其中 nnn 为十进制的 ASCⅡ码字符值

控制符均由两个百分号(%%)及一个字符构成。直接输入控制符,控制符会临时出现在绘图区中,输完后控制符会自动转换为相应的特殊符号。

“%%O”和“%%U”是两个切换开关,在文字中第一次输入此符号时,表明打开上划线或下划线;第二次输入此符号,则关闭上划线或下划线。控制符所在的文字若被定义为 TrueType 字体,则可能无法显示相应的一些特殊符号,出现“?”或乱码。用户也可以使用 Windows 系统自带的字体动态键盘输入特殊符号。

以图 10-12 为例创建单行文字样式,操作步骤如下。

命令:DTEXT ↵

当前文字样式:建筑文字样式　当前文字高度:30.0000(当前模式)

指定文字的起点或[对正(J)/样式(S)]:S ↵(选择【样式】选项)

输入样式名或[?]＜Standard＞:建筑文字样式↵(使用“建筑文字样式”)

当前文字样式:建筑文字样式　当前文字高度:25(说明当前文字样式和高度)

指定文字的起点或[对正(J)/样式(S)]:(在绘图区任意位置单击鼠标左键)

指定高度 ＜25＞:(在绘图区拖引线指定高度)

指定文字的旋转角度 ＜0＞:↵(回车默认为不旋转)

这里演示了在“DTEXT”中字体上标、下标以及“±0.000”输入的过程。在绘图区出现的插入点处输入文字“%%O 中文版%%O AUTOCAD%%U 教程%%U”并回车换行,继续输入“本工程%%P0.000 相当于绝对标高 1.500 米”回车两次结束输入,结果如图 10-12 所示。

中文版 AutoCAD教程

本工程±0.000相当于绝对标高1.500米

图 10-12　带特殊符号的单行文字

10.2.3　多行文字

对于较长、较复杂的内容,可以创建多行文字。多行文字和单行文字的区别主要在于,多行文字无论行数多少,创建的行数集都被认为是单个对象。用户可以将对下划线、字体、颜色和高度的修改应用到段落的每个字符、词语或短语,用户可以通过控制文字的边界框来控制段落文字的宽度和位置,也可以方便地添加特殊符号。

多行文字命令的激活方法如下。

①功能区:【注释】标签|【文字】面板|【多行文字】按钮 A 多行文字 。

②命令行:输入“MTEXT”或“MT”并回车。

③菜单栏:【绘图】|【文字】|【多行文字】。

10.2.3.1 多行文字命令行功能

启动命令后,AutoCAD 软件的命令行提示如下。

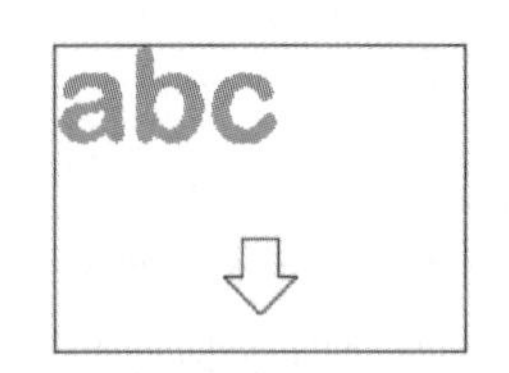

图 10-13 矩形方框和箭头

命令:MTEXT ↵

当前文字样式:"建筑文字样式"当前文字高度:30(当前文字样式和文字高度)

指定第一角点:(在绘图区单击左键拾取一点,然后拖曳鼠标,出现一个随鼠标变化的矩形方框,同时方框内出现一个箭头,如图 10-13 所示)

此时,AutoCAD 提示如下。

指定对角点或[高度(H)/对正(J)/行距(L)/旋转(R)/样式(S)/宽度(W)/栏(C)]:(指定矩形对角点或选择其他选项)

部分选项的含义如下。

(1)【指定对角点】

用于确定文本框的另一对角点以形成矩形区域。指定对角点后,随之弹出多行文字编辑器,如图 10-14(a)所示,用户可在此输入内容。

(2)【行距】

用于设置行间距,即相邻两行文字基线或底线之间的垂直距离。输入"L"执行该选项后,命令行提示如下。

输入行距类型[至少(A)/精确(E)]<至少(A)>:

输入行距比例或行距 <1x>:(单行间距可输入 1x,两倍间距可输入 2x,以此类推;也可输入具体距离值,输入完后重新回到主提示)

【至少】选项表明将根据文本框的高度和宽度自动调整行间距,但保证实际行间距至少为用户所设行间距;【精确】选项将保证实际行间距等于用户所设置的初始行间距。

(3)【宽度】

输入"W"执行该选项,通过键入和拖动图形中的点来指定文本框的宽度。

提示 1:多行文字对象的长度取决于文字量,而不是边框的长度。

提示 2:若输入的文字全是字符,且字符间无间隔,则字符串的宽度不服从文本框的宽度,若输入溢出了定义的边框,将用虚线表示定义的宽度和高度。即文字框的宽度事实上只对单词和文字起作用。

10.2.3.2 编辑多行文字

当确定了标注文字框后,自动弹出如图 10-14(b)所示的多行文字编辑器。在这里可以像 Word 等的字处理软件一样对文字的字体、字高、加粗、斜体、下划线、颜色、文字样式,甚至段落、缩进、制符表等特性进行编辑,编辑完成后只需单击【关闭文字编辑器】即可。

提示:【文字编辑器】|【选项】面板|【更多】|【编辑器设置】|【显示工具栏】,可以打开文字编辑器便捷工具栏,如图 10-14(c)所示。

【文字格式】部分功能在前面已经介绍过,这里仅介绍其他比较特殊的功能。

(1)【文字高度】

多行文字中可包含不同高度的字符,如图 10-15 所示。

(2)【粗体、斜体、下划线】

此选项可为新输入或选定的文字设置或取消加粗、倾斜和下划线效果,如图 10-16 所示。

(3)堆叠特性的应用

选定文字中包含堆叠字符(/、#、^),在文字编辑器中单击 $\frac{b}{a}$ (堆叠)按钮,则可创建堆叠文字。堆

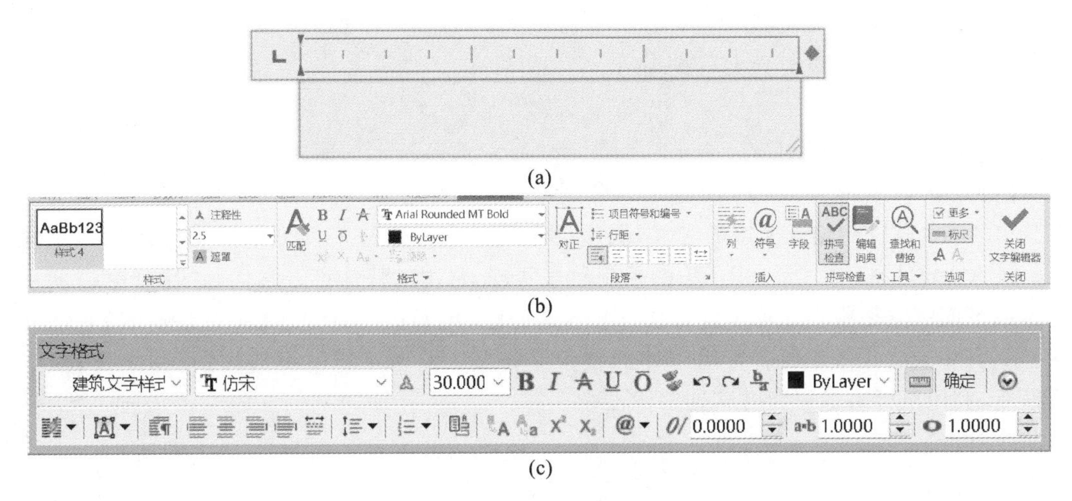

图 10-14　多行文字编辑器

(a)多行文字标尺及输入框;(b)多行文字编辑器;(c)文字编辑器便捷工具栏

中文版 AutoCAD2020 实用教程

图 10-15　不同文字高度的效果

中文版 ***AutoCAD2020*** 实用教程

图 10-16　加粗、倾斜和下划线效果

叠字符左侧的文字将堆叠在字符右侧文字之上,3 种堆叠方式如图 10-17 所示。将字符堆叠后,选堆叠文字即可出现【堆叠特性】按钮,单击该按钮便可打开【堆叠特性】对话框,可设置相关属性,如图 10-18 所示。上标:如 X5 则输入 X5^ 后选定 5^ 堆叠;下标:X5 则输入 X^5 后选定 ^5 堆叠即可。

非堆叠	堆叠
3^8	3 8
3/8	3 (underlined) 8
3#8	3/8

图 10-17　堆叠方式

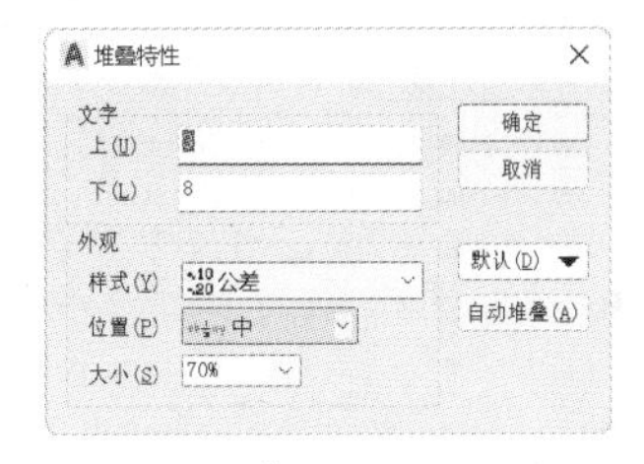

图 10-18　【堆叠特性】对话框

(4)【标尺】

此选项可控制是否显示标尺。

(5)【撤销】

此选项可在编辑器中放弃或重做操作,包括对文字内容或文字格式所做的修改。

(6)【确定】

此选项可保存修改并关闭编辑器。若关闭编辑器而不保存修改,则按“Esc”键退出。

(7)【对正】

此选项可设置文字的各种对齐方式。

(8)【项目符号和列表】

此选项可使用编号、项目符号或大写字母创建列表。

(9)【插入字段】

此选项可从中选择要插入文字中的字段。关闭该对话框后,字段的当前值将显示在文字中。

(10)【大写、小写】

此选项可将选定字符更改为大写或小写。

(11)【上划线】

此选项可设置或取消上划线。

(12)【符号】

在 AutoCAD 软件中输入文字的时候,偶尔会遇到一些特殊的工程符号不能直接从键盘键入,以往的 AutoCAD 软件采用以“%%”开头的控制码来实现,常用的特殊符号和代码如图 10-19 所示,选择常用符号或不间断空格将在光标位置处插入。若选择【其他】选项,将显示【字符映射表】对话框,如图 10-20 所示,其中包含系统中每种可用字体的整个字符集。双击字符就可放入【复制字符】框中,关闭该对话框后,利用鼠标右键可“粘贴”到编辑器中。

图 10-19 【符号】子菜单

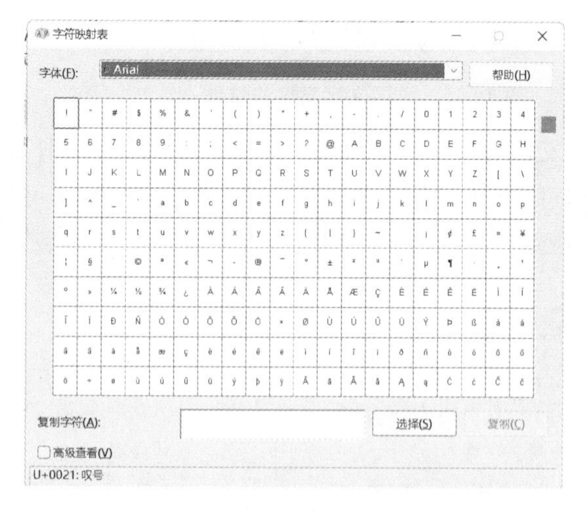

图 10-20 【字符映射表】对话框

对于多行文字,也可以利用【特性】工具对文字进行编辑,方法是先选择文字对象,单击【标准】面板上的【特性】按钮,弹出特性选项板(详情见 9.2.3 小节),对话框中的文字选项区就是对多行文字进行修改的地方。

(13)【追踪】

此选项可增大或减小字符间距。设置为 1.0 是常规间距,大于 1.0 可增大间距,小于 1.0 可减小间距。

(14)【选项】

单击【选项】面板中【更多】,可以查看或修改字符集,在“编辑器设置”中勾选“显示工具栏”可显示工具栏便捷窗口,如图 10-21 所示。

10.2.3.3 创建文字样式示例

创建如图 10-22 所示的工程说明,标题为黑体,加下划线,字高 6,其他字体为宋体,字高 30。其具体操作步骤如下。

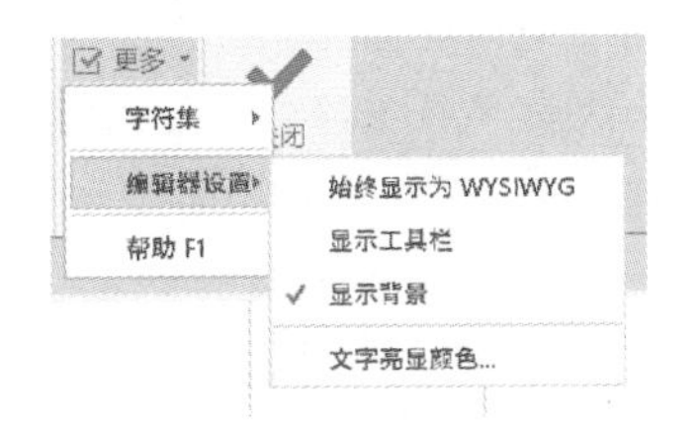

图 10-21　【选项】对话框

<u>说明：</u>
1. 混凝土强度等级为C20。
2. 钢筋混凝土保护层厚度：梁、柱25 mm、板15 mm。
3. TB1、TB2、TB3和平台板未注明者，分布筋均为∅6@250。

图 10-22　多行文字

命令:MTEXT ↵
当前文字样式:"建筑文字样式"　文字高度:30　注释性:否
指定第一角点:
指定对角点或[高度(H)/对正(J)/行距(L)/旋转(R)/样式(S)/宽度(W)/栏(C)]:

在弹出的多行文字编辑器中,利用【文字格式】工具栏,选择样式为当前所建的"建筑文字样式",文字高度为 30,在文本框中输入文字,再选定标题文字设置其字体为黑体、高度为 60 并设有下划线,单击"确定"按钮,结果如图 10-22 所示。

提示 1:若发现文字出现"?"或乱码,多数情况下是由于文字样式所链接的字体不合适造成的,用户选择合适的字体即可。

提示 2:单行文字创建的文本以行为单位,属性一致,使用灵活,常用于简短的文字标注。多行文字功能强大,但使用起来稍烦琐。

提示 3:利用"EXPLODE"命令可将多行文字转换为若干单行文字。

提示 4:对于拥有不同文字样式的多行文字,可以双击已经输入的多行文字,然后选择需要修改文字样式的文字,在多行文字编辑器中修改。

10.3　编辑文字

文字输入的内容和格式可能一次不能达到用户要求,需要进行反复的调整和修改,此时就需要在原有文字基础上对文字对象进行编辑处理。

10.3.1　基本编辑

AutoCAD 软件提供了两种对文字进行编辑修改的方法,一种是文字编辑命令,另一种是【特性】选项板。

激活文字编辑命令的方法如下。

①命令行:输入"DDEDIT"或"ED"并回车。

②菜单栏:【修改】|【对象】|【文字】|【编辑】。

③直接对需要编辑的文字用鼠标双击。

激活文字编辑命令后,AutoCAD 软件对于单行文字和多行文字的响应是不完全相同的,两者共同的地方是,在 AutoCAD2020 中,无论是单行文字还是多行文字,都是采用在位编辑的方法。也就是说,被编辑的文字并不离开原来文字在图形中的位置,这样就保证了文字与图形的相对位置一致,实现真正的"所见即所得"。

10.3.1.1　用"DDEDIT"编辑文字

启动命令后,AutoCAD 软件的命令行提示如下。

命令:DDEDIT ↵

选择注释对象或[放弃(U)/模式(M)]:(选取要编辑的对象,若选择的是单行文字,则可直接对其内容进行修改;若选择的是多行文字,则弹出【多行文字编辑器】,在其中对文字的内容及格式进行修改)

选择注释对象或[放弃(U)/模式(M)]:(可继续选取,或回车结束命令)

10.3.1.2 修改文字比例和对正

在AutoCAD软件中,可以修改一个或多个文字对象、属性和属性定义(或其插入点)的比例,同时不修改对象的位置。其中,"SCALETEXT"命令可以缩放文字,"JUSTIFYTEXT"命令可以修改文字的对正方式。

激活该命令的方法如下。

①功能区:【注释】标签|【文字】面板|【缩放】按钮 缩放。

②命令行:输入"SCALETEXT"或"JUSTIFYTEXT"并回车。

③下拉菜单:【修改】|【对象】|【文字】|【比例】或【对正】。

10.3.1.3 注释性特性的应用

在绘制施工图时,文字、标注、符号等对象应保持统一的标准。在AutoCAD软件中对这些对象的大小进行设置后,当采用1∶1的出图比例时,可方便地实现标准的字高、标注以及符号的大小,但是当采用非1∶1的出图比例时,就需要为每个出图比例进行单独的缩放调整,这导致绘图的效率降低。注释性特征是AutoCAD软件重要的功能,注释性特征的目的是让非1∶1比例的出图更方便,无须调整文字、标注、符号的比例。

前面的文字样式设置中阐述了如何进行注释性的设置。由于注释性必须和布局配合起来使用,因此下面简单介绍注释性的概念和应用。

①单击"模型"选项卡,切换到"模型",单击选中文字对象,按快捷键【Ctrl+1】或者右键快捷菜单中选择【特性】按钮,弹出【特性】选项板,将其中"注释性"下拉列表选择为"是",这样就为文字打来了注释性。

②此时会发现"注释性"下拉列表下面增加了一项"注释比例"选项,单击旁边的【…】按钮,打开【注释对象比例】对话框,此时对象列表比例中只有"1∶1"这个选项,单击【添加】按钮,将所需的出图比例添加进去,单击【确定】按钮,关闭【注释对象比例】对话框,然后关闭【特性】选项板。

③单击文字对象,会发现文字对象变成了设置比例字高显示,移动到文字上方的十字光标旁也多了注释性的三角比例尺符号。

10.3.2 PROPERTIES编辑文字

同图形一样,用户也可使用【特性】选项板文字的内容及属性进行编辑。

激活该命令的方法如下。

①功能区:【默认】标签|【特性】面板|【特性】选项板 ↘ 。

②命令行:输入"DDMODIFY"或"PROPERTIES"并回车。

③菜单栏:【修改】|【特性】。

选择要修改的文字,使用上述任一方式启动命令后,将弹出【特性】选项板。根据所选文字的类型不同,【特性】选项板的选项也有所不同。

用户可以在【特性】选项板中修改文字的颜色、图层、线型,以及文字的内容、样式、对正方式等,使用非常方便。

10.3.3　其他常用操作

10.3.3.1　文字显示性能

如图形中文字过多，尤其包含 TrueType 字体和其他复杂格式字体时，将会使缩放、刷新等操作变慢，使用“QTEXT”命令控制文字的显示模式可加快图形重生成的过程。

用户可以在命令行输入“QTEXT”并回车进行修改，也可以在下拉菜单【工具】|【选项】|【显示】|【显示性能】选项组|勾选【仅显示文字边框(X)】。

以下演示命令行的输入方式。

命令：QTEXT ↵

输入模式[开(ON)/关(OFF)]<关>：(输入控制文字显示)

完成上述操作后，用户还需单击【视图】|【重生成】命令，则每个文字对象和属性对象都将仅显示文字对象周围的边框而不显示内容，如图 10-23 所示。

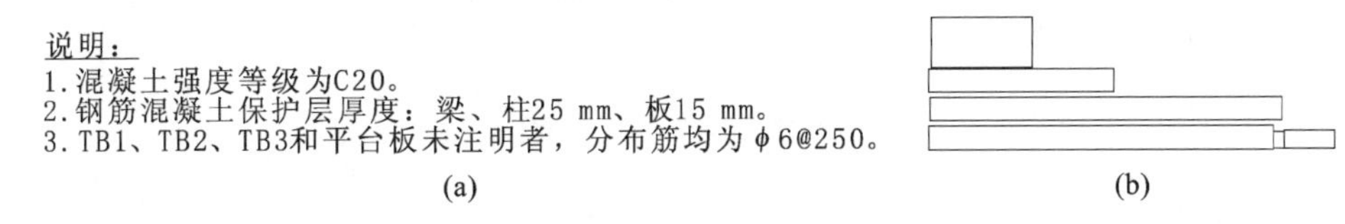

图 10-23　快速显示文字

(a)文字显示处于“OFF”状态；(b)文字显示处于“ON”状态

10.3.3.2　拼写检查

使用“SPELL”命令可用于检查图形中所有文字或单一文字的拼写错误，对于英文的拼写检查更为有效。

激活该命令的方式如下。

①命令行：输入“SPELL”并回车。

②菜单栏：【工具】|【拼写检查】。

激活【拼写检查】命令后将自动弹出【拼写检查】对话框，如图 10-24 所示。

图 10-24　【拼写检查】对话框

10.3.3.3　查找与替换

使用“FIND”命令可在当前整个图形文件或指定区域内查找并替换所需要的文字。

激活该命令的方式如下。

①命令行:输入“FIND”并回车。

②下拉菜单:【编辑】|【查找】命令。

启动命令后,将弹出【查找和替换】对话框,如图 10-25 所示,用户可以完成字符串的查找和替换。

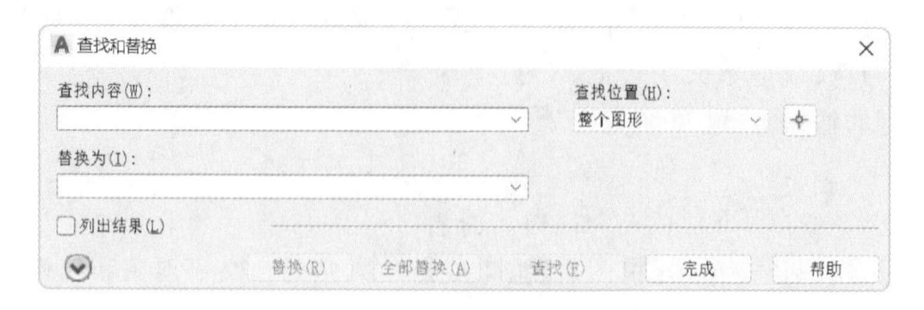

图 10-25　【查找和替换】对话框

10.4　表　　格

表格是在行和列中包含数据的对象。工程图中会大量使用表格,例如标题栏和明细栏都属于表格的应用。早期版本的 AutoCAD 软件没有提供专门的表格工具,所有的表格都需要先将表格线条绘制出来,然后在里面逐个输入文字,文字与表格单元框的位置关系都要手工逐个对齐。从 AutoCAD 2005 开始增加了专门的表格工具,AutoCAD2020 支持表格分段、序号自动生成,更强的表格公式以及外部数据链接等。用户可以直接使用 AutoCAD 软件的表格工具做一些简单的统计分析。

10.4.1　创建表格样式

与创建文字前应先定义文字样式一样,在创建表格前,也应先定义表格样式以控制表格外观。可使用默认表格样式“Standard”,或根据需要创建或编辑新样式。

10.4.1.1　表格样式功能

激活该命令的方法如下。

①功能区:【注释】标签|【表格】面板|【表格样式】按钮 ↘ 。

②命令行:输入“TABLESTYLE”并回车。

③菜单栏:【格式】|【表格样式】。

启动命令后,弹出【表格样式】对话框,如图 10-26 所示。

【表格样式】对话框的默认样式为“Standard”。在【样式】列表框中显示所设置的表格样式,单击某个样式,将“高亮”显示,其效果显示在【预览】框中。【列出】列表框用于设置【样式】列表框中显示样式的范围,有【所有样式】和【当前样式】两个选项,单击右侧按钮可进行样式的管理。该对话框中各选项的功能如下。

(1)【置为当前】

将【样式】列表框中选定的样式置为当前,所有新建表格将采用此样式。

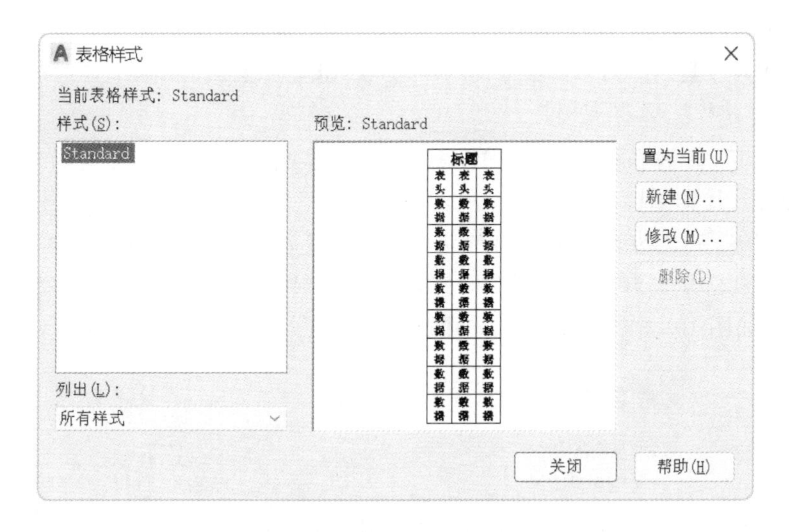

图 10-26　【表格样式】对话框

（2）【新建】

用于定义新的样式。单击按钮将弹出【创建新的表格样式】对话框，在该对话框中输入新建表格样式的名称并在【基础样式】下拉列表框中选择一种基础样式，则新样式将在该样式的基础上进行修改，单击【继续】按钮，将弹出【新建表格样式】对话框，如图 10-27 所示。

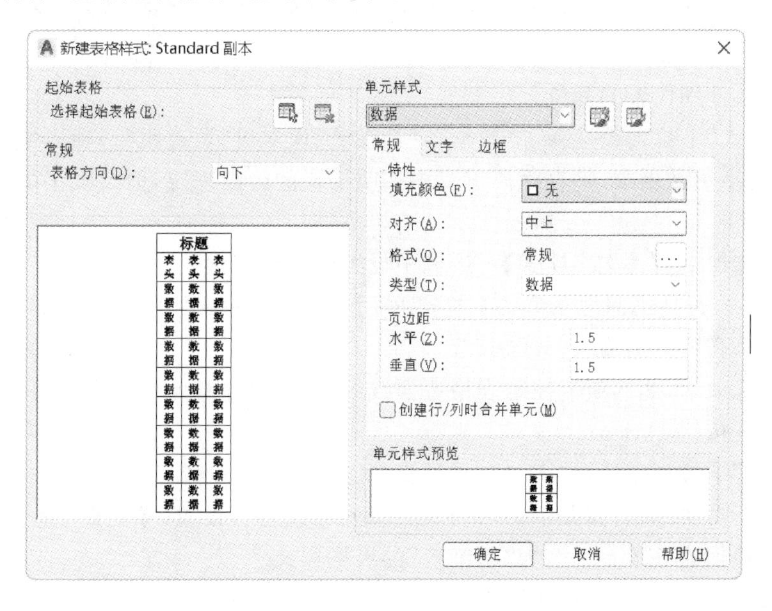

图 10-27　【新建表格样式】对话框

①"常规"选项卡：设置颜色、对齐方式、格式、类型以及页边距，页边距分为水平页边距和垂直页边距两个选项，前者表示设置单元中的文字或块与左右单元边界之间的距离，后者表示设置单元中的文字或块与上下单元边界之间的距离。

②"文字"选项卡：设置文字样式、文字高度、文字颜色、文字角度，点击文字样式右侧【更多】按钮，可以打开【文字样式】对话框（详见 10.1.1 小节）。

③"边框"选项卡：用于设置表格边框的线宽、线型、颜色以及是否采用双线。

设置完成后,单击【确定】按钮,返回【表格样式】对话框,完成表格样式的创建。

用户可以使用【修改】按钮修改已有的表格样式,使用【删除】按钮删除不合适的表格样式。

10.4.1.2　创建“表格样式 1”

新建“表格样式 1”,数据和标题的字体设置为楷体,字高为 30,对齐方式为正中,标题的字高为 60,其他设置为默认。其具体操作步骤如下。

①启动“TABLESTYLE”命令,再按回车键,在弹出的【表格样式】对话框中单击【新建】按钮。

②在【创建新的表格样式】对话框的【新样式名】文字框中输入新样式名“表格样式 1”,【基础样式】默认为“Standard”,如图 10-28 所示,然后单击【继续】按钮。

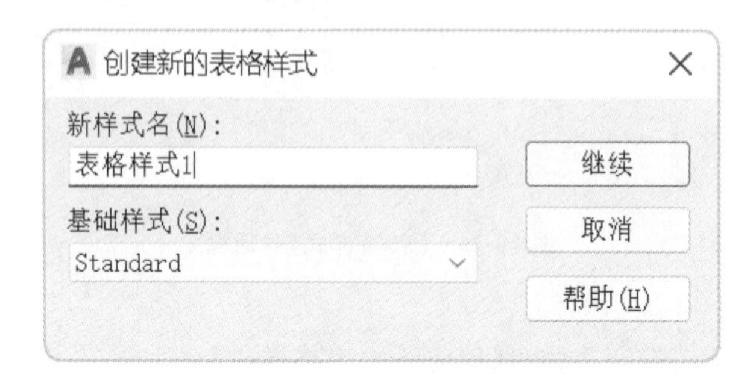

图 10-28　创建新的表格样式

③将“常规”选项区域中“表格方向”下拉列表更改为“向上”,这是明细表的形式,数据向上延伸。表格里面有三个基本要素,分别是“标题”“表头”“数据”,在“单元样式”下拉列表中控制,在预览图形里可以看见这三个要素分别代表的部位。

④确保“单元样式”下拉列表选择了“数据”,“常规”选项卡里“页边距”选项区域控制文字和边框的距离,对于水平距离不用做更改,垂直距离需要根据明细栏的行高来定,但是文字的高度还要加上上下的余量。

⑤选择“文字”选项卡,在【文字样式】对话框中设置文字样式名为“表格文字”,所采用的字体为宋体,字体高度为 0.000,宽高比例为 0.7;在【文字高度】文字框中输入“30”;在【对齐】下拉列表框中选择【正中】选项。将文字高度分别输入“30”“60”。

⑥选择“边框”选项卡,此选项卡控制表格边框线的特性,要注意此处的更改要先选择线宽,然后再单击需要更改的边框按钮。

⑦在“单元样式”下拉列表选择“表头”,重复步骤④、⑤、⑥的设置。

⑧由于明细栏不需要标题,因此不必对“标题”单元样式进行设置,单击【确定】按钮,回到【表格样式】对话框,现在已经创建好了一个名为“明细栏”的表格样式。

⑨单击【关闭】按钮,结束表格样式的创建。

创建完表格样式后,可以在屏幕右上角的“表格样式”下拉列表中选择此“明细栏”作为当前的表格样式,如图 10-29 所示。

10.4.2　创建表格

上文已经设置好了“表格样式 1”,现在使用该样式创建表格。

启动该命令的方式如下。

①功能区:【注释】标签|【表格】面板|【表格】按钮 。

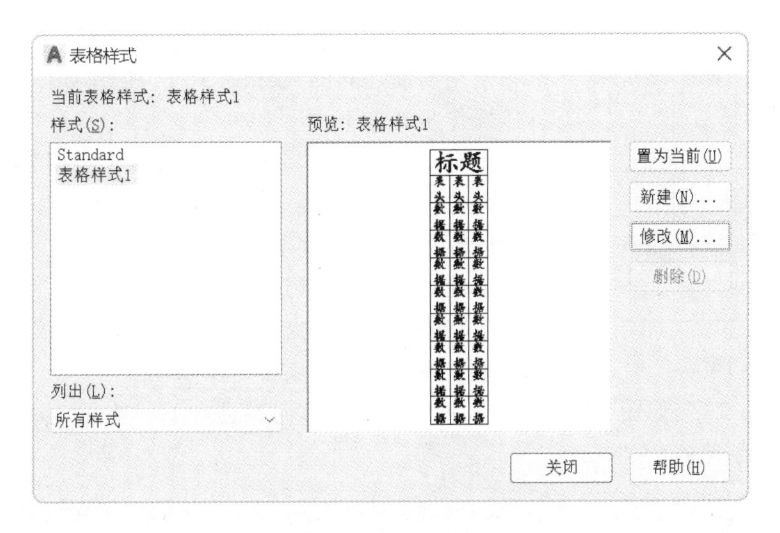

图 10-29　"表格样式 1"预览

②命令行：输入"TABLE"并回车。

③下拉菜单：【绘图】|【表格】。

10.4.2.1　【插入表格】

启动命令后，将弹出【插入表格】对话框，如图 10-30 所示，在此可以进行插入表格的设计。

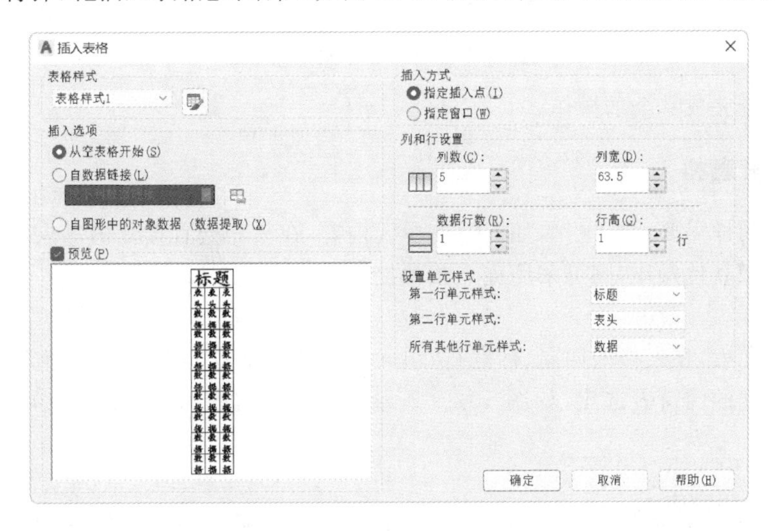

图 10-30　【插入表格】对话框

①确保"表格样式"名称选择了刚才创建的"表格样式 1"，将"插入方式"选定为"指定插入点"方式，在"列和行设置"选项区域中设置为 5 列 1 行，列宽为 63.5，行高为 1 行，由于明细栏不需要标题，因此需要在"设置单元样式"选项区域将"第二行单元样式"下拉列表选择为"表头"，然后将"所有其他行单元样式"下拉列表选择为"数据"，然后单击【确定】按钮。

②指定标题栏的左上角点为表格插入点，然后在随后提示输入的列标题行中填入"序号""代号""名称""数量""材料""重量""备注"七项，序号列上填入 1～4，可以采用类似 Excel 电子表格里的方法，先填入 1 和 2，然后选择这两个单元格，其他数据采取按住单元格边界右上角夹点拉动的方法完成，AutoCAD 软件可以自动填入数列。

门窗表				
类型	编号	尺寸	数量	备注
窗	C1	1800×1800	5	
窗	C2	2100×2100	2	
门	M1	900×2000	5	

图 10-31　门窗表

10.4.2.2　创建表格——门窗表

使用前面建立的“表格样式 1”,创建如图 10-31 所示的表格,具体操作步骤如下。

①启动“TABLE”命令,弹出【插入表格】对话框,单击【表格样式名称】下拉列表框并选择“表格样式 1”。“表格样式 1”各参数的内容见 10.4.2.1 节的内容介绍。

②确定插入方式,选择【指定插入点】。

③在绘图区中指定插入点,弹出【多行文字编辑器】,此时表格的最上面一行处于文字编辑状态。

④在表格中输入文字,如图 10-32 所示。回车或按下方向键进入下一单元,输入相应内容,最后单击【确定】按钮,完成创建。

图 10-32　在单元中输入文字

⑤用户可以自行完成其余的操作。

10.4.3　编辑表格

已创建的表格同样需要编辑操作,如需改变单元内容,在单元处直接双击进入编辑状态即可修改。若修改表格结构或做其他操作,则可采用夹点或快捷菜单。

(1)夹点

选择表格或单元后,在表格的四周、标题行、单元上将会显示若干个夹点,可拖动夹点改变行、列宽度。如将前面所建立的门窗表选定,如图 10-33 所示;向右拖动“尺寸”处的夹点可将此列加宽,如图 10-34 所示。

门窗表				
类型	编号	尺寸	数量	备注
窗	C1	1800×1800	5	
窗	C2	2100×2100	2	
门	M1	900×2000	5	

图 10-33　夹点显示

门窗表				
类型	编号	尺寸	数量	备注
窗	C1	1800×1800	5	
窗	C2	2100×2100	2	
门	M1	900×2000	5	

图 10-34　拖动夹点改变列宽

(2)快捷菜单

选定表格的不同部分,单击右键将弹出不同的快捷菜单。

①单击网格线的功能:选定整个表格时,对表格进行操作。用户可以对表格进行剪切、复制、删除、移动、缩放、旋转等操作,也可以均匀调整表格的行、列大小。

②单击单元的功能:选择表格的某个单元时,用户可以对单元进行编辑,主要功能包括单元格的复制、剪切、单元对齐、单元边框处理、匹配单元处理、对行和列进行插入或删除、插入块、插入公式、编辑单元文字以及合并单元等操作。图 10-35 和图 10-36 分别为选择连续单元和合并单元的结果。

门窗表				
类型	编号	尺寸	数量	备注
窗	C1	1800×1800	5	
窗	C2	2100×2100	2	
门	M1	900×2000	5	

图 10-35　选择连续单元

门窗表				
类型	编号	尺寸	数量	备注
窗	C1	1800×1800	5	
窗	C2	2100×2100	2	
门	M1	900×2000	5	

图 10-36　合并单元

③插入公式:可在选定的单元中输入公式进行计算。包括求和、均值、计数、单元和方程式命令选项。求和、均值、计数及单元命令分别可对选择单元范围中的值求和、求平均值及个数计数和引用。方程式则以等号(=)开始,它是一个由数值、单元格引用(地址)、函数或运算符组成的等式。单元格引用可以通过单元的列字母和行号来表示,如 A6、B1、B2 等(在默认情况下,当选定表格单元进行编辑时,在位文字编辑器将显示列字母和行号,使用“TABLEINDICATOR”系统变量可以打开和关闭此显示)。运算符包括加号(+)、减号(-)、乘号(*)、除号(/)、指数运算符(^)和括号()。图 10-37～图 10-40 分别表示新增一行、选定放置公式的单元、显示求和公式以及合计值的计算。

门窗表				
类型	编号	尺寸	数量	备注
窗	C1	1800×1800	5	
窗	C2	2100×2100	2	
门	M1	900×2000	5	
合计				

图 10-37　新增一行

门窗表				
类型	编号	尺寸	数量	备注
窗	C1	1800×1800	5	
窗	C2	2100×2100	2	
门	M1	900×2000	5	
合计				

图 10-38　选定放置公式的单元

提示:选择多个单元时,可选择在表格中按住鼠标左键拖动光标,将出现一个虚线矩形框,在该矩形框内以及与矩形框相交的单元都将被选中;也可在单元内单击鼠标选择单元,再按住“Shift”键单击其他单元,则相邻区域内的单元都将被选中。

	A	B	C	D	E
1	门窗表				
2	类型	编号	尺寸	数量	备注
3	窗	C1	1800×1800	5	
4	窗	C2	2100×2100	2	
5	门	M1	900×2000	5	
6	合计			=Sum(D3:D5)	

图 10-39　显示求和公式

门窗表				
类型	编号	尺寸	数量	备注
窗	C1	1800×1800	5	
窗	C2	2100×2100	2	
门	M1	900×2000	5	
合计			12	

图 10-40　合计值

【思考与练习】

思考题

10-1　使用何种命令可以控制文字的显示模式？

10-2　创建文字时，如何表示圆的直径？

10-3　如何设置和改变当前文字样式？

10-4　在多行文字编辑器中，如要使超出文字编辑的行不自动换行，应该如何操作？

10-5　如何修改已经存在的文字对象的内容？

10-6　是否能对文字对象进行复制、镜像、旋转等操作？

上机操作

10-1　创建如图10-41所示的表格，并输入文字，具体要求如下。

类型	编号	洞口尺寸		数量	备注
		宽	高		
窗	C1	1800	2100	2	
	C2	1500	2100	3	
	C3	1800	1800	1	
门	M1	3300	3000	3	
	M2	4260	3000	2	
卷帘门	JLM	3060	3000	1	

图 10-41　创建的表格

建立文字样式“建筑文字样式”，该样式字体为仿宋，宽高比为0.7，建立表格样式“建筑表格”，数据、列标题的字高分别设为350、400，对齐方式设为正中。

10-2　完成如下所示的工程说明，分别采用“TEXT”和“MTEXT”命令进行输入。字体样式为宋体，宽高比为0.7，字体高度为10。

说明：

1. 未注明的板通长钢筋均为 ϕ12@200，通长钢筋遇洞及升降板时段卡入梁墙内且须满足受压锚压长度；

2. 未注明的板受力钢筋均为 ϕ12@200；

3. 虚线范围内应设置梅花状拉结筋，拉结筋大小为 ϕ8@400×400。

第 11 章　尺 寸 标 注

尺寸标注描述了各图形对象的大小及相对位置关系，是加工制造和工程施工的重要依据。不同行业对标注的规范要求不尽相同，需要根据制图规范的要求，对标注样式进行设置。AutoCAD 软件提供了强大的尺寸标注和尺寸样式定义功能，可以满足建筑、机械等应用领域的要求。

本章将介绍如何设置尺寸标注样式和进行尺寸标注，以及尺寸编辑的基本方法。

11.1　尺寸标注的基本知识

AutoCAD 软件的标注是建立在精确绘图的基础上的。标注尺寸和被标注对象具有相关性，修改了标注对象，尺寸表会自动更新。一个典型的尺寸标注通常由尺寸线、尺寸界线、尺寸文字、尺寸起止符号等要素组成，如图 11-1 所示。这四部分以“块”的形式出现（关于“块”将在第 12 章中讨论），是一个整体。

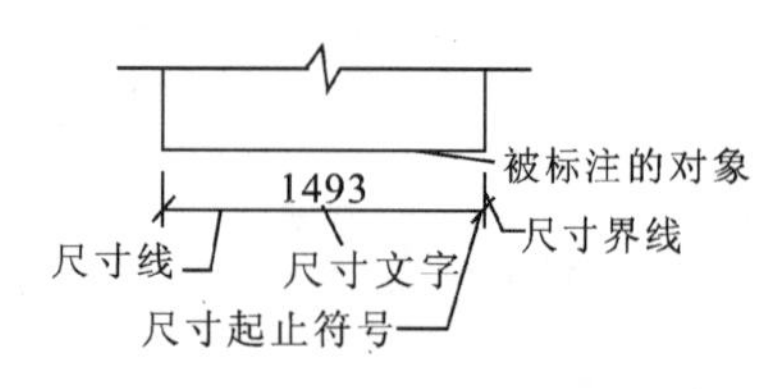

图 11-1　尺寸标注的组成

提示：若用“分解”的方法来修改一个标注尺寸，会使所有的标注组成部分都分解为零散的对象，并且标注尺寸的关联性也会全部丧失。

11.1.1　尺寸标注的类型

AutoCAD 软件提供了完整的尺寸标注命令，主要有直线标注（线性标注、对齐标注、连续标注、基线标注等）、半径标注、直径标注、角度标注、弧长标注、坐标标注、多重引线标注等，快捷【标注】面板如图 11-2 所示。

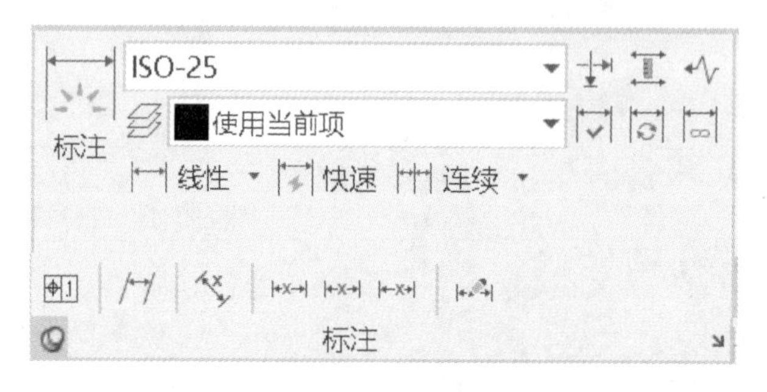

图 11-2　【标注】面板

用户可以方便、高效地为各种对象沿各个方向创建标注，如图 11-3 所示。

基本的标注类型包括以下内容。

①长度：用来标注对象的长度，包括线性标注、对齐标注、弧长标注。

②径向：用来标注圆或圆弧的直径、半径尺寸，包括直径标注、半径标注和折弯标注。

③角度：标注角度尺寸，采用角度标注。

④坐标：标注指定点的坐标值，采用坐标标注。

⑤引线：带引线的文字，采用引线标注。

⑥其他：主要有连续标注、基线标注、快速标注。

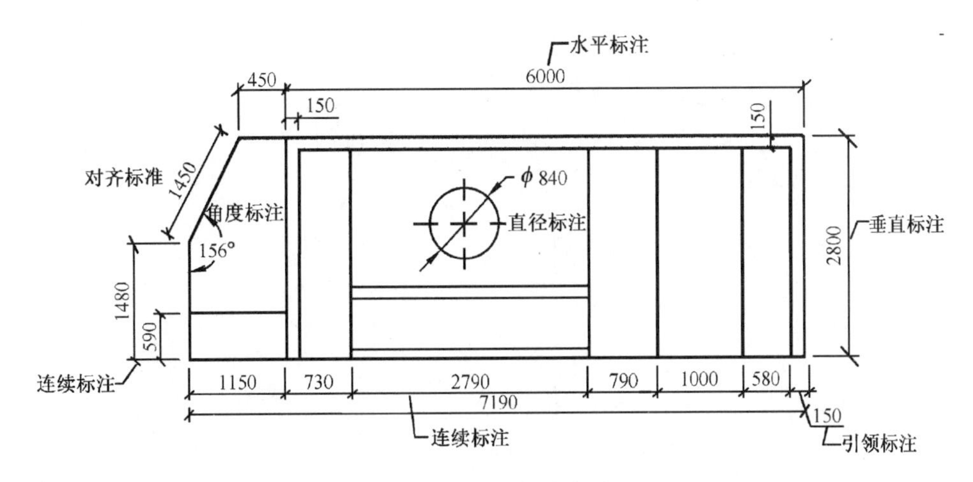

图 11-3　各种标注类型

11.1.2　尺寸标注的步骤

尺寸标注的基本步骤如下。

①创建图层。为尺寸标注建立一个独立的图层，使之与图形的其他信息分开，便于修改(详细内容见第 9 章)。

②创建文字样式。为尺寸标注建立符合国家标准和行业标准的文字样式(详细内容见第 10 章)。

③创建标注样式。为尺寸标注建立符合国家标准和行业标准的标注样式。

④如选用标注命令对图形进行标注，需要借助对象捕捉等功能。

11.2　定义尺寸标注样式

标注样式中定义了标注的尺寸线与界限、箭头、文字、对齐方式、标注比例等各种参数。由于不同国家或不同行业对标注的标准不尽相同，因此需要使用标注样式来定义不同的尺寸标注标准。尺寸样式控制着图形中尺寸标注的各个组成部分的格式和外观，在进行尺寸标注前应首先定义尺寸标注样式。

启动该命令的方法如下。

①功能区:【注释】标签|【标注】面板|【标注样式】按钮 ↘ 。

②命令行:输入“DIMSTYLE”“D”“DST”“DDIM”或“DIMSTY”并回车。

③下拉菜单:【格式】或【标注】|【标注样式】。

启动命令后，将弹出【标注样式管理器】对话框，如图 11-4 所示。

11.2.1　【标注样式管理器】对话框

按照前文所述，以“acadiso. dwt”为样板图新建图形文件，则在【标注样式管理器】对话框的“样式”列表中包含名为“ISO-25”的标注样式、名为“Standard”以及“Annotative”的标注样式。“Annotative”是注释性的标注样式，“ISO-25”是当前默认的标注样式，该样式符合 ISO 标准，一般 AutoCAD“ISO”和“GB”样板图中标注样式的命名方式是以“-”号为界，前面部分是执行的标准命名，后面部分是标注文字及箭头尺寸的命名。

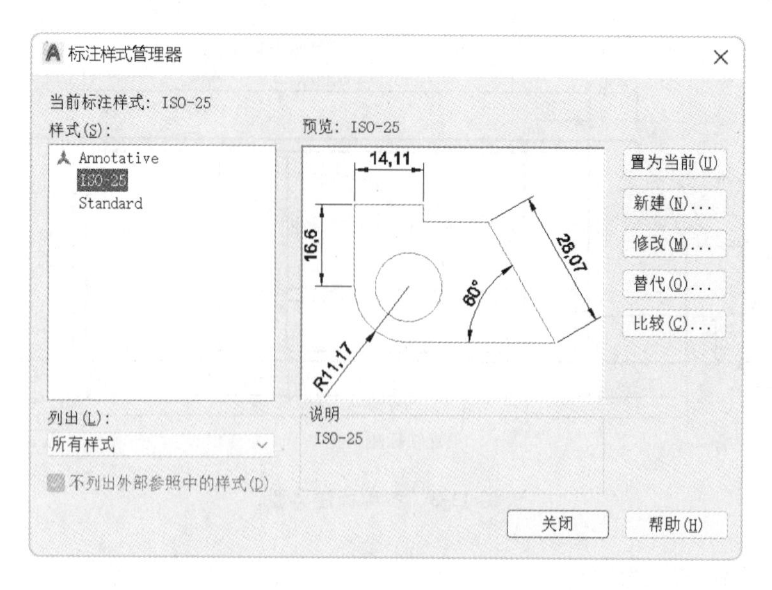

图 11-4 【标注样式管理器】对话框

【标注样式管理器】对话框包含多个按钮,对其功能的说明如下。

【样式】列表框中显示所设置的标注样式,单击可以将其"高亮"显示,其效果显示在【预览】框中并在【说明】框中给出相应的说明。

【列出】列表框用于设置【样式】列表框中显示样式的范围,有【所有样式】和【正在使用的样式】两个选项。

对话框的右侧按钮包括【置为当前】、【新建】、【修改】、【替代】、【比较】等,用户可以通过这些按钮进行样式的管理。这些按钮的功能介绍如下。

(1)【置为当前】

将【样式】列表框中选定的样式置为当前样式。当前的标注将采用此样式,直至被另外一种样式代替为止。

(2)【新建】

用于创建新的标注样式。单击该按钮将弹出【创建新的标注样式】对话框和【新的标注样式】对话框,用户通过这两个对话框可以新建标注样式。

(3)【修改】

用于修改已经存在的样式。在【样式】列表框中选择要修改的样式后,单击该按钮将弹出【修改标注样式】对话框,其组成同【新建标注样式】对话框。

(4)【替代】

单击该选项按钮将弹出【替代当前样式】对话框,可设置当前标注样式的临时替代样式。替代样式将作为未保存的更改结果,显示在【样式】列表中的标注样式下,不需要时可单击右键,在弹出的快捷菜单中执行删除命令。

(5)【比较】

单击该按钮将弹出【比较标注样式】对话框。该对话框用于两个标注样式间的比较或列出一种标注样式的所有特性。

单击【关闭】按钮将关闭【标注样式管理器】对话框,完成标注样式的设置。

11.2.2 【创建新标注样式】对话框

11.2.2.1 创建新标注样式的步骤

创建新标注样式的基本步骤如下。

①在【标注样式管理】对话框中单击【新建】按钮，程序将弹出【创建新标注样式】对话框，如图 11-5 所示。

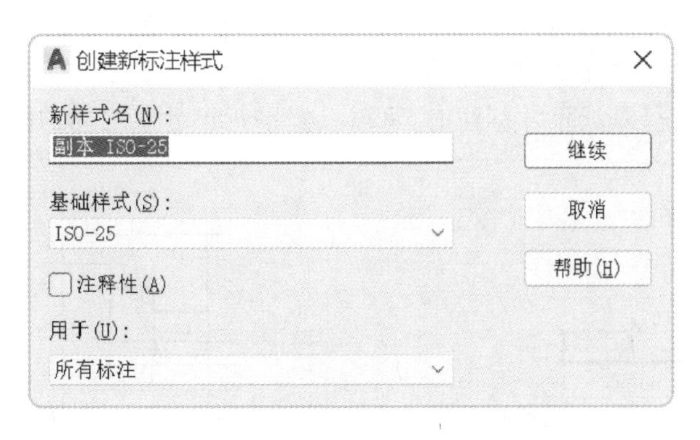

图 11-5　【创建新的标注样式】对话框

②在【新样式名】编辑栏框中输入新建标注样式的名称。在【基础样式】下拉列表框中选择一种基础样式，新样式将在该样式的基础上进行修改。在【用于】下拉列表框中可以指定使用新标注样式的范围，默认设置为【所有标注】，也可选择特定的标注类型，此时将创建基础样式的子样式。

③单击【继续】按钮，弹出【新建标注样式：副本 ISO-25】对话框，对话框中包含【线】、【符号和箭头】、【文字】、【调整】、【主单位】、【换算单位】、【公差】七个选项卡，如图 11-6 所示，用户可根据相关规定设置参数。

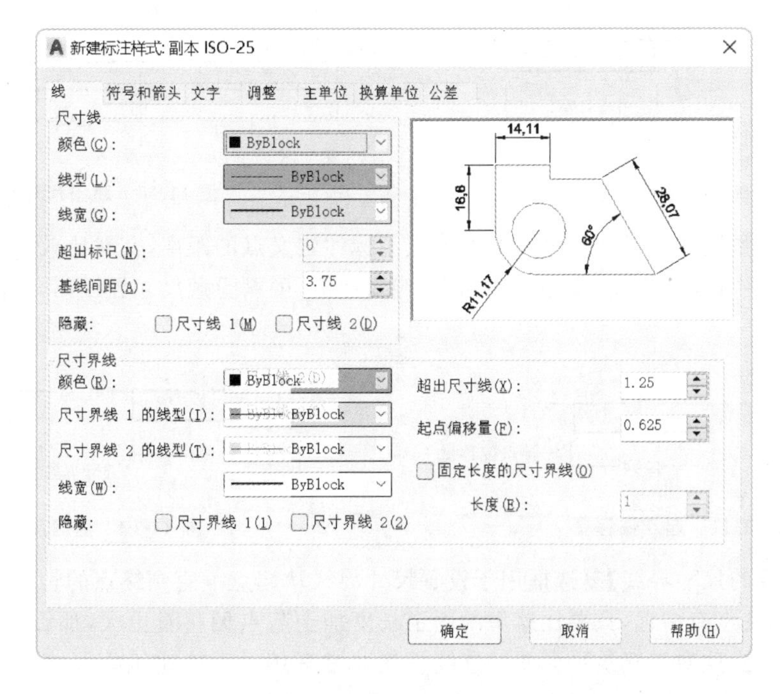

图 11-6　【新建标注样式：副本 ISO-25】对话框

④单击【确定】按钮,返回【标注样式管理器】对话框,创建完毕。

【新建标注样式:副本 ISO-25】对话框中 7 个选项卡的含义如下。

①【线】:用于设置尺寸线、尺寸界线的外观,包括颜色、线型、线宽和位置等,可在预览区显示设置的效果。

a.【尺寸线】选项用于设置尺寸线的特性。

——【颜色】、【线型】、【线宽】:分别用于设置尺寸线的颜色、线型和宽度。

——【超出标记】:当尺寸线的箭头采用倾斜、建筑标记、小点或无标记等样式时,可以设置尺寸线超出尺寸界限的长度,其效果对比如图 11-7 所示。

——【基线间距】:当进行基线尺寸标注时,可以设置平行尺寸线之间的距离,其效果对比如图 11-8 所示。

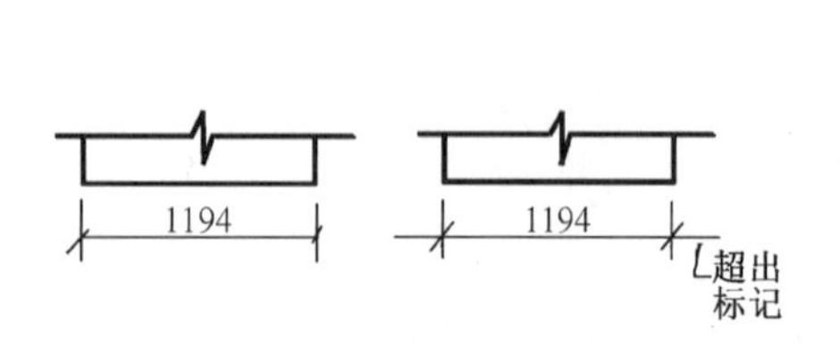

图 11-7 超出标记

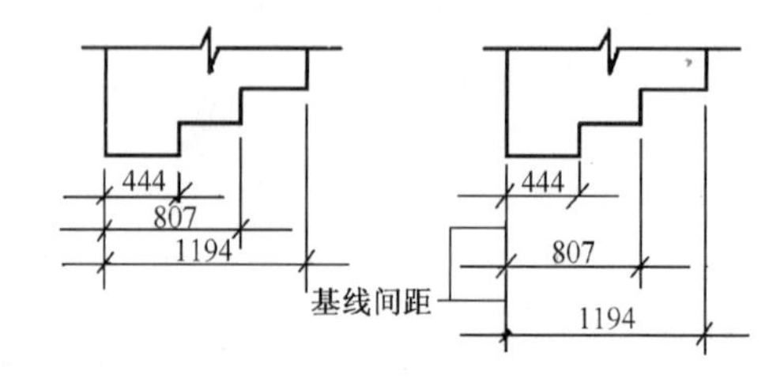

图 11-8 基线间距

——【隐藏】:选中【尺寸线 1】或【尺寸线 2】复选框,可以隐藏第一段或第二段尺寸线及相应的起止符号,其效果对比如图 11-9 所示。

b.【尺寸界线】选项用于控制尺寸界线的外观。

——【颜色】、【尺寸界线 1】、【尺寸界线 2】、【线宽】:分别用于设置尺寸界线的颜色、线型和宽度。

——【超出尺寸线】:用于设置尺寸界线超出尺寸线的长度,其对比效果如图 11-10 所示。

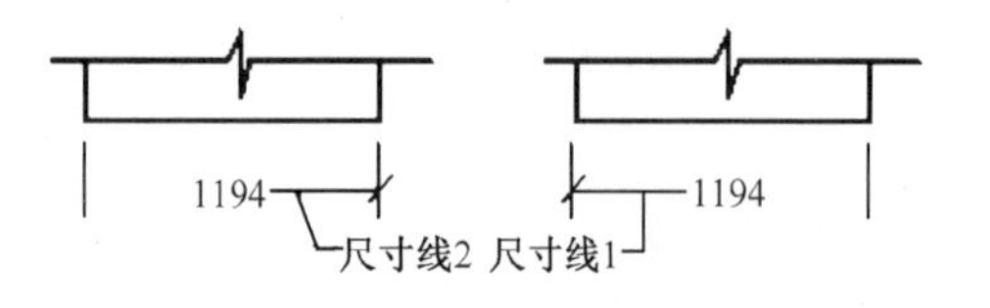

图 11-9 隐藏尺寸线

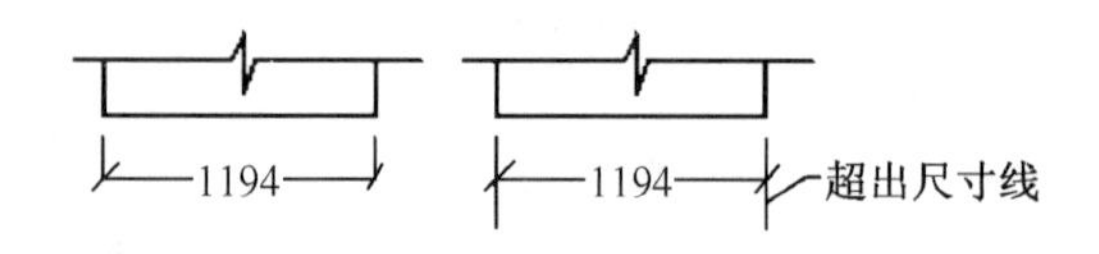

图 11-10 超出尺寸线

——【起点偏移量】:用于设置尺寸界线的起点与标注定义点的距离,其对比效果如图 11-11 所示。

——【隐藏】:选中【尺寸界线 1】或【尺寸界线 2】复选框,可以隐藏尺寸界线,其对比效果如图 11-12 所示。

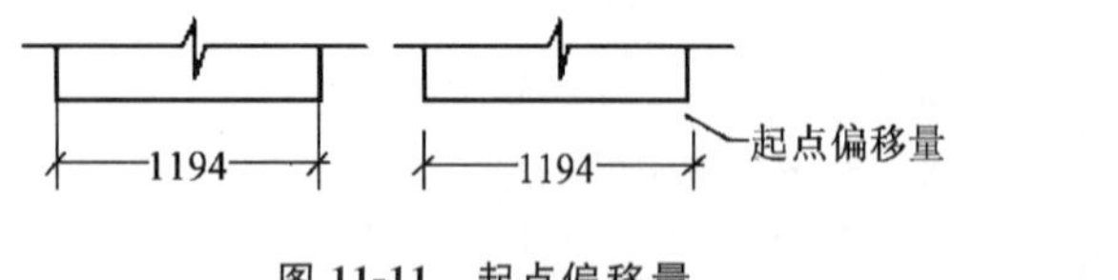

图 11-11 起点偏移量

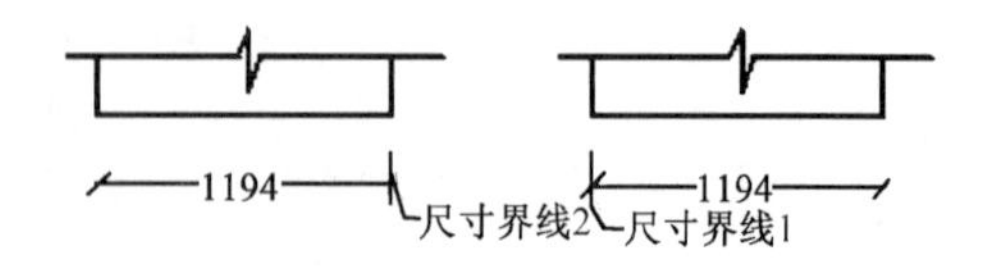

图 11-12 隐藏尺寸界线

——【固定长度的尺寸界线】复选框用于设置尺寸界线从起点一直到终点的长度,不管标注尺寸线所在位置距离被标注点有多远,只要比这里的固定长度加上起点偏移量更大,那么所有的尺寸线都是按此固定长度绘制的,这对于建筑平面图的连续标注非常有用。无论建筑的外墙多么不平整,总是可以保证标注成整齐的连续性尺寸。

②【符号和箭头】:用于设置箭头、圆心标记、弧长符号及半径标注折弯的角度等,可在预览区显示设置效果,如图 11-13 所示。

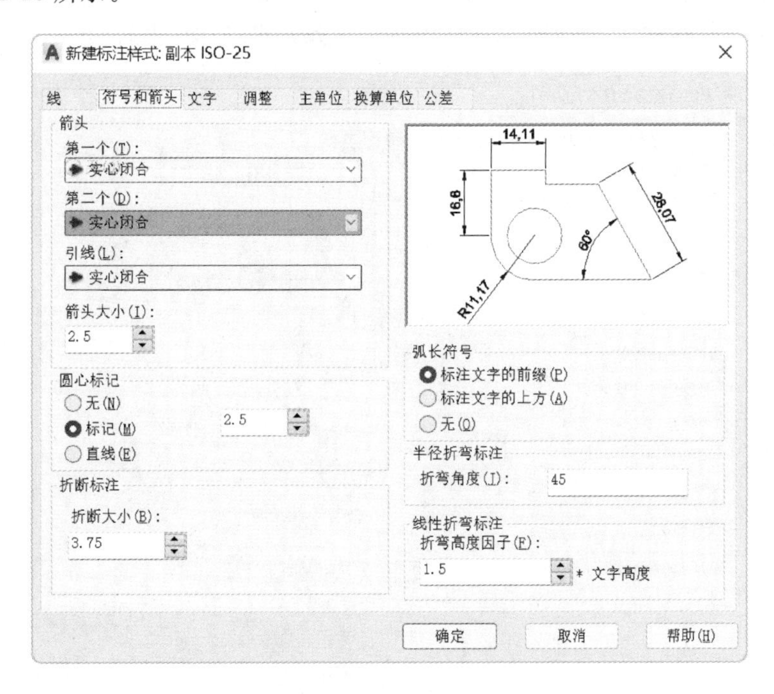

图 11-13　【符号和箭头】标签

a.【箭头】选项用于设置尺寸线和引线箭头的类型及大小等。该选项区“第一个”和“第二个”下拉列表可以选择箭头的样式,机械图可以选择“实心闭合”,建筑图可以选择“建筑标记”。用户可以从下拉列表中选择箭头样式,并在【箭头大小】数值框中设置大小,也可自定义箭头。

提示:如果选择【用户箭头】选项,弹出如图 11-14 所示的【选择自定义箭头块】对话框,在【从图形块中选择】下拉列表框中输入当前图形中已有的图块名,单击【确定】按钮,将以该图块作为尺寸线的箭头样式,此时图块的插入基点与尺寸线的端点重合。

b.【圆心标记】选项用于选择单选按钮设置圆心标记的类型和大小。选【无】表示“不标记”,选【标记】则表示可对圆或圆弧加圆心标记,选【直线】则表示可对圆或圆弧绘制中心线。标记效果如图 11-15 所示。

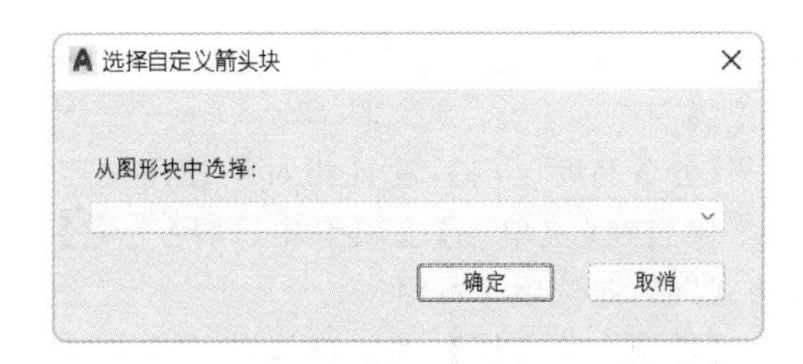

图 11-14　【选择自定义箭头块】对话框

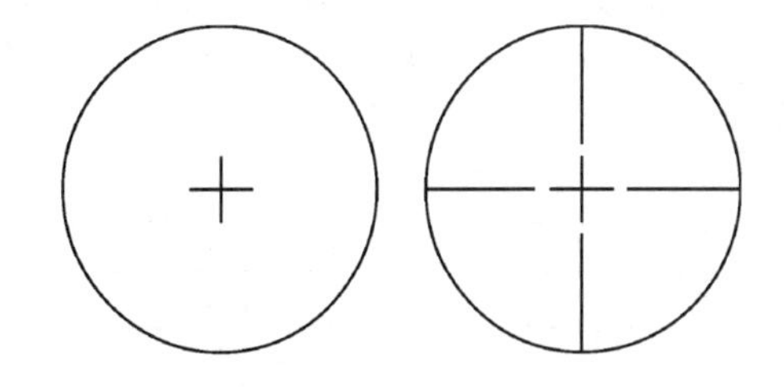

图 11-15　圆心标记类型

(a)选择【标记】;(b)选择【直线】

c.【弧长符号】选项用于控制弧长标注中圆弧符号的显示。若圆弧或圆的圆心位于图形边界之外,用户可以使用【折弯标注】来标注其半径。

d.【折断标注】选项用于控制折断标注的宽度。

e.【半径折弯标注】选项用于控制 Z 形折断标注的折断角度。

f.【线性折弯标注】选项用于控制线性折断标注的折断显示。

③【文字】:用于控制标注文字的格式、放置位置和对齐方式,如图 11-16 所示。

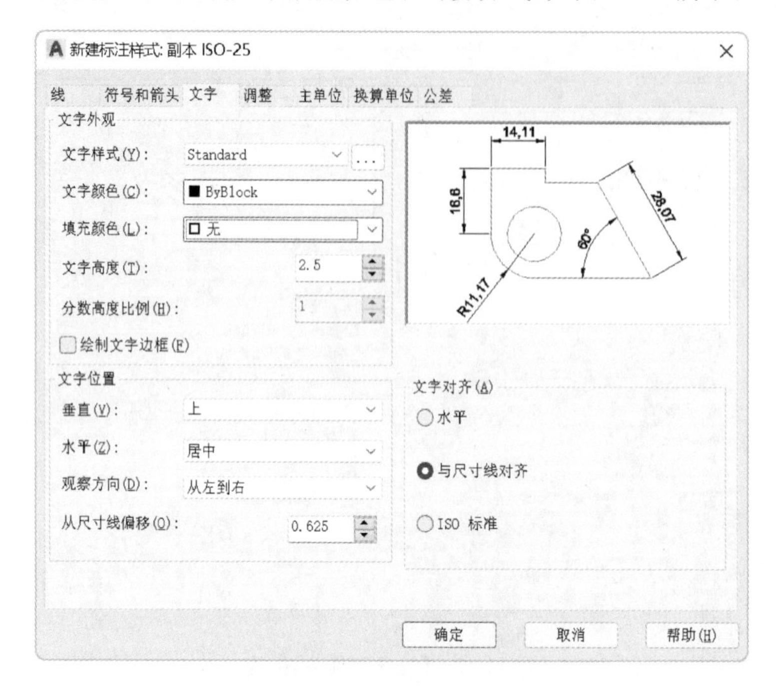

图 11-16 【文字】选项卡

a.【文字外观】选项用于设置文字的样式、颜色、高度等。

——【文字样式】:选择用于控制标注的文字样式,在这个下拉列表中列出了当前图形定义好的文字样式,由于需要定义符合国家标准的标注样式,因此也要使用符合国家标准的文字样式,若下拉列表没有设置符合国家标准的文字样式,需要单击右侧 ... 按钮,直接激活【文字样式】对话框(【文字样式】详细内容见 10.1 节)。

——【文字颜色】:用于选择文字颜色,默认为“ByBlock”。

——【填充颜色】:用于设置标注中文字背景的颜色。

——【文字高度】:用于设置文字的高度。

提示:若在【文字样式】对话框中定义了文字的高度,则该高度将替代此处设置的文字高度。建议用户在【文字样式】中设高度为 0,如在此处设置文字高度,调整字高更为方便。

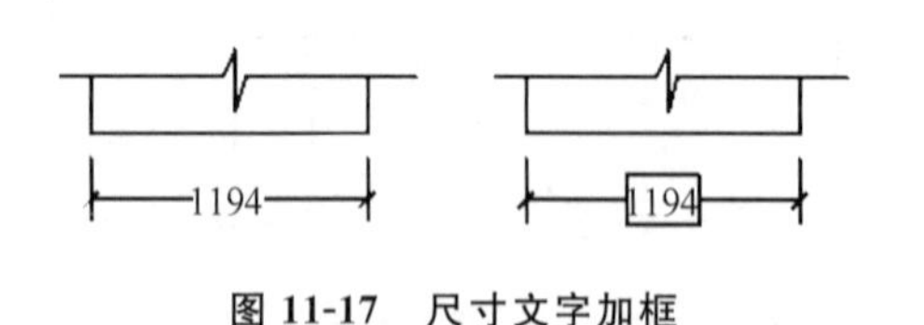

图 11-17 尺寸文字加框

——【分数高度比例】:设置相对于标注文字的分数比例。仅当在【主单位】选项卡中选择【分数】作为“单位格式”时,此选项才可用。

——【绘制文字边框】:选择此选项将在标注文字周围绘制一个边框,加框后的效果如图 11-17 所示。

b.【文字位置】选项用于控制标注文字的位置。

——【垂直】:设置文字相对于尺寸线在垂直方向上的位置,其中包括【居中】、【上】、【外部】、【JIS】(日本工业标准)、【下】五个选项,效果如图 11-18 所示。

——【水平】:设置文字相对于尺寸线、尺寸界线在水平方向上的位置,其中包括【居中】、【第一条尺

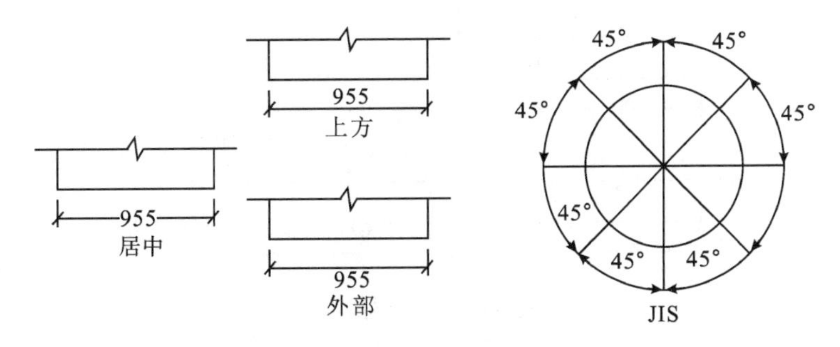

图 11-18 文字【垂直】位置

寸界线】、【第二条尺寸界线】、【第一条尺寸界线上方】、【第二条尺寸界线上方】四个选项，效果如图 11-19 所示。

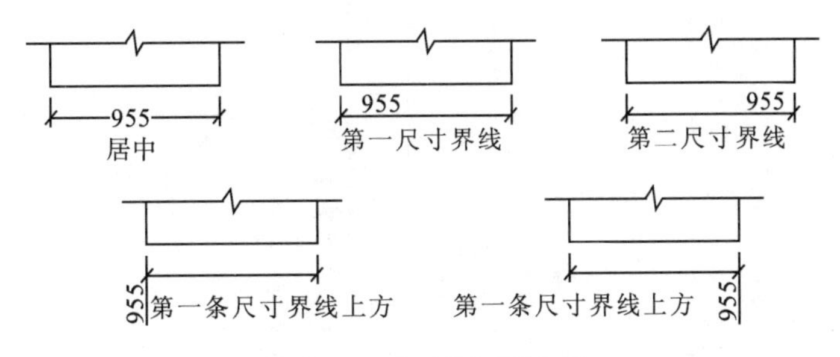

图 11-19 文字【水平】位置

——【观察方向】：控制标注文字的观察方向是按从左往右还是从右往左阅读的方式，默认选择“从左到右”。

——【文字对齐】：控制标注文字放在尺寸界线外或里时的方向。选项区有三个选项，其中，【水平】表示水平放置文字。【与尺寸线对齐】表示文字与尺寸线对齐。【ISO 标准】表示当文字在尺寸界线内时，文字与尺寸线对齐；当文字在尺寸界线外时，文字水平排列。效果如图 11-20 所示。

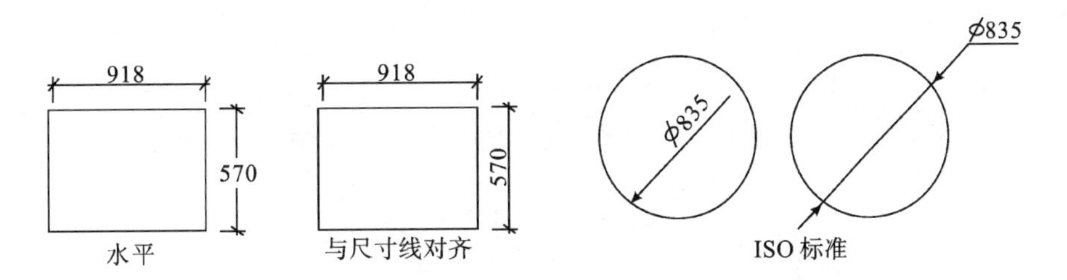

图 11-20 文字对齐

——【从尺寸线偏移】：设置标注文字与尺寸线之间的距离，若文字位于尺寸线之间，则表示断开处尺寸线端点与文字间的距离，效果如图 11-21 所示。

④【调整】：用于设置标注文字、箭头、引线和尺寸线的位置，如图 11-22 所示。

a.【调整选项】用于控制位于尺寸界线之间可用空间的文字和箭头的位置，即如果尺寸线之间没有足够的空间同时放置文字和箭头时，有一项将从尺寸界线之间移出。对比效果如图 11-23 所示。

b.【文字位置】用于设置标注文字从默认位置（由标注样式定义的位置）移动的位置，选项区有三个选项，其中包括【尺寸线旁边】、【尺寸线上方，带引线】和【尺寸线上方，不带引线】。对比效果如图 11-24 所示。

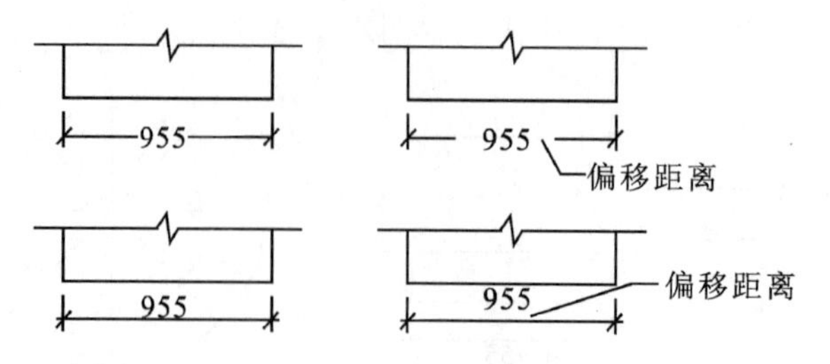

图 11-21 偏移距离

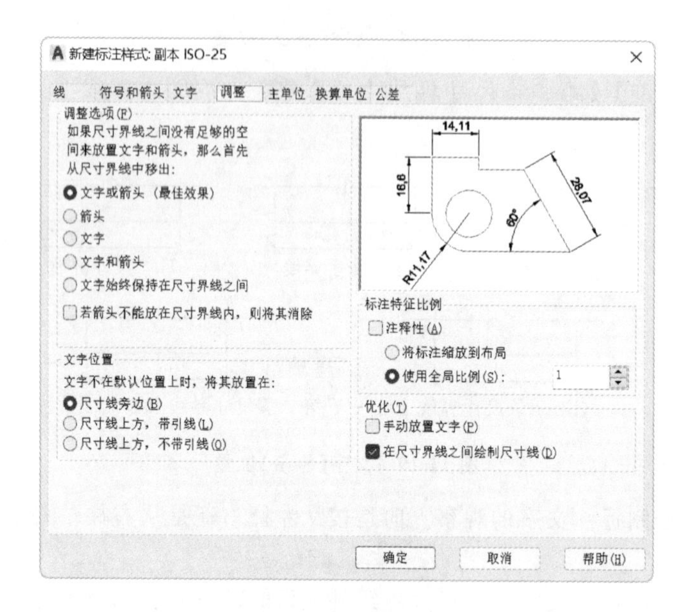

图 11-22 【调整】选项卡

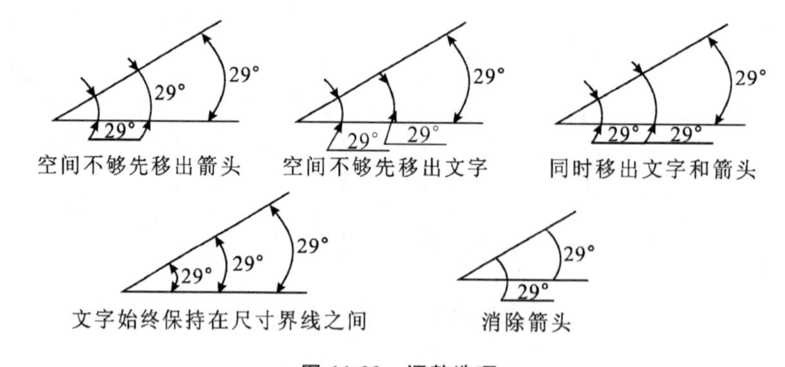

图 11-23 调整选项

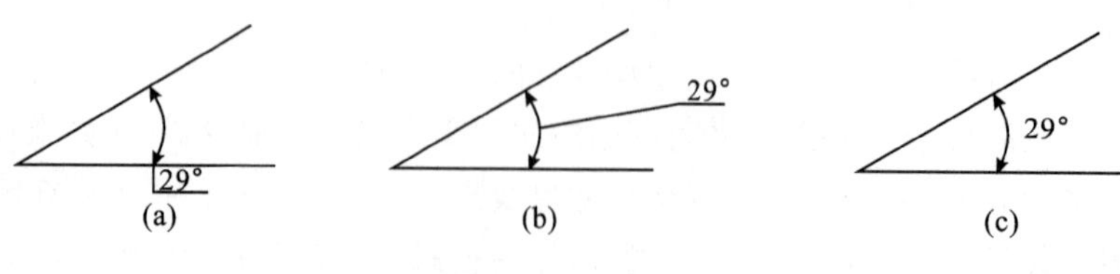

图 11-24 文字位置

(a)尺寸线旁边;(b)尺寸线上方,带引线;(c)尺寸线上方,不带引线

c.【标注特征比例】用于设置全局标注比例值或图纸空间比例。所谓的特征比例就是前面设置的箭头大小、文字尺寸、各种距离或间距等，其在从前版本的 AutoCAD 软件中是一个很重要的标注设置，因为对于尺寸特别大的图形，若使用 1∶1 的比例来绘制，这些标注特征尺寸相对图形尺寸来说几乎不可见。此时使用【使用全局比例】文本框，后面设置的值就代表这些标注特征值放大的倍数。

——【将标注缩放到布局】：根据当前模型空间视口和图纸空间之间的比例，确定比例因子，如图 11-25 所示。

——【使用全局比例】：对全部尺寸标注设置缩放比例，这些设置指定了大小、距离或间距，包括文字和箭头大小，但不改变尺寸的测量值。

d.【优化】用于对标注文字和尺寸线进行细微调整。【手动放置文字】复选框可以忽略所有水平对正设置并把文字放在“尺寸线位置”提示下指定的位置，【在尺寸界线之间绘制尺寸线】复选框控制始终在测量点之间绘制尺寸线，即使将箭头放在测量点之外也是如此。默认选项为【在尺寸界线之间绘制尺寸线】。用户可以选择【手动放置文字】选项，对比效果如图 11-26 所示。

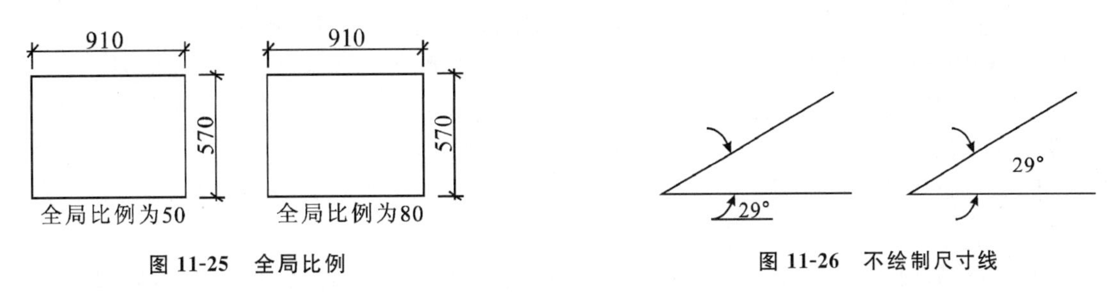

图 11-25　全局比例　　　　图 11-26　不绘制尺寸线

⑤【主单位】：用于设置主标注单位的格式和精度，并设置标注文字的前缀和后缀，如图 11-27 所示。

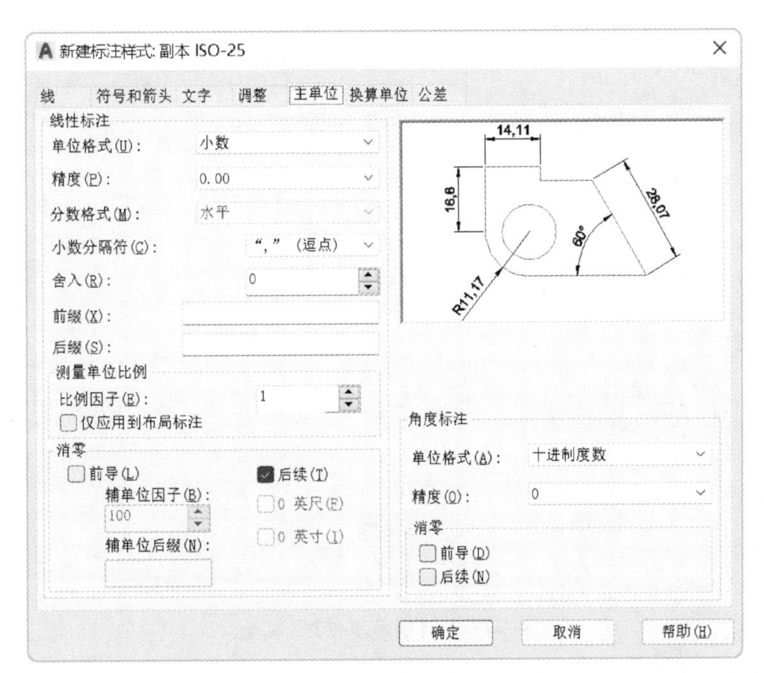

图 11-27　【主单位】选项卡

a.【线性标注】用于设置线性标注的格式和精度。

——【单位格式】:设置除角度之外的所有标注类型的当前单位格式。下拉列表默认选择国家标准使用的“小数”。

——【精度】:决定标注线型尺寸的精度,注意此处的精度与【单位】命令对话框中的精度分别控制了标注线性尺寸的精度和工作绘图及查询时使用的线型尺寸精度。

——【小数分隔符】:下拉列表默认使用“,”(逗号)。

——【舍入】:为“角度”之外所有标注类型设置标注测量值的舍入规则。

——【前缀】、【后缀】:给所有的标注文字指定一个前缀或后缀,在后面的快速标注中将使用这个设置。

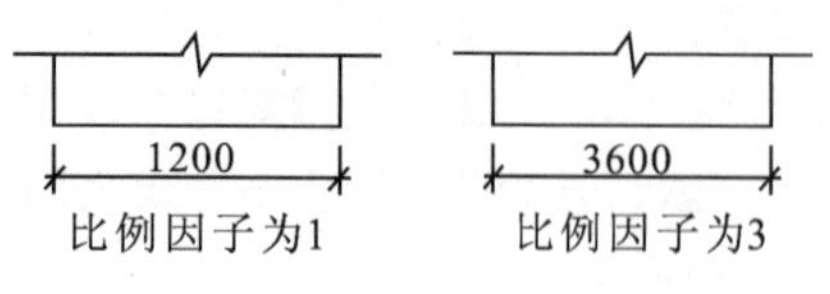

图 11-28 测量单位比例

b.【测量单位比例】用于设置线性测量尺寸的缩放比例,实际标注值为测量值与该比例的乘积,如图 11-28 所示,若绘图时使用了非 1∶1 比例,那么此处的比例因子应该设置为绘图比例的倒数才能正确标注。若选中【仅应用到布局标注】,则设置该比例关系仅应用到布局。

c.【消零】用于设置是否显示尺寸标注中的前导零和后续零,以及 0 英尺和 0 英寸部分。

d.【角度标注】用于设置角度标注的单位、精度及是否消除前导零和后续零。其中在“单位格式”下拉列表默认为符合国家标准的“十进制度数”,在“精度”下拉列表决定标注角度尺寸的精度,注意此处的精度与【单位】命令对话框中的精度分别控制了标注线性尺寸的精度和工作绘图及查询时使用的线型尺寸精度。

⑥【换算单位】:用于指定标注测量值中换算单位的显示并设置其格式和精度,如图 11-29 所示。

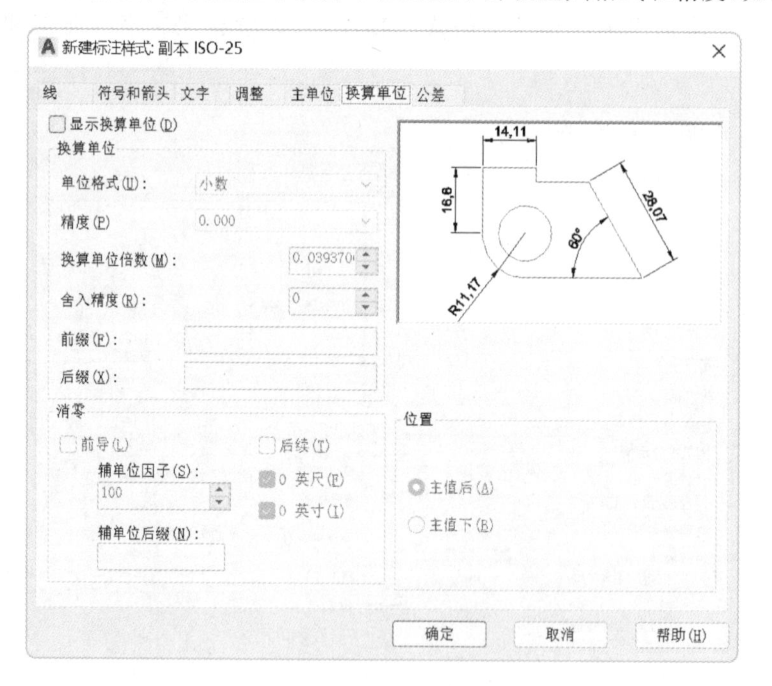

图 11-29 【换算单位】选项卡

选中【显示换算单位】选项,AutoCAD 软件标注中将显示标注的换算单位,此选项卡中所有的选项将被激活,可设置换算单位的单位格式、换算单位倍数、舍入精度、前缀、后缀和消零,与设置主单位方法相同。在【位置】编辑栏可设置换算单位的位置,包括【主值后】和【主值下】两种方式,效果如图 11-30

所示。这个选项卡在公、英制图纸之间进行交流的时候非常有用,可以将所有的标注尺寸同时标注上公制和英制的尺寸,以方便不同国家的工程人员进行交流。

⑦【公差】:用于控制标注文字中公差的显示及格式,如图 11-31 所示。

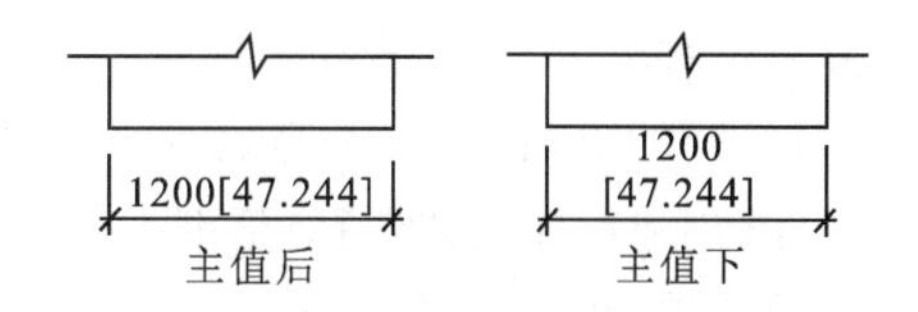

图 11-30　设置【换算单位】的位置

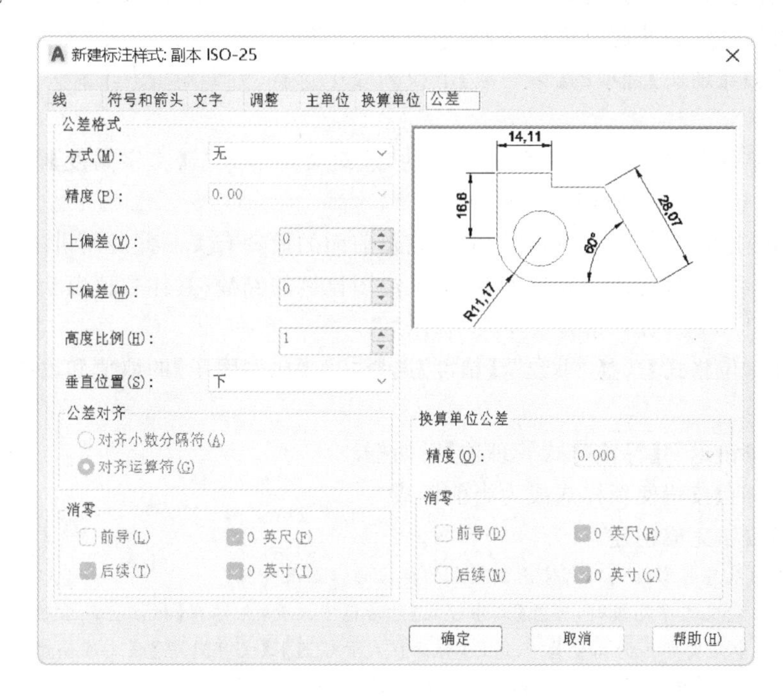

图 11-31　【公差】选项板

在这个选项设置如下。

a.【公差格式】选项区城用于控制公差的格式。其中,【方式】下拉列表中有“无”“对称”“极限偏差”“极限尺寸”“基本尺寸”五项内容,代表四种不同的公差标注方法和不标注。【精度】文本框控制公差的精度值。【上偏差】、【下偏差】文本框用于输入使用“极限偏差”方式时的上、下公差值。【高度比例】文本框控制公差文字和尺寸文字的大小比例。【垂直位置】下拉列表控制对称公差和极限公差的文字对正方式。

b.【消零】选项区域控制不输出前导零和后续零,以及 0 英尺和 0 英寸部分。

c.【换算单位公差】选项区域设置换算公差单位的精度和消零规则。

11.2.3　【修改标注样式】对话框

如果对创建的标注样式不满意,用户可以修改标注样式,在【标注样式管理器】对话框中单击【修改】按钮,将打开【修改标注样式】对话框,用户可以修改有关选项。方法和新建标注样式相同,此处不再赘述。

11.2.4　创建符合国家标准的尺寸标注样式

如前所述建立“建筑文字样式”,与该样式相连的字体选择为“simplex. shx”,字体的宽高比为 0.7,高度为 0。施工图的比例尺为 1∶10。

基本过程如下。

①启动“DIMSTYLE”命令,在弹出的【标注样式管理器】对话框中单击【新建】按钮。

②在【创建新标注样式】对话框中输入新样式名:建筑详图尺寸标注。在【基础样式】列表框中选择【ISO-25】选项,在【用于】列表框中选择【所有标注】。

③单击【继续】按钮,在弹出的【新建标注样式】对话框各选项卡中设置标注样式的具体参数。

④【线】:【超出尺寸线】和【起点偏移量】分别输入 1.8 和 2。

⑤【符号和箭头】:【箭头】选项的【第一项】下拉列表中选择“建筑标记”,【箭头大小】文本框中输入 1.3。

⑥【文字】:【文字样式】选择在前面已定义了的“建筑文字样式”,【文字高度】设为 1.8,【从尺寸线偏移】文本框中输入 0.8。具体解释见下文“提示 2”。

⑦【调整】:该选项卡的使用与否与图形输出以及前面的设置有关。此处所讲述的标注是对实际图形进行标注。所以,可以在【使用全局比例】中输入绘图比例的倒数(具体数值由绘图比例决定,如绘图比例为 1∶50,则输入 50)。具体解释见下文“提示 3”。

⑧【主单位】:【单位格式】选择“小数”,【精度】选择“0”,【比例因子】的取值和出图方法有关,具体解释见下文“提示 3”。

⑨单击【确定】按钮返回【标注样式管理器】对话框。

⑩单击【置为当前】按钮使新样式成为当前样式。

⑪单击【关闭】按钮完成创建。

提示 1:标注样式的改变将影响到所有使用该样式的标注的位置及外观。

提示 2:为尺寸标注定义文字高度时,可在【文字样式】对话框中设置,也可在【标注样式管理器】对话框中确定。可以在【文字样式】对话框中定义字体的高度为 0,通过【标注样式管理器】|【文字外观】|【文字高度】来定义高度。在该选项卡中修改字高后,已创建的标注的字高随之改变。也可以事先定义文字高度。

提示 3:假设按照 1∶1 绘图,然后使用“SCALE”命令将图形按照 1∶10 的比例缩小,如何设置上述参数?此时【调整】选项卡【全局比例因子】编辑栏中参数设为 1,【主单位】选项卡【比例因子】编辑栏中设置参数为 10 即可。

11.3 尺寸标注

AutoCAD 软件为用户提供了多种尺寸标注命令,可用于标注各种尺寸。所有的尺寸标注命令都位于【标注】下拉菜单和【标注】工具栏中。下面将阐述常用的几种标注类型。

11.3.1 长度标注

线性标注、对齐标注、弧长标注都可以用于标注图形中两点间的长度,两点可以是端点、交点、圆弧弦线端点或任意两点。

11.3.1.1 线性标注

线性标注命令提供水平或者垂直方向的长度尺寸标注。创建时可修改文字内容、文字角度或尺寸线的角度。

启动命令的方式如下。

①功能区:【注释】标签|【标注】面板|【线型】下拉列表|【线型】按钮⊢。

②命令行:输入“DIMLINEAR”并回车。

③菜单栏:【标注】|【线性】命令。

启动命令后，AutoCAD软件的命令行提示如下。

命令：DIMLINEAR ↵

指定第一条尺寸界线原点或＜选择对象＞：(指定第一条尺寸界线起点)

指定第二条尺寸界线原点：(指定第二条尺寸界线起点)

指定尺寸线位置或[多行文字(M)/文字(T)/角度(A)/水平(H)

/垂直(V)/旋转(R)]：(向上拉出标注尺寸线，自定义合适的尺寸线位置)

标注文字＝(标注值)

提示：用户也可以按回车键选择要标注的对象，程序自动把所选择对象的两端点作为两尺寸界线的起点。

(1)各选项功能

①【指定尺寸线位置】：在绘图区单击指定一点从而确定尺寸线的位置后，程序将自动测量长度值并将其标出。

②【多行文字】：显示多行文字编辑器，用来编辑标注文字。尖括号(＜＞)表示缺省的测量长度。

③【文字】：在命令行自定义标注文字。输入“T”执行选项后，AutoCAD软件提示如下。

输入标注文字＜863.12＞：[输入标注文字或按回车键接受生成的测量值，用尖括号(＜＞)表示生成的测量值，然后返回主提示]

④【角度】：修改标注文字的角度。输入“A”执行选项后，AutoCAD软件提示如下。

指定标注文字的角度：(输入文字的旋转角度，然后返回主提示)

⑤【水平】：创建水平线性标注。输入“H”执行选项后，AutoCAD软件提示如下。

指定尺寸线位置或[多行文字(M)/文字(T)/角度(A)]：(指定点或选择其他选项)

⑥【垂直】：创建垂直线性标注。操作同水平线性标注，只是把“H”换成“V”。

⑦【旋转】：创建旋转线性标注。输入“R”执行选项后，AutoCAD软件提示如下。

指定尺寸线的角度＜0＞：(指定角度，然后返回主提示)

线性标注只能标注水平、垂直方向或者指定旋转方向的直线尺寸，若对斜线进行标注，只能拖出水平或者垂直方向投影的尺寸线，而无法标注出斜线的长度(使用旋转的方法除外)。

(2)线性标注演示

对如图11-32所示按照1∶10比例绘制的浴缸进行尺寸标注。操作过程如下。

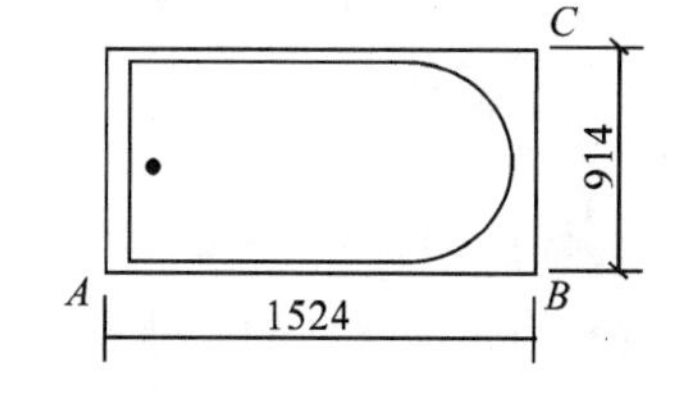

图11-32　线性标注

命令：DIMLINEAR ↵

指定第一条尺寸界线原点或＜选择对象＞：(捕捉A点)

指定第二条尺寸界线原点：(捕捉B点)

指定尺寸线位置或[多行文字(M)/文字(T)/角度(A)/水平(H)/垂直(V)/旋转(R)]：(向下拖动鼠标光标，将尺寸线放置在适当位置，单击完成操作)

标注文字＝1524(程序标注的数字为两点之间准确的距离值乘以设置的比例因子)

命令：DIMLINEAR ↵(按回车键再次启动“DIMLINEAR”命令)

指定第一条尺寸界线原点或＜选择对象＞：(捕捉C点)

指定第二条尺寸界线原点：(捕捉B点)

指定尺寸线位置或[多行文字(M)/文字(T)/角度(A)/水平(H)/垂直(V)/旋转(R)]：(向右拖动鼠标光标，将尺寸线放置在适当位置，单击完成操作)

标注文字＝914

标注文字由 AutoCAD 软件根据拾取到的两点之间准确的距离值自动给出，无须人工键入，这样标注的尺寸具备关联性，而人工键入会导致关联性丧失。

提示：在拾取标注点时，一定要打开对象捕捉功能，精准地拾取标注对象的特征点，这样才能使标注与标注对象之间建立关联性，也就是说，标注值会随着标注对象的修改而自动更新。

11.3.1.2 对齐标注

对齐标注命令用于创建与指定位置或对象平行的标注，此标注可以对任意两点对齐进行标注。

启动命令的方式如下。

①功能区：【注释】标签|【标注】面板|【线型】下拉列表|【已对齐】按钮。

②命令行：输入“DIMALIGNED”并回车。

③菜单栏：【标注】|【对齐】命令。

启动命令后，AutoCAD 软件的命令行提示如下。

命令：DIMALIGNED ↵

指定第一条尺寸界线原点或 ＜选择对象＞：(指定第一条尺寸界线起点或按回车键选择要标注的对象，自动确定两尺寸界线的起始点)

指定第二条尺寸界线原点：(指定第二条尺寸界线起点)

指定尺寸线位置或[多行文字(M)/文字(T)/角度(A)]：(拖动鼠标指定尺寸线位置后单击)

对齐标注和线性标注的使用方法基本相同，它可以标注出斜线的尺寸。

各选项含义参见 11.3.1.1 节中各选项功能的介绍。

11.3.1.3 弧长标注

弧长标注命令用于标注出圆弧沿着弧线方向的长度而不是弦长。

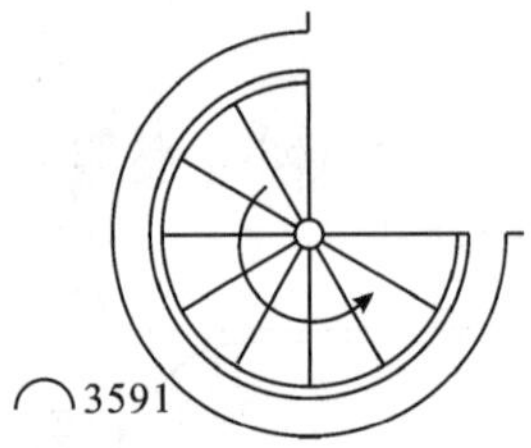

启动命令的方式如下。

①功能区：【注释】标签|【标注】面板|【线型】下拉列表|【弧长】按钮。

②命令行：输入“DIMARC”并回车。

③菜单栏：【标注】|【弧长】命令。

弧长标注如图 11-33 所示。

图 11-33 弧长标注

对于包含角度小于 90°的圆弧，弧长标注的两条尺寸界线是平行的，显示为正交尺寸的尺寸界线；而对于大于或等于 90°的圆弧，弧长标注的两条尺寸界线是与被标注的圆弧垂直的显示为径向尺寸的尺寸界线。

提示：在默认情况下，弧长标注在标注文字的上方或前方，此时将显示一个圆弧符号(也称为“帽子”或“盖子”)，以区别线性标注和角度标注。

11.3.2 径向标注

11.3.2.1 半径标注

半径标注命令用于圆弧或圆半径的标注，并显示半径符号“R”。

启动命令的方式如下。

①功能区：【注释】标签|【标注】面板|【线型】下拉列表|【半径】按钮。

②命令行：输入“DIMRADIUS”并回车。

③菜单栏：【标注】|【半径】命令。

启动命令后，AutoCAD 软件的命令行提示如下。

命令:DIMRADIUS ↵

选择圆弧或圆:(选择要标注的圆弧或圆)

标注文字＝113.62(所标注的圆弧或圆的半径实测值)

指定尺寸线位置或[多行文字(M)/文字(T)/角度(A)]:(指定尺寸线位置标注或选择选项编辑文字的内容或角度)

半径标注如图 11-34 所示。

图 11-34　半径标注

11.3.2.2　直径标注

直径标注命令用于圆弧或圆的直径的标注，并显示直径符号“ϕ”。

启动命令的方式如下。

①功能区:【注释】标签|【标注】面板|【线型】下拉列表|【直径】按钮。

②命令行:输入“DIMDIAMETER”并回车。

③菜单栏:【标注】|【直径】命令。

启动命令后，AutoCAD 软件的命令行提示如下。

命令:DIMDIAMETER ↵

选择圆弧或圆:(选择要标注的圆弧或圆)

标注文字＝113.62(所标注的圆弧或圆的直径实测值)

指定尺寸线位置或[多行文字(M)/文字(T)/角度(A)](指定尺寸线位置标注或选择选项编辑文字的内容或角度)

直径标注如图 11-35 所示。

11.3.2.3　折弯标注

当圆弧或圆的圆心位于图形边界之外时，可以使用折弯标注为其半径进行标注，也称为“缩放的半径标注”。

启动命令的方式如下。

①功能区:【注释】标签|【标注】面板|【线型】下拉列表|【已折弯】按钮。

②命令行:输入“DIMJOGGED”并回车。

③菜单栏:【标注】|【已折弯】命令。

该命令的特别之处在于需要指定折弯位置和折弯的横向角度，用户可以在【标注样式管理器】中调整后者的数值。折弯标注如图 11-36 所示。

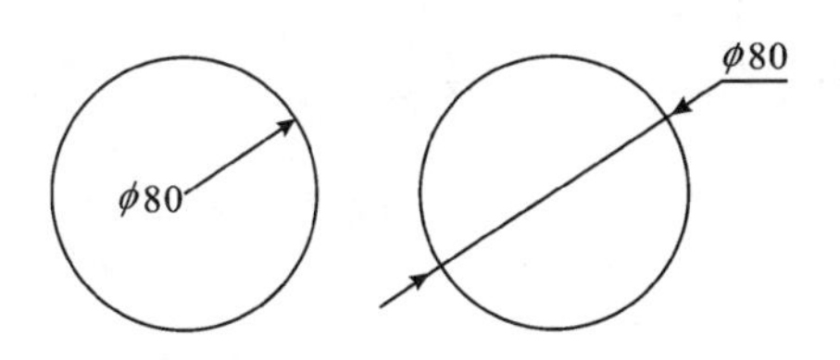

图 11-35　直径标注

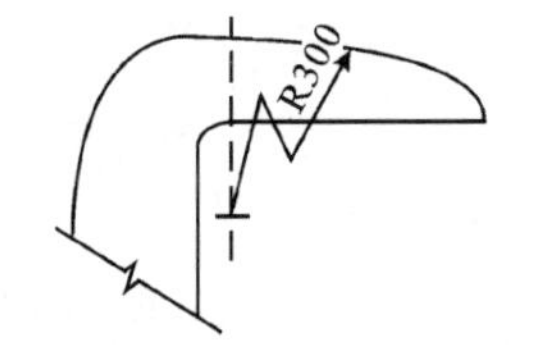

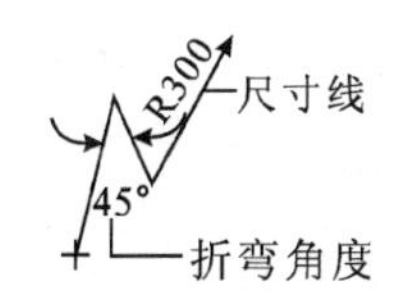

图 11-36　折弯标注

在 AutoCAD2020 中还可以对线性标注进行折弯标注，这需要先创建一个线性标注，然后使用下

拉菜单【标注】|【线性折弯】工具为之添加一个折弯点。

11.3.3 角度标注

角度标注命令用来标注圆弧、圆上某段弧的圆心角、非平行两直线夹角或不共线三点之间的角度。启动命令的方式如下。

①功能区:【注释】标签|【标注】面板|【线型】下拉列表|【角度】按钮。

②命令行:输入“DIMANGULAR”并回车。

③菜单栏:【标注】|【角度】命令。

启动命令后,AutoCAD 软件的命令行提示如下。

命令:DIMANGULAR ↵

选择圆弧、圆、直线或 <指定顶点>:(选择要标注的圆弧、圆、直线或按回车键选择 3 顶点)

①若选择圆弧,则命令行继续提示如下。

指定标注弧线位置或[多行文字(M)/文字(T)/角度(A)]:(确定标注线的位置进行标注或选择选项编辑文字的内容或角度)

②若选择圆上一点后,将标注圆上某段弧的圆心角,命令行继续提示如下。

指定角的第二个端点:(选取圆上另外一点)

指定标注弧线位置或[多行文字(M)/文字(T)/角度(A)]:(确定标注线的位置进行标注或选择选项编辑文字的内容或角度)

③若选择一条直线后,命令行继续提示如下。

选择第二条直线:(选取与第一条直线相交的直线)

指定标注弧线位置或[多行文字(M)/文字(T)/角度(A)]:(确定标注线的位置进行标注或选择选项编辑文字的内容或角度)

④若直接按回车键,执行默认选项,命令行继续提示如下。

指定角的顶点:(指定一点作为角的顶点)

指定角的第一个端点:(指定一点作为角的第一个端点)

指定角的第二个端点:(指定一点作为角的第二个端点)

指定标注弧线位置或[多行文字(M)/文字(T)/角度(A)]:(确定标注线的位置进行标注或选择选项编辑文字的内容或角度)

对圆弧、圆、直线和三点的角度标注操作,如图 11-37 所示。

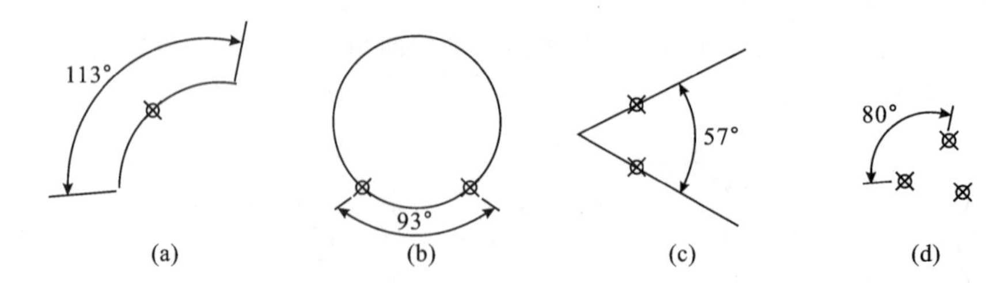

图 11-37 角度标注示意图

(a)弧的夹角;(b)圆上弧的夹角;(c)直线间的夹角;(d)三点的夹角

角度标注所拉出的尺寸线的方向将影响到标注的结果。

11.3.4 坐标标注

坐标标注命令用于沿引线显示指定点在当前 UCS 下的 X 或 Y 绝对坐标。不管当前标注样式定义的文字方向如何，坐标标注的文字总是与坐标引线对齐。

启动命令的方式如下。

①功能区：【注释】标签|【标注】面板|【线型】下拉列表|【坐标】按钮。

②命令行：输入“DIMORDINATE”并回车。

③菜单栏：【标注】|【坐标】命令。

启动命令后，AutoCAD 软件的命令行提示如下。

命令：DIMORDINATE ↵

指定点坐标：(确定要标注的点)

指定引线端点或[X 基准(X)/Y 基准(Y)/多行文字(M)/文字(T)/角度(A)]：

上述命令行中各选项的意义如下。

(1)【指定引线端点】

确定引线端点，若标注点和引线端点的 X 坐标之差大于两点的 Y 坐标之差，则生成 X 坐标，否则生成 Y 坐标。

(2)【X 基准】

标注 X 坐标。输入 X 执行选项后，AutoCAD 软件提示如下。

指定引线端点或[X 基准(X)/Y 基准(Y)/多行文字(M)/文字(T)/角度(A)]：(指定引线端点标注 X 坐标或选择选项编辑文字内容或角度)

(3)【Y 基准】

标注 Y 坐标，操作同【X 基准】。

如图 11-38 所示，坐标标注的过程如下。

命令：DIMORDINATE ↵

指定点坐标：(捕捉圆心 A 点)

指定引线端点或[X 基准(X)/Y 基准(Y)/多行文字(M)/文字(T)/角度(A)]：(向下移动鼠标，在 *B* 点处单击，指定引线端点，建立 X 标注)

命令：DIMORDINATE(再次启动“DIMORDINATE”命令)

指定点坐标：(捕捉圆心 *A* 点)

指定引线端点或[X 基准(X)/Y 基准(Y)/多行文字(M)/文字(T)/角度(A)]：(向左移动鼠标，指定引线端点，建立 Y 标注)

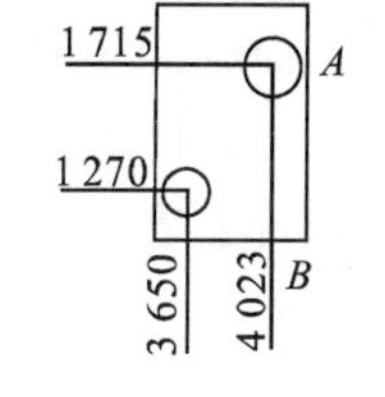

图 11-38 坐标标注

提示：指定引线端点时，若相对于标注点上下移动鼠标，则标注点的 X 坐标；若相对于标注点左右移动鼠标，则标注点的 Y 坐标。

11.3.5 圆心标记

圆心标记命令用于对圆或圆弧绘制圆心标记或中心线。

启动命令的方式如下。

①命令行：输入“DIMCENTER”并回车。

②菜单栏：【标注】|【圆心标记】命令。

启动命令后,AutoCAD 软件的命令行提示如下。

命令:DIMCENTER ↵

选择圆弧或圆:(选择要标注的圆弧或圆)

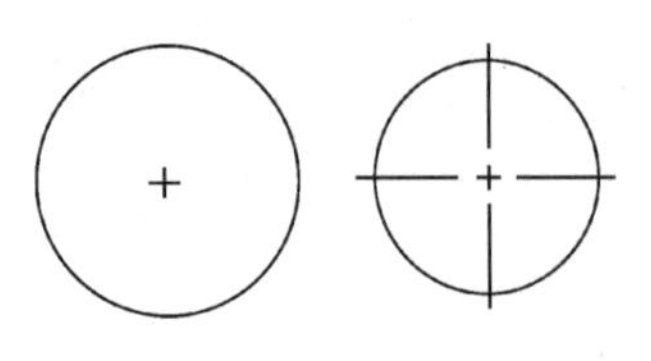

图 11-39　圆心标记图

圆心标记如图 11-39 所示。

11.3.6　多重引线标注

如果标注倒角尺寸或是一些文字注释、装配图的零件编号等,需要用引线来标注,用于取代快速引线标注的功能更加强大的多重引线标注,可以帮助我们完成这样的工作。

启动命令的方式如下。

①功能区:【注释】标签|【引线】面板|【多重引线】按钮 。

②命令行:输入"MLEADER"并回车。

③菜单栏:【标注】|【多重引线】。

启动命令后,AutoCAD 软件的命令行提示如下。

命令:MLEADER ↵

指定箭头的位置或[引线基线优先(L)/内容优先(C)/选项(O)]<选项>:(打开对象捕捉工具选取拾取点)

指定引线基线的位置:

11.3.6.1　多重引线标注样式的设置

多重引线标注有专门的多重引线样式。在【多重引线样式管理器】中进行设置。接下来介绍如何设置多重引线。

①功能区:【注释】标签|【引线】面板|【多重引线样式管理器】按钮 。

②命令行:输入"MLEADERSTYLE"并回车。

③工具栏:【格式】标签|【多重引线样式】。

执行上述操作后,将自动弹出【多重引线样式管理器】对话框,如图 11-40 所示。

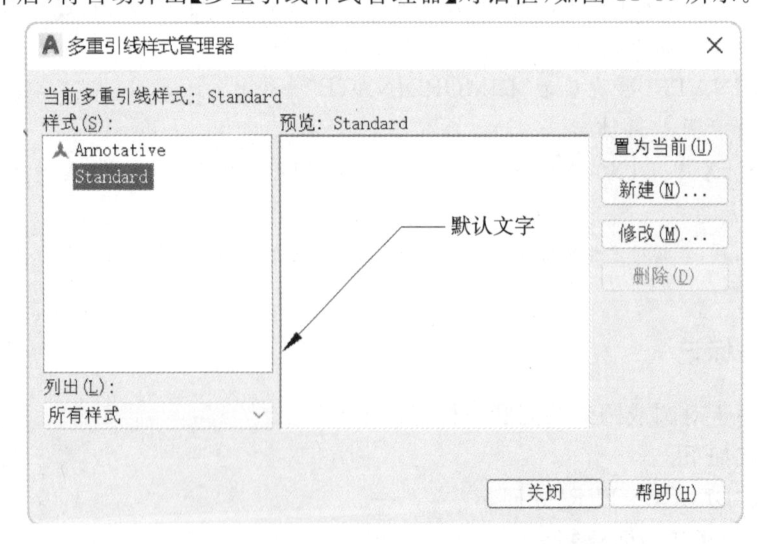

图 11-40　【多重引线样式管理器】对话框

设置多重引线样式，步骤如下。

①单击【引线】面板|【多重引线样式管理器】按钮，打开【多重引线样式管理器】对话框，此对话框【样式】列表中有一个名为“Standard”的多重引线样式。

②单击【新建】按钮，弹出【创建新多重引线样式】对话框，定义新样式名，单击【继续】按钮，打开【修改多重引线样式：副本 Standard】对话框，如图 11-41 所示。

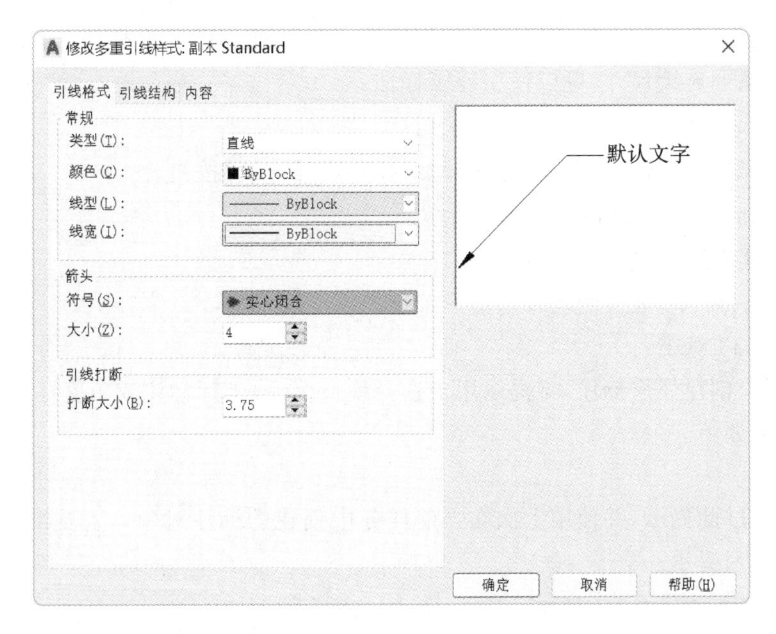

图 11-41　【修改多重引线样式：副本 Standard】对话框【引线格式】选项卡

③设置【引线格式】、【引线结构】、【内容】选项板，设置完成后点击【确定】按钮回到【多重引线样式管理器】对话框，单击【关闭】按钮完成设置。

11.3.6.2　添加或删除多重引线

多重引线可以为已有的引线对象添加更多的引线，或者删除不需要的引线。

①单击【引线】面板|【添加引线】按钮，选择添加引线对象，按回车键结束选择，然后在需要更多引线的地方单击指定引线箭头的位置，按回车键结束。

②单击【引线】面板|【删除引线】按钮，选择删除引线对象，按回车键结束选择，然后选取需要删除的引线，按回车键结束。

11.3.6.3　对齐与合并多重引线

多重引线可以将原本凌乱的引线对象对齐，具体操作步骤如下。

①单击【引线】面板|【对齐】按钮，选择多个引线对象，按回车键结束选择。

②命令行提示选择要对齐到的多重引线对象。

③打开极轴垂直向下拾取一点指定对齐的方向。

如果是同一个很小的位置引出多条引线，AutoCAD2020 可以将多条引线合并起来，合并引线的操作步骤如下。

①单击【引线】面板|【合并】按钮，按照顺序选择需要合并的引线，按回车键结束选择。

②拾取一点指定合并后的引线放置的位置。

11.3.7 连续标注、快速标注与基线标注

连续标注、快速标注与基线标注的实质是线性标注、坐标标注和角度标注的延续,在某些特殊情况下,AutoCAD 软件提供了专门的标注工具以提高标注效率。

11.3.7.1 连续标注

连续标注即从上一个标注或选定标注的第二条尺寸界线处创建线性标注、角度标注或坐标标注。对于首尾相接的一系列连续尺寸,可以使用连续标注。

启动命令的方式如下。

①功能区:【注释】标签|【标注】面板|【连续】下拉列表|【连续】按钮 。

②命令行:输入"DIMCONTINUE"并回车。

③菜单栏:【标注】|【连续】。

启动命令后,AutoCAD 软件的命令行提示如下。

命令:DIMCONTINUE

若当前任务中未创建任何标注,将提示用户选择线性标注、坐标标注或角度标注,以用作基线标注的基准,命令行提示如下。

选择连续标注:

否则,程序将跳过此提示,并使用上次在当前任务中创建的标注对象。若基准标注是线性标注或角度标注,将显示下列提示。

指定第二条尺寸界线原点或[放弃(U)/选择(S)]<选择>:

各选项的意义如下。

(1)【指定第二条尺寸界线原点】

使用连续标注(上一标注)的第二条尺寸界线原点作为当前标注的第一条尺寸界线原点,并指定第二条尺寸界线原点。AutoCAD 软件将反复出现如下提示。

指定第二条尺寸界线原点或[放弃(U)/选择(S)]<选择>:(继续连续标注,直到按"ESC"键或按回车键两次退出为止)

(2)【放弃】

撤销上一连续尺寸标注,再重新选择进行标注。

(3)【选择】

AutoCAD 软件提示选择线性标注、坐标标注或角度标注作为连续标注。选择连续标注之后,将再次显示"指定第二条尺寸界线原点"或"指定点坐标"提示。

若基准标注是坐标标注,将显示下列提示。

指定点坐标或[放弃(U)/选择(S)]<选择>:(将基准标注的端点作为连续标注的端点,指定下一个点坐标或选择选项)

11.3.7.2 快速标注

快速标注即快速创建或编辑一系列的基线标注、连续标注、并列标注、坐标标注、半径和直径标注。

启动命令的方法如下。

①功能区:【注释】标签|【标注】面板|【快速】按钮 。

②命令行:输入"QDIM"并回车。

③菜单栏:【标注】|【快速标注】。

启动命令后,AutoCAD软件的命令行提示如下。

命令:QDIM ↵

关联标注优先级=端点

选择要标注的几何图形:(选择要标注的对象)

选择要标注的几何图形:(可继续选择,或按回车键结束)

指定尺寸线位置或[连续(C)/并列(S)/基线(B)/坐标(O)/半径(R)/直径(D)/基准点(P)/编辑(E)/设置(T)]＜连续＞:各选项的意义如下。

①【指定尺寸线位置】:指定当前标注方式下的尺寸线位置。

②【连续】:默认标注方式,创建一系列连续标注。

③【并列】:创建一系列并列标注。

④【基线】:创建一系列基线标注。

⑤【坐标】:创建一系列坐标标注。

⑥【半径】:创建一系列半径标注。

⑦【直径】:创建一系列直线标注。

⑧【基准点】:为基线标注和坐标标注设置新的基准点。输入"P"执行选项后,程序提示如下。

选择新的基准点:(选择新的基准点后返回到上一提示)

⑨【编辑】:编辑一系列标注。输入"E"执行选项后,继续提示如下。

指定要删除的标注点或[添加(A)/退出(X)]＜退出＞:(标注点,图形端点,以"×"显示,可删除、添加,退出返回到上一提示)

⑩【设置】:为指定尺寸界线原点设置默认捕捉对象。输入"T"执行选项后,继续提示如下。

关联标注优先级[端点(E)/交点(I)]＜端点＞:(设置捕捉对象,并返回到上一提示)

提示:快速标注允许用户一次标注一系列相邻或相近对象的同一类尺寸,大大加快了标注过程,建议尽量使用,以提高效率。

11.3.7.3 基线标注

对于由一个基准面引出的一系列尺寸,可以使用基线标注。

启动命令的方法如下。

①功能区:【注释】标签|【标注】面板|【连续】下拉列表|【基线】按钮。

②命令行:输入"DIMBASELINE"并回车。

③菜单栏:【标注】|【基线】。

启动命令后,AutoCAD软件的命令行提示如下。

命令:DIMBASELINE ↵

指定第一条尺寸界线原点或＜选择对象＞:

指定第二条尺寸界线原点:

指定尺寸线位置或[多行文字(M)/文字(T)/水平(H)/垂直(V)/旋转(R)]:(向外拉出尺寸线,自定义合适的尺寸线位置)

标注文字=(实际测量值)

11.4 编辑标注

11.4.1 “TEXTEDIT”命令

尺寸是文字的一种,用户可以使用“TEXTEDIT”命令来单独修改尺寸文字。启动命令的方法如下。

①命令行:输入“TEXTEDIT”并回车。

②菜单栏:【修改】|【对象】|【文字】|【编辑】。

启动命令后,AutoCAD 软件的命令行提示如下。

命令:TEXTEDIT ↵

选择注释对象或[放弃(U)]:(选取要编辑的标注文字,此时会打开【多行文字编辑器】,用户可以从中编辑文字或删除自动测量值,单击【确定】按钮完成编辑并退出【多行文字编辑器】,效果对比如图 11-42 所示)

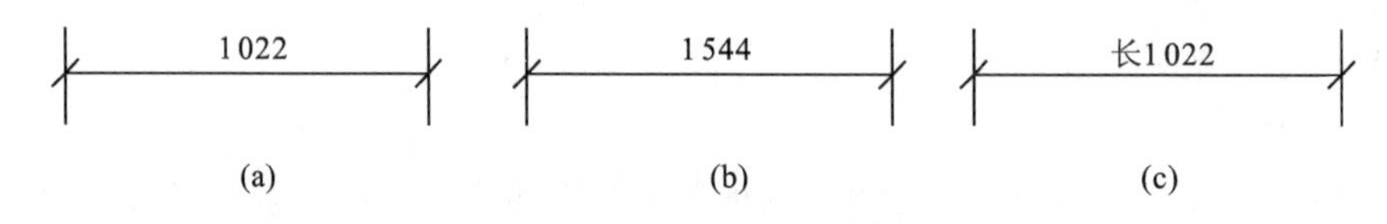

图 11-42 修改文字内容

(a)实际测量值;(b)重新输入;(c)添加内容

程序继续提示如下。

选择注释对象或[放弃(U)]:(用户可继续选取进行修改,按回车键则结束该命令)

11.4.2 “DIMEDIT”命令

该命令可以编辑标注对象上的标注文字和尺寸界线。启动命令的方法如下。

命令行:输入“DIMEDIT”或“DED”或“DIMED”并回车。

启动命令后,AutoCAD 软件的命令行提示如下。

命令:DIMEDIT ↵

输入标注编辑类型[默认(H)/新建(N)/旋转(R)/倾斜(O)]＜默认＞:(选择选项或按回车键)

各选项的意义如下。

①【默认】:将标注文字按标注样式定义的缺省位置、方向重新放置。

②【新建】:使用【多行文字编辑器】重新输入标注文字。

③【旋转】:以指定角度旋转标注文字,效果对比如图 11-43 所示。

④【倾斜】:调整线性标注尺寸界线的倾斜角度,效果对比如图 11-44 所示。

图 11-43 “旋转”效果对比

图 11-44 “倾斜”效果对比

11.4.3 “DIMTEDIT”命令

该命令可以编辑尺寸,标注文字的位置和角度。

启动命令的方法如下。

①功能区:【注释】标签|【标注】面板展开|【工具组】按钮 。

②命令行:输入“DIMTEDIT”或“DIMTED”并回车。

启动命令后,AutoCAD 软件的命令行提示如下。

命令:DIMTEDIT ↵

选择标注:(选择要编辑的标注)

指定标注文字的新位置或[左(L)/右(R)/中心(C)/默认(H)/角度(A)]:(指定点或选择选项)

各选项的意义如下。

①【指定标注文字的新位置】:拖曳时,动态更新标注文字的位置。

②【左】、【右】、【中心】:沿尺寸线左、右或中心对正标注文字。其中【左】、【右】选项只适用于线性、直径和半径标注,效果对比如图 11-45 所示。

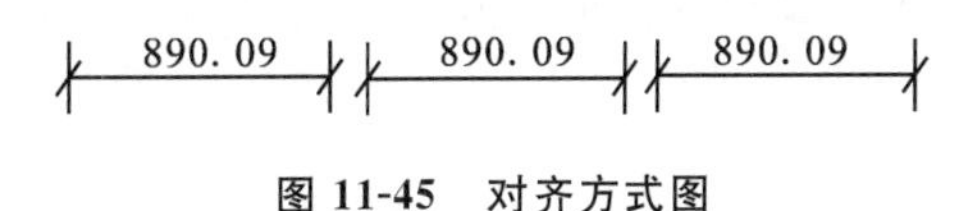

图 11-45 对齐方式图

③【默认】:将标注文字移回标注样式设置的默认位置。

④【角度】:以指定角度旋转标注文字。同“DIMEDIT”命令中的【旋转】选项。

11.4.4 “DIMOVERRIDE”命令

该命令可以重新设置所选定的尺寸标注的系统变量,从而修改尺寸标注,但不影响当前标注样式的设置。

启动命令的方式如下。

①功能区:【注释】标签|【标注】面板|【替代】按钮 。

②命令行:输入“DIMOVERRIDE”或“DOV”或“DIMOVER”并回车。

③菜单栏:【标注】|【替代】命令。

启动命令后,AutoCAD 软件的命令行提示如下。

命令:DIMOVERRIDE ↵

输入要替代的标注变量名或[清除替代(C)]:DIMDSEP ↵(输入要重新设置的变量名或选择【清除替代】选项,例如:输入“DIMDSEP”变量改变其小数分隔符)

输入标注变量的新值 <.>:(输入变量的新值,例如,当前为“.”,此处输入“?”)

输入要替代的标注变量名:(可继续设置变量,或按回车键结束)

选择对象:找到 1 个(程序提示选择要修改的标注)

选择对象:(继续选择,或按回车键结束)

对比效果如图 11-46 所示。

图 11-46 改分隔符图

11.4.5 使用【特性】选项板

对象特性管理器是非常实用的工具,它可以对任何 AutoCAD 对象进行编辑。和图形、文字、表格一样,也可使用【特性】选项板编辑尺寸标注的内容及其相关参数。

启动【特性】选项板的方法如下。

①工具栏:【默认】标签|【特性】面板|【特性】选项板按钮 。

②命令行:输入“PROPERTIES”并回车。

③菜单栏:【工具】|【选项板】|【特性】。

在实际操作中,更常用的方法是单击鼠标右键,在弹出的快捷菜单上单击【特性】选项,或者双击大多数对象也可以打开该选项板。

选择要编辑的尺寸标注,在打开的【特性】对话框中对尺寸的直线和箭头、内容文字、文字样式、文字大小等根据需要进行调整。

11.4.6 使用夹点

夹点编辑方式非常适合于移动尺寸线和标注文字。当选择标注后,通过激活并拖动尺寸线两端或标注文字所在处的夹点调整尺寸的位置。例如选定尺寸标注,并激活文字所在处的夹点,向上拖动光标以调整尺寸位置,如图 11-47 所示。

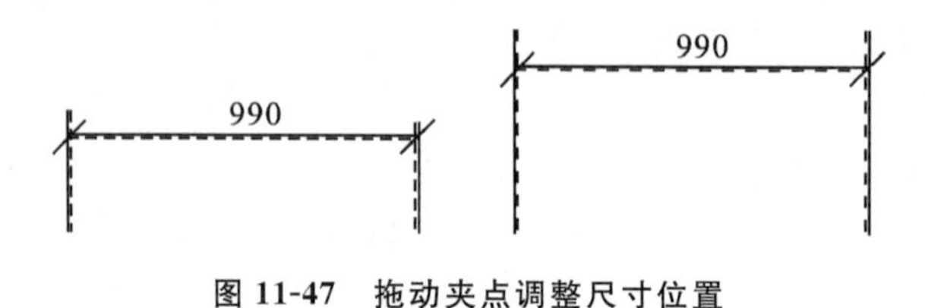

图 11-47 拖动夹点调整尺寸位置

11.5 尺寸标注的关联性

尺寸关联是指所标注的尺寸与被标注对象的关联关系。若标注的尺寸值是按自动测量值标注的且尺寸关联,那么改变被标注对象的大小后,相应的标注尺寸也将发生改变,即尺寸界线、尺寸线的位置都将改变到相应的新位置,尺寸值也变成新的测量值。反之,若改变尺寸界线的起始点位置,尺寸值将不发生相应的变化。默认新建尺寸标注采用尺寸关联模式。

11.5.1 修改【关联标注】

用户可以在【工具】|【选项】的【用户系统配置】选项卡中修改【关联标注】的模式。在【关联标注】中激活【使新标注与对象关联】选项,可设置其为尺寸关联模式,否则为非尺寸关联模式,这将对以后的尺寸标注产生影响。

也可以直接从命令行输入“DIMASSOC”并按回车键,则命令行提示如下。

输入 DIMASSOC 的新值 <0>:(输入 DIMASSOC 的值设置关联模式。值为 0 代表分解尺寸模式,即标注尺寸后,将组成尺寸标注的对象分解成单个对象,不再是一个整体;值为 1 代表非关联尺寸模式;值为 2 代表关联尺寸模式)

11.5.2 重新关联尺寸标注

该命令可将标注与其他选定对象进行重新关联。

启动该命令的方式如下。

①下拉菜单:【标注】|【重新关联标注】。

②命令行:输入“DIMREASSOCIATE”并回车。

启动该命令后,AutoCAD 软件提示如下。

命令:DIMREASSOCIATE ↵

选择要重新关联的标注

选择对象:[选择要重新关联的标注,如选择图 11-48(a)中的线段 AB 的标注]

选择对象:(可继续选择,回车结束)

指定第一个尺寸界线原点或[选择对象(S)]<下一个>:[指定对象捕捉位置或按回车键默认,如捕捉图 11-48(a)中的 C 点]

指定第二个尺寸界线原点 <下一个>:[指定对象捕捉位置或按回车键默认,如捕捉图 11-48(a)中的 D 点,线段 AB 的标注重新关联线段 CD,结果如图 11-48(b)所示]

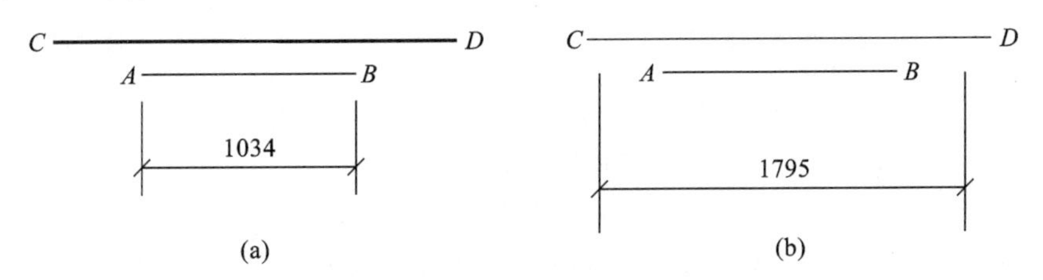

图 11-48　重新关联尺寸标注

(a)重新关联前;(b)重新关联后

11.6　创建公差标注

对于机械图来说,经常要对公差进行标注。公差又分为尺寸公差和形位公差,在 AutoCAD 中针对它们提供了不同的方法。

11.6.1　尺寸公差标注

在标注样式创建时可以为每一个尺寸都附加上尺寸公差,但公差并非每一个尺寸都需要,一般使用标注替代的方法为即将标注的尺寸设置公差,标注完成后再选择回到根标注。也可以通过特性面板来修改已有标注的公差,另外的方法就是为公差标注专门设置标注样式,需要的时候直接从【标注】下拉列表去选取。

具体操作步骤如下。

(1)单击【标注】面板|【标注】下拉列表,选择合适的标注方法进行标注。

(2)在完成标注的标注值上双击鼠标左键,弹出特性选项板,将选项列表拉到最下面【公差】选项区域,设置所需的“显示公差”“精度”“公差上偏差”等。

(3)关闭【特性】选项板,按“Esc”键取消对标注对象的选择,完成尺寸公差标注的设置。

11.6.1　形位公差标注

形位公差标注是机械图中表明尺寸在理想尺寸中几何关系的偏差,比如垂直度、同轴度、平行度等。AutoCAD 软件提供了专门的形位公差工具,命令的启动方式如下。

①功能区:【注释】标签|【标注】面板展开按钮|【公差】按钮 。

②命令行:输入“TOLERANCE”并回车。

③工具栏:【标注】|【公差】。

命令启动后,AutoCAD 软件将会弹出【形位公差】对话框,如图 11-49 所示。

单击【符号】图像框,会弹出【特征符号】对话框,如图 11-50 所示。

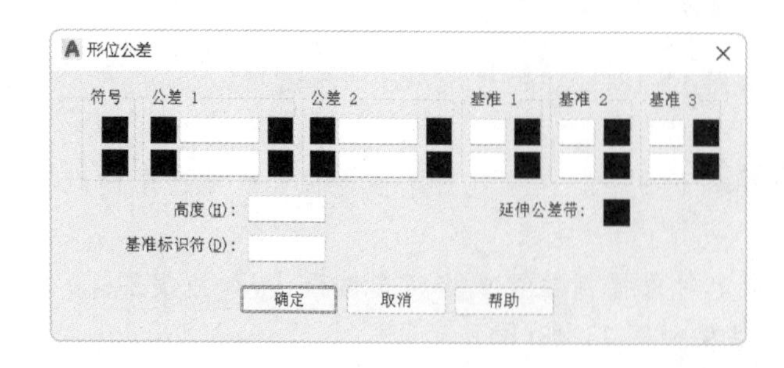

图 11-49 【形位公差】对话框

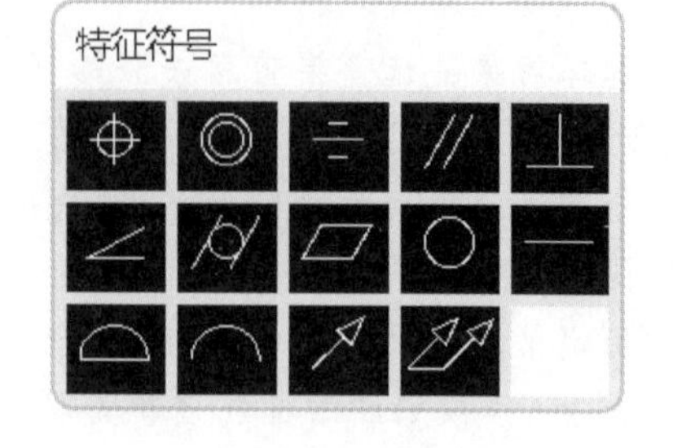

图 11-50 【特征符号】对话框

单击选中一个符号,则退出【特征符号】对话框,返回【形位公差】对话框,在其中设置好其他参数,单击确定按钮后,在图形中拾取一个点,可以创建形位公差。

完成的形位公差是一个整体,如果想对其进行编辑,可以双击这个形位公差,在弹出的【形位公差】对话框中进行编辑。形位公差的具体应用方法请参考有关机械设计方面的资料。

【思考与练习】

思考题

11-1 如何灵活调整尺寸标注中文字的高度?

11-2 如何理解【新建标注样式】|【调整】|【使用全局比例】和【主单位】|【比例因子】编辑栏的差别?

11-3 编辑尺寸时,【多行文字编辑器】中自动出现的尖括号(＜ ＞)表示什么?

11-4 在连续标注中,如何选择特定的尺寸界线作为基准线?

11-5 快速标注的作用是什么? 如何理解其各个选项的含义?

11-6 什么是尺寸标注的关联性?

上机操作

11-1 绘制并标注如图 11-51 所示的图形,比例尺为 1∶1,基本要求如下。

新建标注样式名为"模型标注",箭头选用"建筑标记",设置文字样式为"DIMTEXT",文字高为"0",文字的宽高比为"0.7",选用字体为"simplex.shx",在【文字】选项卡中设定文字高度为自定,在【调整】选项卡中设"使用全局比例"为"1",在【主单位】选项卡中设"单位格式"为"小数",精度为"0","比例因子"设为"1",尺寸标注其余参数自定。

11-2 绘制如图 11-51 所示图形,参数改变如下:在【调整】选项卡中设"使用全局比例"为"10",其余各部分设置请用户自定。

11-3 根据图形特点创建尺寸标注样式,绘制并标注如图 11-52 所示图形,比例尺为 1∶1。

11-4 如果图 11-52 在 A4 图框内,比例尺为 1∶50,尺寸样式如何定义,请用户思考。

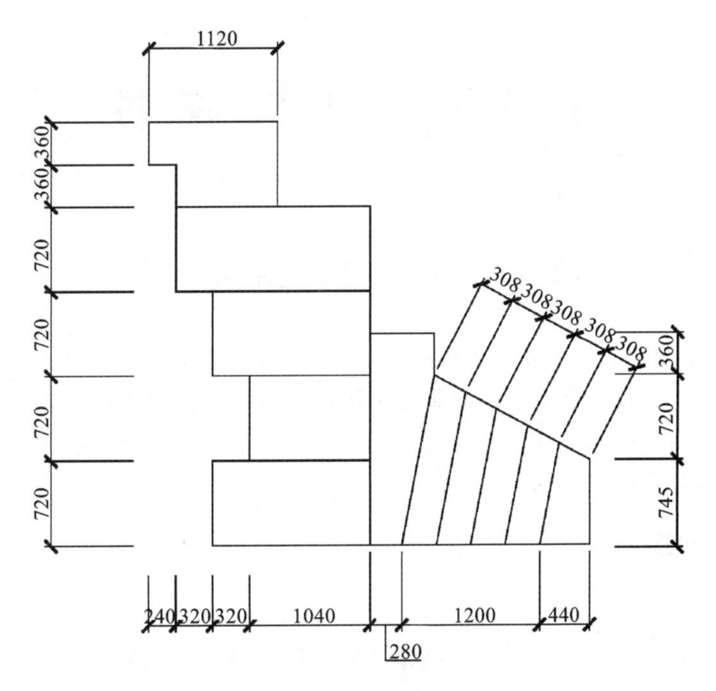

图 11-51　图例

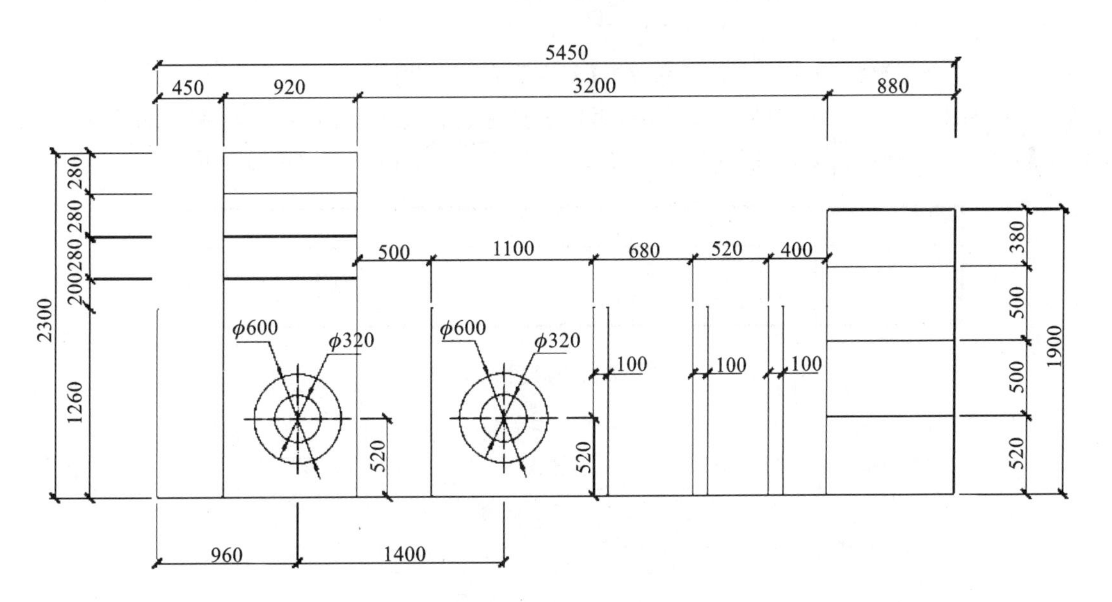

图 11-52　图例

第 12 章　块与属性

12.1　块的创建、使用和存储

在设计绘图时经常会遇到一些重复出现的图形及符号(如建筑设计中的门窗、楼梯等),如果用户每次都要绘制这类图形,不仅会造成大量的重复工作,而且存储这些图形需要较大的磁盘空间。为此,AutoCAD 软件提出了“图块”的概念,把一组图形对象组合成“图块”进行保存,并可方便地调用,这不仅可以加快绘图速度,也可保证图面的统一。

12.1.1　块的创建

启动该命令的方式如下。

①功能区选项卡:【插入】标签|功能区面板【块定义】|【创建块】按钮;或【插入】标签|功能区面板【块定义】|【创建块】下拉列表|【创建块】按钮;或【默认】标签|功能区面板【块】|【创建】。

②命令行:输入“BLOCK”或“BMAKE”或“B”并回车。

③下拉菜单:【绘图】|【块】|【创建】或【修改】|【对象】|【块说明】。

例如,要将如图 12-1 所示的图形定义为块,用户选择上述任意方法后,系统将弹出如图 12-2 所示的【块定义】对话框,创建结果如图 12-3 所示。图 12-2 对话框主要由以下 6 部分组成。

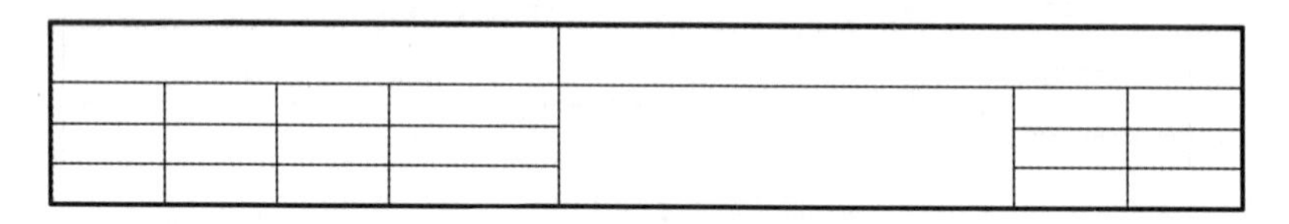

图 12-1　标题栏

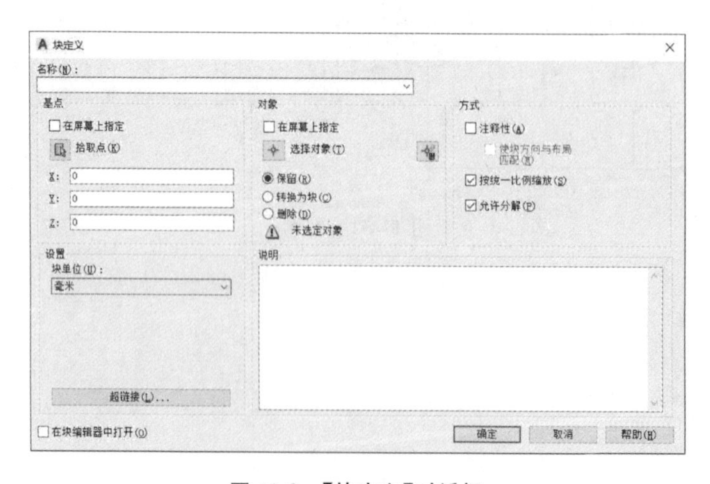

图 12-2　【块定义】对话框

图 12-3　创建新图块

提示：下拉菜单栏在快速访问工具栏右侧下拉|【显示菜单栏】按钮进行菜单栏的显示或隐藏。

(1)【名称】

用户可在该编辑框中输入块名称。单击右侧的三角符号 则显示图形中所有块的名称。从【名称】下拉列表中选择块名后，会出现预览图像。如果已输入了块的说明，在【说明】区中将显示块定义中的说明文本。

(2)【基点】

要求用户指定插入基点的位置，该点将作为块插入的参考点。单击对话框【基点】选项组中的【拾取点】按钮后，可通过鼠标在屏幕上定点。这时，对话框被暂时移开，用户可以在屏幕上确定基准点。用户也可以在【X】、【Y】和【Z】编辑框中输入坐标值以确定基点的位置。

(3)【对象】

单击【选择对象】图标 将返回绘图界面，用户可选择块中要包含的对象。选择结束后，按空格键或回车键或鼠标右键将确定所选对象并返回【块定义】界面，此时【对象】区底部将显示形成块的对象数。

在【对象】选项组中还包含三个单选项，其功能如下。

①【保留】：AutoCAD 软件将继续在绘图中保留这些构成块的实体，并依然将它们作为单独的实体来对待。

②【转化为块】：当块定义后，程序将原对象转化为块。

③【删除】：定义块后，程序将删除原对象。

(4)【方式】

在【方式】选项组中还包含三个单选项，其功能如下。

①【注释性】：指定块是否为注释性。

②【按统一比例缩放】：指定是否阻止块参照不按统一比例缩放。

③【允许分解】：指定块参照是否可以被分解。

(5)【设置】

在【设置】选项组包含【块单位】，其功能为指定块参照插入单位。

(6)【说明】

指定块的文字说明。

(7)【超链接】

可以将超链接添加到图形中,以转到特定文件或网站。

(8)【在块编辑器中打开】

当【在块编辑器中打开】单选框显示为"√"时,单击【确定】按钮将在【块编辑器】中定义当前的块定义。

最好将图 12-1 块的定义过程展示。

提示 1:如果新定义的块名和当前图形文件中已经存在的块名相同,AutoCAD 软件将弹出警告信息框。用户可以选择重新定义或取消块定义操作。

提示 2:"0"图层具有插入层的特性,非"0"图层的块具有自身层的特性。因此,最好在"0"图层上创建块。

提示 3:单击对话框的【对象】选项组的【快速选择】按钮,将弹出如图 12-4 所示的【快速选择】对话框。该对话框可以定义一个基于对象特性的选择集。快速选择方式适用于图形很大且比较复杂的情况。

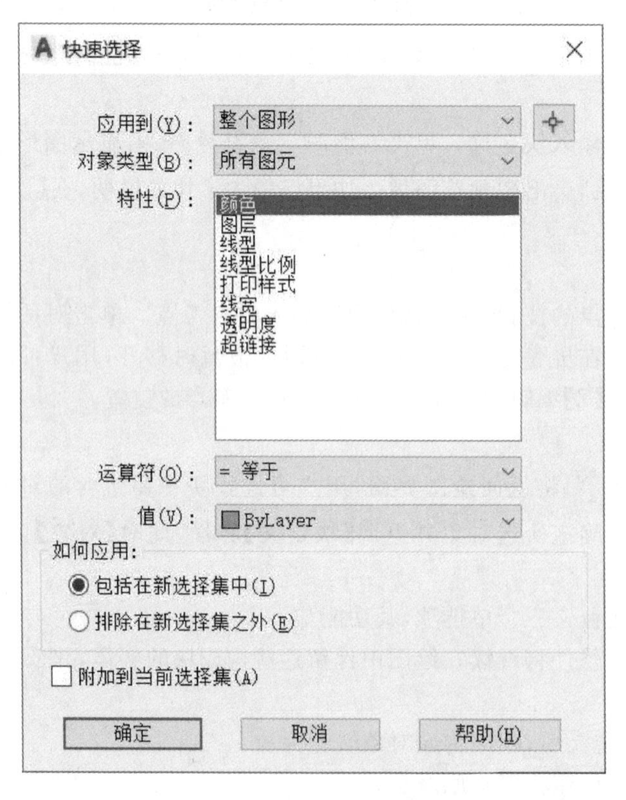

图 12-4 【快速选择】对话框

12.1.2 块的使用(块的一次插入、阵列插入)

所谓插入图块,就是将已经定义的图块插入当前的文件中。在绘制图形时,用户不仅可将已经定义在当前文件中的图块方便地插入文件中,也可以将另外一个图形文件以块的形式插入当前文件中。插入块和图形时,用户可以根据要求将图块按照比例进行缩放或者旋转一定角度。

插入的块还可以进行复制、移动、镜像、删除和阵列等操作。

12.1.2.1　块的一次插入

启动该命令的方式如下。

①功能区选项卡:【插入】标签|功能区【块】面板|【插入】;或【默认】标签|功能区【块】面板|【插入】。

②命令行:输入“INSERT”或“DDINSERT”或“I”并回车。

③下拉菜单:【插入】|【块选项板】。

进行上述操作后,如果文件中没有定义好的块,将会出现块的图形列表,如图 12-5(a)所示;如果没有定义块,则会出现【插入】对话框,如图 12-5(b)所示,该对话框主要由 7 个部分组成。

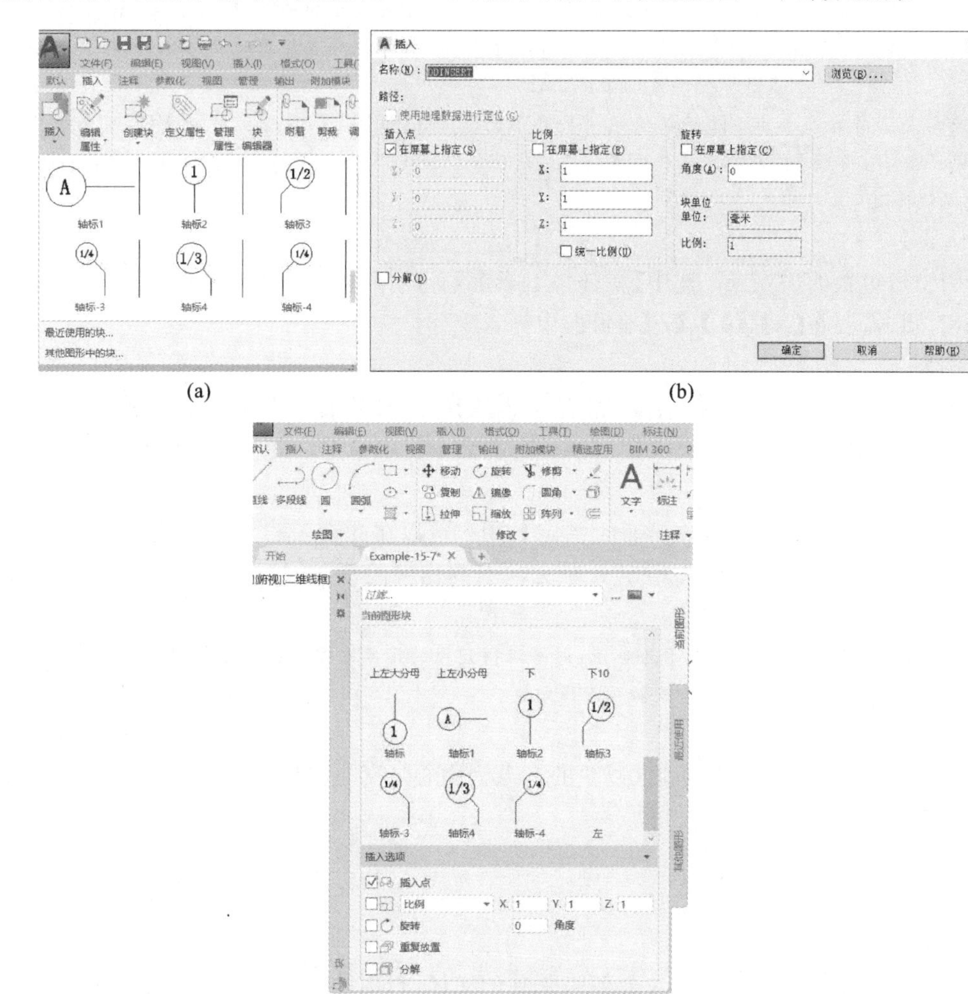

(a)　(b)　(c)

图 12-5　【插入】对话框

(a)块的图形列表;(b)【插入】对话框;(c)【块选项板】对话框

(1)【名称】

在该选项中可以直接输入块的名称或者从下拉列表框中选择所需要插入的块,也可单击右边的【浏览】按钮来选择并插入外部图形文件。选择结束后,列表框下端将显示图块的路径。

(2)【路径】

该选项的作用是使用地理数据进行定位。勾选此选项时,会将地理位置信息插入图形文件,使图形中的点与地球表面上的地理位置对应。

例如,在图形中插入地理标记之后,可以进行以下操作:光度控制研究时,使程序自动确定阳光角度;在视口中插入来自联机地图服务的地图;执行环境研究;使用位置标记来标记地理位置并记录相关的说明;实时定位;输出到 AutoCAD Map 3D;输入包含地理位置信息的光栅文件,并等待它们自动定位(使用 AutoCAD Raster Design)。

提示 1:图形文件中的地理位置信息是围绕称为地理标记的图元构建的。地理标记指向模型空间中的参照点,该点对应于地球表面上具有已知的纬度和经度的位置。程序也可以在此位置捕获北向。根据该信息,程序能够导出图形文件中所有其他点的地理坐标。

提示 2:通常,地理位置由其坐标(例如,纬度、经度和标高)和用于定义坐标的坐标系(例如,WGS 84)进行定义。此外,位置的坐标在各个 GIS 坐标系中可能不同。因此,当指定地理标记的地理位置时,系统也会捕获 GIS 坐标系的详细信息。

提示 3:若无法选择地理标记,但可以使用 GEOMARKERVISIBILITY 系统变量控制其可见性。可以使用"GEOREMOVE"命令从图形文件中删除地理位置信息。地理标记和 GIS 坐标系都将从图形文件中删除。但是,位置标记仍将继续保留在图形文件中。

(3)【插入点】

该选项用于指定块的插入点。选中【在屏幕上指定】后,用户可在关闭对话框后用鼠标在绘图区指定块插入点,否则,需要在【X】、【Y】、【Z】编辑框中输入坐标。

(4)【比例】

该选项用于确定块的插入比例系数,即指定插入块在 X、Y、Z 轴上的比例(以块的基点为准)。

①【在屏幕上指定】:选中该选项,关闭对话框后在命令行中指定块的比例。此时,【X】、【Y】、【Z】编辑框将显示为不可操作。

②【X】、【Y】、【Z】:如果不选择【在屏幕上指定】,用户可以在此输入三个数值以控制块的比例。

③【统一比例】:选择该项,则只需指定 X 轴方向上的比例因子,Y 轴、Z 轴方向上的比例因子与 X 轴方向上的自动保持一致。

提示:如果输入 X 轴和 Y 轴的比例因子为负值,则可以得到块的镜像图像。在【X】、【Y】、【Z】中输入不同比例因子,可以根据需要分别沿 X 轴、Y 轴、Z 轴方向拉伸或压缩块。

(5)【旋转】

该选项用于指定插入块的旋转角度(以块的基点为中心)。如选择【在屏幕上指定】复选框,则可在屏幕上确定旋转角度。

(6)【块单位】

该选项用于显示有关块单位的信息。

(7)【分解】

该选项用于在插入块的同时把图块分解为单独的实体,否则插入的块将作为整体存在。

提示:选择该选项后,插入块的同时将分解块。需要注意的是,选择该选项后只能使用统一比例对块进行缩放。

对于从菜单栏打开的【块选项板】对话框,如图 12-5(c)所示。该对话框主要由以下 5 个部分组成。

(1)【左侧菜单】

① ✖【关闭】:关闭该浮动窗口。

② ▮◀【自动隐藏】:可自动隐藏该浮动窗口。

③ ✲【特性】:包括以下选项。

a.【移动】、【大小】、【关闭】、【允许固定】:对该浮动窗口进行位置、形状、开关、固定的操作。

b.【锚点居左<】、【锚点居右>】:将该浮动窗口固定在绘图窗口的左侧或右侧。

c.【自动隐藏】:对该浮动窗口进行如②所述操作。

d.【透明度】:进入【透明度】选项卡,进行【常规】选项栏操作,滑动调整选项板的透明度;进行【鼠标悬停于上方】选项栏操作,滑动调节鼠标悬停于上方时选项板的透明度,并选择是否【单击以预览】该透明度;进行透明度全局调整,是否应用该选项卡透明度设置至全局或禁用所有窗口透明度。

(2)【过滤】

该选项用于在输入块名称或其关键字的一部分时,可以过滤含有此名称或关键字的块。

(3)【当前图形块】、【最近使用图形块】、【其他图形块】

① ...【文件选择对话框】:显示文件选择对话框以选择要作为块插入当前图形中的图形文件或其中一个块定义。

② ▾【显示模式】下拉显示模式按钮,以列出或预览可用块,如图标、详细信息、列表。

③【显示窗口】:在右侧选项栏中改变显示窗口【当前图形块】、【最近使用图形块】和【其他图形块】。通过点击以快速选择窗口中列出或显示的块,进行块的快速插入。

(4)【插入选项】

① ▾【显示/隐藏】:点击【插入选项】右侧的黑色三角▼以快速显示或隐藏【插入选项】栏。

②【插入点】:当勾取【插入点】选项时,将指定块的插入点自动定义为绘图窗口中鼠标点击区域;当未勾取【插入点】选项时,需手动输入插入点对应的 X、Y、Z 坐标。

③【比例】:当勾取【比例】选项时,需手动输入所插入块的缩放比例;当未勾取【比例】选项时,默认比例为 1。该功能可以控制所插入的对象在三个方向有相同的缩放比例。

④【旋转】:所插入块是否进行旋转、旋转角度的选项。

⑤【重复放置】:是否对所插入块进行重复多次放置。

⑥【分解】:是否分解并插入块。选定【分解】时,只可以指定统一比例因子。

12.1.2.2　块的多重插入

启动该命令的方式如下。

命令行:输入“MINSERT”并回车。

“MINSERT”命令能够以矩形阵列的形式插入块的多个拷贝,而且“MINSERT”命令插入的块不可以被分解。

例如,建立由块“WINDOW”构成的阵列,“WINDOW”的尺寸为 1200×1500,阵列的行数为 3、列数为 4、行单元间距为 3000、列单元间距为 3600,如图 12-6 所示。

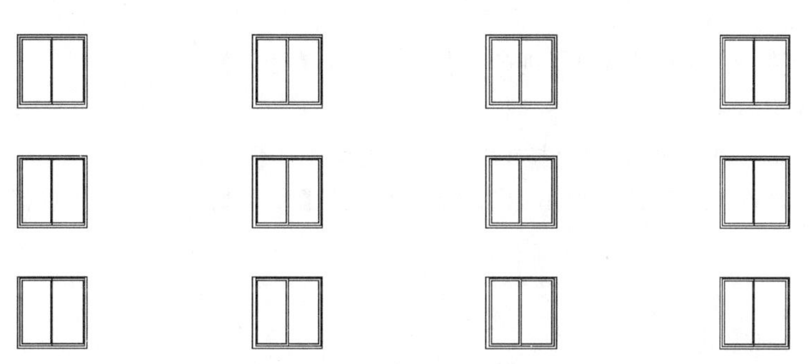

图 12-6　用“MINSERT”命令插入块

操作过程如下。

命令:MINSERT ↵

输入块名或[?]＜当前块＞:WINDOW ↵

单位:毫米　转换:

指定插入点或[基点(B)/比例(S)旋转(R)]:B(在绘图区域指定插入点)↵

输入 X 比例因子,指定对角点,或[角点(C)/XYZ]＜1＞:(X 比例因子为 1)↵

输入 Y 比例因子或 ＜使用 X 比例因子＞:↵(Y 比例因子为 1)

指定旋转角度 ＜0＞:↵

输入行数(---)＜1＞:3 ↵

输入列数(|||)＜1＞:4 ↵

输入行间距或指定单位单元(---):3000 ↵

指定列间距(|||):3600 ↵

对超过 1 的行数,系统会提示确定行的间距;如果列数多于 1,也需要确定列的间距。行和列的间距可以是正值,也可以是负值。如果在"MINSERT"命令中输入了旋转角度,则每个图块和整个阵列都按指定角度旋转。

12.1.2.3　利用等分点有规律地插入块

在绘制"沿椭圆形会议桌排列的椅子"的图形时,"DIVIDE"命令更加有效。用户可以将"椅子"设为一个块,然后以等分的方法有规律地插入块,具体内容见第 7 章 7.1 节等分点的介绍。

12.1.2.4　利用工具选项板插入块

在工具选项板中,一些常用的命令、块和填充图案等集合到一起分类放置,甚至可以对【建模】、【约束】、【注释】等操作进行分类和对【结构】、【机械】、【电力】等专业内容的集合进行分类。需要使用某内容时只要拖动它们就可以插入图纸中,极大地增进了 AutoCAD 软件的实用性能。具体关于利用工具选项板插入块的过程见第 14 章。

12.1.3　块的存储

由"BLOCK"命令建立的块或符号只能在它们所生成的图形中使用,这导致了其他文件无法使用当前文件中创建的图块。AutoCAD 软件提供了"写块"(WBLOCK)命令,将图块以单独的图形文件的形式存盘。

启动该命令的方式如下。

功能区选项卡:【插入】|【块定义】|【创建块】下拉菜单|【写块】。

命令行:输入"WBLOCK"或"WB"并回车。

用"WBLOCK"命令创建的图形文件同其他图形文件无任何区别。

在命令行中输入"WBLOCK"将弹出如图 12-7 所示的【写块】对话框。该对话框主要由以下 5 个部分组成。

(1)【源】

该选项用于选择对象和块。

①【块】:指定要存为文件的块。选择该选项后,将显示当前文件中以"BLOCK"创建的图块,用户可以在列表中进行选择。

②【整个图形】:将当前图形文件选择为一个块。

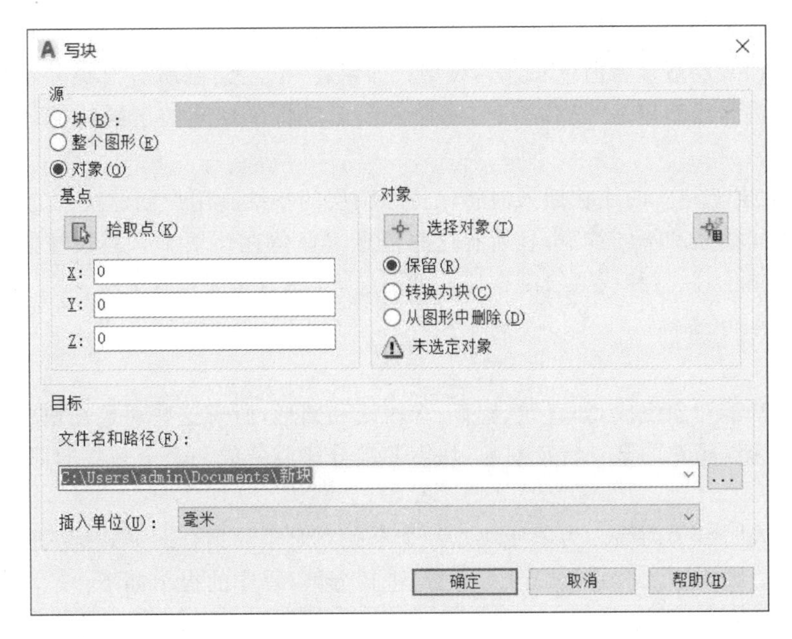

图 12-7　【写块】对话框

③【对象】:指定要存为文件的对象。

(2)【基点】

该选项用于指定块的基点。用户可以在【X】、【Y】和【Z】文本框中输入相应值,也可以点击【拾取点】按钮在屏幕中选点确定。只有选中【源】中【对象】时才能选择【基点】,其他选项均为灰显。

(3)【对象】

该选项用于指定要存为文件的对象。单击【选择对象】按钮可选择对象,或用【快速选择】按钮打开【快速选择】对话框,从中设置参数来选择当前图形中的对象。

①【保留】:选择该选项后,AutoCAD 软件将继续在绘图中保留这些构成块的实体,并依然将它们作为单独的实体来对待。

②【转化为块】:选择该选项,块定义后,原对象将转化为块。

③【从图形中删除】:选择该选项,在定义块后,程序将删除原对象。

完成选择对象后,【对象】区的底部将显示所选对象的数量。

(4)【目标】

该选项用于设定保存所选对象的新文件的文件名、位置和单位。

用户可以在【文件名】文本框中输入块或所选对象的文件名,或者从【路径】下拉列表中选择路径,也可以单击 ... 按钮,弹出【浏览图形文件】窗口,在该窗口中可以确定新文件保存的路径。

(5)【插入单位】

该选项可选择将作为块插入的新文件所用的单位。

在完成对话框中所需信息的输入后,选择【确定】按钮完成设置。这时,将弹出【写块预览】窗口并显示新创建图块的内容。

12.1.4　块的对象特性和编辑

插入图形中的块可以作为一个普通对象进行编辑,如果要编辑块中的单个对象,则需要将块分解。

12.1.4.1 块的对象特性(图层、颜色、线型和线宽)

在缺省情况下,“0”层被置为白色和连续线型。如果在“0”层绘制所有对象并将其转化成块,并把“0”层上的颜色、线宽和线型设为“ByLayer”,则插入图形后将呈现当前层的特征,即当前层将控制实体颜色和线型。

在“0”层以外的层上建立的块在插入时将保持原图层的特性。用户创建块中的对象可以具有不同图层、不同颜色、不同线型和不同线宽,且所有这些信息都保留在该块中。当块被插入时,块中的每一个对象都以原有的颜色、线型和线宽绘制在原有的图层上,而与当前设置无关。

12.1.4.2 块的编辑

(1)分解块

块可由不同的基本对象组成,如直线、圆弧、多段线和圆形,所有这些对象在块中均被列为一组,并被视为单个对象。为编辑块的某一特定对象,块需要被分解或分成一个个独立的部分。该功能可由以下 3 种方法实现。

①在块名前输入“*”为前缀。为了使块以一个个独立对象的集合的形式插入图层中,必须在块名前输入一个“*”号。如在插入时将块“WINDOW”进行分解,程序的提示如下。

命令:INSERT ↵

输入块名或[?]<WINDOW>:*WINDOW ↵

指定块的插入点:(选择插入点)

指定 xyz 轴比例因子:1 ↵

指定旋转角度 <0>:↵

所插入对象将不再被视作一个块。用户可以对图形中的各个对象逐个进行编辑。

②使用“EXPLODE”命令,或下拉菜单|【修改】|【分解】。

提示 1:以“MINSERT”命令和外部参照插入的块是不可以被分解的。

提示 2:在【块】对话框中,若不选中【允许分解】复选框,块是不可以被分解的。

提示 3:当按非统一比例缩放的块中包含无法分解的对象时,这些块将被收集到一个匿名块(名称以“*E”为前缀)中,并按非统一比例缩放进行参照。如果这种块中的所有对象都不可分解,则选定的块参照不能分解。非一致缩放的块中的体、三维实体和面域图元不能分解。

提示 4:分解一个包含属性的块将删除属性值并重显示属性定义。

提示 5:无法分解使用外部参照插入的块及其依赖块。

③使用“XPLODE”命令。使用“XPLODE”命令可以对块进行分解或将块分解成对象元素,同时控制它们的特性,如图层、线型、颜色和线宽。

命令提示如下。

命令:XPLODE ↵

请选择要分解的对象:(使用任一对象选择方法选取对象,然后按“Enter”键)

(此时命令行报告选中对象的总数,同时也给出不能分解的对象数目,进一步提示选择选项,该选项决定对象元素的特性是逐项改变,还是统一改变)

输入选项[全部(A)/颜色(C)/图层(LA)/线型(LT)/线宽(LW)/从父块继承(I)/分解(E)]<分解>:(输入 i、g 或按回车键接受缺省值)

有关选项意义如下。

a.【全部】:分解后设置选中对象的所有特性,如图层、线型、颜色和线宽。AutoCAD 软件提示为分解的对象元素输入新的线型、颜色、线宽和图层名。

b.【颜色】:设置分解对象的颜色,程序提示如下。

新颜色[真彩色/配色系统]＜ByLayer＞:

c.【图层】:设置分解对象之后,部件对象的图层。默认选项是继承当前图层而不是分解对象的图层,程序提示如下。

输入分解对象的新图层名 ＜当前层＞:(输入一个存在的图层名或按回车键)

d.【线型】:设置被分解对象元素的线型。命令提示如下。

输入分解对象的新线型名 ＜ByLayer＞:(输入一线型名或按回车键)

e.【从父块继承】:设置对象元素的特性与分解的父对象相同,即对象元素绘制在"0"层上,且颜色、线宽和线型是"ByBlock"。

f.【分解】:以与"EXPLODE"命令完全相同的方式分解对象。

(2)块的重命名

用户可以重新对块进行命名,以保证对象的名称易于识别和查找。对于插入当前图形中名称相互冲突的块,也可以采用重新命名的方式解决。

启动该命令的方式如下。

①下拉菜单:【格式】|【重命名】。

②命令行:输入"RENAME"并回车。

执行上述命令后,将弹出如图 12-8 所示的【重命名】对话框。【命名对象】列表框显示了那些能够更名的对象类型目录,如块、图层、标注样式、线型、文字样式、UCS、视图等。除了"0"图层和实线线型,其他的特性都可更名。

(3)重新定义块

当所定义的块对于新的绘图内容不适用时,如果利用上文提及的【分解块】并重新绘制方法将只改变所打散的块,而不会改变块库中对应的块。即【分解】只能改变所插入的块,块库中原本对应的块不会发生任何改变,再次插入此块时,块仍然是最初定义的样子,仍然不适用于新的绘图内容。

实际上用户不必删除块就可以对其重新定义。这是一项提高工作效率的技术。因为块重新定义后,图中所有具有相同名字的块都会自动更新。

如图 12-9 所示的图形,表示出了插在图形中的各种各样的块,前两个是以正常尺寸插入的,第三个是以 1.5 倍尺寸插入的,块名都是"CAR",插入点都是前车轮圆心。现需要在车窗上增加一条竖线。为了对当前图形中的块重新定义,需要再插入一个块,并把其分解成单个实体。做出修改后要求块名仍然为"CAR",插入点仍然为前车轮圆心。

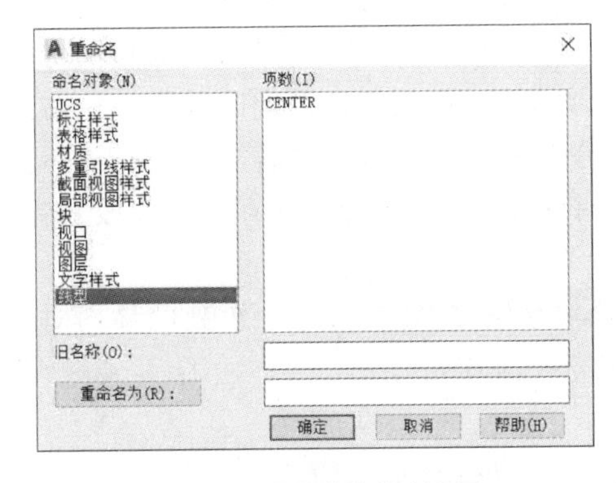

图 12-8　【重命名】对话框

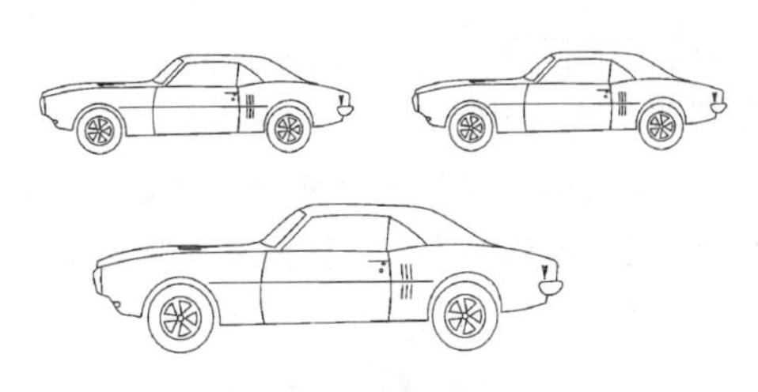

图 12-9　块

命令执行过程如下。

①利用“INSERT”命令插入块“CAR”,将其分解,对图形进行修改,即在车窗上增加一条竖线。

②利用“BLOCK”命令激活【块定义】对话框,在【名称】选项组右侧下拉菜单选择原本定义的块名“CAR”,然后在【块定义】复选窗口重新定义并选择修改后的对象为新的块“CAR”,插入点取前车轮圆心。

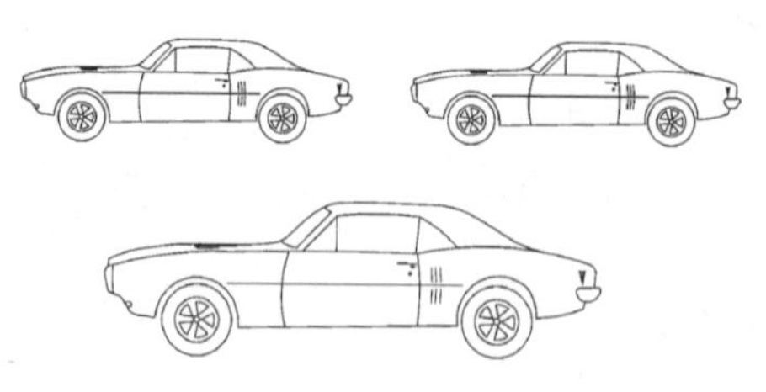

图 12-10 重新定义后的块

③当用户单击【确定】按钮后,将出现对话框“图形中已经定义 CAR 块,确认是否重新定义图形中 CAR 块?”,在 AutoCAD 软件提示框中选择确定,软件将对图形中的块重新定义。如图 12-10 所示的图形表示出了重新定义后的块所发生的变化。

提示:对于重新定义的块,需要注意其重定义前的几点位置和图层。对于通用块,在重新定义时最好将修改的内容仍放在“0”图层。否则,如果原始块的图线在“0”图层,而修改部分不在“0”图层,那么插入块后,“0”图层部分将随新图层变化,而修改部分则不会变。

(4)块编辑

对已有块进行修改,除了块的重新定义,AutoCAD2020 还可以通过块的【在位编辑】和【块编辑器】进行块的修改。

块的【在位编辑】,就是在原图所在的位置上进行块编辑。使用此功能可以不对块进行【分解】,也可以忽略插入点位置和原块图形所在的图层,而直接对块进行修改。

启动该命令的方式如下。

①功能区选项卡:鼠标右键【菜单】|【在位编辑块】。

②命令行:输入“REFEDIT”并回车。

用户在使用【在位编辑】功能时,可以对本节的内容进行灵活操作,不一定局限于使用某个命令时完全按照教程的模式来,而是对各种相似的命令进行组合,找到适用于个人的高效率组合。

【在位编辑】面板包括【标志参照】和【设置】两个选项组。

【标志参照】选项组中分【参照名】、【预览】和【路径】选项组。【参照名】可以将待编辑块的名字显示出来,如果此块中含有嵌套的块,也可通过树状图形式显示出所有嵌套块,以供用户精确选择;【预览】面板可以对修改块进行实时预览;【路径】可以对嵌套对象同步进行选择,即是否将修改内容自动同步至嵌套对象的【自动选择所有嵌套的对象】指令和提示是否在参照编辑任务中逐个选择嵌套对象的【提示选择嵌套的对象】指令。

【设置】中可以定义创建位移图层、样式和块名;显示属性定义以供编辑;锁定不在工作集中的对象。

【在位编辑】面板设置结束后,点击【确定】进行块在绘图界面的“在位编辑”,此时选定的块将展现出类似于【分解】的特性。例如可以输入“C”激活画圆命令等。完成对块的修改后,可以点击【参照编辑】面板|【保存修改】将修改保存到块的定义中;或输入命令行【REFCLOSE】|【保存参照修改】将修改保存到块的定义中。

块的【块编辑器】,其使用方法和【在位编辑】的区别是,【块编辑器】将打开一个单独的界面对块进行修改。【块编辑器】的主要功能一般用于动态块的创建,功能更加丰富。

启动该命令的方式如下。

①功能区选项卡:【插入】标签|功能区面板【块定义】|【块编辑器】按钮。

②命令行:输入“BEDIT”或“BE”并回车。

③选择块：鼠标右键菜单栏|【块编辑器】。

对于【块编辑器】，详细的内容将在下文【动态块】中讲解。

(5)无用块的删除

删除无用的块可以提高绘图效率。对于无用的图层、文字样式和标注样式，该命令同样有效。

启动该命令的方式如下。

①下拉菜单：【文件】|【绘图实用工具】|【清理】。

②功能区选项卡：【管理】标签|功能区面板【清理】|【清理】按钮。

③命令行：输入“PURGE”并回车。

用户可以切换树状图以显示当前图形中可以清理的以及不能清理的内容，如图 12-11 所示的【清理】对话框。

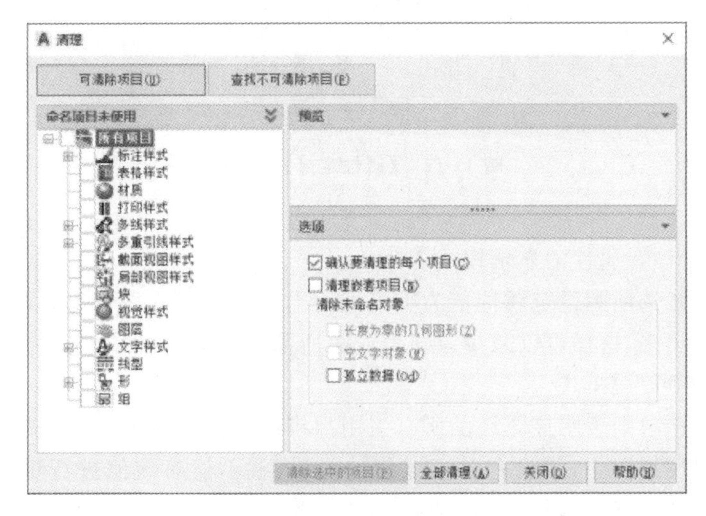

图 12-11 【清理】对话框

12.2 块的属性

属性是从属于块的非图形信息，即包含在块中的文本信息，是块的组成部分。一个块可以有多个属性，但属性必须对应于一个块。属性不同于一般的文本，它包括属性标记、属性值，属性可以用“ATTEXT”命令来提取。

12.2.1 创建带属性的块

12.2.1.1 属性的定义

启动该命令的方式如下。

①功能区选项卡：【插入】标签|功能区面板【块定义】|【定义属性】按钮。

②命令行：输入“DDATTDEF”并回车。

③下拉菜单：【绘图】|【块】|【定义属性】。

执行命令后，程序将弹出如图 12-12 所示的【属性定义】对话框，该对话框包括【模式】、【属性】、【插入点】和【文字设置】等选项组。以下将简要介绍各部分的功能。

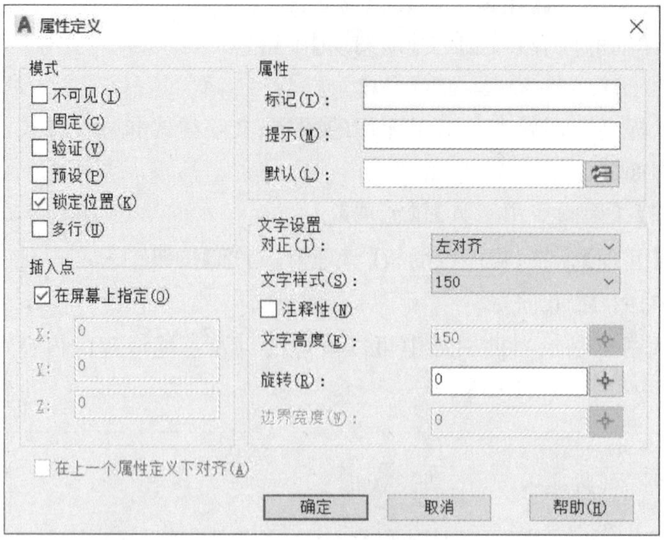

图 12-12 【属性定义】对话框

(1)【模式】

【模式】选项组用于设置属性的显示模式。

①【不可见】:激活该选项则设定属性值为不可见。当把图块插入图中时,属性值依然附属在图块上,但它们将不被显示出来,这样可以减少重新生成图所需的时间。如果希望把不可见的属性变为可见,可改变已设定的【不可见】模式。

②【固定】:激活该选项则表明该图块的所有引用都将带有相同的属性值。属性值在定义属性时被输入,在其后的图块引用过程中,如没有关于该值的提示,就不能对该值进行更改。当选择这个模式时,【提示】编辑框、【验证】和【预置】复选框均无效。

③【验证】:激活该选项后,当插入块时,程序就对已输入的属性再一次提示用户进行校验,否则提示不要求用户进行校验。

④【预设】:用于确定是否将属性值设为默认值。选中该选项,在插入块时,程序将把在该对话框中【值】编辑栏输入的内容设置为实际属性值,不再要求用户进行新的输入,即程序自动设置了缺省的属性值。如果未选中该项,则要求进行输入。

⑤【锁定位置】:锁定块中所定义属性的位置。解锁后,属性在所插入块中是可以相对于其他部分移动的,并可以调整多行文字属性的大小。此时所插入块会出现两个夹点,分别拖动两个夹点可以移动所插入的块或所插入块中的属性。

⑥【多行】:指定属性值可以包含多行文字。勾选时,可以指定属性的边界宽度。

(2)【属性】

该选项组用于设置图块的属性,包括【标记】、【提示】和【默认】三项。

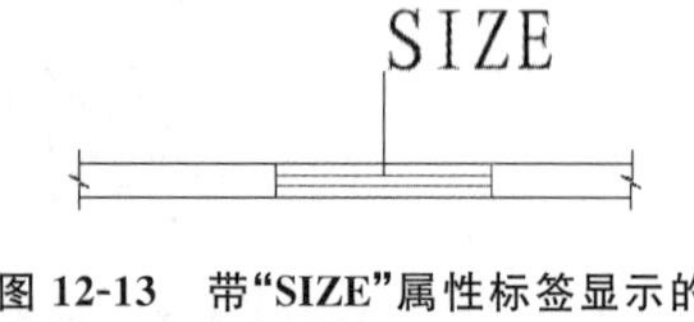

图 12-13 带"SIZE"属性标签显示的窗户图块

①【标记】:用于指定属性标记。标记名可由除空格之外的任何字符组成,可以用连字符来替代两个单词之间的空格。如图 12-13 所示,在【标记】栏中输入"SIZE"并在图中指定位置,则在定义属性但未选择创建图块之前,在指定位置处将显示"SIZE"的属性标记。

②【提示】:指定属性提示。属性提示是指插入带属性的图块时用户所看到的提示。提示语句可为疑问句或陈述句。如在编辑栏中输入属性提示“窗的尺寸?”,则以后编辑带有该属性的块时,程序将显示提示内容;如【提示】编辑框保留空格,即用户不定义提示,则属性【标记】中的内容用作属性提示;如果属性显示模式中的【固定】开关处于激活状态,【提示】编辑框将不能被编辑。

③【默认】:指定缺省的属性值。指定了属性标记和提示信息后,用户可以在【默认】编辑框里输入属性值。在创建带有属性的块时,该栏中的值将作为属性显示在所定义的图块中。用户以该块插入时,可以使用缺省值,也可以进行修改。

(3)【插入点】

该选项组用于为属性定位。单击【在屏幕上指定】复选框,则可以利用鼠标在屏幕上的图形取点定位;反之则在【X】、【Y】和【Z】编辑框中输入基点坐标。

(4)【文字设置】

该选项组用来设定属性的文字特性,包括【对正】、【文字样式】、【注释性】、【文字高度】、【旋转】和【边界宽度】6 项。

①【对正】:点取编辑栏右侧的 ,将弹出如图 12-14 所示的下拉列表,内容参见第 10.2.1 节。

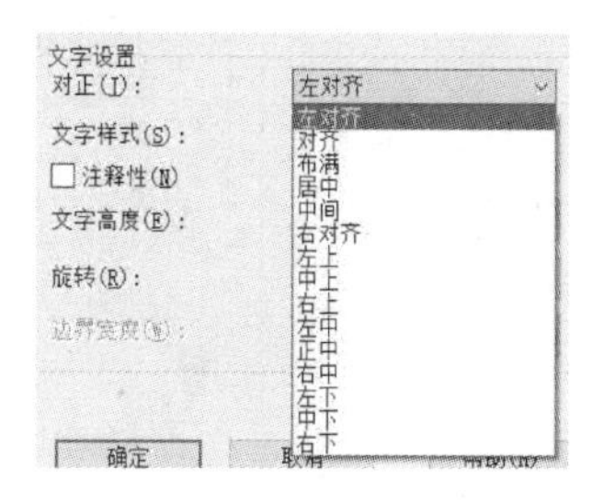

图 12-14　【对正方式】

②【文字样式】:点取编辑栏右侧的 ,将显示当前图形所加载的文字样式,用户可以再次选择当前文字样式。

③【注释性】:是否指定属性为注释性。如果指定属性为注释性的,则块内属性将与块的方向相匹配,即缩放注释对象的过程是自动的。注释性对象和样式用于控制注释对象在模型空间或布局中显示的尺寸和比例。注释性对象也可能具有多种指定的比例,并且每个比例表达可以相互独立移动。

④【文字高度】:用户可以用键盘在编辑栏中直接输入属性文本的字高,也可以通过单击编辑框旁的【高度<】按钮改变字高。单击【高度】按钮后,【属性定义】对话框将暂时关闭,命令行提示用户取点定高,用户可以用鼠标在图形屏幕上确定,也可以在命令行上输入两点的坐标值,取点完成后返回对话框,所定义的高度值将显示在编辑框中。

提示:在【文字样式】对话框中定义高度后,此处将不可再编辑。

⑤【旋转】:设定属性文本的转角。可以用键盘直接输入,也可以单击左侧的【旋转<】按钮利用鼠标取点定转角。

⑥【边界宽度】:当【模式】栏中【多行】指令被勾选时,可以设置【边界宽度】。换行至下一行前,指定多行文字属性中一行文字的最大长度。其中值 0.000 表示对文字行的长度没有限制。

(5)【在上一个属性定义下对齐】

当该切换开关处于激活状态时,允许采用相同的对齐方式在先前的属性下面放置附加属性。当定义第一属性时,该选项不能被激活;如该选项被激活,【文字选项】和【插入点】框域将不能编辑。

单击【确定】按钮将关闭【属性定义】对话框完成属性的定义。

12.2.1.2　示例

下面将演示如何创建带属性的块的过程,过程如下。

①绘制如图 12-15 所示的标题栏,尺寸为“2450×120”。

②在【注释】|【文字】| 【文字样式】下拉菜单对话框中定义文字样式,此处定义字高为 50。

③标题栏中无须修改的部分,可采用单行文本方式直接输入,如图 12-16 所示。

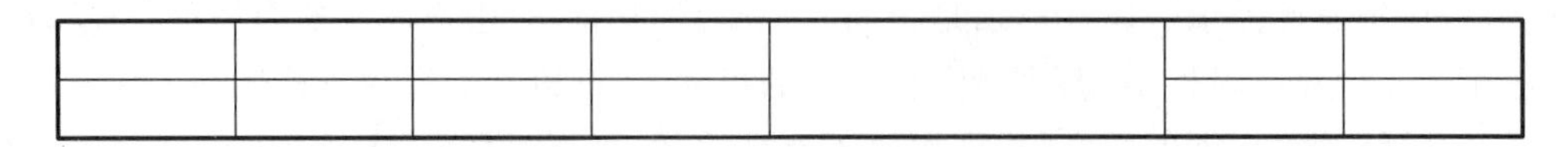

图 12-15　标题栏

姓名		指导教师			图号	
班级		教师职称			设计日期	

图 12-16　输入文字后的标题栏

④输入命令“ATTDEF”,打开【属性定义】对话框,对“姓名”一栏进行设置,注意【提示】编辑栏中的内容为“姓名”,参见图 12-17 所示。

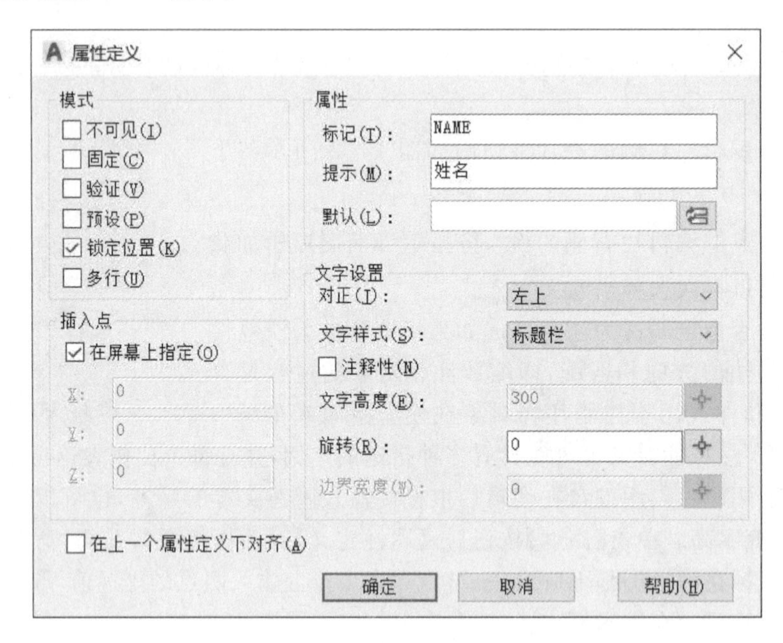

图 12-17　【属性定义】对话框

⑤单击【确定】按钮,在“姓名”一栏中指定插入点,该处属性设置完成。

⑥重复上面的步骤,完成其余的设置,如图 12-18 所示。

姓名	NAME	指导教师	××	××	图号	××
班级	××	教师职称	××		设计日期	××

图 12-18　定义属性后的标题栏

⑦输入命令“WBLOCK”,按“Enter”键打开【写块】对话框。设置表格的左下角点为“基点”,单击【选择对象】按钮,选择整个图形(包括所设置的属性),并在【目标】选项组中输入文件名、位置和插入单位,如“F:\块\标题栏”,如图 12-19 所示。

提示:在设置其余栏目的属性时,【提示】编辑栏中的内容为对应栏目中的文字。

12.2.2　插入带属性的块

插入带属性的图块与插入不带属性的图块操作方法基本类似。一旦选定了要插入的图块,命令提

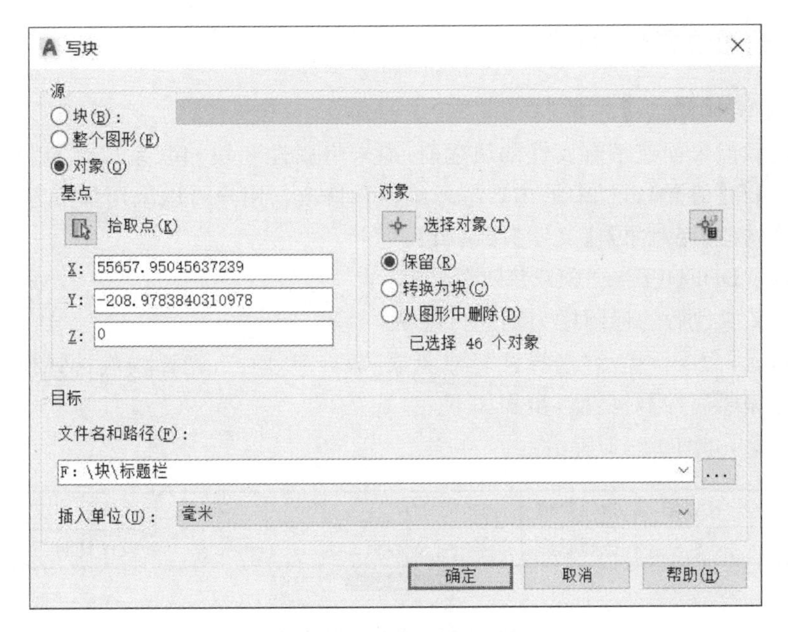

图 12-19　【写块】对话框

示将要求用户指定插入点，然后按命令行的每一项提示对要插入的图块作参数调整，最后屏幕上将要求用户按属性提示指定属性值。

例如，要对带有属性的块进行插入，可按下列步骤进行。

①在当前文件命令行中输入“INSERT”命令，打开【插入】对话框。

②单击【浏览】按钮，选择定义的“标题栏”块。

③设置插入点、缩放比例和旋转角度。

④单击【确定】按钮，然后根据命令行提示，输入图名、班级、姓名等参数，结果如图 12-20 所示。

<table>
<tr><td>姓名</td><td>赵亮</td><td>指导教师</td><td>李明</td><td rowspan="2">楼盖结构平面布置图</td><td>图号</td><td>结施 01</td></tr>
<tr><td>班级</td><td>土木 05</td><td>教师职称</td><td>教授</td><td>设计日期</td><td>2020.6</td></tr>
</table>

图 12-20　插入参数后的标题块

命令行的提示如下。

命令：INSERT ↵

指定插入点或[基点(B)/比例(S)/旋转(R)]：(用鼠标指定插入点)

输入属性值

设计日期：2020.6 ↵(程序提示为“设计日期”，输入“2020.6”并回车确定)

图号：结施 01 ↵(程序提示为“图号”，输入“结施 01”并回车确定)

图名：楼盖结构平面布置图↵

教师职称：教授↵

指导教师：李明↵

班级：土木 05 ↵

姓名：赵亮↵

12.2.3 修改图块属性的定义

12.2.3.1 【编辑属性】对话框

在定义了属性后但未创建带有属性的块之前,即未将属性和块相联系以前,用户可以对属性定义中的【标记】、【提示】和【值】编辑栏中的内容进行编辑和修改。用户可以采用如下方式。

①下拉菜单:【修改】|【对象】|【文字】|【编辑】。

②命令行:输入"DDEDIT"或"ED"并回车。

以图 12-18 定义属性后的标题栏为例进行说明。

执行上述操作后,命令行提示"选择注释对象或[放弃(U)]:",光标变成选择模式,选择欲修改的属性后,程序弹出【编辑属性】对话框,步骤如下。

①选择注释对象,如图 12-21 所示。

姓名	NAME	指导教师	××	××	图号	××
班级	××	教师职称	××		设计日期	××

选择注释对象或

图 12-21 选择注释对象

②弹出【编辑属性】对话框,如图 12-22 所示。

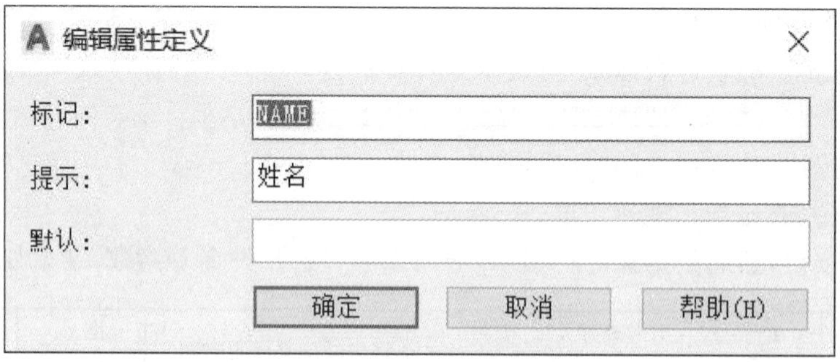

编辑属性定义
标记: NAME
提示: 姓名
默认:
确定 取消 帮助(H)

图 12-22 【编辑属性】对话框

③【编辑属性】对话框包括【标记】、【提示】和【默认】编辑栏,用户可以单击这些选项进行修改。

④单击【确定】按钮完成修改。

12.2.3.2 【块属性管理器】对话框

对于创建了属性并同图块相联系后,用户也可以在块中编辑属性定义、从块中删除属性以及在更改插入块时,系统提示用户输入属性值的顺序。

启动该命令的方法如下。

①下拉菜单:【修改】|【对象】|【属性】|【块属性管理器】。

②功能区选项卡:【插入】标签|功能区面板【块定义】|【管理属性】。

③命令行:输入"BATTMAN"并回车。

操作步骤如下。

①执行上述操作后,程序将弹出【块属性管理器】对话框,如图 12-23 所示。

②单击【设置】按钮,弹出【块属性设置】对话框,如图 12-24 所示,可以设置属性标记的显示内容和格式。【块属性设置】中显示的各类功能均与其他模块相似,此处不再重复解释。

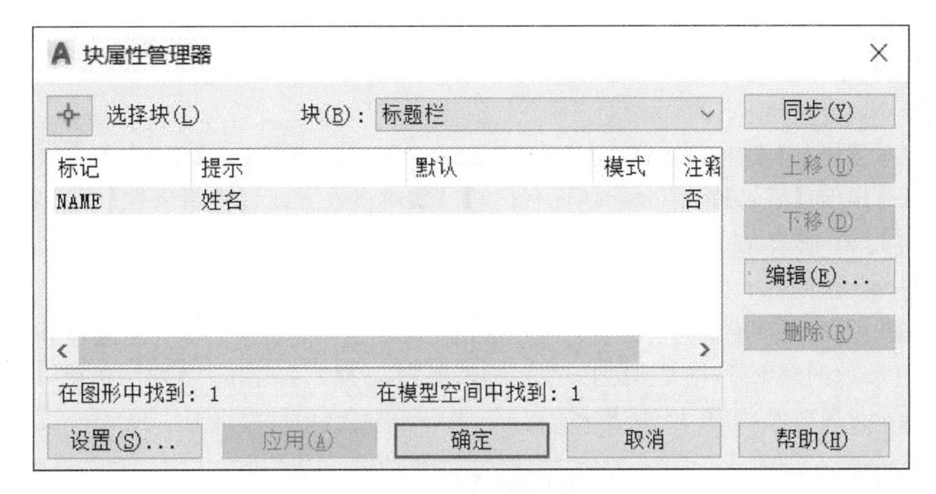

图 12-23　【块属性管理器】对话框

③单击【编辑】按钮，弹出【编辑属性】对话框，如图 12-25 所示，可以对属性进行修改编辑。【编辑属性】对话框包含【属性】、【文字选项】和【特性】等选项组。内容如下。

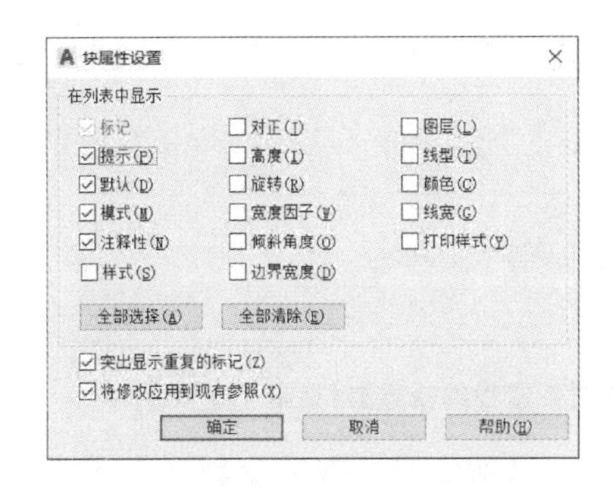

图 12-24　【块属性设置】对话框

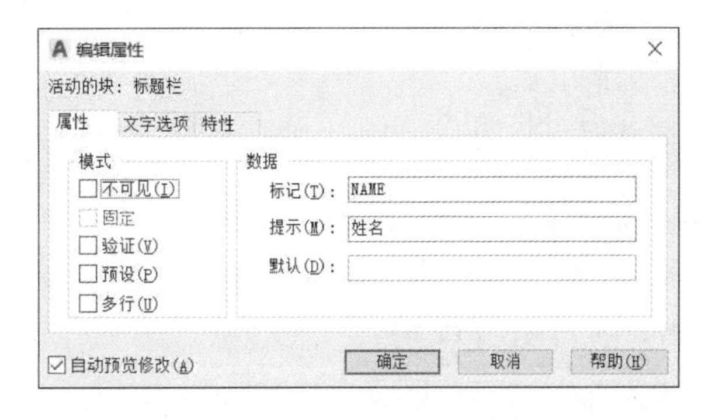

图 12-25　【编辑属性】对话框

a.【属性】：属性分为【模式】和【数据】两个选项组。【模式】选项组中，【不可见】可设置属性的显示或隐藏；【固定】可在【属性定义】中定义【属性】为【固定】时可在此再次调整是否固定；【验证】可打开或关闭值验证，当打开时将在新块插入时提示验证赋给属性的值；【预设】可打开或关闭默认值指定，当打开时则系统在插入块时将属性设定为其默认值，当关闭时则会忽略属性的默认值，并提示用户输入自定义的值；【多行】可以指定属性是否可以定义为多行文字或可以包含多行文字。【数据】选项组包含【属性定义】中的自定义值。

b.【文字选项】：可修改【文字样式】、【对正】、【倒置】、【高度】、【宽度引子】、【旋转】、【倾斜角度】、【注释性】和【边界宽度】。

c.【特性】：可修改【图层】、【线型】、【颜色】、【线宽】和【打印样式】。

d.【自动预览修改】：对修改的内容自动同步到绘图界面。

12.2.4　编辑图块的属性

当带有属性的块被插入文件中后，即属性的定义和图块的创建相联系后，用户可以对【属性】、【文本】和【特性】等选项卡中的内容进行编辑。对块属性的编辑包括对单个块的属性编辑和属性的全局编辑。以下将列出编辑图块属性的几种方法。其中在 AutoCAD2020 版中，对于编辑未定义块的属性的几种方法也同样适用于编辑图块的属性。

12.2.4.1 【增强属性编辑器】对话框

启动该命令的方法如下。

①下拉菜单:【修改】|【对象】|【属性】|【单个】或【修改】|【对象】|【文字】|【编辑】。

②功能区选项卡:【插入】标签|功能区面板【块】|【编辑属性】(或|【编辑属性】下拉菜单|【单个】、【多个】),如图12-26所示;或|打开【块属性管理器】|【选择块】|【编辑】。

②命令行:输入"EATTEDIT"或"DDEDIT"或"TEXTEDIT"或"ED"等并回车。

在实际操作中,双击欲编辑的块或者采用右键快捷菜单也比较方便。执行上述命令后,光标变成选择模式,选中修改的对象后,将弹出【增强属性编辑器】对话框。如选择上文插入的块,该对话框将显示所选块的提示与属性值,如图12-27所示。

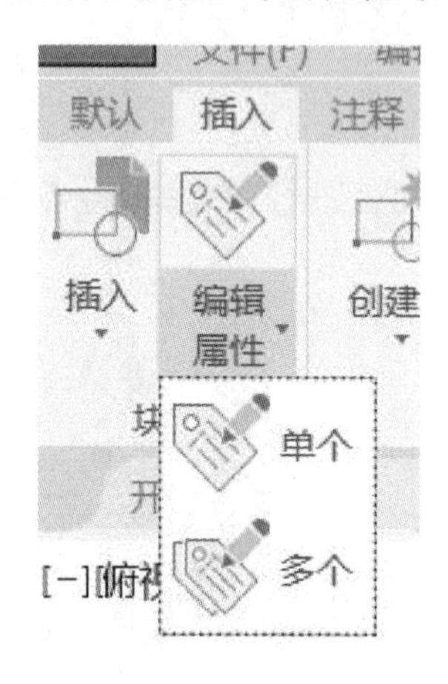

图12-26 【修改Ⅱ】工具栏

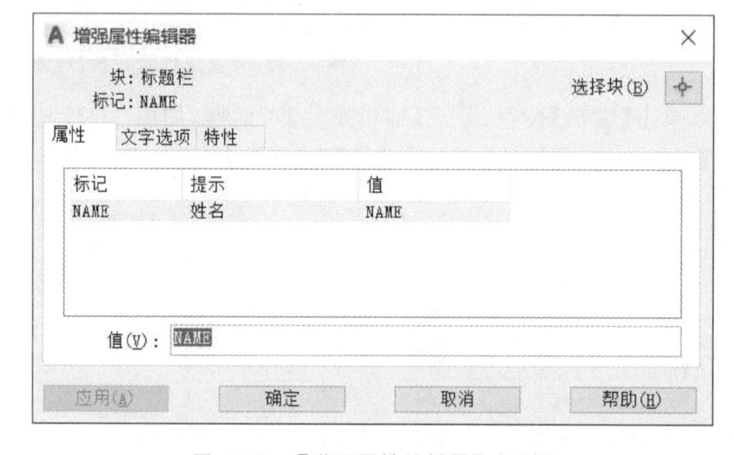

图12-27 【增强属性编辑器】对话框

实际上,在AutoCAD2020版本中很多操作已经智能化了,对于【增强属性编辑器】和【块属性管理器】、未定义块的属性和图块的属性,其操作部分是互通的。即虽然未能分清某相似对象的操作,但是用户仍然可以通过模糊操作达到既定的目的。同理,对于其他内容,也有部分操作是可以智能处理的。所以在此后的描述中有着智能模糊操作的部分,除特殊情况外,将只介绍标准操作。

在编辑栏中输入新属性值并单击【确定】按钮后即可更新属性值。另外,还可以在【文字选项】选项卡中更改文字特性,在【特性】选项卡中改变图层、线型、线宽等内容。

如果属性是由【固定】模式定义的,则因为固定属性值不能被编辑,就不会出现该对话框。

12.2.4.2 【编辑属性】对话框

如果直接在命令行中输入"ATTEDIT",将弹出【编辑属性】对话框,用户可以在此修改块的8个属性,如图12-28所示。用户可以单击,对属性的内容进行修改。

12.2.4.3 属性的全局编辑

如果一个图块的属性值错误而该图块又在图中被多次引用时,用户可以进行属性的全局编辑,而不是一个一个单独地修改,当然该命令也可以一次编辑一个值。

启动该命令的方式如下。

①下拉菜单:【修改】|【对象】|【属性】|【全局】。

②命令行:输入"ATTEDIT"或"ATE"并回车。

用户可以根据命令行中的提示进行编辑。

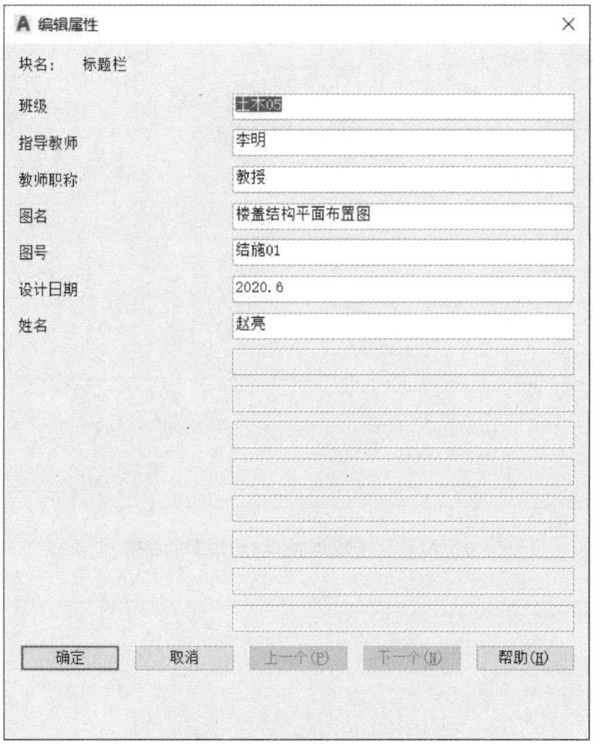

编辑属性

块名：　标题栏

班级　土木05

指导教师　李明

教师职称　教授

图名　楼盖结构平面布置图

图号　结施01

设计日期　2020.6

姓名　赵亮

确定　取消　上一个(P)　下一个(N)　帮助(H)

图 12-28　【编辑属性】对话框

12.2.5　提取属性数据

如果已经在块中附着了属性，则可以在一个或多个图形中查询此块属性信息，并将其保存到表或外部文件中。通过提取属性信息，可以轻松地直接使用图形数据来生成清单或明细表。

启动该命令的方式如下。

①下拉菜单：【工具】|【数据提取】。

②命令：EATTEXT 或 ATTEXT。

在 AutoCAD2020 中，以往版本的“属性提取”（ATTEXT）命令不再显示“属性提取”（ATTEXT）向导并被“数据提取”（EATTEXT）向导替代。另外，AutoCAD2020 版中添加了单独的“属性提取”（ATTEXT）功能，且不再附带向导。新版本的“数据提取”（共八步）功能包括以往版本的“属性提取”（共六步）功能，同时将以往版本【属性提取】第二步【数据源】选项组中【选择对象】、【当前图形】和【选择图形/图纸条】修改为新版本的【数据提取】第二步【数据源】选项组的【图形/图纸集】、【是否包括当前图形】和【在当前图形中选择对象】。

具体操作步骤如下。

(1)“EATTEXT”命令

①执行该命令后，打开【数据提取-开始】对话框，如图 12-29 所示。此向导可以将块属性数据提取到当前图形的表中，或提取到外部文件中。

②单击【下一步】按钮，在【数据提取-定义数据源】对话框中，选择【在当前图形中选择对象】，或选择需要抽取属性信息的图形文件，如图 12-30 所示。

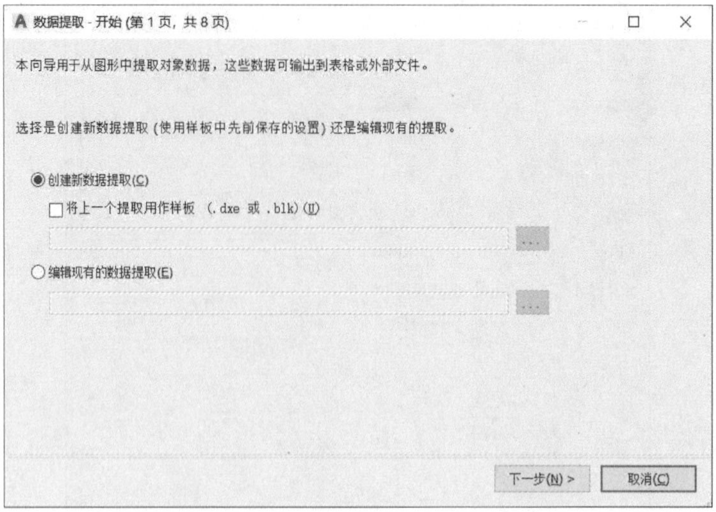

图 12-29 【数据提取-开始】对话框

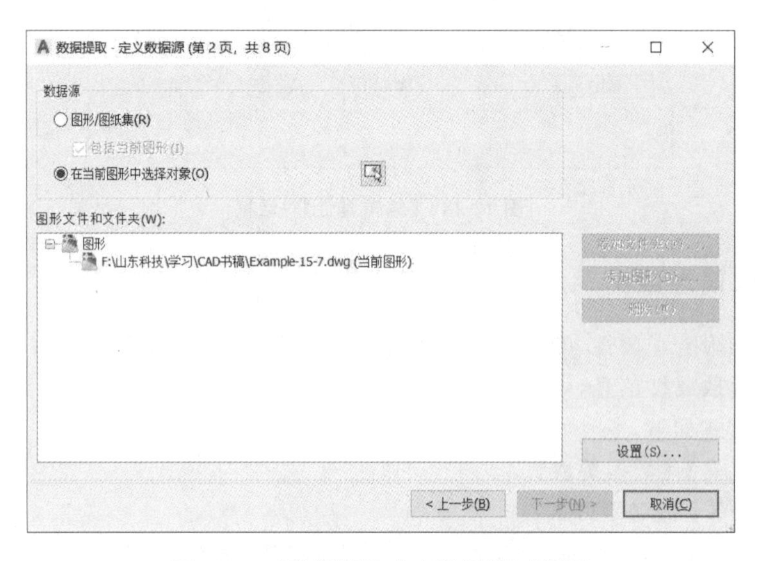

图 12-30 【数据提取-定义数据源】对话框

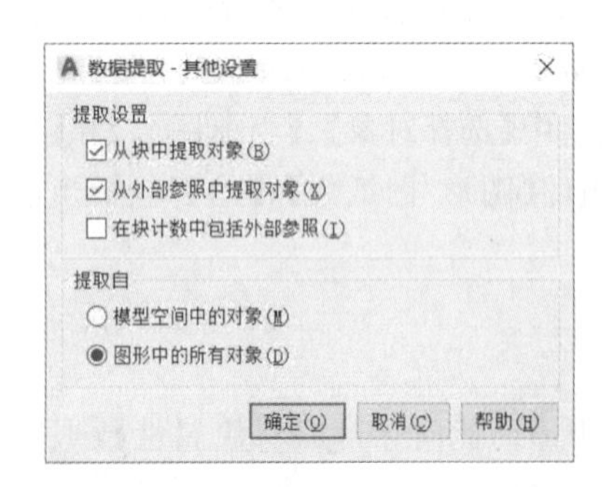

图 12-31 【数据提取-其他设置】对话框

在此版本中，以往版本的【数据提取-定义数据源】对话框中【图形文件】和【其他设置】选项组替换为【图形文件和文件夹】、【添加文件夹】、【添加文件】、【删除】和【设置】选项组。【设置】选项组如图 12-31 所示，可以选择是否【从块中提取对象】、是否【从外部参照中提取对象】和是否【在块计数中包括外部参照】。

③单击【下一步】按钮，在【数据提取-选择对象】对话框中选择用作最终输出中的行标题与列标题的块和属性，如图 12-32 所示。

④单击【下一步】按钮，在【数据提取-选择特性】对话框中基于选定的对象选择所需的特性，如图 12-33 所示。

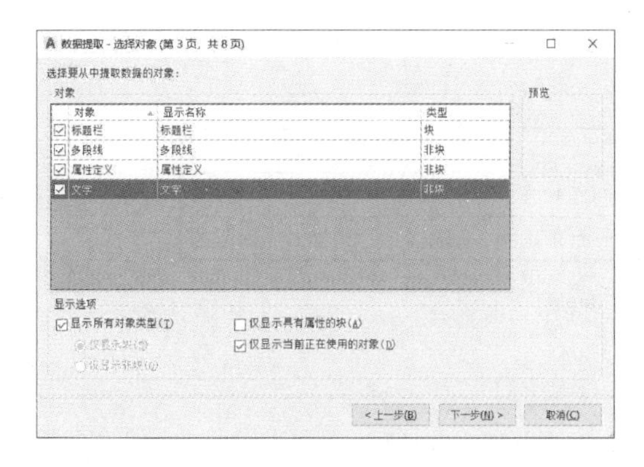

图 12-32　【数据提取-选择对象】对话框

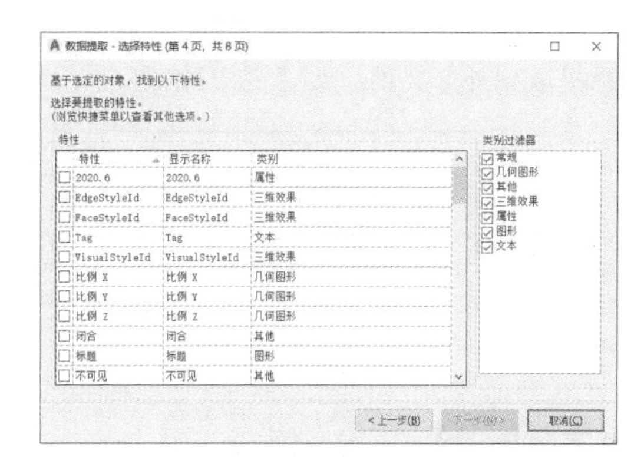

图 12-33　【数据提取-选择特性】对话框

⑤单击【下一步】按钮，在【数据提取-优化数据】对话框中可以将所选择视图中列重排和排序、过滤结果、添加公式列以及创建外部数据链接，如图 12-34 所示。

⑥单击【下一步】按钮，打开如图 12-35 所示的【数据提取-选择输出】对话框，可选择所选图形或属性的输出格式。

图 12-34　【数据提取-优化数据】对话框

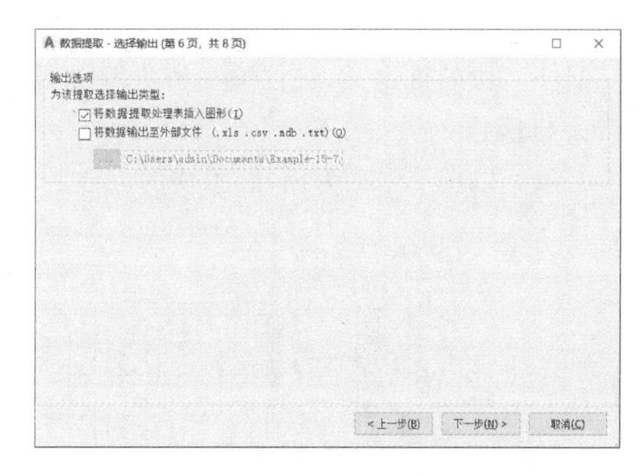

图 12-35　【数据提取-选择输出】对话框

⑦单击【下一步】按钮，打开如图 12-36 所示的【数据提取-表格样式】对话框，对话框中列出【表格样式】设置和【格式和结构】设置。

⑧单击【下一步】按钮，打开如图 12-37 所示的【数据提取-完成】对话框，结束对数据的提取。

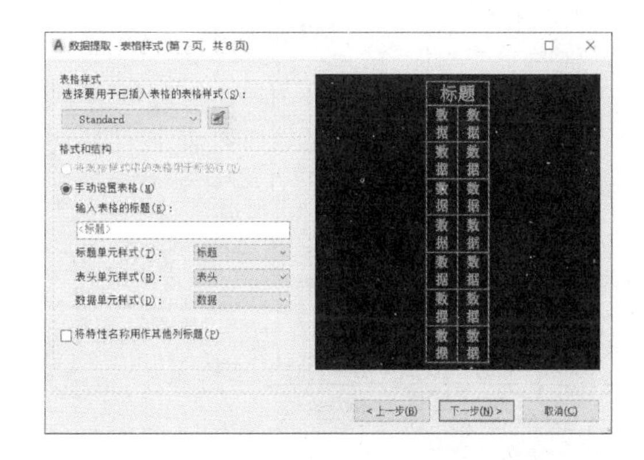

图 12-36　【数据提取-表格样式】对话框

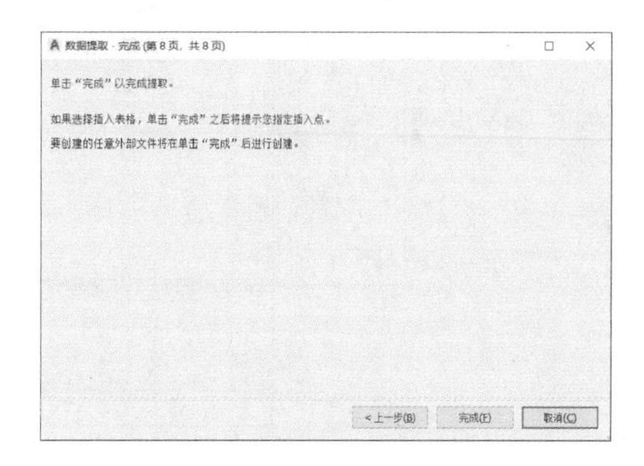

图 12-37　【数据提取-完成】对话框

⑨如果选择提取列表,单击【完成】按钮,系统将提示用户指定插入点,表格如图 12-38 所示。如果选择提取到外部文件,单击【完成】按钮,系统将创建文件。

标题栏								
数量	NAME	××	××(1)	××(2)	××(3)	××(4)	××(5)	名称
1	赵亮	土木 03	李明	副教授	楼盖结构平面布置图	结施 01	2006.6	标题栏

图 12-38　提取属性表格

【思考与练习】

思考题

12-1　调用“BLOCK”和“WBLOCK”这两种命令所创建的块有何不同?

12-2　如何创建一个通用块,以便在各种情况中使用?

12-3　如何理解属性和普通文本的差别?

12-4　如何提取块的属性?

12-5　块的几种插入方法各有什么优劣?

12-6　块的重定义、块位编辑和块编辑器有什么差别?使用场景如何区分?

上机操作

12-1　以图 12-39 为例,熟悉块的创建和应用。操作步骤如下。

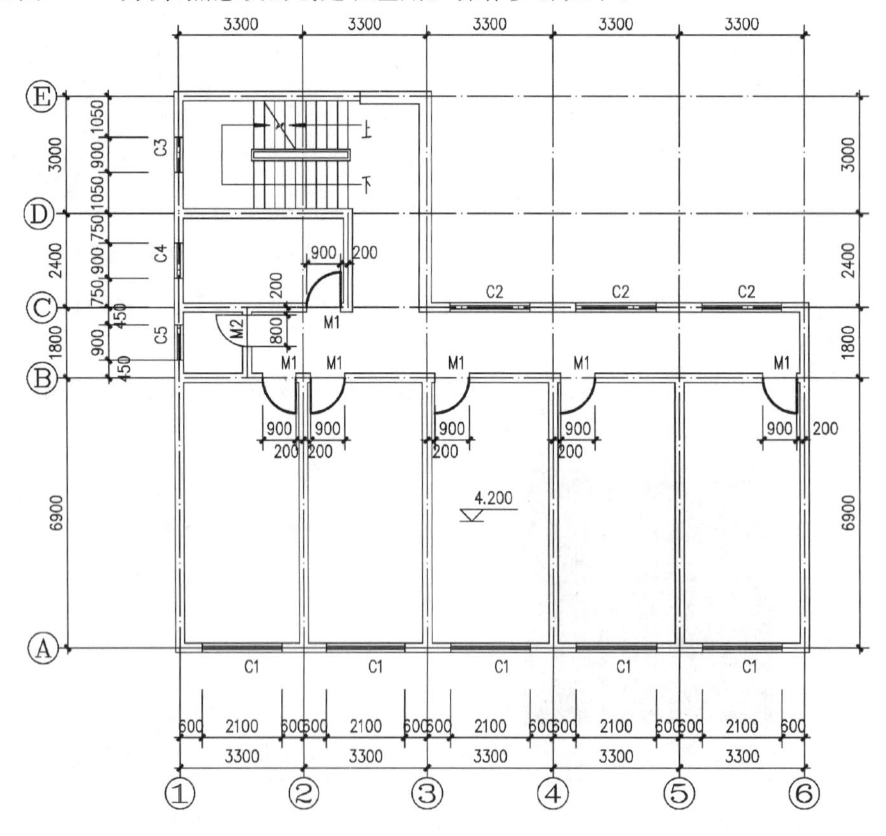

图 12-39　建筑平面图

①利用【绘图】工具栏和【修改】工具栏上的工具绘制单开门。

②在【绘图】工具栏上单击【创建块】按钮，以创建图块。

③将单开门定义为块，块的名称为“单开门”，其插入点为门垛外侧中点。

④单击【确定】按钮，完成图块的创建。

⑤在【绘图】工具栏【插入块】按钮，打开【插入块】对话框，选择要插入的块【单开门】，如图 12-40 所示。具体过程：根据门宽在【缩放比例】复选框中输入合适的比例，在屏幕上指定旋转角度，逐一完成块的插入，如图 12-39 所示。

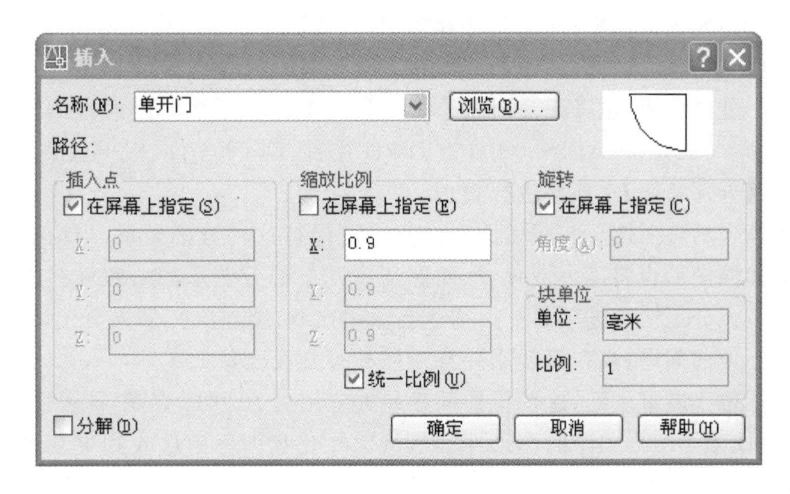

图 12-40　【插入块】对话框

⑥创建图块“窗”并完成图块的插入。

提示：此处建立一个 1000 mm×1000 mm 代表门的块。把门画到单位 1 面积内的目的是建立一个表示门的块，然后在插入时通过选取不同的比例因子以得到所需要的门的尺寸。例如，对一个 900 mm×900 mm 代表门的块，当提示输入 X 和 Y 比例因子时输入 0.9。但是并非所有的块都能这样处理。

12-2　利用块以及块的属性为轴线符号和轴线编号创建块。要求：块的名称为“轴线”；轴线符号的直径为 800 mm；为块的属性创建文字样式名称为“块属性”，所采用的字体为“complex. shx”，字高和宽高比自定，对正方式为“调整”。对如图 12-39 所示的图形的轴线进行标注。

BG

图 12-41　标高符号

12-3　为图 12-41 所示标高符号进行图形定义，具体内容如表 12-1 所示。字高和宽高比自定，对正方式为“右对齐”。

表 12-1

标记(Tag)	提示(Prompt)	属性值(Value)
BG	请输入标高：	8.6000

第13章　外部参照

外部参照是把已有的其他图形文件链接到当前绘制的图形文件中，类似于块，但与块相比又存在较大的差别。两者的区别在于：块插入后，其图形数据会存储在当前图形中，如在当前图形中将其分解就可以对块里的各个图元进行编辑；而使用外部参照，其数据还是存储在原始文件中，当前文件只记录参照图形的位置等链接信息。因此，使用外部参照不会显著地改变当前图形文件的大小，但是在当前图形中无法分解一个外部参照，也就无法对各个图形进行修改。用户只能通过编辑原始图形，然后以重载的方式使其更新。在AutoCAD2020中，将DWG文件、DGN文件、PDF文件和光栅图像统称为外部参照，统一使用【外部参照】选项板进行管理。

如果外部参照插入的参照图形与原始图形之间一直保持这种链接关系，当原始图形出现改动，被插入当前图形中的参照图形也将随之变化，从而保证了同一部分图形的一致性。因此，外部参照适用于正在进行中的由多人分工协作的项目。以往进行大型工程的设计时，多人分工协作的项目在协调合作时可能存在沟通不便的问题，现在可使用外部参照并行交叉设计工作。

状态栏托盘图标位于屏幕底部，这使得外部参照的应用更为方便、直观，即参照图形上的任何修改保存后，其他用户与此参照图形关联的图形即刻从状态栏托盘图标中接收到更新通知，重载后即可实现参照图形的变化。

13.1　使用外部参照

13.1.1　启动外部参照

在AutoCAD2020中使用外部参照功能有多种方式，除了使用【外部参照】选项板，如图13-1所示，还可以通过命令行直接进行附着文件。

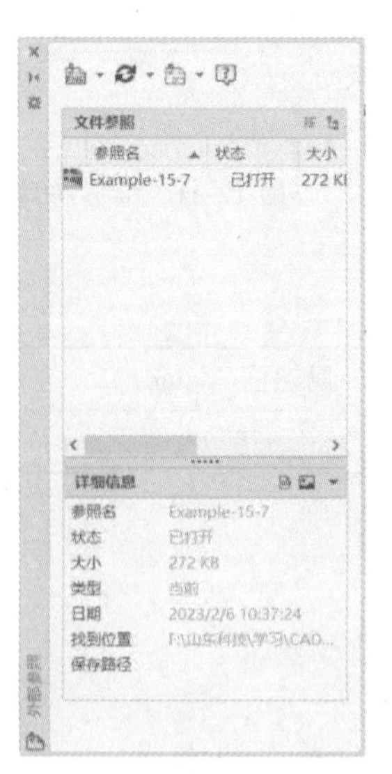

图13-1　【外部参照】对话框

启动该命令的方式如下。

①功能区选项卡：【插入】标签|功能区面板【参照】|【附着】按钮。

②命令行：输入"XATTACH"并回车(此为附着DWG文件外部参照命令)；输入"IMAGEATTACH"并回车(此为附着图像命令)；输入"DWFATTACH"并回车(此为附着DWF命令)；输入"DGNATTACH "并回车(此为附着DGN命令)；输入"PDFATTACH "并回车(此为附着PDF命令)；输入"POINTCLOUDATTACH "并回车(此为附着点云命令，输入该命令不适用于AutoCAD LT)；输入"COORDINATIONMODELATTACH"并回车(此为附着协调模型，该命令不适用于AutoCAD LT)。

③下拉菜单：【插入】|插入【对应参照】(如插入【DWG参照】或【DWF参考底图】等)。

提示：只有在安装Autodesk Vault客户端之后，"从Autodesk Vault附着"选项才可用。用户必须是Autodesk Subscription合约客户才可访问Autodesk Vault客户端。

执行附着命令后，或执行附着文件功能后，将弹出【选择参照文件】对话框，如图 13-2 所示。从对话框选择参照文件后，该参照文件的图形将会显示在预览区中。

选择文件并单击【打开】按钮后，将弹出如图 13-3 所示的【附着外部参照】对话框，用户可在此将外部参照附着到当前图形中。

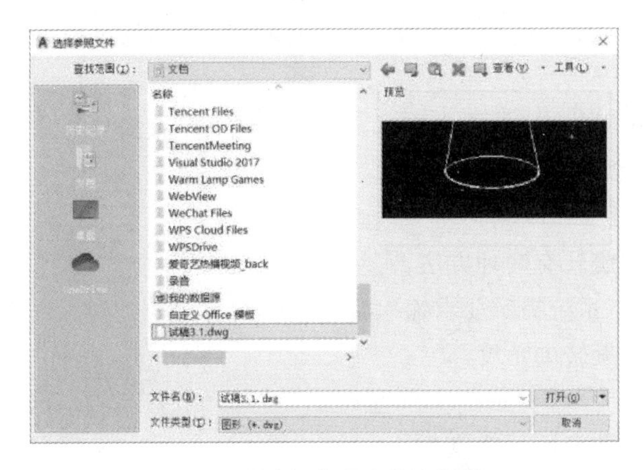

图 13-2　【选择参照文件】对话框

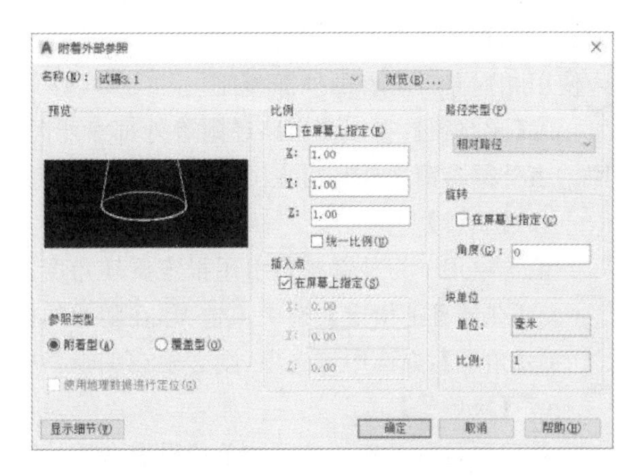

图 13-3　【附着外部参照】对话框

13.1.2　【附着外部参照】对话框

利用该对话框可以将图形作为一个外部参照附着。该对话框各选项功能介绍如下。

(1)【名称】

附着了一个外部参照后，该外部参照的名称将出现在下拉列表中。当在列表中选择了附着的一个外部参照时，它的路径将在【路径】一栏中显示，同时它的预览图将在左侧显示。

单击右侧的【浏览】按钮可以再次打开【选择参照文件】对话框，重新选择参照文件。

(2)【参照类型】

插入的外部参照包括【附加型】和【覆盖型】两种类型。两者的区别：附加型的外部参照可以看到多层嵌套附着，即如果甲图参照了乙图，那么当丙图在此基础上参照甲图时，在丙图里可以同时看到甲图和乙图；而覆盖型的外部参照不能看到多层嵌套附着，即如果甲图覆盖参照了乙图，当丙图再参照甲图时，在丙图中将只能看到甲图，而看不到乙图。

(3)【比例】

指定所选外部参照的比例因子。确定外部参照的比例有以下方法。

①【在屏幕上指定】：选中该选项，在随后的操作中，程序将会提示输入缩放比例。

②【X】、【Y】、【Z】：选中该选项，则应分别在【X】、【Y】、【Z】编辑栏中输入比例，默认值为 1。

③【统一比例】：选择此项后，只需输入“X”的比例，其他两个方向的比例与之相同。

(4)【插入点】

该选项用于指定所选外部参照的插入点。选定参照类型和路径类型后，有两种方法指定插入点的位置。

①【在屏幕上指定】：选择该项，单击【确定】按钮后，在屏幕上指定插入点。

②【X】、【Y】、【Z】：选择该选项，要求在【X】、【Y】、【Z】编辑栏中输入坐标。

(5)【路径类型】

该选项用于说明指定外部参照的保存路径是完整路径还是相对路径，抑或是无路径。

①【完整路径】:当使用完整路径时,外部参照的精确位置将保存在宿主图形中。此选项的精确度最高,但灵活性最小。当工程文件夹被移动时,AutoCAD软件将不能融入任何使用完整路径附着的外部参照。

②【相对路径】:当使用相对路径时,将保存外部参照相对于宿主图形的位置。此选项的灵活性最大。当工程文件夹被移动时,只要外部参照相对于宿主图形的位置不变,则AutoCAD软件仍可以融入使用相对路径附着的外部参照。

③【无路径】:在不使用路径附着外部参照时,AutoCAD软件首先在宿主图形文件夹中查找外部参照。当外部参照文件与宿主图形位于同一文件夹时,常用此选项。

(6)【旋转】

该选项用于为外部参照引用指定旋转角度。确定旋转有两种方法。

①【在屏幕上指定】:选中该选项,在随后的操作中,系统提示要求输入旋转角度。

②【角度】:如选中该选项,则必须在编辑栏中输入旋转的角度。

(7)【块单位】

该选项显示了外部参照的单位设置和默认比例。此显示不能修改。

(8)【显示细节】

该选项可以显示或隐藏参照文件的【位置】信息或【保存路径】信息。

(9)【确定】

单击该按钮表示完成相应参数的设置,当前图形中将出现被参照的文件内容。程序出现如下提示。

指定插入点或[比例(S)/X/Y/Z/旋转(R)/预览比例(PS)/PX/PY/PZ/预览旋转(PR)]

13.2 编辑外部参照

用户可以使用【参照编辑】对话框修改当前图形中的外部参照,或者重定义当前图形中的块定义。

13.2.1 启动【编辑参照】

启动该命令的方法如下。

①功能区选项卡:【插入】标签|功能区面板【参照】下拉菜单|【编辑参照】按钮。

②命令行:输入“REFEDIT”并回车。

③下拉菜单:【工具】|【外部参照和块在位编辑】|【在位编辑参照】。

执行该命令后,程序要求在当前图形中选择要编辑的参照并在选择对象后弹出【参照编辑】对话框,如图13-4所示。该对话框【标识参照】选项卡包括【参照名】、【预览】和【路径】三项内容;【设置】选项卡则为编辑参照提供选项。具体内容不再赘述,用户可以参见帮助文件。

单击【确定】按钮将在功能区选项卡中弹出【编辑参照】工具栏,如图13-5所示。此时可以对外部参照进行编辑和修改。

13.2.2 【编辑参照】工具栏

通过该工具栏可以添加或删除工作集中的对象,从而完成对外部参照的修改。

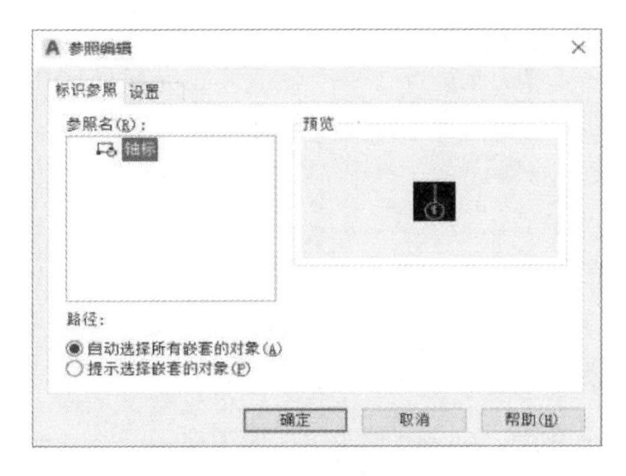

图 13-4　【参照编辑】对话框

图 13-5　【编辑参照】工具栏

该面板中各按钮的功能如下。

(1) 按钮和 按钮

这两个按钮分别表示【添加到工作集】和【从工作集中删除】。

单击 按钮,程序显示如下提示。

命令:REFSET ↵

在参照编辑工作集和宿主图形之间传输对象

输入选项[添加(A)/删除(R)]＜添加＞:ADD(此时相当于编辑被插入的原文件,用户可以增加新的对象,从而改变原文件的内容)

单击 按钮,程序显示如下提示。

命令:REFSET

在参照编辑工作集和宿主图形之间传输对象

输入选项[添加(A)/删除(R)]＜添加＞:REM(此时相当于编辑被插入的原文件,用户可以删除某些原文件中的某些对象,从而改变原文件的内容)

完成修改后,单击 按钮(保存对参照编辑工作集的修改)可以完成对外部参照的修改。

(2)【放弃修改】按钮

该按钮功能为关闭参照,表示放弃对参照编辑工作集的修改。

(3)【保存修改】按钮

该按钮表示保存对当前参照编辑工作集的修改。

提示:用户也可以在绘图窗口选择已插入的外部参照图形,然后单击鼠标右键,在弹出的快捷菜单上使用【打开外部参照】选项即可打开原始图形,在此修改后存盘也可以完成对外部参照的修改。

13.2.3　【编辑参照】工具栏应用

下文将演示如何利用【编辑参照】工具栏对原文件进行编辑。操作步骤如下。

①在"C:\Program Files\Autodesk\AutoCAD2020"下创建"MYWORK"文件夹,在其中创建如图 13-6 所示的"基本图形",存盘并关闭该文件。

②单击 按钮创建新文件"drawing. dwg",在下拉菜单【插入】中单击【外部参照】,插入刚才所建的文件"基本图形",如图 13-7 所示。

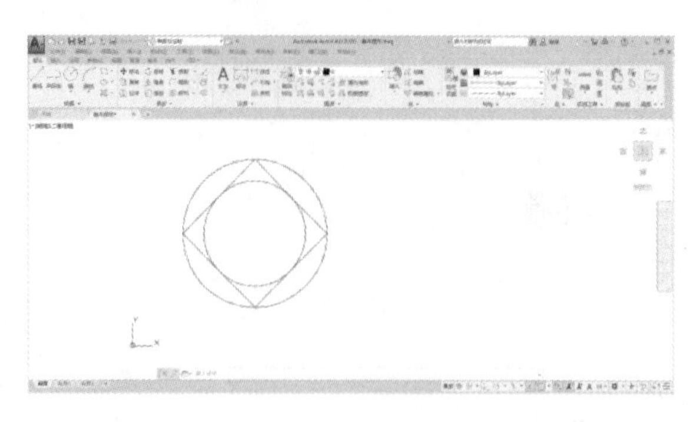

图 13-6　基本图形

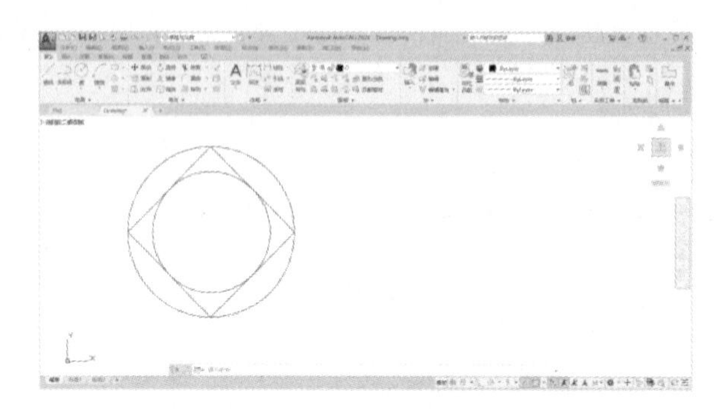

图 13-7　在“drawing. dwg”中插入外部参照

③在“drawing. dwg”图形中添加内接四边形,线型采用虚线。

④在下拉菜单【插入】|【外部参照菜单】中单击【在位编辑参照】,程序提示如下。

命令:REFEDIT ↵

选择参照:(程序提示在当前图形中选择待修改的外部参照,选择结束后弹出【参照编辑】对话框)

⑤在【参照编辑】对话框中单击【确定】按钮,将显示【编辑参照编辑】工具栏。单击该工具栏中的按钮,将新增的内接四边形添加到当前选择集中。

⑥单击按钮,保存对参照编辑工作集的修改。

⑦打开“C:\Program Files\AutoCAD2020\MYWORK\基本图形. dwg”,修改后的效果如图 13-8 所示。请用户注意新增的内接圆。

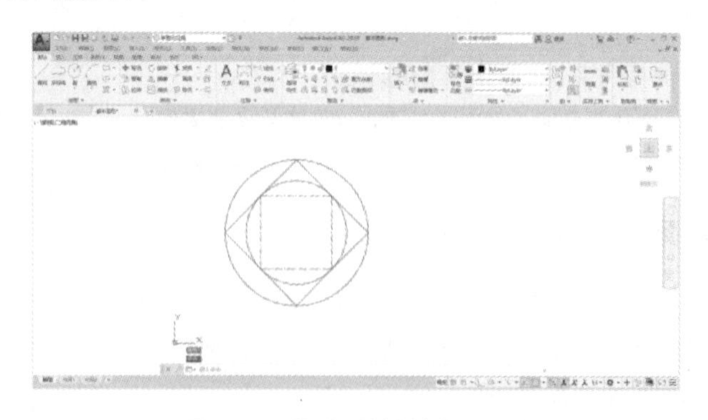

图 13-8　修改后的“基本图形”

13.3　管理外部参照

用户可以对参照的图形文件执行数种操作，包括附着、更新和拆离。

13.3.1　启动【外部参照】

启动【外部参照】对话框的方法如下。

①功能区选项卡：【视图】标签|功能区面板【选项板】|【外部参照】按钮。

②命令行：输入“EXTERNALREFERENCES”或“XREF”并回车。

③下拉菜单：【插入】|【外部参照】。

【外部参照】对话框主要由以下 4 部分组成。

(1)【左侧菜单】

①【关闭】：关闭该浮动窗口。

②【自动隐藏】：是否自动隐藏该浮动窗口。

③【特性】：【特性】按钮详细解释见 12.1.2.1。

(2)【对话框工具栏】

①【附着】下拉菜单：【外部参照】对话框的主要功能之一，使外部参照链接进入目前所编辑 CAD 文件。主要包括附着 DWG、附着图像、附着 DWF、附着 DGN、附着 PDF、附着点云和附着协调模型。

②【刷新】下拉菜单：【刷新】，刷新对话框中【文件参照】的数据状态和内存数据；【重载所有参照】，更新所有文件参照以确保使用的是最新版本，首次打开包含文件参照的图形时也会进行更新。

③【更改路径】：修改选定文件的路径。可以将路径设置为绝对或相对。

提示：如果参照文件与当前图形存储在相同位置，也可以删除路径。

④【帮助】：打开 AutoCAD 软件的帮助文件。

(3)【文件参照】

【文件参照】选项栏可以显示【参照名】、【状态】、【大小】、【类型】、【日期】和【保存路径】信息，也可以更改文件参照选项栏的显示状态为【列表图(F3)】或【树状图(F4)】。

(4)【详细信息】

显示选中参照文件的详细信息，同时可以显示所选文件的预览图。

用户也可以通过快捷菜单进行操作：选择外部参照后，在绘图区域单击鼠标右键，然后选择【外部参照管理器】。

启动命令后将打开如图 13-9 所示的【外部参照管理器】对话框。利用该对话框，可以完成打开、附着、卸载、重载、拆离、绑定当前(或宿主)图形中的外部参照以及修改其路径的工作。

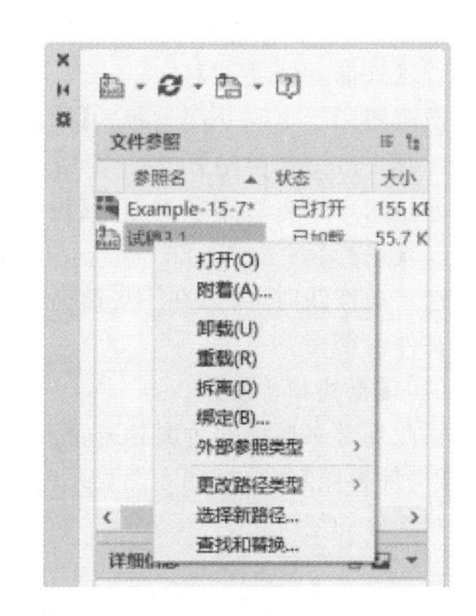

图 13-9　【外部参照管理器】中对文件参照列表右键

13.3.2 编辑对外部参照文件

【外部参照管理器】附着外部参照文件后，在文件参照列表中右键附着的参照文件，如图13-9所示。各按钮的基本功能如下。

(1)【打开】

该按钮用于在新建窗口中打开选定的外部参照进行编辑。在当前文件中选择待修改的外部参照并单击【确定】按钮，此时将打开外部参照的原文件，用户可以在此对原文件进行修改。

(2)【附着】

单击该按钮可以打开【选择参照文件】对话框，在该对话框中可以选择需要插入当前图形中的外部参照文件。

(3)【卸载】

单击该按钮，可卸载一个或多个外部参照文件。卸载外部参照后，图形的打开速度加快，内存的占用量也将减少，这些有助于提高作图效率。当需要时，已卸载的外部参照可以重新加载。

(4)【重载】

单击该按钮，系统将读入并显示参照文件的最新保存版本。

(5)【拆离】

在【外部参照管理器】列表图中选择不需要的参照文件。单击该按钮可从当前图形中删除不再需要的外部参照文件。

(6)【绑定】

单击该按钮，可将外部参照永久性地插入当前图形中，它把外部参照变成了块图形，从而保证了外部参照不再被修改。【绑定外部参照】对话框如图13-10所示。

图13-10 【绑定外部参照】对话框

该对话框还包括如下两个选项。

①【绑定】：如果选中，则将外部参照的某些对象绑定到当前图形中。

②【插入】：如果选中，则将外部参照文件直接插入当前图形中。

(7)【外部参照类型】

该按钮用于更改外部参照为【附着】或【覆盖】。

(8)【更改路径类型】

该按钮可以更改路径类型为【设为绝对】或【设为相对】的另一个，或【删除路径】。

(9)【选择新路径】

选定此按钮时，可以在不更改所选外部参照文件名称的情况下，将此外部文件的图形更改成其他参照文件的图形。

(10)【查找和替换】

将此外部参照更换为其他外部参照，与【选择新路径】相比，此功能不仅更改参照文件的图形，同时也将【文件参照】选项栏列表图显示的名称更改为所替换的外部参照；同时【查找和替换】多用于替换多个参照文件的情况下。

13.4 外部参照的插入和管理

以图13-11所示图形为例，说明外部参照的插入和管理，基本过程如下。

①在“D:\Program Files\Autodesk\AutoCAD2020”下创建图形文件“ft. dwg”，如图 13-11 所示，尺寸自定，绘制完成后关闭该文件。

②选择参照文件。输入“XATTACH”命令并寻找到文件“ft. dwg”所在的目录。

执行该命令后，弹出如图 13-12 所示的【选择参照文件】对话框。在文件夹里找到要插入的外部参照图形文件“ft. dwg”。

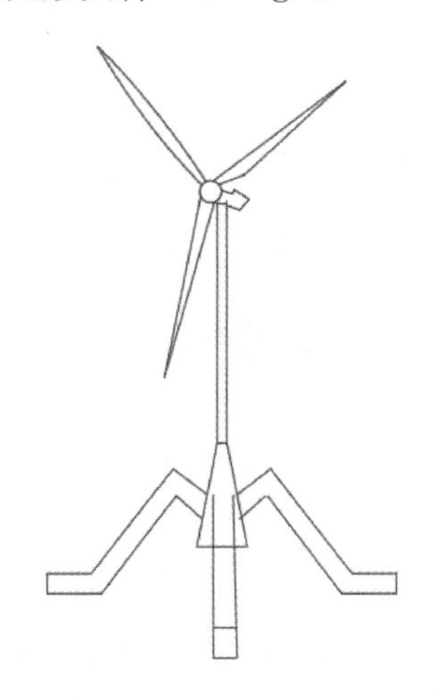

图 13-11　示例图

图 13-12　【选择参照文件】对话框

③将文件“ft. dwg”作为外部参照插入。单击【打开】按钮。命令行提示如下。

附着外部参照“ft”:D:\Program Files\Autodesk\AutoCAD2020\ft. dwg(“ft”已加载)。

同时，弹出如图 13-13 所示的【外部参照】对话框。此时可以设置插入参照的类型、插入点、比例、路径类型、旋转、块等。单击【确定】按钮，命令行提示如下。

指定插入点或[比例(S)/X/Y/Z/旋转(R)/预览比例(PS)/P/PY/PZ/预览旋转(PR)]:

在当前文件下插入该外部参照，图略。

④打开“ft. dwg”文件，对原始图形做一些改动并保存，如图 13-14 所示。

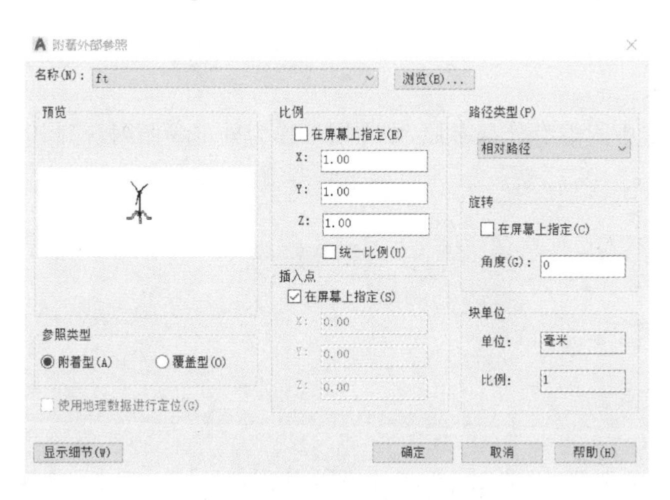

图 13-13　【外部参照】对话框

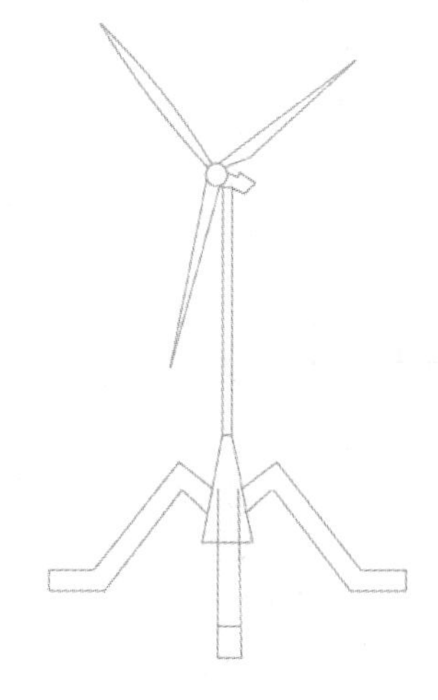

图 13-14　改动后的图例

⑤返回到当前图形文件，单击【插入】|【外部参照管理器】，弹出如图 13-15 所示对话框。单击对话框的参照名“ft”，单击鼠标右键出现菜单栏，如图 13-16 所示，单击【重载】按钮进行文件的重载。

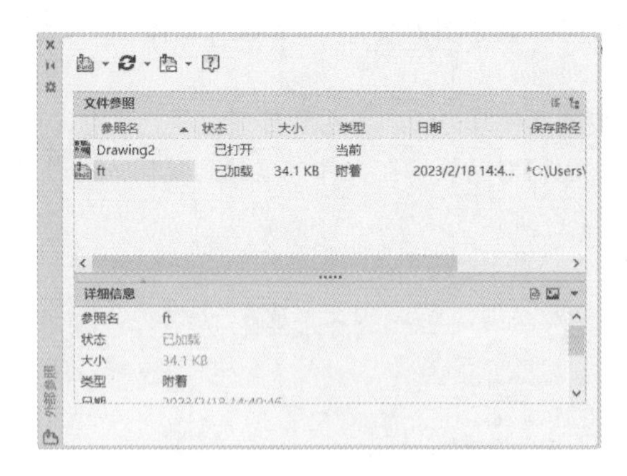

图 13-15 【外部参照管理器】对话框

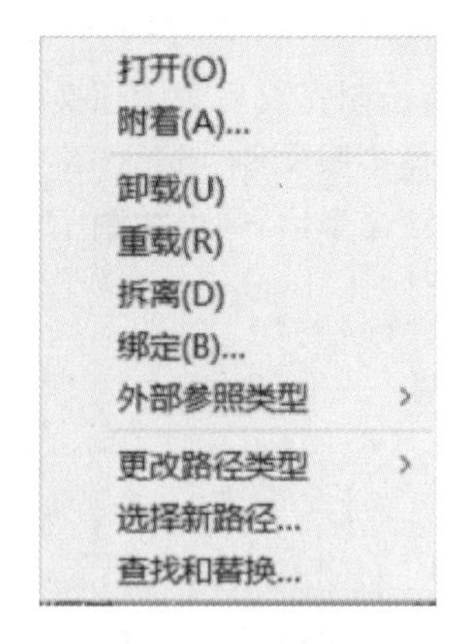

图 13-16 菜单栏

13.5 外部参照总结

总结本节所讲的内容,外部参照具有如下特点。

①利用外部参照技术,可以用一组子图来构造复杂的主图。由于外部参照的子图与主图之间保持的是一种“链接”关系,子图的数据还保留在各自的图形中,因此,使用外部参照的主图并不显著增加图形文件的大小,从而节省了存储空间。

②当每次打开带有外部参照的图形文件时,附着的参照图形反映出参照图形文件的最新版本。对参照图形文件的任何修改一旦被保存,当前图形就可以立刻从状态行得到更新的气泡通知,而且重载后马上反映出参照图形的变化。因此,可以实时地了解到项目组其他成员的最新进展。

③对于附着的外部参照图形被视为一个整体,可以对其进行移动、复制、旋转、剪裁等编辑操作。

④对于附着到当前图形文件中的参照图形,也可直接(而不必回到源图)对其进行编辑、修改,保存修改后,原参照图形文件也会更新。这种工作方式在 AutoCAD 软件中被称为在位编辑外部参照。它适用于项目总体设计人对局部图形的少量设计修改。

⑤在一个图形文件中可以引用多个外部参照图形;反之,一个图形文件也可以同时被多人作为外部参照引用。

⑥引用的外部参照可以嵌套。如果图形中附着有外部参照,则在图形作为外部参照附着到其他图形时,也将包含其中的外部参照。

【思考与练习】

思考题

13-1 如何理解外部参照的作用?

13-2 请描述外部参照与块的区别和联系。

上机操作

13-1 绘制如图 13-17(a)和 13-18 所示的图形,并将图 13-17(a)作为外部参照插入图 13-18 中。

13-2 在图 13-17(a)上做出改动[补充绘制号码盘上的数字,如图 13-17(b)所示],然后在图 13-18 中使用外部参照管理器进行参照图形的重载。

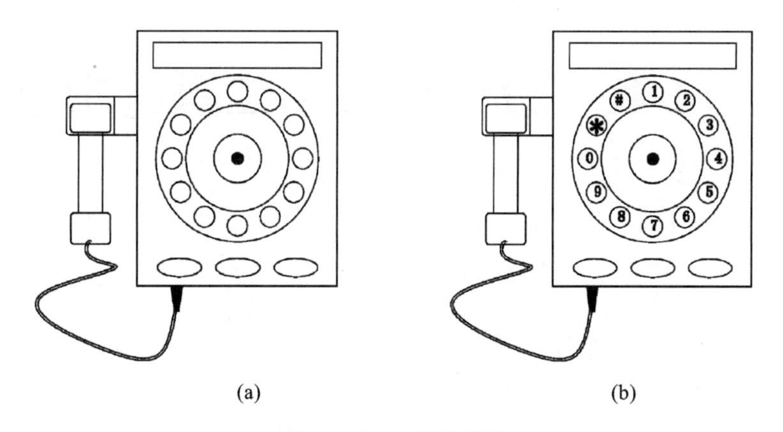

图 13-17　电话机模型

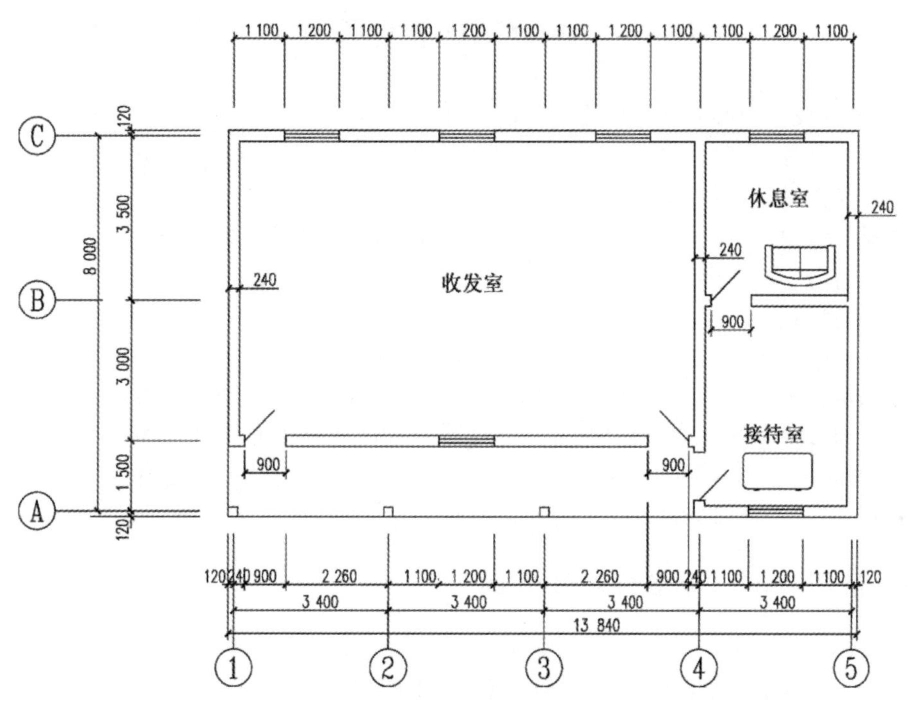

图 13-18　建筑平面图

第 14 章　设计中心和工具选项板

设计中心便于工程设计人员共享 AutoCAD 软件的设计资源，方便相互调用。利用设计中心，设计人员可以方便地对本地机和网络上的图形文件进行浏览、搜索，通过简单地拖放，就可以将文件中的图层、图块、外部参照、文字样式、尺寸标注等内容粘贴到当前的图形文件中。

工具选项板提供了一种用来组织、共享和放置块、图案填充等功能，使操作多样化、规范化，通过它可以选择块和图案并将其插入图形文件中，而且用户可以根据自己的需要，将一些常用命令以及某些自定义的功能添加到工具选项板上，或者更改工具选项板上任何工具的特性，从而提高绘图效率。

14.1　AutoCAD 软件设计中心

AutoCAD 软件设计中心的基本功能包括以下几个方面。

①在用户计算机、网络驱动器和 Web 页上查找图形内容。通过指定欲搜索文件或者文件的路径、修改日期来进行操作，以提高搜索效率。

②查看图形文件中命名对象的定义，如块、填充、图层、外部参照、文字样式等，并将其插入、附着、复制和粘贴到当前图形文件中。

③图形文件的加载。

④创建经常访问的图形、文件夹和 Internet 网址的快捷方式。

⑤近几年的更新中可以将设计视图发布到 Autodesk A360 内的安全、匿名位置；可以通过向指定的人员转发生成的链接来共享设计视图，而无须发布 DWG 文件本身。常用 Web 浏览器均提供对这些视图的访问，并且不会要求收件人具有 Autodesk A360 账户或安装任何其他软件。支持的浏览器包括 Chrome、Firefox 和支持 WebGL 三维图形的其他浏览器。

14.1.1　启动 AutoCAD 软件设计中心

启动该命令的方法如下。

①功能区选项卡:【插入】标签| 功能区面板【内容】|【设计中心】按钮。

②命令行:输入“ADCENTER”或“ADC”并回车。

③下拉菜单:【工具】|【选项板】|【设计中心】。

④快捷键:Ctrl+2。

启动命令后，绘图窗口将出现如图 14-1 所示的设计中心工作界面。

14.1.2　关闭 AutoCAD 软件设计中心

启动该命令的方法如下。

①功能区选项卡:【插入】标签| 功能区面板【内容】|【设计中心】按钮。

②命令行:输入“ADCCLOSE”并回车。

③下拉菜单:【工具】|【选项板】|【设计中心】。

④快捷键:Ctrl+2。

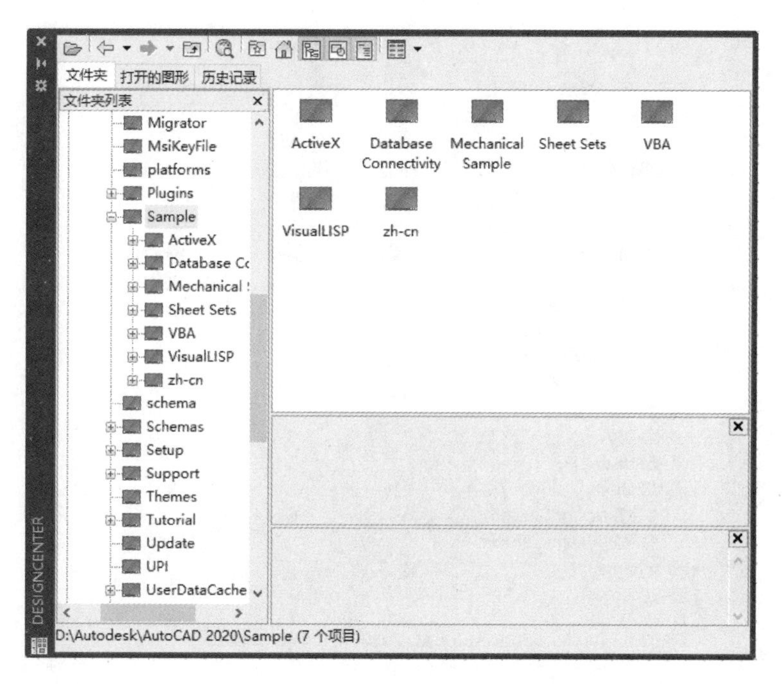

图 14-1

14.1.3　设计中心的工作界面

设计中心的工作界面类似 Windows 资源管理器，可以分为两个部分：左边是树状视图区，右边是内容显示区。在设计中心的上部还有一排工具栏，提供了若干选项和操作。

14.1.3.1　树状视图区

(1)树状视图区功能

该区域包括【文件夹】、【打开的图形】、【历史记录】、【联机设计中心】等选项卡。

各选项卡的功能如下。

①【文件夹】：显示计算机或网络驱动器(包括“我的电脑”和“网上邻居”)中文件夹和文件的结构层次。

②【打开的图形】：显示当前工作任务中打开的所有图形，包括最小化的图形。

③【历史记录】：显示最近在设计中心打开的文件的列表。用户也可以在该区域执行删除命令，在文件上单击鼠标右键，在弹出的快捷菜单中删除此文件。

④【联机设计中心】：访问联机设计中心网页。

单击各文件或者文件夹前面的“＋”或“-”，可以显示用户计算机和网络驱动器上的文件与文件夹的层次结构。

(2)操作示例

如图 14-2 所示，在【文件夹】选项卡下点击“C:\Program Files\AutoCAD2020\Sample\colorwh.dwg”文件前面的“＋”，树状列表将展开，显示该图形的相关设置，如图层、线型、文字样式、块和尺寸样式等。如在【文件夹】选项卡下点击“C:\Program Files\AutoCAD2020\Sample”，将显示该文件下一级的结构。

用户也可以在【打开的图形】选项卡下观察文件的层次结构。

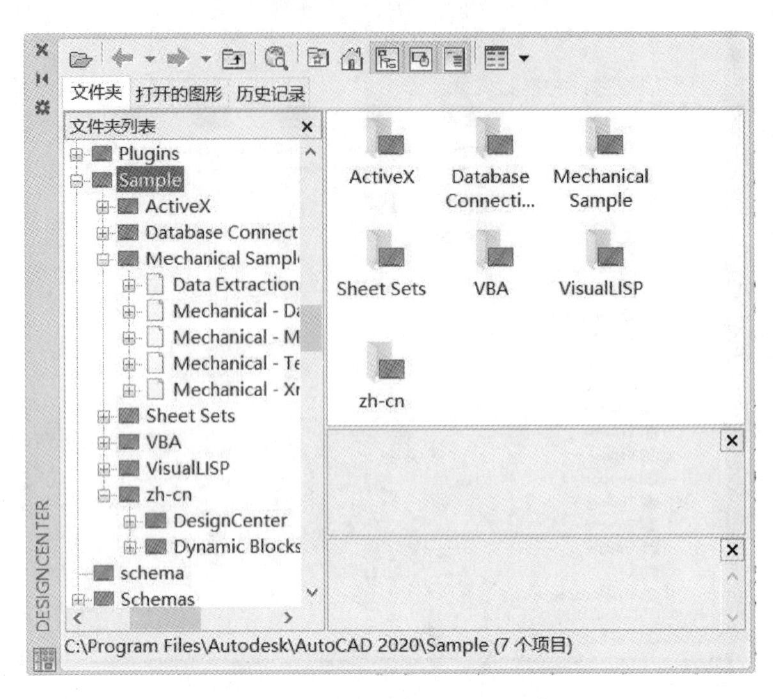

图 14-2 利用设计中心查看文件的结构

提示：某些时候可能无法看到左侧的树状视图区，这是因为没有打开树状显示。单击工具栏中 按钮或者在设计中心的内容显示区单击鼠标右键，在弹出的快捷菜单中单击【树状视图】选项就可以了。

14.1.3.2 内容显示区

(1)内容显示区的功能

内容显示区的功能是显示左侧树状视图区当前选定的内容源文件。用户可以在该区域观察打开图形的内容和来源，显示预览图像和说明。另外，在内容显示区中通过拖动、双击或单击鼠标右键并选择【插入为块】、【附着为外部参照】或【复制】等选项，可以在图形中完成插入块、填充图案或附着外部参照；也可以通过拖动或单击鼠标右键向当前文件中添加其他内容，如图层、标注样式和布局等；还可以从设计中心将块和填充图案拖动到工具选项板中。

下文将演示如何利用内容显示区浏览文件夹或文件中的内容，其余的功能将在以下的章节中详细叙述。

(2)观察文件夹或文件的内容

如图 14-2 所示，在左侧树状视图区单击文件“Mechanical-Data Links. dwg”前面的“＋”号，该显示区以“大图标”的方式显示该文件的相关设置，包括标注样式、表格样式、布局、块、图层、外部参照、文字样式、线型共 8 项内容，在左侧视图区单击图层前面的“＋”号，将在该区域显示“0”“LINE”“SHADE”“TEXT”和“VIEWPORTS”5 个图层，如图 14-3 所示。

如图 14-4 所示，单击 AutoCAD 软件下的“Sample”文件夹，使其处于展开模式，则右侧窗格以大图标的形式显示文件夹的内容。

如果在右侧内容显示区单击某个 DWG 文件图标，则将在窗格下端显示该文件的预览和说明文字，图 14-5 是以“大图标”格式显示，图 14-6 是以“详细信息”格式显示。

用户可以调整预览区的大小以便于观察预览图形，如图 14-5、图 14-6 所示。

提示：内容显示区可以有大图标、小图标、列表图、详细信息四种显示方式，这是由工具栏中 ▼ 按钮所控制的。

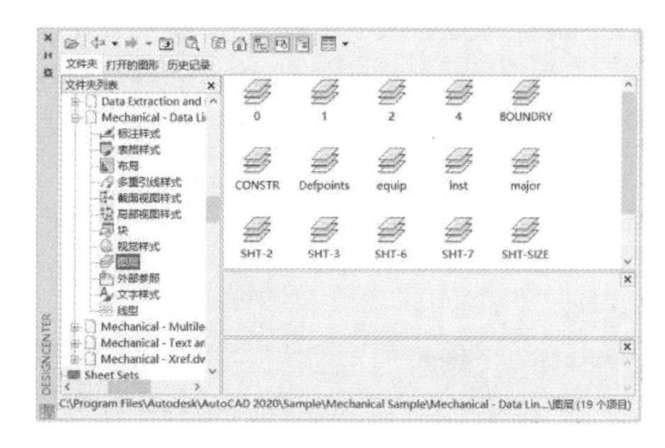

图 14-3　观察某文件图层的设置

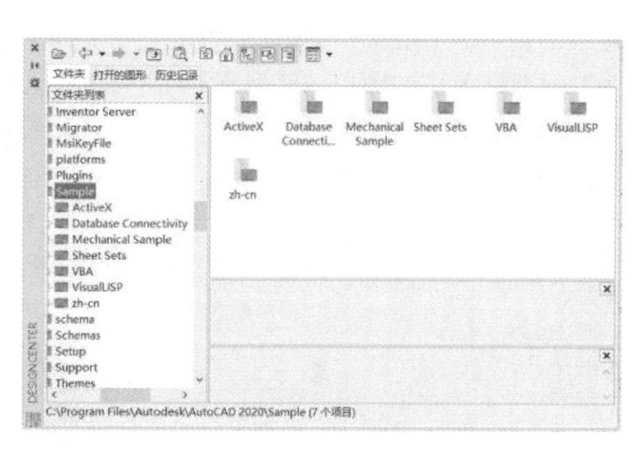

图 14-4　查看“Sample”文件夹内容

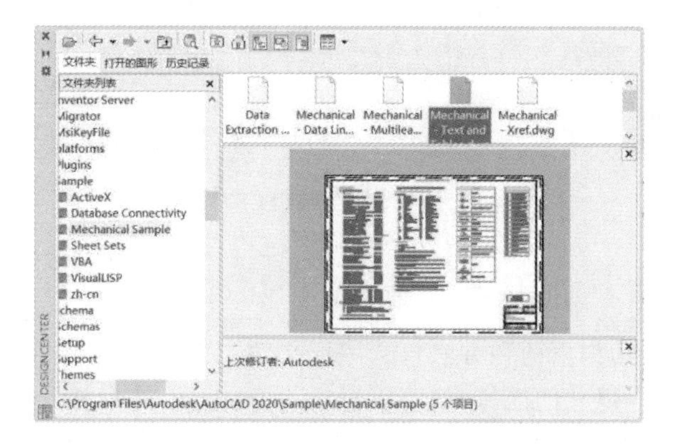

图 14-5　以“大图标”格式显示

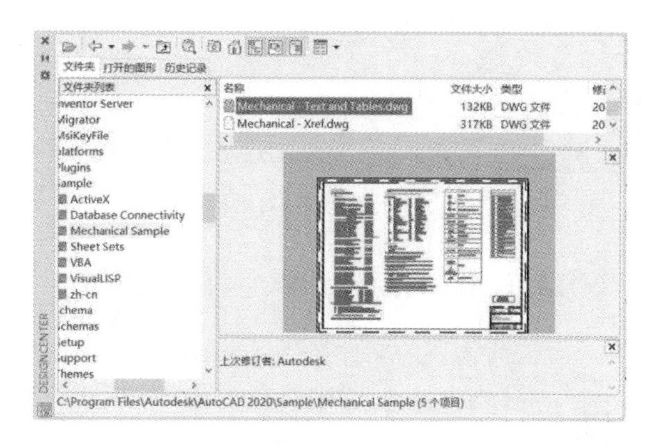

图 14-6　以“详细信息”格式显示

14.1.3.3　工具栏

AutoCAD 软件设计中心工具栏中提供了【加载】、【上一页】、【下一页】、【上一级】、【停止(“联机设计中心”选项卡)】、【重载(“联机设计中心”选项卡)】、【搜索】、【收藏夹】、【默认】、【树状视图切换】、【预览】、【说明】、【视图】、【刷新】等内容。

这里仅介绍部分工具的作用。

①【加载】:显示【加载】对话框,将所需文件加载到当前树状视图区。

②【树状视图切换】:显示和隐藏树状视图。

③【预览】:显示和隐藏内容区域窗格中选定项目的预览。当选定的内容项目是一个图形、块和图像时,预览窗口将显示对应项目的预览图像。

④【说明】:显示和隐藏内容区域窗格中选定项目的文字说明。

⑤【视图】:为加载到内容区域中的内容提供不同的显示格式,包括【大图标】、【小图标】、【列表图】、【详细信息】四个选项。

其余工具栏按钮的功能和 Windows 的资源管理基本一致。

14.1.4　利用设计中心查找内容

利用 AutoCAD 软件设计中心的搜索功能可以查找图形、图块、文字样式、标注样式,以及图层、图纸概要等信息。单击设计中心工具栏上的【搜索】按钮,即可打开【搜索】对话框,如图 14-7 所示。

用户可以缩小搜索范围以加快搜索速度,如可以利用【修改日期】选项卡来查找特定时间内创建或修改的内容,利用【高级】选项卡指定要在文件中搜索的文字类型、文字以及文件的大小。例如查找名为“SHTTEXT”的图层,在【搜索】下拉列表中选择“图层”,然后选择所需要搜索的文件夹,在【搜索名称】下拉列表中键入“SHTTEXT”,单击【立即搜索】按钮,此时 AutoCAD 软件将全部搜索到的文件显示在列表中,如图 14-8 所示。

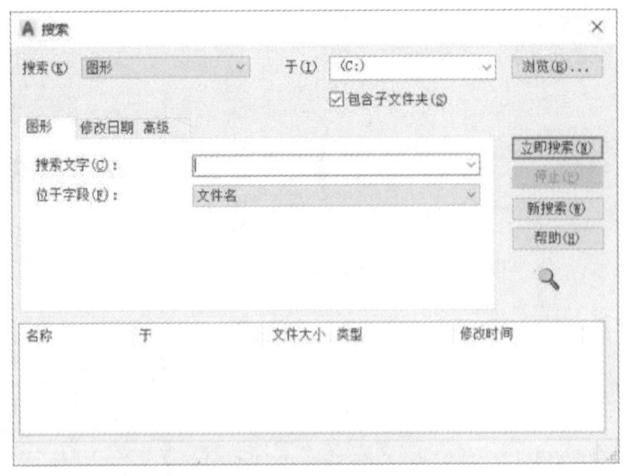

图 14-7 【搜索】对话框

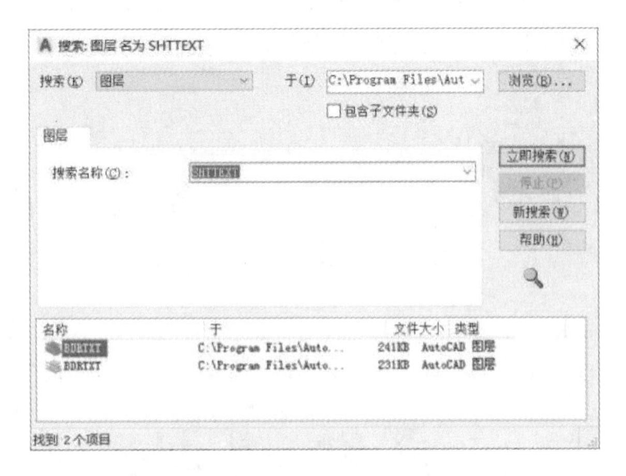

图 14-8 搜索名为“SHTTEXT”的图层

14.1.5 利用设计中心打开图形

预先将需要的文件加载到当前树状视图区后,可使用如下两种方法打开图形文件。

①将【内容显示区】中该文件的图标拖动到绘图窗口以外的区域,如菜单栏、工具栏等处,然后松开鼠标左键。

②在【内容显示区】中该文件图标上单击鼠标右键,打开快捷菜单,单击【在应用程序窗口中打开】,如图 14-9 所示。

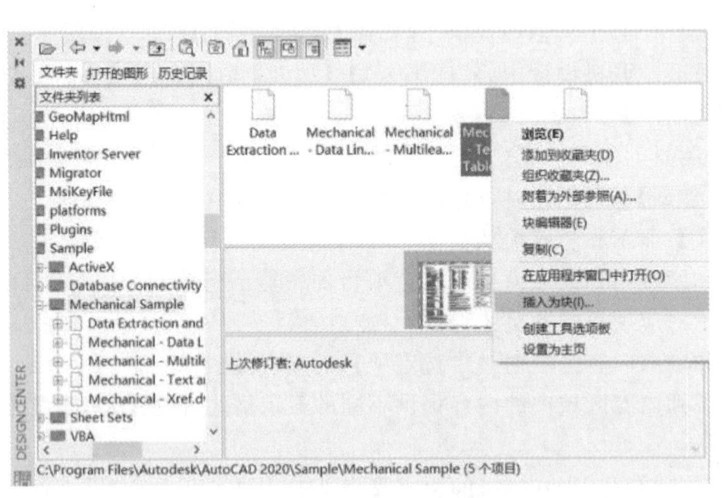

图 14-9 使用鼠标右键将图形文件打开

提示:如果直接将图标从设计中心拖到绘图窗口区域,该文件将以外部参照的形式插入当前文件中。

14.1.6 为图形添加内容

通过使用设计中心,将设计中心列表中需要的内容添加到当前的文件中。设计中心可以添加的内容包括块、标注样式、文字样式、表格样式、图层、线型、图案填充、外部参照等内容。

14.1.6.1　在图形之间复制图层、线型、块等基本设置

利用设计中心，可以将一个文件中的图层、线型、文字样式和块等直接复制到另外一个文件中，这样不仅节省了时间，也保持了文件的一致性。这里以复制图层为例进行说明，操作过程如下。

①单击“Mechanical-Data Links. dwg”文件前面的“+”，展开该文件，然后单击“图层”前面的“+”，将显示该文件图层的设置情况，如图 14-10 所示。

②在右侧的内容显示区单击鼠标右键，弹出快捷菜单，选择【复制】或【添加图层】选项，如图 14-11 所示。

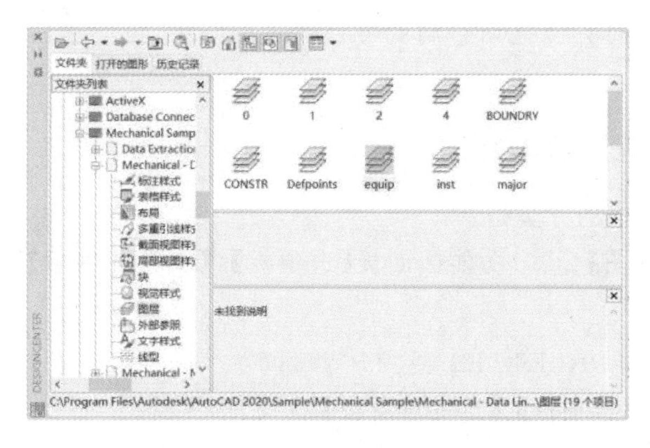

图 14-10　显示文件图层的设置情况

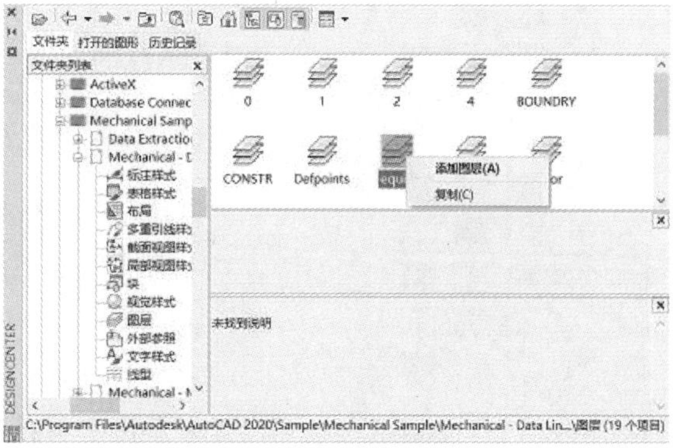

图 14-11　复制图层

③在当前文件中单击鼠标右键，弹出快捷菜单并选择【粘贴】，如图 14-12 所示。

提示：如直接在图 14-11 所示菜单中选择【添加图层】选项，则图 14-12 所示的过程可以省略。

14.1.6.2　以块的形式插入内容或图形

图形文件和文件中所包含的块能够以块形式插入当前图形中，操作方法如下。

①单击设计中心【内容显示区】中欲插入文件的图标，拖动到绘图窗口即可。根据命令行的提示设置指定插入点、基点、比例、旋转等内容。

②选择“Mechanical-Data Links. dwg”下的图块“p2000”，单击右键弹出快捷菜单，选择【插入块】选项即可完成块的插入，如图 14-13 所示。

图 14-12　粘贴图层

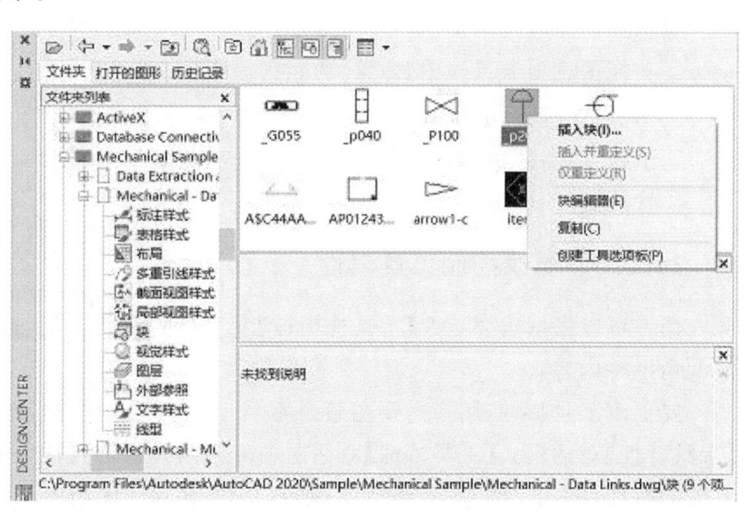

图 14-13　插入块

14.2 工具选项板

【工具选项板】为组织、共享和放置块及填充图案的有效方法。

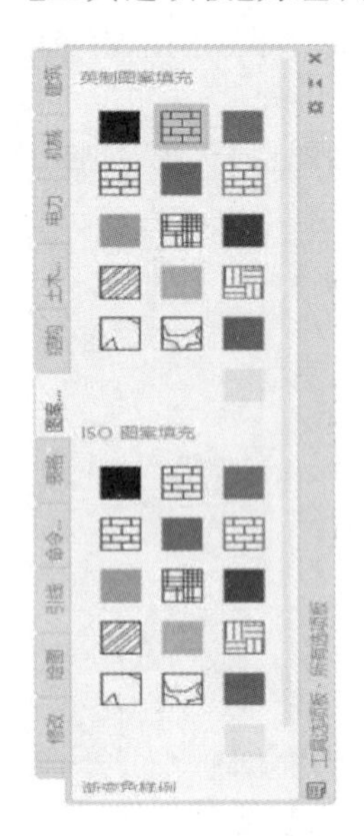

图 14-14 【工具选项板】

在默认情况下,【工具选项板】窗口包含【命令工具】、【填充工具】、【土木工程】等 7 个样例,如图 14-14 所示。在工具选项板中,一些常用的命令、块和填充图案等集合到一起分类放置,甚至可以对【建模】、【约束】、【注释】等操作进行分类和对【结构】、【机械】、【电力】等专业内容的集合进行分类。需要使用某内容时只要拖动它们就可以插入图纸中,极大地增进了 CAD 的实用性能。

14.2.1 启动【工具选项板】窗口

启动【工具选项板】窗口的方法如下。

①功能区选项卡:【视图】标签|功能区面板【选项板】|【工具选项板】按钮 CUI 。

②命令行:输入“TOOLPALETTES”或“TP”并回车。

③下拉菜单:【工具】|【选项板】|【工具选项板】。

④快捷键:Ctrl+3。

用户可以移动或者修改【工具选项板】窗口的大小和位置。

修改和移动【工具选项板】窗口的方法同 Windows 的操作系统。

在【工具选项板】窗口的空白区域单击鼠标右键,将弹出快捷菜单,用户可以在此更改【工具选项板】的设置,包括自动隐藏、透明、视图等功能。自动隐藏是指将光标移动到【工具选项板】窗口上的标题栏时,【工具选项板】窗口可自动滚动打开或滚动关闭(称为滚动行为);透明是指将【工具选项板】窗口设置为透明后,将不会遮挡它后面的对象;视图是指更改工具选项板上图标的显示样式和大小。

14.2.2 关闭工具选项板

启动该命令的方法如下。

①功能区选项卡:【视图】标签|功能区面板【选项板】|【工具选项板】按钮 CUI 。

②命令行:输入“TOOLPALETTESCLOSE”并回车。

③下拉菜单:【工具】|【选项板】|【工具选项板】。

④快捷键:Ctrl+3。

14.2.3 更改控制工具属性

用户可以根据需要更改【工具选项板】上工具的特性。例如,可以更改块的插入比例、线型、填充图案的角度等内容。

要更改工具特性,用户需要在某个工具上单击鼠标右键,然后单击快捷菜单中的【特性】,将弹出【工具特性】对话框。【工具特性】对话框中包含两类特性:【插入】特性和【图案】特性是用来控制与对象有关的特性,例如比例、旋转和角度;基本特性是指替代当前图形的特性,例如图层、颜色和线型等内容。图 14-15 演示了修改【图案填充】标题栏上“砖”特性的过程。

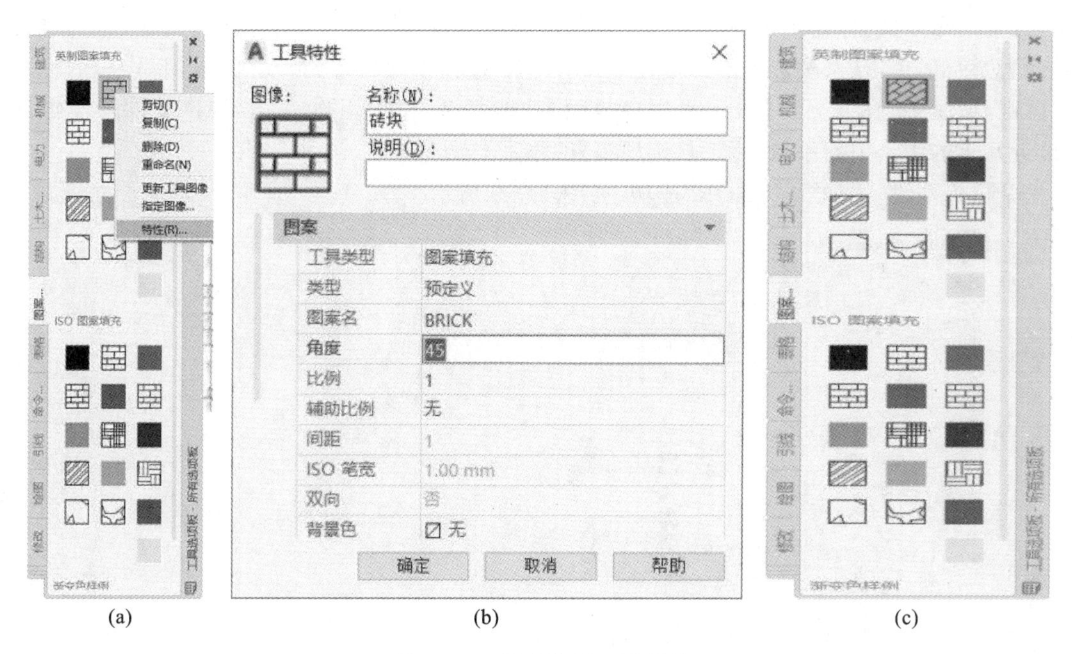

图 14-15　更改控制工具属性

(a)单击右键,修改"砖"属性;(b)改角度为 45°;(c)修改后的效果

14.2.4　创建和使用命令工具选项板

14.2.4.1　创建命令工具选项板

用户可以在默认的【命令工具】中添加新的命令工具,也可以创建新的工具选项板。此处演示创建新的工具选项板——【常用命令】工具选项板。

创建【常用命令】工具选项板的步骤如下。

①使要添加到【工具选项板】的命令的工具栏处于显示状态。

②在任一选项卡上单击右键,选择【新建选项板】选项,名称为"常用命令",如图 14-16 所示。

③在【常用命令】的标题栏上的空白区域单击鼠标右键,单击【自定义选项板】选项以打开【自定义】对话框,如图 14-17 所示,并且使该窗口处于显示状态。

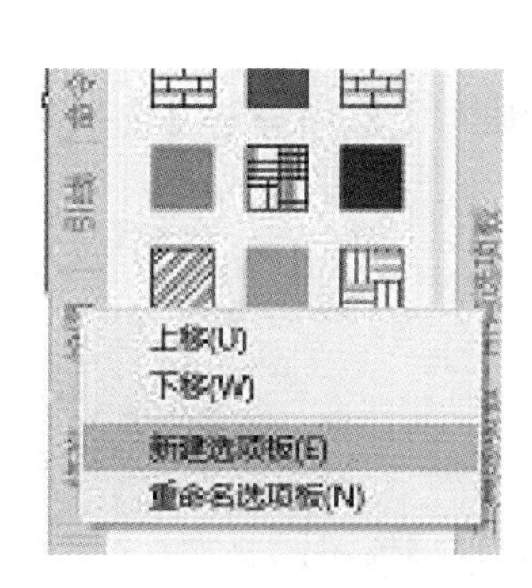

图 14-16　新建选项板【常用工具】

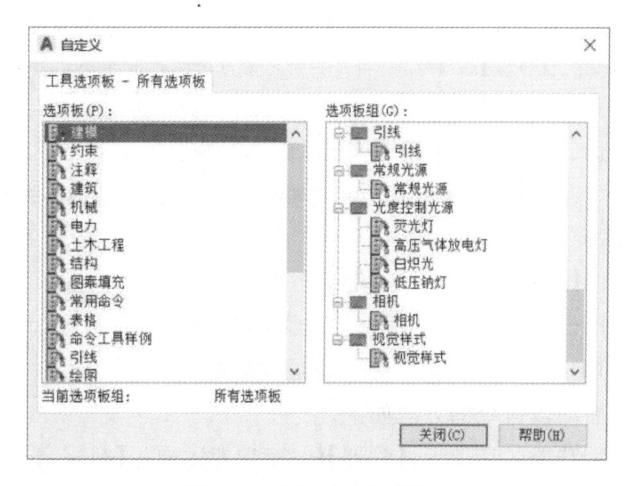

图 14-17　【自定义】对话框

④在【常用命令】的标题栏右侧的空白区域单击鼠标右键，单击【自定义命令】选项以打开【自定义用户界面】对话框，单击【修改】，单击并按住“MIRROR”按钮不要松开，拖动到【常用命令】的标题栏右侧的空白区，如图14-18所示。【自定义用户界面】功能复杂，原本用作AutoCAD软件各类界面的调整，在最近几年的版本中新添加了【工具选项板】的添加与调整。

⑤松开鼠标左键，添加“MIRROR”成功，如图14-19所示。

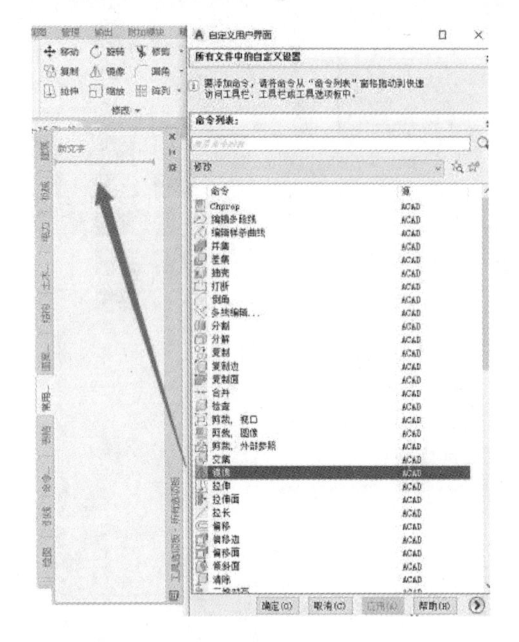

图14-18　添加“MIRROR”到【常用命令】

图14-19　添加成功

⑥在【自定义】对话框中，单击【关闭】。

提示1：尽管在此步骤中不对“自定义”对话框进行任何修改，但在将命令工具添加到工具选项板时，它必须处于显示状态。

提示2：启动【自定义用户界面】对话框有三种方式：命令行输入“CUI”；功能区选项卡|【管理】标签|功能区面板【自定义设置】|【用户界面】按钮；下拉菜单|【视图】|【工具栏】。【自定义用户界面】对话框包括【自定义】和【传输】两大选项栏。【自定义】选项栏：【所有文件中的自定义设置】，用以显示可以自定义的用户界面元素(例如工作空间、工具栏、菜单、功能区面板、局部CUIx文件等等)的树状结构；【命令列表】，用以显示程序中加载的命令列表，可以进行所有命令的操作。【传输】选项栏：将用户界面元素传输到存储界面元素数据的主自定义或局部自定义(CUIx)文件中，或从此类文件中传输出用户界面元素。

14.2.4.2　使用命令工具选项板

①在工具选项板上，单击要使用的命令工具，如单击上文所建的【常用命令】选项板上的“MIRROR”命令。

②按照命令行上显示的提示进行操作。

该过程比较简单，与工具栏操作相同。

14.2.4.3　工具选项板的编辑

启动该命令的方法如下。

①功能区选项卡：【管理】标签|功能区面板【自定义设置】|【工具选项板】按钮。

②命令行：输入“CUSTOMIZE”并回车。

新版本的 AutoCAD 软件添加了用于【工具选项板】的页面自定义功能，如图 14-20 所示。该对话框分为【选项板】和【选项板组】两个选项栏，【工具选项板】可以快速对选项卡进行添加、删除、重命名、排序和查看每个选项卡下所包含组。

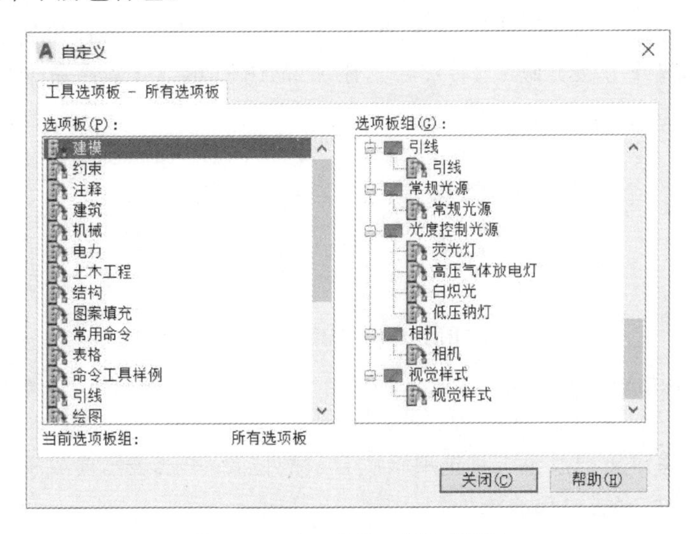

图 14-20 【工具选项板】对话框

14.2.5 利用设计中心添加文件到工具选项板

用户可以利用设计中心从文件夹或图形创建工具选项板，步骤如下。

①打开【设计中心】对话框。

②在【设计中心】对话框中加载文件“Mechanical-Data Links. dwg”。

③在树状图或内容区继续进行操作。在图形文件或块上单击鼠标右键，打开快捷菜单，单击【创建工具选项板】选项，如图 14-21 所示。

④创建新工具选项板，该选项板包含所选文件夹或图形中的所有块和图案填充，如图 14-22 所示。

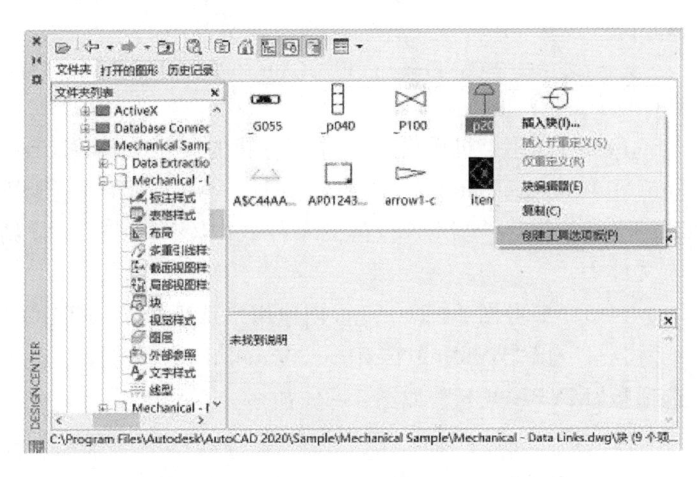

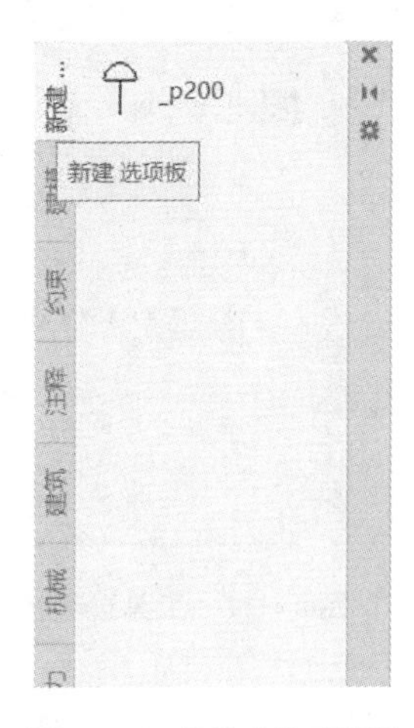

图 14-21 利用块“Bathtub”创建工具选项板

图 14-22 【新建选项板】

提示：同理，可以使用设计中心将块拖动到工具选项板，或使用设计中心右键菜单直接创建工具选项板，或将块复制并粘贴到工具选项板等。AutoCAD 软件在近几年的版本更新中，更加注重用户体验，更多人性化、可视化的操作出现在了软件中，用户可以自行探索。

14.2.6 从当前图形中的对象创建工具选项板

用户可以从当前图形中的对象创建工具选项板，不再需要使用设计中心浏览，步骤如下。

①在当前图形中选择一个对象(几何对象、标注、块、图案填充等)，将对象亮显，如将图 14-23 所示的图形存为块“SAT”，操作方法类似于 14.2.4.1，添加“MIRROR”到【常用命令】。

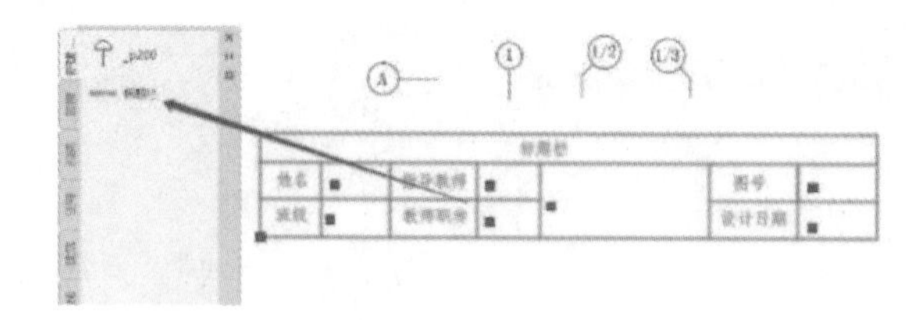

图 14-23 工具选项板

提示：类似于添加“MIRROR”到【常用命令】，设计中心、图形界面的块等均可以通过拖动在工具选项板中创建图形文件。

②按住鼠标右键，将对象拖放至工具选项板上合适的位置，黑线表示要放置工具的位置。

③松开鼠标右键即可完成对象的添加。

【思考与练习】

思考题

14-1 设计中心有什么作用？

14-2 如何利用设计中心查找和打开文件？

14-3 如何将设计中心的内容添加到当前文件中？

14-4 工具选项板在绘图中有什么作用？

上机操作

14-1 查找图形文件“Data Extraction and Multileader Sample.dwg”，并将该文件加载到当前文件中。

提示：文件位于 C:\Program Files\Autodesk\AutoCAD2020\Sample\Mechanical Sample。

14-2 利用上机操作题 14-1 所查找的文件“Data Extraction and Multileader Sample.dwg”，将图层“A-NEW”“SHETEX-2”“TXT-25”、块“AMB034”、文字样式“ROMANS”加载到当前文件中。

14-3 参考图 14-21 所示，创建用户选项板“MYTOOL”。

14-4 以“Welding Fixture Model.dwg”为例，创建工具选项板“MYBLOCK”，如图 14-24 所示。

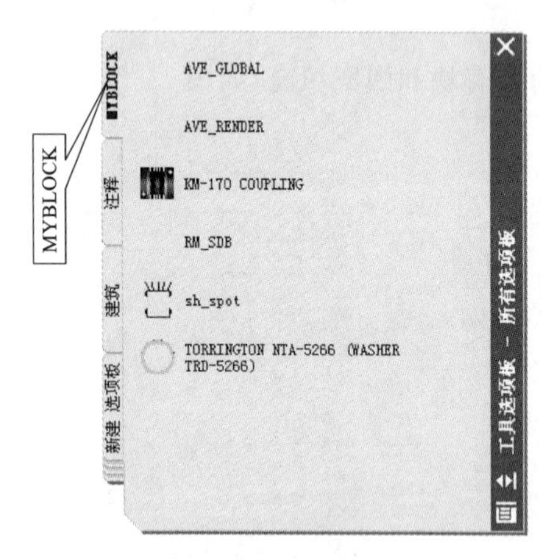

图 14-24 工具选项板：MYBL

第 15 章　绘制建筑施工图

15.1　我国建筑设计制图标准简介

15.1.1　图纸构成

建筑工程的施工图由建筑施工图、结构施工图、设备施工图三部分组成，在工程中简称为建施图、结施图和设施图。其中，建施图包括图纸目录、建筑设计说明、总平面图、各层平面图、屋顶平面图、立面图、剖面图以及建筑详图等。结施图包括结构设计说明、基础平面图和详图、结构平面图、框架结构图(针对框架结构而言)、次梁和楼梯结构图、构件详图等内容。

15.1.2　图纸与标准图框尺寸

图纸的幅面和尺寸应该符合表 15-1 以及图 15-1 的规定。一般 A0～A3 图纸宜横式使用，必要时也可以立式使用。立式使用的有关规定请参见《房屋建筑制图统一标准》(GB/T 50001—2017)。必要时图纸也可以加长，相应的加长规定参见表 15-2。

表 15-1　图纸幅面和图框尺寸　　(单位:mm)

尺寸代号	幅面代号				
	A0	A1	A2	A3	A4
$b \times l$	841×1189	594×841	420×594	297×420	210×297
c	10			5	
a	25				

表 15-2　图纸加长尺寸　　(单位:mm)

幅面代号	长边尺寸	长边加长后尺寸
A0	1189	1486　1783　2080　2378
A1	841	1051　1261　1471　1682　1892　2102
A2	594	743　891　1041　1189　1338　1486　1635　1783　1932　2080
A3	420	630　841　1051　1261　1471　1682　1892

15.1.3　标题栏

图 15-1、图 15-2 是《房屋建筑制图统一标准》(GB/T 50001—2017)推荐采用的标题栏形式。不同设计院所采用的标题栏形状和尺寸差别较大，图 15-3(a)和图 15-3(b)所示样式在设计单位也广泛应用。

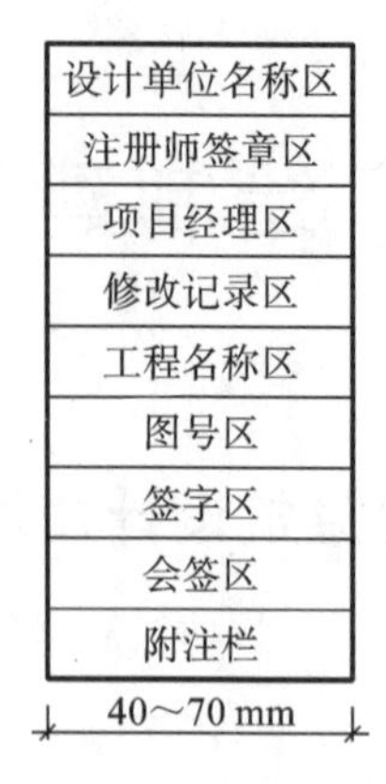

图 15-1　标题栏一

图 15-2　标题栏二

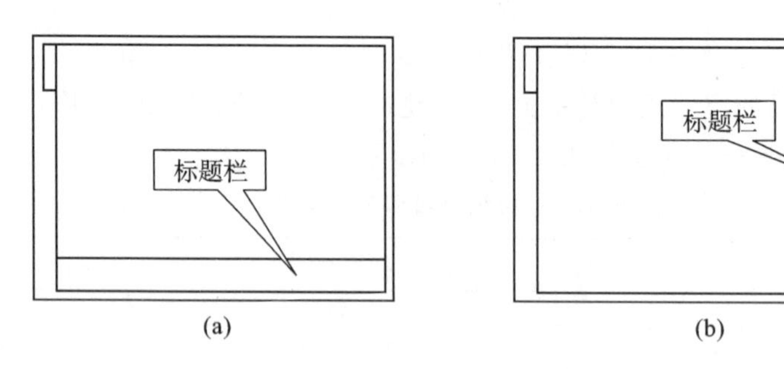

图 15-3　图纸标题栏样式

15.1.4　图线

建筑施工图经常采用实线、虚线、点画线、双点画线、折断线和波浪线。其中前四种线型又可以根据线宽分为粗、中、细三种线宽。粗实线适用于被剖切到的墙、柱的断面轮廓；中实线适用于未被剖切到的轮廓线，如窗台、台阶、明沟、花池、楼梯等；细实线适用于尺寸线、尺寸界限、索引符号和文字标注等。

图纸的基本线宽 b 应该从下列线宽系列中选择：0.5 mm、0.7 mm、1.0 mm、1.4 mm。绘制图样前应根据图形的复杂程度和比例，先确定基本线宽 b，再从表 15-3 中选择适当的线宽组。同一张图纸内，相同比例的各图样，应选用相同的线宽组。图纸的图框和标题栏线可采用表 15-4 的线宽。

表 15-3　线宽组

线宽比	线宽组/mm			
b	1.4	1.0	0.7	0.5
$0.7b$	1.0	0.7	0.5	0.35
$0.5b$	0.7	0.5	0.35	0.25
$0.25b$	0.35	0.25	0.18	0.13

表 15-4 图框线、标题栏线的宽度 （单位：mm）

幅面代号	图框线	标题栏外框线对中标志	标题栏分格线幅面线
A0、A1	b	$0.5b$	$0.25b$
A2、A3、A4	b	$0.7b$	$0.35b$

15.1.5 比例

比例根据图样的用途及工程的复杂程度确定。我国《房屋建筑制图统一标准》(GB/T 50001—2017)推荐的比例如表 15-4 所示。图形的比例宜注写在图名的右侧，字的基准线应取平，字号比图名小一号或两号。

表 15-4 绘图所用的比例

常用比例	1∶1、1∶2、1∶5、1∶10、1∶20、1∶30、1∶50、1∶100、1∶150、 1∶200、1∶500、1∶1000、1∶2000
可用比例	1∶3、1∶4、1∶6、1∶15、1∶25、1∶40、1∶60、1∶80、1∶250、1∶300、1∶400 1∶600、1∶5000、1∶10000、1∶20000、1∶50000、1∶100000、1∶200000

15.1.6 字体

根据《房屋建筑制图统一标准》(GB/T 50001—2017)的规定，图纸中的汉字宜优先采用 True type 字体中的宋体，字高从 3 mm、4 mm、6 mm、8 mm、10 mm、14 mm、20 mm 中选择；采用矢量字体时应该为长仿宋体，字高从 3.5 mm、5 mm、7 mm、10 mm、14 mm、20 mm 中选择。如果需要书写更大的字，字高应按$\sqrt{2}$的倍数递增，宽高比宜为 0.7。

大标题、图册封面等的汉字可以写成其他字体，但应该容易辨认。字母和数字的字高应不小于 2.5 mm。

在实际工程中，文字样式如果采用仿宋体，在进行视窗缩放、实时平移等操作时显示缓慢，影响绘图效率。因此，一些施工图采用“txt.shx”、“hztxt.shx”和“hz.shx”等字体以提高绘图效率。

15.1.7 尺寸标注

图样上的尺寸包括尺寸界线、尺寸线、尺寸起止符号和尺寸数字。

尺寸界线应用细实线绘制，一般应与被注长度垂直，其一端应离开图样轮廓线不小于 2 mm，另一端宜超出尺寸线 2～3 mm。图样轮廓线可用作尺寸界线。

尺寸线应采用细实线绘制，应与被注长度平行。图样本身的任何图线均不得用作尺寸线。互相平行的尺寸线，应从被注写的图样轮廓线由近向远整齐排列，较小尺寸应离轮廓线较近，较大尺寸应离轮廓线较远。图样轮廓线以外的尺寸界线，距图样最外轮廓之间的距离不宜小于 10 mm。平行排列的各道尺寸线的间距宜为 7～10 mm，并应保持一致。

尺寸起止符号一般用中粗斜短线绘制，其倾斜方向应与尺寸界线成顺时针 45°角，长度宜为 2～3 mm。半径、直径、角度与弧长的尺寸起止符号宜用箭头表示。

15.1.8 符号

①剖切符号：剖切符号的剖切位置线和剖视方向线为粗实线，剖切位置线的长度宜为 6～10 mm，

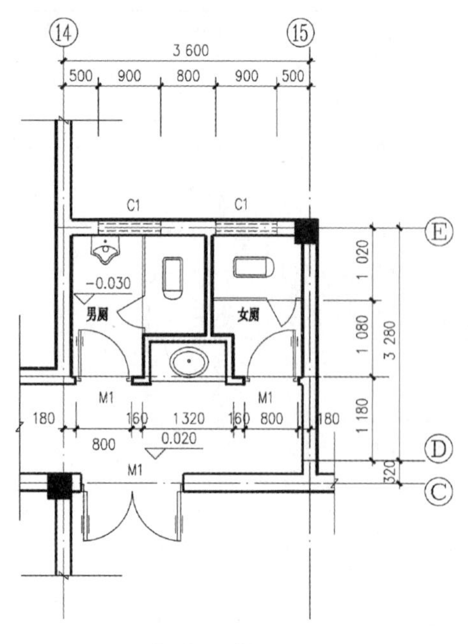

图 15-4　卫生间详图

剖视方向线垂直于剖切位置线,其长度宜为 4~6 mm。剖切编号宜采用粗阿拉伯数字,按剖切顺序由左至右、由下向上连续编排,并注写在剖视方向线的端部。

②索引符号:索引符号应由直径为 8~10 mm 的圆和水平直线组成,圆及水平直线宽宜为 0.25b。

③对称符号:由对称线和两端的两对平行线组成。对称线用单点长画线绘制;平行线用实线绘制,其长度宜为 6~10 mm,每对的间距宜为 2~3 mm;对称线垂直平分于两对平行线,两端超出平行线宜为 2~3 mm。

④指北针:宜用细实线绘制,直径为 24 mm,尾端宽度为 3 mm。指针头部应注“北”或“N”字。如果需用较大直径绘制指北针,尾部宽度宜为直径的 1/8。

如图 15-4 所示为卫生间详图,图 15-5 所示为部分符号的画法。

15.1.9　定位轴线

定位轴线采用 0.25b 线宽的单点长画线绘制。当图样较小时,也可以采用细实线代替。定位轴线编号应采用细实线绘制,直径为 8 mm,在详图中为 10 mm。定位轴线圆的圆心应在定位轴线的延长线上或延长线的折线上。

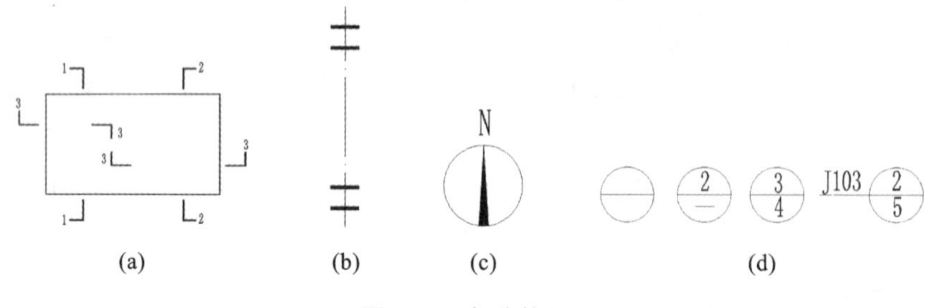

图 15-5　部分符号

(a)剖切符号;(b)对称符号;(c)指北针;(d)索引符号

15.2　绘制建筑平面图的准备工作

建筑平面图一般是沿建筑物门、窗洞位置作水平剖切并移去上面部分后,下半部分为在水平面上的正投影图。建筑平面图反映了房屋的平面形状和组合关系、门窗的位置、墙和柱的布置及尺寸、建筑构配件的位置和形状。原则上,建筑平面图包括所有楼层的剖切俯视图,如某些楼层的平面布置相同或非常相似,在工程中一般利用标准层平面图来表示。一般来说,建筑平面图包括底层平面图、各层平面图(标准层平面图)、顶层平面图、屋顶平面图、局部平面图和建筑详图。建筑详图主要包括卫生间、厨房、楼梯间及复杂部位的构造和做法。

建筑平面图一般包括如下内容。

①墙、柱的位置和尺寸。

②门窗的尺寸、位置及编号。

③房间的名称或编号。

④楼梯、电梯、室外台阶的位置、尺寸、上下方向以及标注。

⑤阳台、雨篷、管线竖井、窗台、雨水管、散水等的位置和尺寸。

⑥卫生器具、厨房设备、工作台、隔断等室内设施的位置、尺寸和说明。

⑦底层平面图应标注出剖切符号、剖切位置及编号。

⑧节点详图的索引符号,在底层平面图中应画出指北针。

⑨图名和比例。

⑩文字说明。

为了提高绘图的效率,最好能灵活运用绘图命令以及“COPY”“MIRROR”“OFFSET”“ARRAY”“TRIM”“EXTEND”“CHAMFER”“FILL”等编辑命令,某些时候也可以使用“WBLOCK”“BLOCK”或“XATTACH”命令。

15.2.1 分析建筑平面图的特点

绘图前要分析建筑平面图的组成关系和特点,发现各部分的相似性、对称性等特征,然后再充分利用这些特点,提高绘图效率。以图 15-6 所示的办公楼为例,该建筑施工图具有如下特点:横向轴线之间的间距为 4500 mm,纵向轴线之间的间距分别为 7800 mm、3900 mm、7800 mm;多数房间的开间及进深相同,建筑平面图左右对称。

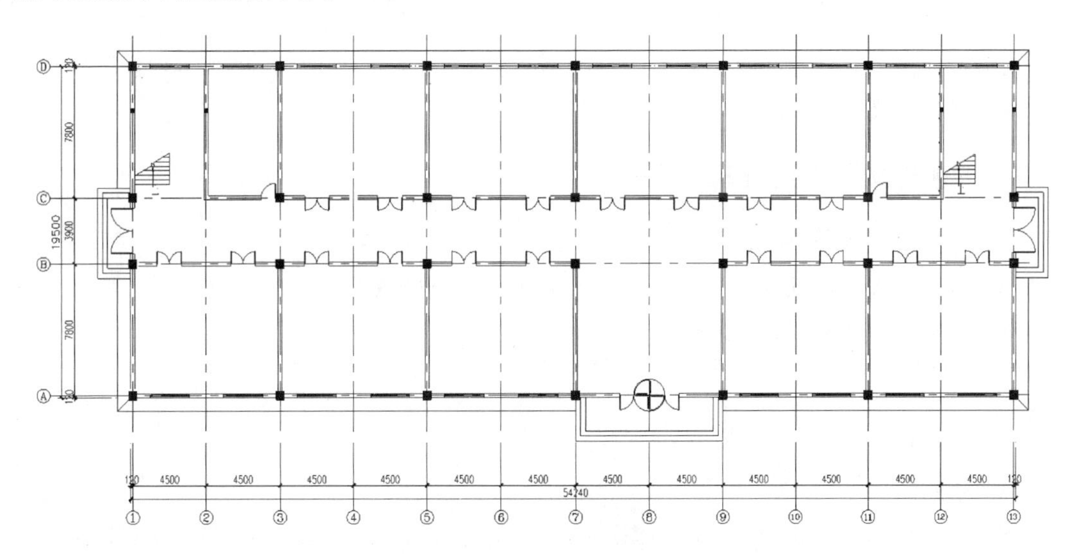

图 15-6 某办公楼平面图

15.2.2 绘图流程

(1)绘图方法 1

①新建文件,进行基本设置并保存文件。

②采用 1∶1 比例尺绘制建筑平面图。

③根据出图要求,用“SCALE”命令将图形按比例缩小。如比例尺为 1∶100,需要将图形缩小至原图的 1/100 大小。

④标注细部尺寸、轴线尺寸、总尺寸以及室内尺寸。

⑤标注文字。

⑥标注轴线编号、详图索引符号、剖切符号、图名、比例。

⑦插入图框。

⑧按照 1∶1 的比例打印输出图形。

(2)绘图方法 2

①新建文件,进行基本设置。

②按照 1∶1 的比例绘制建筑平面图。

③标注细部尺寸、轴线尺寸和总尺寸。

④标注文字。

⑤标注轴线编号、详图索引符号、剖切符号、图名、比例。

⑥根据出图要求,将标准图框放大。如按照 1∶100 的比例出图,则需要将图框放大 100 倍。

⑦按照 1∶100 的比例打印输出图形。

上述两种方法在前期都需要按照 1∶1 的比例进行绘图。“绘图方法 1”在经过缩放后,图形只有实际建筑的 1/100。这种方法和按 1∶100 的比例手工绘图过程相同。此时,测量比例因子应设为 100。而采用“绘图方法 2”,图形的大小与实际工程相同,测量比例因子设为 1。

15.3 绘制建筑平面图

本节以某学生宿舍楼为例来学习建筑施工图的绘制过程,本建筑为钢筋混凝土框架结构,共六层,建筑方案布置规则对称,如图 15-7 所示。

15.3.1 创建文件并进行基本设置

15.3.1.1 创建新文件并保存文件

启动 AutoCAD 软件,创建新建文件“drawing1.dwg”。单击【保存】按钮保存文件,将文件保存为“E:/学生宿舍建施图/一层平面图.dwg”。

提示:用户也可以在【格式】下拉菜单中对【单位】、【图形界限】等进行修改。通常用户在模型空间下绘图、输出,所以也可不调整。

15.3.1.2 基本设置

(1)设置图层

施工图中的构件和标注都应在对应的图层上绘制。建筑施工图中通常包括墙、柱、门、窗、楼梯、楼梯扶手、女儿墙、室外台阶、室内设备等构件和设备,标注内容包括轴线编号、索引符号、文字说明、尺寸标注等内容。用户需要根据施工图中的内容分类设置图层并赋予各图层合适的属性。

建议用户设置“辅助图层”。图纸完成后可以将辅助图层上的对象删除,或者将辅助线图层设为“关闭”和“不打印”。

建筑平面图的图层设置可参考图 15-8。

提示:绘制建筑施工图时,用户也可以将基本单位、图形界限、字体样式、标注样式及图层设置后另存为“.DWT”样板文件,这样就不用重复设置,可以提高绘图效率。

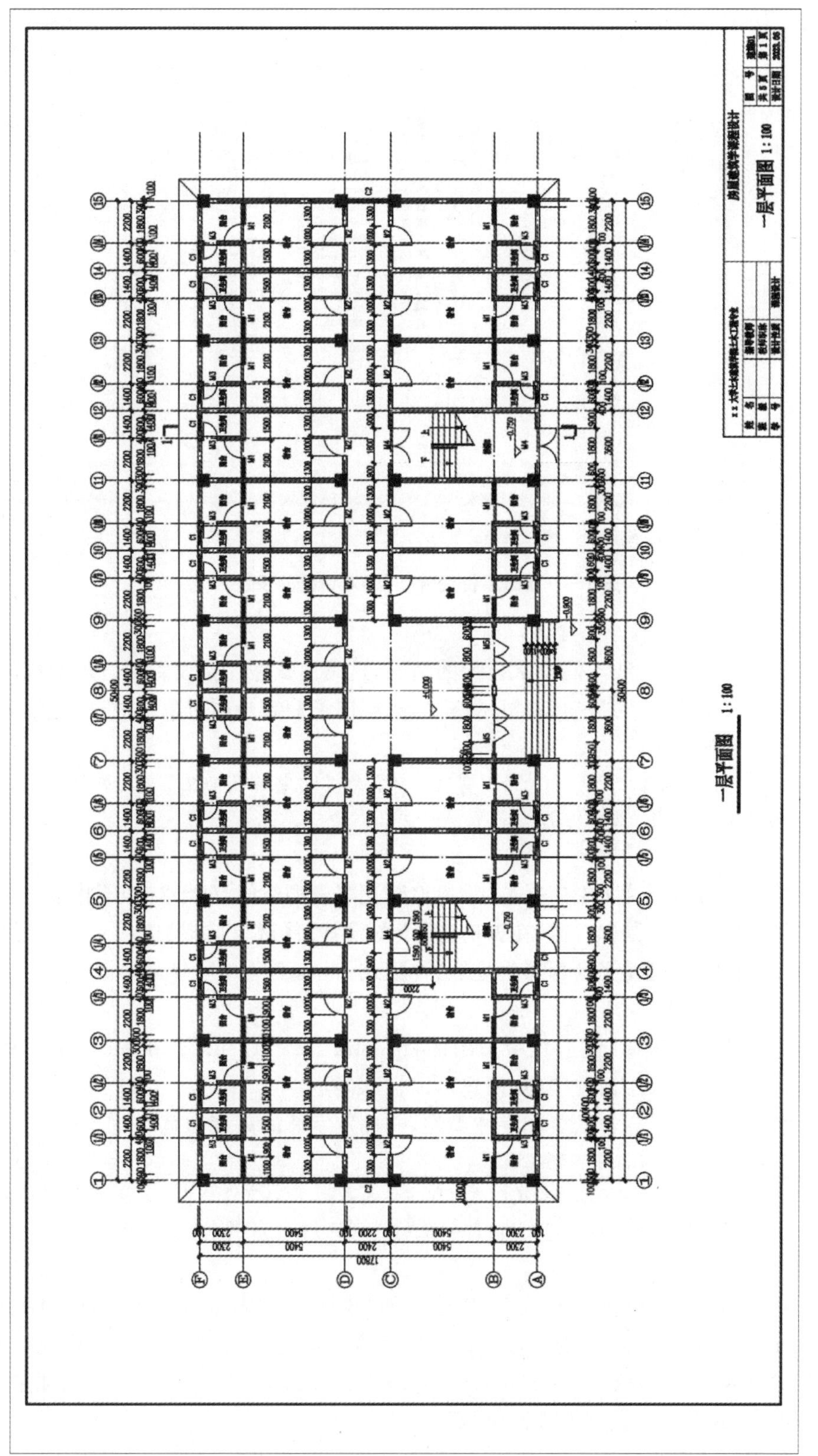

图 15-7　一层建筑平面图

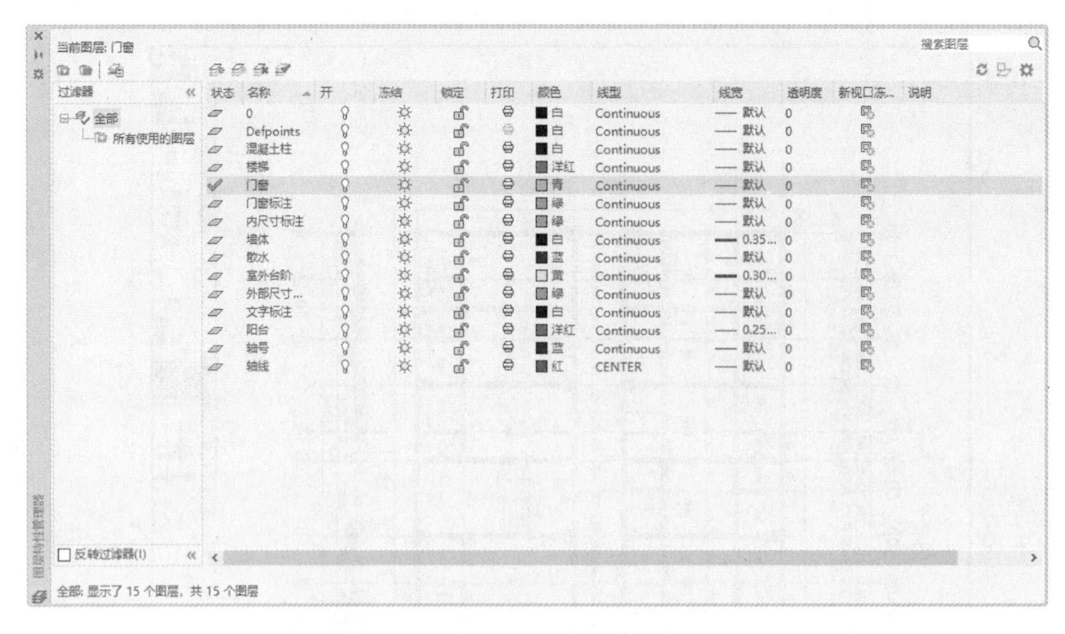

图 15-8 【图层特性管理器】对话框的设置

(2)设置比例因子

绘图中经常出现点画线、虚线不能正常显示的情况，这是由线型比例设置不合理造成的。在【线型管理器】对话框中单击【显示细节】按钮，将显示【全局比例因子】和【当前对象缩放比例】编辑栏，输入合适的数值即可调整线型的显示。

提示：改变【全局比例因子】编辑栏中的数值，绘图窗口中所有的虚线、点画线的显示随之而变。而改变【当前对象缩放比例】编辑栏中的数值，则只影响当前对象。

(3)设置状态栏

使状态栏中的【正交模式】、【对象捕捉】、【对象追踪】和【模型空间】处于“打开”状态。

在【对象捕捉】按钮上单击鼠标右键，在弹出的【草图设置】|【对象捕捉】选项卡中设置【端点】、【中点】、【圆心】、【节点】、【象限点】、【交点】和【垂足】七种模式。

(4)设置文字样式

我国规范推荐汉字采用宋体，但工程中采用的“hz. shx”“hztxt. shx”“simplex. shx”和“complex. shx”等字体也较常见。至于采用何种字体，用户可以自己确定。

在【文字样式】对话框中设定样式名和字体类型，并确定字体的高度和宽高比。

提示 1：采用合适的字体，以避免汉字不能显示。

提示 2：采用“绘图方法 1”时，所设字体的高度即为打印字体的高度，所以可设为几毫米。如采用“绘图方法 2”并且出图比例选为 1∶100，字体高度设为“700 mm”，打印出来将为“7 mm”。

(5)设置标注样式

尺寸标注样式命名应体现该标注的比例、用途。如“线性 100”表示该比例尺对 1∶100 的图形进行线性标注，“线性 50”表示对 1∶50 的图形进行线性标注；“角度”表示对角度进行标注。本章标注样式名称定义为“DIM100”，“100”表示 1∶100 的尺寸标注，因采用“绘图方法 2”绘制，因此在图 15-9 中，【主单位】|【比例因子】编辑栏中比例因子设为“1”。

标注中经常出现尺寸起止符过小或过大，文字过小或过大，以及标注的尺寸错误等问题，建议查看以下三部分的关系：一是【创建新标注样式】|【文字】选项卡中【文字样式】和【文字高度】编辑栏；二是

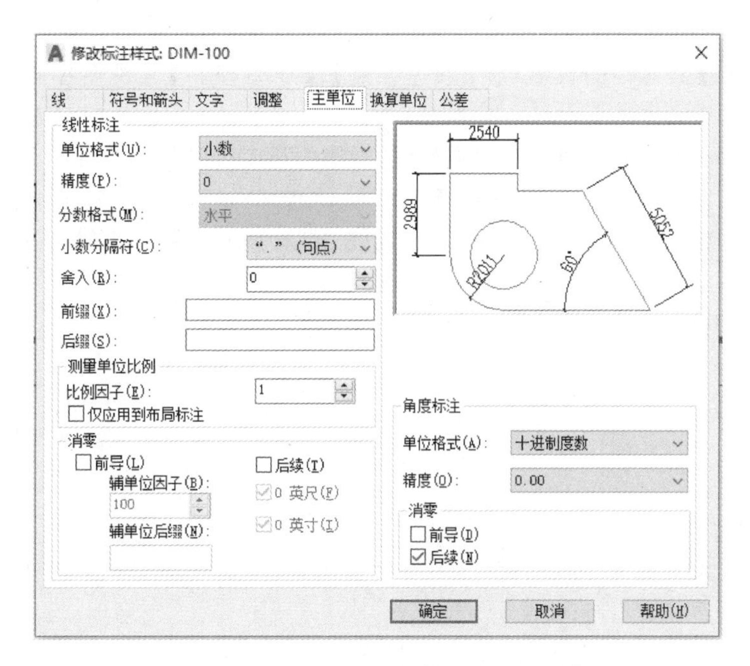

图 15-9　【修改标注样式】|【主单位】对话框

【创建新标注样式】|【调整】选项卡中【使用全局比例】编辑栏；三是【创建新标注样式】|【符号和箭头】中箭头的大小。

简而言之，【使用全局比例】编辑栏中的数值可视为【直线】、【符号和箭头】等设置的"放大"或"缩小"。如果在【文字样式】对话框中将尺寸标注所采用的文字高度定为"0 mm"，则该数值也会影响文字的大小。

如果标注的尺寸数字错误，在排除绘图错误后，建议查看【主单位】|【比例因子】编辑栏中的内容。

如果文字的位置不符合我国规范要求，建议查看【文字】|【文字位置】选项组中的内容。

(6)设置点样式

绘图中经常需要对图线进行平分，因此应设置合适的点样式，如图 15-10 所示。

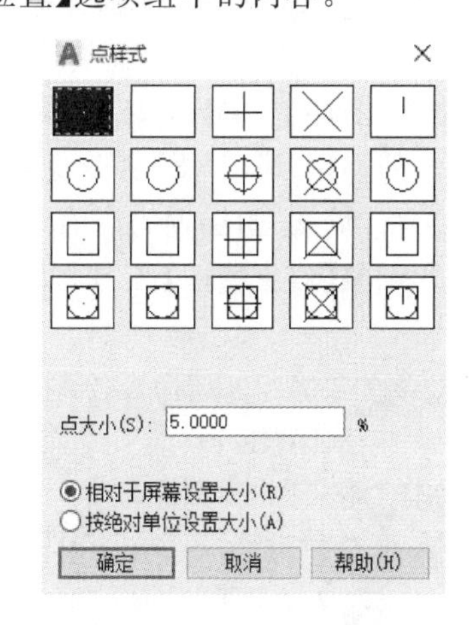

图 15-10　【点样式】对话框

(7)设置多线样式

墙体和窗户可以使用多线进行绘制，

用户可以在【格式】|【多线样式】对话框中设置多线样式。如用"LINE""COPY""OFFSET"等命令绘制墙线，也可以不进行设置。

在绘图命令中经常出现多线宽度不合适、多线的中心不能对准轴线等问题。建议查看命令行中的提示，如提示为："当前设置：对正＝上，比例＝20.00，样式＝STANDARD"，建议用户根据设置情况修改"对正""比例"和"样式"。

15.3.2　绘制轴线

由图 15-7 所示平面图可以看出，此建筑为框架结构，平面图中定位轴线为墙体轴线，平面布置比较规则对称，绘制轴线的步骤如下。

①将“轴线”图层置为当前。

②调整【对象特性】工具栏的设置,使【颜色控制】、【线型控制】、【线宽控制】都处于“ByLayer”状态。

③采用“LINE”命令绘制横向轴线和纵向轴线,轴线的长度可以稍长。

④其余的轴线可以通过“ARRAY”“OFFSET”和“COPY”命令生成。鉴于本图比较复杂,一次绘制出全部的轴线将使图面混乱,此处仅生成主要轴线,其余的轴线在需要时再逐步添加,如图 15-11 所示。

提示:建议用户给轴线进行初步编号以便于操作。

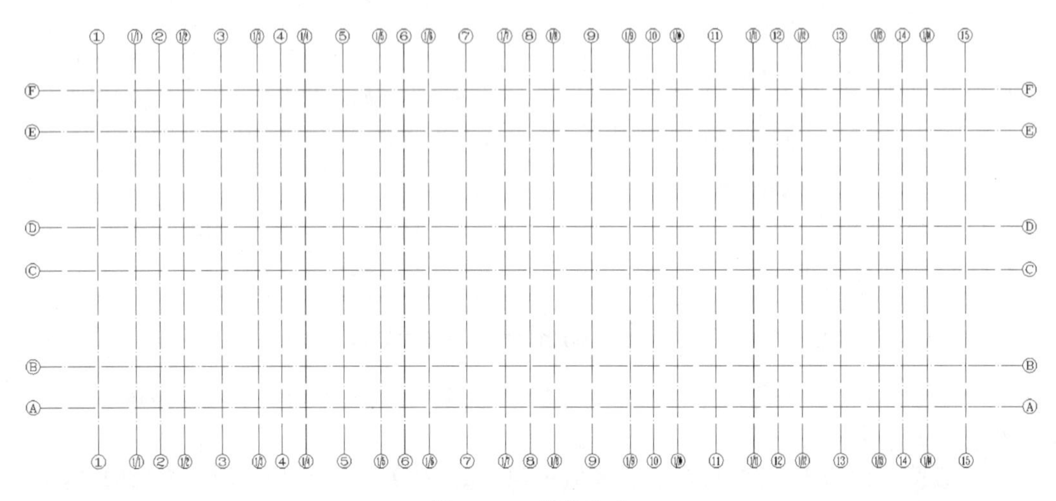

图 15-11　轴线生成

15.3.3　绘制墙线

“COPY”命令可以将轴线复制成墙线,但是所生成的墙线都位于“轴线”图层上,最后需改变图层。使用“OFFSET”命令可以避免这个问题,通过对该命令当前模式的设置,偏移后的对象可以直接绘制在“墙线”图层上;“MLINE”命令也非常方便,可以直接将对象绘制在“墙线”图层上。

此处使用“MLINE”命令绘制墙线。绘制墙线的步骤如下。

①将“墙线”图层置为当前。

②调整【对象特性】工具栏的设置,使【颜色控制】、【线型控制】、【线宽控制】都处于“ByLayer”状态。

③输入“MLINE”命令绘制墙线,执行命令过程如下。

命令:MLINE ↵

MLINE

当前设置:对正=上,比例=20.00,样式=QX200(当前设置)

指定起点或[对正(J)/比例(S)/样式(ST)]:st ↵(查询多线样式,可略)

输入多线样式名或[?]:? QX200 ↵(输入“?”进行查询)

当前设置:对正=上,比例=20.00,样式=QX200

指定起点或[对正(J)/比例(S)/样式(ST)]:s ↵(根据设置修改比例)

输入多线比例 <20.00>:1 ↵(修改多线比例)

当前设置:对正=上,比例=1.00,样式=QX200

指定起点或[对正(J)/比例(S)/样式(ST)]:j ↵(修改对正方式)

输入对正类型[上(T)/无(Z)/下(B)]＜上＞:z ↵(以多线的中轴线对正)

当前设置:对正＝无,比例＝1.00,样式＝QX200

指定起点或[对正(J)/比例(S)/样式(ST)]:(具体输入过程略)

④逐一绘制出各轴线间主要的墙线。

⑤编辑墙线。用户可以输入“MLEDIT”命令调出【多线编辑工具】对话框进行编辑。编辑后的墙线如图 15-12 所示。

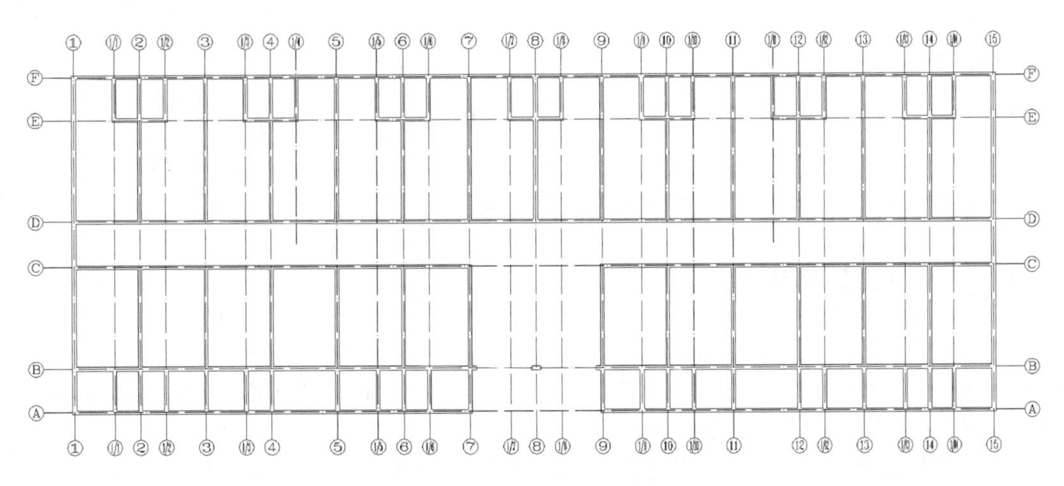

图 15-12　编辑后的墙线

⑥根据绘图需要添加附加轴线和墙体。

提示 1:【多线编辑工具】对话框使用起来比较烦琐。建议墙线分解后采用“TRIM”“EXTEND”“CHAMFER”“FILLET”等命令进行编辑。

提示 2:个人绘图习惯不同,采用“LINE”命令绘制直线后进行编辑,也能实现较高的绘图效率。

15.3.4　绘制混凝土柱

绘制混凝土柱的步骤如下。

①将“混凝土柱”图层设置为当前图层。

②混凝土柱尺寸为 600 mm×600 mm,在命令行输入“RECTANG”或“REC”命令绘制矩形,执行命令过程如下。

命令:RECTANG ↵

指定第一个角点或[倒角(C)/标高(E)/圆角(F)/厚度(T)/宽度(W)]:(指定第一个角点,可利用鼠标定点或坐标输入):在空白处点击任一点

指定另一个角点或[面积(A)/尺寸(D)/旋转(R)]:(指定第二点)

@600,600

③单击【默认】选项卡【绘图】面板中的【图案填充】按钮,或输入“HATCH”或“H”命令,在打开的对话框中选择“SOLID”图案填充矩形,完成混凝土柱的绘制。

④单击【默认】选项卡【修改】面板中的【复制】按钮,将混凝土柱复制到相应的位置,或者采用“ARRAY”或“MIRROR”命令执行。

操作后如图 15-13 所示。

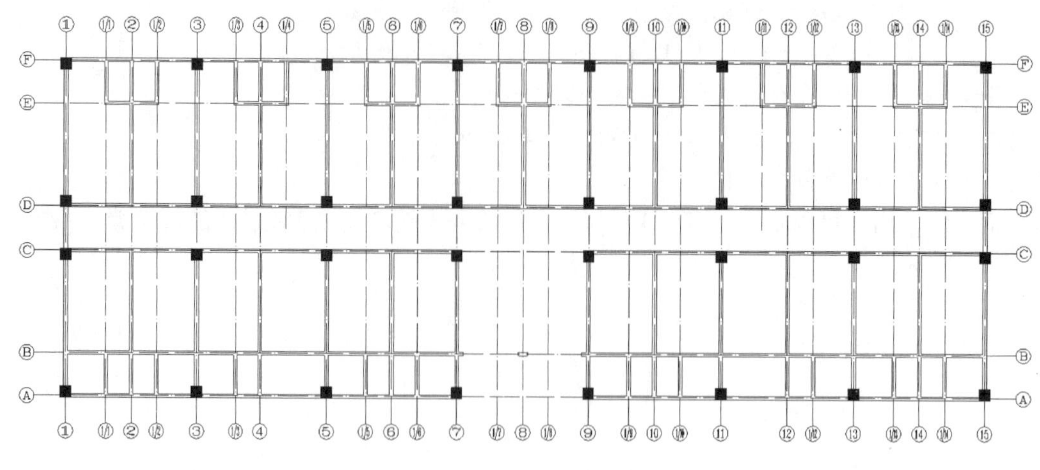

图 15-13 插入柱后图形

15.3.4 开设洞口和添加门窗

15.3.4.1 绘制门窗洞口

绘制门窗洞口时,常以邻近的轴线或墙线作为参照来定位。本例中门窗分布比较规律,以①、②轴线间卫生间窗 C1 为例,C1 洞口宽为 600 mm,到两侧轴线距离分别为 400 mm。

①将“墙体”图层设为当前图层。单击【默认】选项卡【修改】面板中的【偏移】按钮,将右(左)侧墙的轴线向左(右)偏移 400 mm,具体过程如图 15-14(a)所示。

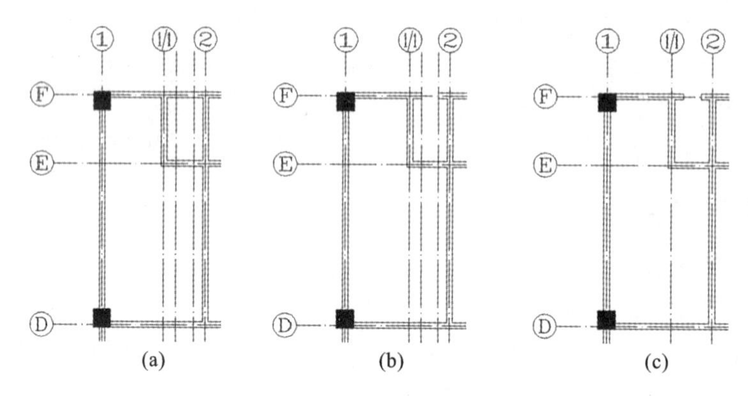

图 15-14 开窗洞口开设过程示意图

(a)墙线偏移 400 mm;(b)墙线剪掉;(c)轴线删除

②单击【默认】选项卡【修改】面板中的【修剪】按钮或输入“TRIM”或“TR”命令,将两根轴线间的墙线剪掉,如图 15-14(b)所示。

③单击【默认】选项卡【绘图】面板中的【直线】按钮或输入“LINE”命令,在墙体剪断处封口。然后单击【默认】选项卡【修改】面板中的【删除】按钮或输入“ERASE”命令,将偏移后的两条轴线删除,如图 15-14(c)所示。

④采用相同的方法,按照图中尺寸绘制余下的门窗洞口,得到门窗洞口如图 15-15 所示。

15.3.4.2 绘制阳台

因本例中阳台与墙体线型不同,故需单独绘制。将“阳台”图层设置为当前层,可采用“MLINE”命令绘制,具体做法可参照墙线绘制步骤,绘制完成后如图 15-16 所示。

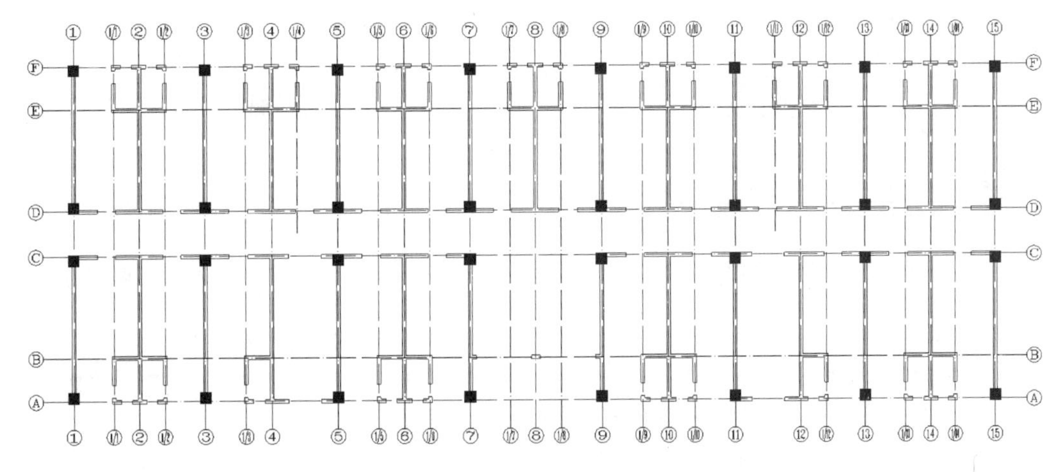

图 15-15　开门窗洞后

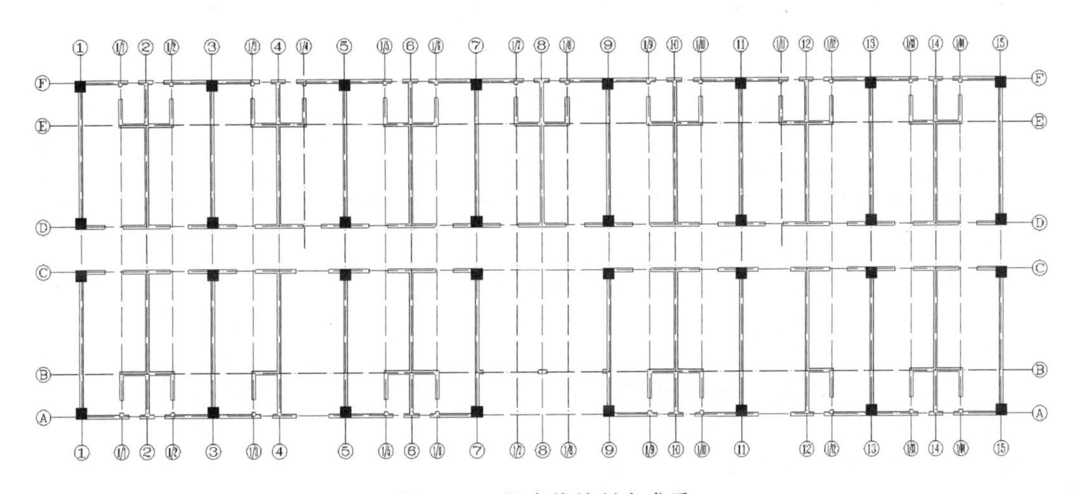

图 15-16　阳台线绘制完成后

15.3.4.3　添加窗并修剪

在比较简单的建筑施工图中，我们可以使用“LINE”命令绘制窗，由于绘制这种图形比较简单，用户可以直接绘制出数种窗户，然后利用“COPY”命令逐一插入。也可以通过定义块和“MLINE”命令来绘制窗户。

本例采用“COPY”命令进行窗户的插入，具体过程如下。

①将“门窗”图层设置为当前层。

②调整【对象特性】工具栏的设置，使【颜色控制】、【线型控制】、【线宽控制】都处于“ByLayer”状态。

③绘制符合要求的窗的图例。本例中窗户共有 2 种类型，其中“C1”窗户宽度为 600 mm，“C2”窗户宽度为 2200 mm。

④单击【默认】选项卡【绘图】面板中的【直线】按钮，绘制“C1”。使用“COPY”命令复制图例“C1”，以图例左侧线中点作为复制的基点，如图 15-17 所示，插入图中相应的位置，如图 15-8 所示(为便于区分，窗的图例选用了较粗的线)。

⑤“C2”的绘制依照上文进行操作，全部窗户绘制完成后如图 15-19 所示。

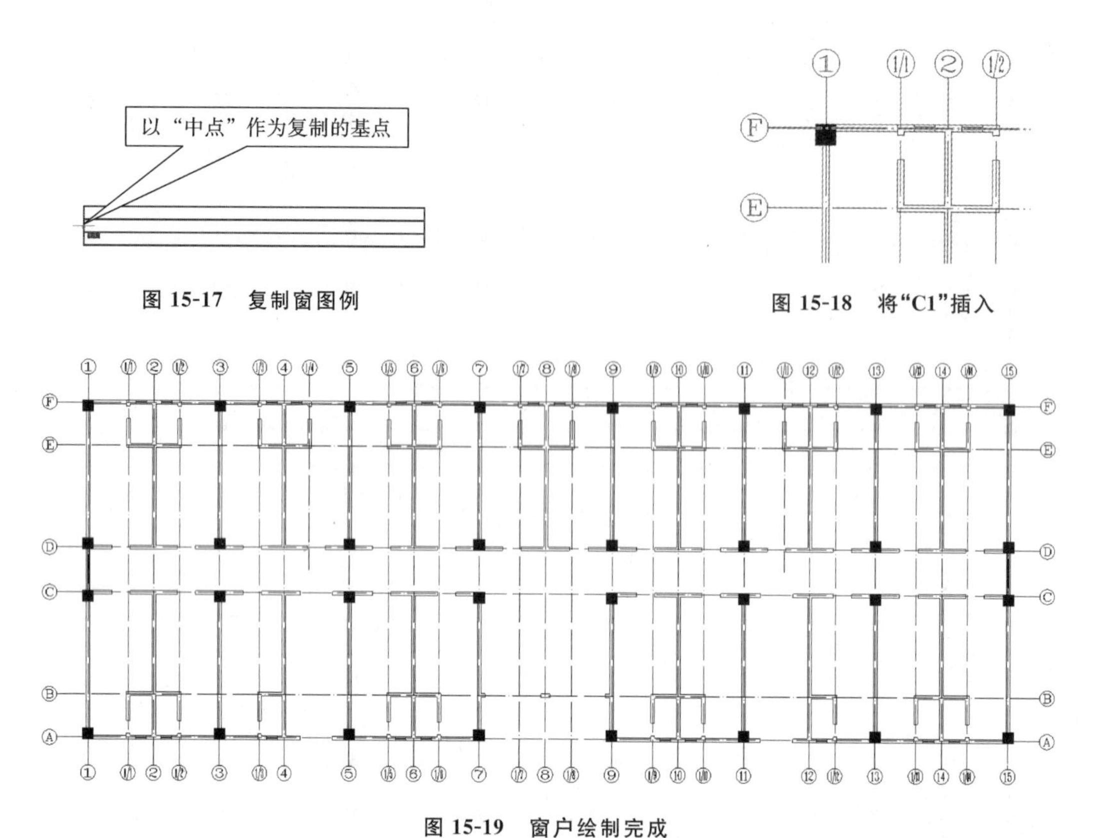

图 15-17　复制窗图例

图 15-18　将“C1”插入

图 15-19　窗户绘制完成

15.3.4.4　添加门并修剪

用户可以参照添加窗的操作方法来添加门。这里介绍使用定义块的方法进行门的绘制，供用户参考，添加门的过程如下。

①将“门窗”图层置为当前。

②调整【对象特性】工具栏的设置，使【颜色控制】、【线型控制】、【线宽控制】都处于“ByLayer”状态。

③绘制符合要求的门的图例。图中有五种类型的门，分别为“M1”“M2”“M3”“M4”“M5”。其中“M1”为门联窗，窗宽度为 1100 mm，门宽度为 900 mm；“M2”“M3”“M4”“M5”的宽度分别为 1000、700、1800、1800。

④单击【默认】选项卡【绘图】面板中的【直线】按钮、【圆弧】按钮，单击【默认】选项卡【修改】面板中的【修剪】按钮，绘制门“M1”，如图 15-20 所示。

⑤在命令行中输入“WBLOCK”，弹出【写块】对话框，如图 15-21 所示，选择“M1”为对象，以左边中点为基点，定义“M1”图块。

⑥单击【插入】选项卡【块】面板中的【插入块】按钮，在【插入】下拉菜单中选择“M1”图块，如图 15-22 所示，将其插入图中适当的位置，如图 15-23 所示。

⑦采用相同的方法绘制其他门，并在合适位置插入，完成门的绘制，如图 15-24 所示。

提示 1：在使用“COPY”“BLOCK”“WBLOCK”及“INSERT”命令时，合理选择“基点”和“插入点”非常关键。

提示 2：借助轴线的交点确定门窗的大体位置。

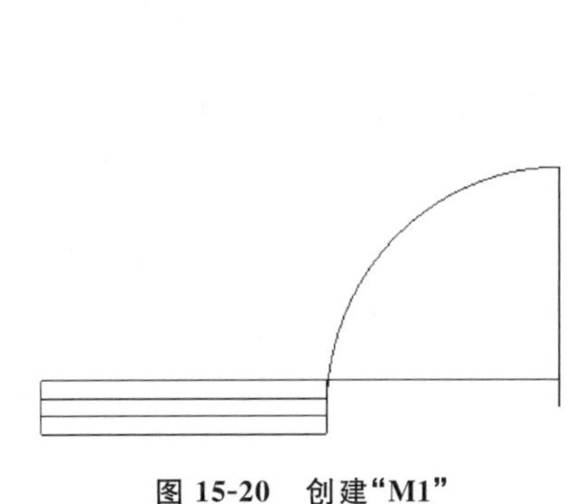

图 15-20　创建“M1”

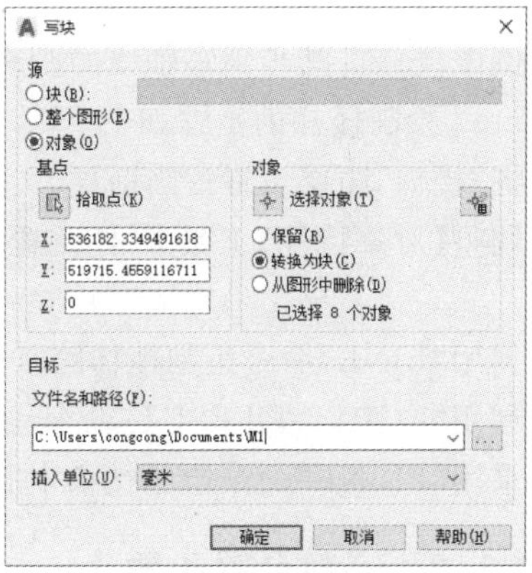

写块

源

○块(B):

○整个图形(E)

◉对象(O)

基点

拾取点(K)

X: 536182.3349491618

Y: 519715.4559116711

Z: 0

对象

选择对象(T)

○保留(R)

◉转换为块(C)

○从图形中删除(D)

已选择 8 个对象

目标

文件名和路径(F):

C:\Users\congcong\Documents\M1

插入单位(U): 毫米

确定　取消　帮助(H)

图 15-21　创建块“M1”

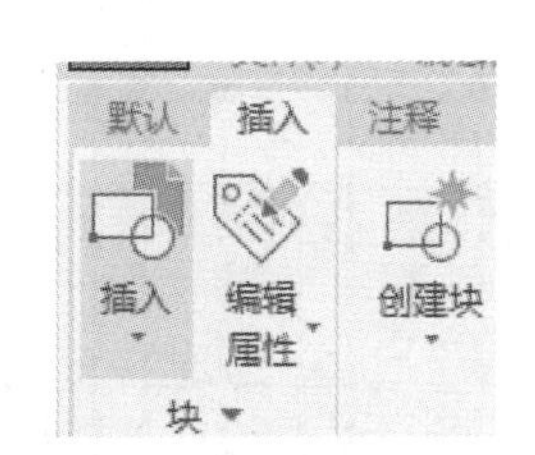

图 15-22　【插入】下拉菜单

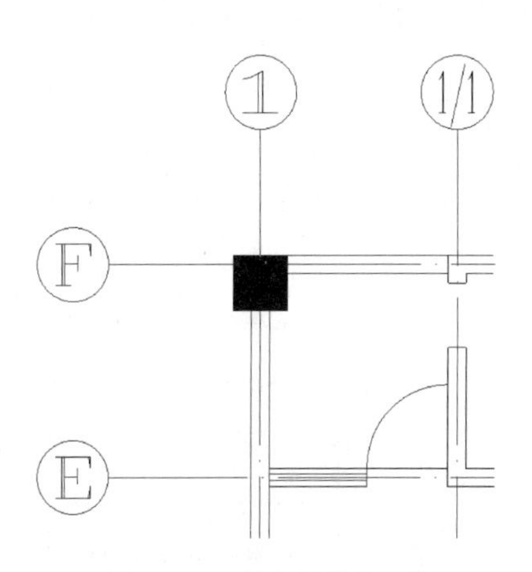

图 15-23　插入图块“M1”

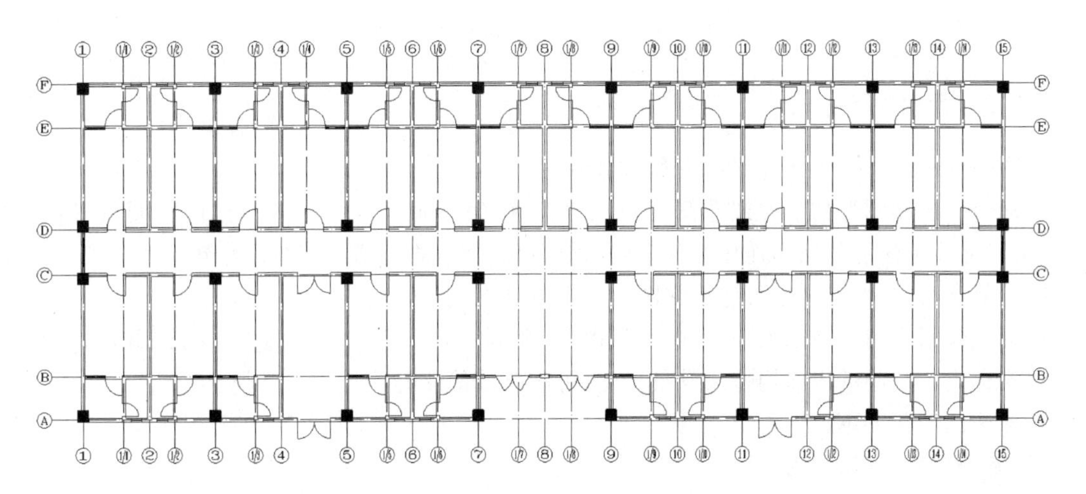

图 15-24　完成门的绘制

15.3.5 绘制楼梯

本例中楼梯首踏步到©轴线的距离为2200 mm,梯段净跨为1590 mm,踏步宽为300 mm,踏步高为150 mm,绘制楼梯的步骤如下。

①将“楼梯”图层设置为当前层。

②调整【对象特性】工具栏的设置,使【颜色控制】、【线型控制】、【线宽控制】都处于“ByLayer”状态。

③利用“LINE”命令绘制楼梯踏步端线。

④利用“COPY”“OFFSET”命令绘制出完整的楼梯。

⑤采用“PLINE”命令绘制楼梯中起跑方向线。

15.3.6 绘制台阶和散水

将“室外台阶”图层设为当前图层。绘制室外台阶和散水。利用“LINE”命令绘制台阶和散水,其中台阶宽度为300 mm,散水宽度为1000 mm,完成后如图15-25所示。

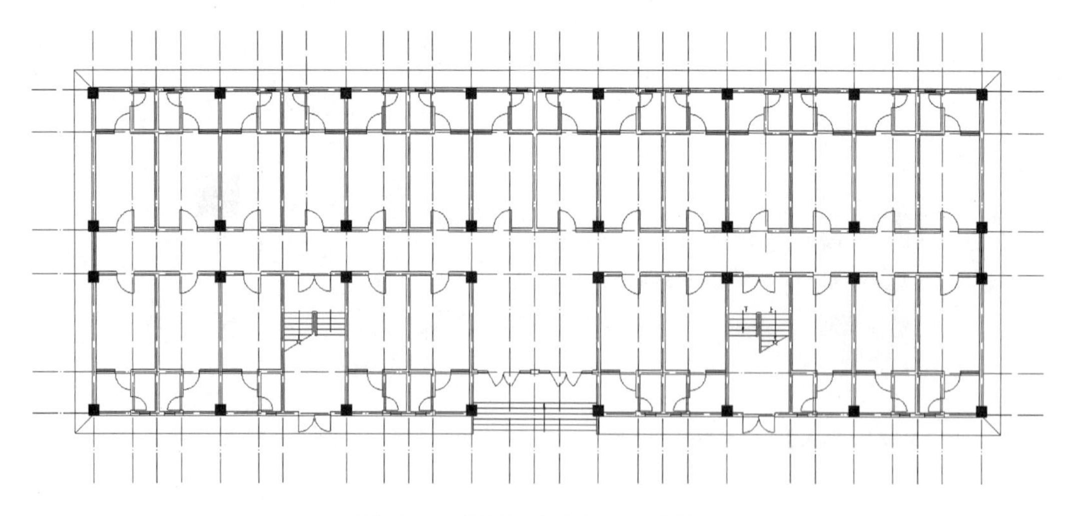

图15-25 楼梯和室外台阶完成后图

15.3.7 尺寸标注

平面图中标注的尺寸包括外部标注和内部标注。

外部标注一般在图形的下方或左侧注写三道尺寸,第一道尺寸线一般标注门窗洞口等细部尺寸线,第二道尺寸线标注与外墙相连接的各房间内墙总尺寸线,第三道尺寸线标注建筑的内墙总尺寸线。当平面图较复杂时,外部标注也可注写在图形的上方和右侧。

内部标注包括房间的净空大小,室内的门窗洞、孔洞、墙厚,固定设备的大小与位置,以及室内楼、地面的建筑标高。相同的内部构造或设备尺寸,可省略或简化标注。

尺寸标注的步骤如下。

①将“室外尺寸”图层置为当前。

②调整【对象特性】工具栏的设置,使【颜色控制】、【线型控制】、【线宽控制】都处于“ByLayer”状态。

③选择菜单栏【标注】中“标注样式”命令，弹出【标注样式管理器】对话框，单击【新建】按钮，新建标注样式“DIM100”。因本例按照1∶1尺寸绘图，出图比例为1∶100，因此设置标注样式中各细部尺寸时需乘以100的倍数。选择【线】选项卡，设置“超出尺寸线”为200 mm；选择【符号和箭头】选项卡，设置箭头样式为“建筑标记”，“箭头大小”为200 mm；选择【文字】选项卡，设置“文字高度”为350 mm，“从尺寸线偏移”为100 mm。

④单击【注释】选项卡【标注】面板中的【线性】和【连续】按钮，标注外部第一道详细尺寸线，依次标注第二道轴线尺寸，标注最外围总尺寸线。

⑤重复上述操作完成内部详细尺寸标注。

⑥采用“连续标注”命令进行尺寸标注，也可以利用“MIRROR”或者“COPY”命令对相同的尺寸进行编辑。

提示1：对于外部轮廓比较复杂的建筑物，尺寸界限长短很难一致。用户可以采用“夹点编辑”或者“对象追踪”的方法来调整尺寸标注。

提示2：在尺寸标注中经常出现数字重叠的问题，使用鼠标右键快捷菜单修改比较方便。

15.3.8 轴线标注和文字标注

15.3.8.1 轴线标注

首先利用“CIRCLE”命令或单击【默认】选项卡【绘图】面板中的【圆】按钮，绘制轴线端部的圆，圆直径为800 mm。单击【默认】选项卡【注释】面板中的【多行文字】按钮，在圆的中央标注一个数字“1”，字高为500 mm，然后单击【默认】选项卡【修改】面板中的【复制】按钮或通过“COPY”命令，将该轴线图例复制到其他轴线端部，然后使用命令“DDEDIT”逐一修改轴线内的编号。

使用“MTEXT”或者“DTEXT”命令填写轴线编号。

由于轴线编号可能超过10，并且经常出现附加轴线的问题，所以需要用户在输入轴线编号时预先定义字体的“对正方式”。字体的“对正方式”包括“[左(L)/居中(C)/右(R)/对齐(A)/中间(M)/布满(F)/左上(TL)/中上(TC)/右上(TR)/左中(ML)/正中(MC)/右中(MR)/左下(BL)/中下(BC)/右下(BR)]”等方式，

这里建议采用“布满(F)”方式定义文字的对正方式，以保证所输入的文字不会超出圆外轮廓线。也可以使用“块属性”来标注轴线。

15.3.8.2 文字标注

文字标注的命令又分为“MTEXT”和“DTEXT”命令两种，前者适用于装饰性较强的文字，后者使用功能单一，但基本能满足建筑图文字标注的要求。对于相同的文字，用户可以灵活使用“COPY”或“MIRROR”命令。

如单击【默认】选项卡【注释】面板中的【多行文字】按钮，弹出【文字编辑器】选项卡，设置文字高度为700 mm，输入文字“一层平面图”，并在文字下方用“PLINE”命令绘制一条粗直线，完成一层平面图图名的标注。

15.3.9 插入标准图框

标准图框的使用非常频繁，建议用户根据规范要求事先制定标准图框，然后在当前图形中插入该图框。本例中采用A2加长图框，图框尺寸为743 mm×420 mm，如图15-26所示。由于本节采用“绘图方法2”绘制图形，此处需要在插入时将图框尺寸进行放大，采用“SCALE”命令即可。

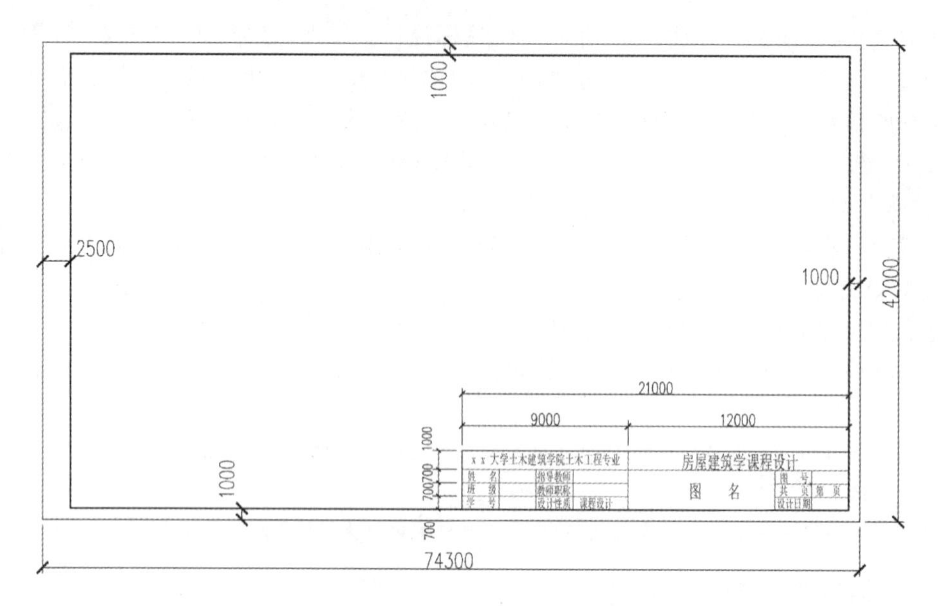

图15-26 本例中图框

15.4 绘制建筑立面图

立面图主要是用来表达建筑物的外形艺术效果,反映房屋的外貌和立面装修,它是建筑施工中控制高度和外墙装饰效果的依据。

建筑物可以按照平面图各面的朝向确定名称,如东、南、西、北立面图,有时也称正立面图、背立面图、左侧立面图、右侧立面图。工程中如采用这种方法来命名会带来很多问题,所以,宜用两端定位轴线的编号来命名立面图,如①～⑩立面图、Ⓐ～Ⓖ立面图。

立面图应包括在投影方向可见的建筑外轮廓线和墙面线脚、构配件、外墙面做法及标高等。按投影原理,立面图上应将立面上所有看得见的细部都表示出来。但由于立面图的比例较小,如门窗扇、檐口构造、阳台栏杆和墙面装修等细部构件习惯上采用图例表示,其构造和做法可以另附详图或说明文字来解释。

当立面有转折或曲折较复杂时,可以展开绘制立面图,分段表示。但为了图示明确,在图名上应注明"展开"二字,并应准确标明轴号。

建筑立面图包括以下内容。

①建筑物两端轴线编号、图名、比例。

②女儿墙、檐口、变形缝、阳台、栏杆、台阶、坡道、花池、雨篷、勒脚、门窗、洞口、雨水管、墙面的凸出或凹进、装饰构件和粉刷分格线示意等。

③外墙上的洞口,应标注出尺寸与标高。

④各部分构造和做法的文字说明,比较复杂或者重要部位的详图索引。

⑤建筑物立面上必要的标高。

建筑立面图中的线型分为点画线和实线两种,实线又可以分为特粗实线、粗实线、中实线和细实线。各种线型的用途如下。

①特粗实线:绘制地坪线。

②粗实线：绘制建筑的外轮廓。

③中实线：绘制立面轮廓范围内具有明显凹凸起伏的体型和构造，如建筑物的转折处、立面上的阳台、雨篷、室外台阶、花池、凸出墙面的柱、门窗洞口线等。

④细实线：绘制墙面的细部构件，如门、窗户的细节，雨水管，以及文字引线、墙面分格线等。

15.4.1　绘图思路

绘制建筑立面图时可以借助建筑平面图绘制若干辅助线。用户可以事先删除平面图中多余的内容，如文字标注、尺寸标注、多余的图线等，此处仍采用 1∶1 的比例绘图。

为提高绘图效率，可以使用“PURGE”命令清除图层、图块、文字样式和尺寸标注样式等不需要的设置和内容。

15.4.2　绘制建筑立面图

一般在平面图基础上绘制立面图，本例在“一层平面图”的基础上讲述建筑立面图的绘制。为了准确绘制立面图，现给出其他层平面图如图 15-27 所示，所生成的立面图如图 15-28 所示。我们可以在平面图所在的图形文件中绘制，也可以在另一个图形文件中绘制。若图形文件较大时，可选择后者。

15.4.2.1　创建新文件并保存文件

创建并保存文件“E:/学生宿舍建施图/①～⑮立面图.dwg”。

15.4.2.2　插入建筑平面图

复制“一层平面图.dwg”和“二～六层平面图.dwg”文件中的图形，将暂时不用的图层关闭。在平面图的下方绘制地坪线。由于建筑平面图中已经确定了门窗、洞口的尺寸和位置，所以可利用建筑平面图来建立辅助线，图 15-29 所示为辅助平面图。

15.4.2.3　基本设置

基本设置包括设置图形单位、图层、文字样式和尺寸标注等内容。图层的设置可以参照建筑平面图的有关要求，数量不宜过多或过少，应根据立面图的特点进行设置。一般至少设置 3 个图层，区分粗、中、细线型，粗线图层用来放置立面轮廓，中线图层用来放置突出立面的构配件轮廓，如门窗、台阶、壁柱轮廓等。细线图层用来放置轴线、尺寸、文字等图层，与平面图相同。具体图层设置还需视图形的复杂程度而定，为了绘图方便，需要设立辅助图层。

15.4.2.4　建立辅助网格

辅助网格由门窗洞口的定位尺寸和定形尺寸、墙面大的凸出或凹进部位的线条以及必要的轴线组成竖向辅助线，由室外地面、各楼层标高、洞口标高、女儿墙顶标高形成水平辅助线。这些辅助线在绘制建筑立面图上的各种构件时非常有用。

将“立面轮廓辅助线”图层设为当前图层。由平面图向下引出立面变化处竖向辅助线，包括墙体外轮廓线、门窗边线、柱轮廓线等。

使用“OFFSET”命令，根据室内外高差、各层层高、屋面标高、女儿墙等确定水平辅助线，图 15-30 是为绘制建筑立面图所建立的辅助线。为了易于分辨各种辅助线，可以用文字进行标注，如该图右侧的数字和下侧的轴线编号。

本例中一层门窗洞口布置与其余层有所不同，其余基本相同；在绘制立面楼梯间窗户时，应注意楼梯间与楼层处窗户位置的不同。

由于窗户大小和位置分布比较规律，也可以先将一层立面图绘制出来，然后复制到其他层。

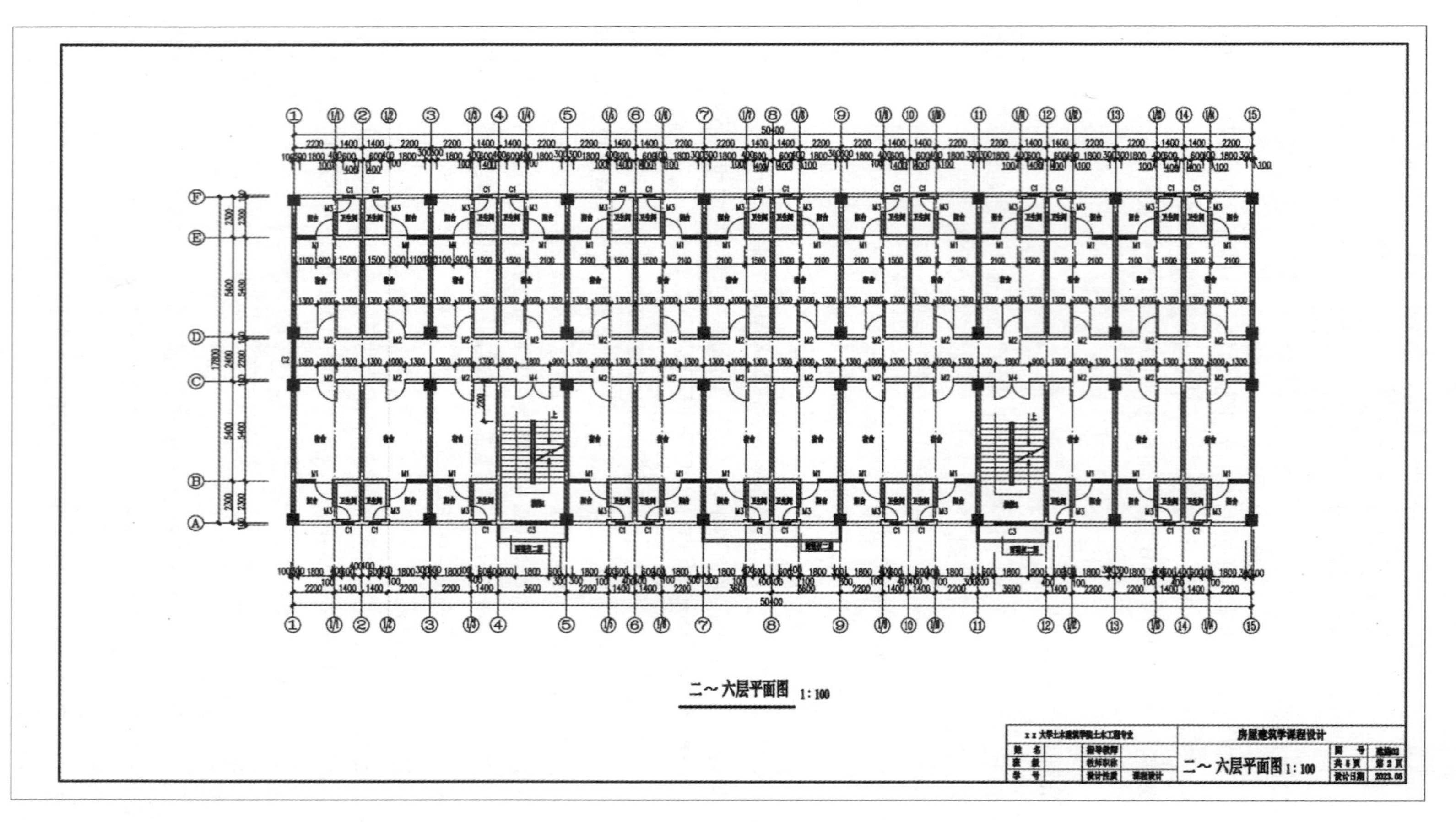

图 15-27 二～六层平面图

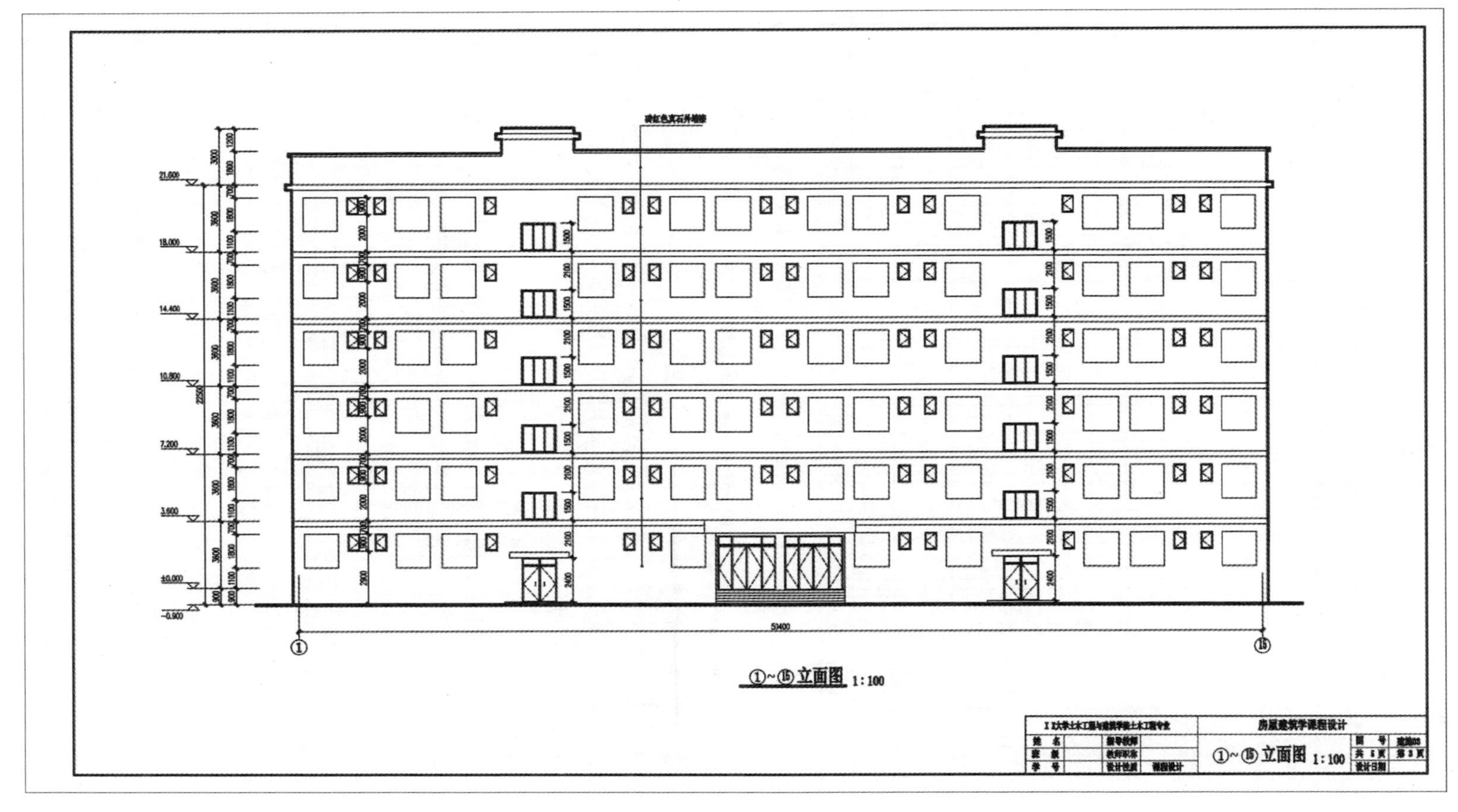
①～⑮立面图 1:100
房屋建筑学课程设计
①～⑮立面图 1:100
21.600
18.000
14.400
10.800
7.200
3.600
±0.000
-0.900
59400

图 15-28　①～⑮立面图

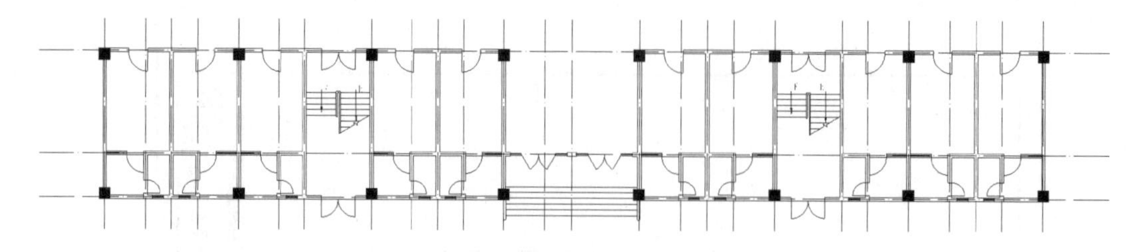

图 15-29 辅助平面图

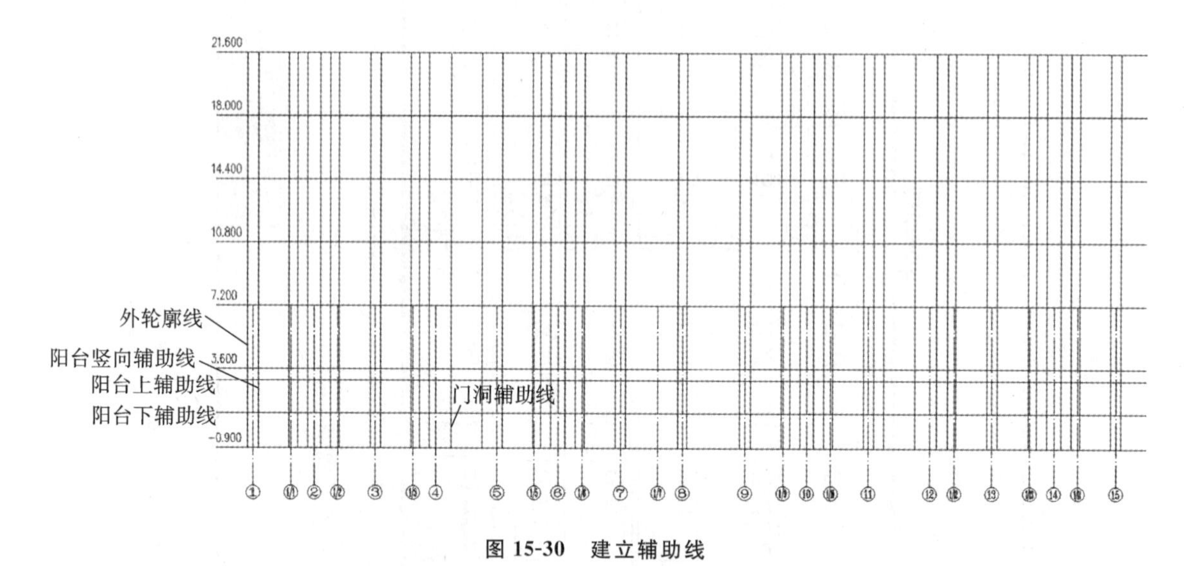

图 15-30 建立辅助线

15.4.2.5 绘制轮廓线和地坪线

绘制轮廓线和地坪线可以采用两种方法:一种是利用“LINE”命令绘制,这种方法要求为“地坪线”设置专门的图层并定义合适的线宽;另外一种是利用“PLINE”命令定义线宽。后一种方法需要考虑“SCALE”命令会造成多段线“宽度”的变化。

15.4.2.6 绘制门窗、洞口和阳台

在绘制窗户之前先观察建筑立面图上窗户的类型,每种类型绘制一个,其他通过“COPY”或者“ARRAY”等命令实现。如图 15-31 所示是完整的门、窗和阳台的图例。

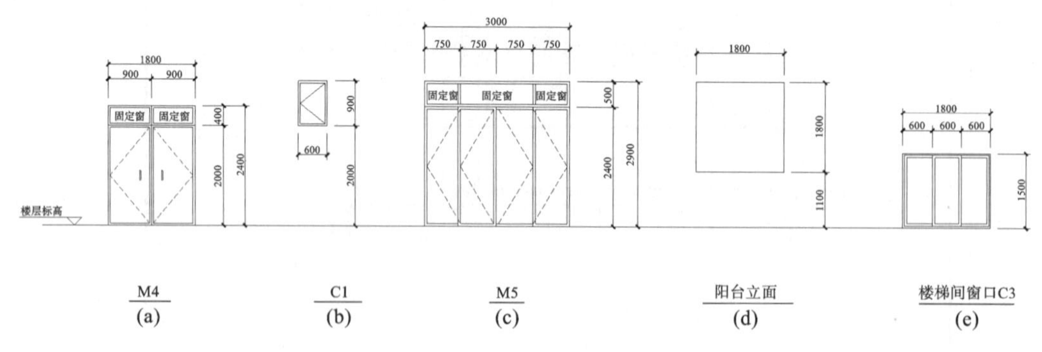

图 15-31 门、窗和阳台的图例

(a)M4;(b)C1;(c)M5;(d)阳台;(e)C3

首先绘制出完整和详细的门、窗及阳台的图例,然后采用“MOVE”命令将它们移动到立面图中。

对于对称或者相同的图形,尽量使用“MIRROR”或“COPY”等命令。在使用“MOVE”和“COPY”等命令时,一定要注意基点的选取。底层立面完成后如图 15-32 所示。

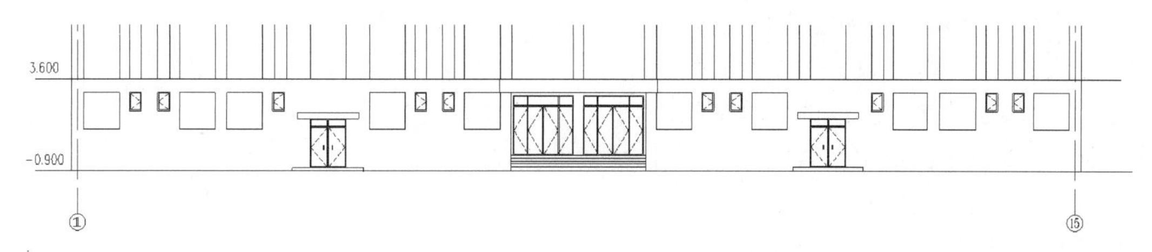

图 15-32　底层立面图绘制

底层全部的门、窗及阳台形成后,2～6 层上的门、窗及阳台可以通过“COPY”命令全部生成,如图 15-28 所示。请注意楼梯间窗户 C3 的窗底标高。

提示:采用“COPY”命令时,“基点”的选择是非常关键的。

15.4.2.7　完成其余部分

绘制其余立面构件并裁剪,完成立面图中的索引符号、文字标注、尺寸标注的绘制并插入图签,完成后如 15-28 所示。

15.5　绘制建筑剖面图

建筑剖面图是反映建筑物内部各层构造情况的图形。剖切位置通常是楼梯、门窗洞口等构造比较复杂或有代表性的部位。建筑剖面图通常选择一个剖切面,必要时也可选用两个平行的剖切面。

建筑剖面图表示建筑物内部的高度关系,如顶层的形式、屋顶的坡度、檐口的形式、楼层的分层情况、楼梯的形式、内外墙及门窗的位置、主次梁的布置情况和节点构造等。

在一般情况下,剖面图不需绘出室内外地面以下的部分,墙、柱只需绘到地坪线以下适当的地方,用断开线断开即可。对于以 1∶100 的比例绘制的剖面图,室内外地面的做法可以通过建筑设计说明和节点详图来表示,此处用一条粗实线来表示。

建筑剖面图上通常包括如下内容。

①墙、柱、轴线及轴线编号。

②建筑物内部分层情况。

③剖切到的各部位的位置、形状和相互关系。

④未剖切到的各部位的可见部分。

⑤建筑物标高、构配件尺寸、建筑剖面图文字说明。

⑥节点构造详图、索引符号。

定位轴线的线型采用点画线,其余的通常采用实线。建筑剖面图对线型和线宽的要求如下。

①特粗线:绘制室内外的地面线。

②粗实线:绘制被剖到的墙、楼板、屋面板、楼梯段、楼梯平台等。

③中实线:绘制未剖切到但可见的门窗洞、楼梯段、楼梯扶手和内外墙的轮廓等。

④细实线:绘制门窗扇分隔、雨水管,以及尺寸线、尺寸界限、引出线、标高符号等。

15.5.1　绘图思路和基本过程

用户可以利用建筑平面图、建筑立面图创建若干辅助线以确定建筑剖面图中各种构件的位置,从而提高绘图效率。

绘制建筑剖面图的基本过程如下。

①在底层建筑平面图上确定剖切位置。

②新建文件,进行基本设置并保存文件。

③按照 1∶1 的比例建立绘图辅助轴线。

④按照 1∶1 的比例绘制横向构件、竖向构件辅助线。

⑤按照 1∶1 的比例绘制楼梯。

⑥按照 1∶1 的比例绘制门窗等构件。

⑦修改、完善图形。

⑧将图形按照比例要求缩小。

⑨标注轴线编号、详图索引符号、尺寸和文字。

⑩插入标准图框。

15.5.2 绘制建筑剖面图

15.5.2.1 确定剖切位置

由图 15-7 可知,图中 1-1 横向剖切位置通过 2 号楼梯第一跑楼梯段向左投影,得到的剖面图如 15-33 所示,下面在平面图和立面图的基础上来说明剖面图的绘制过程。

15.5.2.2 新建文件,进行基本设置并保存文件

创建并保存文件"E:\学生宿舍建施图\1-1 剖面图.dwg"。

15.5.2.3 插入建筑平面图

由于建筑平面图和立面图中已经确定了门窗、洞口、楼梯等构件的尺寸和位置,所以可利用建筑平面图和立面图建立辅助线,以提高工作效率。

15.5.2.4 绘制绘图辅助网格

绘图辅助网格是由竖向的辅助轴线和水平的楼层辅助线组成的,如图 15-34 所示。为便于区分,这里将轴线的线型改为虚线,建议设置辅助网格设置图层。

在图中平面图剖切位置处画一条直线,贯通(各)层平面图,将(各)层平面图和立面图对齐布置,在立面图左侧室外地坪线同一水平线上绘制剖面图室外地坪线,在平面图各剖切位置处绘制墙体和轴线,根据立面图各构件高度定位楼板、门窗、楼梯等构件在房屋高度方向的位置。

15.5.2.5 绘制楼板、楼面梁和墙线

墙体和楼层位置确定后,可以通过"LINE"命令来绘制楼板、楼梯及门窗线。用户也可以通过"MLINE"命令来绘制楼板和墙线,当然也可以通过"COPY"或"OFFSET"命令绘制墙线。

此处使用"OFFSET"命令绘制墙线和楼板,过程如下。

①将"楼层"图层置为当前。调整【对象特性】工具栏的设置,使【颜色控制】、【线型控制】、【线宽控制】都处于"ByLayer"状态。

②采用"LINE"和"OFFSET"命令绘制楼板,楼板的厚度为 120 mm。

③在框架结构柱轴网处,沿着建筑纵向布置有纵向联系梁,梁高为 600 mm、宽为 200 mm,与楼板在同一图层。

④将"墙线"图层置为当前。采用"LINE"和"OFFSET"命令绘制墙线,墙体的厚度为 200 mm。修剪墙线和楼层线。

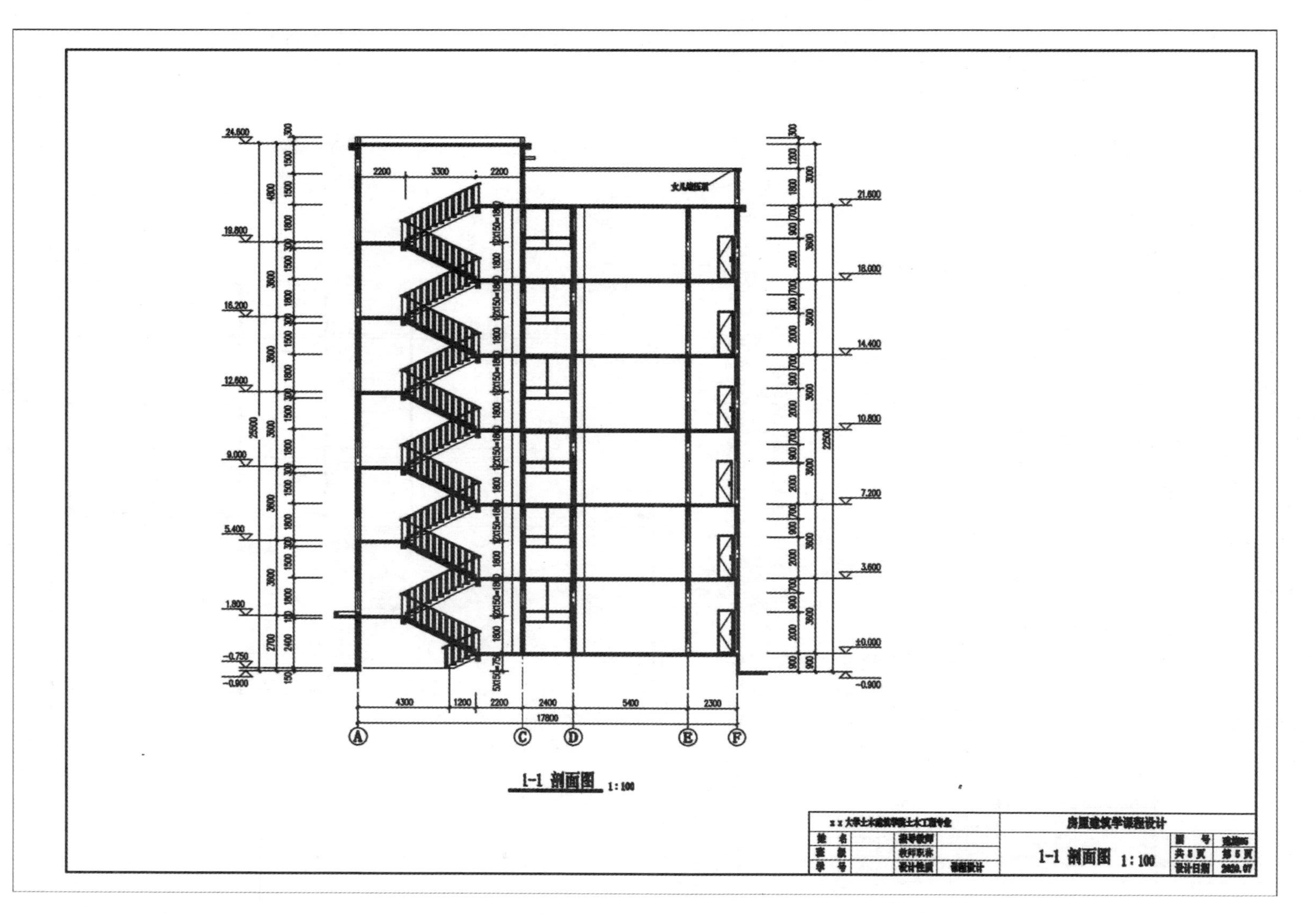

图 15-33　1-1 剖面图

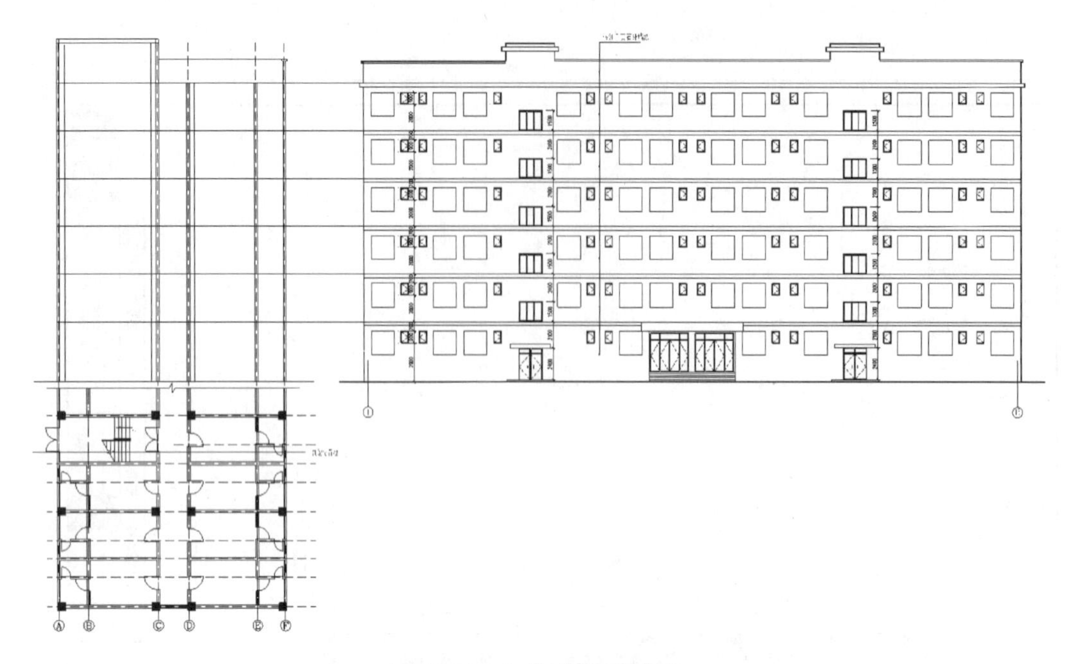

图 15-34　生成剖面图辅助线

⑤从 A、C、D 轴线处可看到柱投影线,将“构件轮廓”图层置为当前,使用“LINE”命令绘制柱线。修改后如图 15-35 所示。

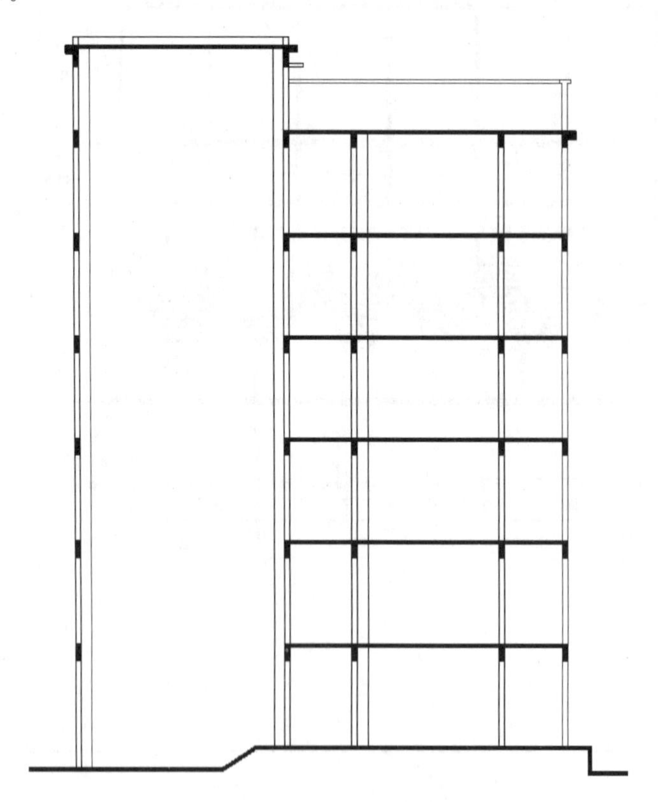

图 15-35　绘制墙线、楼板

15.5.2.7 绘制门窗

门窗的绘制方法可以参考建筑平面图和立面图门窗的绘制过程，从建筑平面图中的剖切位置可知，一部分门窗被剖切到，另外一部分门窗没有被剖切到。所以绘制时应注意剖切位置、投影方向和门窗洞口之间的关系。门窗的定位可以根据建筑立面图进行确定，绘制过程如下。

①将“门窗”图层设置为当前层。

②调整【对象特性】工具栏的设置，使【颜色控制】、【线型控制】、【线宽控制】都处于“ByLayer”状态。

③根据立面图可以定位门窗洞口线，然后采用“TRIM”命令修剪墙体线，门的绘制可以采用“RECTANG”命令，然后采用“OFFSET”命令进行偏移。

④被剖到的门窗需要在图中表现出来。可以使用“MLINE”命令绘制。图中门窗洞口上部过梁的尺寸为 200 mm×300 mm。绘制结果如图 15-36 所示。

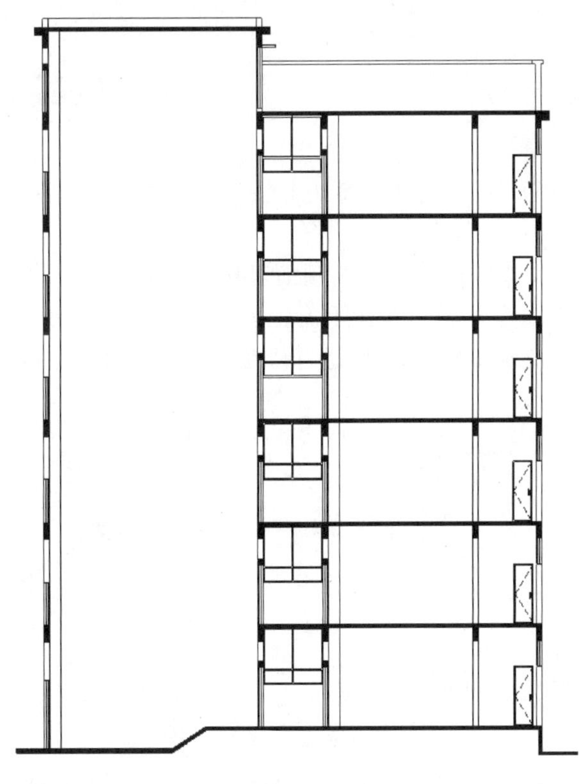

图 15-36 绘制门窗

15.5.2.8 绘制楼梯间

楼梯间主要包括梯段、栏杆扶手、休息平台以及楼梯间门窗等。

本建筑的层高为 3.6 m，一层室内外高差为 900 mm。由于楼梯下设有出入口，楼梯出入口与一层高差为 750 mm，设置 5 个台阶至一层地面。一楼至六楼为等跑楼梯，各梯段踏步数为 12 步，踏步宽为 300 mm，高为 150 mm。

首先绘制平台、梯段、踏步的定位辅助线，然后绘制平台、平台梁、梯段、踏步，最后绘制楼梯扶手。具体绘制楼梯间的过程如下。

①将“楼梯”图层设置为当前层。

②调整【对象特性】工具栏的设置,使【颜色控制】、【线型控制】、【线宽控制】都处于“ByLayer”状态。

③绘制辅助线,根据平台宽度和梯段长度定位辅助线 3、4,并绘制竖向辅助线 1、2,如图 15-37 所示。

④在此基础上绘制踏步定位网格,如图 15-38 所示。

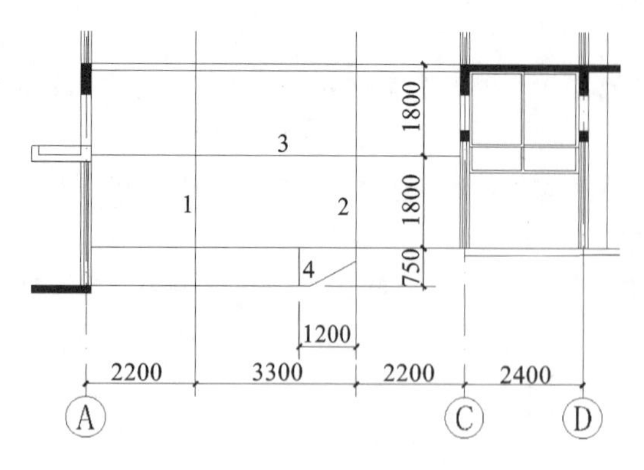

图 15-37 楼梯辅助线绘制

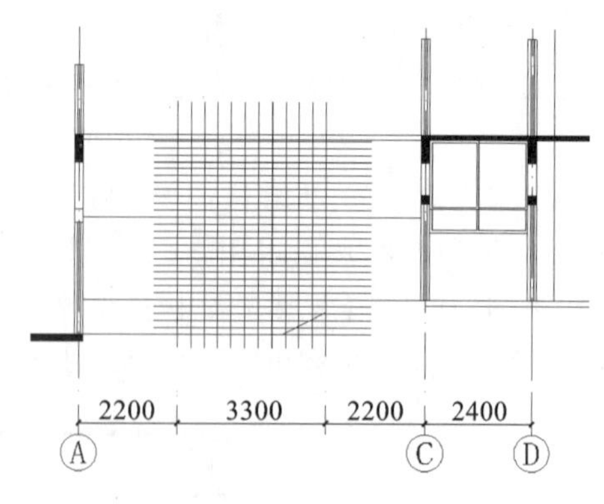

图 15-38 踏步定位网格绘制

⑤绘制平台板及平台梁。

⑥梯段绘制。使用“MLINE”命令绘制梯段。注意第一梯段为截面图,第二梯段为投影轮廓图,如图 15-39 所示。

⑦栏杆绘制。栏杆高度为 1050 mm,为踏步顶面至扶手顶面高度。可先绘制 1050 mm 短线确定栏杆高度点,然后用“XLINE”命令绘制栏杆扶手上轮廓线,如图 15-40 所示。用“OFFSET”命令绘制栏杆下轮廓,并绘制栏杆竖杆及扶手转角轮廓,进行修剪,完成一层楼梯的绘制,如图 15-41 所示。

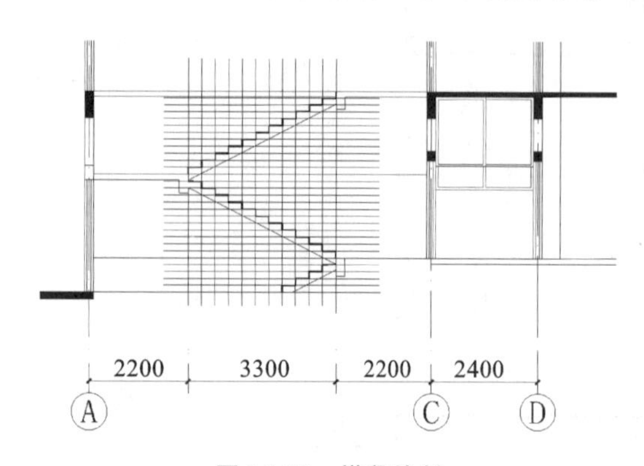

图 15-39 梯段绘制

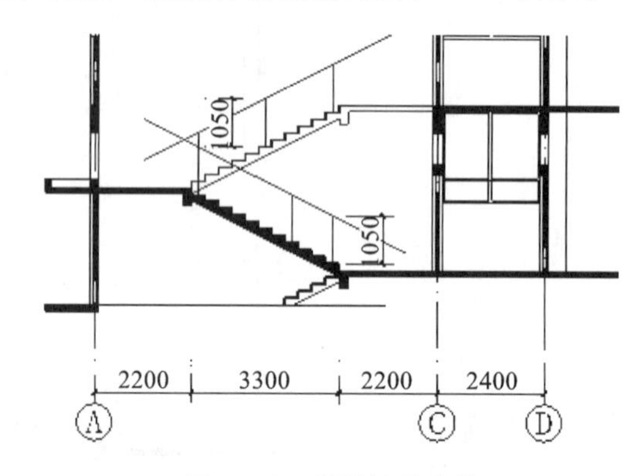

图 15-40 楼梯扶手定位

⑧二至六层楼梯与一层楼梯相同,可将一层楼梯剖面做成图块,依次复制或阵列完成楼梯的绘制,如图 15-42 所示。

15.5.2.9 顶层剖面绘制

根据剖面图,可知顶层为上人屋面设计,绘制出屋面楼梯间和屋面女儿墙的剖、立面图,如图 15-43 所示。

15.5.2.10 进行标注

通常剖面图应标注室内外地坪、楼地面、地下层地面、阳台、平台、檐口、屋脊、女儿墙、雨篷、门、窗、台阶等。

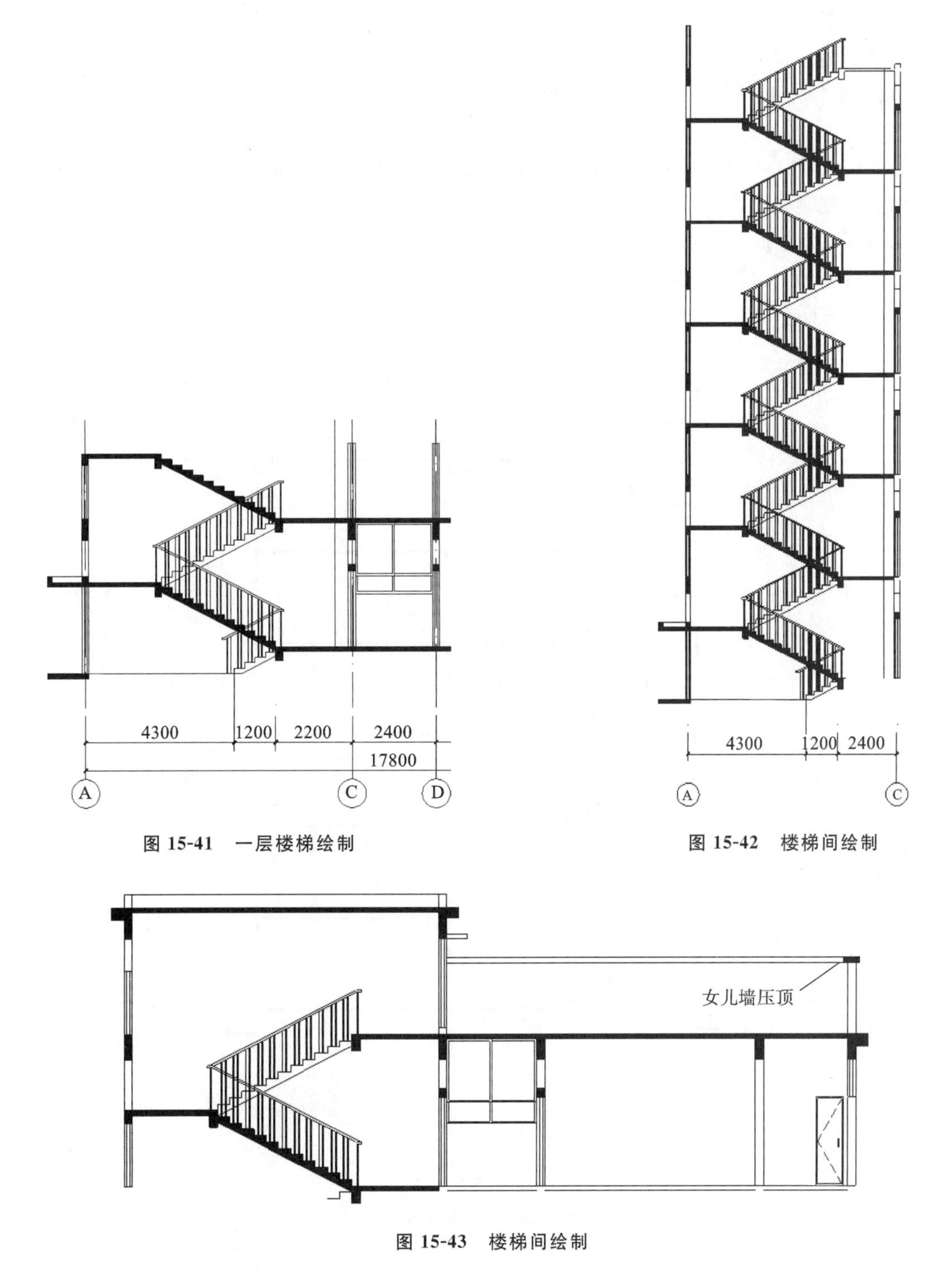

图 15-41　一层楼梯绘制

图 15-42　楼梯间绘制

图 15-43　楼梯间绘制

高度方向上的尺寸包括外部尺寸和内部尺寸。外部尺寸包括洞口尺寸、层间尺寸和建筑物的总高度。洞口尺寸包括门、窗、洞口、女儿墙或檐口高度及其定位尺寸；层间尺寸包括层高尺寸；建筑的总高度为室外地面至檐口或女儿墙顶的高度。内部尺寸主要标注地坑深度、隔断、搁板、平台、吊顶、墙裙及室内门、窗等高度。

标注过程如下。

①将“标注”图层置为当前。

②调整【对象特性】工具栏的设置，使【颜色控制】、【线型控制】、【线宽控制】都处于“ByLayer”状态。

③标注各洞口尺寸和竖向标高。绘制标高符号时，可以将标高符号制定为“BLOCK”，也可以直接在本图形中进行复制。

④利用“DTEXT”命令标注出各部位的标高。

⑤进行轴线编号，与建筑平面图相对应。

标注完成后的图形如图 15-44 所示。

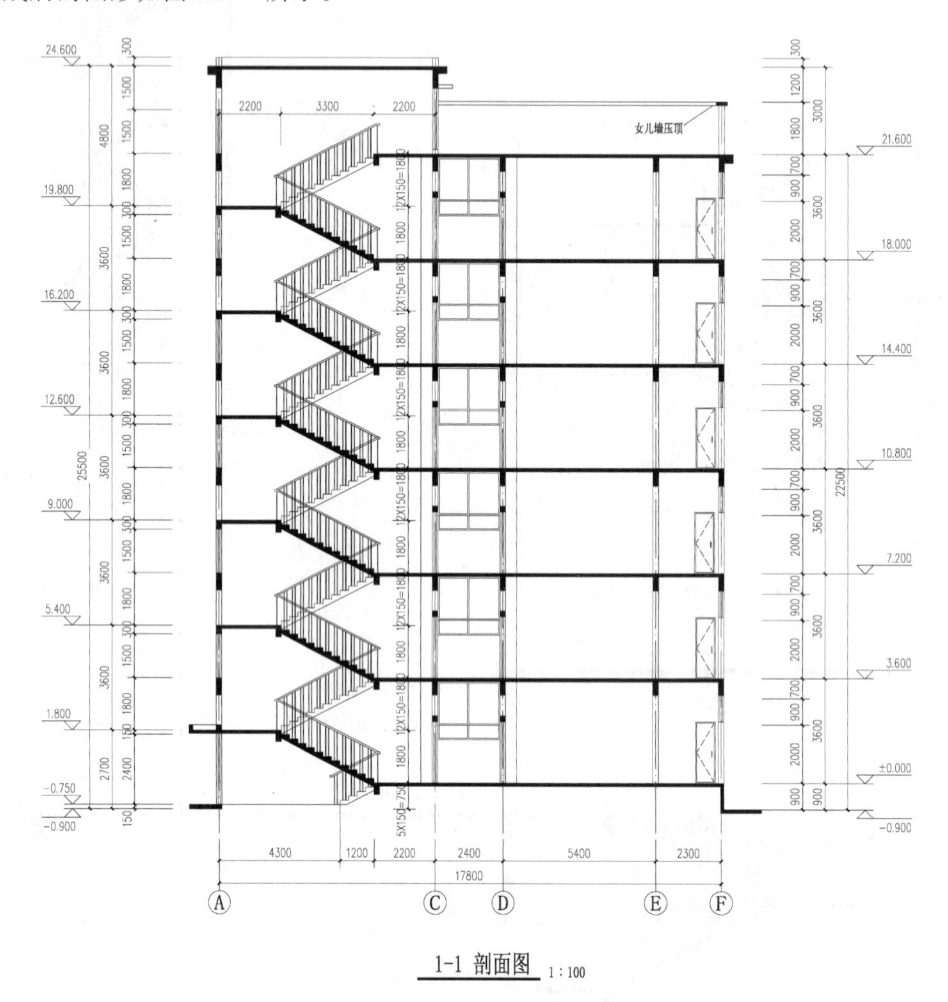

图 15-44　标注完成后的图形

【思考与练习】

思考题

15-1　通常在绘制建筑平面图、立面图、剖面图时应该设置哪些图层？

15-2　“COPY”“MIRROR”等命令在绘制建筑施工图中有什么作用？

15-3　图中同时存在 1∶100 和 1∶20 两种比例尺，如何设置文字和标注样式？

上机操作

15-1　绘制如图 15-45 所示的建筑设计总说明，建议用时 50 min。

基本要求：图层自定；图幅为 A3；“建筑设计总说明”文字样式名自定，字体样式采用“黑体”，字高和宽高比自定；具体说明部分和图名部分的文字样式名自定，字体样式采用“宋体”，字体高度和宽高比自定；尺寸标注中的文字样式名自定，字体样式采用“simplex. shx”，字体高度和宽高比自定；图中未标注的尺寸自定。注意：图中的窗采用不同的比例。

15-2　绘制如图 15-46 所示的建筑平面图，建议用时 100 min。

基本要求：采用 A3 图纸；设置图层不少于 5 个，图层的名称和属性根据图层的特点设置；文字样式不少于 3 个，文字样式名自定，字体采用“宋体”“complex. shx”和“simplex. shx”3 种；设置合理的尺寸标注样式；所绘图形符合建筑制图规范的要求；图中未标注的尺寸自定。

15-3　绘制如图 15-47 所示的建筑立面图、剖面图，建议用时 100 min。

基本要求：采用 A3 图纸；设置图层不少于 5 个，图层的名称和属性根据图层的特点设置；文字样式不少于 2 个，文字样式名自定，字体采用“宋体”“complex. shx”和“simplex. shx”3 种；设置合理的尺寸标注样式；所绘图形符合建筑制图规范的要求；图中未标注的尺寸自定。

15-4　绘制如图 15-48 所示的楼梯详图，建议用时 50 min。

基本要求：采用 A3 图纸；设置图层不少于 5 个，图层的名称和属性根据图层的特点设置；文字样式不少于 2 个，文字样式名自定，字体建议采用“宋体”“complex. shx”和“simplex. shx”3 种；钢筋混凝土和砌体采用合适的填充图案，填充的比例自定；设置合理的尺寸标注样式；所绘图形符合建筑制图规范的要求；图中未标注的尺寸自定。

建筑设计总说明

一.设计依据

1.建设单位提供的有关技术资料及工程地质勘察报告。
2.建筑设计主要法规。

《住宅设计规范》	GB 50096-2011
《建筑设计防火规范》	GB 50016-2014
《建筑抗震设计规范》	GB 50011-2010
《屋面工程技术规范》	GB 50345-2012
《严寒和寒冷地区居住建筑节能设计标准》	JCJ 26-2018
《民用建筑设计统一标准》	GB 50352-2019

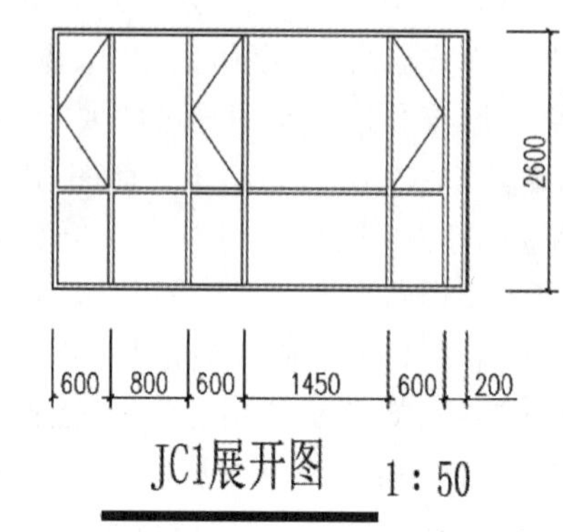

JC1展开图　1：50

二.墙体材料

外　墙：外墙体采用200厚陶粒混凝土砌块，外侧贴厚聚苯板保温。
内隔墙：200厚陶粒混凝土砌块，墙体定位见平面图。卫生间等处隔墙为100厚陶粒混凝土砌块。

三.部分窗详图

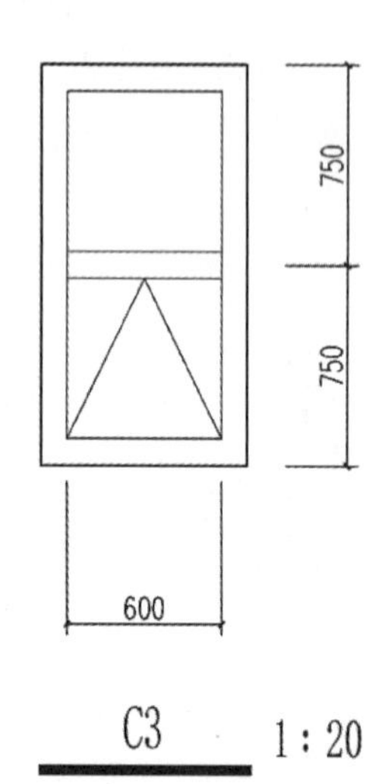

C3　1：20

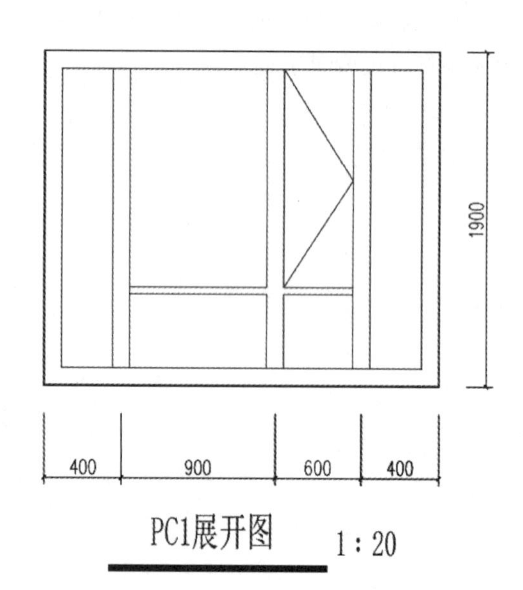

PC1展开图　1：20

四.其余说明略

x x 大学土木建筑学院土木工程专业				房屋建筑学课程设计		
姓　名		指导教师		建筑设计总说明	图　号	建施01
班　级		教师职称			共 10 页	第 1 页
学　号		设计性质	课程设计		设计日期	2023.06

图 15-45　建筑设计总说明

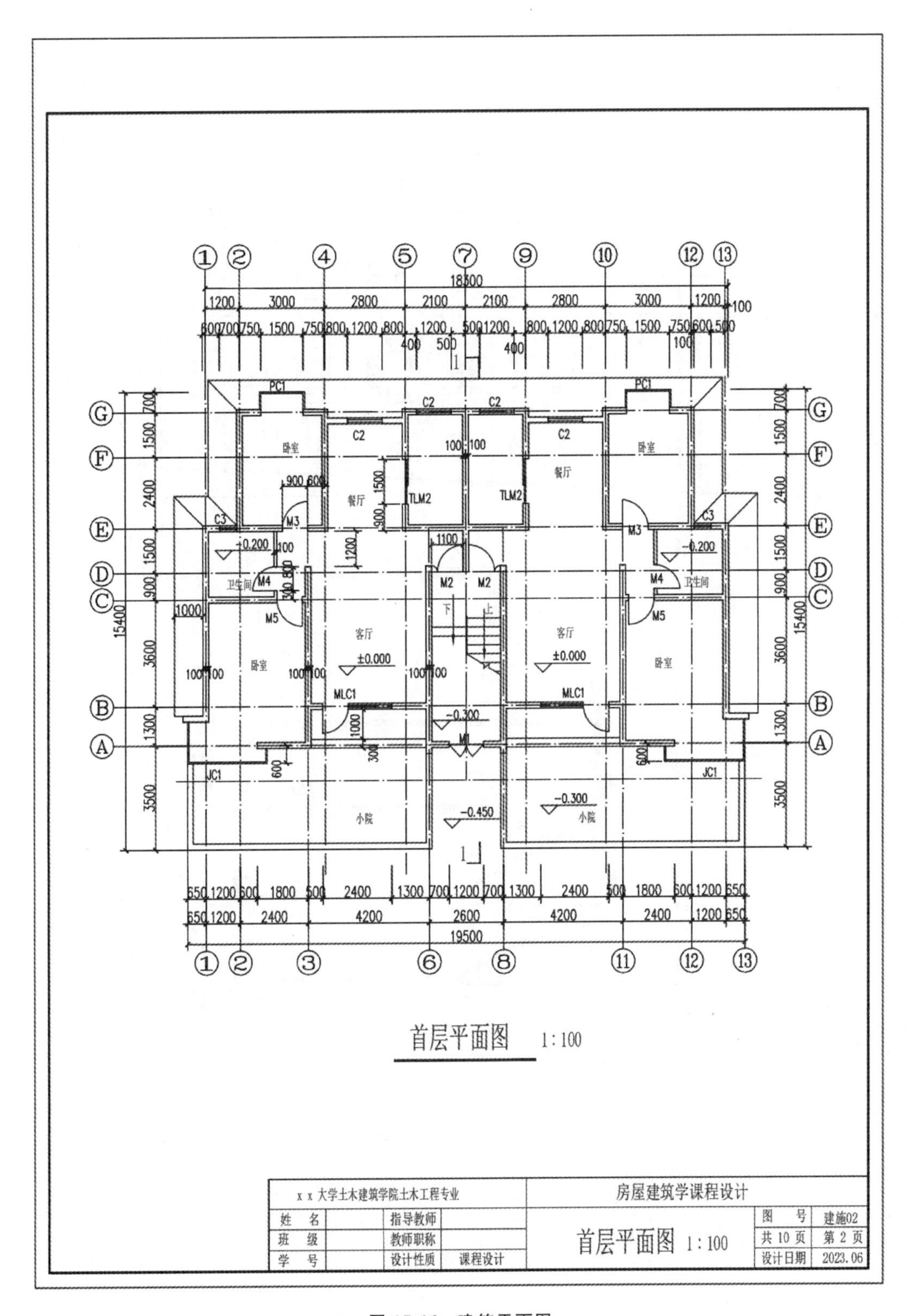

18300
1200 3000 2800 2100 2100 2800 3000 1200
PC1
C2
C3
卧室
餐厅
TLM2
M3
M4
M5
卫生间
-0.200
M2
下
上
客厅
±0.000
MLC1
-0.300
M1
JC1
小院
-0.450
15400
19500
650 1200 2400 4200 2600 4200 2400 1200 650
首层平面图　1:100
x x 大学土木建筑学院土木工程专业
房屋建筑学课程设计
姓　名
指导教师
班　级
教师职称
学　号
设计性质
课程设计
首层平面图　1:100
图　号
建施02
共 10 页
第 2 页
设计日期
2023.06

图 15-46　建筑平面图

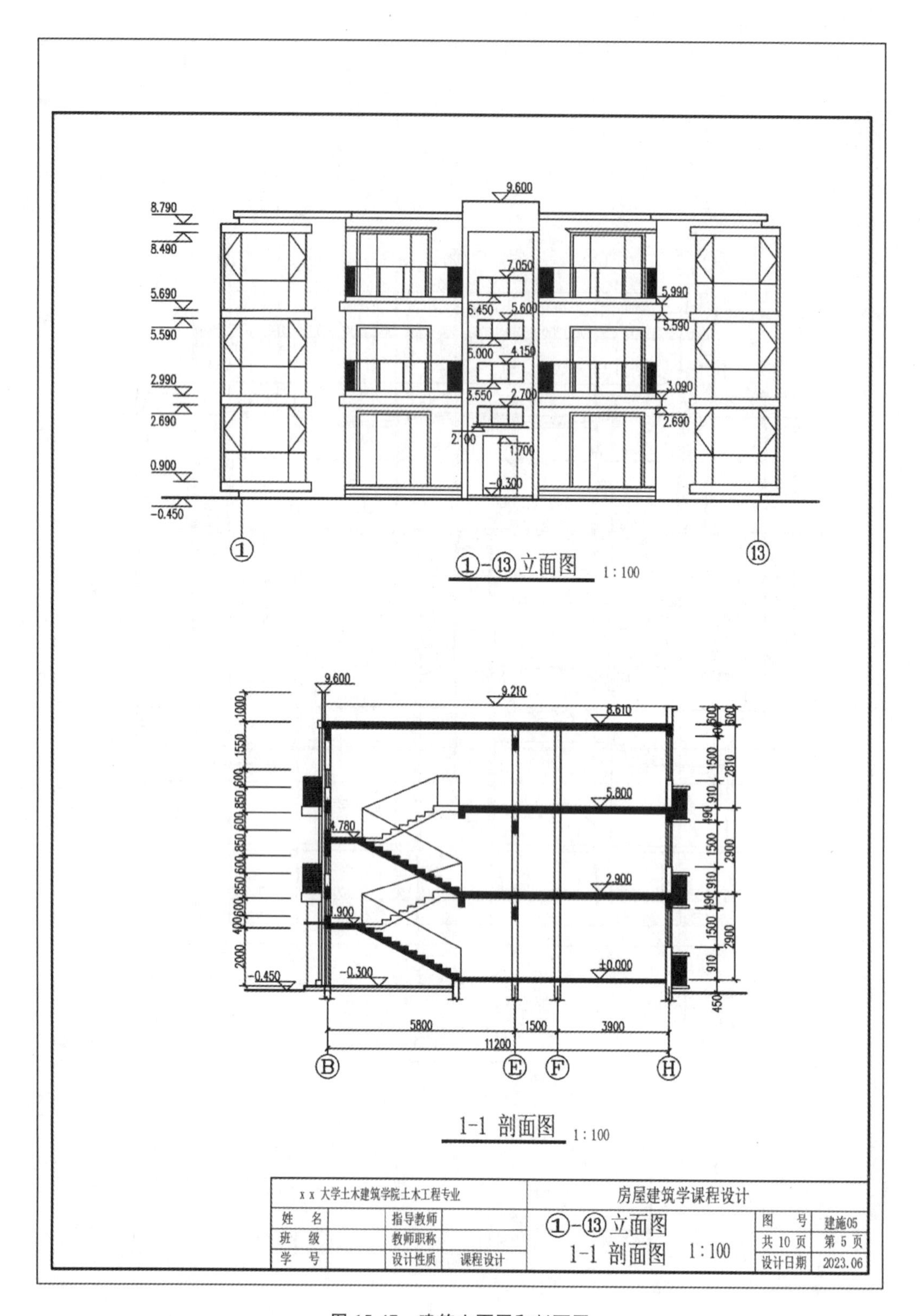

图 15-47 建筑立面图和剖面图

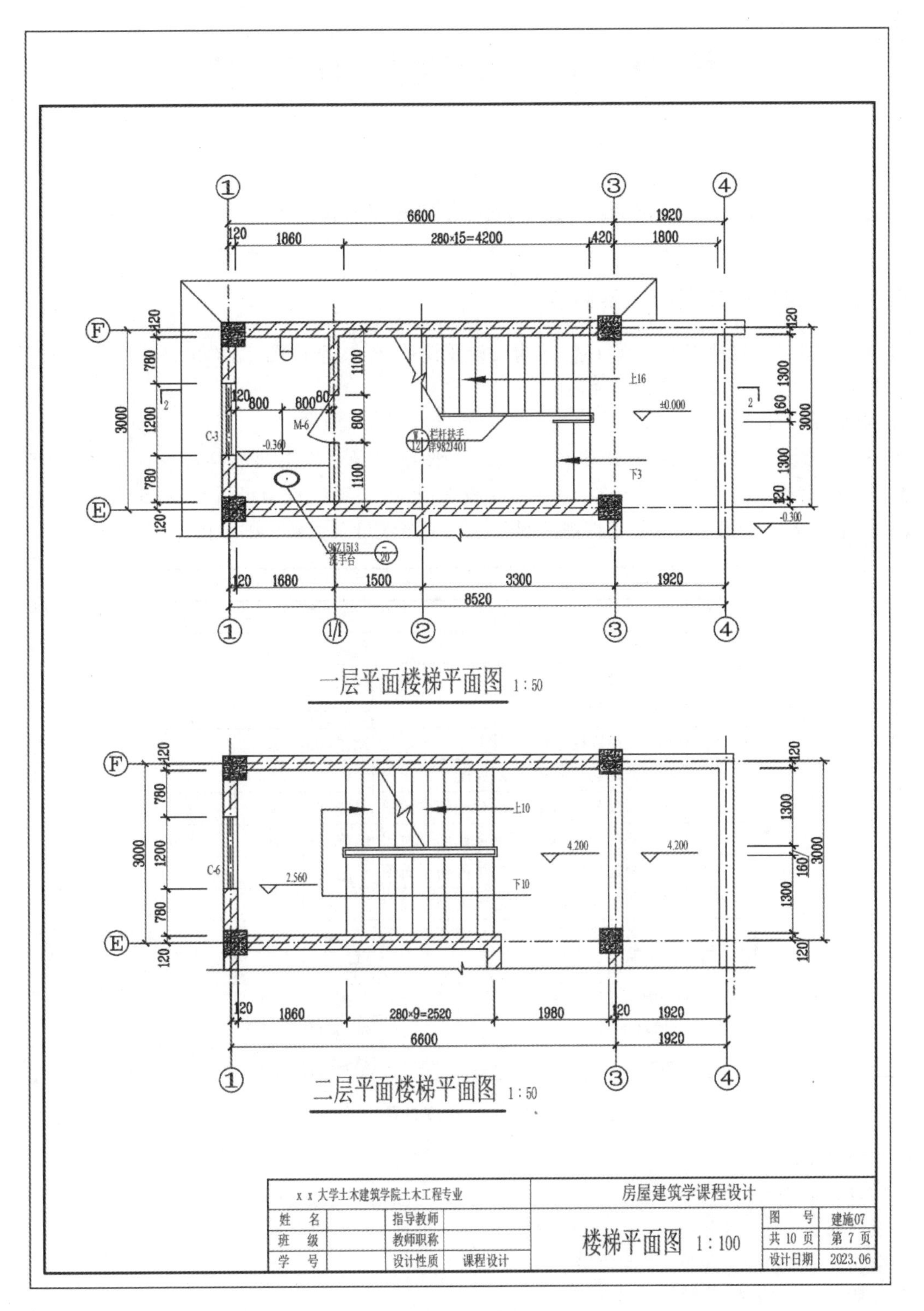
一层平面楼梯平面图 1:50
二层平面楼梯平面图 1:50
6600
1920
120
1860
280×15=4200
420
1800
上16
±0.000
栏杆扶手 详98ZJ401
M-6
C-3
-0.360
下3
-0.300
98ZJ513
洗手台
1680
1500
3300
8520
3000
780
1200
1100
800
1300
160
上10
下10
4.200
2.560
C-6
280×9=2520
1980
x x 大学土木建筑学院土木工程专业
房屋建筑学课程设计
姓　名
指导教师
班　级
教师职称
学　号
设计性质
课程设计
楼梯平面图 1:100
图　号
建施07
共 10 页
第 7 页
设计日期
2023.06

图 15-48　楼梯详图

第 16 章　绘制结构施工图

16.1　结构施工图的基本知识

16.1.1　结构施工图的主要内容

结构施工图主要包括施工图纸目录、结构设计总说明、结构平面图、结构构件详图等部分，具体包括如下内容。

(1)施工图纸目录

在一套完整的施工图纸中，一般第一页就是施工图纸目录。施工图纸目录一般采取表格形式，表格中会详细列出各个施工图纸的图名、图号。一般来说，施工图纸目录可以在 AutoCAD 软件中使用"TABLE"命令绘制，加上图框，形成正规的图纸。施工图纸目录大致样式如图 16-1 所示。

图 纸 目 录			共 14 张	
序 号	图 纸 名 称	图 号	规 格	备 注
1	图纸目录	结施-00	A1	
2	结构设计总说明	结施-01	A1	
3	基础平面图	结施-02	A0	
4	基础至屋面柱平面布置图	结施-03	A0	
5	一层梁配筋平面图 二层梁配筋平面图	结施-04	A0	
6	一层板配筋平面图 二层板配筋平面图	结施-05	A0	
7	三层梁配筋平面图 四层梁配筋平面图	结施-06	A0	
8	三层板配筋平面图 四层板配筋平面图	结施-07	A0	
9	五层梁配筋平面图 六层梁配筋平面图	结施-08	A0	
10	五层板配筋平面图 六层板配筋平面图	结施-09	A0	
11	节点详图	结施-10	A1	
12	楼梯1详图	结施-11	A1	
13	楼梯2详图	结施-12	A1	
14	楼梯表	结施-13	A1	

图 16-1　图纸目录

(2)结构设计说明

结构设计说明包括如下内容。

①设计条件和所采用的规范。

②结构材料的类型、规格、强度等级。

③地质条件说明。

④施工注意事项。

⑤选用的标准图集等(小型工程可将说明文字分别写在各图纸上)。

(2)结构平面图

结构平面图通常包括如下内容。

①基础平面图,工业建筑还包括设备基础布置图。

②楼层结构平面图,工业建筑还包括柱网、吊车梁、柱间支撑、连系梁布置等。

(3)结构构件详图

结构构件详图包括如下内容。

①梁、板、柱及基础结构详图。

②楼梯结构详图。

③屋架结构详图。

④其他详图,如支撑详图等。

16.1.2　结构施工图的作用

结构施工图有如下作用。

①施工组织计划的依据。

②施工放线的依据,确定各构件的形状和位置,如基础、梁、柱等构件定位、定型的依据。

③配置钢筋的依据,确定钢筋数量、位置和绑扎方式,施工单位可根据结构施工图备料。

16.1.3　结构施工图绘图比例

结构施工图的比例根据图样的用途和所绘图形的复杂程度确定。表 16-1 为结构施工图常用比例和可用比例,可用比例一般在特殊情况下选用。

表 16-1　结构制图比例

图名	常用比例	可用比例
结构平面图、基础平面图	1∶50、1∶100、1∶150、1∶200	1∶60
圈梁平面图、总图中管沟、地下设施等	1∶200、1∶500	1∶300
详　图	1∶10、1∶20	1∶5、1∶25、1∶40

16.1.4　钢筋的基本知识

为保证钢筋和混凝土的黏结,光圆钢筋的两端进行了弯钩处理,弯钩常做成半圆弯钩或直弯钩,如图 16-2(a)、(b)所示。箍筋两端在交接处也要做成 135°弯钩,弯钩一般在两端各伸长 50 mm 左右,如图 16-2(c)所示。

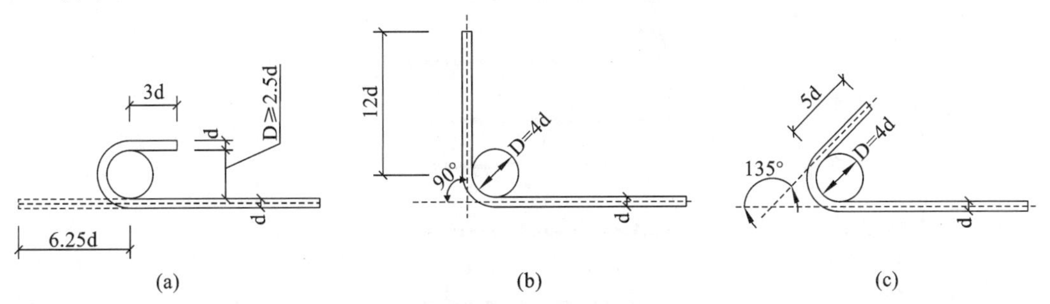

图 16-2　钢箍的弯钩和简化画法

(a)半圆弯钩;(b)直弯钩;(c)135°弯钩

在混凝土结构设计规范中，热轧钢筋等级分类如表16-2所示，施工图中通常用钢筋符号表示钢筋。

表16-2 普通热轧钢筋代号及强度标准值

种类(热轧钢筋)	代号	直径 d/mm	强度标准值 f_{yk}/(N/mm^2)	备注
HPB300	A	6～22	300	光圆钢筋
HRB400 HRBF400 RRB400	C C^F C^R	6～50	400	带肋钢筋
HRB500 HRBF500	D D^F	6～50	500	带肋钢筋

比较典型的两种钢筋标注方法如图16-3所示，其中图16-3(a)为板中钢筋的标注，图16-3(b)为梁中钢筋的标注。

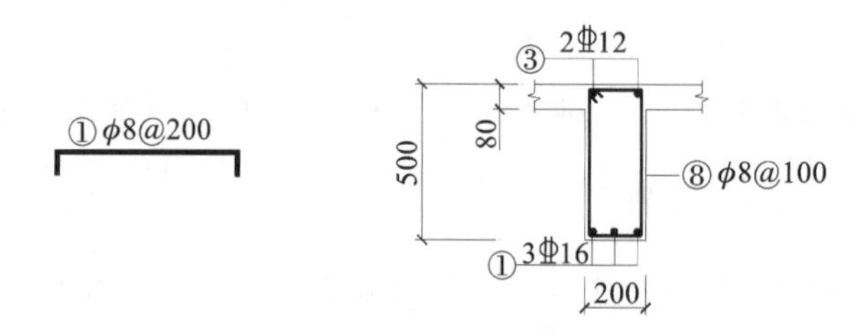

图16-3 钢筋的标注

(a)板中钢筋的标注；(b)梁中钢筋的标注

在结构施工图中，钢筋的线型采用粗实线，构件的外形轮廓线的线型采用细实线；在构件断面图中，不画材料图例，钢筋用黑圆点表示。钢筋常用的表示方法如表16-3所示。在结构施工图中，钢筋的轮廓线可以采用“PLINE”命令来绘制。

表16-3 钢筋的一般表示方法

名称	图例	说明
钢筋横断面		
无弯钩的钢筋端部		长、短钢筋在投影重叠时，短钢筋的端部用45°斜划线表示
带半圆形弯钩的钢筋端部		
带直钩的钢筋端部		
带丝扣的钢筋端部		
无弯钩的钢筋搭接		
带半圆弯钩的钢筋搭接		
带直钩的钢筋搭接		

续表

名称	图例	说明
预应力钢筋或钢绞线	▬▬ ▬ ▬ ▬▬	
单根预应力钢筋横断面	+	

16.2 楼层结构平面图的绘制

楼层结构平面图是用一个假想的水平剖切面沿楼板面剖开后，对剖切面以下的楼层结构进行水平投影。楼层结构平面图用来表示各层的梁、板、柱、墙、过梁和圈梁等平面布置、构造、配筋以及构造关系，是施工布置或安放各层承重构件的依据。

16.2.1 结构平面图的组成

一般建筑的结构平面图，均应有各层结构平面图及屋面结构平面图，一般由以下部分组成。

①图框及标题栏。

②定位轴线及编号。

③楼层结构构件(如梁、板、柱、墙、过梁、圈梁及其他结构构件)的平面位置及必要的定位尺寸，并注明编号和楼面结构标高。

④采用预制板时注明预制板的跨度方向、板号、数量及板底标高，标出预留洞大小及位置；预制梁、洞口过梁的位置和型号、梁底标高。

⑤现浇板应注明板厚、板面标高、配筋(也可另绘放大的配筋图，必要时应将现浇楼面模板图和配筋图分别绘制)，标高或板厚变化处绘局部剖面，有预留孔、埋件、已定设备基础时应示出规格与位置，洞边加强措施，当预留孔、埋件、设备基础复杂时也可另绘详图；必要时应在平面图中标示施工后浇带的位置及宽度；电梯间机房应标示吊钩平面位置与详图。

⑥砌体结构有圈梁时应注意位置、编号、标高，可用小比例尺绘制单线平面示意图。

⑦楼梯间可绘斜线注明编号与所在详图号。

⑧屋面结构平面布置图内容与楼板平面基本相同，当结构找坡时应标注屋面板的坡度、坡向、坡向起终点处的板面标高；当屋面上有预留洞或其他设施时应绘出其位置、尺寸与详图；绘出女儿墙或女儿墙构造柱的位置、编号及详图。

⑨单层厂房还包括柱、吊车梁、连系梁、柱间支撑结构布置图。

⑩其他相关信息，包括图名、比例、图纸编号、设计说明等。

16.2.2 绘制结构平面图的步骤

(1)确定结构平面图的图幅和绘图比例

根据国家《建筑结构制图标准》(GB/T 50105—2010)的相关规定，结构平面图的常用绘图比例为1：50和1：100。用户应根据所绘图形结构的大小以及图纸幅面的大小关系来确定合适的绘图比例。

(2)根据图形特点，设定图层和线型

用户应先分析图形中各结构构件的类型、数量以及它们之间的相对位置关系，然后根据以上信息，明确绘图顺序，设定图层。结构平面图一般可以在建筑平面图的基础上绘制，可以打开原有文件，删除不需要的图层,根据需要建立新的图层。

(3)绘制定位轴线

因为建筑平面图与结构平面图的定位轴线是一一对应的,所以用户可根据建筑平面图将定位轴线复制到结构平面图中。

提示:在熟练掌握图层特性的基础上,用户可以采用冻结、锁定等方法快速选择“轴线”图层上所有的对象,也可以采用【特性】选项板上【快速选择】按钮,选择在“轴线”图层上的对象。

(4)绘制柱、墙、梁、窗、板、钢筋等结构构件

使用【绘图】工具栏或【修改】工具栏上各种命令绘制结构施工图中的构件。

(5)标注各结构构件的尺寸

在结构平面图中,除了需要标注各轴线间尺寸、轴线总尺寸,还应标明有关承重构件的平面尺寸和梁、板的结构标高等。

(6)其他信息

其他信息包括轴线编号、断面编号、详图索引、图名与比例、设计说明等。

16.2.3 绘制结构平面图的要点

以图 16-4 所示二层楼板配筋图为例,介绍绘图的过程和方法。

(1)确定图幅与绘图比例

该办公楼总长 24 m,宽 15.6m,比例为 1∶100,选择 3 号图纸(420 mm×297 mm)。

建议采用 1∶1 的比例绘图,按照 1∶100 比例出图。

(2)根据图形特点来设定图层和线型

各图层的名称、线型、线宽设置如图 16-5 所示,每个图层的用途大致如图层名描述。用户可以在最后出图时再设置图层的线宽。

(3)绘制柱网定位轴线

横轴编号为①～⑤,纵向为 A、B、C 轴线和四条次梁附加定位轴线,如图 16-6 所示。绘制过程中轴线可能显示为实线,用户可以在【格式】|【线型】中调整【全局比例因子】来改变显示效果。

(4)绘制梁边线

将图层“梁线”切换为当前图层,梁边线可以采用直线或多线来进行绘制,但需注意除洞口边缘梁外,其余梁边线为不可见构件。所谓不可见构件是指剖切面下被板遮盖的墙、梁、过梁等构件。绘制不可见构件可将该图层的线型设为虚线,或直接在【线型控制】下拉列表中添加“Iso. dash”,并使该线型在列表中显示。【颜色控制】和【线宽控制】仍设为“ByLayer”,梁边线一般设为中粗线,如图 16-7 所示。

提示:用户可以将这部分图线剪切后再进行添加,注意线型的控制。

(5)绘制现浇板内钢筋

现浇板的钢筋配置情况画在“钢筋”图层中。用户可以采用“PLINE”命令按照实际情况进行钢筋的绘制,下面以“LB1”板底钢筋“A8/10@200”为例说明钢筋绘制过程。单击【默认】选项卡【绘图】面板中的【多段线】按钮。命令行提示与操作如下。

命令:_PLINE ↵

指定起点:

当前线宽为 35

指定下一个点或[圆弧(A)/半宽(H)/长度(L)/放弃(U)/宽度(W)]:@－100,0

指定下一点或[圆弧(A)/闭合(C)/半宽(H)/长度(L)/放弃(U)/宽度(W)]:a

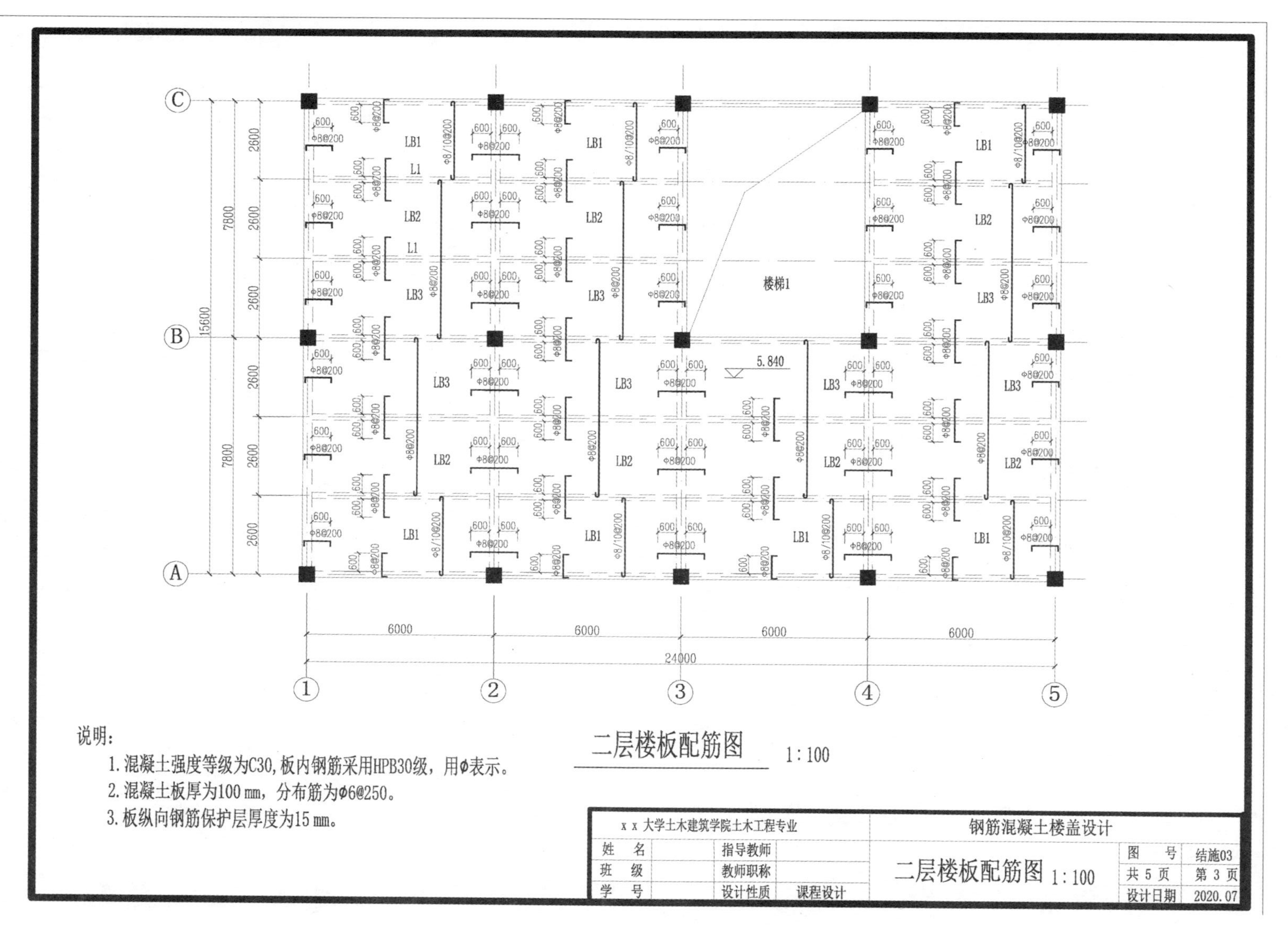

图 16-4　二层楼板配筋图

当前图层：梁边线　　搜索图层

过滤器：全部 / 所有使用的图层

状态	名称	开	冻结	锁定	打印	颜色	线型	线宽	透明度	新视口冻...	说明
	0					白	Continuous	默认	0		
	Defpoints					白	Continuous	默认	0		
	柱					白	Continuous	默认	0		
	钢筋					24	Continuous	默认	0		
	标注					蓝	Continuous	默认	0		
✔	梁边线					白	Continuous	0.25...	0		
	梁虚线					白	DASHED	0.25...	0		
	图框					白	Continuous	0.50...	0		
	文字标注					白	Continuous	默认	0		
	轴号					蓝	Continuous	默认	0		
	轴线					红	ACAD_ISO10W100	0.15...	0		

图 16-5　利用【图层特性管理器】设置图层

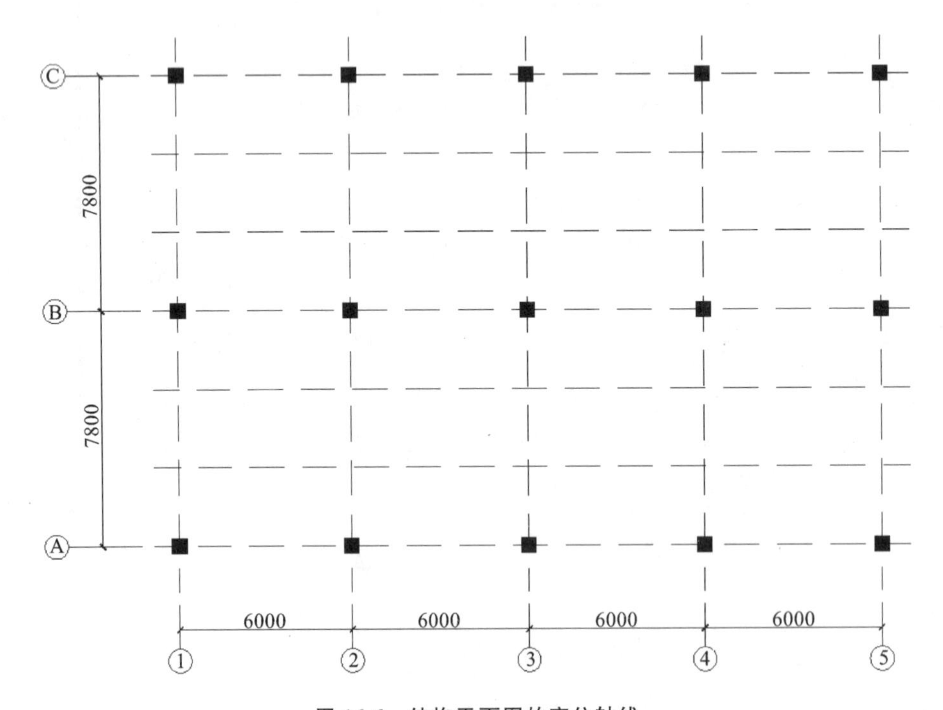

图 16-6　结构平面图的定位轴线

指定圆弧的端点(按住“Ctrl”键以切换方向)或[角度(A)/圆心(CE)/闭合(CL)/方向(D)/半宽(H)/直线(L)/半径(R)/第二个点

(S)/放弃(U)/宽度(W)]:@0,－100

指定圆弧的端点(按住“Ctrl”键以切换方向)或[角度(A)/圆心(CE)/闭合(CL)/方向(D)/半宽(H)/直线(L)/半径(R)/第二个点(S)/放弃(U)/宽度(W)]:L

指定下一点或[圆弧(A)/闭合(C)/半宽(H)/长度(L)/放弃(U)/宽度(W)]:@2500,0

指定下一点或[圆弧(A)/闭合(C)/半宽(H)/长度(L)/放弃(U)/宽度(W)]:a

指定圆弧的端点(按住“Ctrl”键以切换方向)或

[角度(A)/圆心(CE)/闭合(CL)/方向(D)/半宽(H)/直线(L)/半径(R)/第二个点(S)/放弃(U)/宽度(W)]:@0,100

指定圆弧的端点(按住“Ctrl”键以切换方向)或[角度(A)/圆心(CE)/闭合(CL)/方向(D)/半宽(H)/直线(L)/半径(R)/第二个点(S)/放弃(U)/宽度(W)]:l

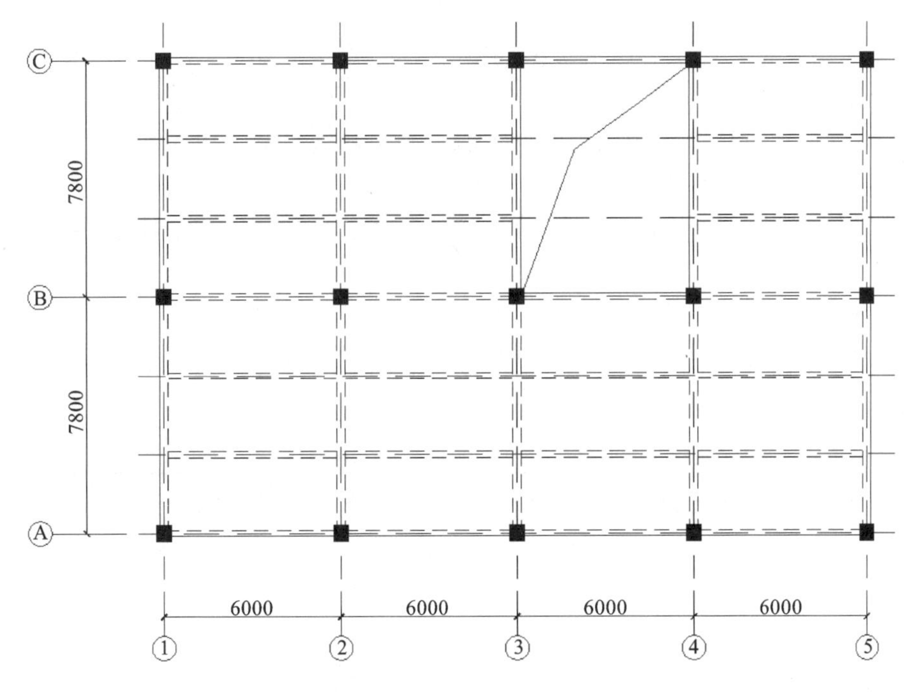

图 16-7　梁线绘制

指定下一点或［圆弧(A)/闭合(C)/半宽(H)/长度(L)/放弃(U)/宽度(W)］:@－100,0

指定下一点或［圆弧(A)/闭合(C)/半宽(H)/长度(L)/放弃(U)/宽度(W)］:

绘图效果如图 16-8 所示。

ϕ8/10@200

图 16-8　钢筋详图

(6)尺寸标注与说明

完成所有的图样后,进行标注。构件的代号可以参见《建筑结构制图标准》(GB/T 50105—2010)中的规定。

16.3　钢筋混凝土梁配筋图的绘制

16.3.1　钢筋混凝土梁配筋图的组成

钢筋混凝土梁配筋图是结构施工图的一个重要组成部分。楼层结构平面图重在交代各构件的位置关系,而梁配筋图是表达实体构件详细组成情况的重要手段。

钢筋混凝土梁配筋图由断面图、立面图和钢筋详图组成。断面图主要用于表达钢筋在横断面上的位置关系、排布方式、相互之间的间距、保护层的厚度以及箍筋的绑扎方法等信息。立面图显示了钢筋在梁的纵断面上的位置关系。其中涉及受力筋的长度、弯起位置和非受力筋的布置情况。钢筋详图主要用于施工现场的钢筋制作。将梁中的每根钢筋抽取出来,形成图样利于裁剪下料。

用户在绘制梁配筋图之前,应将以上设计信息收集整理好,并进一步分析绘图的顺序和方案,从而完成绘图工作。

16.3.2　钢筋混凝土梁配筋图的绘制步骤

钢筋混凝土梁配筋图的绘制步骤如下。

①确定梁配筋图的图幅和绘图比例。

②分析图形以确定绘图顺序，设定图层和线型。

③绘制定位轴线。

④绘制立面图，包括绘制梁、承重结构的轮廓线，绘制梁的钢筋线，标注梁的各部位尺寸，标注钢筋标号、圆、剖面线、箍筋间距等信息。

⑤绘制断面图，包括绘制梁的轮廓线、钢筋线、箍筋线和标注梁的尺寸、钢筋标号、圆、箍筋间距等信息。

⑥绘制钢筋详图。

下面以图16-9中“L1配筋图”为例来说明钢筋混凝土梁的绘制要点。

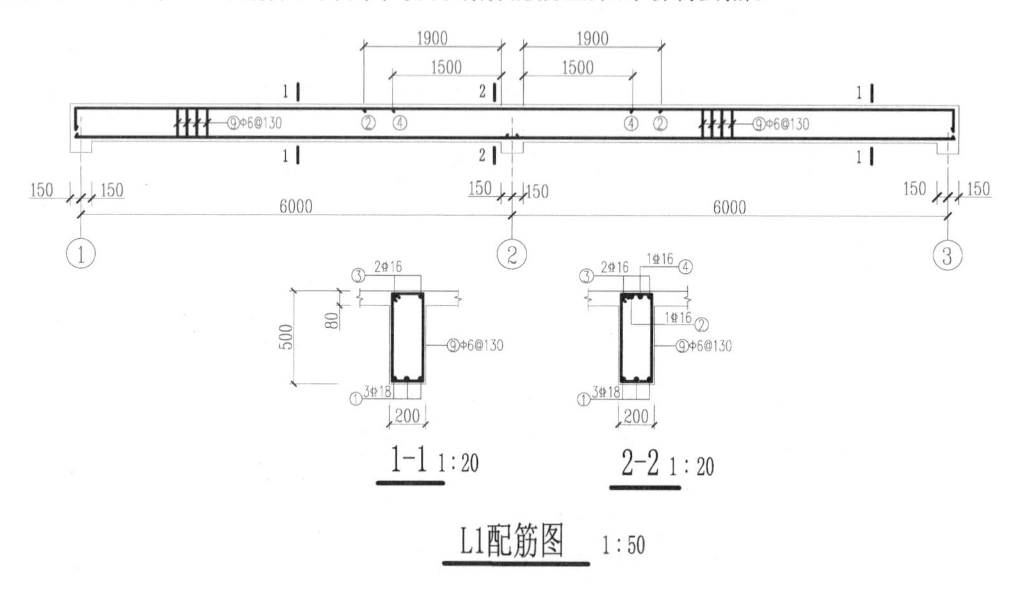

图16-9 L1配筋图

16.3.3 钢筋混凝土梁配筋图的绘制要点

(1)确定梁配筋图的图幅和绘图比例

根据《建筑结构制图标准》(GB/T 50105—2010)的相关规定，断面图的绘图比例确定为1∶20；立面图选择1∶50的绘图比例。

(2)确定绘图顺序、设定图层和线型

各层颜色、线型、线宽设置如图16-10所示。每层的绘图内容请参考图层名称。

(3)绘制定位轴线

用户自行绘制定位轴线。

(4)绘制立面图

立面图和断面图中的构件轮廓线均用细实线画出，钢筋用粗实线或黑圆点(对于钢筋横断面)画出。用户也可使用“PLINE”命令绘制梁的钢筋线，注意计算钢筋的截断位置和角度，以及钢筋的总长。由于钢筋的直径是根据计算确定的，因此并不统一，如果严格按照钢筋直径来定义多线的宽度会比较烦琐，建议用户采用两种宽度不同的多段线来绘制较粗和较细的钢筋，以示区别。

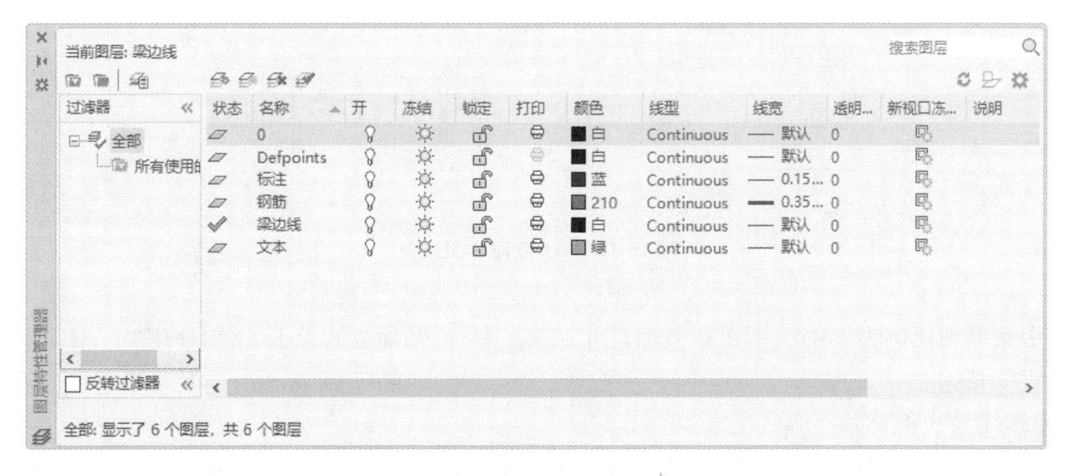

图 16-10　利用【图层特性管理器】设置图层

(5)绘制断面图

根据钢筋编号,分别绘制截面详图。下面以“1-1 截面”为例说明截面绘制过程。

①首先将“梁边线”图层设为当前图层,具体操作如下。

命令:LINE ↵

指定第一个点:

指定下一点或[放弃(U)]:

指定下一点或[放弃(U)]:@200,0

指定下一点或[退出(E)/放弃(U)]:

指定下一点或[退出(E)/放弃(U)]:@0,420

指定下一点或[关闭(C)/退出(X)/放弃(U)]:@160,0

指定下一点或[关闭(C)/退出(X)/放弃(U)]:@0,80

指定下一点或[关闭(C)/退出(X)/放弃(U)]:@-520,0

指定下一点或[关闭(C)/退出(X)/放弃(U)]:@0,-80

指定下一点或[关闭(C)/退出(X)/放弃(U)]:@160,0

指定下一点或[关闭(C)/退出(X)/放弃(U)]:@0,-420

指定下一点或[关闭(C)/退出(X)/放弃(U)]:

完成后图形如图 16-11(a)所示。

②绘制折断线。使用“直线”命令绘制折断线。删除最初标注,完成后图形如图 16-11(b)所示。

③绘制箍筋

将“钢筋”图层置为当前图层,可以使用“OFFSET”命令绘制箍筋定位线,将梁外边线向内偏移 30,操作后如图 16-11(c)所示。

单击按钮“F10”打开【极轴追踪】,单击【多段线】按钮,使用多段线命令绘制箍筋。设置多段线线宽为 10,并使用删除命令删除箍筋定位线,绘制后如 16-11(d)图所示。

④绘制钢筋横截面,断面图中的钢筋可以采用“CIRCLE”命令绘制圆形后进行填充,也可以在“DONUT”命令中设置指定圆环的内径为“0”,根据钢筋的直径确定外径就可以绘制黑圆点了。

由于断面中所采用的钢筋直径有所不同,严格按照直径来绘制黑圆点也没有必要,建议用户采用两三种外径以示区分即可。

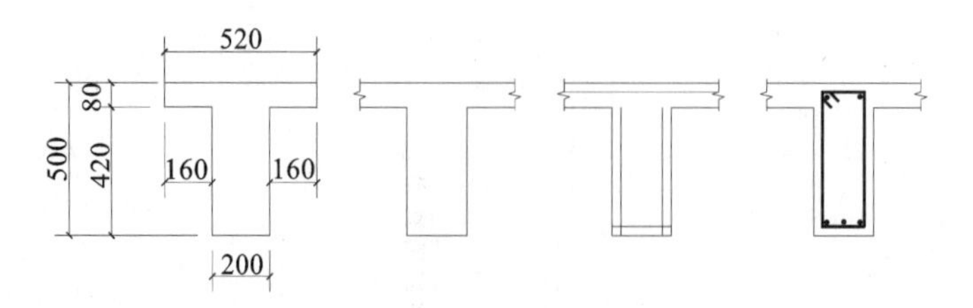

图 16-11 1-1 截面详图绘制

(a)绘制梁边线;(b)绘制折断线;(c)绘制箍筋定位线;(d)绘制箍筋

⑤因梁断面比例为 1∶20,所以梁截面尺寸在 1∶100 的基础上放大了 5 倍,使用“SCALE”命令将图形放大 5 倍。

(6)标注尺寸和文字

由于图中图形比例不同,不同比例图形标注应设置不同的标注样式,在标注样式中设置不同的测量比例因子。1∶50 在 1∶100 基础上放大了 2 倍,1∶20 则放大了 5 倍,因此测量比例因子分别设为 0.5 和 0.2,如图 16-12 所示。

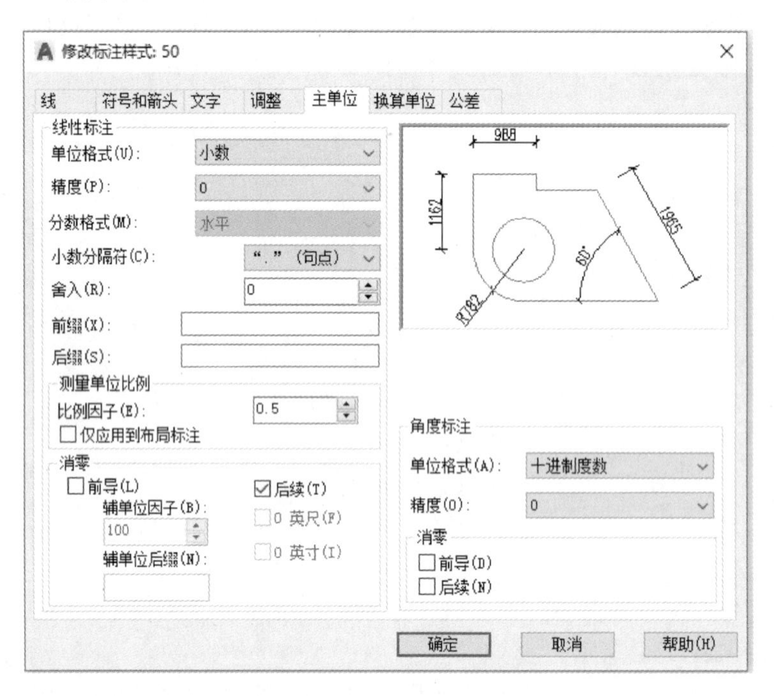

图 16-12 测量比例因子设置

绘制完成后图形如图 16-13 所示。

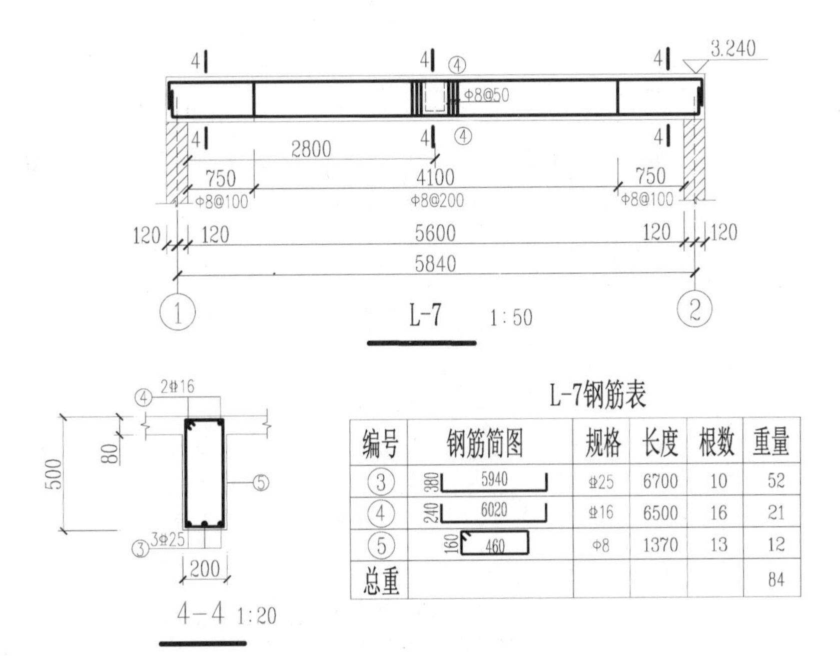

编号	钢筋简图	规格	长度	根数	重量
③	380 5940	Φ25	6700	10	52
④	240 6020	Φ16	6500	16	21
⑤	160 460	Φ8	1370	13	12
总重					84

图 16-13　钢筋混凝土梁配筋图

【思考与练习】

思考题

16-1　结构施工图中常用的比例尺包括哪些?

16-2　如何利用图层的特性快速选择所有的轴线?

16-3　如何利用“DONUT”命令绘制钢筋混凝土断面图中的钢筋粗圆点?

16-4　某结构施工图包括结构平面图,比例尺为 1∶100;构件详图的比例尺分别为 1∶40 和 1∶20,如何设置尺寸标注样式?

上机操作

16-1　绘制如图 16-14 所示的楼梯平面配筋图。

16-2　绘制如图 16-15 所示的基础剖面图。

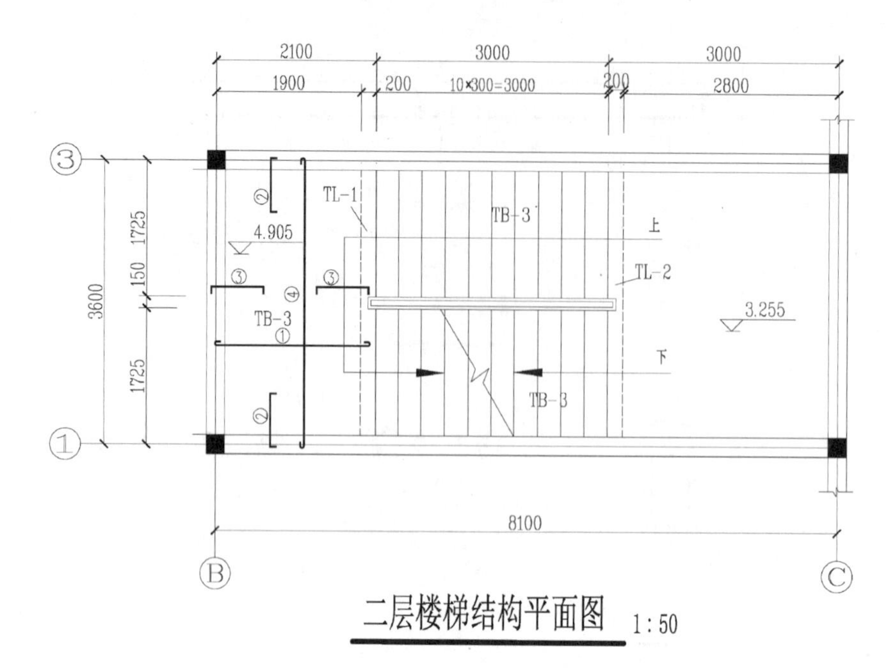

图 16-14 楼梯结构平面图

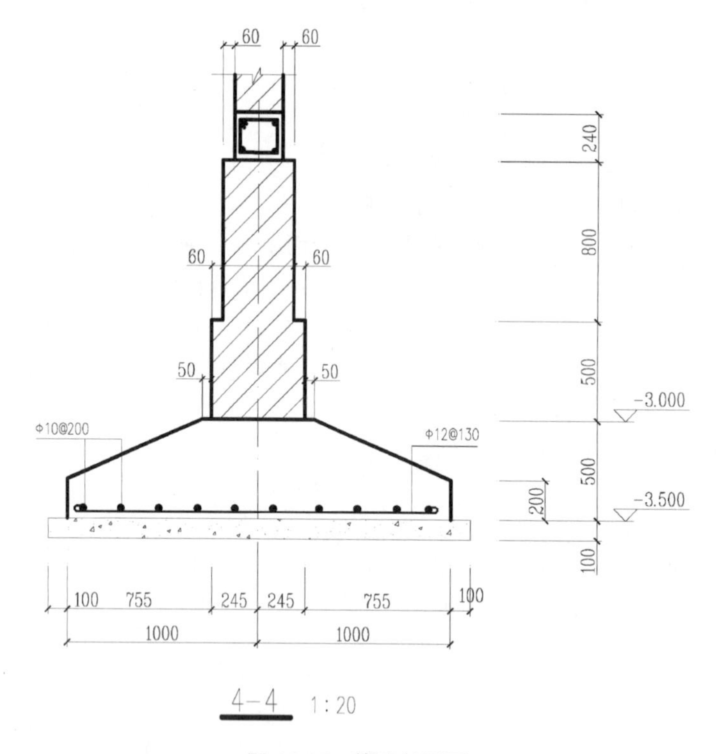

图 16-15 基础剖面图

第 17 章　绘制与修改三维图形

AutoCAD 软件提供了强大的三维绘图和修改功能，利用它可以绘制出形象逼真的立体图形，从而为工程设计提供支持。掌握 AutoCAD 软件创建三维图形的基本命令，有利于学习 ANSYS、ABAQUS、FLAC3D、Geostudio 以及 PKPM、YJL、SAP、MIDAS 等设计软件。

三维建模包含的命令较多，且建模所要求的技巧也非常复杂。鉴于篇幅所限，本章仅简要介绍三维图形绘制和修改的基本知识。初学者在掌握基本技巧的基础上，通过大量的工程实践，才能完成复杂的三维绘图。

17.1　三维绘图基础知识

AutoCAD2020 为三维建模设置了三维工作空间，需要用户从状态栏工作空间的列表中选择【三维建模】，如图 17-1(a)所示。用户也可以在快速访问工具栏中进行选择，如图 17-1(b)所示。

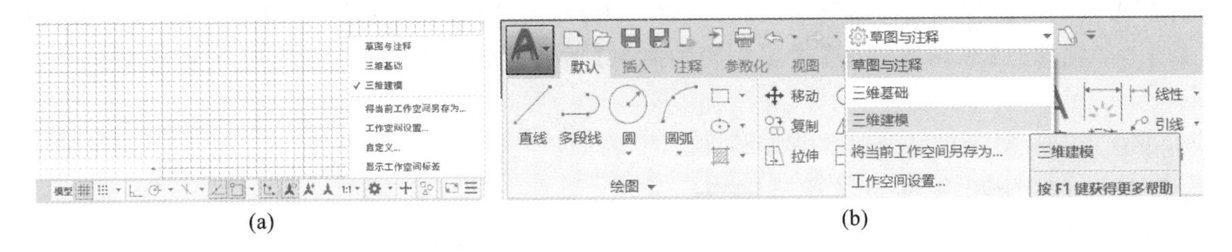

(a)　　　　(b)

图 17-1　工作空间列

完成上述操作后，将打开一个专门为三维建模设置的环境，如图 17-2 所示，绘图区域成为一个三维的视图，上方的按钮标签变为一些三维建模常用的设置。

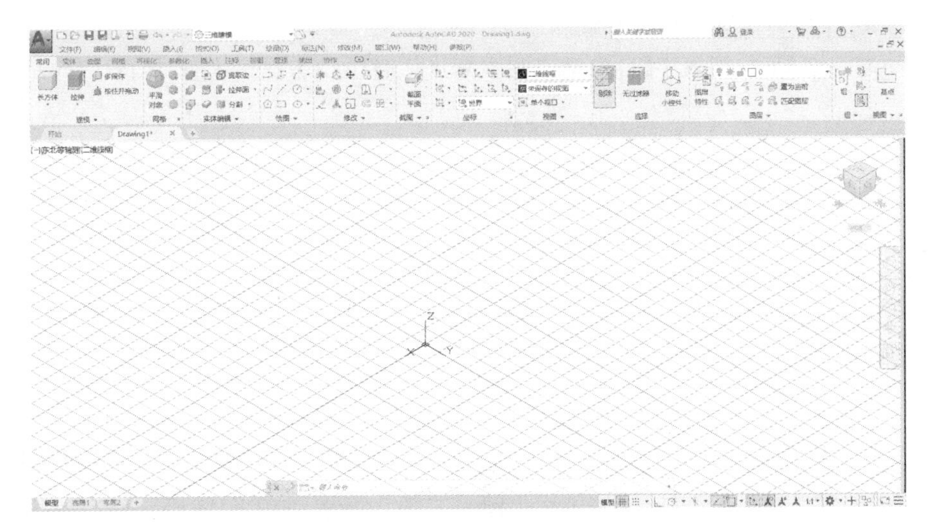

图 17-2　三维建模工作空间

17.1.1 视点设置

在二维绘图中，几乎所有的工作都可以在XOY平面上完成，视点无须调整。但是在三维绘图中，如果视点的位置选择不当，就会出现图线重叠的现象，为了避免出现这种问题，同时也为了便于绘制三维图形，AutoCAD软件提供了一种从三维空间的任何方向设置视点的命令。球体、圆锥在平面坐标和三维视图中的显示效果如图17-3所示。

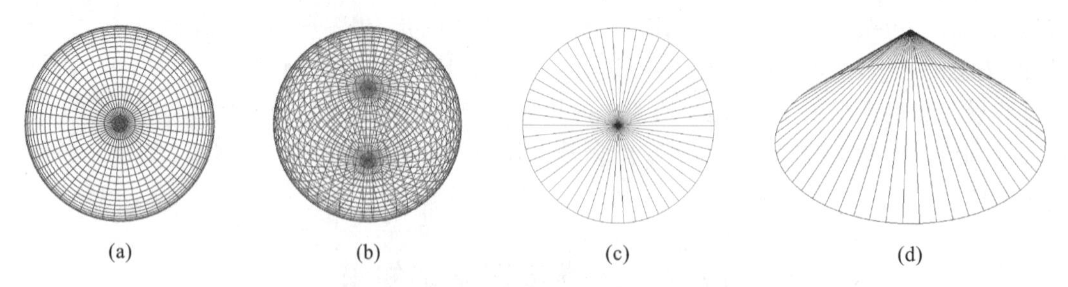

图17-3 球体、圆锥在平面坐标和三维视图中的显示效果

(a)平面坐标中的球体；(b)三维视图中的球体；(c)平面坐标中的圆锥；(d)三维视图中的圆锥

17.1.1.1 创建标准视图

用户可以利用【视图】|【视图管理器】|【预设试图】|【俯视】、【仰视】、【左视】、【右视】、【主视】、【后视】、【西南等轴测】、【东南等轴测】、【东北等轴测】、【西北等轴测】十种命令生成标准视图和等轴测视图。

标准视点是相对于世界坐标系(WCS)设定的，与用户坐标系(UCS)无关。

17.1.1.2 使用三维动态观察器

AutoCAD软件的动态观察可以动态、交互式、直观地观察显示的三维模型，从而使创建三维模型更为方便。

默认的AutoCAD软件三维建模环境中，绘图区域右侧的"导航栏"上有一个【动态观察】下拉式列表，按住此按钮会进一步弹出三个菜单项，分别是【动态观察】、【自由动态观察】和【连续动态观察】，如图17-4所示，此时软件弹出对该功能的解释。

①选择【动态观察】下拉列表中【自由动态观察】，进入自由动态观察状态，如图17-5所示。

图17-4 动态观察　　图17-5 使用三维自由动态观察器观察

自由动态观察器显示为一个转盘(被四个小圆平分的一个大圆)，当处于活动状态时，查看的目标保持不动，而视点围绕目标移动。在自由动态观察器中，光标图案的意义如下。

a. ：当光标移进转盘内时，鼠标显示为被两条直线环绕的球状。当用户在该区域中拖动光标，则可围绕对象自由移动。

b. ：当光标在转盘外部时，光标的形状变为圆形箭头。在转盘外部拖动鼠标时，将使视图围绕通过转盘的中心并垂直于屏幕的轴旋转。

c. ：当光标在转盘左右两边的小圆上移动时，光标的形状变为水平椭圆。从这些点开始单击并拖动光标，将使视图围绕通过转盘中心的垂直轴或 Y 轴旋转。

d. ：当光标在转盘上下两边的小圆上移动时，光标的形状变为垂直椭圆。从这些点开始单击并拖动光标，将使视图围绕通过转盘中心的水平轴或 X 轴旋转。

在运行【三维动态观察器】时单击鼠标右键，系统将弹出一个快捷菜单，使用这个菜单可以进行对象的平移和缩放等多种操作。

②选择【动态观察】下拉列表中【连续动态观察】，进入连续观察状态，按住鼠标左键拖动模型旋转一段后松开鼠标，模型会沿着拖动的方向继续旋转，旋转的速度取决于拖动模型旋转时的速度。可通过再次单击并拖动来改变连续动态观察的方向或者单击一次来停止转动。

③选择【动态观察】下拉列表中【动态观察】，进入受约束的动态观察状态。这是更易用的观察器，基本的使用方法和自由动态观察差不多，与自由动态观察不同的是，在进行动态观察的时候，垂直方向的坐标轴会一直保持垂直。

17.1.2 观察和显示三维模型

(1)右侧导航栏

在三维建模环境中，主要依靠屏幕右侧“导航栏”对三维模型进行坐标变换，如图 17-6 所示，包括全导航控制盘、平移、范围缩放、动态观察、ShowMotion 等工具。

(2)全导航控制盘

全导航控制盘将在二维导航控制盘、查看对象控制盘和巡视建筑控制盘上找到的二维和三维导航工具组合到一个控制盘上。

全导航控制盘(大和小)包含常用的三维导航工具，用于查看对象和巡视建筑。全导航控制盘(大和小)为有经验的三维用户而优化。

①全导航控制盘(大)按钮具有以下选项[见图 17-7(a)]。

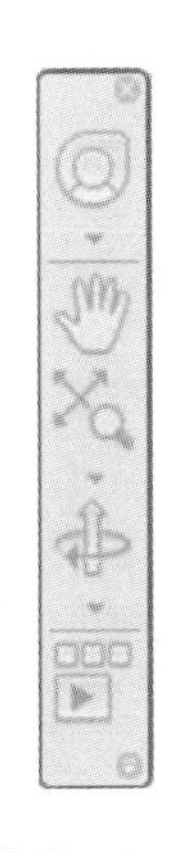

图 17-6 右侧导航栏

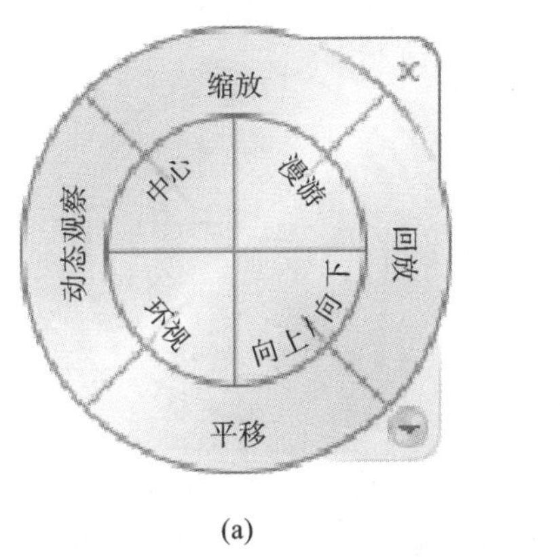

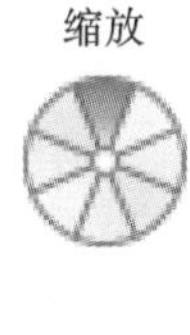

(a) (b)

图 17-7 全导航控制盘(大)与全导航控制盘(小)

(a)全导航控制盘(大)；(b)全导航控制盘(小)

缩放:调整当前视图的比例。

回放:恢复上一视图。通过单击并向左或向右拖动,可以向后或向前移动。

平移:通过平移重新放置当前视图。

动态观察:绕固定的轴心点旋转当前视图。

中心:在模型上指定一个点以调整当前视图的中心,或更改用于某些导航工具的目标点。

漫游:模拟在模型中的漫游。

环视:回旋当前视图。

向上/向下:沿模型的 Z 轴滑动模型的当前视图。

②全导航控制盘(小)按钮具有以下选项[见图 17-7(b)]。

缩放(顶部按钮):调整当前视图的比例。

漫游(右上方按钮):模拟在模型中的漫游。

回放(右侧按钮):恢复上一视图。通过单击并向左或向右拖动,可以向后或向前移动。

向上/向下(右下方按钮):沿模型的 Z 轴滑动模型的当前视图。

平移(底部按钮):通过平移重新放置当前视图。

环视(左下方按钮):回旋当前视图。

动态观察(左侧按钮):绕固定的轴心点旋转当前视图。

中心(左上方按钮):在模型上指定一个点以调整当前视图的中心,或更改用于某些导航工具的目标点。

(3)多视口工具

为了更好地观察和编辑三维视图,用户需要经常在某些视图之间进行切换,这样会带来不便。为了便于观察图形,AutoCAD 软件提供了将屏幕分成几个矩形区的功能,这样用户就能够同时从不同的方向察看模型。

启动命令的方法如下。

①功能区:【常用】|【单个视口】子菜单|按钮。

②命令行:输入“VPORTS”并回车。

③下拉菜单:【视图】|【视口】。

例如,用户在一个视口观察模型的前面,在第二个视口观察模型的立面,在第三个视口观察模型的三维图形,如图 17-8 所示。

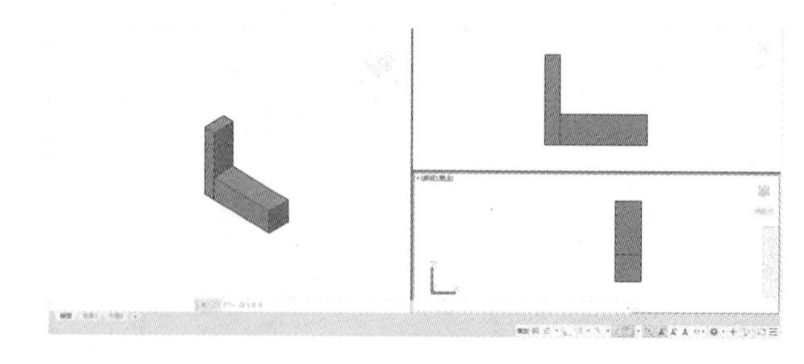

图 17-8 创建三视口绘制三维图形

在 AutoCAD 软件中,每个视口都可具有自己的 UCS。

(4)特殊视图观察三维模型

AutoCAD 软件中提供了一些特殊的观察视图,有工程图的六个标准视图方向,如俯视、主视等,还有四个轴测图方向,如西南等轴测、东南等轴测等。

启动命令的方法如下。

①功能区:【常用】|【未保存视图】子菜单。

②下拉菜单:【视图】|【三维视图】子菜单。

提示:在变换六个标准视图方向的时候,当前的 UCS 会随着变换过去,也就是说,当前的视图平面与 UCS 的 XOY 平面平行;而变换四个轴测图视图的时候,UCS 不会变化,动态观察不会改变 UCS。

17.1.3　隐藏

单击【可视化】|按钮可以执行隐藏命令,也可以在命令行中输入"HIDE"进行图形的隐藏。隐藏的对比效果如图 17-9 所示。

提示:需要注意的是,在多视口操作中,"隐藏"仅对当前视口有效。如果需要恢复视图的全貌,执行"REGEN"命令即可。

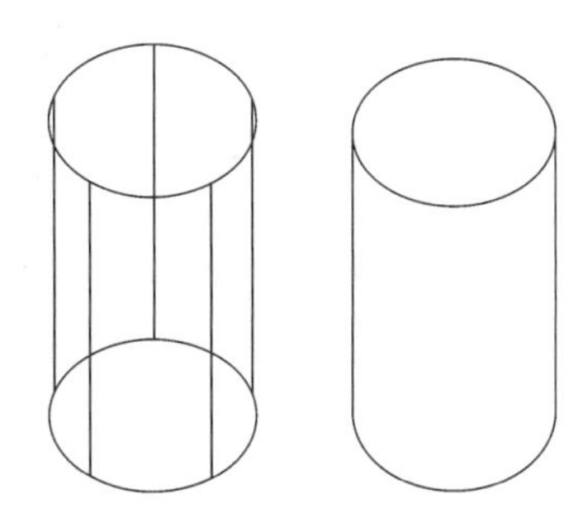

图 17-9　"隐藏"命令对比效果

17.1.4　视觉样式

视觉样式可以为当前视口中的对象进行简单着色。【隐藏】命令可以增强图形的效果并使设计更简洁,但不同的视觉样式可以为模型生成更逼真的图像。不同视觉样式下的三维建筑模型效果对比如图 17-10 所示。

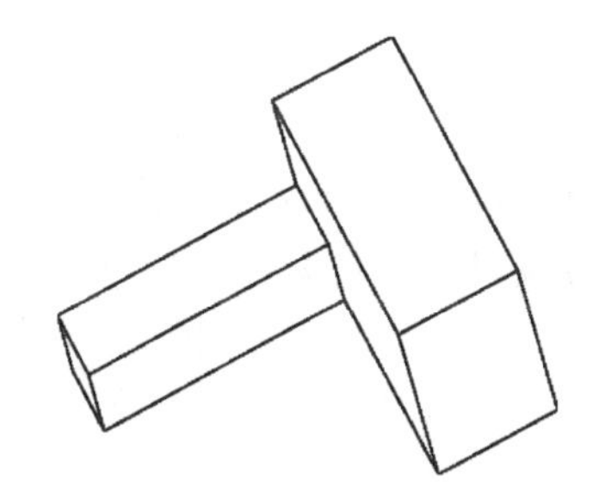

图 17-10　三维建筑模型的"消隐模式"和"带边缘着色"的对比

启动命令的方法如下。

①功能区:【可视化】|【视觉样式】按钮|【二维线框】、【概念】、【隐藏】、【真实】、【着色】、【带边缘着色】、【灰度】、【勾画】、【线框】、【X 射线】等多种视图。

②下拉菜单:【视图】|【视觉样式】|【二维线框】、【概念】、【隐藏】、【真实】、【着色】、【带边缘着色】、【灰度】、【勾画】、【线框】、【X 射线】等多种视图。

执行该命令后,用户可以在该视图中进行平移、缩放、绘图和编辑等操作。如果要退出该模式,单击【可视化】|【视觉样式】|【二维线框】或者【可视化】|【视觉样式】|【线框】,即可返回二维线框或者三维线框绘图模式。

17.1.5　设置系统变量

系统变量"ISOLINES"用于控制显示线框弯曲部分的素线的数量。当三维对象中包含球体和圆柱体等曲面时,曲面在线框模式下是用线条来显示的。"ISOLINES"的默认值为"4",最小值为"0",表示曲面没有素线,最大值为"2047"。增加素线的数量将使图形看起来更接近三维图形,同时图形显示的时间将增加。修改“ISOLINES”以后需要执行“REGEN”以更新显示。

系统变量“FACETRES”用于调整着色和渲染对象、渲染阴影以及删除了隐藏线的对象的平滑度。初始值为 0.05,取值范围为 0.01～0.1,值越大,曲面就越平滑。

“DISPSILH”命令是控制三维实体对象和曲面对象轮廓边在线框或二维线框视觉样式中显示的命令。初始值为 0。值为 0 时为关闭,值为 1 时为显示轮廓边。执行“DISPSILH”命令后需执行“HIDE”命令才可以看出效果。需要注意的是,如果“DISPSILH”的值为“1”,那么执行“HIDE”等命令时将无法看到修改“FACETRES”后的效果,此时需要将“DISPSILH”的值设置为“0”。

17.1.6 设置高度和厚度

“ELEV”命令是一个已过时但还存在的命令。该命令能够实现两个互相独立的功能:一是使绘图平面沿 Z 轴平移,用户可以在与 XOY 平面平行的平面上作图;二是给予对象厚度或高度。命令行操作如下。

命令:ELEV ↵

指定新的默认标高 ＜0.000 0＞:30(输入新的标高)

指定新的默认厚度 ＜0.000 0＞:17(输入新的厚度)

命令:C(绘制一个“圆”以检验“ELEV”命令执行后的效果)

CIRCLE 指定圆的圆心或[三点(3P)/两点(2P)/相切、相切、半径(T)]:0,0 ↵

指定圆的半径或[直径(D)]＜50.000 0＞:60 ↵(输入圆的半径)

17.1.7 在三维空间中定点

在进行平面绘图时,无论是 WCS 还是 UCS,其 Z 轴都垂直于屏幕,XOY 平面都与屏幕平行,用户在进行绘图时不必考虑 Z 轴坐标。在平面绘图中利用设置【对象捕捉】模式进行精确定点,但是在三维绘图中,拾取点并不像在平面绘制中那么简单,凭主观判断不能正确拾取。因此,用户需要采用多种辅助手段进行定点操作。

17.1.7.1 使用 UCS 设置坐标系

在构造三维模型时往往需要依靠坐标确定位置,空间中每个点都依赖原点,这导致某些绘图工作非常困难。因此,为提高绘图效率和精度,需要建立依赖空间某“特定对象”的坐标系,即“用户坐标系”。

创建用户坐标系,也可以理解为变换用户坐标系,就是要重新确定坐标系新的原点和新的 X 轴、Y 轴、Z 轴方向。用户可以按照需要定义、保存和恢复任意多个用户坐标系。创建用户坐标系有以下三种方法。

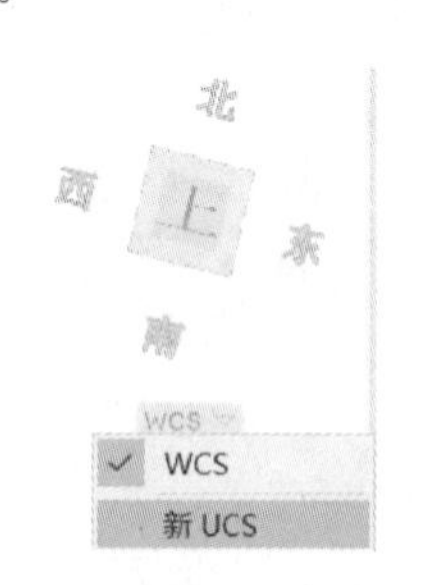

图 17-11 使用【WSC】下拉菜单创建“新 UCS”

①功能区:【常用】|【坐标】面板。

②命令行:输入“UCS”并回车。

③屏幕右侧【WSC】下拉菜单,选择“新 UCS”,如图 17-11 所示。

命令选项的说明如下:

①面(F):将 UCS 与实体对象的选定面对齐。UCS 的 X 轴将与找到的第一个面上的最近的边对齐。

②命名(NA):按名称保存并恢复通常使用的 UCS 方向。

③对象(OB):在选定图形对象上定义新的坐标系。AutoCAD 软件对新原点和 X 轴正方向有明确的规则。所选图形对象不同,新

原点和 X 轴正方向规则也不同。

④上一个(P):恢复上一个 UCS。程序会保留在图纸空间中创建的最后 10 个坐标系和在模型空间中创建的最后 10 个坐标系。

⑤视图(V):以垂直于观察方向(平行于屏幕)的平面为 XOY 平面,建立新的坐标系。UCS 原点保持不变。在这种坐标系下,我们可以对三维实体进行文字注释和说明,如图 12-8 所示。

⑥世界(W):将当前用户坐标系设置为世界坐标系。

⑦X(X):将当前 UCS 绕 X 轴旋转指定角度。

⑧Y(Y):将当前 UCS 绕 Y 轴旋转指定角度。

⑨Z(Z):将当前 UCS 绕 Z 轴旋转指定角度。

⑩Z 轴(ZA):用指定新原点和指定一点为 Z 轴正方向的方法创建新的 UCS。

建立具备某种特征的用户坐标系是非常方便的,如在图 17-12 所示的楔形体斜面上写“计算机辅助设计”,如果不是在 UCS 中进行操作,这将是非常困难的。

图 17-12　在楔形体斜面上写字

对于比较复杂的三维建筑图,如图 17-13 所示,灵活应用 UCS 更为关键。

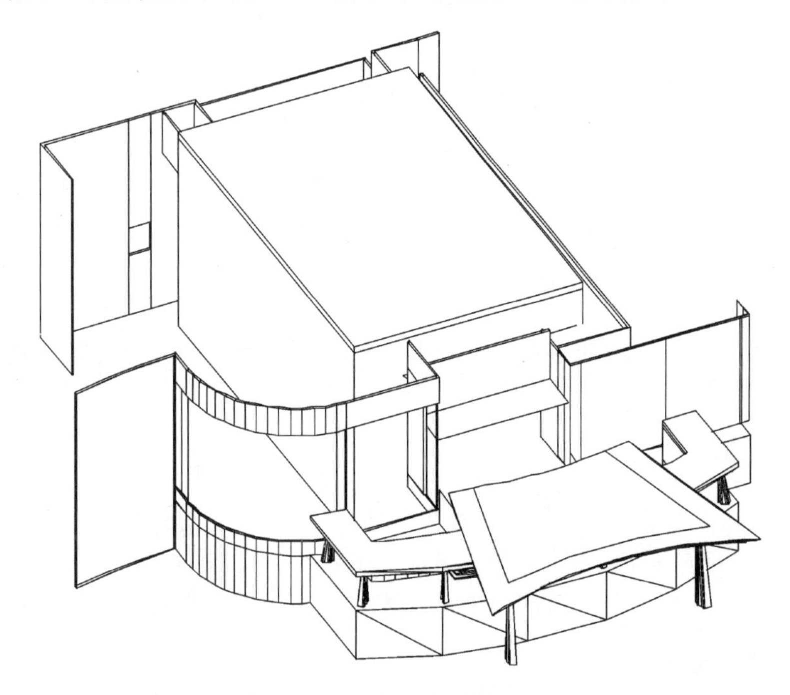

图 17-13　某建筑轴测图(部分)

在 AutoCAD2020 中提供了动态 UCS 工具，如图 17-14 所示，想要使用这个工具，首先要单击状态栏右下角 ☰ 按钮，在弹出菜单中勾选【动态 UCS】菜单项，此时状态栏上会出现【动态 UCS】开关，使用动态 UCS 功能，可以在创建对象时使 UCS 的 XOY 平面自动与实体模型上的平面临时对齐。

图 17-14 动态 UCS 状态的开关

实际操作的时候，首先需要激活创建对象的命令，然后将光标移动到想要创建对象的平面，该平面就会自动亮显，表示当前的 UCS 被对齐到此平面上，接下来就可以在此平面上继续创建命令。

17.1.7.2 在三维空间中拾取点

由于视觉的原因，在三维空间中拾取点没有在二维平面上那么直观，用户可以借助如下两种方法拾取三维空间上的点。

(1)输入坐标值

这种方法虽然效率较低，但是精度较高。

(2)使用对象捕捉

在默认情况下，对象捕捉位置的 Z 值由对象在空间中的位置确定。如果打开“OSNAPZ”系统变量，则将把所有的对象捕捉投影到当前 UCS 的 XOY 平面上，或者如果将“ELEV”设置为非零值，则将把所有的对象捕捉投影到指定标高的与 XOY 平面平行的平面上。

提示：当绘制或修改对象时，确保是否打开或关闭了“OSNAPZ”。

17.2 三维线框模型

三维线框模型仅用边界表示对象，没有真实的外观，故创建也比较简单。因为线框模型的边界之间没有面的信息，所以线框模型不能被渲染，也无法隐藏后面的对象。

17.2.1 点

点是只有位置而没有长度、宽度和高度的一维对象，可以放到空间任何地方。在三维绘图中，用户可以通过对象捕捉和键盘输入定点。

17.2.2 三维直线

绘制三维直线的命令与绘制二维直线的命令相同，只是在确定点的时候，如果只给出 X 轴、Y 轴的坐标，程序将自动取当前高度值作为 Z 轴的坐标。如果启动“正交”模式，程序将通过鼠标定点来绘制水平线或者垂直线。用户也可以使用“对象捕捉”模式在三维空间绘制直线。

17.2.3 三维多段线

在三维空间创建多段线的方法如下。

命令行:3DPOLY
指定多段线的起点:(指定起始点的位置)
指定直线的端点或[放弃(U)]:(指定多段线下一个端点的位置)
指定直线的端点或[放弃(U)]:(指定多段线下一个端点的位置)
指定直线的端点或[闭合(C)放弃(U)]。

17.2.4 圆

在AutoCAD软件中可绘制平行于当前XOY平面的平面内的圆形。如在当前XOY平面内指定圆心,画出的圆也在该平面内。假如用当前XOY平面之外的点作为圆心,则绘制出的圆与XOY平面平行,标高为圆心的Z轴坐标值。

17.3 三维曲面模型

三维曲面模型由一系列有顺序的边所围成的封闭区域来定义立体的表面,再由曲面的集合定义实体。相比较而言,三维曲面模型具有线框模型无法进行的消隐、着色和渲染功能,但又不具备实体模型的物理特性(质量、体积、重心、惯性矩等)。

17.3.1 平面

"PLANESURF"命令可以通过选择关闭的对象或指定矩形表面的对角点创建平面曲面。首先拾取选择并基于闭合轮廓生成平面曲面。通过命令指定曲面的角点,将创建平行于工作平面的曲面。

通过如下方法调用命令。

①功能区:【曲面】|按钮。

②命令行:输入"PLANESURF"并回车。

③下拉菜单:【绘图】|【建模】|【曲面】|【平面】。

17.3.2 网络

"SURFNETWORK"命令可以在曲线网络之间或在其他三维曲面或实体的边之间创建网络曲面。

通过如下方法调用命令。

①功能区:【曲面】|按钮。

②命令行:输入"SURFNETWORK"并回车。

③下拉菜单:【绘图】|【建模】|【曲面】|【网络】。

17.3.3 过渡

"SURFBLEND"命令可以在两个现有曲面之间创建连续的过渡曲面。

通过如下方法调用命令。

①功能区:【曲面】|按钮。

②命令行:输入"SURFBLEND"并回车。

③下拉菜单:【绘图】|【建模】|【曲面】|【过渡】。

17.3.4 修补

“SURFPATCH”命令可以通过在形成闭环的曲面边上拟合一个封口来创建新曲面,也可以通过闭环添加其他曲线以约束和引导修补曲面。

通过如下方法调用命令。

①功能区:【曲面】| 按钮。

②命令行:输入“SURFBLEND”并回车。

③下拉菜单:【绘图】|【建模】|【曲面】|【修补】。

17.3.5 偏移

“SURFOFFSET”命令可以创建与原始曲面相距指定距离的平行曲面。

通过如下方法调用命令。

①功能区:【曲面】| 按钮。

②命令行:输入“SURFBLEND”并回车。

③下拉菜单:【绘图】|【建模】|【曲面】|【偏移】。

17.3.6 圆角

“SURFFILLET”命令在两个其他曲面之间创建圆角曲面。圆角曲面具有固定半径轮廓且与原始曲面相切。该命令会自动修剪原始曲面,以连接圆角曲面的边。

通过如下方法调用命令。

①功能区:【曲面】| 按钮。

②命令行:输入“SURFFILLET”并回车。

③下拉菜单:【绘图】|【建模】|【曲面】|【圆角】。

17.4 三维曲面网格模型

网格模型是使用多边形网格(包括三角形和四边形)来表现三维形状的模型。与实体模型不同,网格没有质量。但是,与三维实体一样,网格也可以创建长方体、圆锥体和棱锥体等形状。

17.4.1 三维面

“3DFACE”命令可以创建三维空间中的任意平面,平面的顶点可以有不同的 X、Y、Z 轴坐标。

通过如下方法调用命令。

①命令行:输入“3DFACE”并回车。

②下拉菜单:【绘图】|【建模】|【网格】|【三维面】。

17.4.2 三维多边形网格

用户可以使用“3DMESH”命令构造极不规则的曲面。“3DMESH”命令生成由 $M \times N$ 点矩阵定义的三维网格。M、N 的最小值为 2,这表明定义三维网格至少需要 4 个点,M 和 N 的最大值为 256。网格顶点 Z 的坐标可以使用“3DMESH”命令生成不规则的曲线和曲面。使用“3DMESH”命令比较烦琐，例如生成一个4×4的网格就需要指定16个点；一般情况下，除非Z轴坐标变化非常小，否则网格将成锯齿形。

17.4.3 基本表面

AutoCAD软件为用户提供了创建长方体表面、圆锥面、下半球面、上半球面、网格、棱锥面、球面圆、环面和楔体表面的方法。

通过如下方法调用命令。

①功能区：【曲面】| 等按钮。

②命令行：输入“MESH”并回车。

③下拉菜单：【绘图】|【建模】|【网格】|【图元】。

如果从命令行中输入，则有如下提示。

输入选项[长方体表面(B)/圆锥面(C)/下半球面(DI)/上半球面(DO)/网格(M)/棱锥面(P)/球面(S)/圆环面(T)/楔体表面(W)]

17.4.4 旋转网格

在AutoCAD软件中，旋转曲面是指创建一条轨迹绕一根指定轴旋转生成的空间曲面。具体而言，“REVSURF”命令通过将路径曲线或轮廓(直线、圆、圆弧、椭圆、椭圆弧、闭合多段线、多边形、闭合样条曲线或圆环)绕指定的轴旋转，创建一个近似于旋转曲面的多边形网格。

通过如下方法调用命令。

①功能区：【网格】| 按钮。

②命令行：输入“REVSURF”并回车。

③下拉菜单：【绘图】|【建模】|【网格】|【旋转网格】。

17.4.5 平移网格

“TABSURF”命令是指创建一条轨迹线或图形对象沿着指定方向矢量平移延伸而形成的三维曲面，如图17-15所示。

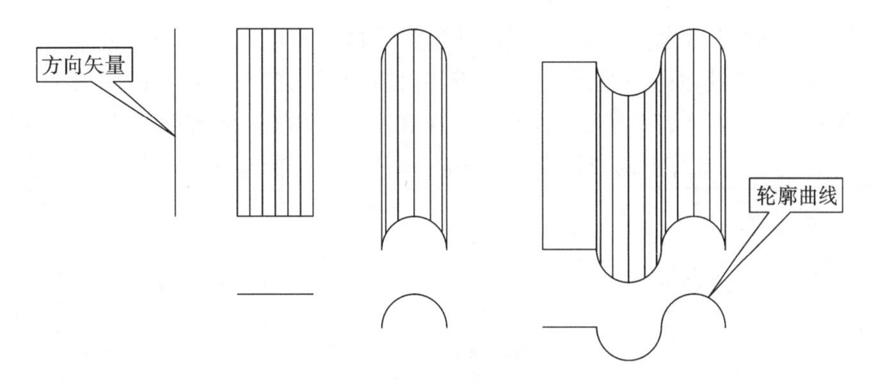

图17-15 平移曲面的比较

通过如下方法调用命令。

①功能区：【网格】| 按钮。

②命令行:输入“TABSURF”并回车。

③下拉菜单:【绘图】|【建模】|【网格】|【平移网格】。

用户在创建平移曲面前,需要绘制轨迹线和方向矢量,轨迹线可以是直线、圆或者圆弧、椭圆或者椭圆弧、样条曲线、二维线和三维多段线;方向矢量用来指明拉伸的方向和长度,可以是直线或非封闭的多段线。平移曲面的分段数由系统变量“SURFTAB1”确定。

17.4.6 直纹曲面网格

“REVSURF”命令是指可以由两条指定的直线或曲线为相对的两边生成的三维曲面。

通过如下方法调用命令。

①功能区:【网格】| 按钮。

②命令行:输入“REVSURF”并回车。

③下拉菜单:【绘图】|【建模】|【网格】|【直纹网格】。

只要在每条定义曲线上拾取一个点,即被选中。窗口或交叉窗口选择无效。最终曲面由定义曲线间一排排的三维面组成。

17.4.7 边界网格

“EDGESURF”是指以4条空间直线或曲线为边界创建而成的空间曲面。

通过如下方法调用命令。

①功能区:【网格】| 按钮。

②命令行:输入“EDGESURF”并回车。

③下拉菜单:【绘图】|【建模】|【网格】|【边界网格】。

作为曲面边界的对象,可为直线、圆弧、开放的“2D”或“3D”多段线、样条曲线。这些边必须在端点处相交以形成一个拓扑的矩形封闭路径。

17.5 三维实体模型

三维线框模型是用边来表示对象的。例如,线框长方体模型可以用8条边来表示。由于线条之间无任何东西,立方体上的圆形通孔只能用立方体上相对应的两个圆来表示。曲面模型各边之间由无厚度的面相连。曲面模型长方体有6个平面,看起来像真正的立方体,但实际是空壳。如果采用实体建模的方式,用户可以通过实体编辑的方法在长方体内部开圆形孔洞来表示。图17-16表示了创建该模型的三种方法。

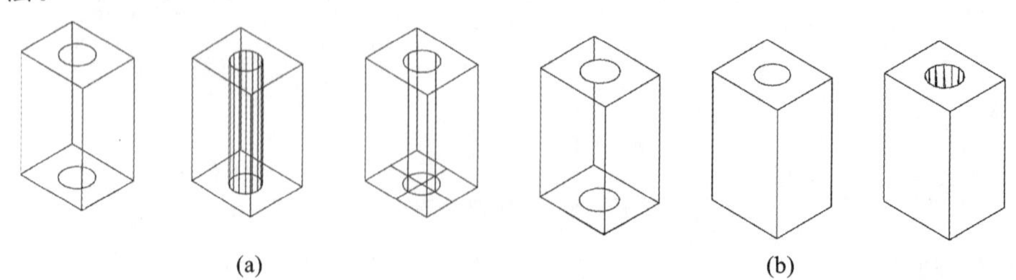

图17-16 线框模型、曲面模型和实体模型的对比

(a)消隐前;(b)消隐后

实体模型的内部是实心的，它具有线框模型和曲面模型无法比拟的优点，用户可以进行各种编辑（如开洞、切割和布尔运算），也可以分析其内部质量、体积、重心等物理特征。为提高显示效率，AutoCAD 软件通常以线框模型或者三维曲面模型的方式显示实体模型，除非用户进行消隐、着色或者渲染处理。

创建实体模型的方法有两种：一种是利用系统所提供的基本三维模型来创建实体模型；另一种是利用二维平面模型通过拉伸、旋转等方式生成三维实体模型。

17.5.1　基本三维模型

AutoCAD2020 软件提供创建长方体、球体、圆柱体、多段体、圆锥体、棱锥体、楔体和圆环体八种基本三维实体的方法。

长方体、圆柱体、球体通过如下方法调用命令。

①功能区：【实体】| 等按钮，如图 17-17 所示的【实体】工具栏。

②命令行：输入对应的命令并回车。

③下拉菜单：【绘图】|【建模】|【某种实体】。

多段体、圆锥体、棱锥体、楔体和圆环体通过如下方法调用命令。

①功能区：【实体】| 等按钮，如图 17-17 所示的【实体】工具栏。

②命令行：输入对应的命令并回车。

③下拉菜单：【绘图】|【建模】|【某种实体】。

长方体、球体、圆柱体、圆锥体、多段体、棱锥体、楔体和圆环体对应的命令行输入方式分别为“BOX”“SPHERE”“CYLINDER”“CONE”“PLOYSOLID”“PYRAMID”“WEDGE”和“TORUS”。

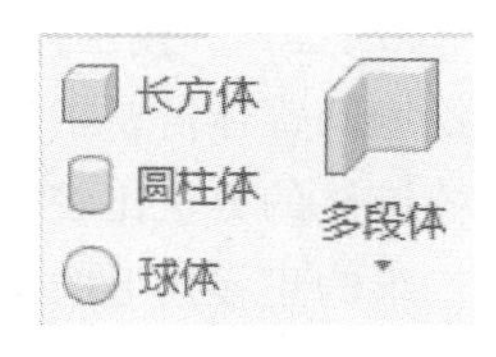

图 17-17　【实体】工具栏

17.5.1.1　长方体、楔体和多段体

长方体底面与当前坐标系的 XOY 平面平行，另外，AutoCAD 软件将长方体的边与 X 轴、Y 轴和 Z 轴的方向保持一致，X 轴方向代表长方体的长度，Y 轴方向代表长方体的宽度，Z 轴方向代表长方体的高度。生成楔形体的方法也比较简单，用户可以参考绘制长方体的过程。

多段体底面与当前坐标系的 XOY 平面平行，类似二维平面中直线的绘制，我们可以选择一个点，连续绘制多个相连的面，按下键盘上的“U”键后，就会形成一段闭合的墙体。

17.5.1.2　球体和圆环体

（1）球体

用户只需要指定球体的球心和半径或者直径就可以绘制球体，过程非常简单。

（2）圆环体

圆环体虽然不是很常用，但却是 8 种基本实体中最有趣和最具变化性的。它的基本形状像救生圈，用户可以去掉它中间的孔，使它的形状像橄榄球。

绘制圆环体时需要指定圆环体的中心位置、半径或者直径，圆环管的半径或者直径。如圆环管的半径等于圆环体的半径，所绘制圆环体中间将没有孔。

如果输入的半径或直径是负值，则圆环管的半径或直径就必须大于圆环体的半径或直径的绝对值。例如，如果将圆环体的半径定为-150，则圆环管的半径必须大于 150。

当圆环体的半径或直径为负值时将生成橄榄球状实体，这就像是一段圆弧而不是圆在绕中心线旋转。圆弧的弓高，也就是橄榄球的半径，它等于圆环体的半径与圆环管的半径的算术和，如图 17-18 所示。

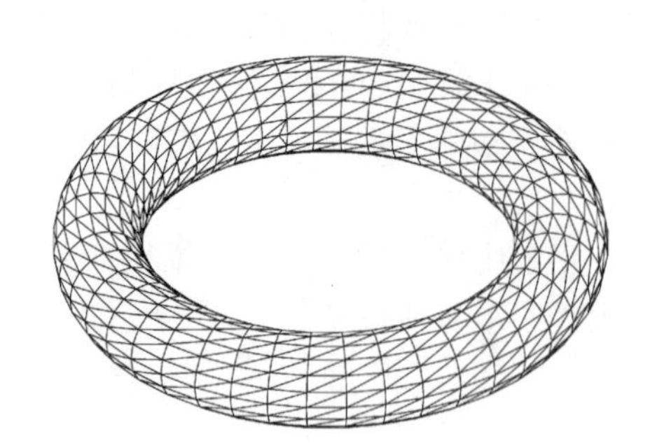
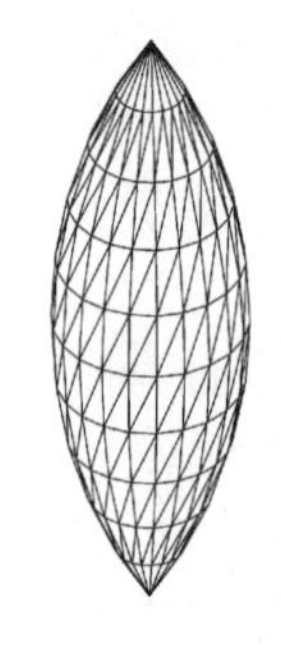

图 17-18 圆环体的变化

提示:如果表示圆柱体的线框由于线条太少而看起来不够清晰,那么用户可以修改系统变量“ISOLINES”,将缺省值由 4 改到 8 或者更大。“ISOLINES”的数值越大,AutoCAD 软件用来描绘曲面的线条就越多。

17.4.1.3 圆柱体、圆锥体和棱锥体

(1)圆柱体

绘制圆柱体时需要指定圆柱体底面的中心点、底面半径及高度,此外,使用该命令也可以绘制椭圆柱体。

(2)圆锥体和棱锥体

绘制圆锥体需要指定圆锥体底面的中心点、底面半径和高度,使用该工具还可以绘制椭圆锥体。生成棱锥体的方法比较简单,用户可以参考绘制圆锥体的过程。创建棱锥体命令操作的前面部分类似创建二维的正多边形的操作,不同的是,完成多边形创建后还需要指定棱锥面的高度,指定高度时尖括号内的值是上次创建棱锥面时输入的高度。

17.5.2 基于平面图形生成三维实体

除了生成基本实体的命令,AutoCAD 软件还提供了四种从平面封闭多段线生成三维实体的命令,即“EXTRUDE”“LOFT”“REVOLVE”和“SWEEP”。“EXTRUDE”命令沿指定的方向或路径将轮廓线拉成三维实体,“LOFT”命令可以通过对包含两条或者两条以上横截面曲线的一组曲线进行放样来创建三维实体或者曲面,“REVOLVE”命令使轮廓线绕某一轴旋转而生成三维实体,“SWEEP”命令可以通过沿开放或者闭合的二维或者三维路径扫掠开放或者闭合的平面曲线来创建新的实体或者曲面。这四个命令除了可以生成所有用基本实体命令生成的形状,还能生成用基本实体命令不能生成的形状。

轮廓线对象必须是单一的闭合实体。例如,一个由首尾相连的一组直线构成的图形虽然闭合,但是也无法作为轮廓线对象。轮廓线对象必须是平面的。最常用作轮廓线对象的是二维多段线。

用户可以用二维多段线生成各种各样的形状,需要注意的是,如果多段线中有交叉、相碰,则无法视为合格的轮廓线对象。

面域也常常用作轮廓线对象。由于面域上可以开孔,因此可以借助它们生成形状更为复杂的实体对象。

17.5.2.1 拉伸

“EXTRUDE”命令可以将封闭的二维对象拉伸,生成三维实体模型。在拉伸过程中,不仅允许指定拉伸的高度,而且可以使实体的截面沿着拉伸方向发生变化。另外,也可以将二维图形沿着指定的路径进行拉伸,从而生成一些形状不规则的三维实体,如图 17-19 所示。

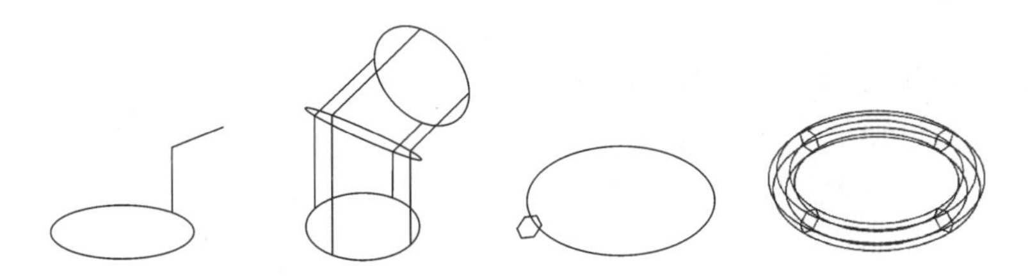

图 17-19　拉伸效果

通过如下方法调用命令。

①功能区:【实体】| 按钮或者【常用】| 按钮。

②命令行:输入"EXTRUDE"并回车。

③下拉菜单:【绘图】|【建模】|【拉伸】。

程序会要求指定拉伸高度和路径,其意义如下。

(1)【拉伸高度】

拉伸高度可以直接输入一个值,也可以通过拾取两个点的方法来确定。如果输入的高度是正值,对象将会沿着 Z 轴正方向拉伸,反之则沿着相反方向拉伸。

当高度确定后,程序会要求指定锥角的大小。如果锥角设为 0°,则截面尺寸沿整个拉伸路径上保持恒定;锥角如为正值,则拉伸时向内斜,截面尺寸沿整个拉伸路径变小;锥角如为负值,则拉伸时向外斜,截面尺寸沿整个拉伸路径变大。

(2)【路径】

路径用一个独立存在的对象作为拉伸路径。"路径"对象也决定了拉伸的长度、方向和形状。可用的"拉伸路径"包括直线、圆、圆弧、椭圆、椭圆弧、多段线或样条曲线。路径既不能与轮廓共面,也不能具有高曲率的区域。

提示:如果拉伸路径或者拉伸角度选择不合适,将无法进行拉伸。

17.5.2.2　放样

放样(LOFT)命令可以通过对包含两条或者两条以上横截面曲线的一组曲线进行放样来创建三维实体或者曲面,如图 17-20 所示。

通过如下方法调用命令。

①功能区:【常用】|【拉伸】| 按钮。

②命令行:输入"LOFT"并回车。

③下拉菜单:【绘图】|【建模】|【放样】。

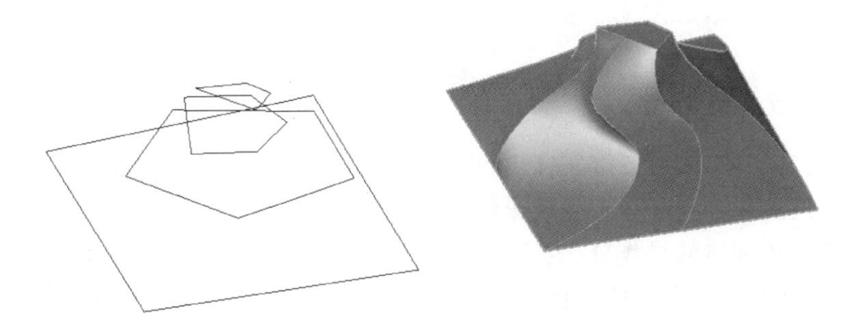

图 17-20　放样生成实例

17.5.2.3 旋转

“REVOLVE”命令可以将一个封闭的二维图形绕一根指定轴旋转生成三维实体模型。它与“REVSURF”命令有些相似,但它生成的是实体对象而不是表面对象,如图 17-21 所示。

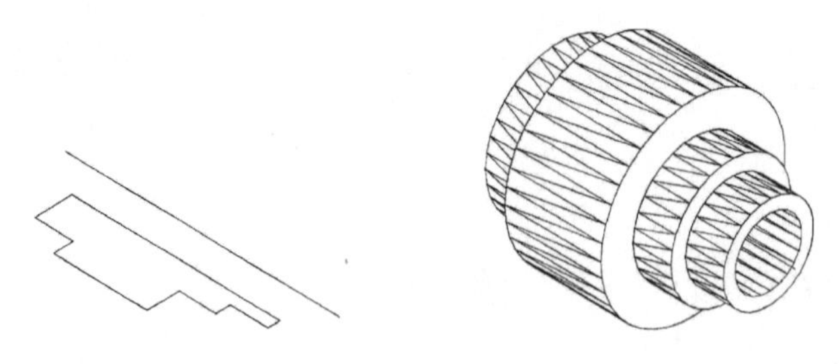

图 17-21 旋转效果

能够用于旋转的二维图形应该是封闭的,如二维多段线、多边形、圆、椭圆、封闭的样条曲线或者面域。包含在块中的对象、有交叉或者自干涉的多段线不能被旋转。当选择二维图形作为旋转轴时,二维图形只能是用“LINE”命令绘制的直线或者用“PLINE”命令绘制的线段。

操作“REVOLVE”命令需要三个不同的步骤,首先需要拾取一个轮廓线,其次选择一根轴,最后要指定一个供轮廓线旋转的角度。

17.5.2.4 扫掠

“SWEEP”命令可以通过沿开放或者闭合的二维或三维路径扫掠或者闭合的平面曲线来创建新的实体或曲面,如图 17-22 所示。通过如下方法调用命令。

①功能区:【常用】|【拉伸】| 按钮。

②下拉菜单:【绘图】|【建模】|【放样】。

③命令行:输入“SWEEP”并回车。

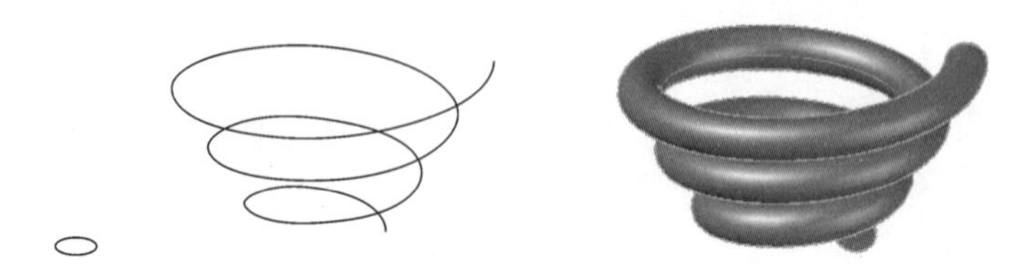

图 17-22 扫掠生成实例

扫掠和拉伸的区别是,当沿路径拉伸轮廓时,如果路径未与轮廓相交,拉伸命令会将生成对象的起始点移到轮廓上,沿路径扫掠该轮廓。而扫掠命令会在路径所在的位置生成新的对象。

17.6 编辑实体

创造一个三维基本实体,或对二维实体进行拉伸或旋转,只不过是构造实体模型的第一步。接下来,基本的实体可以通过组合和变形来生成设计所需的形状。

AutoCAD 软件关于实体的操作分三类:第一是布尔运算,它用两个或多个已有的实体生成新的实体;第二是修改,它每次只在一个实体上操作;第三是编辑,可修改三维实体中被选中的边和面。【实体编辑】工具栏如图 17-23 所示。

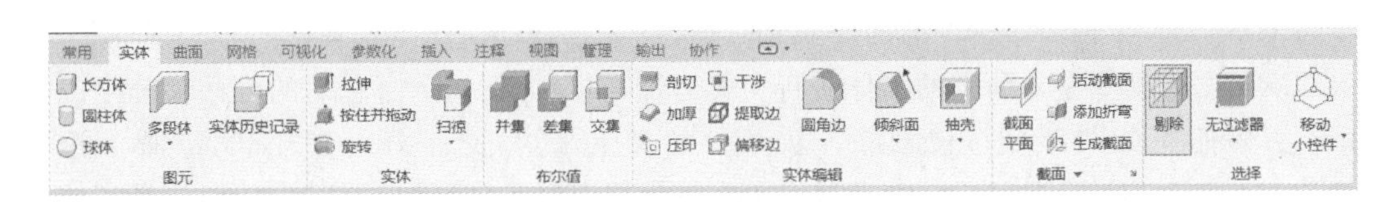

图 17-23　实体编辑

17.6.1　布尔运算

AutoCAD 软件有三个命令可以实现对实体和面域的布尔操作，即“并集”（UNION）、“差集”（SUBTRACT）和“交集”（INTERSECT）命令，这三个命令都比较简单。“UNION”命令是将两个或多个实体组合成一体，“SUBTRACT”命令是从一个实体中减去另一个实体，“INTERSECT”命令是从两个或多个实体的相交部分取得实体。

17.6.1.1　并集

“UNION”命令是将一组实体组合成一个实体，这可能是使用率最高的布尔操作。所有被选实体将组合成一个实体，不管它们位于三维空间的什么地方。如果所选择的实体相互重叠，其共同部分将生成一个新的实体，AutoCAD 软件会生成新实体的边界。如果实体之间互不接触，它们仍将组成一体，尽管它们之间有间隙。如图 17-24(a)所示为并集运算。

通过如下方法调用该命令。

①功能区:【实体】|按钮或【常用】|按钮。

②命令行:输入“UNION”并回车。

③下拉菜单:【修改】|【实体编辑】|【并集】。

17.6.1.2　差集

“SUBTRACT”命令是从一组相交实体集中去除相交部分，实际上就是从一个实体中减去另一个实体，最终得到一个新的实体。“SUBTRACT”命令经常用于修剪实体或打孔。如图 17-24(b)所示为差集运算。

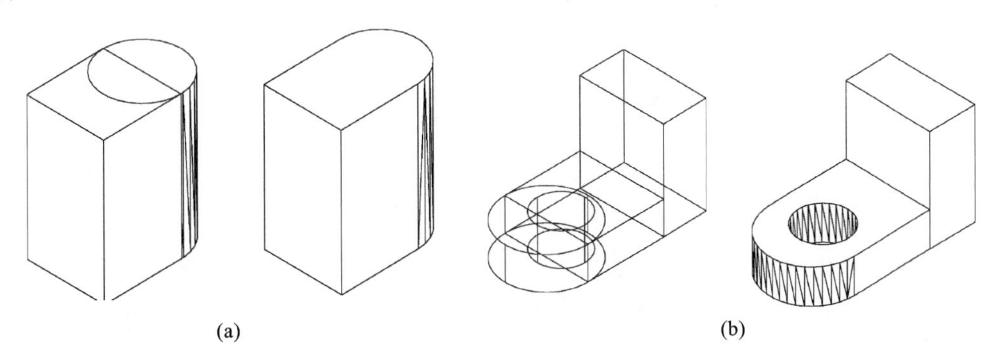

(a)　　(b)

图 17-24　布尔运算

(a)并集;(b)差集

通过如下方法调用该命令。

①功能区:【实体】|按钮或者【常用】|按钮。

②命令行:输入“SUBTRACT”并回车。

③下拉菜单:【修改】|【实体编辑】|【并集】。

17.6.1.3 交集

“INTERSECT”命令是对所选的实体进行交集运算，实际得到一个由它们的公共部分组成的新实体，而所选实体的非公共部分将被删除。从某种意义上来讲，它正好与“UNION”命令相反。像“UNION”命令一样，“INTERSECT”命令只提示选择要相交的实体，用户可以用任何选择实体的方法来选取实体。交集的效果如图17-25所示。

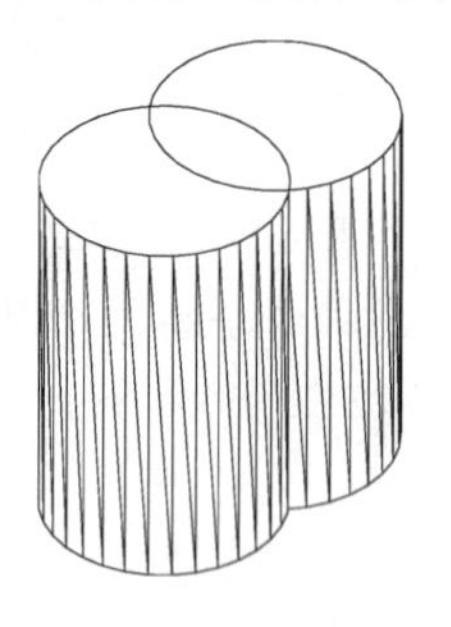

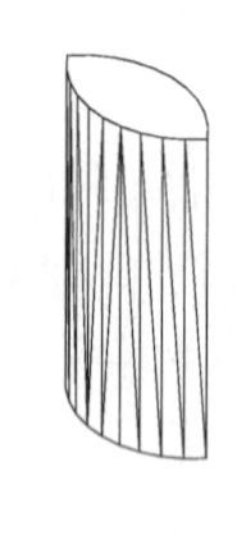

图17-25 交集

通过如下方法调用命令。

①功能区:【实体】| 按钮或者【常用】| 按钮。

②命令行:输入“INTERSECT”并回车。

③下拉菜单:【修改】|【实体编辑】|【交集】。

17.6.2 倒角和圆角命令

在AutoCAD2020中，能够对三维实体进行倒角、圆角操作。

(1)倒角

倒角是对实体的外角、内角进行的操作，通过如下方法调用命令。

①功能区:【实体】| 按钮。

②下拉菜单:【修改】|【实体编辑】|【倒角边】。

③命令行:输入“CHAMFEREDGE”并回车。

由于存在倒角的距离不一致的可能性，所以倒角时首先要选择倒角的基面，然后给出倒角的两个距离，接下来可以对内角和外角进行倒角，也可以一次选择对一个封闭的环进行倒角。

(2)圆角

圆角是对实体的凸边、凹边进行的操作，通过如下方法调用命令。

①功能区:【实体】| 按钮。

③下拉菜单:【修改】|【实体编辑】|【圆角边】。

②命令行:输入“FILLET”并回车。

圆角相对倒角命令要简单，首先要选择圆角的棱边，然后给出圆角的半径，接下来对内角和外角进行圆角。

17.6.3 实体面编辑

在AutoCAD软件中可以使用【常用】|【实体编辑】的子菜单进行实体面的拉伸、移动、偏移、旋转、倾斜、着色和复制等操作。这些操作也可以在【实体编辑】工具栏中选择相应的按钮，或者直接在命令行输入“SOLIDEDIT”命令。

命令行提示如下。

实体编辑自动检查:SOLIDCHECK=1

输入实体编辑选项[面(F)/边(E)/体(B)/放弃(U)/退出(X)]

F ↵(输入F选择面编辑)

[拉伸(E)/移动(M)/旋转(R)/偏移(O)/倾斜(T)/删除(D)/复制(C)/着色(L)/放弃(U)/退出(X)]<退出>:

程序提示设定当前系统变量“SOLIDCHECK”的设定值。当“SOLIDCHECK”设定值为“1”时，被编辑的三维实体在每次编辑后自动检查内部错误。每个编辑选项的提示在选择后都会再现，直到选择“Exit”或按回车键结束命令。

各选项的意义如下。

(1)【拉伸面】

该命令是将选定的三维实体对象的面拉伸到指定的高度或沿某一路径进行拉伸。“面”可以用拾取其上的边、等值线或表面上一点的方法选取。当一个面被选中后，它将“高亮”显示。拉伸的操作效果如图17-26和图17-27所示。

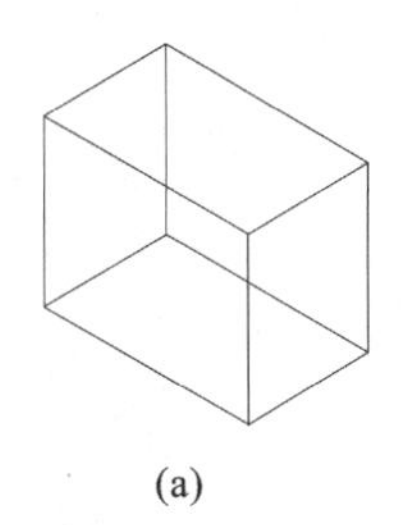
(a)

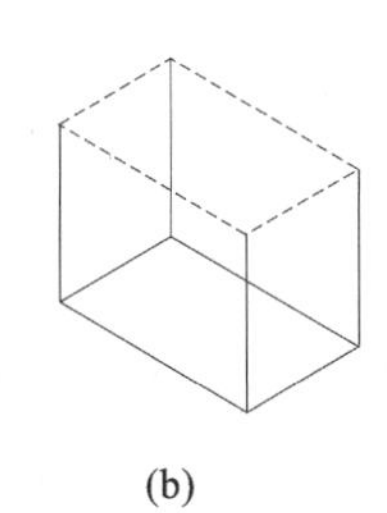
(b)

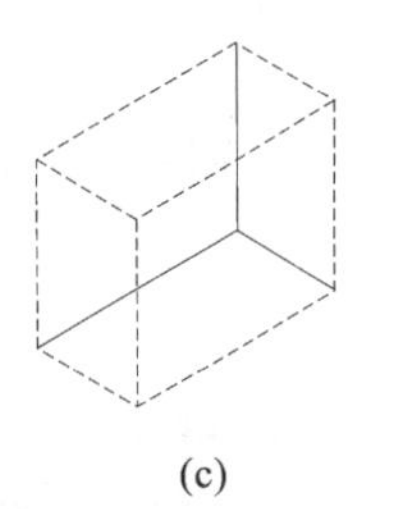
(c)

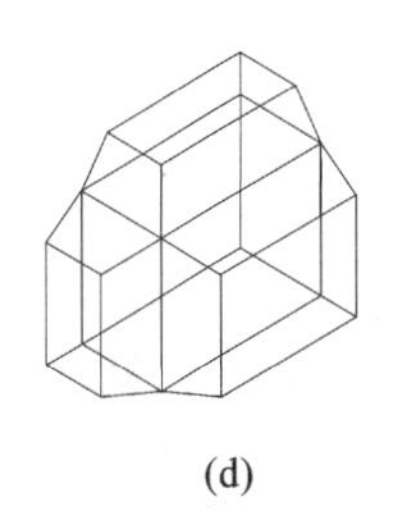
(d)

图17-26 沿Z轴拉伸的拉伸面

(a)原图；(b)沿Z轴拉伸；(c)选择三个拉伸面；(d)同时拉伸，倾角15°

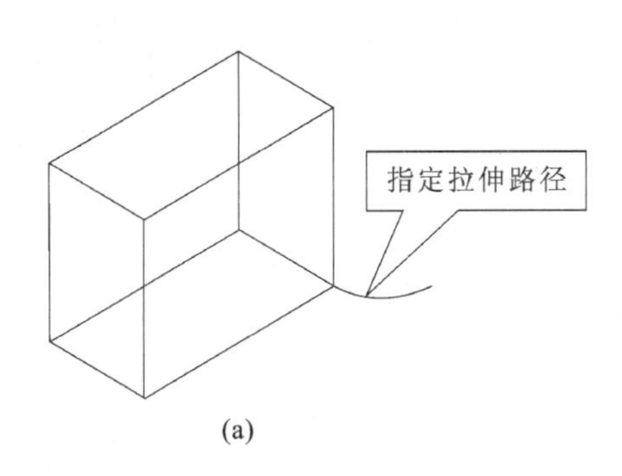

(a)

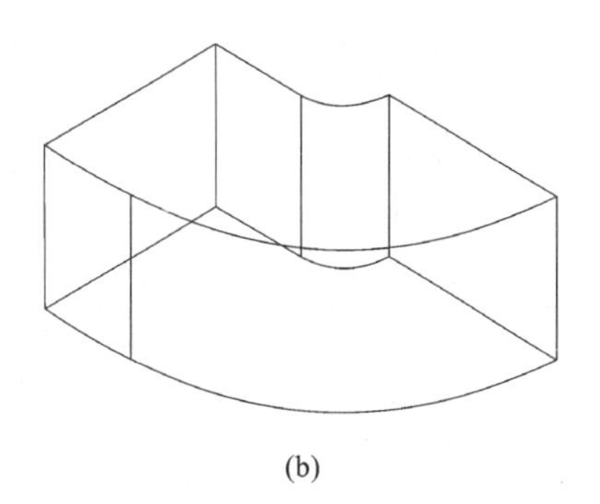
(b)

图17-27 沿路径轴拉伸的拉伸面

(a)原图；(b)沿路径轴拉伸

(2)【移动面】

该命令是沿指定的高度或距离移动选定的三维实体对象的面。“移动面”只能沿面本身的法线方向平移，而不能改变面的大小和方向，如图17-28所示。

(3)【偏移面】

该命令是垂直地将一个指定的面沿着法线方向均匀移动一个偏移量。如图17-29所示为偏移面操作。

(4)【旋转面】

该命令是旋转一个或几个面。程序在执行过程中，命令行会提示用户定义旋转轴。如图17-30所示，以“1”点和“2”点的连线作为旋转轴。

(5)【倾斜面】

该命令是使被选中的面倾斜。倾斜角度的旋转方向由选择基点和第二点(沿选定矢量)的顺序决定。图17-31所示为对长方体内的圆柱面进行倾斜操作后的效果。

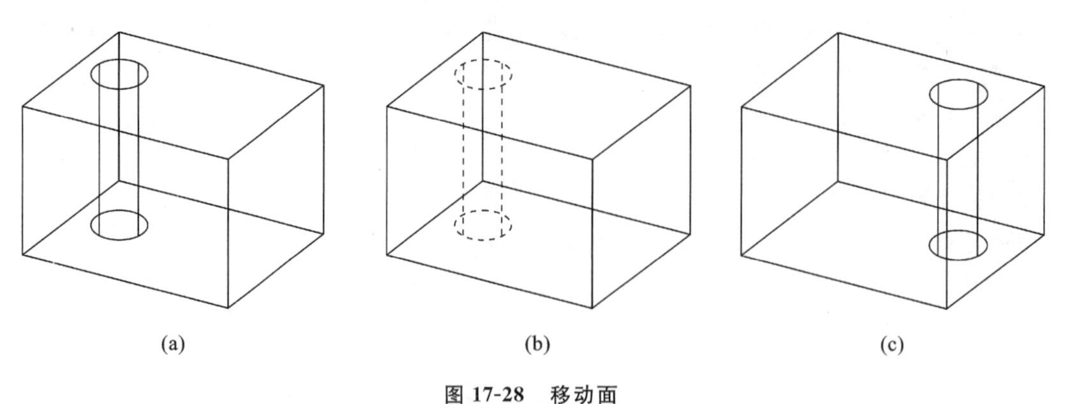

图 17-28　移动面

(a)原图;(b)选择移动面;(c)移动后的效果

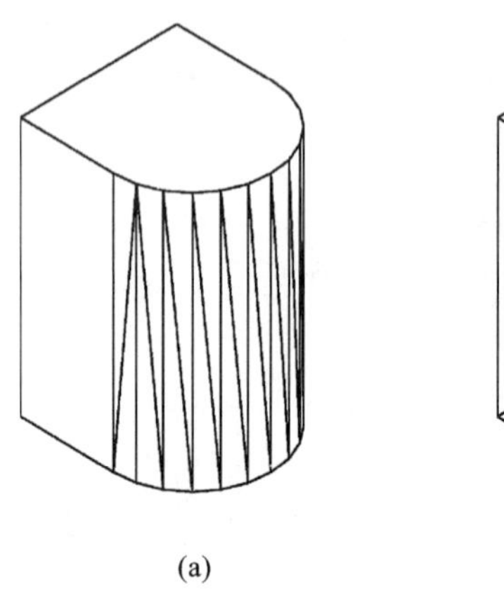

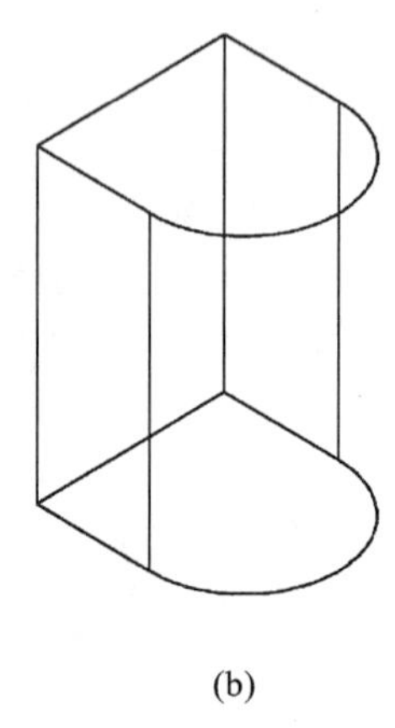

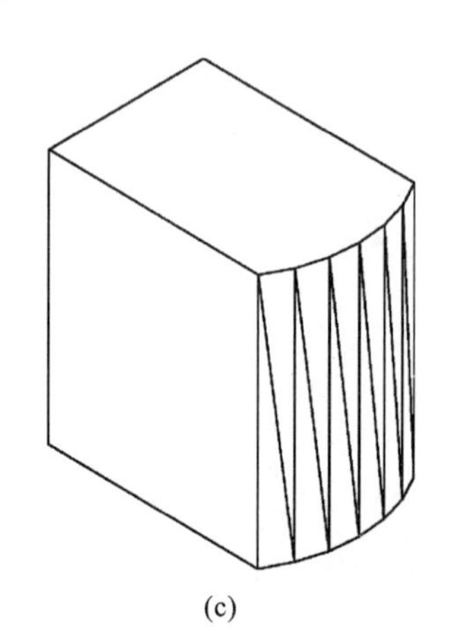

(a)　(b)　(c)

图 17-29　偏移面

(a)原图;(b)选择要偏移的面;(c)偏移后的效果

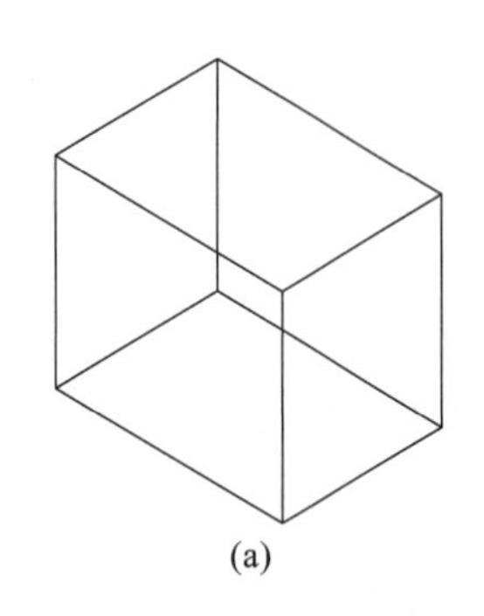

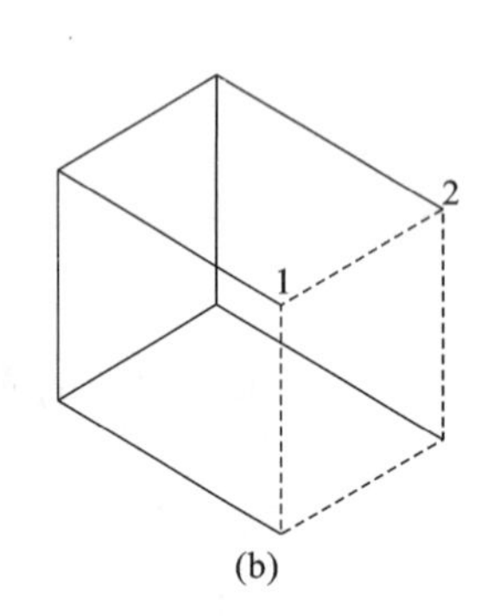

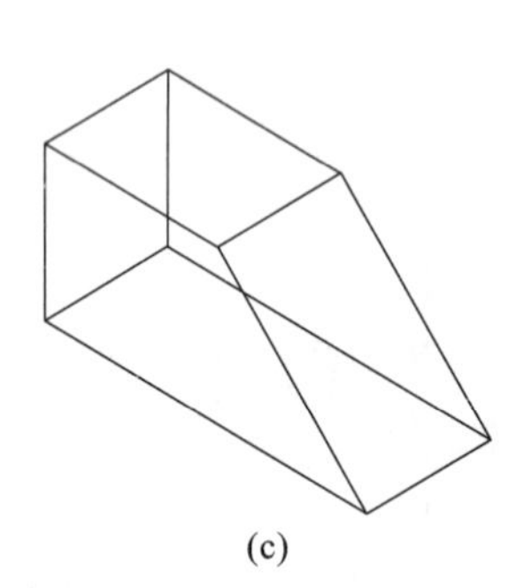

(a)　(b)　(c)

图 17-30　旋转面的操作效果(1、2 两点确定旋转轴)

(a)原图;(b)选择旋转面和旋转轴;(c)旋转后的效果

(6)【删除面】

该命令可将用户不需要的三维模型上的面去掉。当面被选中后,就会被删除掉,如图 17-32 所示。

(7)【复制面】

该命令用来复制所选中的面,其提示项类似于“COPY”命令的提示。需要注意的是,该命令复制的是“面”,而不是“三维实体”对象。因此,该命令不能复制圆孔或一个槽,但是可以复制它们的侧面,如图 17-33 所示。

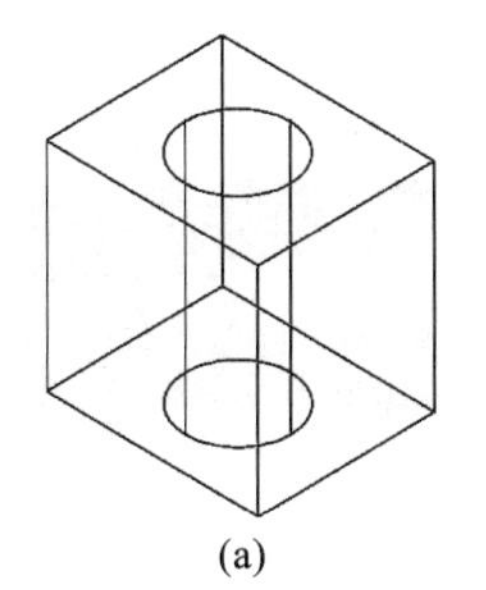
(a)

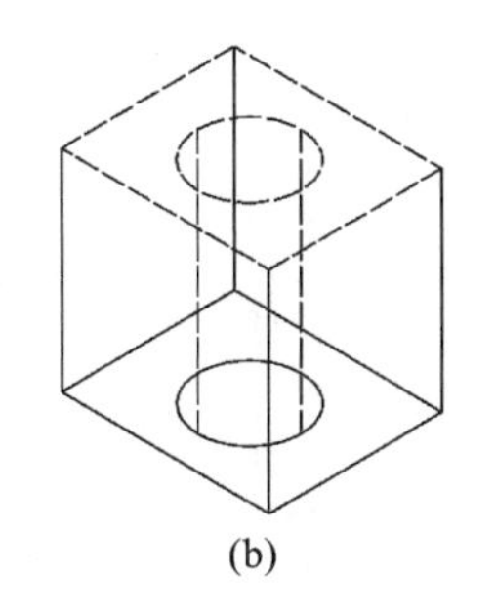
(b)

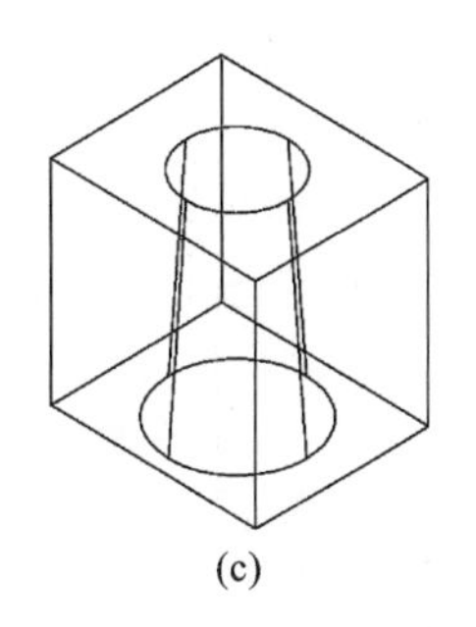
(c)

图 17-31　倾斜面的效果(倾斜角度为 5°)

(a)原图;(b)选择面;(c)倾斜的效果

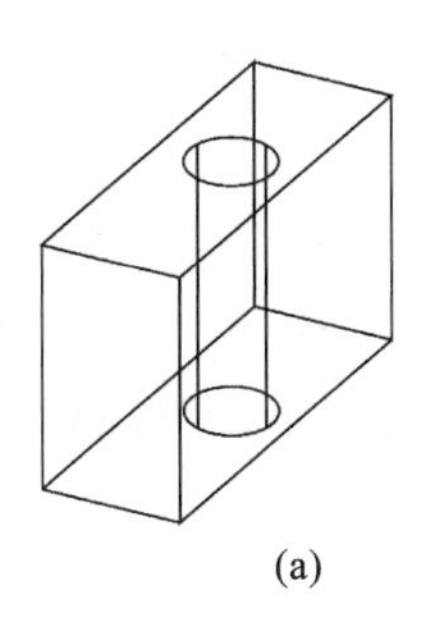
(a)

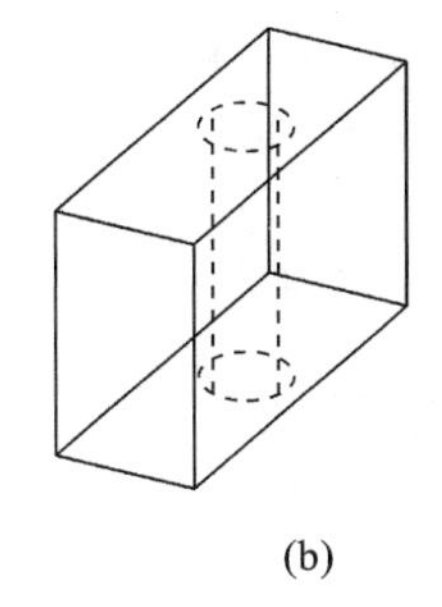
(b)

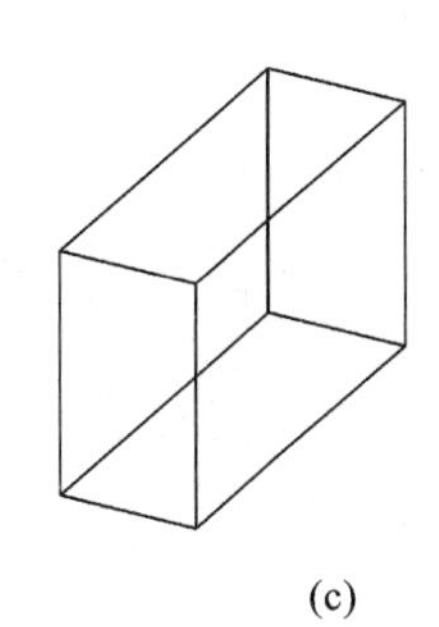
(c)

图 17-32　删除面操作的效果

(a)原图;(b)选择删除面;(c)删除后的效果

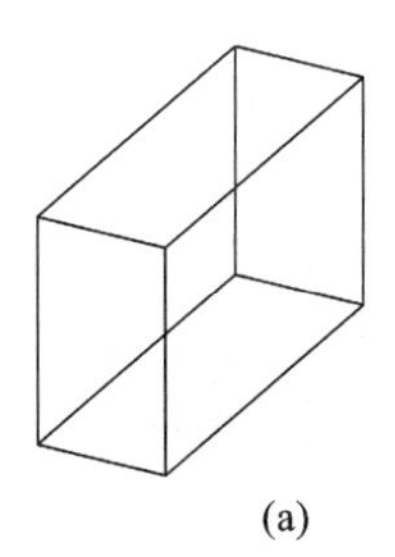
(a)

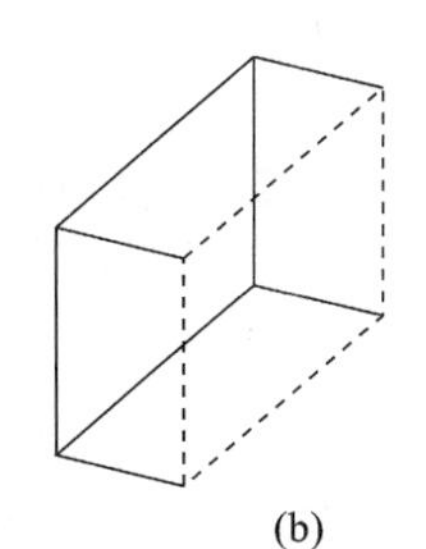
(b)

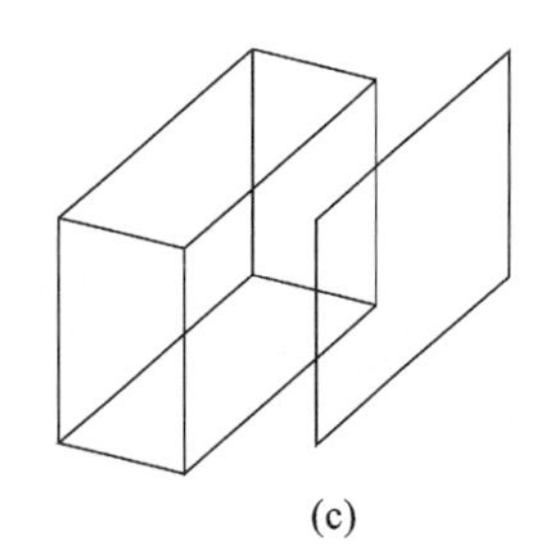
(c)

图 17-33　复制面操作的效果

(a)原图;(b)选择复制面;(c)复制后的效果

(8)【着色面】

该命令可单独设置三维模型上面的颜色,如图 17-34 所示。

17.6.4　实体边编辑

用户可以使用【修改】|【实体编辑】的子菜单进行实体边的复制、着色等操作。或者直接通过命令行输入“SOLIDEDIT”后,将出现如下提示。

命令:SOLIDEDIT ↵

实体编辑自动检查:SOLIDCHECK=1

输入实体编辑选项[面(F)/边(E)/体(B)/放弃(U)/退出(X)]

<退出>:B ↵(输入 E 进行实体边的编辑)

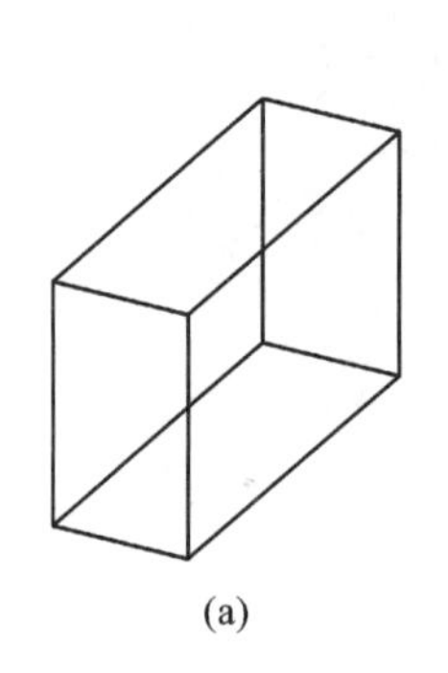
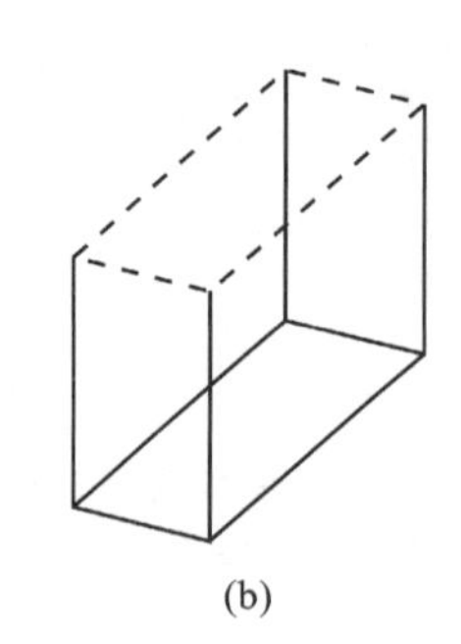
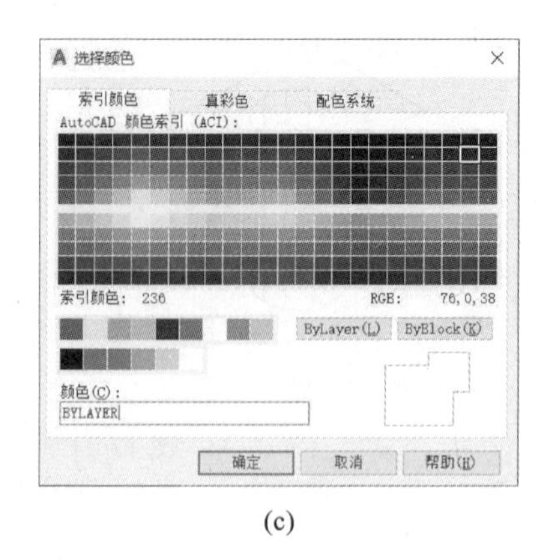

(a) (b) (c)

图 17-34 着色面操作

(a)原图;(b)选择着色面;(c)选择颜色对话框

输入体编辑选项[压印(I)/分割实体(P)/抽壳(S)/清除(L)/检查(C)/放弃(U)/退出(X)]＜退出＞:

体编辑是指在实体上压印其他几何图形,将实体分割为独立实体对象,以及抽壳、清除或检查选定的实体。

命令行中各选项的意义如下。

①【压印】:在选定的对象上压印一个对象。在 AutoCAD 软件的实体编辑中,压印的作用是将边和面添加到实体,组合对象和面,并创建边。我们可以通过压印圆弧、圆、直线、二维和三维多段线、椭圆、样条曲线、面域、体和三维实体,来创建三维实体上的新面。

②【分割实体】:用不相连的体将一个三维实体对象分割为几个独立的三维实体对象。

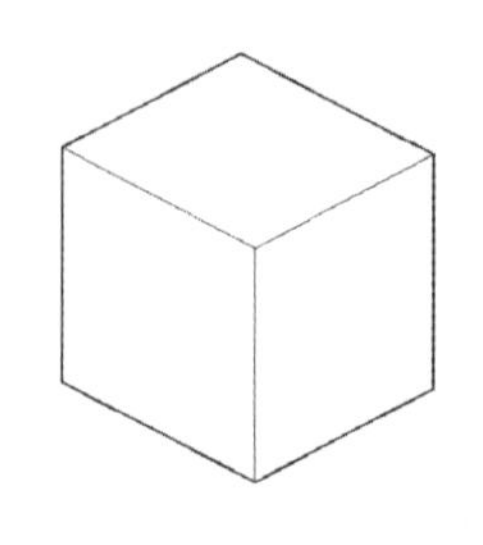
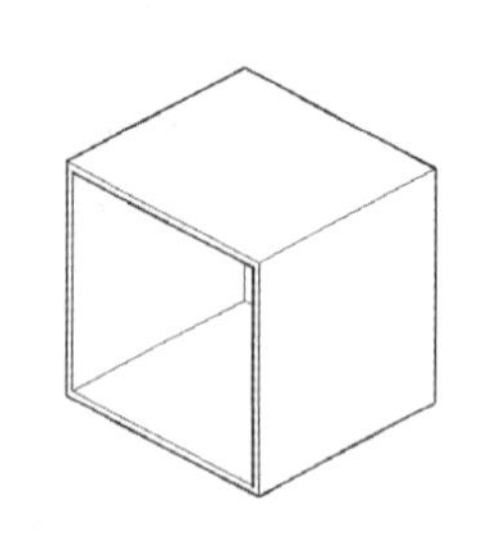

图 17-35 抽壳操作

③【抽壳】:抽壳是用指定的厚度创建一个空的薄层,如图 17-35 所示。用于将规则实体创建成中空的壳体,是三维实体造型中重要的命令之一,实际的设计中经常需要创建一些壳体,抽壳时会提示删除部分面以使抽壳后的空腔露出来。注意,删除需要删除的面以后,不要再删除其他面,否则可能导致一些面的丢失。另外,实体上有倒角或圆角的,要注意距离或半径不要小于抽壳厚度,否则可能抽壳失败。

④【清除】:删除共享边以及那些在边或顶点具有相同表面或曲线定义的顶点。删除所有多余的边和顶点、压印的以及不使用的几何图形。

⑤【检查】:验证三维实体对象是否为有效的“ShapeManager”实体,此操作独立于“SOLIDCHECK”设置。

⑥【放弃】:放弃编辑操作。

⑦【退出】:退出面编辑选项并显示“输入实体编辑选项”提示。

17.6.5 三维实体操作指令

17.6.4.1 移动三维实体

“3DMOVE”命令可以将移动约束到轴上,用户可以在功能区中【常用】|【修改】|【三维操作】|【三维移动】中进行命令操作或者直接在命令行中输入“3DMOVE”即可。该命令有两种操作方式:一种是

三维移动命令的方式，操作起来类似二维的移动，增加了一项约束轴的选择；另外一种操作方式是选中对象后进行移动，可以选中某个坐标轴或两个坐标轴，然后将移动约束到选中的坐标轴中。

17.6.4.2　旋转三维实体

"ROTATE3D"命令可以绕指定基点旋转对象。当前的 UCS 决定了旋转的方向。用户可以在功能区中【常用】|【修改】|【三维旋转】中进行命令操作或者直接在命令行中输入"ROTATE3D"即可。

用户可以通过"定点"或者以"[对象(O)/最近的(L)/视图(V)/X 轴(X)/Y 轴(Y)/Z 轴(Z)/两点(2)]"方式来定义旋转轴。

17.6.4.3　阵列三维实体

"3DARRAY"命令可以在三维空间创建矩形阵列和圆形阵列。和二维阵列相似，三维阵列中除了指定行数(X 方向)、列数(Y 方向)外，还要指定层数(Z 方向)。

调用该命令的方式如下。

①下拉菜单:【修改】|【三维操作】|【三维阵列】。

②命令行中:输入"3DARRAY"并回车。

17.6.4.4　镜像三维实体

"MIRROR3D"命令可以沿指定的镜像平面创建三维实体的镜像。

调用该命令的方式如下。

①功能区:【常用】| 按钮。

②下拉菜单:【修改】|【三维操作】|【三维镜像】。

③命令行中:输入"MIRROR3D"并回车。

用户可以同"指定镜像平面(三点)"或者指定"[对象(O)/最近的(L)/Z 轴(Z)/视图(V)/XY 平面(XY)/YZ 平面(YZ)/ZX 平面(ZX)/三点(3)]"作为镜像线。

17.6.4.5　对齐三维实体

"ALIGN"命令用于对齐二维或者三维实体。这个命令的操作方式与"对齐"有些区别，可以为源对象指定一个、两个或三个点，然后可以为目标指定一个、两个或三个点。将移动和旋转选定的对象，使三维空间中的源和目标的基点、X 轴和 Y 轴对齐。三维对齐可以用于配合动态 UCS(DUCS)，可以动态地拖动选定对象并使其与实体对象的面对齐。

调用该命令的方式如下。

①功能区:【常用】| 按钮

②下拉菜单:【修改】|【三维操作】|【三维对齐】。

③命令行中:输入"ALIGN"并回车。

AutoCAD 软件设定三对源点和目的点。第一对点确定对象移动的位置，第二对点确定对象的旋转，第三对点确定对象的倾斜。第一对点输入后，当提示输入源点时，任何时候都可按回车键中止命令。

17.6.4.6　缩放三维实体

"3DSCALE"命令用于在三维视图中显示三维缩放小控件以协助调整三维对象的大小。通过三维缩放小控件，用户可以沿轴、沿平面或统一调整对象的大小。

调用该命令的方式如下。

①功能区:【常用】| 按钮

②命令行中:输入"3DSCALE"并回车。

17.7 使用二维命令编辑三维实体

用户仍旧可以使用一些二维命令来编辑三维对象,如“COPY”“MIRROR”“MOVE”“ROTATE”“FILLET”和“CHAMFER”等命令。如图 17-36 表示了用二维命令处理三维实体的效果图。

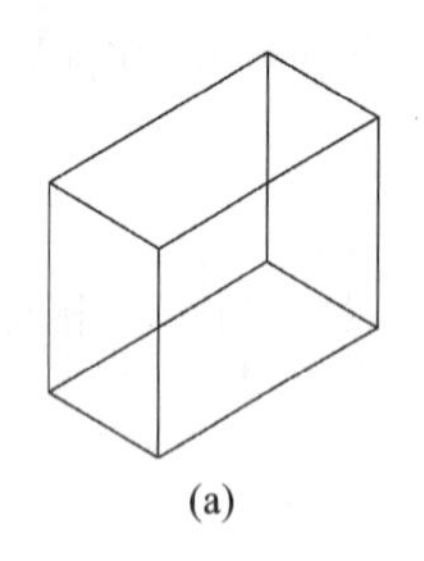
(a)

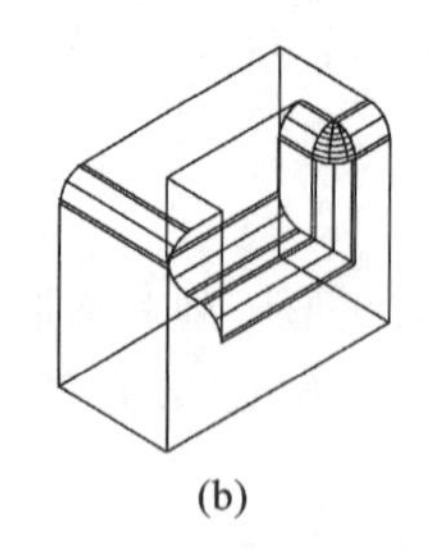
(b)

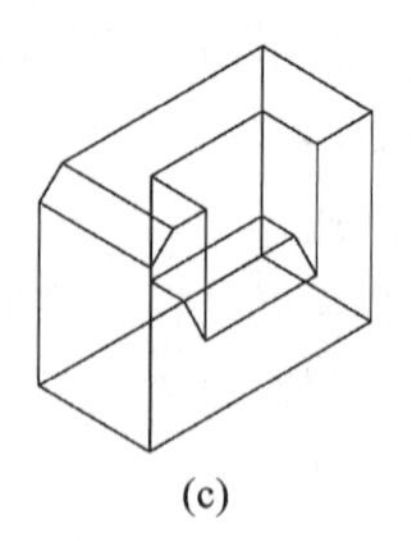
(c)

图 17-36 三维实体圆角和倒角

(a)原图;(b)圆角;(c)倒角

17.8 切割和剖切三维实体

(1)切割

“SECTION”命令创建一个剖切平面,生成的剖面是面域对象,面域的层属于当前层,面域与实体相分离,如图 17-37 所示。如果选取的实体多于一个,将为每一个实体分离出一个面域。剖切命令可将实体切开,切开面沿着指定的轴、平面或三点确定的面,切开后的实体沿切开面变成了两个,可以保留两个,也可以只保留一侧。

调用该命令的方法是在命令行中输入“SECTION”。

(2)剖切

“SLICE”命令的主要功能是在实体内创建截面面域,可以切开现有实体并移去指定部分,从而创建新的实体。如图 17-38 所示是切割和剖切三维实体的效果图,剖切面位于中轴线上。

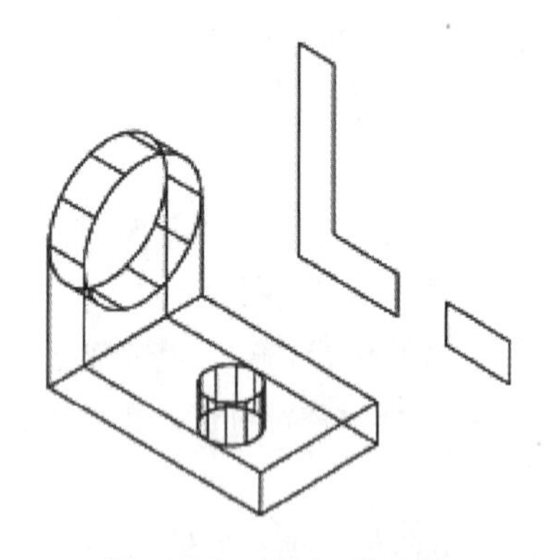

图 17-37 切割三维实体

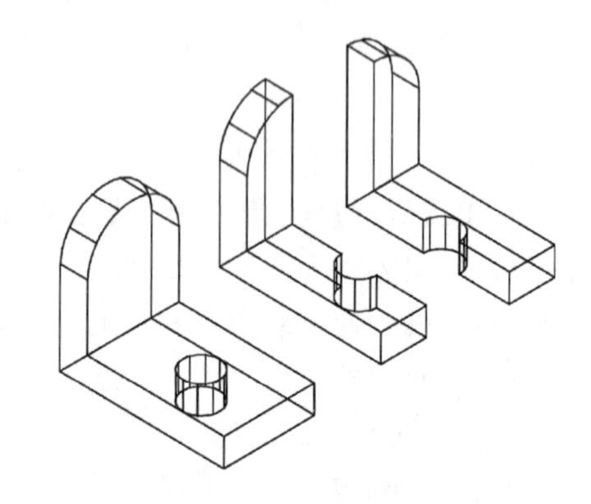

图 17-38 剖切三维实体

调用该命令的方式如下。

①功能区:【常用】| 按钮。

②下拉菜单:【修改】|【三维操作】|【剖切】。

②命令行中：输入“SECTION”并回车。

(3)截面平面

“SECTIONPLANE”命令是功能更强的截面命令，该命令可以创建截面对象，可以通过该对象查看三维对象创建的模型内部细节。

调用该命令的方式如下。

①功能区：【常用】|　按钮。

②命令行中：输入“SECTIONPLANE”并回车。

【思考与练习】

思考题

17-1　如何创建三个视口并为各视口创建新的坐标系？

17-2　熟悉消隐命令和重生成命令。

17-3　在楔形体上练习使用 UCS 中的原点、Z 轴、三点、面四个选项。

17-4　列出 8 个构造基本三维实体的命令，并解释为什么这些对象被称为基本三维实体。

17-5　列出三个布尔操作命令。

17-6　“SLICE”命令与“SECTION”命令有何不同？

上机操作

17-1　通过变换 UCS，绘制如图 17-39 所示的图形。

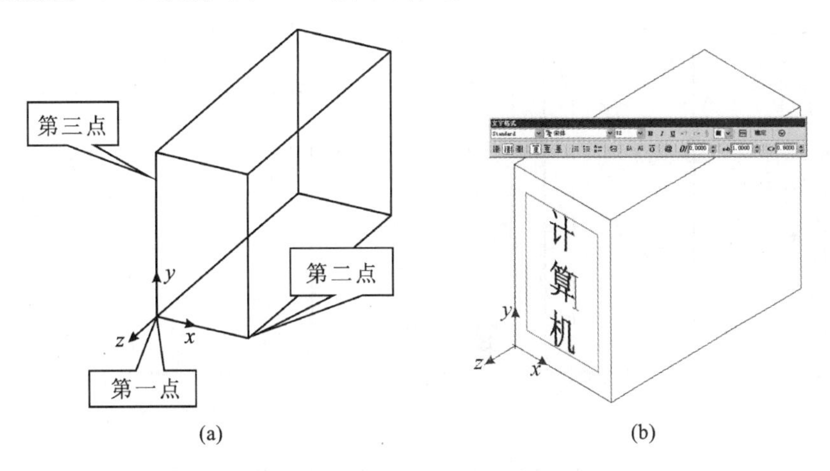

图 17-39　三维绘图示例一

操作的基本过程如下。

①单击下拉菜单【视图】|【三维菜单】|【西南等轴测】，使当前视图为西南等轴测。

②在命令行中输入“BOX”绘制长方体。命令行中出现如下提示。

指定长方体的角点或[中心点(CE)]<0,0,0>：(长方体的长、宽、高分别为 100、50、80)

③在命令行中输入“HIDE”命令消隐图形。

④在命令行中输入“UCS”命令新建用户坐标系，命令行中出现如下提示。

当前 UCS 名称：* 世界 *

输入选项

[新建(N)/移动(M)/正交(G)/上一个(P)/恢复(R)/保存(S)/删除(D)/应用(A)/？/世界(W)]

＜世界＞:n ↵(新建坐标系)

指定新 UCS 的原点或[Z 轴(ZA)/三点(3)/对象(OB)/面(F)/视图(V)/X/Y/Z]＜0,0,0＞:3 ↵ [采用 3 点方式创建坐标系,第一点指定原点,第二点在正 X 轴范围上指定点,第三点在 UCS 的 XOY 平面的正 Y 轴范围上指定点,如图 17-39(a)所示]

⑤在用户坐标系的 XOY 平面上创建文字“计算机”,如图 17-39(b)所示。

⑥用图样的方法创建用户坐标系,如图 17-40 所示。体会图 17-40(a)中第二点设置方法的差别。

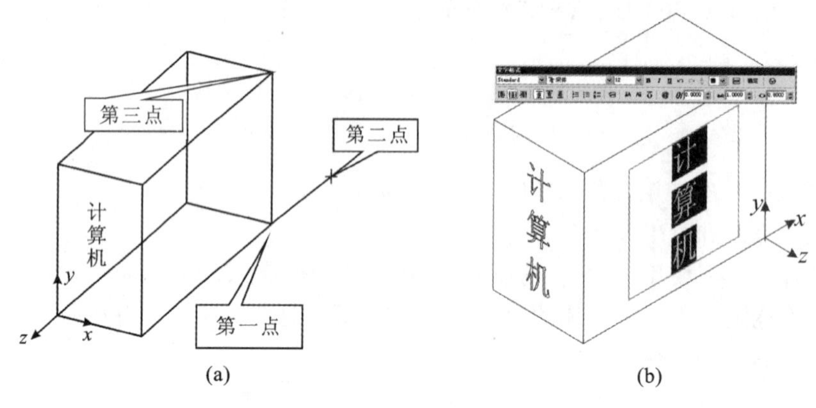

图 17-40 三维绘图示例二

17-2 绘制如图 17-41 所示的建筑模型。

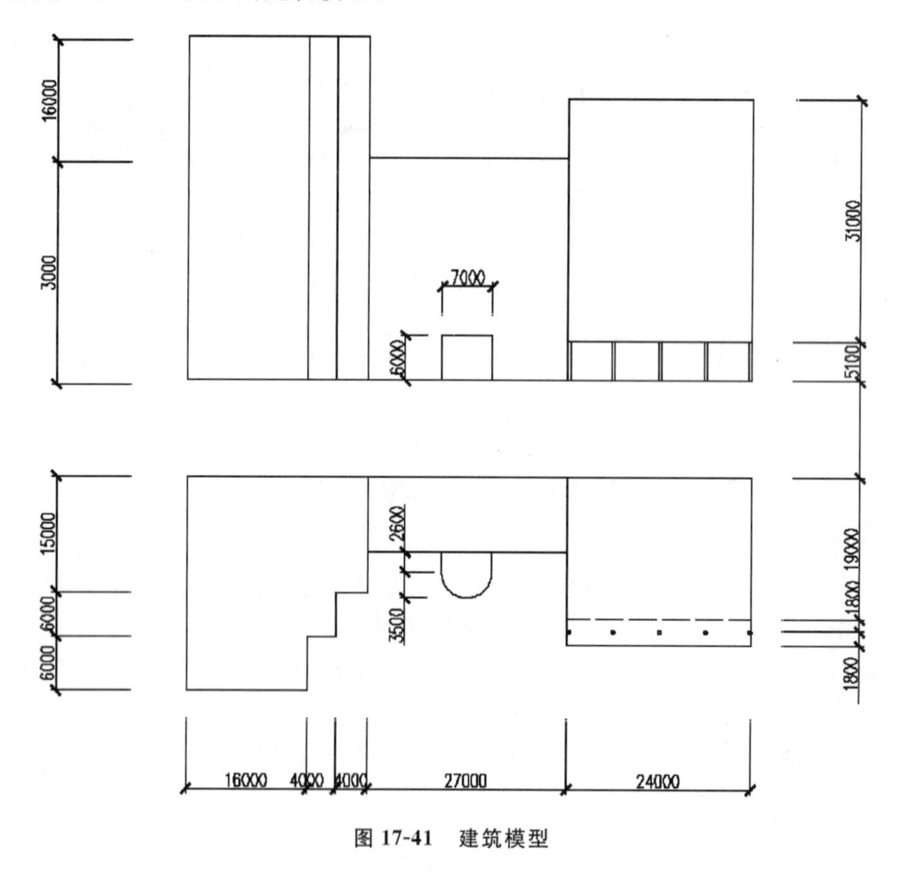

图 17-41 建筑模型

第18章　AutoCAD软件出图

当制图工作完成后，接下来需要进行打印输出。在此之前，通常需要对图纸进行排版，即规划视图的位置与大小，将不同比例的视图安排在一张图纸上并对它们标注尺寸，给图纸加上图框、标题栏、文字注释等内容。然后通过打印机或绘图仪出图。

18.1　图形输出的基本知识

18.1.1　模型空间和图纸空间

模型空间中的模型是指在AutoCAD软件中用绘制与编辑命令生成的代表真实物体的对象，而模型空间是指建立模型时对象所处的AutoCAD软件环境。在模型空间里，用建立的模型来表示二维或三维物体的造型，除标注必要的尺寸和文字说明外，还可以全方位地显示图形对象。

图纸空间的图纸与真实的图纸相对应，图纸空间主要用来完成图形输出的图纸布局及打印。在图纸空间中可以把模型对象不同方位的显示视图按合适的比例在图纸上表示出来，还可以定义图纸的大小、生成图框和标题栏。模型空间中的三维对象在图纸空间中是用其在平面上的投影来表示的。

启动AutoCAD软件后，默认状态为模型空间，绘图窗口下面的【模型】按钮处于激活状态，而图纸空间是关闭的。单击【布局】选项卡即可切换到图纸空间，规划视图的位置和大小，也就是将在模型空间中不同视角下产生的视图或具有不同比例因子的视图在一张图纸上表现出来。

在实际工作中，常需要在图纸空间与模型空间之间作相互切换。切换方法很简单，单击绘图区域下方的布局及模型选项卡即可。

18.1.2　配置打印机或绘图仪

AutoCAD软件支持多种打印机和绘图仪，将有关介质和打印设备的信息保存在打印机配置文件中，该文件扩展名为“.PC3”。AutoCAD软件在【打印】和【页面设置】对话框中都列出了针对Windows配置的打印机或绘图仪。因此，在一般情况下，不需要添加或配置打印机。如果要在非系统打印机(绘图仪)上打印或在系统打印机上使用其他与Windows应用程序不同的配置，则需要配置打印机或绘图仪。

(1)启动“Autodesk”绘图仪管理器的方法

①命令行:输入“PLOTTERMANAGER”并回车。

②下拉菜单:【文件】|【绘图仪管理器】或【应用程序按钮】|【打印】|【绘图仪管理器】。

(2)添加和配置非系统打印机的步骤

①打开【Autodesk绘图仪管理器】，如图18-1所示。

②在【Plotters】中列出了所有可用的非系统绘图仪配置文件(PC3)。双击【添加绘图仪向导】图标，打开【添加绘图仪-简介】对话框，如图18-2所示。

③单击【下一步】按钮，打开【添加绘图仪-开始】对话框，如图18-3所示。

图 18-1 "Autodesk"绘图仪管理器

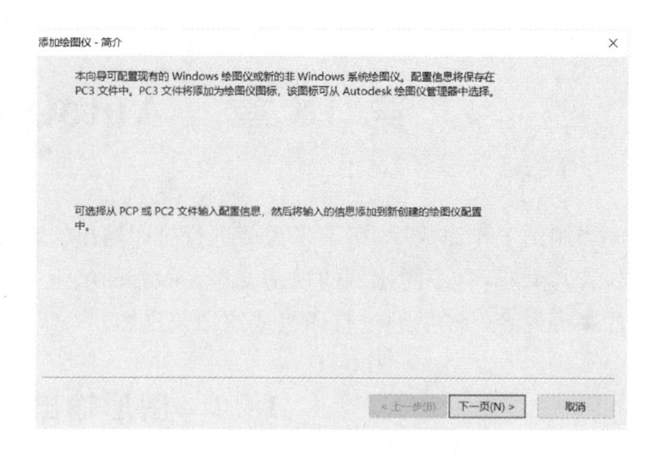

图 18-2 【添加绘图仪-简介】对话框

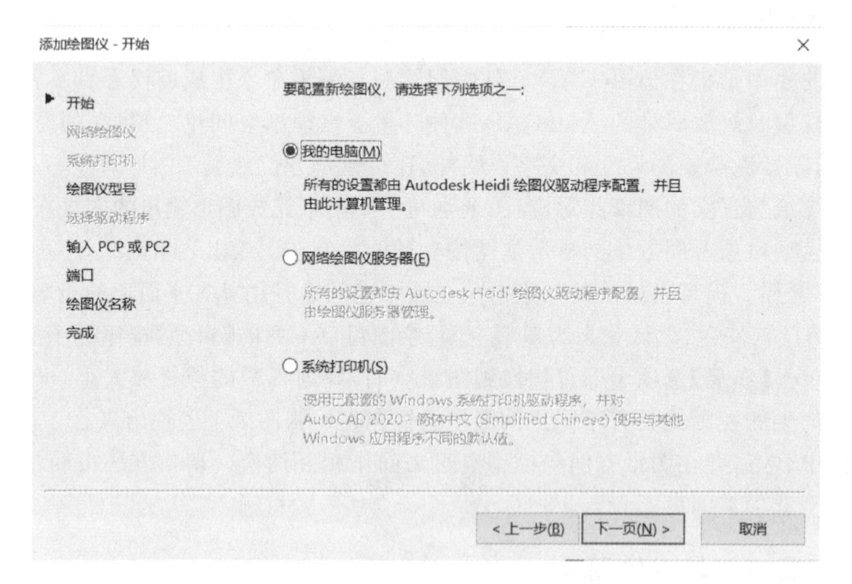

图 18-3 【添加绘图仪-开始】对话框

④在对话框中选择【我的电脑】，然后单击【下一步】按钮，打开如图 18-4 所示的【添加绘图仪-绘图仪型号】对话框。

⑤在生产商和型号列表框中选择相应的厂商和型号后，单击【下一步】按钮，打开如图 18-5 所示的【添加绘图仪-输入 PCP 或 PC2】对话框。

⑥单击【输入文件】按钮可以输入早期版本的绘图仪配置信息，完成后单击【下一步】按钮，打开如图 18-6 所示的【添加绘图仪-端口】对话框。

⑦选择绘图仪使用的端口，然后单击【下一步】按钮，打开如图 18-7 所示的【添加绘图仪-绘图仪名称】对话框。

⑧输入绘图仪的名称后单击【下一步】按钮，打开如图 18-8 所示的【添加绘图仪-完成】对话框。在这里可以单击【编辑绘图仪配置】按钮来修改打印机的默认设置，或单击【校准绘图仪】按钮，对新配置的绘图仪进行校准测试。然后单击【完成】按钮，退出添加绘图仪向导。新配置的绘图仪的 PC3 文件会显示在"Plotters"窗口中。

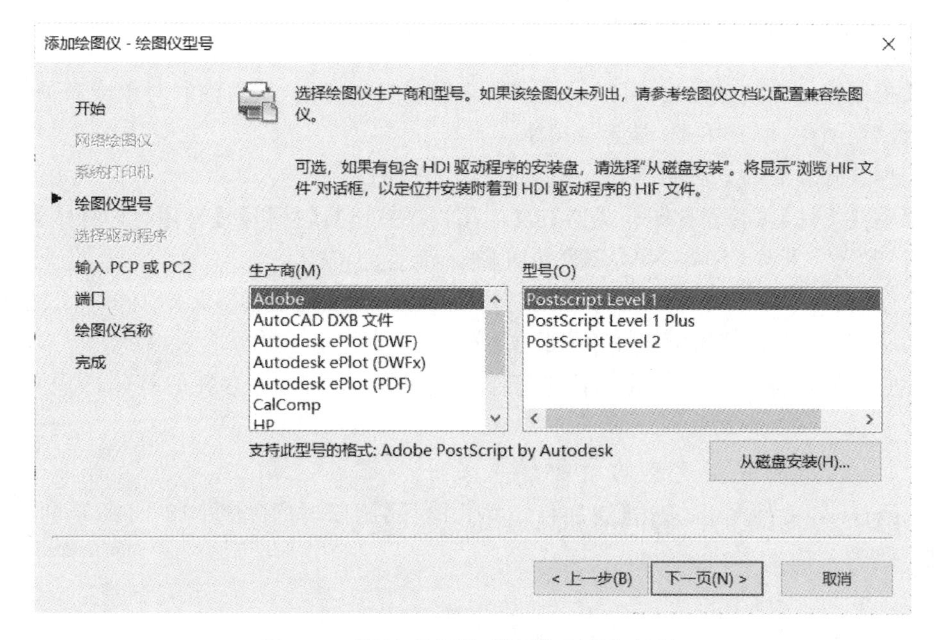

图 18-4　【添加绘图仪-绘图仪型号】对话框

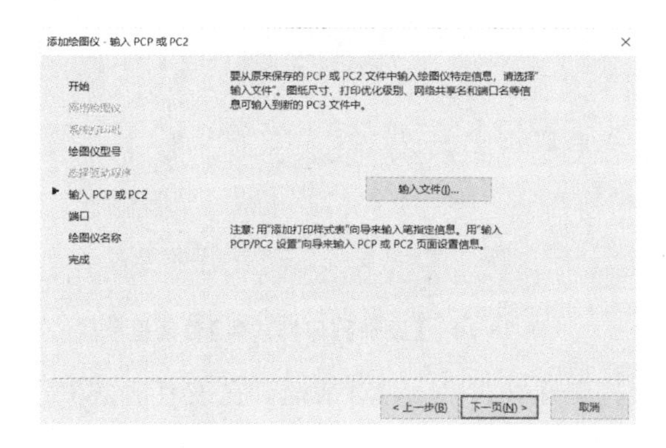

图 18-5　【添加绘图仪-输入 PCP 或 PC2】对话框

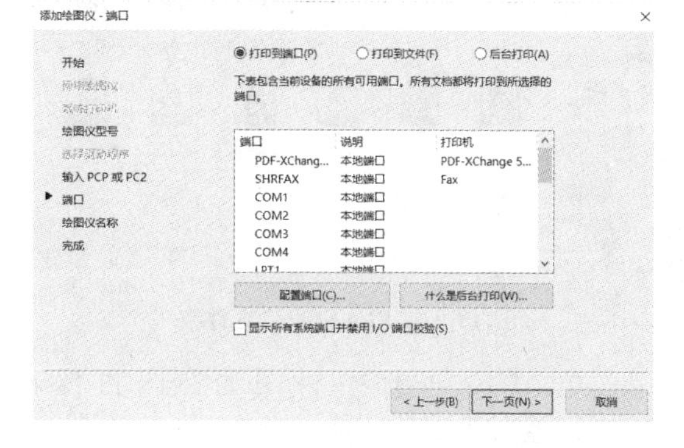

图 18-6　【添加绘图仪-端口】对话框

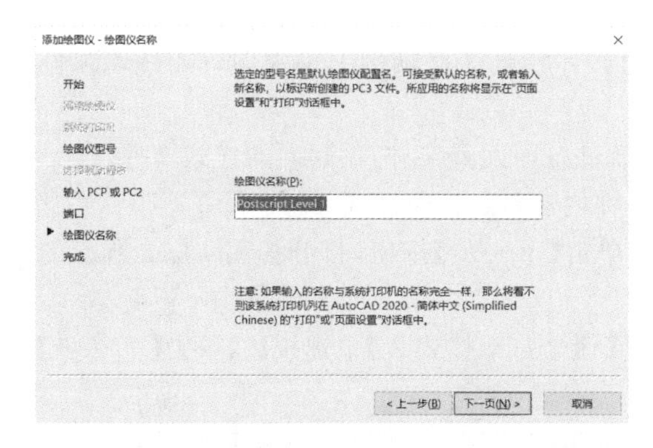

图 18-7　【添加绘图仪-绘图仪名称】对话框

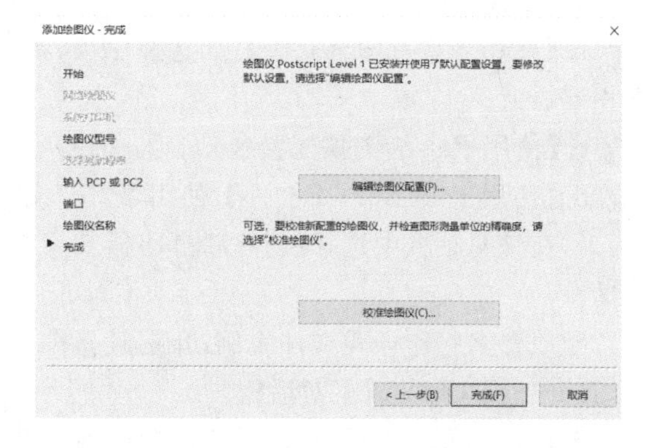

图 18-8　【添加绘图仪-完成】对话框

18.1.3 创建和编辑打印样式

打印样式控制输出的结果样式,可以根据需要来确定打印特性,从而控制对象或布局的打印方式,如设置线宽、线型、颜色、填充样式、端点样式等。

启动打印样式管理器的方法如下。

①下拉菜单:【文件】|【管理打印样式器】或【应用程序按钮】|【打印】|【管理打印样式】。

②命令行:输入"STYLESMANAGER"并回车。

执行该命令后,屏幕上出现"Plot Styles"文件夹,如图 18-9 所示。"Plot Styles"文件夹列出了当前正在使用的 AutoCAD 软件的所有打印样式文件。

双击添加打印样式表向导图标,可以添加打印样式表,或者双击已存在的打印样式文件图标编辑打印样式。

18.1.3.1 利用向导创建新的打印样式文件

①在"Plot styles"文件夹中,双击【添加打印样式向导】图标,打开如图 18-10 所示的【添加打印样式表】对话框。

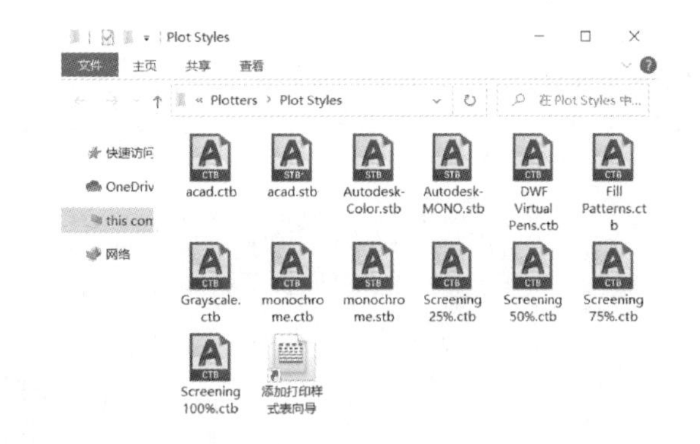

图 18-9 "Plot Styles"文件夹

图 18-10 【添加打印样式表】对话框

②单击【下一步】按钮,打开如图 18-11 所示的【添加打印样式表-开始】对话框。在该对话框中,用户可以选择创建打印样式的方式。

其中各项意义如下。

a.【创建新打印样式表】:从头创建新的打印样式表。

b.【使用现有打印样式表】:如选择该项,将与在原有打印样式文件基础上创建的打印样式文件基本相同。

c.【使用 R14 绘图仪配置(CFG)】:使用 AutoCAD 软件打印配置文件,创建新的样式文件。

d.【使用 PCP 或 PC2 文件】:使用"PCP"或"PC2"文件创建新的打印样式文件。

③在该对话框中选择【创建新打印样式表】单选框,单击【下一步】按钮,打开如图 18-12 所示的对话框。

④以命名打印样式文件为例,介绍其操作过程,选择【命名打印样式表】单选按钮,单击【下一步】按钮,打开如图 18-13 所示对话框。

⑤该对话框要求用户输入文件名称,然后单击【下一步】按钮,打开如图 18-14 所示的对话框。

⑥单击【打印样式表编辑器】按钮,将打开"打印样式编辑器"对话框,在后面有详细介绍,最后单击【完成】按钮结束设置。

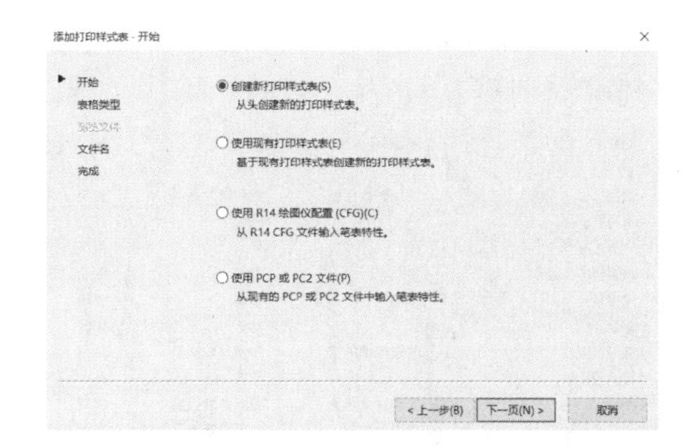

图 18-11　【添加打印样式表-开始】对话框

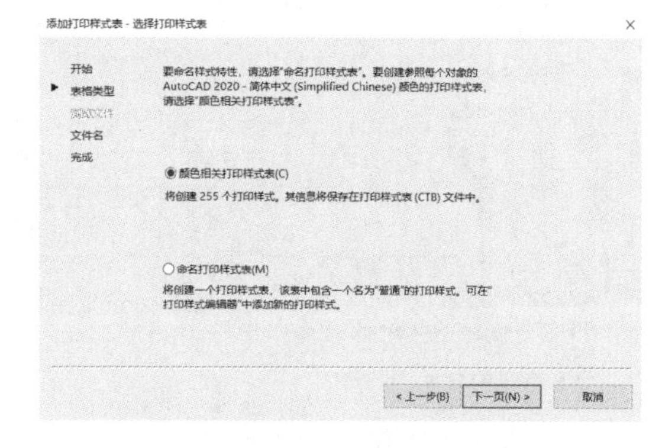

图 18-12　【选择打印样式表】对话框

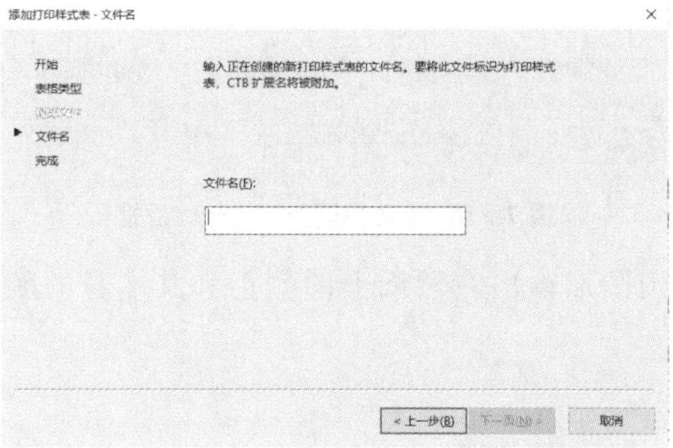

图 18-13　【添加打印样式表-文件名】对话框

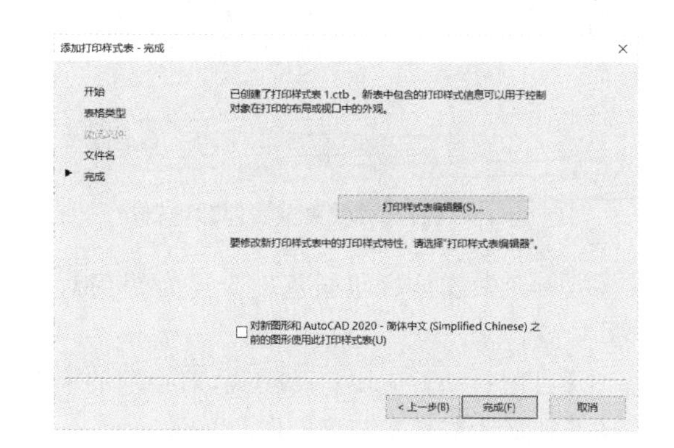

图 18-14　【添加打印样式表-完成】对话框

18.1.3.2　在原有打印样式基础上设置新打印样式

利用原有打印样式文件可以设置新的打印样式，在“Plot Styles”文件夹中双击一个打印样式文件，例如双击“acad.ctb”打开【打印样式表编辑器】对话框，如图 18-15 所示。在该对话框中有 3 个选项卡，其各项意义如下。

(1)【常规】选项卡

该选项卡列出了所选打印样式文件的总体信息，如图 18-15 所示。

①【打印样式表文件名】：显示所打开的打印样式文件名。

②【说明】：在该文本框内可输入打印样式文件的描述信息。

③【文件信息】：列出文件的相关信息。

④【向非 ISO 线型应用全局比例因子】：选择该复选框，可以为当前打印样式下所有的非标准线型设置统一的比例系数。

⑤【比例因子】：该文本框只有当【向非 ISO 线型应用全局比例因子】复选框被选中时才有效，用来输入比例系数。

(2)【表视图】选项卡

该选项卡以表格的形式列出了打印样式文件下所有的样式，如图 18-16 所示。

该选项卡中的各项意义如下。

①【名称】：实体本身的颜色。

②【说明】：不同颜色的打印样式描述信息。

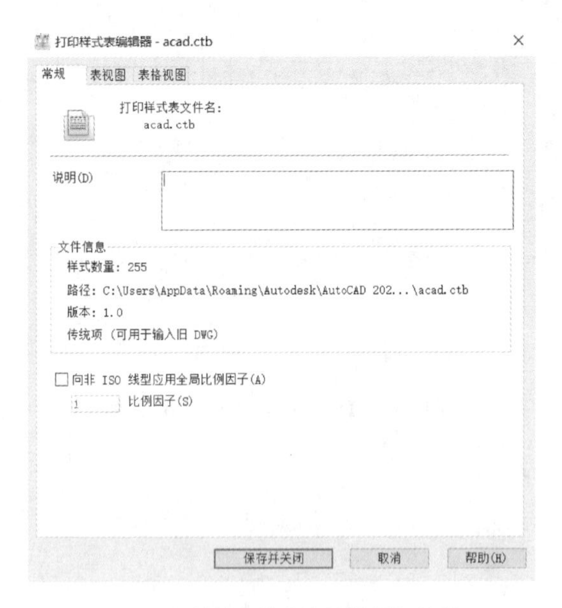

图 18-15 【打印样式表编辑器】对话框

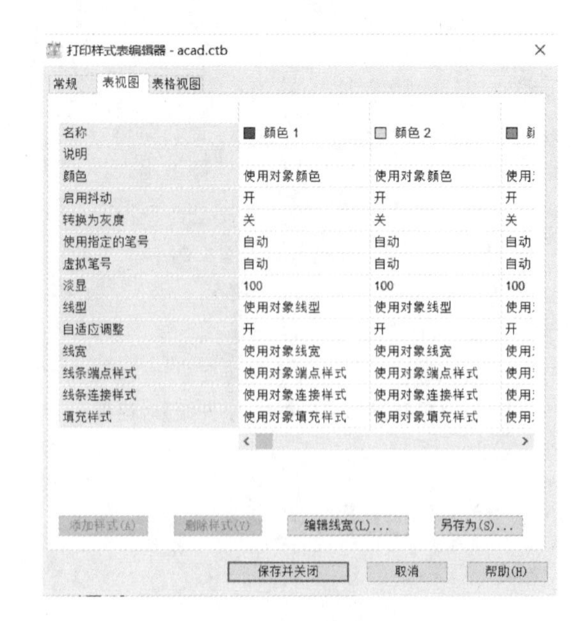

图 18-16 【表视图】选项卡对话框

③【颜色】:实体打印颜色。若设为使用对象颜色,则图形输出在图纸上的颜色和其本身的颜色相同。

④【启用抖动】:应用抖动模式,即绘笔的模糊设定。

⑤【转换为灰度】:灰度打印。

⑥【使用指定的笔号】:该项目只对笔式绘图仪有效。

⑦【虚拟笔号】:介于 1～255 之间,当非笔式绘图仪模拟笔式绘图仪时用此选项,当该项为 0 或自动时,AutoCAD 软件将使用颜色号作为虚拟笔号。

⑧【淡显】:该选项以百分比的形式控制打印的深浅度。

⑨【线型】:打印线型。

⑩【自适应调整】:线型比例校正。该项内对于每一种打印样式都分别有一个复选框。选择该选项,在输出图形时,AutoCAD 软件将自动调整线型比例,使非实线线条的交点均为实交点。

⑪【线宽】:设置打印线宽。

⑫【线条端点样式】:设置线条端点模式。

⑬【线条连接样式】:设置线条交点模式。

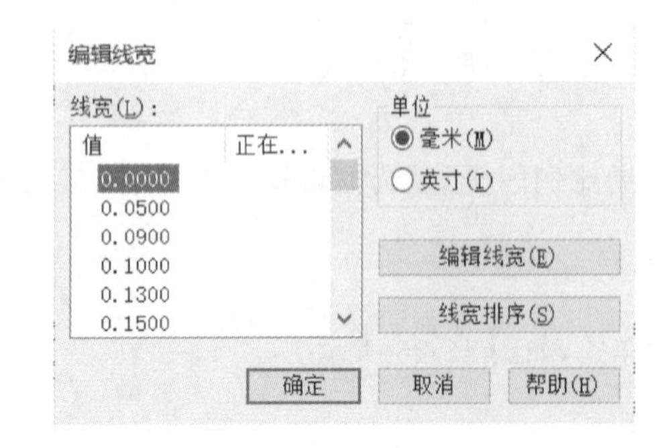

图 18-17 【编辑线宽】对话框

⑭【填充样式】:该选项用来选择图形实体绘制时的填充图样,主要针对笔画较宽的线条。默认方式为使用实体本身的填充样式。

⑮【添加样式】:该按钮在编辑“*.ctb”文件时无效。

⑯【删除样式】:该按钮在编辑“*.ctb”文件时无效。

⑰【编辑线宽】:用户在使用线宽选项更改某一打印样式的线条宽度时,下拉列表框中的线宽值是由

AutoCAD 软件预设的，用户可在下拉列表框中进行选择。如果该列表框中没有合适的线宽，可使用该按钮将所需线宽添加到下拉列表框中。单击该按钮，将弹出如图 18-17 所示的对话框，在该对话框中可添加新的线宽并将之排序。

⑱【另存为】:修改后的打印样式文件重新命名存盘。打印样式文件通常都保存在 AutoCAD 软件安装目录下的“Plot Styles”子目录中。

(3)【表格视图】选项卡

与【表视图】选项卡基本一致，只是将打印样式的特性选项由列表的形式改变为下拉列表框。

修改完毕，重新命名并保存后，该文件会出现在“Plot styles”文件夹中。

18.2 从模型空间打印图形

如果仅仅是创建具有一个视图的二维图形，可以在模型空间中完整创建图形并对图形进行注释，并且直接在模型空间中进行打印，而不使用布局选项卡。这是使用 AutoCAD 软件创建图形的传统方法。

18.2.1 从模型空间打印图形的步骤

启动【打印-模型】对话框的方法如下。

①功能区:【打印】| 按钮。

②下拉菜单:【文件】|【打印】或【应用程序按钮】|【打印】。

③命令行:输入“PLOT”并回车。

在模型空间执行该命令后弹出【打印-模型】对话框，如图 18-18 所示。执行步骤如下。

①如果在【页面设置管理器】中定义过页面设置，则通过【页面设置】区的【名称】下拉列表即可选用，否则需要在这一对话框中进行一些设置。

②从【打印机/绘图仪】选项区域的【名称】下拉列表中选择系统打印机，如果要查看或修改打印机的配置信息，可单击【特性】按钮打开【绘图仪配置编辑器】对话框进行设置，如图 18-19 所示。若要将图形输出到文件，则应选中【打印到文件】复选框。

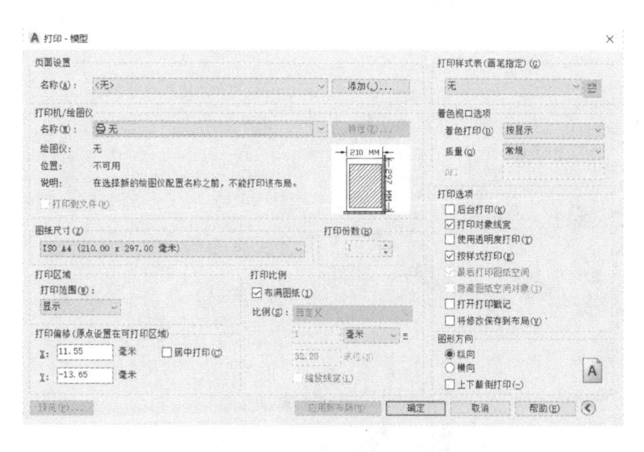

图 18-18 【打印-模型】对话框

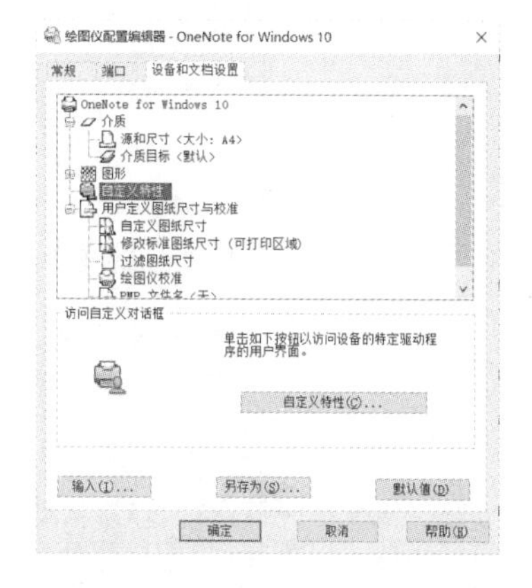

图 18-19 【绘图仪配置编辑器】对话框

③在【图纸尺寸】下拉列表中，确定图纸尺寸的大小；在【打印份数】编辑框中确定打印的份数。

④在【打印区域】选项区域中确定打印范围。默认设置为【布局】(当【布局】选项卡被激活时)，或为

【显示】(当【模型】选项卡被激活时)。其中各项意义如下。

a.【布局】:表示图纸空间的当前布局。

b.【窗口】:表示用开窗的方式在绘图区域指定打印范围。

c.【显示】:表示当前绘图窗口显示的内容。

d.【图形界限】:表示模型空间或图纸空间【图形界限】(limits)命令定义的绘图界限。

⑤在【打印比例】选项组的【比例】下拉列表中选择标准缩放比例,或在下面的编辑框中输入自定义值。布局空间的默认比例为1∶1,模型空间的默认比例为【按图纸空间缩放】。

⑥在默认情况下,线宽用于指定对象图线的宽度,并按其宽度进行打印,与打印比例无关。若要按打印比例缩放线宽,则需选择【缩放线宽】复选框。如果图形要缩小为原尺寸的一半,则打印比例为1∶2,这时线宽也将随之缩放。

⑦在【打印偏移】选项区域输入【X】、【Y】的偏移量,以确定打印区域相对于图纸原点的偏移距离。如选中【居中打印】复选框,则AutoCAD软件可以自动计算偏移值,并将图形居中打印。

⑧在【打印样式表】下拉列表中选择所需要的打印样式表,单击按钮,可以在打开的【打印样式表编辑器】对话框中查看或修改打印样式。当在下拉列表框中选择【新建】选项时,将打开【添加颜色相关打印样式表】向导来创建新的打印样式表(见第18.1.3节)。

⑨在【着色视口选项】选项区域,可从【质量】下拉列表中选择打印精度。如果要打印一个包含三维着色实体的图形,还可以控制图形的着色打印模式,其中各项意义如下。

a.【按显示】:按显示打印图形,保留所有着色。

b.【线框】:显示直线和曲线,以表示对象边界。

c.【消隐】:不打印位于其他对象之后的对象。

d.【渲染】:根据打印设置的【渲染】选项,在打印前对对象进行渲染。

⑩在【打印选项】区域,选择或清除【打印对象线宽】复选框,以控制是否按线宽打印图线的宽度。若选中【按样式打印】复选框,则使用为布局或视口指定的打印样式进行打印。若选中【打开打印戳记】复选框,则在其右边出现【打印戳记设置】图标按钮。单击这一按钮,打开【打印戳记】对话框,如图18-20所示,可以为要打印的图纸设计戳记的内容和位置。

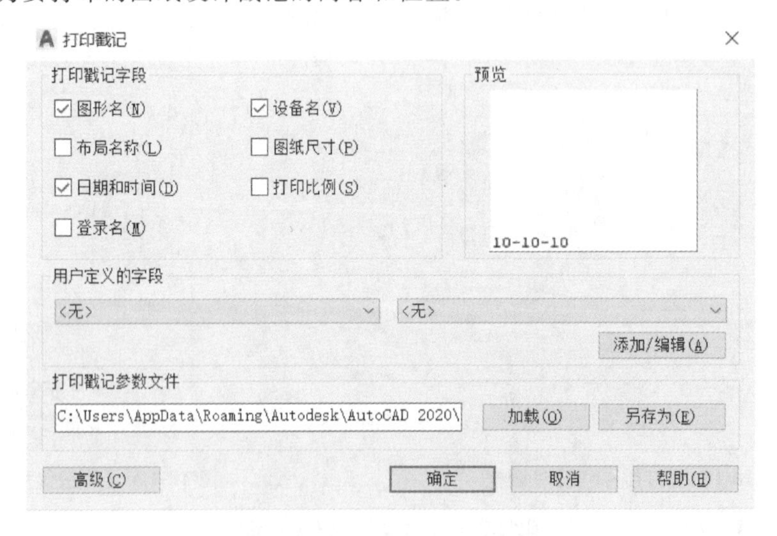

图18-20 【打印戳记】对话框

⑪ 在【图形方向】选项区域确定图形在图纸上的方向。

⑫ 单击【预览】按钮，即可按图纸上将要打印出来的样式显示图形。单击鼠标右键，从激活的快捷菜单中选择【退出】命令或按“Esc”键，即可回到【打印-模型】对话框，继续进行调整。

⑬单击【应用到布局】按钮，则当前【打印-模型】对话框中的设置将被保存到当前布局。

⑭ 单击【确定】按钮，即可从指定设备输出图纸。

18.2.2 从模型空间打印图形的示例

在模型空间打印如图 18-21 所示图形。

①单击 按钮，弹出如图 18-22 所示的对话框。如果已经打印过图形，在【页面设置】的下拉列表里有【上一次打印】，如图 18-23 所示。此时直接选择这一项，则打印机、纸张大小、打印区域等都和上一次设置相同，无须重新设置。此选项适用于设置基本相同的打印，只需做个别改动。如果电脑安装的打印机可以通过【配置打印机或绘图仪】将连接的打印机添加到打印机名称列表里（见第 18.1.2 节内容），则通过下拉列表选择即可。

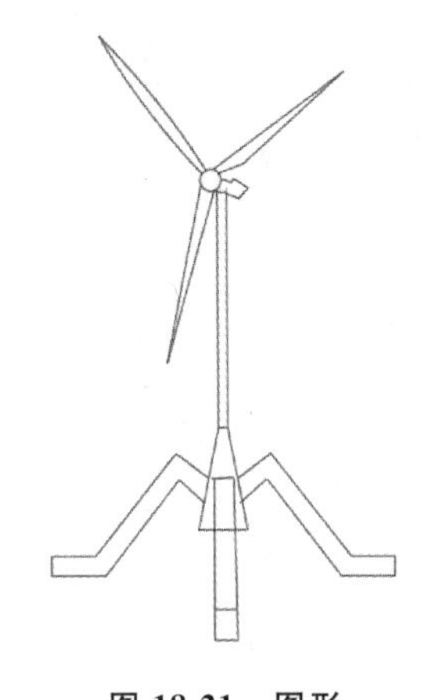

图 18-21 图形

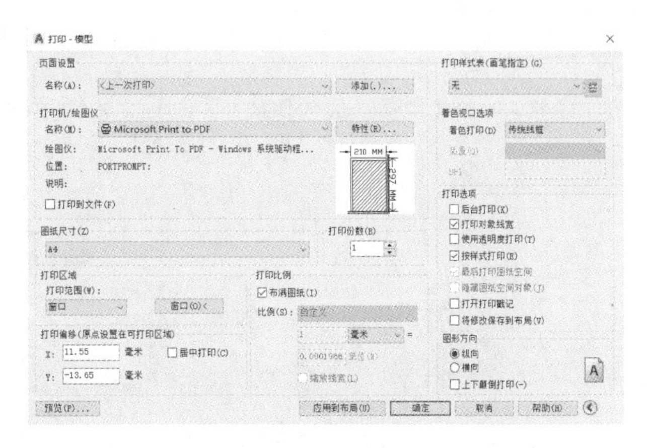

图 18-22 【打印-模型】对话框

②图纸尺寸选择为“A4”，打印范围通过窗口方式选择。打印区域显示如图 18-24 所示，单击【窗口】按钮，对话框将隐藏，返回到绘图区域。

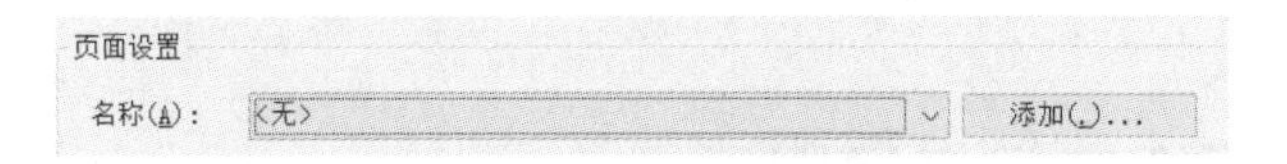

图 18-23 【页面设置】列表框

图 18-24 【打印范围】列表框

操作步骤如下。

①指定打印窗口。

②指定第一个角点：指定对角点（用一个矩形区域指定要打印的内容，如图 18-25 所示）。

③窗口选择完毕，【打印】对话框重新出现在绘图区域，单击【预览】，弹出预览窗口，如图 18-26 所示。

④进行调整。如果对打印效果不满意，单击 或按“Esc”键退出预览窗口，重新选择打印区域。

⑤单击【确定】按钮打印图形。

在【打印】对话框右下角单击 按钮，可以显示此对话框隐藏的选项，如图 18-27 所示，此时对打印样式（见第 18.1.3 节内容）、图形方向等可以进行设置。

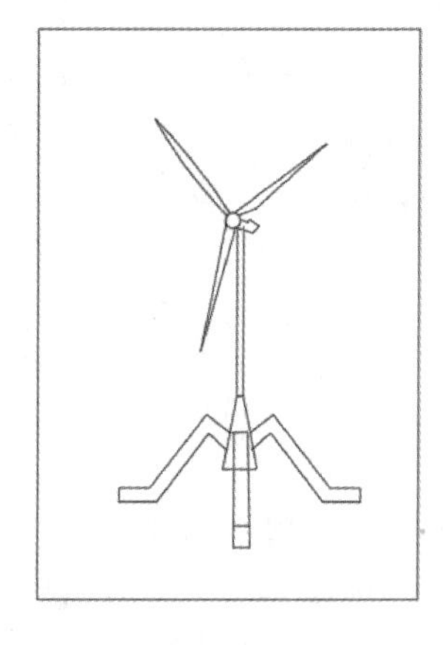

图 18-25 选择打印区域

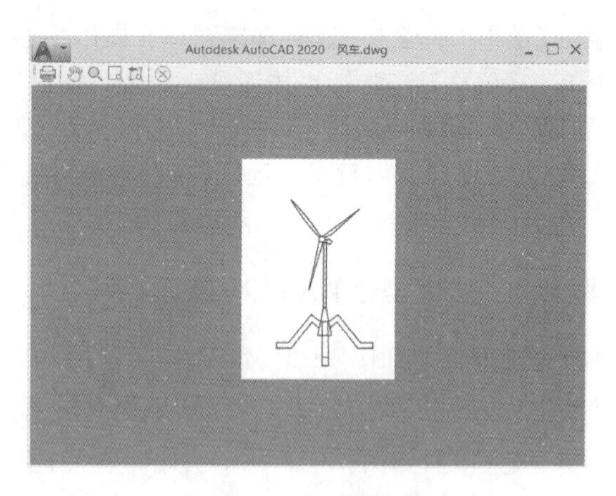

图 18-26 【预览】窗口

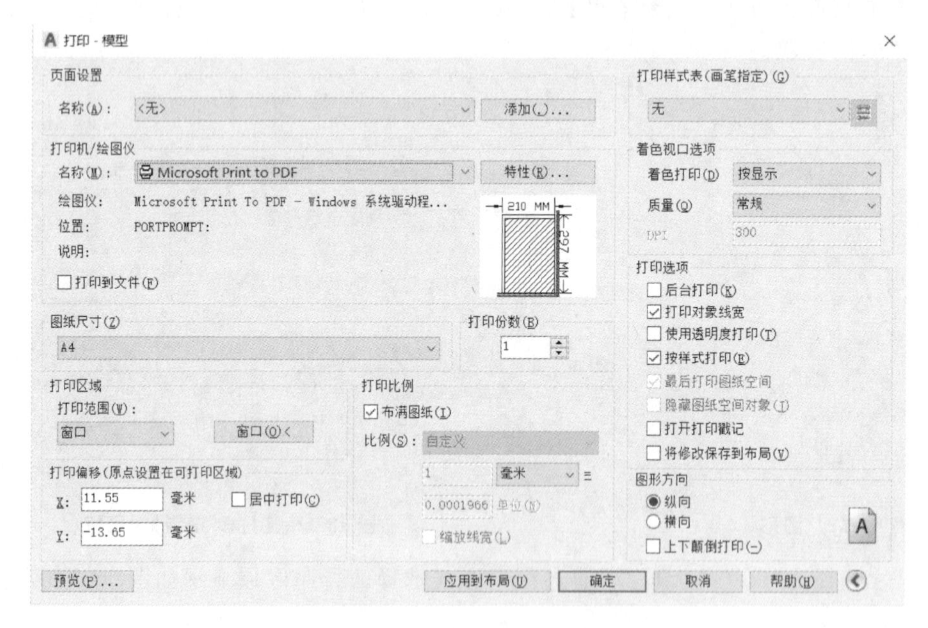

图 18-27 【打印-模型】对话框

18.3 从图纸空间打印图形

布局环境称为图纸空间。图纸空间是一种用于打印视图布局的特殊工具，它可以模拟一张打印纸，可在其上安排视图。

在布局中，可以创建和定义视口，并生成图框、标题栏等。利用布局可以在图纸空间方便、快捷地创建多个视口来显示不同的视图，而且每个视图都可以用不同的显示缩放比例，或冻结指定的图层。

在一个图形文件中，模型空间只有一个，而布局可以设置多个。这样就可以用多张图纸多侧面地反映同一个实体或图形对象。

18.3.1 创建布局

启动该命令的方法如下。

①命令行:输入“LAYOUTWIZARD”并回车。

②下拉菜单:【插入】|【布局】|【创建布局向导】。

打开文件“楼梯.dwg”,如图 18-28 所示,下面以此图形为例来创建一个布局,操作步骤如下。

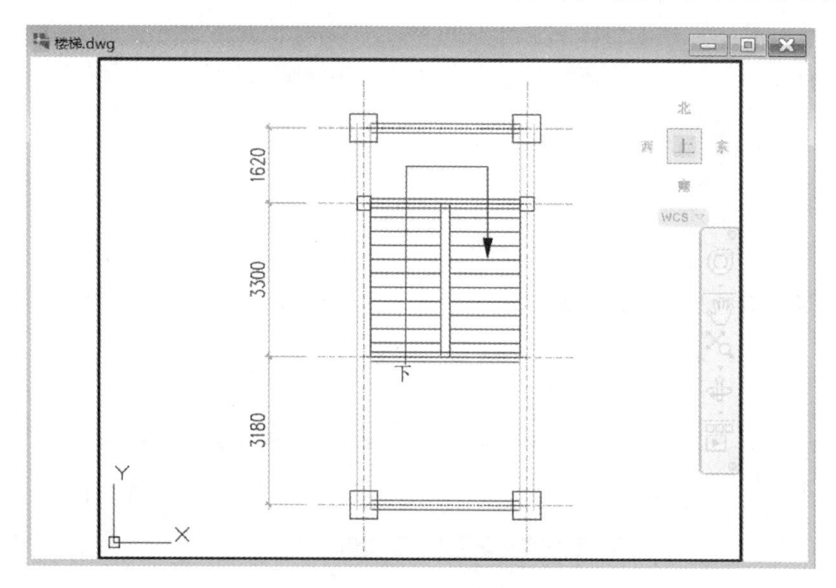

图 18-28 示例图形

①设置【视口边框】为当前层。

②激活【布局向导】命令,弹出【创建布局-开始】对话框,如图 18-29 所示。在对话框的左边列出了创建布局的步骤。

③在【输入新布局的名称】编辑框中键入“楼梯平面图”,然后单击【下一步】按钮,打开【创建布局-打印机】对话框,如图 18-30 所示。

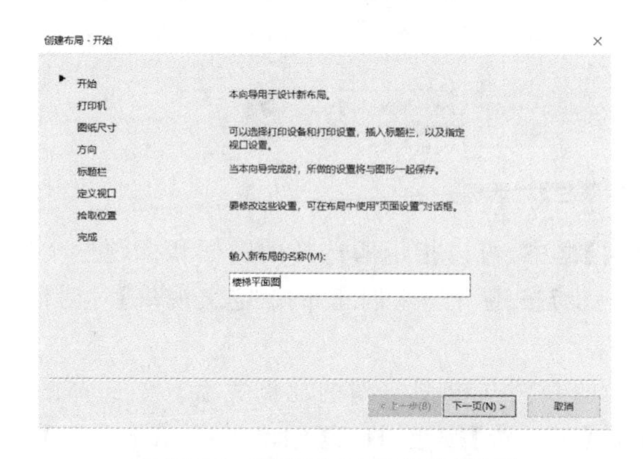

图 18-29 【创建布局-开始】对话框

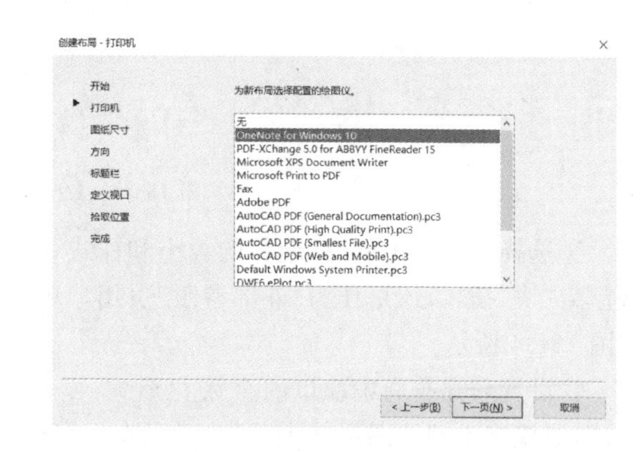

图 18-30 【创建布局-打印机】对话框

④为新布局选择一种已配置好的打印设备,单击【下一步】按钮,打开【创建布局-图纸尺寸】对话框,如图 18-31 所示。

⑤选择图形所用的单位,再选择打印图纸的尺寸。例如,选择“毫米”为单位,再选择 A4 图纸。单击【下一步】按钮,打开【创建布局-方向】对话框,如图 18-32 所示。

⑥确定图形在图纸上的方向,例如选择“纵向”,单击【下一步】按钮确认,打开【创建布局-标题栏】对话框,如图 18-33 所示。

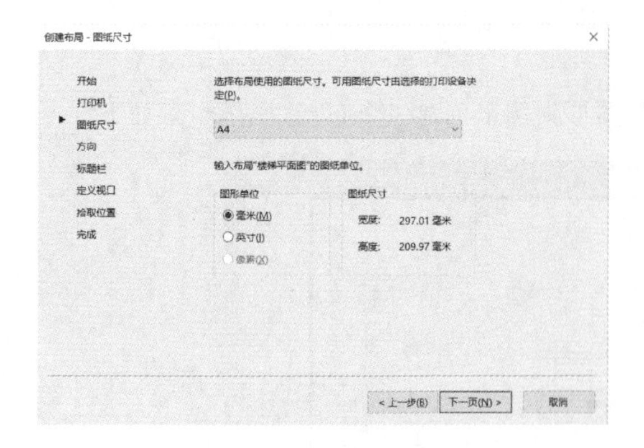

图 18-31 【创建布局-图纸尺寸】对话框

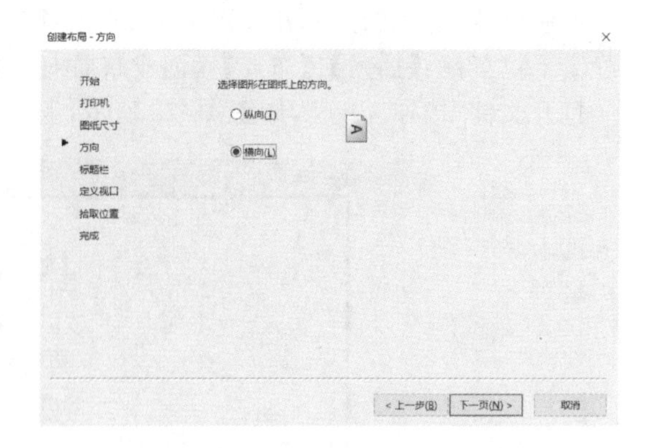

图 18-32 【创建布局-方向】对话框

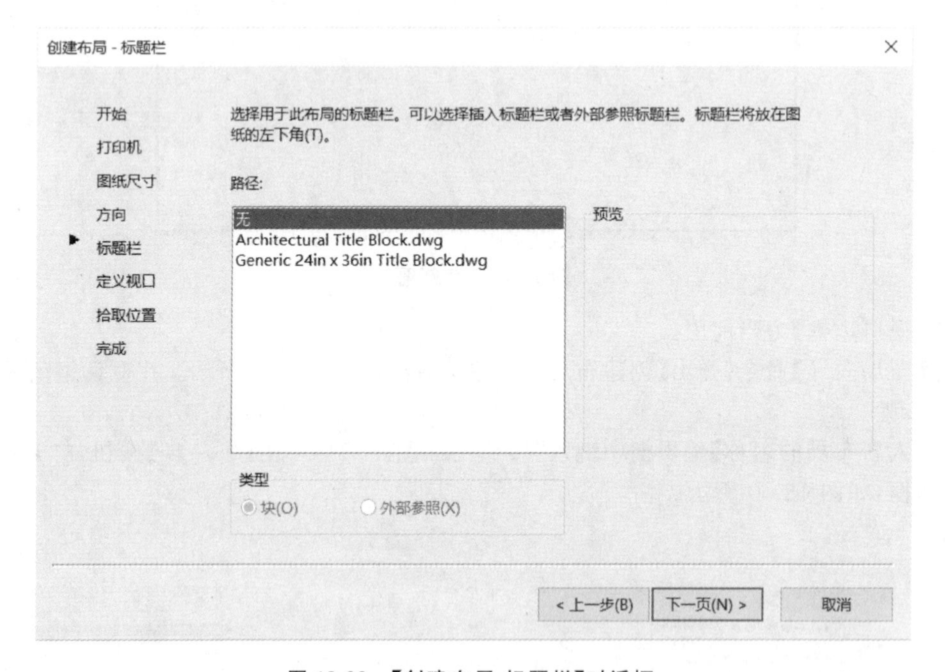

图 18-33 【创建布局-标题栏】对话框

⑦选择图纸的边框、标题栏的大小和样式。在【类型】框中,可以指定所选择的图框和标题栏文件是作为"块"插入,还是作为"外部参照"引用。单击【下一步】按钮,打开【创建布局-定义视口】对话框,如图 18-34 所示。

⑧设置新建布局中视口的个数和形式,以及视口中的视图与模型空间的比例关系。如选择 1∶50,即把模型空间的图形缩小 50 倍显示在视口中。单击【下一步】按钮,打开【创建布局-拾取位置】对话框,如图 18-35 所示。

⑨单击【选择位置】按钮切换到绘图窗口,并通过指定两个对角点来指定视口的大小和位置。然后返回对话框,单击【下一步】按钮,打开【创建布局-完成】对话框,如图 18-36 所示。

⑩最后单击【完成】按钮完成新布局及视口的创建,如图 18-37 所示。

18.3.2 设置布局

通过修改布局的页面设置,可以将图形按不同比例打印到不同尺寸的图纸中。也可以使用【页面

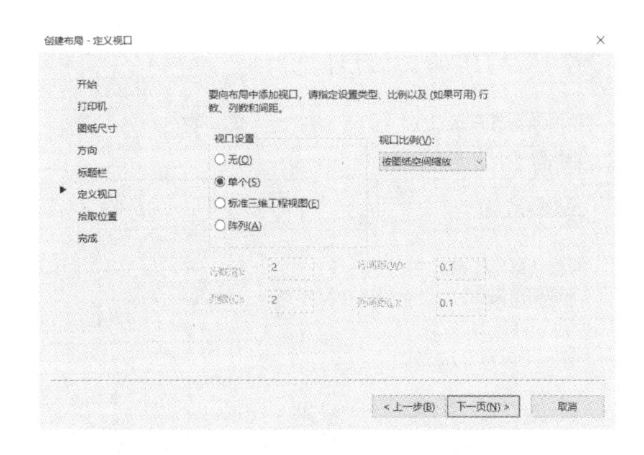

图 18-34　【创建布局-定义视口】对话框

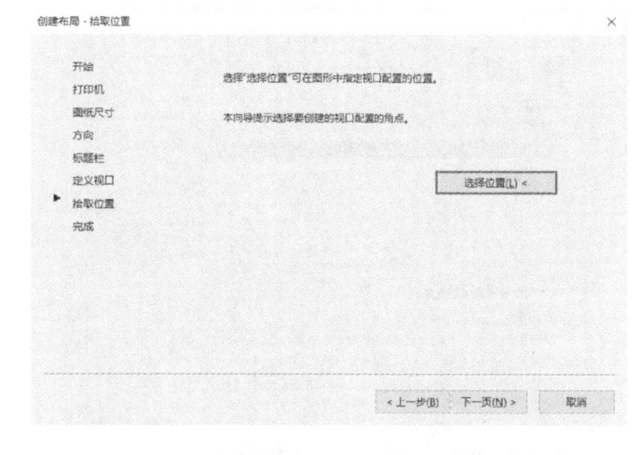

图 18-35　【创建布局-拾取位置】对话框

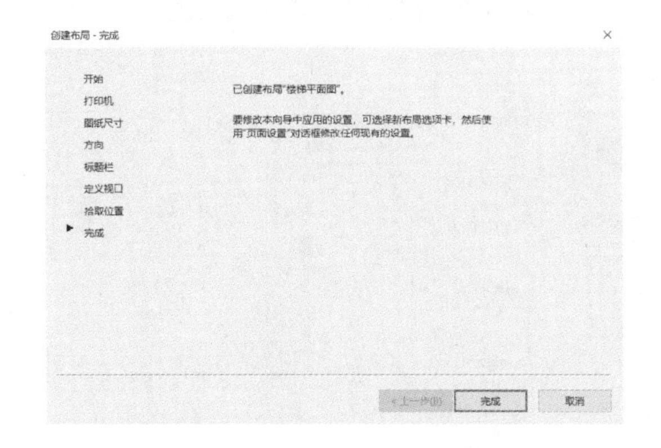

图 18-36　【创建布局-完成】对话框

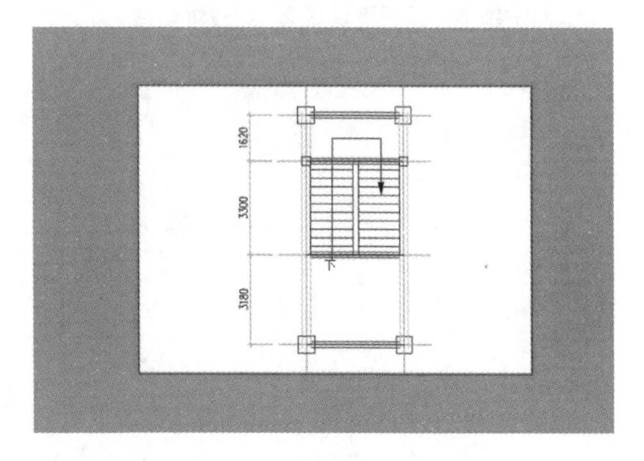

图 18-37　“楼梯平面图”布局

设置】对话框对打印设备和打印布局进行详细的设置，还可以保存页面设置，然后应用到当前布局或其他布局中。

在 AutoCAD 软件中，可以使用【页面设置】对话框来设置打印环境。

①命令行：输入“PAGESETUP”并回车。

②下拉菜单：【开始选项】|【打印】|【页面设置】或【文件】|【页面设置管理器】。

也可以右击布局名称，从快捷菜单中选择【页面设置管理器】。执行该命令后，打开【页面设置管理器】对话框，如图 18-38 所示。各选项的意义如下。

①【页面设置】列表框：列举当前可以选择的布局。

②【置为当前】：将选中的布局设置为当前布局。

③【新建】：单击该按钮，可打开【新建页面设置】对话框，如图 18-39 所示，可从中创建新的页面设置。

④【修改】：单击该按钮，修改选中布局的页面设置。

⑤【输入】：单击该按钮，打开【从文件选择页面设置】对话框，可以选择已经设置好的页面设置。

当在【页面设置管理器】对话框中选择一个布局后，单击【修改】按钮将打开【页面设置】对话框，如图 18-40 所示。其中各主要选项的功能和设置与【打印-模型】对话框中各主要选项的功能和设置相同（见第 18.2 节）。

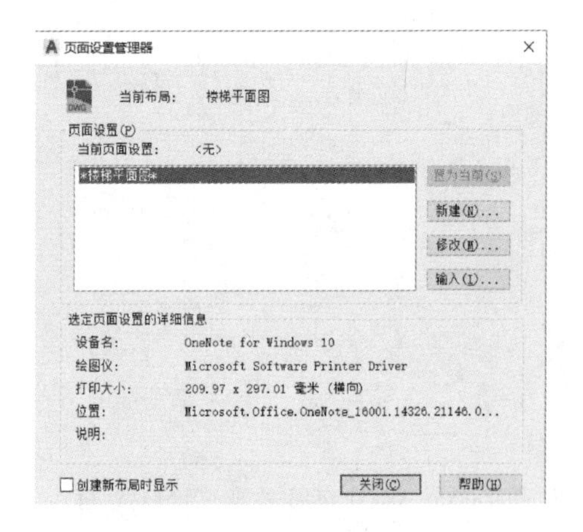

图 18-38 【页面设置管理器】对话框

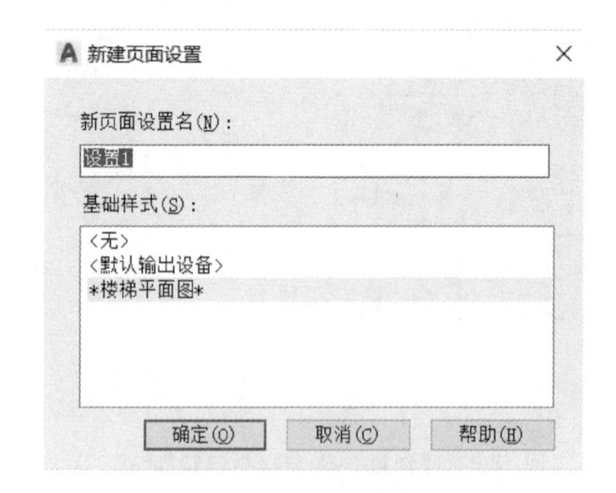

图 18-39 【新建页面设置】对话框

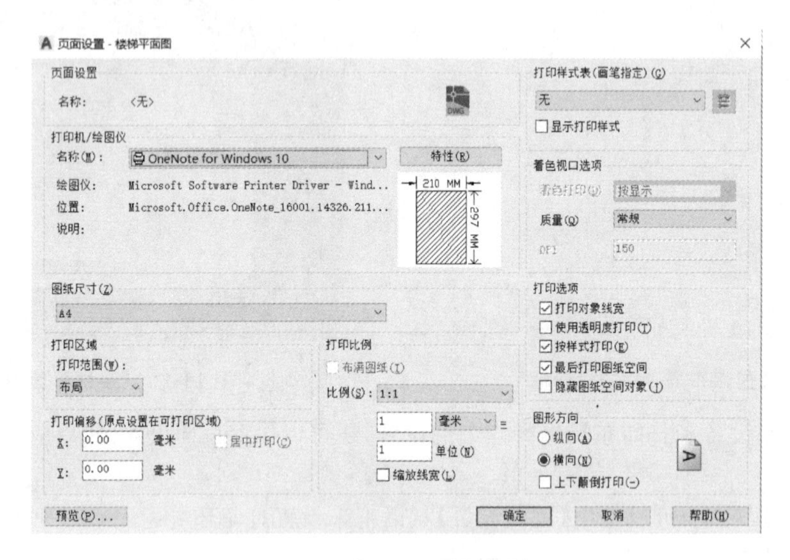

图 18-40 【页面设置】对话框

18.3.3 编辑布局

在 AutoCAD 软件中,对于已创建的布局可以进行复制、删除、更名、移动位置等编辑操作。实现这些操作的方法非常简单,只需在某个【布局】选项卡上右击,从弹出的快捷菜单(见图 18-41)中选择相应的选项即可。

其中主要选项的意义如下。

①【新建布局】:使用系统指定的默认名称和缺省的打印设备来创建一个新的布局。

②【来自样板】:插入样板文件中的布局。选择该选项后,系统将弹出【从文件选择样板】对话框,用户可在 AutoCAD 软件系统主目录中的“Template”子目录中选择 AutoCAD 软件所提供的样板文件,也可以使用其他图形文件(包括“dwg”文件和“dxf”文件)。

③【删除】:删除指定的布局。选择该选项后弹出【警告】对话框,如图 18-42 所示。单击【确定】按钮,则该布局被删除。

④【重命名】:给指定的布局重新命名。

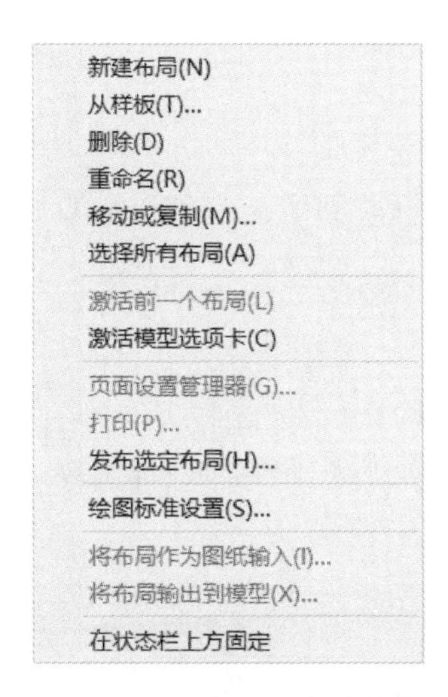

图 18-41 【布局】选项卡快捷菜单

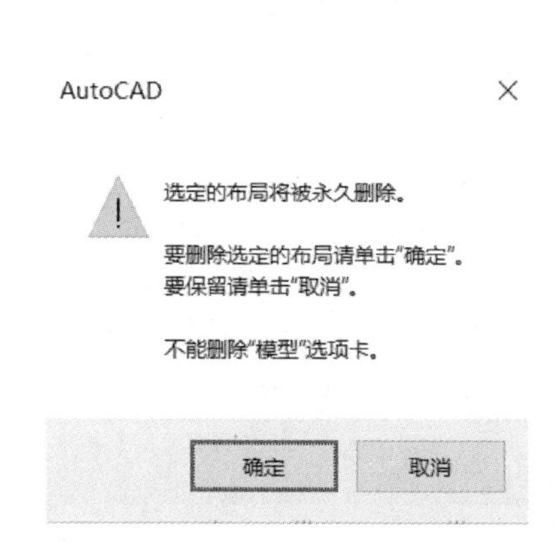

图 18-42 【警告】对话框

⑤【移动或复制】:选择该选项后,弹出【移动或复制】对话框,如图 18-43 所示。在【在布局前】列表框里选中某个布局,单击【确定】按钮,即可将指定布局移动到被选中的这个布局前面。如果选择【移到结尾】,则指定布局被移动到最后位置。复制布局与移动布局的操作相似,不同之处是需选中【创建副本】复选框。

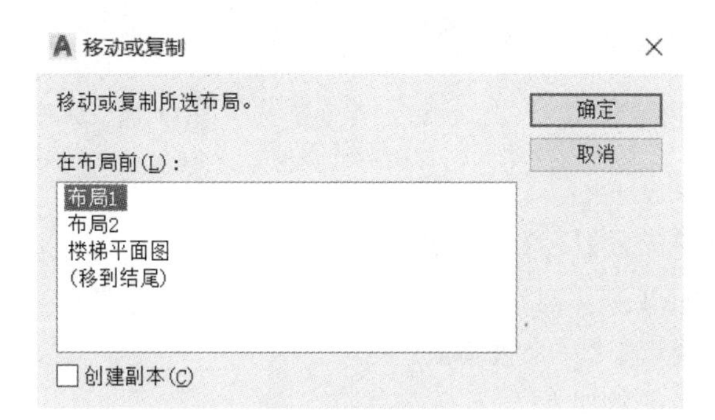

图 18-43 【移动或复制】对话框

18.3.4 建立浮动视口

在模型空间中用户可以创建平铺视口。同样,在图纸空间中也可以创建视口,与模型空间中的平铺视口不同,布局里的视口可以重叠或进行编辑。双击这样的视口,可以切换到模型空间编辑图形,因此,在图纸空间中创建的视口称为浮动视口。

在图纸空间中无法编辑模型空间中的对象,如果要编辑模型,必须激活浮动视口进入浮动模型空间。激活浮动视口的方法很多,如可执行"MSPACE"命令,单击状态栏【图纸】按钮或双击浮动视口区域中的任意位置。

使用浮动视口的好处是可以在每个视口中选择性地冻结图层。冻结图层后,就可以查看每个浮动视口中的不同几何对象。通过在视口中对对象的平移和缩放,还可以指定显示不同的视图。浮动视口的操作可以使用【视口】工具栏来完成。

18.3.4.1 在布局中创建浮动视口

在布局中,在图纸空间中可以创建各种非矩形视口,可采用如下几种方式创建。

(1)创建多边形视口

①命令行:输入“-VPORTS”并回车。

②下拉菜单:【视图】|【视口】|【多边形视口】。

系统将提示用户指定一系列的点来定义一个多边形的边界,并以此创建一个多边形的浮动视口,如图18-44所示。

(2)从对象创建视口

①命令行:输入“-VPORTS”并回车。

②下拉菜单:【视图】|【视口】|【对象】。

系统将提示用户指定一个在图纸空间已经绘制完成的对象,如多段线、圆、面域、椭圆等,并将其转换为视口对象,如图18-45所示。

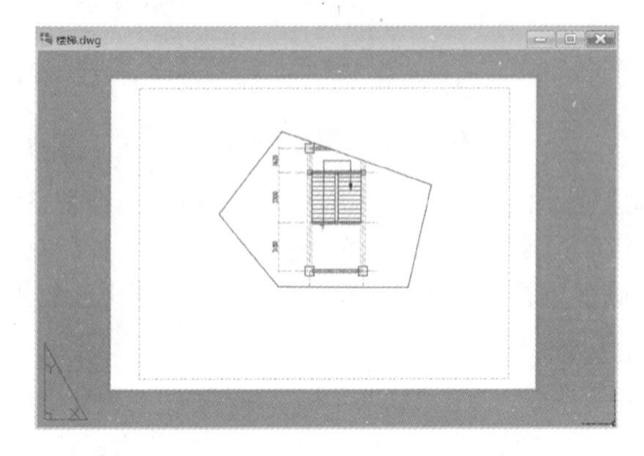

图18-44 多边形浮动视口

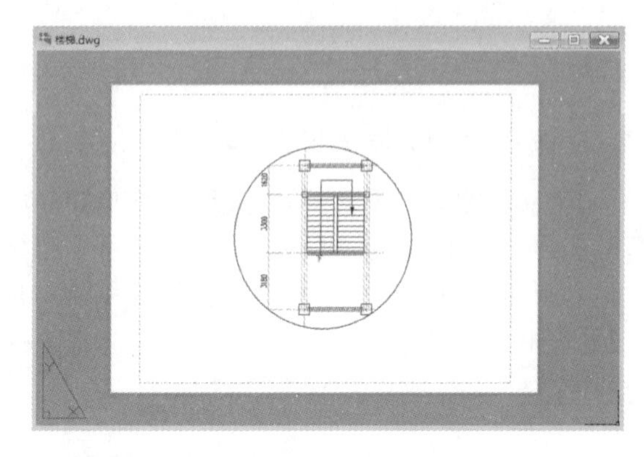

图18-45 从对象创建的圆形浮动视口

(3)单个视口

①功能区:【视图】|【视口配置】|单个视口按钮。

②命令行:输入“-VPORTS”并回车。

③下拉菜单:【视图】|【视口】|【一个视口】。

调用该命令后,命令行将提示如下。

命令:-VPORTS ↵

指定视口的角点或[开(ON)/关(OFF)/布满(F)/着色打印(S)/锁定(L)/对象(O)/多边形(P)/恢复(R)/2/3/4]<布满>:

各选项意义如下。

①【指定视口的角点】:用户可直接指定两个对角点来创建一个矩形视口。

②【开/关】:【开】是打开指定的视口,将其激活并使它的对象可见;【关】是关闭指定的视口。如果关闭视口,则不显示其中的对象,也不能将其置为当前。

③【布满】:创建充满整个显示区域的视口。视口的实际大小由图纸空间视图的尺寸决定。

④【着色打印】:从图纸空间(布局)打印时,选择是否保留三维实体着色的选项。

⑤【锁定】:锁定当前视口,与图层锁定类似。锁定视口后,再用“ZOOM”命令放大图形时,不会改变视口的比例。

⑥【对象】:将图纸空间中指定的对象换成视口。

⑦【多边形】:指定一系列的点创建不规则形状的视口。

⑧【恢复】:恢复保存的视口配置。

⑨【2】:将当前视口拆分为两个大小相同并水平或垂直于平铺的视口。

⑩【3】:将当前视口拆分为大小相同的三个视口。

⑪【4】:将当前视口拆分为大小相同的四个视口。

18.3.4.2 在布局中编辑视口

在构造布局时,双击布局视口以外的空白区域可以退出浮动视口,此时单击某视口边框可对其进行移动和调整的操作。

(1)删除浮动视口

在布局中,选择浮动视口边界,然后按"Delete"键可删除浮动视口。

(2)调整浮动视口

相对于图纸空间,浮动视口和一般的图形对象没什么区别。每个浮动视口均被绘制在当前层上,且采用当前层的颜色和线型。因此,可使用通常的图形编辑方法来编辑浮动视口。例如,单击视口的边框,然后通过拉伸和移动夹点的操作来调整浮动视口的边界。

(3)裁剪现有视口

单击【视口】工具栏中的按钮,可以使用一个多边形对指定视口进行大小裁剪。

(4)相对图纸空间比例缩放视图

如果布局图中使用了多个浮动视口,则可以为这些视口中的视图建立相同的缩放比例。这时可选择要修改缩放比例的浮动视口,然后在【视口】工具栏中的【比例】列表中选择某一比例,就可以统一设置相同的比例值。

(5)控制对象的可见性

在浮动视口中,可以使用多种方法来控制对象的可见性,如消隐视口中的线条,打开或关闭浮动视口等。此外,利用【图层特性管理器】对话框可在一个浮动视口中冻结某图层,而不影响其他视口。

18.3.5 在布局中打印图形

在AutoCAD软件中,可以使用【打印】对话框打印图形。当选择了一个布局选项卡后,选择【文件】菜单下的【打印】将打开【打印-布局】对话框,如图18-46所示。【打印-布局】对话框中的内容与【打

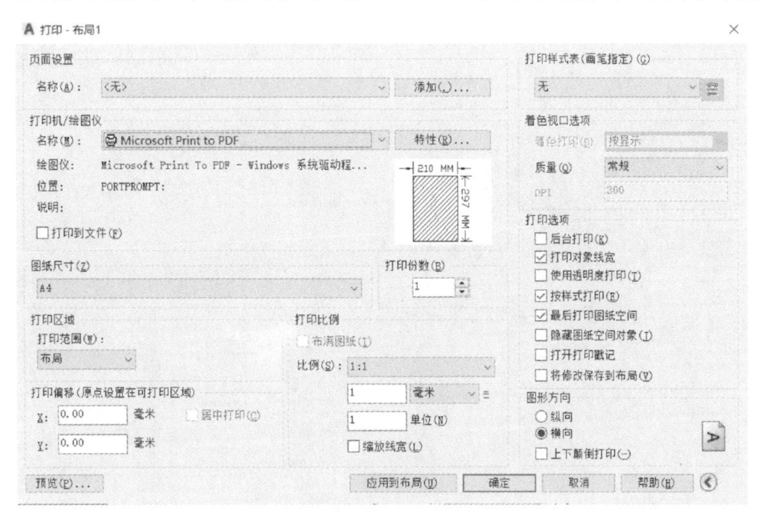

图18-46 【打印-布局】对话框

印-模型】对话框中的内容基本相同,还可以设置其他选项。在【打印选项】选项组中,通常情况下,图纸空间布局的打印优先于模型空间的图形,若选中【最后打印图纸空间】复选框,则先打印模型空间图形。若选中【隐藏图纸空间对象】复选框,则在打印图纸空间中删除了对象隐藏线的布局,该选项仅在布局选项卡中可用。

各项设置都完成后,在【打印-布局】对话框中单击【确定】按钮,AutoCAD 软件将开始输出图形,并动态显示出图进度。如果图形输出时出现错误或要中断出图,可按“Esc”键退出。

【思考与练习】

思考题

18-1 什么是模型空间和图纸空间?

18-2 请阐述从模型空间打印图形的基本过程。

18-3 请阐述从图纸空间打印图形的基本过程。

18-4 什么是浮动视口?采用浮动视口有什么优点?

参 考 文 献

[1] 王雪松,李必瑜.房屋建筑学[M].6版.武汉:武汉理工大学出版社,2010.

[2] 中华人民共和国住房和城乡建设部,中华人民共和国国家质量监督检验检疫总局.房屋建筑制图统一标准:GB/T 50001—2017[S].北京:中国建筑工业出版社,2018.

[3] 林宗凡.建筑结构原理及设计[M].4版.北京:高等教育出版社,2022.